Michael A. Cremo
Richard L. Thompson

VERBOTENE ARCHÄOLOGIE

Michael A. Cremo
Richard L. Thompson

VERBOTENE ARCHÄOLOGIE

Sensationelle Funde verändern die Welt

Aus dem Amerikanischen
von
Werner Petermann

BECHTERMÜNZ VERLAG

Genehmigte Lizenzausgabe für
Bechtermünz Verlag im
Weltbild Verlag GmbH, Augsburg 1996

Umschlaggestaltung: Hergoeth & Swoboda, Augsburg
Gesamtherstellung: Bercker Graf. Betrieb GmbH, Kevelaer
Printed in Germany
ISBN 3-86047-488-X

Inhalt

Vorwort

1979 entdeckten Wissenschaftler an der Fundstelle von Laetoli im ostafrikanischen Tansania Fußabdrücke in mehr als 3,6 Millionen Jahre alten Ascheablagerungen. Mary Leakey und andere meinten, die Abdrücke seien von denen moderner Menschen nicht zu unterscheiden. Für diese Wissenschaftler hieß dies aber nichts weiter, als daß die Vorfahren des Menschen vor 3,6 Millionen Jahren bemerkenswert moderne Füße hatten. Andere Wissenschaftler, wie der Physische Anthropologe R. H. Tuttle von der Universität Chicago, weisen jedoch darauf hin, daß die fossilen Knochen der aus der Zeit vor 3,6 Millionen Jahren bekannten *Australopithezinen* eindeutig deren affenähnliche Füße belegen. Sie ließen sich demnach mit den Fußabdrücken von Laetoli nicht vereinbaren. In einem Artikel in der Zeitschrift *Natural History* vom März 1990 gestand Tuttle, daß wir "irgendwie vor einem Rätsel stehen". Man darf daher wohl eine Möglichkeit in Betracht ziehen, die weder Tuttle noch Leakey erwähnten - daß vor 3,6 Millionen Jahren in Ostafrika Geschöpfe lebten, deren anatomisch moderne menschliche Körper zu ihren anatomisch modernen menschlichen Füßen paßten. Vielleicht lebten sie in Koexistenz mit affenähnlicheren Kreaturen. So faszinierend diese archäologische Möglichkeit auch sein mag, sie verbietet sich angesichts der gegenwärtig gültigen Theorien von der menschlichen Evolution.

Vorsichtige Leute werden davor warnen, die These von der Existenz Millionen Jahre alter, anatomisch moderner Menschen auf die dünne Basis der Laetoli-Fußabdrücke zu gründen. Aber es gibt weitere Beweise. In den letzten Jahrzehnten haben Wissenschaftler in Afrika fossile Knochen ausgegraben, die erstaunlich menschlich aussehen. 1965 fanden Bryan Patterson und W. W. Howells in Kanapoi (Kenia) einen überraschend modernen Humerus (Oberarmknochen), dessen Alter auf 4 Millionen Jahre geschätzt wurde. Henry M. McHenry und Robert S. Corruccini von der Universität von Kalifornien sagten, der Kanapoi-Humerus "unterscheide sich kaum vom modernen Homo". Entsprechend meinte Richard Leakey, der 1972 am Turkana-See in Kenia gefundene

Oberschenkelknochen ER 1481 sei von dem moderner Menschen nicht zu unterscheiden. Normalerweise schreiben Wissenschaftler den ER-1481-Oberschenkelknochen, der etwa 2 Millionen Jahre alt ist, dem vormenschlichen *Homo habilis* zu. Aber da der ER 1481 allein gefunden wurde, kann die Möglichkeit nicht ausgeschlossen werden, daß auch der Rest des Skeletts anatomisch modern war. Interessanterweise fand der deutsche Wissenschaftler Hans Reck 1913 in der Olduvai-Schlucht (im heutigen Tansania) ein vollständiges, anatomisch modernes Skelett in mehr als 1 Million Jahre alten Schichten und löste damit jahrzehntelange Kontroversen aus.

Natürlich ist es noch immer problematisch, einige wenige isolierte und umstrittene Beispiele gegen die überwältigende Menge unbestrittener Beweise ins Feld zu führen, die zeigten, daß der anatomisch moderne Mensch sich in relativ junger Zeit aus eher affenähnlichen Geschöpfen entwickelt haben muß - vor etwa 100 000 Jahren in Afrika und, nach Ansicht einiger, auch in anderen Teilen der Welt.

Aber wie sich herausstellt, sind unsere Indizien mit den Laetoli-Fußabdrücken, dem Kanapoi-Oberarmknochen und dem Oberschenkelknochen ER 1481 nicht erschöpft. In den letzten acht Jahren haben Richard Thompson und ich mit Unterstützung unseres Forschungsspezialisten Stephen Bernath umfassendes Beweismaterial zusammengetragen, das gängige Theorien der menschlichen Evolution in Frage stellt. Einige dieser Funde sind, wie die Fußabdrücke von Laetoli, ziemlich neu. Vieles aber wurde von Wissenschaftlern im 19. und frühen 20. Jahrhundert berichtet. Wir sind nach eingehender Prüfung zu dem Schluß gekommen, daß dieses kontroverse Beweismaterial in seiner Aussagekraft nicht besser oder schlechter ist als die vermeintlich unumstrittenen Funde, die gewöhnlich zugunsten der schulwissenschaftlichen Auffassung von der menschlichen Entwicklung angeführt werden.

Wissenssoziologen haben festgestellt, daß zwischen wissenschaftlichen Schlußfolgerungen und den Zuständen und Prozessen einer objektiven Realität keine zwangsläufige Identität besteht. Vielmehr spiegeln solche Schlußfolgerungen gleichermaßen, wenn nicht noch mehr, die realen sozialen Prozesse wider, in denen die Wissenschaftler selbst stecken.

Die kritische Methode, die wir in diesem Buch anwenden, ähnelt auch derjenigen von Wissenschaftsphilosophen wie Paul Feyerabend, der die Auffassung vertritt, daß die Wissenschaft eine zu privilegierte Position in der Welt des Geistes einnimmt, und Wissenschaftshistorikern wie J. S. Rudwick, der den Charakter wissenschaftlicher Kontroversen detailliert untersucht hat. Wie Rudwick in *The Great Devonian Controversy* bedienen wir uns der Erzählform, um unser Material auszubreiten, das nicht nur eine, sondern viele Kontroversen enthält - lang beendete Auseinandersetzungen, noch ungelöste Dispute und Streitfälle, die gerade entbrennen. Dies machte ausführliche Zitate aus Primär- und Sekundärquellen und eine ziemlich detaillierte Berichterstattung über die Verdrehungen und Wendungen der komplexen paläanthropologischen Debatten notwendig.

Für den, der sich mit den menschlichen Ursprüngen und Anfängen beschäftigt, bietet dieses Buch ein verläßliches Kompendium an Texten und Materialien, die in vielen Standardwerken fehlen und zudem nicht leicht zu beschaffen sind.

Aufgrund der von uns zusammengetragenen Materialien kommen wir zu dem Schluß - und dies in einer Sprache, die frei von ritueller Zaghaftigkeit ist -, daß die derzeit herrschenden Ansichten über die menschlichen Ursprünge einer drastischen Revision bedürfen.

Zwei Typen gilt es hier zu unterscheiden. Zum einen strittige Befunde, die für die Existenz anatomisch moderner Menschen in einer unbehaglich fernen Vergangenheit sprechen. Zum anderen Befunde, die für die derzeit herrschende Ansicht sprechen. Nach einer detaillierten Untersuchung stellte sich heraus, daß bei gleichwertiger Anwendung wissenschaftlicher Maßstäbe auf beide Gruppen diese mit gleich guten Gründen entweder zu akzeptieren oder abzulehnen sind. Tatsächlich wurden Befunde der ersten Kategorie einst von einer beträchtlichen Anzahl von Wissenschaftlern akzeptiert. Erst als eine einflußreichere Gruppe von Wissenschaftlern die Kriterien der Beweisführung bei Funden der ersten Kategorie rigoroser anwandten als bei solchen der zweiten, setzte sich diese als Lehrmeinung durch.

Wenn wir von der Unterdrückung von Beweisen sprechen, beziehen wir uns nicht auf irgendwelche wissenschaftlichen Verschwörer, die einen teuflischen Plan ausführten, um die Öffentlichkeit hinters Licht zu führen. Wir reden vielmehr über einen andauernden gesellschaftlichen Prozeß der Wissensfilterung, der ziemlich harmlos erscheint, aber beträchtliche Auswirkungen hat, die sich zudem verschärfen. So verschwinden bestimmte Kategorien der Beweisführung einfach aus dem Blickfeld.

In den Jahrzehnten nach Darwin entdeckten zahlreiche Wissenschaftler eingeschnittene und zerbrochene Tierknochen und Muschelschalen, die die Vermutung nahelegten, daß im Pliozän (vor 2 bis 5 Millionen Jahren), Miozän (vor 5 bis 25 Millionen Jahren) oder gar noch früher werkzeugbenutzende Menschen (oder Menschenvorfahren) lebten. Bei der Analyse eingekerbter und zerbrochener Knochen und Schalen wurden von den Entdeckern in aller Sorgfalt alternative Erklärungsmöglichkeiten - wie die Einwirkung durch Tiere oder geologischen Druck - berücksichtigt und ausgeschlossen, bevor sie zu dem Schluß kamen, daß Menschen die Verursacher seien. In einigen Fällen fand man zusammen mit den eingeschnittenen bzw. zerbrochenen Knochen und Schalen auch Steinwerkzeuge.

Ein besonders auffälliges Beispiel dieser Kategorie ist eine Muschelschale, auf deren Außenseite ein zwar grobes, aber doch erkennbares menschliches Gesicht eingekratzt ist. Über diese Schale, die aus einer pliozänen Muschelmergel-Formation in England stammt und mehr als 2 Millionen Jahre alt ist, berichtete schon 1881 der Geologe H. Stopes der *British Association for the Advancement of Science* (Britische Vereinigung zur Förderung der Wissenschaft). Nach landläufiger Ansicht erschienen Menschen, die solcher Kunstfertigkeit fähig waren, frühestens vor 30 000 bis 40 000 Jahren in Europa. Und selbst in ihrer afrikanischen Heimat dürften sie nicht früher als vor 100 000 Jahren auftreten.

Funde von rudimentärsten Steinwerkzeugen, den sogenannten Eolithen ("Steinen der Morgendämmerung"), die in unerwartet alten geologischen Schichten gefunden wurden, führten Ende des 19. und Anfang des 20. Jahrhunderts zu langwierigen Debatten. Für manchen waren Eolithen nicht immer klar als Werkzeuge erkennbar, wiesen sie doch keine symmetrischen, werkzeuggemäßen Formen auf. Vielmehr wurde die Kante eines Steinsplitters einfach so zugehauen, daß er sich für eine bestimmte Aufgabe, z. B. Schaben, Schneiden oder Hacken, eignete. Solchermaßen bearbeitete Kanten zeigen oft Nutzungsspuren.

Kritiker meinten, die Eolithen seien durch die Einwirkung von Naturkräften entstanden. Sie könnten auch auf dem Grunde eines

Flusses um- und umgewälzt worden sein. Aber Verteidiger der Eolithen-Theorie brachten überzeugend vor, daß Abschläge in gleicher Schlagrichtung auf nur einer Seite der Werkzeugkante gewiß nicht durch Naturkräfte zustande kämen.

Ende des 19. Jahrhunderts fand ein Amateurarchäologe namens Benjamin Harrison Eolithen auf der Hochebene von Kent im Südosten Englands. Der geologische Befund spricht für ihre Herstellung im Mittleren oder Späten Pliozän, vor etwa 2 bis 4 Millionen Jahren. Unter denen, die Harrisons Eolithen für echt hielten, waren Alfred Russell Wallace, mit Darwin der Begründer der Theorie von der Evolution durch natürliche Auswahl, Sir John Prestwich, einer der herausragenden englischen Geologen, und Ray E. Lankester, ein Direktor des *British Museum* (Abteilung Naturgeschichte).

Obwohl Harrison die meisten seiner Eolithen in pliozänen Geröllablagerungen an der Erdoberfläche fand, entdeckte er bei einer von der Britischen Vereinigung zur Förderung der Wissenschaft finanzierten und geleiteten Ausgrabung auch zahlreiche Exemplare in tieferen Bodenlagen. Neben den Eolithen entdeckte er an verschiedenen Stellen der Hochebene auch besser bearbeitete Steingeräte (Paläolithen) ähnlichen - pliozänen - Alters.

Zu Beginn des 20. Jahrhunderts fand J.Reid Moir, ein Mitglied des *Royal Anthropological Institute* und Vorsitzender der *Prehistoric Society of East Anglia*, Eolithen (und besser bearbeitete Steinwerkzeuge) in der Red-Crag-Formation Englands. Die Werkzeuge waren etwa 2 bis 2,5 Millionen Jahre alt. Einige von Moirs Werkzeugen wurden in den Geröllbetten unter der Red-Crag-Schicht entdeckt, d. h. sie konnten zwischen 2,5 und 55 Millionen Jahren alt sein.

Moirs Funde fanden Anerkennung bei Henri Breuil. Dieser galt weltweit als einer der bedeutendsten Kenner von Steinwerkzeugen und hatte besonders lautstark gegen die Eolithen Harrisons gewettert. Ein anderer Fürsprecher war Henry Fairfield Osborn vom *American Museum of Natural History* in New York. Und 1923 reiste eine Kommission internationaler Wissenschaftler nach England, um Moirs wichtigste Funde zu überprüfen - und erklärte sie für echt.

1939 jedoch veröffentlichte A. S. Barnes einen vielbeachteten Artikel, in dem er die von Moir und anderen gefundenen Eolithen einer Analyse unterzog, und zwar unter dem Gesichtspunkt des erkennbaren Abschlagwinkels. Barnes behauptete, mit seiner Methode könne man durch Menschenhand verursachte Abschläge von natürlichen unterscheiden. Auf dieser Grundlage verwarf er alle untersuchten Eolithen, auch die von Moir gefundenen, als Produkte natürlicher Wirkkräfte. Seither bedienen sich Wissenschaftler der Barnesschen Methode, wenn sie die menschliche Herkunft anderer Steinwerkzeug-Industrien bestreiten wollen. Aber neuerdings haben einige Autoritäten wie George F. Carter, Leland W. Patterson und A. L. Bryan Barnes Methodologie und deren pauschale Anwendung in Zweifel gezogen. Damit müssen auch die europäischen Eolithen wissenschaftlich neu bewertet werden.

Bezeichnenderweise sehen frühe Steinwerkzeuge aus Afrika, etwa jene aus den tieferen Schichten der Olduvai-Schlucht, genauso aus wie die umstrittenen europäischen Eolithen. Und doch werden sie von der Schulwissenschaft kritiklos akzeptiert - wahrscheinlich deshalb, weil sie in deren raumzeitliches Gefüge passen.

Nach wie vor stoßen eolithische Funde "unpassenden" Alters auf starken Widerspruch. Zum Beispiel fand Louis Leakey in den sechziger Jahren bei Calico in Südkalifornien mehr als 200 000 Jahre alte Steinwerkzeuge. Nach gängiger Auffassung drangen Menschen in die subarktischen Regionen der Neuen Welt aber erst vor etwa 12 000 Jahren vor. Vertreter der Schulwissenschaft reagierten auf Calico mit der vorhersagbaren Behauptung, daß die dort gefundenen Objekte natürlichen Ursprungs oder keine 200 000 Jahre alt seien. Doch es gibt genügend Gründe, die dafür sprechen, daß es sich bei den Funden wirklich um uralte menschliche Artefakte handelt. Zwar sind die meisten der Calico-Werkzeuge primitiv, einige aber, darunter ein schnabelförmiger Grabstichel, zeigen eine fortgeschrittenere Machart.

Blieben die Abschläge bei den Eolithen auf die Gebrauchskante eines ohne Menscheneinwirkung zerbrochenen Steins beschränkt, so schlugen die Hersteller einfacher Paläolithen bereits mit Überlegung Splitter von Steinkernen ab und formten sie dann zu besser erkennbaren Werkzeugtypen. Dabei treten einfache Paläolithen auch zusammen mit Eolithen auf. Zum Typ der einfachen Paläolithen zählen wir Werkzeuge aus dem Miozän (5 bis 25 Millionen Jahre alt), die Ende des 19. Jahrhunderts von Carlos Ribeiro gefunden wurden, dem Leiter des Amtes für geologische Aufnahmen in Portugal. Auf einer internationalen Konferenz von Archäologen und Anthropologen in Lissabon untersuchte eine Kommission von Wissenschaftlern eine von Ribeiros Fundstätten. Einer der Wissenschaftler fand ein Steinwerkzeug, das in seiner Bearbeitung selbst die besseren Fundstücke Ribeiros noch übertraf. Wissenschaftlich anerkannten Werkzeugen des Moustérien-Typs aus dem Späten Pleistozän vergleichbar, war dieser Fund fest in ein Miozän-Konglomerat eingebettet, so daß alles für sein miozänes Alter sprach.

Einfache Paläolithen wurden auch in Miozän-Formationen bei Thenay in Frankreich gefunden. S. Laing, ein englischer Autor, vermerkte: "Im ganzen scheint die Beweislage für diese Miozän-Werkzeuge überzeugend zu sein, und dagegen vorgebrachte Einwände dürften kaum einen anderen Grund haben als die Abneigung, das hohe Alter des Menschen zuzugeben."

Auch bei Aurillac (Frankreich) entdeckten Wissenschaftler einfache Paläolithen. Und bei Boncelles in Belgien legte A. Rutot eine umfangreiche Sammlung von Paläolithen frei, die aus dem Oligozän (vor 25 bis 38 Millionen Jahren) stammten.

Florentino Ameghino, ein angesehener argentinischer Paläontologe, fand bei Monte Hermoso (Argentinien) Steinwerkzeuge, Spuren von Feuer, zerbrochene Säugetierknochen und einen menschlichen Rückenwirbel in einer Pliozän-Formation. Ameghino machte zahlreiche ähnliche Entdeckungen in Argentinien, wodurch Wissenschaftler in aller Welt aufmerksam wurden. Obwohl er mit seinen Theorien über einen südamerikanischen Ursprung des Menschen allein steht, sind seine tatsächlichen Entdeckungen nach wie vor wert, sich mit ihnen zu beschäftigen.

Noch vor dem Ersten Weltkrieg führte Carlos Ameghino, der Bruder Florentino Ameghinos, in Miramar an der argentinischen Küste südlich von Buenos Aires neue Forschungen durch. Er fand dort eine Reihe von Steinwerkzeugen, darunter Bolas, und Spuren von Feuerbenutzung. Eine Geologenkommission bestätigte die Fundsituation in der Chapadmalalan-Formation, die von modernen Geologen für 3 bis 5 Millionen Jahre alt gehalten wird. Überdies fand Carlos Ameghino am Fundort Miramar eine steinerne Pfeilspitze, die im Oberschenkelknochen eines pliozänen Toxodons, einer ausgestorbenen südamerikanischen Säugetierart, steckte.

1920 fand Lorenzo Parodi, Carlos Ameghinos Sammler, in der pliozänen Küsten-Barranca [steile Felsenküste] von Miramar ein Steinwerkzeug, das er an Ort und Stelle beließ. Mehrere Wissenschaftler waren bei der "Ausgrabung" des Werkzeugs anwesend. Dabei kam plötzlich und unerwartet eine zweite Steinkugel zum Vorschein - dem Aussehen nach eher ein Mahlstein als eine Bola.

Funde wie jene in Miramar (Pfeilspitzen und Bolas) gelten gewöhnlich als das Werk des *Homo sapiens sapiens*. Hält man sie für glaubwürdig, dann haben anatomisch moderne Menschen vor mehr als 3 Millionen Jahren in Südamerika gelebt. Dazu paßt, daß M. A. Vignati 1921 in der Chapadmalalan-Formation (Spätes Pliozän) von Miramar ein vollmenschliches fossiles Kieferbruchstück fand.

Anfang der fünfziger Jahre entdeckte Thomas E. Lee vom National Museum of Canada in eiszeitlichen Ablagerungen bei Sheguiandah auf Manitoulin Island im nördlichen Huron-See Steinwerkzeuge, die fortgeschrittene Bearbeitungstechniken verrieten. Der Geologe John Sanford von der Staatlichen Universität Wayne kam zu dem Ergebnis, daß die Sheguiandah-Werkzeuge mindestens 65 000 Jahre alt wären und bis zu 125 000 Jahre alt sein könnten. Für Anhänger der Schulwissenschaft waren solche Zahlen natürlich nicht akzeptabel.

Thomas E. Lee klagt an: "Der Entdecker der Fundstellen [Lee] wurde von seinem Posten im Staatsdienst geschaßt und war danach längere Zeit arbeitslos; Publikationsmöglichkeiten wurden vereitelt. Mehrere prominente Autoren stellten das Fundmaterial falsch dar [...]; Tonnen von Artefakten verschwanden in den Lagerräumen des National Museum of Canada in Kisten; weil er sich weigerte, den Entdecker zu feuern, wurde der Direktor des National Museum, der vorgeschlagen hatte, daß über die Funde eine Monographie veröffentlicht werden sollte, selbst entlassen und ins Exil getrieben; Prestige und offizielle Machtträger wurden bemüht, um ganze sechs Sheguiandah-Fundstücke, die nicht verschwunden waren, in die Hand zu bekommen; und aus dem Fundort selbst hat man ein Touristenzentrum gemacht. [...] Sheguiandah hätte zwangsläufig das peinliche Eingeständnis zur Folge gehabt, daß die wissenschaftlichen Gralshüter eben doch nicht alles wußten. Es hätte weiterhin bedeutet, daß fast jedes einschlägige Buch hätte umgeschrieben werden müssen. Also mußte die Sache sterben. Und sie starb."

Die Behandlung, die Lee erfuhr, ist kein Einzelfall. In den sechziger Jahren legten Anthropologen bei Hueyatlaco in Mexiko Steinwerkzeuge frei, die alles andere als primitiv waren. Die Geologin Virginia Steen-McIntyre und andere Mitglieder eines

Forscherteams des US-Amtes für geologische Aufnahmen datierten die fundhaltigen Schichten auf etwa 250 000 Jahre. Dies war eine Herausforderung sowohl für die amerikanische als auch für die globale Anthropologie. Denn Menschen, die in der Lage waren, entsprechende Werkzeuge herzustellen, dürften nach allgemeiner Lehrmeinung erst vor ungefähr 100 000 Jahren in Afrika aufgetreten sein.

Für Virginia Steen-McIntyre wurde es ziemlich schwierig, ihre Untersuchung über die Hueyatlaco-Funde zu veröffentlichen. So schrieb sie an Estella Leopold, die Mitherausgeberin der Fachzeitschrift *Quaternary Research*. "Unsere Arbeit in Hueyatlaco ist von den meisten Archäologen zurückgewiesen worden, weil sie deren Theorie widerspricht. Punktum!"

Diese Art der Faktenunterdrückung hat eine lange Geschichte. 1880 publizierte J. D. Whitney, Geologe im Dienst des Bundesstaates Kalifornien, eine umfangreiche Würdigung der in den kalifornischen Goldminen gefundenen Steinwerkzeuge, die eine fortgeschrittene Herstellungstechnik zeigten. Die Gerätschaften, darunter Speerspitzen, steinerne Mörser und Stößel, wurden tief in Bergwerksschächten gefunden, unter dicken, unangetasteten Lavaschichten, in Formationen, denen heutige Geologen ein Alter zwischen 9 und 55 Millionen Jahren zuschreiben. W. H. Holmes vom Smithsonian-Institut, einer der lautesten Kritiker an den kalifornischen Funden, schrieb: "Falls Professor Whitney die Geschichte der menschlichen Evolution, wie wir sie heute verstehen, voll gewürdigt hätte, dann hätte er vielleicht, ungeachtet des imposanten Aufgebots an Zeugnissen, mit denen er sich konfrontiert sah, gezögert, die von ihm gezogenen Schlüsse [daß bereits in sehr alten Zeiten Menschen in Nordamerika lebten] bekanntzumachen."

Mit anderen Worten: wenn die Fakten mit der favorisierten Theorie nicht übereinstimmen, dann müssen selbst "imposante" Fakten aufgegeben werden.

Entdeckungen ungewöhnlich alter Skelettreste von anatomisch modernen Menschen stützen die aus den Werkzeugfunden gezogenen Schlüsse. Der in diesem Zusammenhang vielleicht interessanteste Fall ist der von Castenedolo in Italien, wo der Geologe G. Ragazzoni 1880 fossile Knochen mehrerer Individuen des *Homo sapiens sapiens* in 3 bis 4 Millionen Jahre altem, pliozänem Schichtgestein fand. Die typische Reaktion von Kritikern lautet, daß die Knochen in relativ neuerer Zeit bei einem menschlichen Begräbnis in die Pliozänschichten gelangt seien. Aber Ragazzoni war sich dieser Möglichkeit sehr wohl bewußt und untersuchte die darüberliegenden Schichten auf das sorgsamste. Er fand sie unangetastet, ohne auch nur das geringste Anzeichen für eine Bestattung.

Moderne Wissenschaftler bedienen sich radiometrischer und chemischer Testverfahren, um den Castenedolo-Knochen und andere ungewöhnlich alte Skelettreste zu datieren, und in der Tat kamen sie auf ein wesentlich geringeres Alter. Aber wir wissen inzwischen, daß diese Verfahren recht unzuverlässig sein können. Der Radiokarbon-Test ist besonders unzuverlässig, wenn man ihn auf Knochen (wie die von Castenedolo) anwendet, die jahrzehntelang in Museen gelegen haben. Unter diesen Voraussetzungen sind die Knochen einer Verunreinigung ausgesetzt, die zur Folge hat, daß sich aus dem Radiokarbon-Test unzulässig niedrige Altersangaben ergeben. Um solche Verunreinigungen zu beseitigen, sind rigorose Reinigungstechniken erforderlich. Als 1969 einige der Castenedolo-Knochen dem Radiokarbon-Test unterzogen wurden, war dem keine Reinigung vorangegangen; das Ergebnis war ein Alter von weniger als tausend Jahren.

1921 schrieb R. A. S. Macalister in einem Lehrbuch der Archäologie über die Castenedolo-Funde: "Die Annahme eines Pliozändatums für die Castenedolo-Skelette schüfe so viele unlösbare Probleme, daß wir bei der Frage, ob wir ihre Authentizität anerkennen oder leugnen sollen, kaum zögern können."

Dies belegt, was wir in *Verbotene Archäologie* vorrangig zeigen möchten, daß nämlich in der Wissenschaft ein Wissensfilter existiert, der unwillkommenes Beweismaterial aussiebt. Dieser Prozeß der Wissensfilterung ist seit gut einem Jahrhundert und länger im Gange und dauert bis heute an.

Das Lied des Roten Löwen

An einem Abend des Jahres 1871 traf sich in Edinburgh, Schottland, eine Gesellschaft gelehrter britischer Herren, die sich Red Lions (Rote Löwen) nannten, zu fröhlichem Essen und Trinken und gegenseitiger Unterhaltung mit humorvollen Liedern und Ansprachen. Lord Neaves, der für seine geistreichen Verse bekannt war, erhob sich vor den versammelten Lions und sang zwölf selbstkomponierte Strophen zum Thema "Über den Ursprung der Arten à la Darwin". Eine lautete folgendermaßen:

Mit biegsamem Daumen und scharfem Verstand,
Ein großes Mundwerk zum Unterpfand,
Als Herr der Schöpfung ein Affe sich fand,
Und niemand kann es bestreiten!

Seine Zuhörer antworteten, wie es bei den Red Lions üblich war, mit einem sanften Röhren und dem Wedeln der Rockschöße (Wallace 1905, S. 48).

Darwin zögert

Ein Dutzend Jahre, nachdem Charles Darwin 1859 *The Origin of the Species* (Der Ursprung der Arten) veröffentlicht hatte, wurde die Zahl der Wissenschaftler und anderer Gebildeter, die im Menschen die modifizierten Abkömmlinge einer Ahnenlinie affenähnlicher Wesen sahen, immer größer. Darwin selbst berührte in seinem Werk nur ganz kurz die Frage nach der menschlichen Herkunft, wobei er auf den letzten Seiten lediglich feststellte: "Der Ursprung des Menschen und seine Geschichte werden eines Tages erhellt."

Obwohl Darwin sich vorsichtig ausdrückte, war jedoch klar, daß er die Menschheit von seiner Theorie der Entwicklung einer Spezies aus einer anderen nicht ausnahm. Andere Wissenschaftler teilten diese Vorsicht nicht und wandten die Evolutionstheorie ohne Umschweife auf den Ursprung der menschlichen Art an. In ihren

Augen half der Darwinismus bei der Erklärung der bemerkenswerten Ähnlichkeit zwischen Menschen und Menschenaffen. Thomas Huxley hatte schon vor der Veröffentlichung des *Ursprung der Arten* anatomische Ähnlichkeiten zwischen Menschenaffen und Menschen erforscht. Huxley stieß dabei mit Richard Owen zusammen, der darauf bestand, daß das menschliche Gehirn ein einzigartiges Merkmal aufweise, den *Hippocampus major*. Auf einer Tagung der *British Association for the Advancement of Science* im Jahr 1860 erbrachte Huxley den Beweis, daß der *Hippocampus major* auch in den Gehirnen von Menschenaffen vorhanden ist, und räumte damit einen möglichen Einwand gegen die These von der Abstammung des Menschen von affenähnlichen Vorfahren aus.

Mit dem von ihm gewohnten Selbstbewußtsein hatte Huxley schon vor der Tagung an seine Frau geschrieben: "Nächsten Freitag werden sie davon überzeugt sein, daß sie Affen sind!"

Huxley beschränkte sich nicht darauf, seine Kollegen von dieser Behauptung zu überzeugen. Vor Arbeitern hielt er eine Reihe von Vorträgen, in denen er über den evolutionären Zusammenhang zwischen Menschen und niederen Tieren sprach, und 1863 veröffentlichte er *Man's Place in Nature,* eine populäre Zusammenfassung seiner Hypothese von der Abstammung des Menschen von einem affenähnlichen Geschöpf nach dem Muster der Darwinschen Evolutionstheorie. In diesem Buch wies Huxley detailliert die Ähnlichkeit der menschlichen Anatomie mit jener von Schimpansen und Gorillas nach. Das populäre Buch rief heftigste Kritik hervor, verkaufte sich aber gut. Bis heute führen Wissenschaftler die anatomische Ähnlichkeit zwischen Menschen und Menschenaffen als Argument für die Abstammung des Menschen von affenähnlichen Vorfahren an.

Inzwischen hat die wissenschaftliche Argumentation die Molekularebene erreicht und den Beweis dafür erbracht, daß eine 99prozentige Übereinstimmung zwischen den DNS-Reihen menschlicher Gene und entsprechender Schimpansengene besteht. Dies läßt mit Sicherheit auf eine enge Verwandtschaft zwischen Menschen und Schimpansen schließen. Geht man aber noch einen Schritt weiter, so weisen die gemeinsamen biochemischen Mechanismen lebender Zellen auf eine Verwandtschaft aller lebenden Organismen hin. Doch erfahren wir aus dem bloßen Vorhandensein von Ähnlichkeitsmustern noch nichts über die Art dieser Verwandtschaft. Grundsätzlich könnte es sich um eine auf Abstammung basierende Verwandtschaft nach dem Muster der Darwinschen Evolution handeln, aber es könnte auch etwas ganz anderes sein. Um eine evolutionäre Abstammung zu erweisen, müßte der physische Nachweis für die Übergangsformen menschenähnlicher Vorfahren erbracht werden.

Zu dieser Frage soll hier der Hinweis genügen, daß die Interpretation molekularer Ähnlichkeitsmuster im Sinne eines genealogischen Stammbaums mehr oder weniger bereits voraussetzt, daß diese Muster das Ergebnis eines evolutionären Prozesses sind, als den Beweis für diese These selbst zu liefern. Überdies beruht die zeitliche Einordnung dieser Verwandtschaftsmuster auf archäologischen und paläoanthropologischen Untersuchungen früher menschlicher oder fastmenschlicher Populationen. So stützen sich letztlich alle Versuche, die Evolution der Arten (insbesondere der menschlichen Art) aufzuzeigen, notgedrungen auf die Deutung von Fossilien und anderen Überbleibseln, wie sie in den Erdschichten gefunden werden.

Als Darwin 1859 den *Ursprung der Arten* veröffentlichte, lagen einige entscheidende Funde hinsichtlich der Herkunft des Menschen bereits vor. Etwa 15 Jahre zuvor hatte Édouard Lartet bei Sansan in Südfrankreich in einer Schicht aus dem Miozän die ersten Knochenreste des *Pliopithecus*, eines ausgestorbenen Primaten, gefunden, den man für den Stammvater der heutigen Gibbons hielt. Über seine Entdeckung schrieb Lartet 1845: "Auf diesem Stück Erde lebten einst Säugetiere, die auf einer viel höheren Stufe standen, als jene, die es heute hier gibt. [...] Verschiedene Stufen der Rangleiter tierischen Lebens waren hier vertreten, bis hinauf zum Menschenaffen. Eine höhere Form, die menschliche Art, ist nicht gefunden worden; von ihrer Abwesenheit in diesen frühen Schichten dürfen wir jedoch nicht voreilig darauf schließen, daß sie nicht existierte" (Boule und Vallois 1957, S.17f.).

Lartet deutete damit an, daß es im Miozän, vor mehr als 5 Millionen Jahren, schon menschliche Wesen gegeben haben mochte - ein Gedanke, der bei heutigen Wissenschaftlern auf wenig Gegenliebe stoßen würde.

1856 berichtete Lartet über den *Dryopithecus*, einen fossilen Menschenaffen, den Alfred Fontan bei Sansan gefunden hatte. Dieser Miozänaffe sei, so heißt es, mit den modernen Schimpansen und Gorillas anatomisch verwandt. Obwohl die Darwinisten im *Pliopithecus* und *Dryopithecus* mögliche ferne Vorfahren des Menschen und moderner Menschenaffen entdeckt hatten, gab es keine fossilen Überreste von Zwischenformen, die den Menschen mit diesen Primaten aus dem Miozän verbunden hätten. Doch im gleichen Jahr, als Lartet über den *Dryopithecus* berichtete, kam in Deutschland im Neandertal der erste Beweis für die mögliche Existenz vormenschlicher Zwischenformen ans Licht.

Die Neandertaler

In der zweiten Hälfte des 17. Jahrhunderts wanderte ein zweitrangiger deutscher religiöser Dichter und Komponist manchmal durch das Tal der Düssel, in stillem Einvernehmen mit der Natur. Er schrieb unter dem Pseudonym Neander, und nach seinem Tod nannten die Einheimischen das Tal Neandertal. Zwei Jahrhunderte später kamen auch andere Menschen in das anmutige kleine Tal der Düssel, um im Dienste der preußischen Bauindustrie Kalkstein abzubauen. Eines Tages im August 1856 entdeckten ein paar Arbeiter, die in der hoch an einem steilen Talhang gelegenen Feldhofer-Höhle Erde abtrugen, menschliche Knochenreste und übergaben sie einem Herrn Beckershoff. Der schickte später ein Schädeldach und einige andere große Knochen an J. Carl Fuhlrott, einen Schullehrer aus der Gegend, der für seine naturgeschichtlichen Interessen bekannt war. Fuhlrott sah in den Knochen einen möglichen Beweis für das große Alter des Menschengeschlechts und gab sie seinerseits weiter an Hermann Schaaffhausen, Anatomieprofessor an der Universität Bonn.

Die meisten damaligen Wissenschaftler, die sich mit der Frage nach der Herkunft des Menschen befaßten, waren der Ansicht, daß Europa einst von einer primitiven, rundschädeligen Rasse bewohnt wurde, die Stein- und Bronzewerkzeuge benutzte. Diese Rasse sei später von langschädeligen Eindringlingen verdrängt worden, die den Gebrauch des Eisens kannten. Eine evolutionäre Verbindung zwischen den beiden Rassen wurde nicht in Betracht gezogen. 1857 hielt Schaaffhausen in Deutschland einige Vorträge auf wissenschaftlichen Tagungen, worin er den neuentdeckten Neandertal-Menschen als den Vertreter einer "barbarischen urtümlichen Rasse" bezeichnete, die vielleicht von jenen wilden Bewohnern Nordwesteuropas abstammte, die von verschiedenen römischen Autoren (darunter Vergil und Ovid) erwähnt werden. Schaaffhausen lenkte die Aufmerksamkeit vor allem auf die primitiven Merkmale des Neandertal-Schädels - die dicke Knochenstruktur und die ausgeprägten Augenbrauenbögen -, die ihn von Schädeln des modernen Menschen unterschieden und als Beweis für sein hohes Alter dienen sollten. Von anderer Seite wurde die Auffassung laut, es handle sich einfach um einen durch Krankheit schwer entstellten neuzeitlichen Schädel. Die Sache ruhte bis 1859, als Darwins *Ursprung der Arten* erschien und hitzige Spekulationen über die Abstammung des Menschen von primitiveren affenähnlichen Geschöpfen auslöste.

Die Entdeckung des Neandertalers war fortan nicht mehr bloß ein Diskussionsthema für die Mitglieder der *Naturgeschichtlichen Gesellschaft des Preußischen Rheinlandes und Westfalens.* Jetzt betrat die naturwissenschaftliche Prominenz Europas die Szene, um ihr Urteil abzugeben. Charles Lyell, damals anerkanntermaßen der hervorragendste Geologe der Welt, kam nach Deutschland und untersuchte eigenhändig sowohl die Fossilien als auch die Höhle, in der sie gefunden worden waren. Seiner Meinung nach konnte aus dem Neandertalerskelett nichts Endgültiges geschlossen werden. Zunächst einmal war der Fund "zu isoliert und außergewöhnlich" (Lyell 1863, S. 375). Wie konnten anhand eines einzigen Knochenfundes Verallgemeinerungen über die menschliche Vorgeschichte angestellt werden, auch wenn einige der Knochen zufälligerweise "abnorme und affenähnliche" Züge aufwiesen? Auch war das Alter der Knochen, wie Lyell meinte, "zu unsicher". Die ungeschichteten Höhlenablagerungen, in denen sie gefunden worden waren, konnten keiner bestimmten geologischen Periode zugewiesen werden. Mit zusätzlichen Tierknochen wäre das Alter des Neandertal-Menschen leichter zu bestimmen gewesen, aber man hatte keine gefunden.

Viele Wissenschaftler, vor allem jene, die den Evolutionstheorien feindlich gegenüberstanden, waren der Auffassung, das Skelett eines krankhaft mißgestalteten Menschen aus jüngerer Zeit vor sich zu haben. So glaubte z. B. der deutsche Anatom Rudolf Virchow, die ungeschlachten Merkmale des Neandertal-Funds könnten als rachitische und arthritische Mißbildungen erklärt werden. Dreißig Jahre nachdem er diese Meinung 1857 zum erstenmal geäußert hatte, hielt Virchow immer noch daran fest. Er verwarf auch den

Gedanken, die Neandertal-Knochen könnten ein Stadium in der Evolution des Menschen aus niederen Arten repräsentieren.

"Die Vorstellung, daß der Mensch sich aus Tieren entwickelte", sagte er, "ist meiner Ansicht nach völlig unannehmbar. Denn wenn ein solcher Übergangsmensch gelebt hätte, hätten wir Beweise für seine Existenz - die es nicht gibt. Das Geschöpf, das dem Menschen vorausging, ist eben noch nicht gefunden worden" (Wendt 1972, S. 57f.).

Nun wurde ein alter Schädel in die Diskussion gebracht, der beim Bau der Befestigungsanlagen von Gibraltar 1848 in Forbes' Steinbruch zum Vorschein gekommen war. Nachforschungen ergaben, daß der fossile Schädel dem Exemplar aus der Feldhofer-Höhle ziemlich ähnlich war. George Busk, Professor für Anatomie am Royal College of Surgeons, schrieb 1863: "Der Schädel von Gibraltar trägt immens viel zum wissenschaftlichen Wert des Neandertal-Fundes bei, zeigt er doch, daß letzterer keine [...] bloße individuelle Abnormität darstellt, sondern vielleicht für eine Rasse charakteristisch war, die vom Rhein bis zu den Säulen des Herkules lebte. [...] selbst Professor Mayer wird kaum annehmen, daß ein am Feldzug von 1814 beteiligter rachitischer Kosak sich in eine verschlossene Spalte des Felsens von Gibraltar verkrochen hat" (Goodman 1982, S. 77).

1865 erklärte Hugh Falconer, der Gibraltar-Schädel repräsentiere "einen sehr tiefstehenden Menschentypus" - sehr tiefstehend und wild und von enormem Alter -, aber dennoch menschlich und kein Mittelding zwischen Mensch und Affe, und ganz gewiß nicht das *Missing link*" (Millar 1972, S. 62).

In ähnlicher Weise kam Huxley, nachdem er die detaillierten Zeichnungen des Neandertal-Schädels analysiert hatte, zu dem Schluß, daß die Neandertaler nicht das von Wissenschaftlern gesuchte *Missing link* waren. Trotz der etwas primitiven Züge des Schädels und seines augenscheinlich hohen Alters war er nach Huxleys Auffassung dem modernen Typ ziemlich ähnlich, ähnlich genug jedenfalls, um als eine einfache Variante eingeordnet zu werden. Die meisten modernen Wissenschaftler stimmen mit Huxleys Analyse überein und sehen im Neandertaler einen späten Ableger vom Hauptstamm der menschlichen Evolution.

"Wo demnach müssen wir den ersten Menschen suchen?" fragte Huxley 1911. "Lebte der älteste *Homo sapiens* im Pliozän oder im

Miozän, oder war er sogar noch älter? Warten in noch älteren Schichten die versteinerten Knochen eines Affen, der menschenähnlicher, oder eines Menschen, der affenähnlicher ist als alle bisher bekannten, auf die Ausgrabungen eines noch nicht geborenen Paläontologen? Die Zeit wird es lehren."

Haeckel und der Darwinismus

Mögliche Zwischenformen zwischen Menschen und Affen interessierten den deutschen Anatomen Ernst Haeckel brennend. Haeckel, der sich auf Embryologie spezialisiert hatte, war ein leidenschaftlicher Verfechter von Darwins Evolutionstheorie. Berühmt war er für seine These, daß die Ontogenese, das schrittweise Wachstum eines tierischen (oder menschlichen) Embryos, die Phylogenese, d. h. die evolutionäre Entwicklung von einem einfachen einzelligen Organismus über Millionen Jahre hinweg zum heutigen Lebewesen, getreulich nachvollzieht. Diese Theorie, die sich unter der Überschrift "Ontogenese wiederholt Phylogenese" zusammenfassen läßt, ist allerdings im 20. Jahrhundert von wissenschaftlicher Seite lange Zeit abgelehnt worden.

Haeckel hatte seine Theorie durch Zeichnungen von Embryonen verschiedener Tierarten veranschaulicht. Bedauerlicherweise erwiesen sich einige seiner Zeichnungen als Fälschungen, und er mußte sich vor dem Senat der Universität Jena wegen betrügerischer Machenschaften verantworten. Zu seiner Verteidigung erklärte er: "Ein kleiner Prozentsatz meiner Embryonenzeichnungen sind gefälscht: nämlich jene, bei denen das vorliegende Material so unvollständig oder unzureichend ist, daß es uns zwingt, die fehlenden Teile aufgrund von Hypothesen und vergleichender Synthese zu ergänzen und zu rekonstruieren. Ich würde mich für zutiefst verworfen halten [...], stünden nicht Hunderte der besten Naturbeobachter und Biologen unter der gleichen Anklage" (Meldau 1964, S. 217).

Falls Haeckels weitreichende Anschuldigung stimmt, so kann dies für die Methodik der anatomischen Rekonstruktion, die bei vielen *Missing links*, mit denen wir uns hier auseinandersetzen, zur Anwendung kam, von großer Tragweite sein.

Haeckels Begeisterung für den Darwinismus war grenzenlos, und er zögerte nicht, dessen entscheidenden theoretischen Gedanken, daß nur die Fähigsten überleben, als Grundsatz seiner kompletten Weltanschauung zu proklamieren. Als ein früher Vertreter des Sozialdarwinismus erklärte er: "Ein grausamer und unaufhörlicher Kampf ums Leben ist die eigentliche Triebfeder des zwecklosen Dramas der Weltgeschichte. Eine 'moralische Ordnung' und einen 'Plan' können wir nur dann darin sehen, wenn wir den Triumph der unmoralischen Stärke und die ziellosen Eigenschaften des Organismus ignorieren. Macht kommt vor Recht, solange der Organismus existiert" (Haeckel 1905, S. 88).

Haeckel war einer der ersten, der für die Phylogenese einen Stammbaum zusammenstellte, auf dem verschiedene Gruppen von Lebewesen einander in verwandtschaftlichen Beziehungen zugeordnet sind wie Äste und Zweige, die aus einem gemeinsamen Stamm herauswachsen. Auf dem Wipfel dieses Baumes ist der *Homo sapiens* zu finden. Sein direkter Vorfahre war der *Homo stupidus*, ein "echter, aber unwissender Mensch". Und vor ihm kam *Pithecanthropus alalus*, der "Affenmensch ohne Sprachfähigkeit" - das *missing link.*

Haeckel veröffentlichte seine Ansichten zur menschlichen Evolution in den Büchern *Generelle Morphologie der Organismen* (1866) und *Naturgeschichte der Schöpfung* (1868), die einige Jahre früher als Darwins *Descent of Man* erschienen, worin Darwin Haeckels Arbeit seine Anerkennung aussprach.

Haeckel glaubte, daß die Menschen aus einem in Südasien oder Afrika beheimateten Primatenvorfahren hervorgegangen waren: "Betrachtet man die außerordentliche Ähnlichkeit zwischen den niedrigsten wollhaarigen Menschen und den höchststehenden menschenähnlichen Affen [...], so ist nur wenig Vorstellungskraft nötig, um sich zwischen den beiden ein Bindeglied auszumalen" (Spencer 1984, S. 9).

Die Suche beginnt

In seinem Buch *The Antiquity of Man*, das zum erstenmal 1863 veröffentlicht wurde, vertrat Charles Lyell wie Huxley und Haeckel die Auffassung, daß eines Tages die Fossilien eines zwischen Affe und Mensch stehenden Lebewesens gefunden werden würden. Als Fundorte seien "die Länder der Menschenaffen [...] die tropischen

Regionen Afrikas und die Inseln Borneo und Sumatra" am wahrscheinlichsten (Lyell 1863, S. 498).

Irgendwann vor dem Miozän-Zeitalter, so glaubte man, muß sich der erste menschliche Vorfahre vom Zweig der Altweltaffen getrennt haben. Wie Darwin selbst feststellte (1871, S. 520): "Wir sind weit davon entfernt zu wissen, vor wie langer Zeit der Mensch sich vom Stamm der Catarrhinen ['Schmalnasen', d. h. Altweltaffen] löste; es kann aber schon in einer so frühen Epoche wie dem Eozän geschehen sein; denn daß die höheren Affen sich von den niederen bereits im Oberen Miozän getrennt haben, zeigt die Existenz des *Dryopithecus.*"

Dryopithecus gilt auch heute noch als früher Vorfahre der anthropoiden oder menschenähnlichen Affen, wozu die Gorillas, Schimpansen, Gibbons und Orang Utans gehören. Wie erwähnt, war es Alfred Fontan, der den *Dryopithecus* in der Nähe von Sansan in der französischen Pyrenäenregion entdeckte. Der Fund wurde 1856 der wissenschaftlichen Welt von Edouard Lartet mitgeteilt, der ihm auch seinen Namen - "Waldaffe" - gab. 1868 berichtete Louis Lartet, Edouard Lartets Sohn, von fossilen Überresten der ältesten unzweifelhaft modernen Menschen, die in der Nähe von Cro-Magnon in Südwestfrankreich gefunden wurden. In neuerer Zeit hat man die Cro-Magnon-Funde auf ein Alter von 30 000 bis 40 000 Jahre datiert.

Generell suchte Lyell das Auftreten anatomisch moderner Menschen in einem weiter zurückliegenden Zeitalter - aber nicht zu weit zurück: "Wir können nicht erwarten, in den Miozän-Schichten auf menschliche Knochen zu stoßen, wo alle Säugetierarten und fast alle Säugetiergattungen zu Formen gehören, die sich von den heute lebenden stark unterscheiden; und wenn damals ein anderes denkendes Wesen menschlicher Art gewirkt hätte, so dürften Spuren seiner Existenz in Form von Stein- oder Metallwerkzeugen wohl kaum unserer Aufmerksamkeit entgangen sein" (Lyell 1863, S. 399).

Diese Überlegung knüpft die menschlichen Ursprünge direkt an die zeitliche Abstammungsfolge von Säugetierarten und wirkt damit aus heutiger Sicht implizit als evolutionär. Allerdings schlug Lyell (1863, S. 499) auch vor, ein endgültiges Urteil über die menschliche Evolution solange aufzuschieben, bis man eine große Anzahl von Fossilien gefunden hätte, die eine Verbindung zwischen dem modernen Menschen und dem *Dryopithecus* bestätigten: “Eines künftigen Tages, wenn womöglich viele hundert Arten ausgestorbener Quadrumanen [Primaten] ans Licht gekommen sind, kann der Naturforscher vielleicht mit Gewinn über dieses Thema nachsinnen.”

Darwin spricht

Sowohl Huxley als auch Haeckel und Lyell haben wichtige Bücher geschrieben, die sich mit der Frage der Ursprünge des Menschen befaßten, und sie sind darin Darwin zuvorgekommen. Denn dieser ist in *The Origin of Species* einer Beschäftigung mit dieser Frage absichtlich aus dem Weg gegangen. 1871 endlich kam Darwin mit seinem eigenen Buch, *Descent of Man* (Die Abstammung des Menschen), heraus. Für die Verzögerung hatte Darwin eine Erklärung parat (1871, S. 389): “Während vieler Jahre trug ich Notizen über den Ursprung und die Abstammung des Menschen zusammen. Ich hatte nicht die Absicht, dazu etwas zu publizieren, vielmehr schien es mir entschieden angebracht, nichts zu veröffentlichen, war ich doch der Meinung, die Vorurteile gegenüber meinen Ansichten dadurch nur noch zu verstärken. Der Hinweis in der ersten Ausgabe meines ‘Origin of the Species’, daß dieses Werk ‘Licht auf den Ursprung des Menschen und seine Geschichte werfe’, schien mir zu genügen; daraus ergibt sich nämlich, daß der Mensch bei jeder allgemeinen Schlußfolgerung hinsichtlich seiner Erscheinungsform auf dieser Erde gemeinsam mit anderen organischen Formen betrachtet werden muß.”

In *Descent of Man* bestritt Darwin mit bemerkenswerter Offenheit der menschlichen Art jeden Sonderstatus. “Wir erfahren also, daß der Mensch von einem haarigen, geschwänzten Vierfüßer abstammt, der wahrscheinlich auf Bäumen lebte und ein Bewohner der Alten Welt war. [...] Die höheren Säugetiere leiten sich wahrscheinlich von einem alten Beuteltier her, und dieses geht über eine lange Reihe verschiedenartigster Formen auf eine amphibienähnliche Kreatur zurück, die ihrerseits wiederum von einem fischähnlichen Tier herrührt. Im verschwommenen Halbdunkel der Vergangenheit können wir erkennen, daß der frühe Vorfahre aller Wirbeltiere ein Wassertier gewesen sein muß, [...] den Larven der heute existierenden meeresbewohnenden Aszidien ähnlicher als irgendeiner anderen bekannten Form" (Darwin 1871, S. 911).

Es war eine kühne Feststellung, die allerdings der überzeugendsten Form des Beweises ermangelte – fossiler Überreste von Arten, die den Übergang von den alten Dryopithezinen zum modernen Menschen repräsentiert hätten.

Fehlende Beweise für mögliche Übergangsformen liefern vielleicht keinen stichhaltigen Gegenbeweis gegen die Evolutionstheorie, aber man kann geltend machen, daß solche Formen vonnöten sind, um diese Theorie zu erhärten. Doch abgesehen von den Neandertaler-Schädeln und ein paar anderen Entdeckungen der modernen Morphologie, über die nur wenig bekannt war, gab es keine hominiden Fossilienfunde. Diese Tatsache diente schon bald all jenen als Munition, die Darwins Behauptung, daß die Menschen affenähnliche Vorfahren hätten, nicht folgen wollten. Wo denn, fragten sie, waren die fossilen Beweise?

Darwin selbst (1871, S. 521) suchte sich zu verteidigen, indem er auf die Unvollständigkeit des Fossilienbefundes Bezug nahm: "Was die fehlenden Fossilien betrifft, die die Verbindung zwischen dem Menschen und seinen affenähnlichen Vorfahren herstellen sollen, so wird niemand dieser Tatsache zuviel Gewicht beimessen. [...] Man sollte auch nicht vergessen, daß jene Gegenden, in denen Fossilienfunde, die eine Verbindung zwischen dem Menschen und irgendwelchen ausgestorbenen affenähnlichen Kreaturen herstellen, am wahrscheinlichsten zu erwarten sind, geologisch noch unerforscht sind."

Lyell (1863, S. 146) hatte dahingehend argumentiert, daß es nicht "Teil des Plans der Natur [sei], einzelne Pflanzen und Tiere, die einmal gelebt haben, dauerhaft und in großer Zahl zu dokumentieren". Die Natur neige dazu, regelmäßig ihre "Ablagen" zu leeren (Lyell 1863, ebd.). Er wies auch darauf hin, daß Forscher, die versucht hatten, menschliche Fossilien aus Ablagerungen auf dem Meeresboden heraufzuholen, ebenfalls erfolglos geblieben waren.

Bis heute ist die Unvollständigkeit des fossilen Befundes in der Paläontologie ein kritischer Faktor geblieben. In den meisten populären Darstellungen der Evolution wird die Vorstellung vermittelt, daß Sedimentschichten einen kompletten und unstrittigen Befund der fortschreitenden Entwicklung irdischen Lebens aufbewahren. Doch konnten Geologen, die sich mit der Sache befaßt haben, mit mancher erstaunlichen Entdeckung aufwarten. Tjeerd H. van Andel beispielsweise untersuchte eine Schichtfolge von Sandstein- und Schiefertonablagerungen in Wyoming, die offenbar zumindest teilweise einmal unter einer größeren Wassermasse gelegen hatten, die etwa dem heutigen Golf von Mexiko entsprach. Die Ablagerungsgeschwindigkeit von Sedimenten im Golf von Mexiko ist bekannt. Als van Andel diese Geschwindigkeitsraten auf die Wyoming-Schichten anwandte, kam er zu dem Ergebnis, daß die Ablagerung dieser Schichten innerhalb von 100 000 Jahren erfolgt sein müsse. Und doch waren sich Geologen und Paläontologen darin einig, daß die Schichtfolge einen Zeitraum von 6 Millionen Jahren umfaßte. Das heißt, es fehlen 5,9 Millionen Jahre, die sich in geologischen Schichten hätten niederschlagen müssen. Van Andel (1981, S. 397) konstatierte: "Wir können das Experiment anderswo wiederholen und werden doch unweigerlich feststellen, daß die vorgefundene Felsschicht nur einen kleinen Bruchteil, gewöhnlich bis 10 Prozent, der vorhandenen Zeit zu ihrer Formation gebraucht hat. [...] Danach hat es den Anschein, als wäre der geologische Befund überaus unvollständig."

Für den Fossilienbefund hat dies entschiedene Auswirkungen. Van Andel (1981, S. 398) gab zu verstehen, daß "Schlüsselelemente der Evolution vielleicht für alle Zeit außer Reichweite blieben".

J. Wyatt Durham, früherer Präsident der *Paläontologischen Gesellschaft*, wies darauf hin, daß seit dem Kambrium vor etwa 600 Millionen Jahren theoretisch an die 4,1 Millionen Arten von Meereslebewesen existiert haben, die zu Fossilien hätten werden können, daß aber nur 93 000 fossile Arten verzeichnet worden sind. Durham (1967, S. 564) schloß daraus: "Zurückhaltend geschätzt kommt also auf jeweils 44 Arten wirbelloser Meerestiere mit harten Teilen seit Beginn des Kambriums gerade eine, die uns bekannt ist. Dieses Verhältnis scheint mir unrealistisch zu sein; 1 von 100 ist wahrscheinlich näher an der Realität."

Was hat das alles mit der menschlichen Evolution zu tun? Nach einer allgemein verbreiteten Vorstellung zeichnen sich aus dem fossilen Befund, auch wenn wir nicht jede Einzelheit kennen, die Grundlagen einer in ihren Umrissen wahren Geschichte ab. Aber dies muß durchaus nicht der Fall sein. Können wir wirklich mit völliger Sicherheit sagen, daß es in fernen, längst vergangenen

Zeiten keine Menschen des modernen Typs gab? Van Andels Ergebnisse besagen nicht mehr und nicht weniger, als daß aus einem Zeitraum von 6 Millionen Jahren in den erhaltenen Schichten vielleicht nur 100 000 Jahre repräsentiert sind. In den nichtregistrierten 5,9 Millionen Jahren hätten selbst fortgeschrittene Zivilisationen genügend Zeit gehabt, nahezu spurlos zu kommen und zu gehen.

Der geologische Zeitplan

Die Geschichte des irdischen Lebens kann nach Meinung der heutigen Paläontologen wie folgt zusammengefaßt werden. Vor etwa 4,6 Milliarden Jahren entstand die Erde, als sich das Sonnensystem bildete. Die ältesten Beweise für Leben sind Fossilien von einzelligen Organismen. Sie haben ein Alter von 3,5 Milliarden Jahren. Vermutlich haben bis vor ungefähr 630 Millionen Jahren überhaupt nur Einzeller auf der Erde existiert. Dann tauchten, so der fossile Befund, erstmals einfache mehrzellige Organismen auf.

Vor etwa 590 Millionen Jahren kam es zu einer explosionsartigen Vermehrung wirbelloser maritimer Lebensformen wie der Trilobiten. Dies markiert den Beginn des Paläozoikums und seiner ersten Phase, des Kambriums. Die ersten Fische sollen nach verbreiteter Auffassung im Ordovizium aufgetreten sein, das vor 505 Millionen Jahren begann, aber inzwischen sind auch schon Fische aus dem Kambrium entdeckt worden. Im Silur, das etwa vor 438 Millionen Jahren begann, erschienen laut fossilem Befund die ersten Landpflanzen auf der Bildfläche. Es sei jedoch vermerkt, daß Sporen und Pollen solcher Pflanzen bereits aus kambrischen und sogar präkambrischen Meeresformationen bekannt sind (Jacob et al. 1953, McDougall et al. 1963, Snelling 1963, Stainforth 1966). Im Devon, das vor 408 Millionen Jahren seinen Anfang nahm, betraten die ersten Amphibien die Szene, auf die im Karbonzeitalter vor etwa 360 Millionen Jahren die frühen Reptilien folgten. An das Karbon schließt sich vor etwa 286 Millionen Jahren das Perm an, mit dem auch das Paläozoikum endet.

Der nächste Abschnitt ist das Trias, das vor ungefähr 248 Millionen Jahren begann und durch das Auftreten der ersten Säugetiere gekennzeichnet ist. Im darauf folgenden Jura, das 213 bis 144 Millionen Jahre zurückliegt, wiesen Paläontologen erstmals Vögel nach. Jura und Trias und die anschließende Kreidezeit werden unter der Bezeichnung Mesozoikum zusammengefaßt und sind als Zeitalter der Dinosaurier berühmt geworden. Am Ende der Kreidezeit vor etwa 65 Millionen Jahren starben die Dinosaurier auf geheimnisvolle Weise aus.

Es folgt die Ära des Känozoikums. Der Name Känozoikum setzt sich aus zwei griechischen Wörtern für "neu" und "Leben" zusammen. Es wird in sieben Abschnitte unterteilt: Paläozän, Eozän, Oligozän, Miozän, Pliozän, Pleistozän und als jüngste Periode schließlich das Holozän, das 10 000 bis 12 000 Jahre alt ist.

Die geologischen Zeitabschnitte wurden weitgehend im 19. Jahrhundert festgelegt, und zwar auf der Grundlage stratigraphischer Überlegungen. Anfangs gab es keinerlei Möglichkeit, diese Phasen mit quantitativen Daten zu korrelieren, weshalb die Geologen sich einer qualitativen Einteilung bedienten - man sagte von einer bestimmten Periode einfach, sie sei einer anderen vorausgegangen oder auf sie gefolgt. Im 20. Jahrhundert begannen die Wissenschaftler mit der Zuordnung quantitativer Daten, die mittels Radiometrie gewonnen wurden. Und diese Daten werden bis zum heutigen Tag immer wieder revidiert. Deshalb sind heute bei den verschiedenen Geologen und Paläontologen zahlreiche annähernd gleichwertige Datensysteme in Gebrauch.

Im allgemeinen werden in diesem Buch die oben angeführten Zahlenangaben zugrunde gelegt. In jüngerer Zeit wurde der Beginn des Pliozäns auf eine Zeit festgesetzt, die zwischen 2,7 und 15 Millionen Jahre zurückliegt; Wirbeltier-Paläontologen sprechen meist von 10 bis 12 Millionen Jahren. Andere Wissenschaftler sind mittels der Kalium-Argon-Datierungsmethode auf ein Alter von 4,5 bis 6 Millionen Jahre für den Beginn des Pliozäns gekommen (Berggren und van Couvering 1974).

Die Trennlinie zwischen Pliozän und Pleistozän fällt mit dem Ausgang des Kalabriums zusammen, einer maritimen Formation mit Fundorten in Italien, die andererseits, wie man heute meint, nur etwa 1,8 Millionen Jahre alt ist. Hier ist allerdings die terrestrische Säugetier-Fauna des Pliozäns und Pleistozäns von vorrangiger Bedeutung, da Frühmenschenfunde normalerweise auf der Grundlage der Vergesellschaftung mit Säugetierknochen datiert werden. Eine mit dem Pliozän und Pleistozän in Verbindung stehende und wegen ihrer Fauna maßgebende Periode ist das Villafranchien, das in eine frühe, mittlere und späte Phase unterteilt wird. Es begann vor 3,5 bis 4 Millionen Jahren und endete vor 1 bis 1,3 Millionen Jahren. Da viele Wirbeltier-Paläontologen das Villafranchien gänzlich dem Pleistozän zuordneten, wurde dessen Beginn oft mit einem Alter von 3,5 bis 4 Millionen Jahren angegeben. Nach heutiger Ansicht jedoch verteilt sich das Villafranchien auf Pleistozän und Pliozän, und das Ausgangsdatum des Kalabriums von 1,8 bis 2 Millionen Jahren wird mit dem Beginn des Pleistozäns gleichgesetzt (Berggren und van Couvering 1974).

Wenn man für eine Fundstätte des 19. Jahrhunderts mit Fauna aus dem Villafranchien (oder späteren Datums) quantitative Daten erhalten will, ist es demnach am besten, sich auf moderne Schätzungen des Alters der jeweiligen Fundstätte in Jahreszahlen zu beziehen. Fundstätten, deren fossile Fauna älter als das Villafranchien ist, gehören ins Frühe Pliozän oder müssen noch älteren Perioden zugeordnet werden.

Kundige Geologen haben schon oft ihre Unzufriedenheit mit der etablierten Periodisierung zum Ausdruck gebracht, z. B. Edmund M. Spieker (1956, S. 1803) in einem Vortrag vor der *American Association of Petroleum Geologists*: "Ich frage mich, wie viele von uns sich vor Augen führen, daß die Zeitskala in ihrer heutigen Form bereits um 1840 festgelegt war. [...] Wie sahen um 1840 die geologischen Kenntnisse über die Welt aus? Man kannte sich ein bißchen in Westeuropa aus, aber nicht zu gut, und noch etwas weniger am Rand des östlichen Nordamerika. Ganz Asien, Afrika, Südamerika und der größte Teil von Nordamerika waren praktisch unbekannt. Wie konnten die Pioniere nur annehmen, daß ihre Einteilung sich auf Felsbildungen in jenen riesigen Gebieten anwenden ließe, die den weit größeren Teil der Erde ausmachen?"

Das Auftreten der Hominiden

Die ersten affenähnlichen Lebewesen traten im Oligozän auf, das vor etwa 38 Millionen Jahren begann. Die ersten Affen, von denen man annimmt, daß sie zur Abstammungslinie des Menschen gehören, erschienen im Miozän vor 5 bis 25 Millionen Jahren. Dazu gehören *Proconsul africanus* aus der Gattung der Dryopithezinen und *Ramapithecus*, der heute als Vorfahre des Orang Utans gilt.

Dann kam die Periode des Pliozäns, in der, wie es heißt, die ersten Hominiden oder aufrecht gehenden, menschenähnlichen Primaten im fossilen Befund greifbar werden. Der Begriff Hominide sollte von dem taxonomischen Überbegriff Hominoide geschieden werden, der Menschenaffen und Menschen zusammenfaßt. Der älteste bekannte Hominide ist *Australopithecus,* der "Südaffe"; mit einem Alter von 4 Millionen Jahren reicht er bis ins Pliozän zurück.

Dieses dem Menschen nahestehende Geschöpf, sagen Wissenschaftler, war zwischen 1,20 Meter und 1,50 Meter groß und besaß ein Gehirnvolumen von 300 bis 600 Kubikzentimetern. Vom Hals abwärts soll der *Australopithecus* dem modernen Menschen schon sehr ähnlich gewesen sein, wohingegen der Kopf affenähnliche Züge mit einigen menschlichen Merkmalen vereinte.

Ein Zweig des *Australopithecus,* der sogenannte "grazile" oder leichtere Typ, gilt als Vorfahre des vor 2 Millionen Jahren zu Beginn des Pleistozäns auftretenden *Homo habilis*, der dem Australopithecus ähnlich ist, dem aber ein größeres Gehirnvolumen (zwischen 600 und 750 Kubikzentimetern) zugesprochen wird.

Aus dem *Homo habilis* entwickelte sich nach heutiger Lehrmeinung vor etwa 1,5 Millionen Jahren der *Homo erectus* (die Art, zu der auch der Java- und der Peking-Mensch gehören).

Der *Homo erectus* mag zwischen 1,50 Meter und 1,80 Meter groß gewesen sein. Sein Gehirnvolumen schwankte zwischen 700 und 1300 Kubikzentimetern. Die meisten Paläanthropologen glauben heute, daß vom Hals abwärts der *Homo erectus*, entsprechend dem *Australopithecus* und dem *Homo habilis*, fast wie ein moderner Mensch aussah. Die Stirn jedoch wich nach wie vor hinter den massiven Augenbrauenbögen zurück, Kiefer und Gebiß waren sehr stark ausgeprägt, und dem Unterkiefer fehlte das Kinn. Der *Homo erectus* lebte in Afrika, Asien und Europa bis vor ungefähr 200 000 Jahren.

Die Paläanthropologen sind der Auffassung, daß der anatomisch moderne Mensch, *Homo sapiens sapiens*, sich allmählich aus dem *Homo erectus* entwickelte. Erstmals vor etwa 300 000 oder 400 000 Jahren soll der frühe oder archaische *Homo sapiens* auf der Bildfläche erschienen sein. Sein Gehirnvolumen entsprach nahezu dem des modernen Menschen, doch zeigten sich an ihm, wenn auch in geringerem Maße, noch Charakteristiken des *Homo erectus* wie das dicke Schädeldach, die fliehende Stirn und die mächtigen

Augenbrauenbögen. Beispiele dieser Art zeigen die Funde von Swanscombe in England, Steinheim in Deutschland und Fontechavade und Arago in Frankreich. Weil diese Schädel in einem gewissen Umfang auch Charakteristika des Neandertalers aufweisen (Gowlett 1984, S. 85; Bräuer 1984, S. 328; Stringer et al. 1984, S. 90), werden sie auch als Prä-Neandertaler-Typen klassifiziert. Die meisten bekannten Paläanthropologen sind heute der Überzeugung, daß sowohl der anatomisch moderne Mensch als auch der klassische westeuropäische Neandertaler sich aus hominiden Formen vom Typ Prä-Neandertaler oder früher *Homo sapiens* entwikkelt haben (Spencer 1984, S. 1ff.).

Zu Anfang des 20. Jahrhunderts vertraten einige Wissenschaftler die Ansicht, daß die Neandertaler der letzten Eiszeit (als klassische westeuropäische Neandertaler bezeichnet) die direkten Vorfahren des modernen Menschen seien. Sie besaßen mehr Gehirnvolumen als der *Homo sapiens sapiens*. Ihre Gesichter und Kiefer waren um einiges größer, und sie hatten niedrigere Stirnen, die hinter mächtigen Augenbrauenbögen zurückwichen. Überreste der Neandertaler finden sich in 30 000 bis 150 000 Jahre alten Pleistozän-Ablagerungen. Als jedoch die Entdeckung des frühen *Homo sapiens* ein Alter von weitaus mehr als 150 000 Jahren ergab, war der klassische westeuropäische Neandertaler von der direkten Abstammungslinie, die vom *Homo erectus* zum modernen Menschen führt, ausgeschlossen.

Der als Cro-Magnon bekannte Menschentyp erschien in Europa vor annähernd 30 000 Jahren (Gowlett 1984, S. 118). In anatomischer Hinsicht waren die Cro-Magnon-Menschen modern. Der anatomisch moderne *Homo sapiens sapiens* erschien nach älterer wissenschaftlicher Auffassung überhaupt erst vor etwa 40 000 Jahren auf der Szene, doch haben im Lichte der südafrikanischen Border-Cave-Funde viele Fachleute dieses Datum auf 100 000 Jahre zurückverlegt (Rightmire 1984, S. 320f.).

Das Schädelvolumen moderner Menschen schwankt zwischen 1000 und 2000 Kubikzentimetern. Im Durchschnitt sind es um die 1350 Kubikzentimeter. Wie an den modernen Menschen der Gegenwart leicht festzustellen ist, besteht keine Korrelation zwischen Gehirngröße und Intelligenz. Es gibt überaus intelligente Menschen mit einem Gehirnvolumen von 1000 Kubikzentimetern und Minderbegabte, die auf 2000 Kubikzentimeter kommen.

Wann, wo und wie genau sich aus dem *Australopithecus* der *Homo habilis* und aus dem *Homo habilis* der *Homo erectus* und aus dem *Homo erectus* der moderne Mensch entwickelten, können heutige Darstellungen der menschlichen Ursprünge nicht erklären. Auf einer Aussage jedoch bestehen die Paläanthropologen, daß nur anatomisch moderne Menschen nach Amerika kamen. Die früheren Entwicklungsstadien, vom *Australopithecus* aufwärts, haben angeblich nur in der Alten Welt stattgefunden. Den Boden der Neuen Welt sollen Menschen erstmals vor etwa 12 000 Jahren betreten haben, wobei einige Wissenschaftler bereit sind, ein spätpleistozänes Datum von 25 000 Jahren zuzulassen.

Auch heute noch ist die Rekonstruktion der menschlichen Evolution voller Lücken. Es fehlt beispielsweise nahezu jeglicher fossiler Befund für den Übergang der Miozän-Affen zu den pleistozänen Vorfahren moderner Menschenaffen und Menschen, vor allem in dem Zeitabschnitt zwischen 4 und 8 Millionen Jahren.

Vielleicht werden eines Tages tatsächlich Fossilien gefunden, die die Lücken schließen werden. Dennoch – und das ist von größter Bedeutung – gibt es keinen Grund zu der Annahme, daß die Fossilien, die man finden wird, die Evolutionstheorie stützen werden. Was, wenn zum Beispiel fossile Überreste anatomisch moderner Menschen in geologischen Schichten auftauchen, die älter sind als jene, in denen die Dryopithezinen gefunden wurden? Selbst wenn anatomisch moderne Menschen sich als gleichaltrig mit dem *Dryopithecus* herausstellten oder auch nur auf ein Alter von 1 Million Jahren kämen (d. h. 4 Millionen Jahre jünger wären als der *Dryopithecus*, der im Spätmiozän verschwand), würde das schon ausreichen, um die heutige Darstellung der Ursprünge der Menschheit völlig über den Haufen zu werfen.

Tatsächlich sind solche Belege schon gefunden, in der Folgezeit jedoch unterdrückt worden oder wieder in Vergessenheit geraten. Viele kamen ans Licht unmittelbar nach der Veröffentlichung von Darwins *The Origin of Species*, während man zuvor außer dem Neandertaler kaum Bemerkenswertes entdeckt hatte. In den ersten Jahren des Darwinismus gab es noch keine festgeschriebene Geschichte der menschlichen Abstammung, die es zu verteidigen gegolten hätte, und es wurde über viele wissenschaftliche Entdekkungen berichtet, die heute in keiner Zeitschrift mehr Platz finden würden, die wissenschaftlich gesehen auch nur etwas respektabler wäre als die *Bild-Zeitung*. Die meisten dieser Fossilien und Artefakte wurden ausgegraben, bevor Eugène Dubois den Java-Menschen entdeckte, den ersten frühmenschlichen Hominiden zwischen dem *Dryopithecus* und dem modernen Menschen.

Überreste des Java-Menschen wurden in Ablagerungen aus dem Mittleren Pleistozän gefunden, die im allgemeinen auf ein Alter von 800 000 Jahren datiert werden. Diese Entdeckung wurde zum Eckstein der Evolutionstheorie. Seither erwarteten Wissenschaftler erst gar nicht mehr, Fossilien oder Artefakte anatomisch moderner Menschen in Ablagerungen gleichen oder höheren Alters zu finden. Geschah es doch, kamen sie (oder jemand, der klüger war) zu dem Schluß, daß dies unmöglich sei, und fanden einen Weg, um den Fund als Irrtum, Täuschung oder Schwindel zu diskreditieren. Vor der Entdeckung des Java-Menschen jedoch hatten angesehene Wissenschaftler der Zeit eine Reihe von Belegen für die Skelettreste anatomisch moderner Menschen in sehr alten Schichten gefunden. Und sie fanden auch zahlreiche Steinwerkzeuge verschiedenster Art und Tierknochen, die Spuren menschlicher Bearbeitung aufwiesen.

Einige epistemologische Grundsätze

Epistemologie oder Erkenntnistheorie wird in *Webster's New World Dictionary* (1978) als "die auf Studium beruhende Theorie von Ursprung, Natur, Methoden und Grenzen des Wissens" definiert. Es ist wichtig, wenn man mit der Untersuchung wissenschaftlichen Beweismaterials befaßt ist, sich der "Natur, Methoden und Grenzen des Wissens" stets zu vergewissern; sonst wird man leicht Opfer einer Reihe von Illusionen.

Eine entscheidende Illusion, manchmal als Illusion der "unangebrachten Konkretheit" bezeichnet, besagt, daß sich eine wissenschaftliche Untersuchung direkt mit Fakten beschäftigt und daß eine wissenschaftliche Argumentation, die sich auf Fakten beruft, Aussagen über die Wirklichkeit beweisen kann. Ein Beispiel: Man könnte vermuten, daß aus der Form fossiler Knochen geschlossen werden könne, der anatomisch moderne Mensch sei tatsächlich vor 100 000 Jahren in Afrika in Erscheinung getreten. So verstanden ließen sich auf der Grundlage bestimmter Fakten triftige Gründe dafür anführen, daß die Aussage "Anatomisch moderne Menschen traten vor 100 000 Jahren in Afrika Erscheinung" der Wahrheit entspricht. Wenn die Fakten Teil der Realität sind und die Beweisführung stimmig ist, muß die Schlußfolgerung richtig sein. Oder wir dürfen, unserer menschlichen Fehlbarkeit eingedenk, zumindest füglich darauf bauen, daß sie richtig ist.

In diesem Falle jedoch besteht das Problem darin, daß die Fakten der Paläanthropologie nicht unmittelbarer Bestandteil der Realität sind. Wird ein solches Faktum unter die Lupe genommen, löst es sich nämlich, wie sich zeigt, auf: in (1) Folgerungen, die auf weiteren "Fakten" beruhen, und (2) Behauptungen, jemand habe etwas zu einer bestimmten Zeit an einem bestimmten Ort gesehen. Die sogenannten "Fakten" erweisen sich als ein Netz von Argumentationen und Behauptungen, die sich auf Beobachtungen berufen.

In gewissem Maße trifft das auf alle wissenschaftlichen Fakten zu. Aber die Fakten der Paläanthropologie haben entscheidende Schwachstellen, auf die hingewiesen werden sollte. Zunächst einmal handelt es sich bei den Beobachtungen, die zu paläanthropologischen Fakten werden, der Sache gemäß um seltene Entdeckungen, die nicht nach Belieben wiederholt werden können. Manche Wissenschaftler haben auf diesem Gebiet ihr großes Renommee mit einigen wenigen Funden begründet, während andere, die große Mehrheit, im Laufe ihrer gesamten Karriere keine einzige bemerkenswerte Entdeckung gemacht haben.

Zweitens werden, sobald eine Entdeckung gemacht ist, wesentliche Beweisstücke zerstört; das Wissen darüber beruht allein auf dem Zeugnis der Entdecker. Zum Beispiel ist einer der wichtigsten Aspekte eines Fossils dessen stratigraphische Position. Ist das Fossil jedoch erst einmal aus der Erde genommen, ist der direkte Beweis für die Fundlage beseitigt, und wir müssen uns auf das Zeugnis des Ausgräbers oder der Ausgräberin über die ursprüngliche Position des Fundes verlassen. Natürlich läßt sich der Einwand machen, daß sich die ursprüngliche Lage des Fossils vielleicht aufgrund chemischer oder anderer Merkmale bestimmen läßt. Manchmal trifft das zu, manchmal aber auch nicht. Und wenn wir solche Urteile abgeben, müssen wir uns wiederum auf Berichte verlassen über die chemikalische Zusammensetzung und andere physikalische Eigenschaften der Schicht, in der das Fossil vorgeblich gefunden wurde.

Manchmal finden Leute, die wichtige Entdeckungen machen, nicht mehr an die Fundstelle zurück. Nach ein paar Jahren sind die

Fundorte fast unvermeidlich zerstört, vielleicht durch Erosion, durch eine paläanthropologische Vollgrabung oder kommerzielle Entwicklungen (den Abbau von Gestein, Hausbauaktivitäten usw.). Selbst moderne Ausgrabungen, die bis zur letzten Kleinigkeit alles peinlich genau registrieren, zerstören letztlich die Beweise, die sie dokumentieren, und hinterlassen zur Stützung vieler maßgeblicher Behauptungen nur schriftliche Zeugnisse. Und andererseits werden auch heute noch bei vielen wichtigen Funden die entscheidenden Details nur spärlich dokumentiert.

Wer sich vorgenommen hat, paläanthropologische Grabungsberichte zu verifizieren, muß deshalb mit großen Schwierigkeiten rechnen, sobald er Zugang zu den "wirklichen Fakten" sucht, auch wenn er an den Fundort reisen kann. Und natürlich machen es zeitliche und finanzielle Beschränkungen unmöglich, mehr als einen kleinen Prozentsatz aller wichtigen paläanthropologischen Fundstätten persönlich in Augenschein zu nehmen.

Ein drittes Problem ergibt sich daraus, daß die Fakten der Paläanthropologie selten - wenn überhaupt - einfach sind. Ein Wissenschaftler mag zwar zu Protokoll geben, daß "die Fossilien eindeutig aus einer frühpleistozänen Schicht auswittern". Aber diese dem Anschein nach so einfache Aussage kann auf vielen Beobachtungen und Schlußfolgerungen beruhen: So können geologische Verwerfungen im Spiel gewesen sein, mögliche Rutschungen sind nicht auszuschließen, das Vorhandensein oder Fehlen einer Schicht ausgewaschenen Bergschotters hat ebenso etwas zu bedeuten wie eine wieder aufgefüllte Rinne, usw. Und wenn man einen anderen Bericht von der Fundstelle liest, wird man womöglich feststellen, daß darin viele wichtige Einzelheiten erörtert werden, die der erste Augenzeuge nicht erwähnt hat.

Verschiedene Beobachter widersprechen einander manchmal, und ihre Sinneswahrnehmungen und Erinnerungen sind fehlerhaft. Ein Beobachter sieht an einem Fundort bestimmte Dinge, wohingegen er andere wichtige Hinweise übersieht. Einiges davon wird vielleicht von anderen Beobachtern wahrgenommen, was natürlich unmöglich wird, sobald der Fundort nicht mehr zugänglich ist.

Schließlich besteht auch noch die Möglichkeit des gezielten Betrugs. Das kann mit System vor sich gehen wie im Piltdown-Fall. Um dieser Form des Schwindels auf die Spur zu kommen, bedarf es detektivischer Fähigkeiten und aller Möglichkeiten eines modernen gerichtsmedizinischen Labors. Bedauerlicherweise gibt es immer Motive für absichtlichen oder unabsichtlichen Betrug, erwarten doch Ruhm und Ehre denjenigen, der mit der Suche nach einem Vorfahren des Menschen Erfolg hat.

Geschwindelt wird auch durch einfache Versäumnisse, wenn beispielsweise Beobachtungen, die nicht zu den erhofften Folgerungen passen, nicht niedergeschrieben werden. Wie wir in diesem Buch noch des öfteren sehen werden, haben Forscher manchmal sogar zugegeben, Artefakte in bestimmten Schichten festgestellt, dies aber nicht veröffentlicht zu haben, da sie nicht daran glaubten, daß diese Artefakte wirklich so alt sein könnten. Solche Verfälschungen etwa zu vermeiden, ist sehr schwierig, da unsere Sinneswahrnehmung unvollkommen ist; wenn wir also etwas sehen, das wir für nicht möglich halten, ist es nur natürlich zu meinen, daß wir uns getäuscht haben.

Die Mängel paläanthropologischer Fakten beschränken sich nicht auf die Ausgrabung von Gegenständen. Sie finden sich in ähnlicher Weise auch bei den modernen chemischen oder radiometrischen Datierungsverfahren. Einem Radiokarbondatum sollte, wie man meinen möchte, ein geradliniges Verfahren zugrunde liegen, das eine verläßliche Zahl ergibt: das Alter eines Gegenstandes. In Wirklichkeit stehen hinter solchen Datierungen komplexe Überlegungen hinsichtlich der Identität der Untersuchungsproben, ihrer Geschichte und möglichen Verunreinigung, was bedeuten kann, daß vorläufige Datierungen zurückgewiesen, andere hingegen akzeptiert werden. Die komplizierten Argumente, die dazu führen, werden selten ausführlich veröffentlicht. Auch hier also können die Fakten komplexer Natur, unvollständig und größtenteils unzugänglich sein.

Aufgrund der Unzulänglichkeiten paläanthropologischer Fakten kommen wir zu dem Schluß, daß wir uns auf diesem Forschungsgebiet weitgehend auf das vergleichende Studium von Ausgrabungs- und anderen Berichten beschränken müssen. Obwohl es in den Museen "konkrete Beweise" in der Form von Fossilien und Artefakten gibt, existieren die entscheidenden Befunde, die diesen Objekten Bedeutung verleihen, zum überwiegenden Teil nur in schriftlicher Form.

Da die Informationen, die man solcherart aus den paläanthropologischen Berichten und Darstellungen gewinnt, oft genug unvollständig sind, und da selbst die einfachsten paläanthropologischen Fakten komplexe, unlösbare Fragen aufwerfen, ist es schwierig, sich über die paläanthropologische Wirklichkeit eine verläßliche Meinung zu bilden. Es ist daher unerläßlich, die einzelnen Berichte auf ihre Qualität hin zu vergleichen.

Fundberichte können danach bewertet werden, wie gründlich die Forschung war, über die berichtet wird, und wie logisch und in sich stimmig die vorgelegten Argumente sind. Man kann in Betracht ziehen, inwieweit skeptische Einwände gegen eine Theorie überhaupt zugelassen und diskutiert wurden. Da schriftlich vermittelte Beobachtungen in gewisser Hinsicht immer auf den guten Glauben der Leser angewiesen sind, kann man auch Nachforschungen über die Qualifikation der Beobachter anstellen.

Wenn also verschiedene Berichte auf der Grundlage der genannten Kriterien gleichermaßen verläßlich zu sein scheinen, sollten sie auch gleich behandelt werden. Entweder werden sie zusammen akzeptiert oder zusammen zurückgewiesen oder als nicht gesichert angesehen. Falsch jedoch wäre es, die eine Gruppe von Berichten zu akzeptieren und die andere abzulehnen, und es wäre besonders falsch, die eine Gruppe als Beweis für eine bestimmte Theorie zu akzeptieren, während man die andere unter den Tisch fallen läßt und damit für künftige Forscher unzugänglich macht.

Wir haben dabei die Überzeugung gewonnen, daß trotz der Fortschritte, die die Paläanthropologie im 20. Jahrhundert gemacht hat, zwischen Fundberichten, die die gültige Schulmeinung stützen, und solchen, die sie in Frage stellen, qualitativ kein besonderer Unterschied besteht. Wir meinen daher, daß es wissenschaftlich unzulässig ist, die eine Gruppe zu akzeptieren und die andere abzulehnen. Das hat wesentliche Folgen für die Theorie von der menschlichen Evolution. Wenn wir die aus dem Rahmen fallenden Berichte zurückweisen und konsequenterweise auch die gegenwärtig akzeptierten Berichte ablehnen, dann berauben wir die Theorie von der menschlichen Evolution eines Gutteils ihrer auf Beobachtung beruhenden Beweise. Wenn wir aber beide Gruppen von Berichten akzeptieren, dann müssen wir auch die Existenz von intelligenten, werkzeugmachenden Lebewesen in einem so weit zurückliegenden Zeitalter wie dem Miozän oder sogar dem Eozän als gegeben hinnehmen. Wenn wir die in diesen Berichten vorgelegten Skelettbefunde akzeptieren, müssen wir noch weitergehen und auch die Existenz anatomisch moderner Menschen in dieser Zeit akzeptieren. Das aber widerspricht nicht nur der modernen Theorie von der menschlichen Evolution, sondern zieht auch unser ganzes Bild von der Evolution der Säugetiere im Känozoikum stark in Zweifel.

Es gibt in der modernen Geologie und Paläanthropologie eine Reihe von Kriterien, die wir für unsere Untersuchung als festen Bezugsrahmen akzeptieren, nämlich das System der geologischen Zeiteinteilung, die modernen radiometrischen Daten für diese Zeitperioden, die Abfolge von Faunaformen in aufeinanderfolgenden Abschnitten des Känozoikums und die Grundprinzipien der Stratigraphie.

Wenn wir aber eine so radikale Folgerung wie die eben genannte ziehen, dann könnte man genausogut auch diese Punkte in Frage stellen. Ein solcher Schluß liegt nahe, denn wenn Wissenschaftler sich über das evolutionsgeschichtliche Alter des Menschen völlig irren können, warum sollten wir dann erwarten, daß sie mit ihren Annahmen über die zeitliche Einordnung von Säugetierarten richtiger liegen?

In der Tat bedürfen die einzelnen Elemente unseres festen Bezugrahmens vielleicht wirklich einer Neubewertung. Für unsere Untersuchung ist es jedoch praktischer, an diesem geologischen und paläanthropologischen Bezugssystem trotz dessen möglicher Unzulänglichkeiten festzuhalten. Die Gesamtheit an greifbarem paläanthropologischen Beweismaterial vor Augen können wir jedoch auch unter diesen Voraussetzungen nur zu dem Schluß kommen, daß an unserem gewohnten Bild von der menschlichen Evolution etwas nicht stimmen kann.

Man könnte freilich das Argument vorbringen, daß auch die Existenz von Menschen in viel älteren Perioden, als derzeit noch für möglich gehalten wird, der Evolutionstheorie letztlich nicht widerspreche. Die Entwicklung des Menschen könnte einfach früher stattgefunden haben. Das Material, das wir vorlegen, läßt eine solche Deutung durchaus zu, und es ist in der Tat von den meisten Wissenschaftlern, die sich damit befaßten, so interpretiert worden. Ungeachtet dessen, welche Beweise für die Existenz von Menschen zu einer bestimmten Zeit auch präsentiert werden, die Annahme, daß sie sich aus früheren und niedrigeren Formen entwickelt haben, bleibt als Möglichkeit bestehen.

Es muß allerdings auch festgestellt werden, daß die Glaubwürdigkeit der Evolutionstheorie generell in Frage gestellt ist, sollte sich die empirische Basis der heutigen Auffassung von der Evolution des Menschen als fehlerhaft erweisen. Falls sich das imposante empirische Gebäude der Evolution vom *Australopithecus* zum *Homo sapiens* als bloßes Kartenhaus herausstellt, muß über die Entstehung des Menschen völlig neu nachgedacht werden.

In diesem Zusammenhang ist eine berühmte Bemerkung Einsteins bedenkenswert: "Es kann heuristisch nützlich sein, sich an das zu erinnern, was man beobachtet hat. Aber prinzipiell ist es ganz falsch, wenn man versucht, eine Theorie allein auf beobachtbaren Quantitäten zu begründen. In Wirklichkeit geschieht nämlich das Gegenteil. Es ist die Theorie, die festlegt, was wir beobachten können" (Brush 1974, S. 1167).

Wenn Einstein recht hat, und die Theorien sich ändern, dann müßten sich auch die Beobachtungen ändern. Und genau das finden wir in der Paläanthropologie bestätigt. Wie wir sehen werden, wurden Ende des 19. und Anfang des 20. Jahrhunderts paläanthropologische Beweise in großer Zahl angehäuft, um eine Theorie zu stützen, derzufolge im Pliozän, Miozän oder noch früher Menschen oder Fastmenschen lebten. Dieses Material wurde von seinen wissenschaftlichen Entdeckern nicht als außergewöhnlich betrachtet, da sie Theorien des menschlichen Ursprungs (meist im evolutionistischen Sinne Darwins) erwogen, die sich mit diesen Befunden vereinbaren ließen. Erst als sich die moderne Auffassung durchsetzte, wonach sich die Menschen im Pleistozän entwickelten, wurden diese Belege unannehmbar, und man verlor sie aus den Augen.

So sind die hier propagierten "neuen" Ideen natürlich älter als die etablierten, zu denen sie im Widerspruch stehen. Man könnte einwenden, daß diese alten Ideen vor vielen Jahren geziemend zurückgewiesen wurden und daß es absurd wäre, sie jetzt wieder auferstehen zu lassen. Schließlich ist die Wissenschaft nicht stehengeblieben, und die Methoden, die wir heute benutzen, sind den vor hundert Jahren angewandten weit überlegen. So können wir heute beispielsweise Fundproben mit Hilfe der Atomphysik datieren, und das Verfahren der Taphonomie wurde entwickelt, um zu erklären, wie Materialien sich beim Verbrennen verändern.

Andererseits aber darf man nicht a priori davon ausgehen, daß heutige paläanthropologische Studien die früheren an Gründlichkeit weit übertreffen und auch konzeptionell und methodologisch wesentlich überlegen sind. Die Existenz neuer Datierungsmethoden schließt die Richtigkeit alter stratigraphischer Untersuchungen nicht aus. Die Stratigraphie bleibt vielmehr ein wesentliches Mittel der paläanthropologischen Forschung. Neue Methoden können auch zu neuen Fehlerquellen führen, und manche scheinbar neuen Disziplinen (wie die Taphonomie) wurden bereits früher unter anderem Namen ausgiebig angewandt.

Hinzu kommt, daß immer noch außergewöhnliche Funde gemacht werden. Doch wie George Carter nachgewiesen hat, ist die Akzeptanz eines Fundes oder einer Idee um so geringer, je weiter diese von der herrschenden Lehrmeinung wegführen. Im Laufe der Zeit und mit dem Wandel der Theorien ändert sich mitunter auch der Status außergewöhnlicher Beobachtungen. In einigen Fällen (wie zum Beispiel die Theorie von der Kontinentaldrift gezeigt hat) können zunächst abgelehnte Befunde später wissenschaftliche Glaubwürdigkeit erlangen. Es stimmt besonders bedenklich, daß solche Prozesse der Ablehnung gewöhnlich ohne sorgfältige Überprüfung des Befundmaterials ablaufen. Hat in der Wissenschaftsgemeinde erst einmal das Gerücht die Runde gemacht, daß ein bestimmter Fund unseriös sei, so genügt das den meisten Wissenschaftlern, um die Finger von dem angezweifelten Material zu lassen. Ein Mantel des Schweigens legt sich über das zurückgewiesene Material, bis eine neue Generation von Wissenschaftlern herangewachsen ist, die von seiner Existenz nichts mehr weiß.

Dieser Unterdrückungsprozeß wird bei vielen der im folgenden diskutierten anomalen paläanthropologischen Funde offenkundig. Die Beweislage ist heute in der Regel äußerst schwierig, der Blick getrübt vom Neutralisierungseffekt negativer Berichte, die ihrerseits unscharf sind und aus der Zeit stammen, in der die Beweise verworfen worden waren. Allerdings finden sich in den negativen Berichten meist zahlreiche Hinweise auf frühere positive Berichte. Sobald man diese im Detail durchgesehen hat, kann man oft feststellen, daß sie eine Fülle an ausführlichen Informationen und Schlußfolgerungen enthalten, mit denen sich die späteren Kritiken nicht hinreichend auseinandersetzen.

Schnittspuren und zerbrochene Knochen

Absichtlich eingeschnittene und zerbrochene Tierknochen bilden einen wesentlichen Teil des Beweismaterials für die Entwicklung des Menschen. Mitte des 19. Jahrhunderts haben sich erstmals Wissenschaftler ernsthaft damit beschäftigt, und bis zum heutigen Tag sind diese Knochen Gegenstand einer umfassenden Forschung und Analyse.

In den Jahrzehnten nach der Veröffentlichung von Darwins *The Origin of the Species* fanden viele Wissenschaftler gekerbte und zerbrochene Knochen, die auf die Existenz des Menschen im Pliozän, Miozän oder früheren Zeitaltern hindeuteten. Gegner dieser Auffassung behaupteten, daß die an den fossilen Knochen beobachteten Einschnitte und Bruchstellen auf fleischfressende Tiere, Haie oder geologischen Druck zurückgingen. Aber Befürworter der Entdeckungen hatten eindrucksvolle Gegenargumente zu bieten. Beispielsweise wurden manchmal Steinwerkzeuge zusammen mit eingekerbten Knochen gefunden, und Experimente mit diesen Werkzeugen hinterließen auf frischen Knochen Spuren, die jenen auf den fossilen bis ins Detail ähnelten. Die Wissenschaftler machten sogar mikroskopische Untersuchungen, um die Einschnitte auf fossilen Knochen von solchen zu unterscheiden, die womöglich von Raubtier- oder Haizähnen stammten. In vielen Fällen fanden sich die Einkerbungen auf den Knochen an genau den Stellen, wo man sie erwarten konnte, wenn das Fleisch auf eine bestimmte Weise zerlegt wurde.

Nichtsdestoweniger fehlen unter den gegenwärtig akzeptierten Beweismaterialien, die auf die Existenz des Menschen im Pliozän oder früher hindeuten, Berichte über gekerbte und zerbrochene Knochen. Diese Ausgrenzung braucht aber nicht berechtigt zu sein. Aus dem heute berücksichtigten, unvollständigen Beweisfundus haben Wissenschaftler den Schluß gezogen, daß Menschen des modernen Typs erst in recht junger Zeit auf der Bildfläche erschienen. Aber im Lichte des in diesem Kapitel untersuchten Beweismaterials erscheint diese Schlußfolgerung als trügerisch und daher anfechtbar.

St. Prest, Frankreich (Frühes Pleistozän oder Spätes Pliozän)

Oberhalb der berühmten Kathedralenstadt Chartres in Nordwestfrankreich findet man bei St. Prest im Tal der Eure Kiesgruben, wo schon im frühen 19. Jahrhundert von Arbeitern gelegentlich Fossilien gefunden wurden. Die wissenschaftliche Welt erfuhr davon zum erstenmal 1848 durch einen Bericht des Monsieur de Boisvillette. Er war der Ingenieur, der für die Instandhaltung der örtlichen Brücken und Dämme verantwortlich war. Die zahlreichen Fossilien, darunter viele Überreste ausgestorbener Tiere wie *Elephas meridionalis*, *Rhinoceros leptorhinus*, *Rhinoceros etruscus*, *Hippopotamus major* und ein Riesenbiber namens *Trogontherium cuvieri* wurden als charakteristische Fauna des späten Pliozäns eingestuft (de Mortillet 1883, S. 28f.).

Ein weiterer Hinweis auf das hohe Alter der Fossilien war die Tatsache, daß die Kieselschichten, in denen sie gefunden wurden, 25 bis 30 Meter über dem gegenwärtigen Pegel der Eure lagen, wo einst ein alter Fluß in einem anderen Bett floß. Die geologische Beweisführung ist folgende: Wenn Flüsse Täler in eine Ebene schneiden, finden sich die jüngsten Kiesablagerungen gewöhnlich nicht weit vom Talboden. Höherliegende Kiesschichten an den Talflanken wurden von dem gleichen Fluß (oder anderen Flüssen) früher abgelagert, bevor das Tal seine jetzige Tiefe erreichte. Je höher die Kiesablagerungen, desto älter sind sie.

Im April 1863 kam Monsieur J. Desnoyers vom Französischen Nationalmuseum nach St. Prest, um Fossilien zu sammeln. Aus dem sandigen Kies brachte er das Schienbein eines Nashorns ans Licht, auf dem er eine Reihe von schmalen Furchen bemerkte, die länger und tiefer waren, als daß sie durch unbedeutende Brüche oder den Einfluß der Witterung verursacht worden sein konnten. Für Desnoyers schienen einige dieser Furchen von einem scharfen Messer oder einer Feuersteinklinge herzurühren. Er bemerkte auch kleine runde Markierungen, die sehr wohl von einem spitzen Werkzeug stammen mochten (de Mortillet 1883, S. 43). Später, nachdem er sich die in den Museen von Chartres und der Bergbauschule in Paris gesammelten Fossilien von St. Prest angesehen hatte, erkannte Desnoyers auf den verschiedensten Knochen Einkerbungen der gleichen Art. Seine Feststellungen leitete er an die Französische Akademie der

Wissenschaften weiter. In seinem Bericht beharrte er darauf, daß, obgleich einige der Markierungen möglicherweise auf Bewegungen des Gletschereises zurückzuführen seien, andere eindeutig von Menschenhand stammten.

Falls Desnoyers' Schlußfolgerung, daß die Kerben auf vielen der Knochen mit Hilfe von Feuersteinwerkzeugen angebracht worden seien, richtig war, dann müssen in Frankreich noch vor dem Ende der Pliozän-Periode Menschen gelebt haben. Nach den Maßstäben der modernen Paläanthropologie ist das falsch. Lehrmeinung ist, daß es am Ende des Pliozäns, vor etwa 2 Millionen Jahren, die Spezies "moderner Mensch" noch nicht gab. Nur in Afrika mochte man primitive Vorfahren des Menschen finden, und diese beschränkten sich auf den *Australopithecus* und den *Homo habilis*, der als erster Werkzeugmacher gilt.

Sind die Wissenschaftler des 19. Jahrhunderts bei der Zuordnung der St. Prest-Fossilien ins Späte Pliozän korrekt vorgegangen? Die kurze Antwort ist ein bedingtes Ja. Nach wie vor ist die Datierung von Fundstätten am Übergang vom Pliozän zum Pleistozän Stoff für heiße Diskussionen. Da die Funde von St. Prest in etwa diese Phase gehören, sollte man erwarten, daß jeweils verschiedene Autoritäten sich für jeweils verschiedene Datierungen entschieden haben.

Der amerikanische Paläontologe Henry Fairfield Osborn (1910, S. 391) ordnete St. Prest dem Frühen Pleistozän zu. In neuerer Zeit gab Claude Klein (1973, S. 692f.) einen Überblick über die französischen Datierungsansätze. 1927 hatte Charles Deperet den Fundort St. Prest als Spätes Pliozän charakterisiert. G. Denizot setzte St. Prest in die Cromérien-Interglazialphase des Mittleren Pleistozäns, eine Ansicht, die er bis Ende der sechziger Jahre uneingeschränkt vertrat. 1950 verwies P. Pinchemel St. Prest ins Späte Pliozän, und noch später, 1965, entschied sich F. Boudier für die gemäßigte Klimaphase des Waal-Interstadials im Späten Pleistozän, also vor etwa 1 Million Jahren (Klein 1973, S. 736).

Andere sind für St. Prest zu wieder anderen Zahlen gekommen. Tage Nilsson (1983, S. 158) legte für zwei Fundstellen im französischen Zentralmassiv, Sainzelles und Le Coupet, Kalium-Argon-Daten von 1,3 bis 1,9 Millionen Jahren vor. Nilsson (ebd.) merkte dazu an: "St. Prest in Nordfrankreich gilt als nahe verwandt." Für Nilsson waren die drei Fundorte Spätes Villafranchien, d. h. Frühes Pleistozän.

Betrachten wir nun einige auf der Liste der in St. Prest gefundenen Tierarten. Elephas meridionalis (manchmal auch Mammuthus meridionalis genannt) hat modernen Autoritäten (Maglio 1973, S. 79) zufolge vor etwa 1,2 bis 3,5 Millionen Jahren in Europa gelebt. Osborn (1910, S. 313) setzt das *Rhinoceros (Dicerorhinus) leptorhinus* in die Piacenza-Phase (Plaisancien) des Pliozäns. Laut Osborn gehört das Plaisancien ins Frühe Pliozän, laut Romer (1966, S. 334) hingegen ins späte Pliozän. *Rhinoceros (Dicerorhinus) etruscus* kommt laut Nilsson (1983, S. 475) in Europa vom Villafranchien, dem Späten Pliozän also, bis ins frühe Mittlere Pleistozän vor. Aber Savage und Russell (1983, S. 339) registrieren einzelne Vorkommen von *Dicerorhinus etruscus* bereits im Ruscinien (Frühes Pliozän). Nach Osborn (1910, S. 313) findet man *Hippopotamus major,* eine größere Version des heutigen Flußpferdes, im Europa des Späten Pliozäns und während des Pleistozäns. *Hippopotamus major* wird manchmal unter dem Namen *Hippopotamus amphibius antiquus* erwähnt. Diese Spezies führen Savage und Russell (1983, S. 351) als Teil der Fauna des europäischen Villafranchien auf. *Trogontherium cuvieri*, der ausgestorbene Riesenbiber, gehört zur pliozänen Fauna (Savage und Russell 1983, S. 352) und überdauerte bis in die Mosbach-Phase des frühen Mittleren Pleistozäns (Osborn 1910, S. 403). Das heißt, alle genannten Arten lebten während des Pliozäns.

Summa summarum kann man sagen, daß ein spätes Pliozän-Datum für St. Prest durchaus in Frage kommt. Und wie schon erwähnt haben einige Wissenschaftler des 20. Jahrhunderts (Pinchemel und Deperet) St. Prest in diese Periode datiert. Damit hätten bereits vor mehr als 2 Millionen Jahren Hominiden in Europa Werkzeuge hergestellt.

Wie jung aber könnte St. Prest äußerstenfalls sein? Das Vorkommen von *Elephas meridionalis*, der in Europa bis vor 1,2 Millionen Jahren gelebt hat (Maglio 1973, S. 79), legte offenbar ein Grenzdatum im späten Frühpleistozän zwingend nahe. Die Kalium-Argon-Daten von 1,3 bis 1,9 Millionen Jahren für französische Fundorte mit einer St. Prest ähnlichen Fauna (Nilsson 1983, S. 158) weisen einen anderen Weg. Kurtén (1968, S. 24) setzt wie Boudier (1965) St. Prest in die Waal-Zeit vor etwa 1,1 bis 1,2 Millionen Jahren (Nilsson 1983, S. 144). Senèze, eine französische Fundstelle, die versuchsweise der gemäßigten Waal-Klimaphase zugeordnet wurde, wird aber auf ungefähr 1,6 Millionen Jahre geschätzt (Nilsson 1983, S. 158). Aus all dem könnte man schließen, daß die Fundstätte St. Prest 1,2 bis 1,6 Millionen Jahre alt sein dürfte, womit wir uns am zeitlich jüngeren Ende der in Frage kommenden Zeitspanne befänden. Die ältesten unbestrittenen Beweise für die Existenz von *Homo erectus* in Europa werden auf 700 000 Jahre datiert (Gowlett 1984, S. 76). Und die ältesten Vorkommen des *Homo erectus* in Afrika sind vielleicht 1,5 Millionen Jahre alt.

Bereits im 19. Jahrhundert waren Desnoyers Entdeckungen eingekerbter Knochen in St. Prest Anlaß zur Kontroverse. Professor Bayle, ein Paläontologe von der Bergbauschule, antwortete auf Desnoyers' Bericht mit der Behauptung, er selbst habe mit eigenen Instrumenten die Knochen von St. Prest beim Säubern gekerbt oder sonstwie markiert. Dr. Eugène Robert gab sich mit dieser Erklärung zufrieden und leitete sie an die Französische Akademie der Wissenschaften weiter.

Desnoyers (1863) protestierte dagegen, daß man seine sorgfältige wissenschaftliche Darstellung ohne jeden glaubhaften Beweis in dieser Weise angriff. Seine Erwiderung erschien als Artikel in den Mitteilungen der Französischen Akademie der Wissenschaften. Darin schrieb er, daß die Knochen von St. Prest in einer Sandschicht gefunden worden seien, weshalb es nicht nötig war, sie mit Hilfe von Metallgeräten zu reinigen. Überdies waren die Furchen und anderen Markierungen auf Knochen zu sehen, die überhaupt nicht gesäubert zu werden brauchten. Vielleicht war der Paläontologieprofessor von der Bergbauschule ja wirklich so ungeschickt gewesen, daß er die wertvollen Knochen in seiner Obhut beträchtlich beschädigt hatte. Aber Desnoyers glaubte nicht, daß die vielen fähigen und vorsichtigen Sammler, die ebenfalls im Besitz fossiler Knochen aus St. Prest waren, diese Knochen mit exakt den gleichen Riefen und Einschnitten versehen haben sollten.

Wie es Desnoyers ausdrückte (1863, S. 1201): "Nehmen wir einmal an, daß gegen alle Wahrscheinlichkeit der Präparator und Konservator der Sammlung sich richtig erinnert hat und alle Knochen aus St. Prest, die sich in seinem Besitz befinden, der Art von Veränderungen ausgesetzt worden sind, derer er sich beschuldigt. Sehr gut. Diese Behauptung beweist den Zugriff einer menschlichen Hand auf alle anderen Knochen, die man am selben Ort gefunden hat und die glücklicherweise in anderen Sammlungen vor schädlichen

Einflüssen bewahrt worden sind. Die Markierungen auf diesen Knochen sind unbestreitbar primitiv und stimmen völlig mit jenen überein, die dieser Funktionär der Bergbauschule mit Hilfe von Meißel und Grabstichel verursacht hat."

Desnoyers (ebd.) war zudem darüber verärgert, daß Personen, die die Knochen noch nicht einmal gesehen hatten, plötzlich behaupteten, die Spuren darauf seien durch die Werkzeuge der Arbeiter in den Sandgruben entstanden. Er wies darauf hin, daß diese Vermutung eindeutig durch die Tatsache widerlegt sei, daß die Rillen und Furchen von den gleichen Magnesiumsedimenten und Dendriten bedeckt waren, die man auch auf den übrigen Knochenpartien vorgefunden hatte. Dendriten sind kristalline mineralische Sedimente, die verzweigte baumähnliche Muster bilden. Falls die Werkzeuge der modernen Ausgräber oder Museumsangestellten die Einschnitte in den fossilen Knochen verursacht hätten, wären die Dendriten weggekratzt worden. In einigen Fällen waren die Furchen und Kerben noch immer fest verklebt mit dem zusammengebackenen Sand aus den Ablagerungen, in denen sie gefunden worden waren.

Desnoyers (ebd.) schlug deshalb vor, die Zweifler sollten die tatsächlichen Fundstücke untersuchen: "Sie könnten sehen, daß die Einschnitte, die sich über die Breite der Knochen hinziehen und die Ränder einkerben, häufig von in Längsrichtung verlaufenden Rissen gekreuzt werden, die auf Austrocknungsprozesse zurückzuführen sind. Diese Risse entstanden fraglos nach den Einschnitten, die angebracht wurden, als die Knochen noch frisch waren; sie entstanden im Laufe der Fossilisierung. Diese ausgeprägten Unterscheidungsmerkmale sind der Beweis dafür, daß die eine Art der Markierung älter als die andere ist."

Nachweisbare Bearbeitungsspuren von Werkzeugen aus späterer Zeit wären wahrscheinlich quer zu den Trockenrissen verlaufen, wodurch die weniger tiefen, weniger deutlichen Sprünge verschwunden wären.

Desnoyers' sorgfältige Analyse vermittelt eine Vorahnung von der modernen Taphonomie, der wissenschaftlichen Untersuchung der Veränderungen vergrabener Knochen und anderer Gegenstände, die dem Prozeß der Fossilisierung unterlagen.

Über einen seiner Funde bemerkte Desnoyers (ebd.): "An der Basis der Geweihstange eines Riesenhirsches könne man einen großen Einschnitt sehen, der nur schwer von solchen zu unterscheiden ist, die man von Hirschgeweihen aus Höhlen späterer geologischer Zeitalter kennt." Mit anderen Worten, der Einschnitt an der Geweihstange war - für einen Schnitt von Menschenhand - an der richtigen Stelle.

Der prominente britische Geologe Charles Lyell schloß sich der Ansicht an, daß die Kiesschichten von St. Prest ins Pliozän gehörten. Gabriel de Mortillet, Professor für Prähistorische Anthropologie an der *École d'Anthropologie* in Paris, erklärte in seinem Buch Le Préhistorique (1883, S.45), daß Lyell seine eigenen Vorstellungen über die Ursache der Markierungen auf den fossilen Knochen von St. Prest hatte. Von einigen Experten war die Ansicht geäußert worden, Gletscher seien dafür verantwortlich gewesen. Aber de Mortillet erklärte, daß Gletscher nie bis in diese Gegend Frankreichs vorgestoßen waren. Heutige Fachleute (Nilsson 1983, S. 169) bestätigen ihn: Die Südgrenze der nordeuropäischen Gletscher verlief im äußersten Fall durch die Niederlande und Mitteldeutschland. Aber auch menschliche Verursachung lehnte de Mortillet ab.

Der Schlüssel zum Verständnis der Einkerbungen lag seiner Meinung nach in der Erklärung Desnoyers', daß sie anscheinend von einer scharfen Feuersteinklinge stammten. De Mortillet (1883, S. 45f.) äußerte sich zustimmend, nur sei der Feuerstein nicht von Menschenhand, sondern von Naturkräften bewegt worden - ein sehr starker unterirdischer Druck habe die scharfen Feuersteine über die Knochen gleiten lassen, stark genug, um dabei Einschnitte und Einkerbungen zu verursachen. Als Beweis führte de Mortillet an, er habe aus den Kiesablagerungen von St. Prest und anderswo Feuersteine mit tiefen Kratzern auf der Oberfläche gesehen. Man sollte an dieser Stelle erwähnen, daß de Mortillet in *Le Préhistorique* jeden einzelnen der vielen Funde eingeschnittener Knochen, die seinerzeit bekannt wurden, zurückwies - fast immer mit der gleichen Erklärung: daß die Markierungen durch scharfkantige Steine verursacht worden seien, die sich unter dem Druck geologischer Kräfte in der Erde bewegt hätten.

Was jedoch die St. Prest-Knochen anging, so antwortete Desnoyers (1863, S. 1201) auf de Mortillets Einwände mit der Bemerkung: "Viele Einschnitte sind durch spätere Reibungen, als die Knochen inmitten von Sand und Kies in Bewegung gerieten, abgeschürft worden. Diese Schürfspuren zeigen ein gänzlich anderes Aussehen als die ursprünglichen Markierungen und Furchungen und sind ein mehr als ausreichender Beweis für ihre abweichenden Entstehungszeiten." Anders ausgedrückt, man kann schon Spuren unterirdischen Drucks auf den Knochen finden, aber sie sind Desnoyers zufolge von den früheren, menschlicher Tätigkeit zugeschriebenen Merkmalen klar zu unterscheiden.

Wer hatte also recht, Desnoyers oder de Mortillet? Einige Fachleute glaubten, daß das Problem zu lösen wäre, wenn nachgewiesen werden könnte, daß die Kiesablagerungen von St. Prest auch Feuersteinwerkzeuge enthielten, die eindeutig von Menschenhand stammten. Der Abbé Bourgeois, ein Geistlicher, der sich auch als kenntnisreicher Paläontologe einen Ruf gemacht hatte, suchte daraufhin die geologischen Schichten von St. Prest sorgfältig nach solchen Beweisen ab. Seine Geduld zahlte sich aus, und er fand schließlich eine Anzahl von Feuersteinen, die er für echte Werkzeuge hielt. Er berichtete darüber der Akademie der Wissenschaften im Januar 1867 (de Mortillet 1883, S. 46).

Aber de Mortillet konnte auch dieser Bericht nicht zufriedenstellen (ebd., S. 46f.). Zu den von Bourgeois bei St. Prest entdeckten Feuersteinen meinte er: "Viele andere, die er dort fand und die sich jetzt in der Sammlung der École d'Anthropologie befinden, weisen keine schlüssigen Spuren menschlicher Bearbeitung auf. Die Rutschbewegungen und der Druck, die an der Oberfläche der Feuersteine Riefungen hinterlassen haben, führten an den scharfen Kanten auch zu Absplitterungen, die Abschlägen von Menschenhand sehr ähnlich sind. Bourgeois hat sich davon täuschen lassen. Tatsächlich vermitteln viele der bei St. Prest gefundenen Feuersteine den falschen Eindruck der Bearbeitung."

Bis auf den heutigen Tag ist umstritten, welche Kriterien einen Fund eindeutig als Steinwerkzeug definieren. Allerdings ändert die bloße Beobachtung, daß einige der von Bourgeois gesammelten Feuersteine nach de Mortillets Meinung keinerlei Anzeichen menschlicher Bearbeitung aufweisen, nichts an der Tatsache, daß andere, mögen es auch nur wenige sein, tatsächlich solche Spuren erkennen ließen. Und das Vorhandensein von Steinwerkzeugen in St. Prest würde die Forderung nach der Verifizierung überlegt herbeigeführter Einschnitte auf dort gefundenen fossilen Knochen erfüllen.

Der berühmte amerikanische Paläontologe Henry Fairfield Osborn (1910, S. 399) bemerkte in diesem Zusammenhang: "Die frühesten menschlichen Spuren in Schichten dieses Zeitalters [Frühes Pleistozän nach seiner Einschätzung] waren die von Desnoyers 1863 bei St. Prest in der Nähe von Chartres entdeckten Knocheneinschnitte. Zweifel ob ihres menschlichen Ursprungs sind durch die jüngsten Ausgrabungen von Laville und Rutot ausgeräumt worden, die eolithische Feuersteine an den Tag brachten, wodurch die Entdeckungen, die der Abbé Bourgeois 1867 in diesen Ablagerungen machte, voll bestätigt wurden."

Warum also werden die Fossilien von St. Prest (und andere, mit ihnen vergleichbare) in den Standardwerken zur menschlichen Evolution fast nie erwähnt? Liegt es wirklich daran, daß es sich um unzulässiges Beweismaterial handelt? Oder hängt diese Auslassung bzw. summarische Ablehnung nicht eher damit zusammen, daß das mögliche spätpliozäne Alter der Objekte sich mit der gängigen Lehrmeinung von den menschlichen Ursprüngen so schlecht verträgt? Noch 1884 schrieb Armand de Quatrefages, Mitglied der Französischen Akademie der Wissenschaften und Professor am Museum für Naturgeschichte in Paris, in seinem Buch *Hommes Fossiles et Hommes Sauvages* (1884, S. 91): "Die Existenz des Menschen im Sekundär widerspricht nicht im geringsten wissenschaftlichen Prinzipien, und das gleiche gilt auch für den Tertiär-Menschen."

Das ist eine heute recht schockierende Feststellung, zieht man in Betracht, daß die jüngste Periode des Sekundärs [Mesozoikum, Anm. d. Übs.] die Kreidezeit ist, die vor etwa 65 Millionen Jahren zu Ende ging. Vermutlich lebten in der Kreidezeit nur sehr kleine und primitive Säugetiere, denen es gelang, den letzten Dinosauriern aus dem Weg zu gehen. Beweise für die Existenz von Menschen in der Kreidezeit würden mit größter Gewißheit Darwins Evolutionstheorie widerlegen. Bleiben wir jedoch zunächst bei der jüngeren Epoche des Tertiärs. Denn selbst wenn sich herausstellte, daß anatomisch moderne Menschen am Ende des Pliozäns, d. h. vor nicht mehr als 2 Millionen Jahren, gelebt haben, wäre das Bild von den evolutionären Ursprüngen des Menschen in Frage gestellt.

In *Hommes Fossiles et Hommes Sauvages* stellte de Quatrefages die Beweise für seine Behauptung über die Existenz von Menschen in einer sehr fernen Vergangenheit zusammen und erklärte dann

(1884, S. 96): "Die voranstehenden historischen Beispiele sind unvollständig und nicht ausführlich. Aber sie genügen meiner Ansicht nach, um einsichtig zu machen, daß sich die Überzeugung von der Existenz des Tertiär-Menschen, der sich viele moderne Wissenschaftler aus verschiedenen Disziplinen angeschlossen haben, nicht leichtfertig bildete, sondern das Ergebnis ernsthafter und wiederholter Studien ist."

De Quatrefages hegte keinerlei Zweifel, daß die Funde von St. Prest unmißverständlich auf Aktivitäten früher Menschen hindeuteten. In *Hommes Fossiles et Hommes Sauvages* bestätigt er (1884, S.17): "Die Forschungen M. Desnoyers' und des Abbé Bourgeois lassen in dieser Hinsicht keine Zweifel aufkommen. M. Desnoyers fand erstmals 1863 auf Knochen aus den Kiesgruben von St. Prest bei Chartres Markierungen, die er ohne zu zögern als Spuren von Feuersteingeräten in der Hand von Menschen identifizierte. Ein wenig später bekräftigte und vervollständigte der Abbé Bourgeois diese wichtige Entdeckung, als er an der gleichen Stelle die bearbeiteten Feuersteine fand, die die Einschnitte auf den Knochen von *Elephas meridionalis*, *Rhinoceros leptorhinus* und anderen Tieren hinterlassen hatten. Ich habe mir sowohl die von Desnoyers untersuchten Knochen als auch die von Abbé Bourgeois gesammelten Schaber, Bohrer, Lanzen- und Pfeilspitzen mit Muße angeschaut. Von Anfang an hatte ich wenig Zweifel, und dieser erste Eindruck hat sich allseits bestätigt. Demnach lebten auf dem Globus am Ende des Tertiärs Menschen. Und sie hinterließen Spuren ihrer Werkzeugindustrie. Menschen waren damals im Besitz von Waffen und Werkzeugen. Die Ehre, der erste gewesen zu sein, diese Tatsache erkannt zu haben, die so wenig in Einklang stand mit allem, was bis vor kurzem geglaubt worden war, gebührt unbestreitbar M. Desnoyers."

Der Streit über die St. Prest-Funde erregte das Interesse von S. Laing, einem populären britischen Sachbuchautor des späten 19. Jahrhunderts, dessen gutrecherchierte Bücher zu wissenschaftlichen Themen, die für das breite Publikum bestimmt waren, eine große Leserschaft hatten. Nachdem er den Fundort diskutiert hatte, stellte Laing (1893, S. 113) fest: "In diesen älteren Kiesschichten sind Steinwerkzeuge gefunden worden und Knochen des *Elephas meridionalis* mit Einschnitten, die offenbar von einem Feuersteinmesser in der Hand eines Menschen stammten."

Ein modernes Beispiel: Old Crow River, Kanada (Spätes Pleistozän)

Eine der umstrittensten Fragen in der Paläanthropologie der Neuen Welt betrifft die Festlegung des zeitlichen Rahmens, innerhalb dessen erstmals Menschen nach Nordamerika kamen. Die gängige Ansicht besagt, daß vor etwa 12 000 Jahren Banden asiatischer Jäger und Sammler die Bering-Landbrücke überquerten. Einige Autoritäten sind willens, dieses Datum bis auf etwa 30 000 Jahre zurückzuverlegen, aber nur eine schrumpfende Minderheit berichtet von Beweisen für die weit frühere Existenz von Menschen in einem pleistozänen Amerika.

In den siebziger Jahren unserers Jahrhunderts führte Richard E. Morlan vom Staatlich-Archäologischen Dienst Kanadas und dem *Canadian National Museum of Man* Untersuchungen an bearbeiteten Knochen der Fundstelle am Old Crow River durch. Morlan kam zu dem Schluß, daß viele Knochen und Geweihe Anzeichen intentionaler menschlicher Aktivitäten aufwiesen, die vor der Versteinerung der Knochen stattfanden. Die Knochen, die vom Fluß weggeschwemmt worden waren, kamen aus einer Schicht ans Tageslicht, die Teil einer Überschwemmungsebene war. Mit einem Alter von 80 000 Jahren gehört sie ins Frühe Wisconsin-Glazial.

1984 veröffentlichten R. M. Thorson und R. D. Guthrie eine taphonomische Studie, in der sie zeigten, daß die Veränderungen, die Morlan für die Spuren menschlicher Tätigkeit hielt, durch die Bewegungen des Flußeises verursacht worden sein konnten. Thorson und Guthrie experimentierten mit mächtigen Eisblöcken, in die Knochen eingefroren waren: Sie ließen sie von Lastwagen über verschiedene Oberflächen ziehen und simulierten so die Situation, wenn Flußeis gegen Felsen und Kiesel schrammt. 1986 veröffentlichte Morlan eine Neubewertung seiner früheren Arbeit, worin er auch die taphonomischen Experimente von Thorson und Guthrie berücksichtigte. Er gab zu, daß "mich die festgestellten Resultate beeindruckten - weil es zu einem Glücksspiel werden könnte, künstlich herbeigeführte Veränderungen an mehrmals abgelagerten Fossilien erkennen zu wollen". Des weiteren schrieb er: "Allerdings wurden einige entscheidende Variablen (z. B. Gefüge und Härte des Substrats, Tragkraft des Eisblocks) wahrscheinlich nicht adäquat simuliert, und es ist bemerkenswert, daß viele der Knochen, mit denen experimentiert wurde, stärkere Veränderungen aufwiesen als die ausgegrabenen. Diese Experimente haben ganz gewiß nicht bewiesen, daß alle veränderten Fossilien aus dem Old-Crow-Becken der Vereisung und dem Eisgang des Flusses zugeschrieben werden können" (Morlan 1986, S. 29).

Dennoch zog Morlan fast in allen Fällen seine frühere Behauptung zurück, daß die von ihm gesammelten Knochen durch menschliche Tätigkeit verändert worden wären. Er hatte alternative Erklärungen parat, etwa die Flußeis-Hypothese, riet aber zur Vorsicht: "Die alternativen Deutungen beweisen nicht, daß es in der Frühen Wisconsin-Zeit keine Menschen gab, aber sie zeigen, daß die derzeitige Beweislage ein so frühes Vorkommen von Menschen nicht wahrscheinlich macht."

Doch auch wenn Morlan seine früheren Behauptungen über menschliche Aktivitäten bei 30 Knochenproben nicht aufrechterhielt, glaubte er bei vier anderen Exemplaren nach wie vor, daß sie eindeutig menschliche Artefakte waren. Am Johnson Creek, nicht weit vom Tal des Old Crow, fand er - in situ - einen Bison-Speichenknochen mit frischer Bruchstelle. Die Speiche ist einer der langen Knochen des unteren Vorderbeins. "Es ist zwar nicht unvorstellbar, daß der Bisonknochen von Fleischfressern zerbrochen wurde", erklärte Morlan (1986, S. 36), "aber seine Größe und Massivität und bestimmte Mikrorelief-Merkmale lassen auf einen von Menschen verursachten Bruch schließen. Der organische Schlick, in den der Knochen eingebettet war, deutet auf Ablagerungen eines Tauwassersees hin und ergibt ein Alter von mehr als 37 000 Jahren."

An einem anderen Ort fand Morlan zwei große Säugetierknochen und eine Bisonrippe, alle drei mit Einschnitten. Morlan (1986, S. 36) bemerkte zu diesen drei Knochen und dem voranstehend erörterten Bisonspeichenknochen: "Die Schnitte und Kratzer [...] sind nicht von solchen zu unterscheiden, die von Steinwerkzeugen beim Zerlegen und Entfleischen eines Tierkadavers verursacht werden. Diese vier Knochenbeispiele bilden das stärkste Argument gegen eine globale Ablehnung unseres archäologischen Befundes aus der frühen Wisconsin-Zeit. [...] Zwei eingeschnittene Knochen [wurden] an Dr. Pat Shipman von der John-Hopkins-Universität geschickt, um sie unter dem Elektronenmikroskop abzutasten. Die Schnitte wurden unter Berücksichtigung von mehr als tausend dokumentierten Knochen mit ähnlichen Spuren begutachtet, wobei die Herkunft der Knochen erst bekannt wurde, nachdem die Markierungen identifiziert waren. Die Oberfläche des großen Säugetierknochenfragments ist zerstört und nur schwer zu beurteilen, aber die Markierung auf der Bisonrippe wurde von Dr. Shipman positiv als Abdruck eines Werkzeugs bestimmt." Morlan (1986, S. 28) vermerkte dazu, daß man in der Gegend des Old Crow River und im nahen Hochland schon steinerne Geräte gefunden hatte, allerdings nicht in direkter Verbindung mit Knochen.

Die Knochen von St. Prest (und andere, bei denen der Fall ähnlich liegt) können demnach nicht so ohne weiteres als erledigt betrachtet werden. Noch heute gilt Beweismaterial dieser Art als bedeutsam, die Methoden der Analyse sind mit denen des 19. Jahrhunderts fast identisch. De Quatrefages und andere Wissenschaftler jener Zeit verglichen Beispiele eingeschnittener Knochen mit solchen, die zweifelsfrei Spuren menschlicher Bearbeitung trugen. Sie machten auch Experimente mit frischen Knochen. Wie die modernen Fachleute für Taphonomie zogen sie die Veränderungen, denen die Knochen ausgesetzt waren, während sie unter der Erde lagen und versteinerten, in allen Einzelheiten in Erwägung und untersuchten Knochen unter dem Mikroskop. Ein Elektronenmikroskop ist für eine solche Analyse nicht nötig. Eine moderne Autorität, John Gowlett (1984, S. 53), meinte dazu: "Unter einem Mikroskop lassen sich Spuren, die der Mensch an Knochen verursacht hat, auf verschiedene Weise von solchen unterscheiden, die von fleischfressenden Tieren stammen. Dr. Henry Bunn (Universität von Kalifornien) entdeckte mit einem gewöhnlichen optischen Mikroskop bei geringer Vergrößerung, daß Steinwerkzeuge V-förmige Einschnitte hinterlassen, die viel enger sind als die Zahnabdrücke von Nagetieren."

Wie Morlans Untersuchung zeigt, ist keine Frage über die Knochen vom Old Crow River erschöpfend beantwortet. Er hat zwar seine Meinung über einige seiner Fundstücke geändert, bei anderen blieb er jedoch bei seiner Überzeugung. Diese Zweideutig- und Ergebnislosigkeit ist typisch für die empirische Herangehensweise an Beweismaterial dieser Art.

Zusätzlich zu der Auseinandersetzung, ob die Schnittspuren auf den Old-Crow-Knochen nun von Steinwerkzeugen stammten oder durch Naturkräfte hervorgerufen worden seien, interessierten sich die Wissenschaftler auch für das Alter der Knochen. Akzeptierte man eine Bearbeitung der Knochen von menschlicher Seite und datierte sie dementsprechend in die Früh-Wisconsin-Phase, so hieße das, den Zeitpunkt, den die Schulwissenschaft für das erste Auftreten von Menschen in Nordamerika festgelegt hat, in Frage zu stellen. Wie bereits erwähnt, überquerten nach heute vorherrschender Ansicht sibirische Jäger am Ende des Pleistozäns die Landbrücke über die Beringstraße und drangen vor etwa 12 000 Jahren durch einen eisfreien Korridor nach Süden in das Gebiet der heutigen Vereinigten Staaten vor. Es gibt jedoch eine Menge kontroverser, heiß diskutierter Befunde, wonach Menschen schon sehr viel früher auf dem amerikanischen Doppelkontinent vertreten waren.

Die Anza-Borrego-Wüste, Kalifornien (Mittleres Pleistozän)

Ein anderes Beispiel für Funde eingeschnittener Knochen aus jüngerer Zeit weist ebenfalls auf eine sehr frühe Besiedelung der Neuen Welt hin: Der Entdecker war George Miller, Kustos am *Imperial Valley College Museum* in El Centro, Kalifornien. Miller, der 1989 starb, berichtete, daß sechs in der Anza-Borrego-Wüste ausgegrabene Mammutknochen Schürfspuren von der Art aufweisen, wie sie von Steinwerkzeugen herrühren. Das U.S.-Amt für Geologische Aufnahmen führte eine Uranisotopen-Datierung durch, wonach die Knochen mindestens 300 000 Jahre alt wären, und paläomagnetische Datierungen sowie Fundproben von Vulkanasche deuteten sogar auf ein Alter von etwa 750 000 Jahren hin (Graham 1988).

Ein etablierter Gelehrter meinte daraufhin unwirsch, Millers Behauptung sei, “so zumutbar wie das Loch-Ness-Monster oder ein lebendes Mammut in Sibirien”, worauf Miller nicht minder salopp entgegnete, daß “diese Typen hier keine Menschen sehen wollen, weil sonst ihre Karrieren den Bach hinuntergingen” (Graham 1988). Die eingeschnittenen Mammutknochen aus der Anza-Borrego-Wüste waren Thema eines Gesprächs, das wir am 31. Mai 1990 mit Thomas Deméré führten, einem Paläontologen vom San Diego Natural History Museum. Deméré meinte, er sei von Natur aus skeptisch gegenüber Behauptungen der Art, wie sie Miller aufgestellt hatte. Er stellte die Professionalität der Ausgrabung in Frage und wies darauf hin, daß keine Steinwerkzeuge zusammen mit den

Knochen gefunden worden waren. Überdies, so Deméré, sei es sehr unwahrscheinlich, daß in einer wissenschaftlichen Zeitschrift auch nur irgend etwas über den Fund veröffentlicht würde, da die Redakteure, die über die Annahme von Artikeln entschieden, einen derartigen Bericht nicht würden durchgehen lassen. Später erfuhren wir von Julie Parks, der jetzigen Kustodin von George Millers Fundstücken, daß Deméré sich weder die Fossilien angesehen noch die Fundstelle besucht hatte, obwohl er dazu eingeladen worden war (Parks, persönliche Mitteilung vom 1. Juni 1990).

Im Juni 1990 wurden die Anza-Borrego-Knochen noch immer untersucht. Man entfernte gewissenhaft alle Ablagerungen des sandigen Mutterbodens von den Einschnitten, damit diese von einem Elektronenmikroskop abgetastet werden konnten. Es steht zu hoffen, daß die Untersuchung der winzigen Riefungen auf den Schnittflächen bei starker Vergrößerung die Frage klären hilft, ob diese nun für Steinwerkzeuge charakteristisch sind oder nicht. Parks (persönliche Mitteilung vom 1. Juni 1990) erwähnte, daß ein Schnitt von einem der Knochen sich offensichtlich auf einem anderen fortsetze, der in dem intakten Mammutskelett ersterem benachbart gewesen wäre. Das deutet auf eine beim Zerlegen des Tieres entstandene Einkerbung hin. Markierungen, die nach dem Auseinanderbrechen des Skeletts durch die Bewegung der Knochen in der Erde zufällig entstanden wären, würden sich wahrscheinlich nicht derart von einem Knochen zum anderen fortsetzen.

Diese Funde aus jüngster Zeit lassen auch die Knochen von St. Prest und andere Knochenfunde aus dem 19. Jahrhundert, die Schnittspuren aufweisen, wieder hochaktuell erscheinen. Sind doch Wissenschaftler bis heute noch nicht in der Lage, stets sicher zu entscheiden, ob Einwirkungsspuren auf Knochen durch Naturkräfte verursacht wurden, tierischen Ursprungs sind oder von Menschen stammen. Um hier zu einer gültigen Schlußfolgerung zu gelangen, bedarf es umfassender, sorgfältiger Untersuchungen und Analysen, und selbst dann werden nicht alle Experten einer Meinung sein. Deshalb sollten die hier besprochenen Knochenfunde und die Berichte darüber ernsthaft geprüft und einer Nachprüfung zugänglich gemacht werden. Wenn Fossilien zu einem bestimmten Zeitpunkt von bestimmten Forschern einer bestimmten Richtung für nicht beweiskräftig erachtet werden, dürfen sie nicht dem völligen Vergessen anheimfallen, so daß spätere Wissenschaftlergenerationen nicht einmal mehr von ihrer Existenz wissen. Vielmehr sollten sie in die Kategorie umstrittener Befunde eingeordnet und berücksichtigt werden, wenn verbesserte Methoden oder neue Erkenntnisse zur Revision bestehender Meinungen zwingen.

Arno-Tal, Italien
(Frühes Pleistozän oder Spätes Pliozän)

Knochen, die auf ähnliche Weise eingeschnitten waren wie die von St. Prest, fand Desnoyers in einer Sammlung von Fossilien aus dem Arno-Tal in Italien. Die gefurchten Knochen stammten von den gleichen Tierarten, die auch bei St. Prest gefunden worden waren - darunter *Elephas meridionalis* und *Rhinoceros etruscus*. Sie wurden in die Asti-Phase des Späten Pliozäns datiert (de Mortillet 1883, S. 47), was ein Alter von 2 bis 2,5 Millionen Jahren ergäbe. Einige Fachleute (Harland et al. 1982, S. 110) setzen das Astien im Mittleren Pleistozän an, also vor 3 bis 4 Millionen Jahren.

Moderne Wissenschaftler unterscheiden in der Paläofauna des Val d'Arno zwei Gruppen: Oberes Valdarno und Unteres Valdarno. Das Obere Valdarno wird dem Späten Villafranchien zugeschrieben, mit einer Datierung auf 1 bis 1,7 Millionen Jahre (Nilsson 1983, S. 308f.). Das Untere Valdarno gehört ins Frühe Villafranchien oder Späte Pliozän, das ergibt ein Alter von rund 2 bis 2,5 Millionen Jahren (Nilsson 1983, ebd.).

Es ist nicht klar, zu welcher der beiden Gruppen die eingeschnittenen Knochen gehören, von denen Desnoyers berichtete. Aber die Tatsache, daß de Mortillet sie dem spätpliozänen Astien zuwies, scheint darauf hinzudeuten, daß sie ins Untere Valdarno gehören könnten. Was die Fauna betrifft, käme das in Frage. Wir wissen, daß *Elephas meridionalis* im Unteren Valdarno vorkommt (Maglio 1973, S. 56). Wie erwähnt, ist auch das *Rhinoceros (Dicerorhinus) etruscus* als Teil der spätpliozänen europäischen Fauna (Nilsson 1983, S. 475) belegt, ja es tritt sogar schon im Frühen Pliozän auf (Savage und Russell 1983, S. 339). Bei de Mortillet findet sich in der Tierpopulation des Arno-Tals auch *Equus arnensis*, typisch für Sammelfunde aus der pleistozänen Tierwelt, in Einzelfällen aber schon für das Frühe Villafranchien bezeugt (Kurtén 1968, S. 147), das sich bis ins Späte Pliozän erstreckt.

San Giovanni, Italien (Spätes Pliozän)

Auch in anderen Gegenden Italiens wurden gefurchte oder gerillte Knochen entdeckt. Am 20. September 1865 legte Professor Ramorino auf einer Versammlung der Italienischen Gesellschaft für Naturwissenschaften in La Spezia Knochen jeweils einer ausgestorbenen Rothirsch- und Nashornart vor, die, wie er meinte, Schnittspuren menschlichen Ursprungs aufwiesen (de Mortillet 1883, S. 47f.). Die Fundstücke kamen aus San Giovanni unweit Siena und wurden wie die Knochen aus dem Arno-Tal der Asti-Phase des Pliozäns zugeordnet. De Mortillet (1883, S. 48) wich nicht von seiner üblichen negativen Meinung ab, als er konstatierte, daß die Spuren höchstwahrscheinlich von den Werkzeugen der Arbeiter herrührten, die die Knochen ans Tageslicht befördert hatten.

Das Rhinozeros von Billy, Frankreich (Mittleres Miozän)

Am 13. April 1868 unterrichtete A. Laussedat die Französische Akademie der Wissenschaften davon, daß ein gewisser P. Bertrand ihm zwei Bruchstücke eines Nashornunterkiefers zugeschickt habe. Sie waren aus einer Grube in der Nähe von Billy. Eines der Stücke zeigte vier sehr tiefe Einfurchungen. Diese Furchen in der unteren Hälfte des Knochens verliefen annähernd parallel und in einem Winkel von 40 Grad zur Längsachse des Knochens. Sie waren 1-2 Zentimeter lang, und die tiefste war 6 Millimeter tief (Laussedat 1868, S.752). Laut Laussedat glichen die Schnittspuren im Querschnitt Kerben, wie sie ein Beil in Hartholz hinterläßt. So dachte er denn auch, daß sie auf die gleiche Weise entstanden seien, nämlich von einem Instrument mit Steinklinge in der Hand eines Menschen, und zwar als der Knochen noch frisch war. Für Laussedat (1868, S. 753) deutete das darauf hin, daß das fossile frühzeitliche Rhinozeros menschliche Gesellschaft hatte.

Wie frühzeitlich zeigt die Tatsache, daß der Kieferknochen in einer Tiefe von 8 Metern in einer Kalksandschicht zwischen anderen Schichten aus dem Mittleren Miozän gefunden wurde. Zudem stammte der eingeschnittene Kieferknochen von einer Art, *Rhinoceros pleuroceros*, die laut Laussedat für das Frühe Miozän charakteristisch war. Modernen Autoritäten (Savage und Russell 1983, S. 214) zufolge kommt das *Rhinoceros (Dicerorhinus) pleuroceros* im Agenien-Stadial der Landsäugetiere des Frühen Miozäns vor.

Auf einer Sitzung der Akademie der Wissenschaften fragte M. Hebert, ob man sich der Authentizität der Einschnitte auf dem fossilen Knochen sicher sein könnte. Édouard Lartet antwortete mit einer Demonstration, daß die Markierungen, deren Oberflächen sich im Aussehen nicht von den anderen Knochenteilen unterschieden, tatsächlich aus der Zeit stammten, als der Knochen verschüttet wurde (de Mortillet 1883, S.49).

Was hatte die Schnittspuren verursacht? De Mortillet (1883, S. 50) wies ohne Umschweife den Gedanken zurück, fleischfressende Tiere seien dafür verantwortlich gewesen - die Einschnitte wiesen nicht die entsprechenden Merkmale auf. Kau- und Reißbewegungen rufen meist charakteristische Knochenzerstörungen hervor, doch der Rhinozeroskiefer von Billy zeigte nur die vier recht deutlichen Einschnitte. Waren Menschen die Verursacher? De Mortillet bestritt dies. Die Eindrücke einer als Säge dienenden Steinklinge sind leicht zu erkennen, und es gab keinerlei Sägespuren auf dem Knochen. Aufgrund ihrer unregelmäßigen Kanten hinterlassen steinerne Schneidewerkzeuge meist winzige Riefen parallel zur Längsachse der durch sie entstandenen V-förmigen Einfurchungen. Aber die Riefen an den Furchen des Billy-Knochens seien, wie es heißt, quer zu dieser Achse verlaufen: vom oberen Rand hinab zum Boden der Furche. Außerdem waren die Einschnitte auf dem Kieferknochen breiter und tiefer, als zu erwarten gewesen wäre, hätte man eine dünne Steinklinge über den Knochen gezogen.

De Mortillet glaubte nicht, daß die Markierungen von einem Werkzeug mit Steinklinge stammten, wie Laussedat vorgeschlagen hatte. Der Schlag eines Steinbeils hinterläßt einen Eindruck, der an den Seiten abgerundet ist. Die Schnittspuren auf dem Kieferknochen von Billy waren jedoch an den Seiten gerade. Ferner bemerkte er, daß eine durch einen Axthieb hervorgerufene Kerbe dort, wo die Klinge auftrifft, eine glatte, scharfe Schnittfläche aufweist, während die Stelle, von der sich der Knochensplitter löst, aufgerauht ist und auch wie abgebrochen aussieht. Diese Merkmale würden, so de Mortillet, auf dem Kiefer von Billy fehlen (1883, S. 50).

Was aber war dann die Ursache? De Mortillet klammerte sich an seine übliche Erklärung, als er in *Le Préhistorique* (1883, S. 50f.)

schrieb: "Es sind ganz einfach Spuren geologischer Aktivität. Alle Geologen wissen, daß es in vielen Geländeformationen, besonders im Miozän, Felsen mit tiefen Oberflächenspuren gibt. Der Grund dafür ist nicht leicht erkennbar, aber die Wahrnehmung selbst ist unbestreitbar. Zwischen den Markierungen auf einigen dieser Felsen und denen auf dem Knochen von Billy besteht große Ähnlichkeit."

Im wesentlichen schlägt de Mortillet also nichts anderes vor, als zu akzeptieren, daß die Markierungen auf dem Rhinozeroskiefer von Billy durch einen völlig unbekannten geologischen Mechanismus erklärt werden könnten, nicht aber durch den bekannten Mechanismus menschlicher Tätigkeit.

Plazierung und Charakteristik der Markierungen auf dem Rhinozerosknochen von Billy sind weitere Faktoren, die bei der Bewertung zu berücksichtigen sind. Lewis R. Binford, Anthropologe an der Universität von New Mexico in Albuquerque, ist ein heute hochgeschätzter Fachmann für die Untersuchung von Knochen mit Schnittspuren. In seinem Buch *Bones: Ancient Men and Modern Myths*, einer umfassenden Untersuchung solcher Knochenfunde, wies Binford darauf hin, daß ein Hauptunterscheidungsmerkmal für die Identifizierung menschlicher Bearbeitungsspuren an Knochen ihre exakte Plazierung ist. Gründliche Forschungen haben nämlich ergeben, daß beim Schlachten - eine gewisse Variationsbreite zugestanden - in fast allen Kulturen, vergangenen wie modernen, Spuren auf ganz bestimmten Knochen und an bestimmten Stellen dieser Knochen entstehen, was durch die Anatomie der Tiere diktiert wird. So stellte Binford (1981, S. 101) beispielsweise fest: "Markierungen auf Unterkieferknochen sind in der Mehrzahl leicht schräge Einschnitte an der Innenseite des Mandibels, meist gegenüber dem M 2 [zweiten Backenzahn]. Diese Schnitte gehen, wie man glaubt, von der Unterseite der Kinnlade aus und sind darauf zurückzuführen, daß beim Entfernen der Zunge der Mylohyoidmuskel durchgeschnitten wurde."

Die von Laussedat beschriebenen Einfurchungen scheinen auf diese allgemeine Beschreibung zu passen, aber da die vorhandenen Berichte über den Kieferknochen von Billy nicht illustriert waren, muß dieser Befund erst noch genauer bestätigt werden.

Die Markierungen auf dem Kieferknochen von Billy, von Laussedat als eine Reihe kurzer, paralleler Schnitte beschrieben, scheinen auch mit Mustern übereinzustimmen, die von Steinwerkzeugen stammen könnten. Folgt man Binford (1981, S. 105), so "sind die meisten der von Metallwerkzeugen auf Knochen hinterlassenen Einschnitte haarfein. [...] Meist sind die Furchen lang, resultieren sie doch aus Schnitten, die durch größere Gewebepartien gehen. Schneidet man mit Steinwerkzeugen, erfordert das keine so kontinuierlichen Schnittbewegungen als vielmehr eine Reihe von kurzen, parallel geführten Schnitten. [...] Steinklingen hinterlassen in der Regel kurze Einschnitte, in paralleler Reihung, und mit einem Querschnitt, dessen V sich breiter öffnet."

Zumindest auf der Grundlage der veröffentlichten Informationen, die uns zur Verfügung stehen, kann man schwerlich kategorisch bestreiten, daß die Spuren auf dem Rhinozeroskieferknochen menschlichen Ursprungs sind. Aktionen fleischfressender Tiere können mit Sicherheit ausgeschlossen werden. Die von de Mortillet vorgeschlagene geologische Erklärung erscheint unwahrscheinlich. Die Schnittspuren sind charakteristisch für ein von Menschenhand geschlachtetes Tier. Überdies entsprechen die kurzen parallelen Schnitte dem Muster, das der Gebrauch von Steinwerkzeugen erwarten läßt. Es scheint also nicht unwahrscheinlich, daß eine mit viel Kraft auf einen Knochen gedrückte Steinklinge jene Schnitte verursachte, die auf dem miozänen Rhinozerosfossil von Billy in Frankreich entdeckt wurden.

Colline de Sansan, Frankreich (Mittleres Miozän)

Der Bericht über den Rhinozeroskiefer von Billy führte am 20. April 1868 auf einer Sitzung der Französischen Akademie der Wissenschaften zur Öffnung eines versiegelten Pakets, das dort am 16. Mai 1864 von den Forschern F. Garrigou und H. Filhol hinterlegt worden war.

Die beiden Herren schrieben an diesem Tag: "Wir haben jetzt genügend Beweise, die uns die Annahme gestatten, daß Menschen offenbar gleichzeitig mit Säugetieren des Miozäns existierten" (Garrigou und Filhol 1868, S. 819). Bei den Beweisen handelte es sich um eine Sammlung von Knochen, die allem Anschein nach absichtlich zerbrochen worden waren, aus Sansan (Gers) in Frankreich. Besonders bemerkenswert waren zerbrochene Knochen der kleinen Hirschart *Dicrocerus elegans*. Die Fundschichten der Knochen von Sansan wurden ins Mittlere Miozän (Mayencien) datiert. Es liegt auf der Hand, daß der Nachweis von 15 Millionen Jahre alten Menschen Sprengstoff für die herrschenden Evolutionstheorien wäre.

Haben die Wissenschaftler des 19. Jahrhunderts das Alter der Fundstelle korrekt bestimmt? Einmal mehr ist die Antwort ja. Moderne Experten (Romer 1966, S. 334) datieren Sansan noch immer ins Mittlere Miozän, und *Dicrocerus elegans* wird der Helvetischen Stufe der Landsäugetiere zugerechnet, die ihrerseits ebenfalls ins Mittlere Miozän gehört (Romer 1966, S. 334; Klein 1973, S. 566).

Folgt man de Mortillet, so glaubte Édouard Lartet, der auch in Sansan nach Fossilien grub und von dem Garrigou einige der Knochen erhalten hatte, auf die er und Filhol seine Behauptungen stützten, nicht daran, daß Menschen die Knochen zerbrochen hatten. Es gab in Sansan viele zerbrochene Knochen, und de Mortillet (1883, S. 64f.) meinte in der üblichen Manier, daß einige während der Versteinerung zerbrochen seien, vielleicht aufgrund der Austrocknung, andere hingegen erst durch Verschiebungen in den geologischen Schichten.

Garrigou beharrte jedoch auf seiner Überzeugung, wonach die Knochen von Sansan von Menschenhand zerbrochen worden seien, um an das Knochenmark zu kommen. 1871 vertrat er seine Sache auf dem Internationalen Kongreß für Prähistorische Anthropologie und Archäologie in Bologna. Garrigou (1873) legte der Versammlung zunächst eine Serie neuer Knochenfunde vor, mit Bruchstellen und Schnittspuren, die zweifellos vom Zerlegen der Tiere herrührten. Zum Vergleich präsentierte er die in Sansan gefundenen Knochen des *Dicrocerus elegans*. Darunter war ein *Humerus* (der lange Knochen des oberen Vorderbeines) mit einer Reihe von Bruchstellen, die denen des entsprechenden Knochens einer Kuh aus dem Neolithikum aufs genaueste glichen. An seiner Innenfläche wies der Hirschknochen einen tiefen Einschnitt auf, der mit Material aus dem Fundstratum angefüllt war. Garrigou zeigte nun auch einen Speichenknochen (vom unteren Vorderbein), der der Länge nach zerbrochen war, wobei der Bruch in einem rechten Winkel zum Knochenende aufhörte. Die Bruchstelle hatte die gleiche Patina wie der Rest des Knochens, was darauf schließen läßt, daß der Knochen zerbrochen wurde, als er noch frisch war. Die Bruchfläche selbst war so sauber und glatt, daß man darin unmöglich das Resultat natürlicher geologischer Kräfte sehen konnte. Hätten unterirdische Druckverhältnisse und Verschiebungen auf den Knochen eingewirkt, so hätten sie mit ziemlicher Sicherheit auch die völlig intakten Kanten und Gelenkoberflächen des zerbrochenen Röhrenknochens in Mitleidenschaft gezogen.

Mit diesen Beobachtungen zeigte sich Garrigou als guter Kenner taphonomischer Verfahren. Und er wies darauf hin, daß die Längsfraktur des von ihm vorgelegten Knochenexemplars sich bei Hunderten ähnlicher Knochen in Sansan exakt wiederholte.

Längsfrakturen sind typisch, wenn Knochen zerbrochen werden, um an das Mark zu kommen.

Garrigou wies auch nach, daß viele der Knochenfragmente sehr feine Riefenbildungen aufwiesen, wie sie auch auf zerbrochenen Knochen aus dem Späten Pleistozän vorkamen. Diese Merkmale weisen ebenfalls darauf hin, daß der Knochen zerbrochen worden war, um das Mark verzehren zu können. Binford führt aus: “Das Geheimnis des kontrollierten Brechens von Markknochen liegt im Entfernen des Periosteums [der aus Bindegewebe bestehenden Knochenhaut, die die Knochensubstanz bedeckt] an den Stellen, auf die Druck ausgeübt werden soll. Die Nunamiut [eine Eskimo- bzw. Inuit-Gruppe, Anm. d. Übs.] kratzen die Knochenhaut grundsätzlich ab, sei es, daß sie einen Messerrücken benutzen oder sich mit einer rauhen Stelle auf einem Hammerstein begnügen oder sich eines primitiven, aber handlichen Schabers bedienen. Dies bedeutet, daß Kratzer und Riefen in Längsrichtung des Knochenschaftes ganz selbstverständlich sind, wenn die Knochen zum Herauslösen des Marks aufgebrochen werden. Solche Spuren kennt man von Knochenanhäufungen [des Neandertalers] aus dem Moustérien” (Binford 1981, S. 134).

Garrigou legte ferner zwei Vordermittelfußknochen vor. Bei beiden war das dünnere Ende durch direkte Schlagwirkung abgebrochen. Man dürfe sich, so meinte er, seitdem Feuersteinwerkzeuge aus dem Miozän gefunden worden waren, nicht darüber wundern, auch die Spuren ihres Gebrauchs zu entdecken. (Garrigou 1873, S. 137).

Auf dieser Versammlung stieß Garrigou allerdings auf starken Widerspruch, den, neben anderen, Professor Japetus Steenstrup,

Sekretär der Königlich-Dänischen Gesellschaft der Wissenschaften und Direktor des Museums für Zoologie in Kopenhagen, äußerte. Steenstrup wandte ein, daß die zerbrochenen Knochen Schlagspuren aufweisen müßten (Garrigou 1873, S.140). Die Bruchkanten eines Knochenfragments müßten an der Stelle, wo der Schlag auftraf, zusammenlaufen. Steenstrup zufolge zeigten die von Garrigou vorgelegten Knochen weder Schlagspuren noch zusammenlaufende Bruchkanten, weshalb er glaubte, daß die Knochen durch kräftige Tiergebisse zerbrochen worden waren.

Garrigou bestritt, daß Bruchstücke Schlagspuren aufweisen müßten: Fehlten sie, so heiße das nicht, daß bei einzelnen Knochenfragmenten direkte Schlageinwirkung als Ursache des Bruchs auszuscheiden habe. Garrigou hatte bei Experimenten beobachtet, wie frische Knochen durch einen Schlag in viele Teile zersplitterten, von denen nur einer oder zwei eine Schlagspur aufwiesen. Und wenn das benutzte Gerät eine scharfe Spitze hatte, zersplitterte der Knochen sofort wie ein Stück Holz, und zwar ohne irgendwelche Schlagspuren (Garrigou 1873, S. 14).

Steenstrups und Garrigous Beobachtungen stimmen mit modernen Testergebnissen überein. Zugunsten Steenstrups fällt folgende Argumentation Binfords aus (1981, S. 163): "Schrammen, wie sie beim Aufbrechen von Markknochen durch Schlagwirkung entstehen, sind sehr charakteristisch. Erstens finden wir sie fast immer an einem einzigen Aufschlagpunkt, mit dem Ergebnis, daß im Innern des Knochenzylinders kurze, dann rasch länger werdende Splitter abfallen. Am Aufschlagpunkt selbst kann der Knochen eingekerbt sein, weil an der Bruchkante des Knochens eine sichelförmige Kerbe entsteht."

Doch Binfords Untersuchungen zeigten auch, daß nur etwa 14 bis 17 Prozent der Knochensplitter, die beim Aufbrechen von Markknochen abfallen, Aufschlagkerben aufweisen, die für menschliche Einwirkung sprechen; dies paßt zu Garrigous Behauptung, daß auf den allermeisten Knochenfragmenten keine Aufschlagspuren festzustellen sind. Es erschiene demnach angemessen, einige der Knochensplitteranhäufungen von Sansan auf typische Schlagspuren zu untersuchen.

Des weiteren betonte Garrigou, daß Steenstrups Behauptung, die zerbrochenen Knochen seien von fleischfressenden Tieren zerbissen worden, falsch sei, da auf den Knochen dann die Abdrücke von Eck- und Backenzähnen zu finden sein müßten, was nicht der Fall sei. Wenn Tiere zubeißen, werden die Knochen weitgehend zerstört. Die intakten Kanten der von Garrigou beschriebenen Längsfrakturen widersprachen also dieser Hypothese.

Binford (1981, S. 79–180) wie darauf hin, daß Tiere beim Fressen normalerweise die Gelenkenden der langen Röhrenknochen zerbeißen, wohingegen durch Menschen verursachte Frakturen gewöhnlich nicht mit der Zerstörung der Gelenke enden. Sein Vorschlag (1981, S.173): Es müsse möglich sein, bei Anhäufungen zerbrochener Knochen den Verteilungsschlüssel von Gelenkenden und Schaftfragmenten zu analysieren und damit eine Methode zu erhalten, zwischen tierischen und menschlichen Aktivitäten zu unterscheiden. Wo es sich um tierische Aktivitäten handelte, dürfe man einen geringen Anteil von vorhandenen Gelenkenden erwarten. Natürlich kompliziert die Möglichkeit, daß Tiere auch den Knochenabfall der Menschen noch anknabbern können, das Problem zusätzlich.

Die Knochenfunde von Sansan sind also unter dem Strich als weiterer Beweis für die Existenz des Menschen in sehr früher Zeit zu werten. Garrigous Methodologie und Analyse haben sich als ziemlich genau herausgestellt. Sie beruhen auf tadellosen taphonomischen Kriterien, ausführlichen Vergleichen mit zweifelsfrei von Menschen zerbrochenen Knochen und Beweisen, die aus direkten Experimenten mit Knochenfrakturmustern gewonnen wurden.

Pikermi, Griechenland (Spätes Miozän)

An einem Ort namens Pikermi nahe der Ebene von Marathon in Griechenland gibt es ein fossilienhaltiges Stratum aus dem Späten Miozän (Tortonien), das von dem hervorragenden französischen Gelehrten Albert Gaudry erforscht und beschrieben worden ist. Auf einer Tagung des Internationalen Kongresses für Prähistorische Anthropologie und Archäologie 1872 in Brüssel erklärte Baron von Dücker, zerbrochene Knochen vom Fundort Pikermi würden die Existenz des Menschen im Miozän beweisen (von Dücker 1873, S. 103ff.). Moderne Experten datieren den Fundort Pikermi nach wie vor ins Späte Miozän (Nilsson 1983, S. 476; von Jacobshagen 1986, S. 213, 221).

Von Dücker untersuchte zunächst zahlreiche Knochenfunde aus Pikermi im Athener Museum. Er begutachtete 34 Kieferfragmente von *Hipparion*, einem ausgestorbenen dreizehigen Pferd, aber auch von Antilopen sowie 19 Schienbeinfragmente und 22 weitere Bruchstücke von Knochen großer Tiere, z. B. Nashörnern. Alle zeigten Merkmale methodisch herbeigeführter Brüche, die die Extraktion des Knochenmarks zum Ziel hatten. Von Dücker (1873, S. 104) zufolge trugen sie alle "mehr oder weniger ausgeprägte, von harten Gegenständen stammende Schlagspuren". Seinen Angaben nach existierten viele hundert Knochensplitter, die auf die gleiche Weise entstanden waren. Was Schlagkerben als Merkmale vorsätzlich herbeigeführter Brüche betrifft, so sollten diese Knochenbruchstücke eigentlich ausreichen, um den Anforderungen sowohl von Autoritäten des 19. Jahrhunderts (wie Steenstrup) als auch von modernen Wissenschaftlern (wie Binford) zu genügen.

Überdies stellte von Dücker an vielen Dutzenden Hipparion- und Antilopenschädeln eine methodisch durchgeführte Entfernung des Oberkiefers fest, um an das Gehirn heranzukommen. Die Bruchkanten waren sehr scharf, was sich generell eher von Frakturen sagen läßt, die von Menschenhand verursacht werden, als von solchen, für die hungrige Tiere oder Druckverhältnisse verantwortlich sind. Man könnte die Frage stellen, ob die Knochen in der Museumssammlung tatsächlich zu der Miozänschicht von Pikermi gehörten, aber viele von ihnen waren in roten Lehm gebettet, ein klarer Hinweis auf die Schicht, aus der sie stammten. Das Museumspersonal sagte jedoch, daß keinerlei Steinwerkzeuge oder Brandspuren zusammen mit den Knochen gefunden worden seien.

Von Dücker begab sich dann in Pikermi selbst vor Ort, um seine Forschungen fortzuführen. Während seiner ersten Ausgrabung fand er Dutzende Knochenfragmente von *Hipparion* und Antilopen. Er notierte, daß etwa ein Viertel davon Spuren vorsätzlich herbeigeführter Frakturen aufwiesen - Binford konstatiert, daß Anhäufungen von Knochen, die zum Zweck der Knochenmarkentfernung zerbrochen wurden, etwa 14 bis 17 Prozent Schlagkerben aufweisen. "Ich habe unter den Knochen", so von Dücker (1873, S. 105), "auch einen Stein von einer Größe gefunden, die gut in eine Hand paßte. Er läuft auf der einen Seite spitz zu und würde sich perfekt dazu eignen, Schlagspuren zu hinterlassen, wie sie auf den Knochen zu sehen sind."

Von Dückers zweite Ausgrabung fand in Anwesenheit von Professor G. Capellini aus Bologna statt, der den Internationalen Kongreß für Prähistorische Anthropologie und Archäologie mitbegründet hatte. Capellini, der die Auffassung vertrat, daß zerbrochene Knochen für sich genommen kein ausreichender Beweis für das Auftretenvon Menschen seien, maß den Pikermi-Funden keine so große Bedeutung zu wie von Dücker. Nichtsdestoweniger schloß er sich der Meinung an, daß die Knochen vor ihrer Ablagerung in der Erde zerbrochen worden waren.

Capellini besuchte seinem Bericht zufolge auch das Athener Museum. Anders als von Dücker glaubte er jedoch nicht, daß die Mehrzahl der Knochenbrüche auf menschliche Einwirkung zurückgingen. Viele der ausgestellten Knochen und Schädel seien sogar unbeschädigt geblieben und in gutem Zustand. Von Dücker erwiderte, daß der Umstand, daß einige Knochen nicht zerbrochen waren, nichts an der Tatsache ändere, daß andere es waren, und zwar auf eine Weise, die auf Absicht schließen lasse. Natürlich habe Gaudry für seine Museumsvitrinen die besterhaltenen Knochen ausgesucht (von Dücker 1873, S. 106). Und, so meinte von Dücker, Capellinis kurze Überprüfung könne sich kaum mit seiner eigenen, sorgfältig durchgeführten Langzeituntersuchung vergleichen, die mehrere Monate sowohl im Museum als auch am Fundort in Anspruch genommen habe.

Von Dückers Bericht wurde an Gaudry weitergeleitet, der aber keinen Beweis für menschliche Tätigkeit fand. Auch de Mortillet untersuchte die Knochen und war sich mit Gaudry und Capellini darin einig, daß die Brüche "zufällig" seien. Interessanterweise ließ Gaudry gegenüber von Dücker verlauten, er selbst entdecke auch hin und wieder zerbrochene Knochen, die solchen ähneln, die von Menschenhand verursacht wurden. Aber es falle ihm schwer, das zuzugeben (von Dücker 1873, S. 107).

In Gaudrys Bemerkung scheint eines der zentralen Probleme auf, dem wir bei unserer Untersuchung des Umgangs mit paläanthropologischem Beweismaterial immer wieder begegnen. Die Beweislage ist im allgemeinen wenig eindeutig. Gaudry deutete mit seiner Feststellung an, daß seine vorgefaßte Meinung in Widerspruch zu seinen Wahrnehmungen stehe. Menschen im Miozän? Die Realität dieser Möglichkeit zuzugeben, war für ihn nicht denkbar. Die vorgefaßte Meinung triumphierte über die Wahrnehmung.

Das Rätsel der Knochen von Pikermi wird ungelöst bleiben, bis eine endgültige Analyse erstellt ist. Und es bleibt fraglich, ob es jemals eine solche geben kann. Zum jetzigen Zeitpunkt können wir nicht darüber entscheiden, ob Menschen für die Frakturen verantwortlich waren, die an den *Hipparion*-Knochen aus den Miozänschichten von Pikermi festgestellt worden sind.

Inzwischen sind einige moderne Forscher der Auffassung, daß Beweise für die Herbeiführung von Knochenbrüchen durch Menschenhand im allgemeinen übersehen wurden oder unbeachtet blieben. Robert J. Blumenschine und Marie M. Selvaggio, zwei Anthropologen von der Rutgers-Universität, führten Experimente durch, bei denen sie die Röhrenknochen afrikanischer Säugetiere (Gazelle, Impala, Weißschwanzgnu) mit Hilfe von Sandsteinbrocken brachen, um an das Knochenmark zu kommen. In den *Science News* vom 2. Juli 1988 konnte man folgendes lesen: "Die dabei entstandenen Furchen und Vertiefungen oder 'Schlagspuren', die man gewöhnlich in der Nähe der durch Schlagwirkung verursachten Kerben findet, sähen auf den ersten Blick den Zahnabdrücken fleischfressender Tiere sehr ähnlich." Aber unter dem Elektronenrastermikroskop wurden "Stellen mit charakteristischen parallelen Linien" sichtbar, die sich von den von Hyänenzähnen verursachten Spuren unterschieden. Blumenschine und Selvaggio wären der Meinung (so *Science News*), daß "Forscher das Zerbrechen von Knochen zum Verzehr des Knochenmarks als frühmenschliche Tätigkeit bisher unterschätzt oder übersehen hätten".

Durchlöcherte Haifischzähne aus dem Roten Crag, England (Spätes Pliozän)

Auf einer Versammlung des *Royal Anthropological Institute of Great Britain and Ireland*, die am 8. April 1872 stattfand, zeigte Edward Charlesworth, ein Fellow der Geologischen Gesellschaft, zahlreiche Exemplare von Haifisch-(*Carcharodon*-)Zähnen, alle mittig durchbohrt, so wie man es bei Südseeinsulanern sehen kann, die daraus Waffen und Halsbänder anfertigen. Die Zähne stammten aus der Red-Crag-(Muschelmergel-)Formation, was auf ein ungefähres Alter von 2 bis 2,5 Millionen Jahren hindeutete (Nilsson 1983, S. 106).

Aus dem Protokoll der Versammlung, das in der Zeitschrift des Anthropologischen Instituts veröffentlicht wurde, erfahren wir: "Mr. Charlesworth machte klar, unter welchen Umständen Bohrmuscheln wie Pholas und Saxicava Steine oder andere feste Substanzen durchlöchern, und berichtete über seine Beobachtungen hinsichtlich der Bohrtätigkeit von Bohrschwämmen (*Cliona*) und Ringelwürmern (*Teredo*). Ausführlich wurde begründet, warum solche Durchbohrungen, wie die jetzt gezeigten, nicht von diesen Tieren stammen konnten. Auch wurde die gewissenhafteste und gründlichste Untersuchung vorgenommen, um zu demonstrieren, daß die 'Ahle' oder der 'Bohrer' (wer oder was immer es war) zeitlich mit der Crag-Periode korrespondierte. Bei einigen Fundstücken waren die Löcher durchgehend mit echter Crag-Masse angefüllt, was beweist, daß sie im Crag-Meer versanken, als die Perforation schon durchgeführt war" (Charlesworth 1873, S.91).

Charlesworth (1873, S. 91f.) selbst sprach nicht von menschlicher Tätigkeit, legte aber einen Brief von Professor Owen vor, der die Fundstücke sorgfältig untersucht hatte und danach feststellte: "Die Durchlöcherung mechanischer menschlicher Tätigkeit zuzuschreiben, schien die wahrscheinlichste Erklärung der Fakten."

Während der anschließenden Diskussion schlug Mr. Whitaker Zahnfäule als Ursache vor, wobei er besonders auf einen Zahn hinwies mit Löchern in verschiedenen Bohrphasen zwischen leichter Einkerbung und vollständiger Perforation (Charlesworth (1873, S. 92). Danach äußerte Dr. Spencer Cobbold, ein Experte für Parasiten, die Ansicht, Parasiten könnten für die Löcher verantwortlich gewesen sein, räumte aber dem Abschlußbericht zufolge ein: "Wahrheitsgemäß muß festgestellt werden, daß bisher kein Entozoon [tierischer Parasit im Körperinnern] bekannt ist, der in den Knochen oder Zähnen von Fischen lebt" (Charlesworth 1873, S. 92).

An diesem Punkt der Diskussion sprach sich Dr. Collyer für menschliche Aktivität aus. Im Tagungsbericht sind seine Bemerkungen wie folgt wiedergegeben: "Er hatte mit Hilfe eines starken Vergrößerungsglases die durchlöcherten Haizähne auf das sorgfältigste untersucht. [...] Die Löcher waren seiner Auffassung nach das Werk von Menschen. Seine Gründe: erstens die abgeschrägten Ränder der Perforationen; zweitens die Unregelmäßigkeit der Bohrungen; drittens die zentrale Plazierung der Löcher in den Zähnen; viertens die Bevorzugung der dünnen Zahnpartien, wo sich eine Durchbohrung am leichtesten durchführen läßt; fünftens die Spuren, die auf künstliche Hilfsmittel beim Bohren hindeuteten; sechstens die Plazierung der Perforation genau an den Stellen, die man wählen würde, wollte man daraus eine Verteidigungs- oder Angriffswaffe oder ein Schmuckstück für ein Halsband anfertigen; siebtens die Tatsache, daß primitive Völker - wie die Bewohner der Sandwich-Inseln [d. i. Hawaii, Anm. d. Übs.] oder die Neuseeländer [die Maori, Anm. d. Übs.] - seit unvordenklichen Zeiten Haifischzähne benutzen und sie auf die gleiche Weise durchbohren wie die vorgelegten Zähne. Er zählte auch einige Gründe dafür auf, warum er annahm, daß die Perforationen nicht von Bohrmuscheln oder Bohrwürmern oder sonstigen tierischen Parasiten verursacht worden seien: Erstens bohrten diese Tiere ihre Löcher stets zu einem bestimmten Zweck, wenn sie sich irgendwo einnisteten; daher war klar, daß sie sich dafür nicht die dünnste Stelle des Zahnes aussuchen würden. [...] Zweitens gebe es keinen bekannten Parasiten, keine Molluske und keinen Wurm, der sich in den Zahn eines Fisches bohren würde. Drittens hätten diese Tiere keine Ahnung davon, daß das genaue Zentrum des Zahns sich für ihre Zwecke besser eignete als die Seiten. Wenn, viertens, die Löcher das Resultat tierischer Bohrtätigkeit gewesen wären, hätten sie einheitlich ausgesehen. Was die Zahnfäule als Verursacher anging, schien ihm dies die unwahrscheinlichste Behauptung. Das Erscheinungsbild eines verfaulten Zahns sei mit den gezeigten Durchbohrungen auch nicht im geringsten zu vergleichen. Außerdem litten Haie nicht unter Zahnfäule" (Charlesworth 1873, S. 93).

Mr. T. McKenny Hughes argumentierte danach gegen Bohrungen von Menschenhand, indem er darauf hinwies, daß in einigen Fällen die Löcher an der Vorder- und Rückseite des Zahns nicht genau auf gleicher Höhe lagen. Es leuchtet jedoch nicht ein, warum dies gegen menschliche Tätigkeit sprechen sollte. Um nur eine Möglichkeit in Betracht zu ziehen: Man kann sich ohne weiteres vorstellen, wie jemand den Zahn zunächst von der einen Seite anbohrt, ihn dann umdreht und die Perforation von der anderen Seite zu Ende führt, wobei er einen leicht abweichenden Ansatzwinkel wählt.

Von Hughes kam noch ein zweiter seltsamer Einwand. Er bemerkte, daß sich die gleiche Art von Perforationen nicht nur bei Fossilien aus der Crag-Schicht findet, einer Formation am Übergang vom Pliozän zum Pleistozän, sondern auch bei Schalentieren in älteren Ablagerungen, etwa den Strata grünen Sandsteins aus dem Sekundär. Er behauptete, daß zu einem so frühen Zeitpunkt ganz unmöglich schon Menschen existiert haben können, weshalb die Perforationen in Fossilien aus Schichten grünen Sandsteins selbstverständlich natürlichen Ursprungs seien. Und mit den durchlöcherten Haifischzähnen aus dem Roten Crag verhalte es sich - ein Analogieschluß - genauso.

Es ist dies erneut ein überaus typisches Beispiel dafür, wie vorgefaßte Meinungen bestimmen, welche Beweise akzeptabel sind und welche nicht. Es wäre immerhin denkbar, in den durchlöcherten Schalen, die in den älteren Schichten grünen Sandsteins gefunden wurden, gleichfalls das mögliche Werk von Menschen zu sehen. Wie schon erwähnt, ist die jüngste Periode des Mesozoikums die Kreidezeit, die vor etwa 65 Millionen Jahren zu Ende ging.

Auf jeden Fall, so Hughes, seien die Löcher in den Red-Crag-Haifischzähnen durch eine Kombination von Abnutzung, Fäulnis und Parasiten verursacht worden (Charlesworth 1873, S. 93). Mr. G. Busk kam auf der Tagung des Internationalen Kongresses für Prähistorische Anthropologie und Archäologie, die 1872 in Brüssel abgehalten wurde, zu dem gleichen Schluß. In *Le Préhistorique* (1883, S. 68) machte de Mortillet die sarkastische Bemerkung, daß es wirklich seltsam sei, wie hartnäckig manche Leute in Meeresablagerungen nach Beweisen für die Existenz des Menschen im Tertiär suchten.

Wägt man jedoch die in diesem Fall vorgetragenen Argumente für und gegen menschliche Aktivität ab, so scheint die Hartnäckigkeit viel eher auf seiten derer zu liegen, die die Möglichkeit menschlicher Aktivitäten nicht akzeptieren wollen. Welche Alternativen aber wurden vorgeschlagen? Einige brachten Zahnfäule ins Spiel, obwohl Haie, soviel man weiß, keine Löcher in den Zähnen haben, andere verwiesen auf Parasiten, obwohl einer der führenden britischen Experten zugab, daß kein Fall von Parasiten bekannt sei, die die Zähne von Haien oder anderen Fischen befielen. Wieder andere meinten, es müsse sich um Abnutzungserscheinungen handeln, obwohl man ganz schön ins Schwitzen käme, wollte man Beispiele für natürlicher Abnutzung finden, die mitten im Zahn saubere runde Löcher hinterläßt.

Knochenschnitzerei von den Dardanellen, Türkei (Miozän)

Im *Journal of the Royal Anthropological Institute of Great Britain and Ireland* schrieb Frank Calvert (1874, S. 127): "Ich hatte das Glück, unweit der Dardanellen schlüssige Beweise für die Existenz des Menschen in der miozänen Periode des Tertiärs zu entdecken. Von der Stirnseite einer Felswand, die sich aus Schichten jener Periode zusammensetzte, aus einer geologischen Tiefe von 800 Fuß [28 Metern] habe ich das Fragment eines Gelenks geborgen, das zum Knochen eines *Dinotheriums* [*Deinotherium*] oder eines *Mastodons* gehörte, an dessen konvexer Seite tief und unverkennbar die Figur eines gehörnten Vierfüßers mit gebogenem Hals, rautenförmiger Brust, langem Körper, geraden Vorderbeinen und breiten Füßen eingeschnitzt ist. Es gibt auch Spuren von sieben oder acht weiteren Figuren, die ebenso wie das Hinterteil der ersten fast gänzlich ausgelöscht sind. Das vollständige Design umschließt den äußeren Teil des Fragments, das einen Durchmesser von 22,5 Zentimetern hat und an der dicksten Stelle 12,5 Zentimeter mißt. Ich habe an verschiedenen Stellen der Felswand, nicht weit vom Fundort des gravierten Knochens, einen Feuersteinsplitter und einige Tierknochen gefunden, die in Längsrichtung zerbrochen waren, was offensichtlich von Menschenhand geschah, um das Knochenmark herauszuholen, wie es die Praxis aller primitiven Völker ist."

Calvert (1874, S. 127) fügte hinzu: "Es besteht kein Zweifel über den geologischen Charakter der Formation, aus der ich diese interessanten Relikte zutage gefördert habe. Der bekannte Autor und Kenner der Geologie Kleinasiens, M. de Tchihatcheff, der in dieser Region war, hat die Schicht als miozän bestimmt, ein Faktum, das durch die darin gefundenen fossilen Knochen, Zähne und Weichtierschalen weiter bekräftigt wird. Von einigen dieser Fossilien habe ich Zeichnungen gemacht und an Sir John Lubbock geschickt, der mich entgegenkommenderweise davon in Kenntnis setzt, daß die Herren G. Busk und Jeffreys, jene bedeutenden Experten, denen er die Zeichnungen vorlegte, die Überreste als die eines Dinotheriums und die Schalen als die einer Melania-Art identifizierten, die beide unweigerlich ins Miozän gehören."

Modernen Autoritäten zufolge dauerte das Deinotherium in Europa vom Späten Pliozän bis ins Frühe Miozän (Romer 1966,

S. 386). Es ist deshalb durchaus möglich, daß Calverts Datierung der Dardanellenfunde ins Miozän richtig war. Das Miozän begann nach heutiger Vorstellung vor 25 Millionen und endete vor 5 Millionen Jahren. Nach heute vorherrschender Meinung können in diesem Zeitraum bestenfalls stark affenähnliche Hominiden gelebt haben. Selbst ein spätpliozänes Datum von 2,5 bis 3 Millionen Jahren für die Dardanellenfunde wäre älter als der erste Werkzeug machende Hominide (*Homo habilis*).

Calvert scheint ausreichend qualifiziert gewesen zu sein, um die Fundstelle an den Dardanellen zeitlich einzuordnen. Er führte mehrere wichtige Ausgrabungen in der Dardanellen-Region durch und spielte auch eine bedeutsame Rolle bei der Auffindung der berühmten Stadt Troja. Was seine Miozän-Entdeckungen angeht, wäre es ihm wohl aufgefallen, falls die von ihm entdeckten zerbrochenen Knochen, Steinwerkzeuge und die bewußte Schnitzerei erst vor kurzem in die Ablagerungen gelangt wären. Die Schnitzerei war, was die Fundumstände betrifft, stratigraphisch nicht weniger abgesichert als viele unangefochtene Funde. Die meisten Homo-erectus-Funde auf Java und die meisten der ostafrikanischen Funde von *Australopithecus*, *Homo habilis* und *Homo erectus* waren Oberflächenfunde: Man nimmt an, daß sie aus tieferen Schichten (zwischen Mittlerem Pleistozän und Spätem Pliozän) nach oben geschwemmt worden sind.

In *Le Préhistorique* bezweifelte de Mortillet nicht das Alter der Dardanellen-Formation. Sein Kommentar lief vielmehr darauf hinaus, daß das Nebeneinander einer Knochenschnitzerei, absichtlich zerbrochener Knochen und eines Feuersteingeräts fast zu perfekt sei, so perfekt, daß Zweifel über die Echtheit der Funde aufkommen müßten (de Mortillet 1883, S. 69). Das ist insofern bemerkenswert, als sich de Mortillet im Falle der eingeschnittenen Knochen von St. Prest beklagte, daß am Ausgrabungsort keine Steinwerkzeuge oder andere Hinweise auf menschliche Tätigkeit zu finden waren. Mit der Aufforderung, man solle die von Calvert mitgeteilten Miozän-Funde als nicht bestätigt betrachten, da keine weiteren seriösen Berichte oder Neuentdeckungen menschlicher Artefakte von den Dardanellen zu vermelden seien, setzte er einen Schlußstrich unter die Diskussion.

Balaenotus vom Monte Aperto, Italien (Pliozän)

Im letzten Drittel des 19. Jahrhunderts tauchten in Italien fossile Walknochen mit seltsamen Kerbspuren auf. Am 25. November 1875 berichtete G. Capellini, Geologieprofessor an der Universität Bologna, vor seinem Institut: “Als ich neulich einen Knochen säuberte, den ich selbst aus einer Schicht blauen pliozänen Kinks - die dem Astien zugehörte und zeitgleich mit dem Grauen Crag von Anvers war - geborgen hatte, bemerkte ich zu meinem größten Erstaunen auf der Rückseite eine Kerbe und einen Einschnitt. Besonders erstere war so klar und so tief, daß sich der Hinweis auf ein sehr scharfes Instrument als Ursache von alleine ergab. Ich kann sagen, daß der gefundene Knochen so vollständig versteinert ist, daß er noch die feinsten Details seiner mikroskopischen Struktur bewahrt hat; zudem ist er so hart geworden, daß es unmöglich ist, mit einer Stahlspitze einen Kratzer auf seiner Oberfläche zu hinterlassen. Dieser Umstand setzt uns in die Lage, Vermutungen, daß es sich bei den Markierungen um Spuren neueren Datums handelt, gänzlich zurückzuweisen” (de Mortillet 1883, S. 56). Capellini entdeckte, während er mit der Reinigung des Knochens fortfuhr, noch drei weitere leichte Markierungen. Er machte diese Entdeckung und andere, die noch folgten, vor der *Accademia dei Lincei* in Rom und dem Internationalen Kongreß für Prähistorische Anthropologie und Archäologie 1876 in Budapest und 1878 in Paris bekannt. Capellini, ein Gründungsmitglied des Kongresses, war ein prominentes Mitglied der europäischen Wissenschaftsgemeinde.

Die von Capellini untersuchten Walknochen stammten von dem ausgestorbenen Kleinwal *Balaenotus*, der für das Späte Pliozän in Europa charakteristisch war (Romer 1966, S. 393). Dies bestätigte Capellinis Datierung seiner Entdeckungen ins Pliozän.

1876 zeigte Capellini seine wichtigsten Fundstücke auf dem Kongreß in Budapest.

“Im Oktober 1875”, berichtete er (1877, S. 47), “reiste ich nach Siena, um meine stratigraphischen Untersuchungen der tertiären Formationen in der Region fortzusetzen. Zur gleichen Zeit studierte ich die Überreste fossiler Wale im Museum der *Accademia dei Fisiocritici*. Ich folgte dem Rat von Dr. Brandini und begann bei Pogarone, in der Nachbarschaft des Monte Aperto, mit Ausgrabungen. Dabei hatte ich das große Glück, eine doppelte Entdeckung zu machen: Zum einen fand ich zahlreiche Skelettreste des *Balaenotus*, einer fossilen Walart, die zuerst von van Beneden identifiziert und bisher nur im Grauen Crag von Anvers entdeckt worden war; und zum anderen bemerkte ich auf ebendiesen Knochen die ersten Spuren von Menschenhand, was die gleichzeitige Existenz von Menschen und den pliozänen Walen der Toscana bewies."

Capellini legte dann einige seiner Fundstücke vor. "Ich habe die Ehre", sagte er, "Ihnen bemerkenswerte Stücke zu präsentieren: Sie weisen Markierungen auf, die aufgrund ihrer Form und ihrer Plazierung auf den fossilen Knochen unwiderleglich beweisen, daß hier ein Wesen tätig war, das irgendeine Art von Werkzeug benutzte. Das ist die Ansicht der meisten erfahrenen Naturforscher und Anatomen nicht nur Italiens, sondern ganz Europas, die diese Stücke untersucht und ihr Urteil ohne vorgefaßte Meinung abgegeben haben" (Capellini 1877, S. 47).

Man beachte, daß Capellini, als er "Form und Plazierung" der Einschnitte erläuterte, sich moderner Kriterien zur Unterscheidung menschlicher von tierischen Aktivitäten bediente. Sein Hinweis auf Wissenschaftler, die zu "vorgefaßten Meinungen" neigen, ist für diese Diskussion von besonderer Relevanz.

Hinsichtlich des geologischen Alters der Schichten, in denen *Balaenotus*-Fossilien entdeckt worden waren, merkte Capellini in seinem Bericht an: "Die geologische Lage der Schichten, in denen der *Balaenotus* in der Nähe des Monte Aperto gefunden wurde, und die Weichtierschalen, die sich in dem gleichen Bett befanden, erlauben keinen Zweifel an ihrem pliozänen Alter und ihrer Ähnlichkeit mit dem Grauen Crag von Anvers. Alternierende Schichten, die völlig aus Sand bzw. aus Sand und Lehm bestehen, zeugen davon, daß die Tiere in den flachen pliozänen Küstengewässern vor einer Insel strandeten, die zu einem Archipel gehörte, der gegen Ende des Tertiärs das Gebiet des heutigen Mittelitaliens einnahm."

Capellini (1877, S. 48) beschrieb dann die Plazierung der Einschnitte auf den fossilen Knochen: "Die Schnittspuren auf dem Skelett des *Balaenotus* finden sich auf den unteren Gliedmaßen, den Rippenaußenseiten und den Apophysen [Knochenfortsätze] der Wirbelsäule."

Die Einschnitte auf den Wirbelsäulenapophysen bestätigen die Beobachtungen von Binford (1981, S. 111), wonach beim Entfleischen Schnitte gemacht werden, um das Fleisch von den Fortsätzen der Brust- und Lendenwirbel zu lösen; dabei bleiben "Schnittspuren [...] (zurück), die gewöhnlich diagonal oder leicht schräg zu den Dorsalfortsätzen der Brustwirbel verlaufen."

Was die Rippen betrifft, so erkannte Binford (1981, S. 113), daß bei einem ganz normalen Zerlegungsvorgang "auf der Rippenrückseite in Richtung auf das proximale Ende der Rippe diagonale Schnittspuren auftreten, die auf das Entfernen des Lendenstücks zurückzuführen sind". Die von Capellini entdeckten Einschnitte, allesamt auf der Dorsalseite der Rippe, stimmen mit dieser Beschreibung überein.

Nach einer taphonomischen Analyse konstatierte Capellini (1877, S. 49): "Darüber hinaus habe ich auf der dorsalen Apophyse eines fast vollständig erhaltenen Lendenwirbels Schnittspuren festgestellt, die über Kreuz laufen und in deren unmittelbarer Nähe man winzige Austern erkennt - ein direkter Hinweis darauf, daß die Ablagerung in sehr flachen, küstennahen Gewässern stattfand. Man sollte nicht vergessen, daß die ganze, einst vom Meer eingenommene Region um Siena viele Male angehoben und wieder abgesenkt wurde, worauf der Wechsel von Meeres-, Brackwasser- und Süßwasserablagerungen, die man in Siena beobachten und studieren kann, zurückzuführen ist."

Diese Veränderungen sind unmißverständlicher Hinweis auf eine Küstenregion, was nicht unwichtig ist. Einige Kritiker glaubten nämlich, die Spuren auf den Knochen stammten von Haifischzähnen; das Vorkommen von Haien setzt aber tiefes Wasser voraus.

So erklärte beispielsweise de Mortillet in seinem Buch *Le Préhistorique* (1883, S. 59), daß zwei italienische Naturforscher (Strobel und de Stefani) der Meinung seien, die Schichten, die *Balaenotus*-Knochen enthielten, wären nicht littoralen, sondern tiefozeanischen Ursprungs. Dies scheint mit den direkten Beobachtungen Capellinis, der selbst ein erfahrener Geologe war, unvereinbar zu sein. In seiner Darstellung erwähnt de Mortillet nichts von dem, was Capellini zur Stützung seiner Schlußfolgerung anführt, daß nämlich der Fundort der *Balaenotus*-Knochen typisch sei für die seichten, küstennahen Bereiche des Pliozän-Meeres.

Capellini (1877, S. 49f.) fuhr fort: "Da ich die Ausgrabungen der Skelettreste des *Balaenotus* in der Umgebung von Siena persönlich überprüft habe, konnte ich problemlos erklären, warum die

Schnittspuren nur auf einer und immer auf der gleichen Seite auftreten. Es ist ganz offensichtlich, daß die Einschnitte auf dem fraglichen Fundstück von einem Menschen stammen, der über das im seichten Wasser gestrandete Tier herfiel und mit einem Feuersteinmesser oder einem ähnlichen Instrument versuchte, Fleischstücke herauszulösen."

Er (1877, S. 50) fügte hinzu: "Die Fundsituation der Überreste des *Balaenotus* von Pogiarone bringen mich zu der Überzeugung, daß das Tier strandete und auf der linken Seite zu liegen kam, während die rechte Seite exponiert und damit den direkten Angriffen von Menschen ausgesetzt war, was die Plazierung der Schnittspuren auf den Knochen beweist." Die Tatsache, daß nur die Knochen auf einer Seite des Wals Spuren von Fremdeinwirkung zeigten, schloß jede rein geologische Erklärung, aber auch eine Deutung der Einschnitte als Folge von Haiattacken in tiefem Wasser mehr oder weniger aus [...] Nach der aufmerksamen Untersuchung von Skeletten in den meisten naturkundlichen Museen Europas kann man sich selbst sehr einfach davon überzeugen, daß alle diese von Menschen präparierten Ausstellungsstücke Einschnitte von der gleichen Art aufweisen wie jene auf den Knochen, die Sie gesehen haben, und andere, die ich Ihnen noch zeigen werde."

Der Vergleich mit gesicherten Beispielen menschlicher Tätigkeit ist nach wie vor eine der wichtigsten wissenschaftlichen Methoden, um festzustellen, ob Schnittspuren auf Knochen von Menschenhand stammen oder nicht.

Capellini (1877, S. 51) berichtete weiter, daß er Exemplare jenes Werkzeugtyps gefunden habe, der die Knocheneinschnitte verursacht haben mochte: "Unweit der Überreste des *Balaenotus* von Pogiarone sammelte ich einige Feuersteinklingen auf, die in den Strandablagerungen verlorengegangen waren." Und er fügte hinzu: "Mit ebendiesen Feuersteinwerkzeugen gelang es mir, auf frischen Walknochen genau die gleichen Schnitte anzubringen, wie sie auf den fossilen Walknochen zu finden sind" (ebd.).

"Bevor ich die Gegend von Siena verlasse", fuhr Capellini mit seiner Erklärung fort, "sollte ich darauf hinweisen, daß die 1856 von Abbé Deo Gratias gefundenen Überreste eines Menschen in den maritimen Pliozän-Lehmschichten von Savona in Ligurien annähernd dem gleichen geologischen Horizont zugeschrieben werden können wie Pogiarone und andere toskanische Örtlichkeiten, wo ich zahlreiche Knochenreste von Walen gefunden habe." Hierzu mag fürs erste die Feststellung genügen, daß gleichzeitig mit den Funden eingeschnittener Knochen um die Mitte und in der zweiten Hälfte des 19. Jahrhunderts eine Vielzahl von Feuersteingeräten und menschlichen Skelettresten in den Pliozän- und Miozän-Schichten zutage kamen. In modernen Lehrbüchern werden diese Entdeckungen praktisch nie erwähnt. Es lohnt sich zu wiederholen, daß die Existenz von Menschen des modernen Typs im Pliozän das gegenwärtig akzeptierte, evolutionäre Bild von den menschlichen Ursprüngen widerlegen würde.

Capellini ließ sich noch über einen anderen menschlichen Skelettfund aus, den er für ebenso alt hielt wie die von ihm in den Pliozänschichten entdeckten Walknochen. "Bei meiner ersten Mitteilung den Pliozän-Menschen der Toscana betreffend (Nov. 1875) habe ich den von Prof. Cocchi im oberen Arno-Tal entdeckten menschlichen Schädel erwähnt. Was das Alter der Schichten anging, in denen der Schädel gefunden worden war, so akzeptierte ich für den Augenblick die Schlußfolgerungen meines Freundes." Cocchi hatte den Fund ins Pleistozän datiert.

"Nach neuen Untersuchungen der geologischen Lage des bei Olmo gefundenen Schädels", führte Capellini (1877, S. 51f.) vor seinen Kollegen auf dem Budapester Kongreß weiter aus, "kam Dr. F. Major, der sich jahrelang speziell mit dem Studium von Wirbeltierfossilien aus dem oberen Arno-Tal befaßt hatte, allerdings zu einer entgegengesetzten Ansicht. Dr. Major zufolge beweisen die Fossilien aus dem Fundstratum von Olmo sowie die von Professor Cocchi gemeinsam mit dem Schädel gesammelten Knochenreste das pliozäne Alter des Schädels, der gleichaltrig ist mit jenen maritimen Ablagerungen, die die eingekerbten Walknochen enthalten."

Von modernen Experten wird der Schädel von Olmo ins Pleistozän datiert.

"Einige Monate nach der Entdeckung des *Balaenotus* von Pogiarone", fuhr Capellini (1877, S. 52) fort, "vermochte ich aufgrund ähnlicher Entdeckungen den Schluß zu ziehen, daß der pliozäne Mensch (auch) auf anderen Inseln des toskanischen Archipels vorkam. Bei der Untersuchung der zahlreichen Knochenreste fossiler Wale, die Sir R. Rawley neulich für das Museum von Florenz beisteuerte, entdeckte ich ein Humerus-Bruchstück und drei Cubitus-Fragmente mit ebenso ausgeprägten und instruktiven Markierungen, wie es die fraglichen sind. Von den Knochenresten des *Balaenotus* von La Collinella nahe Castelnuovo della Misericordia im Fine-Tal sind ziemlich viele mit einer Gipskruste geborgen worden. Die Schnittspuren entdeckte ich, als ich mit Hilfe des Präparators E. Bercigli diese Verkrustungen entfernte. Kurz darauf wurden die Fundstücke von M. d'Ancona, seines Zeichens Professor der Paläontologie, M. Giglioli, Professor der Zoologie und vergleichenden Anatomie, Dr. Cavanna, Dr. Ch. Major und anderen untersucht und bestätigt. [...] Auf einem der Cubitus-Fragmente", erklärte Capellini weiter, "ließ ich die Gipskruste über einem tiefen, zum Teil sichtbaren Einschnitt intakt. Würde man den Gips entfernen, so könnte man sehen, daß der Schnitt in seiner ganzen Länge ausgeführt worden sein muß, als der Knochen noch frisch war. Versteinerung und Verkrustung haben ihn konserviert." Dies war ein klarer Beweis dafür, daß die Einschnitte nicht erst in jüngerer Zeit entstanden waren.

Ähnliche Schnittspuren fand Capellini (1877, S. 53f.) auch auf Wirbelapophysen, die er in Lawleys Walknochensammlung entdeckte. "Das Fragment der Dorsalapophyse eines Lendenwirbels", erläuterte er (1877, S. 54), "zeigt innerhalb weniger Zentimeter auf der rechten Seite neun verschiedene Einschnitte, die in verschiedene Richtungen laufen. Wenn man sich das Originalfragment unter einer Linse anschaut, kann man sich selbst davon überzeugen, daß diese Schnittspuren - und andere Einschnitte, die Sie sehen werden - entstanden, als der Knochen frisch war. Man kann auch erkennen, daß der Einschnitt auf der einen Seite glatt, auf der anderen aufgerauht ist, was eintritt, wenn man mit einem Messer oder einem anderen Instrument einen Knochen entweder mit einem direkten Hieb trifft oder das Gerät zum Schneiden verwendet.

Vermerkt werden sollte, daß die Seite des Knochens, die der mit den Schnittspuren gegenüberliegt, intakt ist. Die Einschnitte - gleich welcher Art - sind so tief, daß sie ausgereicht haben, um das Knochenstück abzubrechen. Zwei Fragmente von Wirbelapophysen, genau dort abgebrochen, wo sie eingeschnitten oder eingekerbt wurden, sind [...] in meiner Abhandlung abgebildet."

Die Kerben auf den Lendenwirbelfortsätzen befinden sich an einer Stelle, die nach Binford für Schnittspuren typisch ist, die beim Zerlegen des Fleisches entstehen.

Vergrößerter Querschnitt durch einen fossilen Walknochen aus einer pliozänen Schicht vom Monte Aperto (de Quatrefages 1887, S.97).

Capellini wandte sich dann geologischen Überlegungen zu und beschrieb den Ort, wo mehrere seiner Fundstücke ans Tageslicht befördert worden waren. "Die Stücke [...] kommen von San Murino nahe Pieve Santa Luce auf La Collinella im Tal des Fine, d. h. an der Küste der alten Pliozän-Insel Monte Vaso. Mehrere Meter von der Stelle, an der M. Paco, ein Fossilienjäger, Knochenbruchstücke von Kleinwalen fand, sind die alten Kalkfelsen, die die Küste des Pliozän-Meeres bildeten, regelrecht von Lithophagen durchlöchert. Da wir bestens darüber Bescheid wissen, in welcher Tiefe diese Tiere leben und ihre Spuren hinterlassen, ist es im Fine-Tal bei Santa Luce recht einfach, die Wasserstandshöhe des Meeres festzulegen, in dem sich jene Kleinwale tummelten, mit denen der pliozäne Mensch zu tun hatte, so wie wir heute noch auf Kleinwale stoßen, die an den Küsten des Mittelmeeres gestrandet sind."

Hier liegen weitere Beweise dafür vor, daß die Walknochen höchstwahrscheinlich in seichten Küstengewässern abgelagert wurden, und es überrascht, daß de Mortillet es versäumte, dies in seiner Besprechung zu erwähnen, wo er den Eindruck vermittelt, die wissenschaftliche Meinung spreche sich deutlich zugunsten einer Meerestiefen-Erklärung aus.

Capellini, selbst Geologieprofessor, kehrte nun zur Frage der Datierung der Schichten zurück, in denen die fossilen Walknochen gefunden wurden (1877, S. 55f.: "Unter denen, die in den Schnittspuren auf den Walknochen unschwer Menschenwerk erkennen, sind einige, die nicht davon zu überzeugen sind, daß sie alt sind. [...] Ich bin dieser Frage in einem Referat nachgegangen, das ich in Rom in Gegenwart bedeutender Geologen und Paläontologen aus Mittelitalien wie der Herren Sella, Meneghini, Ponzi u. a., die meine Ausführungen alle bestätigten, vor der *Accademia dei Lincei* gehalten habe. Ihre genauen Ortskenntnisse erlaubten ihnen ein Urteil über die geologischen Zeichnungen, die mir dazu dienten, die

Schichtenabfolge des alten Fjordes (des heutigen Fine-Tals), in dem die Pliozän-Wale zugrunde gingen, aufzuschlüsseln und zu dokumentieren."

Nach Capellinis Vortrag kam es unter den Kongreßmitgliedern zur Diskussion. Sir John Evans erklärte sich mit dem geologischen Alter der Fossilien einverstanden, meinte aber, daß die Knochen Markierungen aufwiesen, die von Fischzähnen verursacht schienen. Woraus er schloß, daß die Knochen auf dem Meeresgrund gelegen hatten, wo man als Urheber für die markanteren Einkerbungen Haie vermuten durfte. Des weiteren seien die Einschnitte so scharf, daß es sich, wenn sie denn von einem Werkzeug stammten, wohl eher um ein metallenes als um eines aus Stein gehandelt habe. Evans beharrte außerdem darauf, daß beim Entfleischen entstandene Schnittspuren von Menschenhand anders ausfielen (Capellini 1877, S. 55ff.).

Das waren offensichtlich ziemlich schwache Einwände. Zumindest war die Wahrscheinlichkeit, so Capellinis adäquate geologische Beweisführung, sehr groß, daß es littorale Schichten waren, in denen die Fossilien gefunden wurden. In Museen hatte Capellini überdies zahlreiche Walskelette untersucht, deren Fleisch von Menschen abgelöst worden war. Die Einschnitte, die die Skelette aufwiesen, waren mit jenen auf den fossilen Knochen des toskanischen *Balaenotus* praktisch identisch. In mindestens einem Fall (Capellini 1877, S. 51) hatte er neben fossilen Walknochen Werkzeuge aus Feuerstein gefunden und nachgewiesen, daß die Feuersteinklingen Schnittspuren hinterließen, die mit denen auf den Knochen übereinstimmten.

Als nächster meldete sich Paul Broca zu Wort, Chirurg und Generalsekretär der Anthropologischen Gesellschaft zu Paris. Broca war ein berühmter Experte für die Physiologie der Knochen, insbesondere des Schädels. Er stellte sich auf die Seite von Capellini. Interessanterweise war Broca ein Anhänger Darwins, aber was er 1876 in Budapest dem Kongreß an Beweisen vorlegte, würde, so man es heute akzeptierte, das moderne darwinistische Bild der menschlichen Evolution vollständig zerstören.

"Die Entdeckung des Quartär-[Pleistozän-]Menschen war das größte Ereignis in der modernen Anthropologie", erklärte Broca. "Es eröffnete der Forschung ein weites Feld, und keiner der hier Anwesenden wird seine Bedeutung bestreiten, weil es praktisch dieses Ereignis war, das am meisten zu der grandiosen geistigen Bewegung beigetragen hat, die zur Gründung unseres Kongresses führte. Die Entdeckung des Tertiär-Menschen könnte zu einem noch größeren Ereignis werden, weil der Zeitraum, der dadurch für die Existenz der Menschheit gewonnen wird, unvergleichlich größer ist als jener, der uns gegenwärtig bekannt ist" (Capellini 1877, S. 57). Das Tertiär umfaßt das Pliozän, Miozän, Oligozän, Eozän und Paläozän.

Broca brachte dann Argumente gegen die Hypothese vor, wonach die Spuren auf den *Balaenotus*-Knochen von Haifischzähnen stammten. Es ist augenscheinlich, daß die uns gezeigten Kerben durch Schnitte hervorgerufen worden sind. Alle Welt ist sich in diesem Punkt einig. Wir diskutieren hier nur die Frage, ob diese Kerben durch die scharfen und spitzen Zähne von Haien oder den scharfen Feuerstein in der Hand eines Menschen verursacht wurden. Noch etwas scheint mir unbestreitbar zu sein: daß nämlich alle Einschnitte, so verschieden sie sind, die rechtwinkligen ebenso wie die schrägen, samt all ihren Merkmalen mit einer Feuersteinklinge auf einem frischen Walknochen ohne weiteres reproduziert werden können. [...] Capellini hat korrekterweise bedacht, daß jeder Biß zwei Abdrücke hinterlassen müßte, da der Knochen von den beiden Kiefern an zwei gegenüberliegenden Stellen erfaßt würde. Aber die Einschnitte befinden sich ausnahmslos auf der nach außen gewölbten Seite der Rippen, wohingegen die konkave Innenseite von solchen Spuren völlig frei ist. Ich glaube nicht, daß sich dagegen etwas vorbringen läßt" (Capellini 1877, S. 58).

Broca scheint hier der Auffassung zu sein, daß der Hai den Walkadaver vollständig verschlingt und dabei den Brustkasten aufreißt. Angesichts der beobachteten Freßwut von Haien, insbesondere des Großen Weißen Hais, dessen pliozäne Version der *Carcharodon megalodon* war, könnte man sich dergleichen durchaus vorstellen. Andererseits fällt es schwer einzusehen, wie der Hai überhaupt Bißspuren auf beiden Seiten der Rippe hinterlassen könnte.

Einige Jahre später gab de Mortillet (1883, S. 62) in *Le Préhistorique* zu bedenken, daß die Beschaffenheit eines Haikiefers und seine besondere Art zuzubeißen nur auf einer Seite des Knochens, der dem Angriff ausgesetzt ist, Bißspuren zur Folge hätten. Wie üblich entwarf de Mortillet jedoch nur ein spekulatives

Szenarium, ohne selbst irgendwelche in konkreten Experimenten überprüfte Befunde vorzulegen.

Broca fuhr fort: "Die meisten Kerben schneiden schräg in den Knochen. Eine der beiden Seiten des V-förmigen Einschnitts bildet, nur leicht von der waagrechten Oberfläche abgesetzt, einen kleinen Winkel, wohingegen die andere kürzere Seite, in jähem Schnitt, fast senkrecht zur Knochenoberfläche steht. Der Einschnitt zeigt eine Bruchstelle, d. h. beim Schneiden wurde ein kleiner Knochenspan abgelöst, der an der Basis abgebrochen ist. Das Schneiden mit einer scharfen Kante hinterläßt solche Spuren. Ich bin nicht der Ansicht, daß die Zähne irgendeines Tieres die gleiche Wirkung zeitigen könnten" (Capellini 1877, S. 58). Das hat auch de Mortillet zugegeben, der bei der Diskussion der Knochen von St. Prest auf diesen Punkt zu sprechen kam.

"Schließlich", sagte Broca, "- und ich bestehe auf diesem Punkt, den Capellini nur vage angesprochen hat - verträgt sich die Richtung bestimmter Einschnitte nicht mit der Vorstellung eines Bisses. Kiefer führen keine solchen Bewegungen aus. Sie öffnen und schließen sich. Die leichte Krümmung, die ein Zahnabdruck beschreibt, ist immer auf einer Ebene. Ein spitzer Zahn hinterläßt auf einer harten, nach außen gewölbten, unbeweglichen Oberfläche Einkerbungen von einer ganz bestimmten Form: offen und leicht gebogen, den kürzesten Weg von einem Punkt zum andern findend, wie bei einem Meridian auf einer Kugelfläche. Die Mehrzahl der Einschnitte, die wir vor Augen haben, ist anders. Hier ist z. B. einer, der seine Richtung vielfach ändert. [...]

Der ganze Einschnitt besteht aus einer senkrecht zur Rippenachse, dann aus einer in Längsrichtung verlaufenden Kerbung, an die schließlich noch eine schräge Markierung anschließt. Das entspricht einer Drehbewegung, die ein Kiefer nicht ausführen könnte. Die menschliche Hand hingegen ist aufgrund ihrer vielfachen Gelenkverbindungen vollkommen beweglich: Sie kann die Werkzeuge, die sie hält, in allen Richtungen über die Oberfläche führen und lenken" (Capellini 1877, S. 58f.).

Auch wenn es sich in gewisser Hinsicht rechtfertigen ließe, weiterhin der Hai-Hypothese anzuhängen, so besteht andererseits gewiß kein Grund, jene Hypothese plötzlich fallenzulassen, wonach die Einkerbungen auf den pliozänen Walknochen Italiens von Menschenhand stammen, zumal es dafür gute Beweise gibt.

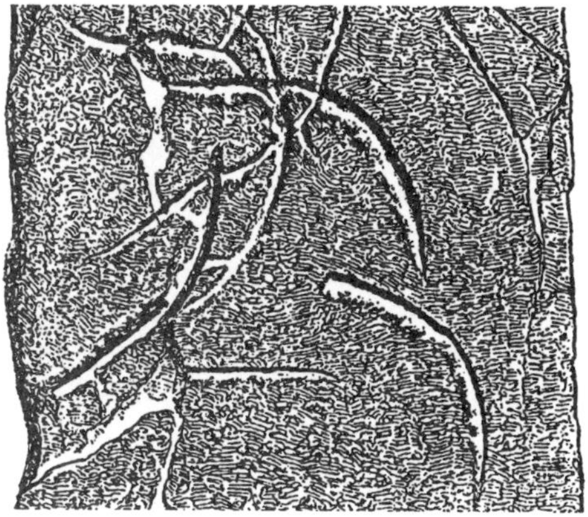

*Schulterblatt (*Scapula*) eines Pliozän-Wals vom Monte Aperto in Italien, mit Schnittspuren, die den von Broca beschriebenen ähnlich sind (de Quatrefages 1887, S. 97).*

Vielleicht sind nicht alle Feststellungen Brocas über Zahnspuren auf Knochen korrekt. Aber das schmälert Capellinis Schlußfolgerungen nicht, die auf Jahren gründlicher Forschung basierten.

De Quatrefages gehörte zu jenen Wissenschaftlern, die in den Kerben auf den *Balaenotus*-Knochen vom Monte Aperto das Werk von scharfkantigen Feuersteinutensilien in Menschenhand sahen. Er schrieb: "Was man auch unter Anwendung verschiedenster Methoden und Werkzeuge aus unterschiedlichen Materialien versuchen mag, diese Schnittspuren lassen sich nicht duplizieren. Es funktioniert nur mit einem scharfen Feuerstein, der in einem bestimmten Winkel und unter starkem Druck aufgesetzt wird" (de Quatrefages 1884, S. 93f.). De Quatrefages glaubte, eine Gruppe von pliozänen Jägern habe den gestrandeten Wal gefunden und habe ihn mit Steinmessern der Art, wie sie noch in der Gegenwart von australischen Ureinwohnern benutzt werden, zerlegt.

Bei S. Laing (1893, S. 115f.) findet sich eine gute Zusammenfassung der ganzen Auseinandersetzung: "Ein italienischer Geologe, M. Capellini, hat in den pliozänen Straten des Monte Aperto unweit von Siena Knochen des *Balaenotus*, einer wohlbekannten pliozänen Walspezies, gefunden - mit Einschnitten, die offensichtlich von einem scharfschneidenden Instrument, beispielsweise einem Feuersteinmesser in Menschenhand, stammen. Zuerst wurde behauptet, die Einkerbungen könnten von Fischzähnen verursacht worden sein; als aber immer mehr Fundstücke ans Licht kamen und sorgfältig untersucht wurden, war eine derartige Erklärung nicht länger haltbar. Die Kerben zeigen eine regelmäßige schwache Krümmung und bilden manchmal fast einen Halbkreis, wie ihn nur eine schwungvolle Handbewegung verursachen kann. Und an der konvexen Außenseite des Schnitts, wo sich eine scharfe Kante eindrückte, ist die Schnittfläche stets sauber, während die Innenseite der Einkerbung rauh oder aufgeschürft erscheint. Mikroskopische Untersuchungen der Schnittspuren bestätigen diesen Befund und lassen keinen Zweifel daran, daß sie von einem Werkzeug des Typs Feuersteinmesser herbeigeführt wurden, das in Schräghaltung mit beträchtlicher Kraft auf den noch frischen Knochen einwirkte, so wie es von einem Wilden erwartet werden kann, der den Kadaver eines gestrandeten Wals zerschneidet. Mit solchen Feuersteinmessern lassen sich auf frischen Knochen ganz ähnliche Einkerbungen machen - und nur auf diese Weise. Die Existenz des tertiären Menschen zu bestreiten (und selbst wenn sie nur auf diesem einen Beispiel beruhte), scheint mir daher eher hartnäckige Voreingenommenheit zu sein als wissenschaftliche Skepsis. [...] Was die Knocheneinschnitte angeht, so haben wir es mit einem sehr schlüssigen Befund zu tun, zumal da erfahrene Forscher unter dem Mikroskop problemlos zwischen vielleicht zufällig entstandenen oder von Fischzähnen herrührenden Einkerbungen und solchen unterscheiden können, die nur ein scharfes Werkzeug, etwa ein Feuersteinmesser, auf einem frischen Knochen hinterlassen haben kann."

Binford (1981, S. 169), ein moderner Spezialist, stellte fest: "Es ist eher unwahrscheinlich, daß man auf der Suche nach Fremdeinwirkungen Schnittspuren, die - durch die Benutzung von Werkzeugen - beim Zerlegen oder Filetieren auf den Knochen eines Tieres entstehen, mit den Freßaktionen von Tieren verwechselt. [...] Die Spuren, die Tierzähne hinterlassen, sind etwas anders. Sie folgen den Konturen der Knochenoberfläche. [...] Zahnspuren sehen oft wie eingetiefte oder verbreiterte Linien aus. [...] Auf vielen Knochenstücken mit Wolfsbissen erscheint der Zahnabdruck in der Vergrößerung als rissige Oberflächennarbe, nicht aber als Einschnitt oder Einkerbung."

Nun sind die Zähne von Haien schärfer als die von fleischfressenden Landsäugetieren wie Wölfen und können auf Knochen

Spuren erzeugen, die den von schneidenden Werkzeugen durchaus ähnlich sind. Wir sahen uns in der paläontologischen Sammlung des *San Diego Natural History Museum* fossile Walknochen an und kamen zu dem gleichen Schluß. Wir kamen allerdings auch zu der anderen Schlußfolgerung, daß es nichtsdestoweniger in einigen Fällen möglich ist, zwischen Werkzeugspuren und den Zahnspuren von Haien zu unterscheiden.

Die von uns begutachteten Knochen stammten von einer kleinen pliozänen Spezies. Über die Einschnitte, die auf einem Kieferfragment entdeckt worden waren, haben Thomas A. Deméré und Richard A. Cerutti vom Naturgeschichtlichen Museum in San Diego 1982 berichtet. An der Bauchseite des Kieferbruchstücks fand sich ein Paar V-förmiger, querlaufender Kerben (Deméré und Cerutti 1982, S. 148). Einer der Einschnitte war 16 Millimeter lang und wies eine leichte Krümmung auf. Der andere war 11 Millimeter lang und gerade. Unter dem Vergrößerungsglas zeigten die Einschnitte parallele und in gleichmäßigem Abstand zueinander verlaufende Furchen, wie sie von der Sägekante eines Haizahns zu erwarten wären.

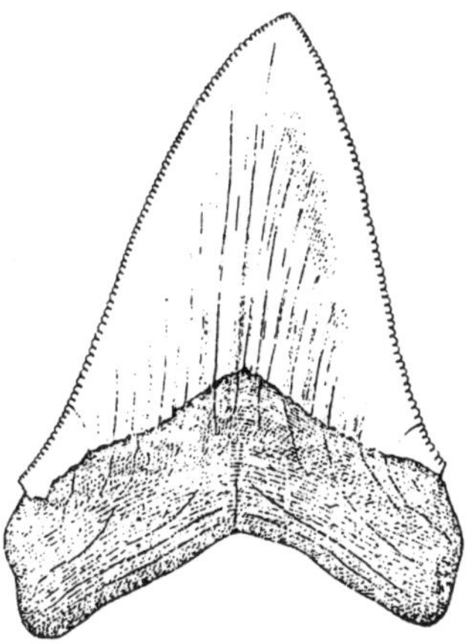

Zahn des Carcharodon megalodon, *eines Großen Weißen Hais aus dem Pliozän (G. de Mortillet und A. de Mortillet 1881, Tafel 4, Abb. 19).*

Dennoch erklärte Deméré, der uns den eingeschnittenen Knochen aus der paläontologischen Sammlung des Naturgeschichtlichen Museums in San Diego am 31. Mai 1990 zeigte, daß diese

V-förmigen Einschnitte, was ihn angehe, allein nicht ausschlaggebend seien. Soll sagen, sie könnten von etwas anderem als Haifischzähnen verursacht worden sein.

Nützlicher für die Untersuchung erwies sich ein anderer Einschnitt auf dem Knochen. Deméré und Cerutti (1982, S. 1480) beschrieben ihn: abgeschrägte Oberfläche, "charakterisiert durch zwölf gekrümmte, aber parallel laufende, winzige Furchen und Wülste". Und: "Dieses überaus typische Muster wurde mit einem Zahn des *Carcharodon sulcidens* Agassiz 1843, eines Großen Weißen Pliozän-Hais, und einem Paraffinbrocken dupliziert. [...] Die Zähne des *Carcharodon* weisen die charakteristischen Sägeränder auf."

Das Muster aus Furchen und Wülsten auf dem fossilen Walknochen mag auch durch einen plötzlichen Schlag hervorgerufen worden sein, wobei die Zahnkante wohl nur über die Oberfläche des Knochens schrammte, ohne sich festzuhaken.

Mit diesem Wissen müßte es möglich sein, die pliozänen Walknochen Italiens neu zu überprüfen und zu einigermaßen definitiven Schlüssen darüber zu gelangen, ob die Oberflächenspuren nun von Haien stammen oder nicht. Parallele Furchen und Wülste, wie sie von Deméré und Cerutti beschrieben wurden, wären ein nahezu sicherer Hinweis auf den Heißhunger eines Hais. Und falls die Untersuchung tiefer, V-förmiger Einschnitte auch parallele, in gleichmäßigem Abstand zueinander verlaufende Furchen nachwiese, müßte auch dies als ein Beweis dafür gelten, daß Haifischzähne die Einschnitte verursacht haben. Solche Furchen wären beim Schnitt einer Feuersteinklinge nicht zu erwarten.

Doch selbst dann noch wäre bei der Überprüfung jeder einzelnen Kerbe auf den fossilen Walknochen Sorgfalt dringend geboten. Deméré und Cerutti (ebd.) berichten, daß man an der kalifornischen Küste die angeschwemmten Kadaver von Seeottern gefunden hat, die Spuren von Haifischzähnen aufwiesen. Man kann sich also vorstellen, daß in ferner Vergangenheit ein von Haien angefressener Walkadaver an Land geschwemmt wurde, daß Menschen vorbeikamen und sich über die Überreste hermachten. Auf fossilen Walknochen könnten daher neben den Spuren menschlicher Werkzeuge durchaus auch solche von Haifischzähnen zu finden sein.

Aus der folgenden Bemerkung von Deméré und Cerutti (ebd.) wird deutlich, welche Hindernisse der wissenschaftliche Umgang mit ungewöhnlichem Beweismaterial bereithält: "Es sieht demnach so aus, als bewahre unser fossiles Fundstück die Spuren eines *Carcharodon*-Angriffs auf lebende oder tote Wale im späten Pliozän. Unserer Kenntnis nach ist ein solches Ereignis hiermit zum erstenmal ausreichend dokumentiert."

Es ist bezeichnend, daß zwei wissenschaftlich aktive Paläontologen mit speziellem Interesse an Haizähnen und Walknochen keine Ahnung von der ausführlichen Debatte haben, die sich vor hundert Jahren um die Frage "*Carcharodon*-Bisse oder Werkzeugspuren auf den Skelettresten pliozäner Wale?" entsponnen hat. Es wäre deshalb sicher klüger, kontroverse Befunde nicht in Vergessenheit geraten zu lassen, sondern sie für künftige Studien verfügbar zu halten. Nicht zuletzt deshalb wurde dieses Buch geschrieben.

Das Halitherium von Pouancé, Frankreich (Mittleres Miozän)

1867 löste L. Bourgeois eine Sensation aus, als er den Mitgliedern des Internationalen Kongresses für Prähistorische Anthropologie und Archäologie, die in Paris zusammengekommen waren, einen *Halitherium*-Knochen mit Kerbspuren offenbar menschlichen Ursprungs präsentierte (de Mortillet 1883, S. 53). Das *Halitherium* ist eine Art ausgestorbene Seekuh, ein Meeressäuger der Ordnung Sirenia.

Die versteinerten Knochen des *Halitheriums* waren von Abbé Delaunay in den Muschelschalenablagerungen von Barrière bei Pouancé in Nordwestfrankreich (Maine-et-Loire) entdeckt worden. Delaunay war überrascht, als er auf dem Fragment eines Humerus, eines Knochens der vorderen Gliedmaßen, eine Reihe von Schnittspuren feststellte. Die Einschnitte zeigten oberflächig das gleiche Erscheinungsbild wie der restliche Knochen und waren problemlos von jüngeren Bruchstellen zu unterscheiden, was auf ein ziemlich hohes Alter der Kerbungen schließen ließ. Der fossile Knochen war fest in ein ungestörtes Stratum eingebettet. Die Einschnitte entstammten demnach zweifellos der gleichen geologischen Periode. Überdies bewiesen Tiefe und Sauberkeit der Einschnitte, daß diese vor der Versteinerung des Knochens entstanden waren. Manche der Einkerbungen schienen durch Doppelschläge über Kreuz verursacht worden zu sein. Selbst de Mortillet (1883, S. 53ff.) räumte ein, daß sie nicht den Eindruck erweckten, das Resultat stratigraphischen Drucks oder geologischer Verschiebungen zu sein. Aber er wollte nicht zugeben, daß sie das Werk menschlicher Bemühungen sein konnten. Der Hauptgrund war das Alter der Schicht, in der die Knochen gefunden worden waren. Die Muschelschalenablagerungen der Gegend gehören ins Zeitalter des Mayencien, eine Formation des Mittleren Miozäns. Vielleicht waren sie auch etwas älter. Die maritimen Ablagerungen, denen der *Halitherium*-Knochen entstammte, sind unter dem Namen *Faluns d'Anjou* bekannt und werden von modernen Experten ins Frühe Miozän datiert (Klein 1976, Tafel 6). Das *Halitherium* soll nach allgemeiner Auffassung in Europa vom Frühen Miozän bis ins Frühe Oligozän gelebt haben (Romer 1966, S. 386).

De Mortillet schrieb in seinem Buch *Le Préhistorique* (1883, S. 55) apodiktisch: "Das ist viel zu früh für den Menschen."

Es ist leicht einsehbar, warum ein Wissenschaftler, der der Evolutionshypothese anhing, so dachte - das Mittlere Miozän reicht 15 Millionen Jahre zurück, und das Frühe Miozän sogar bis zu 25 Millionen Jahre.

Wieder haben wir es hier mit einem klaren Fall theoretischer Voreingenommenheit zu tun, die einem diktiert, wie ein Korpus von Fakten zu interpretieren ist. De Mortillet (ebd.) deutete die Kerben auf den Knochen als Bißspuren großer Haie.

Laing wiederum diskutiert in seinem Buch *Human Origins* (1894, S. 353f.) die Frage, ob Knochen mit Schnittspuren eine brauchbare Beweiskategorie darstellten, und meint: "Eingeschnittene Knochen bieten eine der sichersten Nachweismöglichkeiten für die Existenz des Menschen. Die Knochen erzählen ihre eigene Geschichte, und ihr geologisches Alter kann mit Bestimmtheit festgestellt werden. Scharfe Einschnitte konnten nur so lange gemacht werden, wie die Knochen frisch waren. Der Grad der Versteinerung und das Vorhandensein von Dendriten oder winzigen Kristallen auf seiten der Schnitte und auf dem Knochen schließen einen Verdacht auf Fälschung aus. Die Schnittspuren können mit tausenden, zweifellos von Menschenhand stammenden Einschnitten auf Rentierknochen und aus späterer Zeit, aber auch mit Schnitten verglichen werden, wie sie von heutigen Feuersteinmessern auf frischen Knochen verursacht werden. Die besten zeitgenössischen

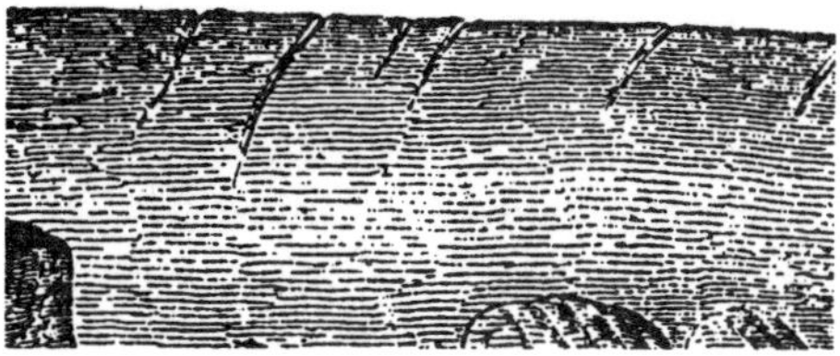

Einschnitte auf dem miozänen Halitherium-*Knochen von Pouancé, Frankreich (de Mortillet 1883, S. 54).*

Anthropologen haben alle diese Tests durchgeführt. Sie haben spezielle Abhandlungen über das Thema geschrieben und ihre Vorsicht und Redlichkeit bewiesen, indem sie zahlreiche Fundstücke nicht akzeptierten, die ihren überaus strengen Kriterien nicht standhielten. [...] Als einzige Alternative werden die Freßspuren größerer Tiere oder Fische in Erwägung gezogen. Aber wie de Quatrefages bemerkt, könnte ein gewöhnlicher Zimmermann ohne Schwierigkeiten zwischen einem sauberen Schnitt, der von einem scharfen Messer stammt, und einer Kerbe unterscheiden, die auf wiederholte Stiche mit einem Beitel zurückgeht. Um wieviel weniger dürfte also ein Professor, ausgebildet in den Methoden wissenschaftlicher Forschung und ausgerüstet mit einem Mikroskop, eine von einem Haifisch- oder Nagetierzahn geschürfte Furche mit einem Einschnitt verwechseln, der von einem Feuersteinmesser herrührt."

Wissenschaftler wie de Quatrefages, Desnoyers und Capellini arbeiteten in der Tat mit größter Sorgfalt. Sie wandten Forschungs- und Evaluierungsstandards an, die den heute üblichen durchaus vergleichbar sind. Vor allem zeigten sie erstaunliche Einsichten für die Prinzipien moderner Taphonomie. Noch heute untersuchen viele Forscher die Existenz von Menschen an einem bestimmten Ort allein auf der Grundlage von Tierknochen, die Spuren intentionaler menschlicher Bearbeitung aufweisen.

San Valentino, Italien (Spätes Pliozän)

1876, auf einer Tagung des Geologischen Komitees Italiens, zeigte M. A. Ferretti einen fossilen Tierknochen mit "Spuren menschlicher Bearbeitung, die so augenscheinlich waren, daß alle Zweifel daran ausgeschlossen waren" (de Mortillet 1883, S. 73). Dieser Knochen von einem Elefanten oder Nashorn wurde fest eingebettet in einer spätpliozänen Schicht aus dem Astien von San Valentino (Reggio d'Emilia) in Italien gefunden. Der Knochen maß 70 mal 40 Millimeter. Von besonderem Interesse ist das nahezu völlig runde Loch an der breitesten Stelle. Laut Ferretti konnte das Loch nicht das Werk von Mollusken oder Krustentieren sein. Im folgenden Jahr legte Ferretti dem Komitee einen weiteren Knochen mit Spuren menschlicher Tätigkeit vor, gefunden bei San Ruffino im blauen Kink des pliozänen Astien, der an einem Ende angesägt und dann auseinandergebrochen worden zu sein schien. De Mortillet, der obige Mitteilung in sein Buch aufnahm, erklärte (1883, S. 77), weder die Knochen gesehen zu haben, noch von einer späteren Diskussion zu wissen. Für ihn hieß das, daß die Funde nicht ernstgenommen worden waren (und es auch nicht werden sollten).

G. Bellucci von der Italienischen Gesellschaft für Anthropologie und Geographie lenkte auf einer Tagung im Jahr 1980 die Aufmerksamkeit auf die jüngsten Funde von San Valentino und Castello delle Forme bei Perugia. Dort hatte man die Knochen mehrerer Tiere gefunden, die geradlinige und einander kreuzende Einschnitte aufwiesen sowie Abdrücke, die wahrscheinlich von Gesteinsbrocken stammten, mit denen die Knochen zerbrochen werden sollten. Bellucci berichtete, es seien auch zwei verkohlte Knochen darunter und sogar Feuersteinabschläge.

Alle Fundstücke befanden sich in lakustrinen Lehmschichten aus dem Pliozän mit einer charakteristischen Fauna, die der des Val d'Arno entsprach. Nach Bellucci beweisen diese Objekte die Existenz von Menschen im Tertiär in Umbrien (Bellucci und Capellini 1884).

Clermont-Ferrand, Frankreich (Mittleres Miozän)

Wenden wir uns einmal mehr Frankreich zu. Das Naturgeschichtliche Museum von Clermont-Ferrand besaß Ende des 19. Jahrhunderts in seiner Sammlung einen Oberschenkelknochen von *Rhinoceros paradoxus* mit Furchen und Riefen an der Oberfläche. Das Stück war in einem Steinbruch bei Gannat in einem Süßwasserkalkstein gefunden worden und wurde aufgrund anderer Fossilienfunde ins Mayencien (Mittleres Miozän) datiert (de Mortillet 1883, S. 52). M. Pomel legte ihn der Anthropologischen Abteilung der Französischen Vereinigung zur Förderung der Wissenschaft auf ihrer Tagung

1876 in Clermont vor. Seiner Meinung nach rührten die Vertiefungen von Fleischfressern her, wie diese im Mittleren Miozän Frankreichs häufig waren. Aber de Mortillet glaubte nicht, daß ein Tier dafür verantwortlich war. Er wies darauf hin, daß die Furchen auf dem Femur des miozänen Nashorns nicht von einem Nagetier stammen konnten, da die Schneidezähne von Nagetieren meist paarweise angeordnete parallele Rillen hinterlassen. Auch daß größere Fleischfresser die Urheber dieser Markierungen gewesen sein könnten, hielt er für ausgeschlossen. Wie Binford (1981, S. 169) festgestellt hat, hinterlassen Raubtierzähne viele unregelmäßige Abdrücke und charakteristische Spuren der Knochenzerstörung. Binford erklärte, daß "keine Mischung aus Einschnitten und Zerstörungsmerkmalen zu erwarten sei, wenn Menschen mit Hilfe von Werkzeugen ein Tier zerlegten".
Also mochten es sehr wohl frühe Menschen gewesen sein, die die Einschnitte auf dem Nashorn-Femur aus dem Miozän, der keinerlei Zerstörungsmerkmale zeigte, mit Hilfe von Steinwerkzeugen verursachten.

Für de Mortillet waren die Spuren ein rein geologisches Phänomen. Er schlußfolgerte, daß die Furchen auf dem Nashornknochen von Clermont-Ferrand wohl durch den gleichen terrestrischen Druck entstanden waren, der auch für die Markierungen auf dem Knochenfund von Billy (de Mortillet 1883, S. 52) verantwortlich war. Aber seine Beschreibung (ebd.) der Knochenmarkierungen läßt manches offen: "Die Eindrücke befinden sich neben den Gelenkhöckern auf der Innenfläche. Es sind parallele Furchen, etwas unregelmäßig, quer zur Knochenachse."

Gelenkhöcker sind runde Vorsprünge auf dem Gelenk am Ende des Femur. Ausrichtung und Position der Furchen auf dem fossilen Knochen entsprachen genau den Einschnitten, wie sie beim Schlachten auf einem langen Röhrenknochen (einem Femur z. B.) zurückbleiben können. Laut Binfords Untersuchungen (1981, S. 169) "finden sich Schnittspuren auf Gelenkflächen, sind jedoch auf Langknochen relativ selten. [...] Durch Steinwerkzeuge hervorgerufene Schnittspuren entstehen gewöhnlich durch eine Sägebewegung, die zu kurzen, meist parallelen, häufig auch mehrfachen Markierungen (mit "offenem") Querschnitt führt. Ein weiteres Charakteristikum der durch Steingeräte erzeugten Schnittspuren besteht darin, daß sie selten den Oberflächenkonturen des Knochens folgen.

Soll sagen, der Einschnitt ist in Mulden weniger deutlich ausgeprägt als an auffälligen Erhebungen oder auf dem Zylinderbogen."

Folgt man de Mortillets Beschreibung, dann entsprächen die kurzen parallelen Furchen auf dem Femur des miozänen Nashorns diesen Kriterien. Man fragt sich freilich, wie durch unterirdischen Druck spezifische Spuren, wie sie beim Schlachten entstehen, so exakt dupliziert werden können, daß selbst Besonderheiten und Plazierung übereinstimmen.

Die Miozän-Datierung für den Fundort Clermont-Ferrand ist durch das Vorkommen von *Anthracerium magnum* gesichert, einem ausgestorbenen Säugetier aus der Familie der Flußpferde. Aber vielleicht ist die Fundstelle noch um einiges älter als das Mittlere Miozän. Einem modernen Fachmann zufolge lebte das *Anthracerium* in Europa zwischen Spätem Miozän und Frühem Eozän (Romer 1966, S. 389). Savage und Russell (1983, S. 245) erwähnen das *Anthracerium* letztmalig für das Orléanien, eine Landsäugetierphase des Frühen Miozäns.

Eingeritzte Muschelschale aus dem Roten Crag, England (Spätes Pliozän)

In einem Bericht an die Britische Vereinigung zur Förderung der Wissenschaft beschrieb H. Stopes, Fellow der Geologischen Gesellschaft, 1881 eine Muschelschale, in deren Oberfläche ein grobes, aber zweifellos menschliches Gesicht eingeritzt war. Die

Eingeritzte Muschelschale aus der spätpliozänen Red-Crag-Formation Englands (M. Stopes 1912, S. 285).

Muschelschale fand sich in Schichten Roten Crags (Stopes 1881, S. 700). Der Rote Crag, auch Walton Crag genannt, gehört allgemeiner Ansicht nach ins Späte Pliozän. Nach Nilsson (1983, S. 308) ist der Rote oder Walton Crag zwischen 2 und 2,5 Millionen Jahre alt.

Marie C. Stopes (1912, S. 285), die Tochter des Entdeckers, hat in einem Artikel in *The Geological Magazine* detailliert geschildert, wie die Entdeckung (Abb. links unten) aufgenommen wurde: "1881, als Mr. Henry Stopes sie [die eingeritzte Muschelschale] der Vereinigung vorlegte, galt bereits die Vermutung als unbillig, daß in einer so frühen Zeit Menschen existiert haben könnten."

Vehement wandte sie sich gegen den Vorwurf der möglichen Fälschung: "Es sollte festgehalten werden, daß die eingegrabenen Gesichtszüge die gleiche dunkle rotbraune Färbung aufweisen wie die übrige Muschel. Das ist ein wichtiger Punkt, weil sonst bei Muscheln aus dem Roten Crag, die man oberflächlich ankratzt, ein weißer Untergrund zum Vorschein kommt. Ferner sollte vermerkt werden, daß die Muschelschale so fein ist, daß jeder Versuch, etwas einzuritzen, sie zerbrechen würde."

Es ist daher durchaus möglich, daß die Muschel im Späten Pliozän bearbeitet wurde, bevor sie im Roten Crag eingebettet wurde. Dies hieße, falls es zutrifft, daß der Mensch in England an die 2 Millionen, vielleicht sogar 2,5 Millionen Jahre alt ist. Nach konventioneller paläanthropologischer Auffassung, das sollte man nicht vergessen, dürfte es erst vor etwa 30 000 Jahren mit dem uneingeschränkt modernen Cro-Magnon-Menschen im Späten Pleistozän zu künstlerischen Äußerungen dieser Art gekommen sein.

Ins Pliozän oder noch früher datierbare Knochen, die Spuren menschlicher Tätigkeit zeigen, wurden noch zu Beginn dieses Jahrhunderts entdeckt. Mit ihnen erhielten sich die Zweifel an ihrer Authentizität, die schließlich obsiegten. So konnte Hugo Obermaier (1924, S. 2f.), Professor für prähistorische Archäologie an der Universität Madrid, schreiben: "In den tertiären Ablagerungen von St. Prest, Sansan, Pouancé und Billy in Frankreich, im tertiären Becken von Antwerpen, am Monte Aperto bei Siena in Italien, in Nord- und Südamerika und an verschiedenen anderen Stellen wurden auf Tierknochen und Weichtierschalen Spuren, hauptsächlich in Form von Riefungen, Gravuren oder Kerben, festgestellt. [...]

Die vermeintlichen Spuren menschlicher Aktivität lassen sich leicht als Folge natürlicher Ursachen erklären, als da wären: beißende und reißende Tiere, terrestrischer Druck, die Reibung von grobkörnigem Sand."

Aber können wir mit Bestimmtheit sagen, daß diese "einfache" Erklärung die richtige ist?

Knochenwerkzeuge aus Schichten unterhalb des Roten Crag, England (Pliozän bis Eozän)

Zu Anfang des 20. Jahrhunderts beschrieb J. Reid Moir, der Entdecker vieler außergewöhnlich alter Feuersteingeräte, eine Reihe mineralisierter Knochenwerkzeuge primitiven Zuschnitts aus einer Schicht noch unterhalb der tiefsten Schichten des Roten und des Korallinen Crag von Suffolk (1917a, S. 116ff.). Die oberste Schicht des Roten Crag in East Anglia gilt heute als Grenze zwischen Pliozän und Pleistozän, wäre also etwa 2 bis 2,5 Millionen Jahre alt (Romer 1966, S. 334; Nilsson 1983, S. 106). Der alte Koralline Crag gehört ins Späte Pliozän, das sind mindestens 2,5 bis 3 Millionen Jahre. Die Schichten darunter sind Geröllschichten und enthalten Material, das zwischen Pliozän und Eozän datiert. Hier gefundene Objekte können ein Alter zwischen 2 und 55 Millionen Jahre haben. Unter Moirs Fundstücken waren auch einige von auffälliger dreieckiger Form. Dazu Moir (1917a, S. 122): "Sie sind allesamt aus Knochenstücken angefertigt worden, die breit, dünn und flach waren; es handelt sich wahrscheinlich um Teile der großen Rippen, die so zerbrochen wurden, bis sie diese definitive Form hatten. Die Dreiecksform ist in jedem einzelnen Fall durch Brüche quer zur natürlichen Faserung des Knochens erzielt worden."

Moir (1917a, S. 116) unternahm einige Versuche, die Knochenstücke zu reproduzieren: Nach Durchführung einer Reihe von Experimenten, bei denen mineralisierte und entmineralisierte Knochen zufälligen Schlägen und Druckverhältnissen ausgesetzt wurden, und nachdem er mit Feuersteinen und anderen Gesteinsbrocken zahlreiche Unterschenkelknochen von heutigen Ochsen zerbrochen habe, um ihnen eine Form zu geben, die den Fundstücken aus der Geröllschicht unterhalb der Crag-Formation entsprechen sollte, könne er nicht umhin, in diesen späteren Fundstücken unzweifelhaft

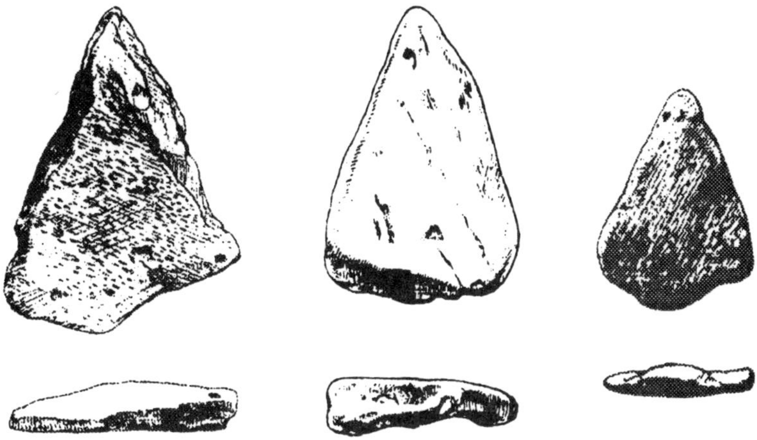

Drei Knochenwerkzeuge aus der Geröllschicht unter dem Korallinen Crag, mit Fundmaterial, das seinem Alter nach vom Pliozän bis zum Eozän reicht. Die Werkzeuge könnten demnach zwischen 2 und 55 Millionen Jahre alt sein (Moir 1917a, Tafel 26).

Menschenwerk zu erkennen. Dabei mochten die versteinerten dreieckigen Stücke aus Walknochen einst als Speerspitzen gedient haben.

Moir hatte die meisten Stücke selbst gesammelt, aber er beschrieb auch einen Fund, der von einem anderen Naturkundler stammte, einem Mr. Whincopp aus Woodbridge in Suffolk, der in seiner Privatsammlung das "Fragment einer versteinerten Rippe, das an beiden Enden teilweise durchgesägt war", besaß. Das Stück kam aus der Geröllschicht unter dem Roten Crag und "galt sowohl dem Entdecker als auch dem verstorbenen Rev. Osmond Fisher als hinreichender Beweis, daß hier Menschen am Werk waren" (Moir 1917a, S.117).

Sägespuren auf einem fossilen Knochen dieses Alters waren eine ziemliche Überraschung. In der gleichen Gegend kam auch ein Stück abgesägten Holzes aus der jüngeren Cromer-Forest-Schicht ans Tageslicht.

Osmond Fisher war Fellow der Geologischen Gesellschaft und zeichnete selbst für einige interessante Entdeckungen verantwortlich. So schrieb er beispielsweise in *The Geological Magazine* (1912, S. 218): "Als ich bei Barton Cliff nach Fossilien aus dem

Eozän grub, fand ich einen Gegenstand aus einer gagatähnlichen Substanz, der an die 9½ Zoll [24 Zentimeter] im Quadrat maß und 2½ Zoll [6,5 Zentimeter] dick war. [...] Zumindest auf einer Seite waren, wie mir schien, noch die Spuren des Behaus sichtbar, der ihm die so gut wie quadratische Form gegeben hatte. Das Stück befindet sich jetzt im Sedgwick Museum in Cambridge."

Gagat oder Jett ist eine kompakte, samtschwarze Kohle, die sich gut polieren läßt und oft als Schmuckstück verwendet wird. Das Zeitalter des Eozäns liegt etwa 38 bis 55 Millionen Jahre zurück.

Der Elefantengraben von Dewlish, England (Frühes Pleistozän bis Spätes Pliozän)

Osmond Fisher war auch der Entdecker einer interessanten topographischen Erscheinung, des sogenannten Elefantengrabens von Dewlish in Dorset. In seinem Grabungsbericht (1912, S. 918f.) steht zu lesen: "Dieser Graben wurde 12 Fuß [3,6 Meter] tief und in einer Breite, die gerade ausreicht, um einen Mann passieren zu lassen, in einem Kalkuntergrund ausgehoben. Er verläuft entlang keiner natürlichen Bruchlinie, und die Feuersteinlagen zu beiden Seiten korrespondieren miteinander. Der Untergrund bestand aus unangetastetem Kalk. In der einen Richtung hörte der Graben plötzlich auf - so senkrecht wie die Seitenwände -, am anderen Ende öffnete er sich diagonal zum Steilhang eines Tals. Der Graben barg bedeutende Skelettreste von *Elephas meridionalis*, jedoch keinerlei andere Fossilien. [...] Meiner Meinung nach wurde dieser Graben von Menschen im späteren Pliozän angelegt - als Fallgrube für Elefanten. Falls dem so war, wäre damit der Beweis erbracht, daß der Mensch schon damals ein intelligentes und soziales Wesen war." *Elephas meridionalis*, der "Südelefant", lebte vor 1,2 bis 3,5 Millionen Jahren in Europa (Maglio 1973, S. 79).

In Fishers Originalbericht im *Quarterly Journal of the Geological Society of London* finden wir folgende detaillierte Darstellung: "Wir [...] folgten dem Graben auf einer Länge von 103 Fuß [39,6 Meter], da hörte er plötzlich auf: Das Ende war geglättet und einer Apsis nicht unähnlich. [...] Es war ein tiefer, enger Graben mit fast senkrechten Seitenwänden aus unangetastetem Kalk. [...] Die Spalte (besser gesagt Rinne) endete abrupt, ohne Hinweis auf eine weiterführende Verbindung; es war kein Schichtenbruch, da die Feuersteinlagen zu beiden Seiten auf gleicher Höhe verliefen" (O. Fisher 1905, S. 35). Der Grabenboden aus geglättetem Kalk liegt 12 Fuß [3,6 Meter] tief. Illustrationen zeigen die senkrechten Grabenwände, die wie mit großen Meißeln sorgfältig behauen sind.

Auf die Vermutung, fließendes Wasser könne den Graben ausgewaschen haben, erwiderte Fisher (ebd.): "Es ist recht unwahrscheinlich, daß ein Wasserlauf an einer solchen Stelle einen so tiefen und engen Kanal auswäscht, und falls doch, wieviel weniger wahrscheinlich wäre es dann, daß dieser abrupt endete. Und selbst wenn wir uns die natürliche Entstehung eines solchen Grabens erklären könnten, wieso wurden die Überreste von so vielen Elefanten und (wie es scheint) keinen anderen Tieren darin gefunden?"

Fisher (ebd.) verwies in diesem Zusammenhang auf Berichte über primitive Jäger der Gegenwart, die sich bei der Jagd ähnlicher Gräben bedienten: "Sir Samuel Baker beschreibt diese Methode der Elefantenjagd durch afrikanische Eingeborene. Ein Elefant, so sagt er, wäre nicht imstande, einen Graben mit festen senkrechten Wänden, die nicht abbröckelten und unter Druck nicht nachgäben, zu überschreiten. Man gräbt auf den Trampelpfaden der Elefanten zu ihren Wasserstellen 12 bis 14 Fuß [3,6-4,2 Meter] tiefe Fallgruben und bedeckt sie mit Zweigen und Gras. Die Gruben haben, je nach Meinung und Maßgabe der Fallensteller, eine unterschiedliche Form. Die gefangenen Tiere werden, hilflos wie sie sind, mit Speeren attackiert, bis sie an Blutverlust eingehen. [...] Falls der Fluß, der heute am Fuß des Hügels fließt, trotz späterer landschaftlicher Veränderungen damals schon existierte, dann wäre dieser Graben an einer Stelle angelegt worden, die sich dafür geeignet hätte, die Tiere auf dem Weg zur Tränke zu überraschen."

Von einigen Kritikern kam der Hinweis, daß der Graben für einen ausgewachsenen Elefanten viel zu eng sei, aber offensichtlich war er nur dazu gedacht, erwachsene Tiere durch Beinverletzungen bewegungsunfähig zu machen oder Jungtiere zu fangen. Eine Nachgrabung durch den Dorset Field Club, über die eine kurze Notiz in *Nature* (16. Oktober 1914, S. 511) informiert, ergab, daß der Graben "eigentlich keinen richtigen Boden hatte, sondern sich nach unten in eine Reihe tiefer enger Röhren im Kalkuntergrund verlor". Es ist nicht unwahrscheinlich, daß die Frühmenschen die im Kalk bereits vorhandenen kleinen Spalten und Risse bis zur Größe eines Grabens erweiterten. Eine Untersuchung der im Graben gefundenen Elefantenknochen auf Schnittspuren hin würde sich lohnen; zumindest sollte man unter den Knochen einige auswählen und erhalten.

Zehn Jahre nach seinem ersten Grabungsbericht beschrieb J. Reid Moir (1927, S. 31f.) erneut versteinerte Knochenfunde, die unter dem Roten Crag gefunden worden waren (Abb. S. 97): "In dem 'Knochenflöz' unter dem Roten Crag, wo diese Feuersteinwerkzeuge gefunden werden, gibt es eine Anzahl von Knochen, hauptsächlich Bruchstücke von Walrippen, die sehr stark mineralisiert sind. Ich habe darunter einige Exemplare entdeckt, die allem Anschein nach von Menschenhand geformt worden sind. Solche Stücke sind sehr selten und haben gewöhnlich eine eindeutig zugespitzte Form, die schlechthin nicht auf natürliche Weise zustande gekommen sein kann. Die 'bearbeiteten' Teile dieser Knochen zeigen die gleiche tiefe, ein hohes Alter verratende Verfärbung wie die restlichen Stücke, und von mir durchgeführte Experimente beweisen, daß es beim jetzigen Versteinerungsgrad der Knochen nicht möglich ist, ihnen die Form zu geben, die sie haben. Um solche Formen zu erhalten, erwies es sich als notwendig, mit frischen Knochen zu arbeiten. Durch 'Absplittern' und Reiben mit einem harten Quarzkiesel konnten frische Knochen so bearbeitet werden, daß sie ihrer Form nach den unter dem Roten Crag gefundenen Exemplaren vergleichbar wurden. Ich zweifle deshalb kaum daran, daß diese letzteren Stücke von Menschenhand geformt worden sind und die ältesten bisher entdeckten Knochenwerkzeuge darstellen."

Eingeschnittene Knochen und andere Knochenobjekte bleiben unter den paläanthropologischen Beweismaterialien ein wichtiger Posten. So hat z. B. Mary Leakey (1971, S. 235) in der Olduvai-Schlucht in Ostafrika vergleichbare Funde beschrieben.

Werkzeuge aus dem Cromer-Forest-Stratum, England (Mittleres bis Frühes Pleistozän)

J. Reid Moir (1927, S. 49f.) schrieb auch über Funde von Knochenwerkzeugen aus den Cromer-Forest-Ablagerungen: "In diesem Jahr (1926) entdeckte Mr. J. E. Sainty an der Küste bei Overstrand ein stark mineralisiertes Knochenstück, das sich offensichtlich mit den Cromer-Forest-Ablagerungen in Verbindung bringen ließ. [...] Das Stück hat eine ausgesprochen werkzeugähnliche Form, die Oberfläche ist gestaltet und läßt wie auch das dicke Ende Abschlag- und Hackspuren erkennen, die, wie ich aufgrund meiner Formexperimente mit diesem Material glaube sagen zu können, absichtlich herbeigeführt worden sind. [...] Sir Arthur Keith, F.S.R. [Fellow der Royal Society], der das Exemplar untersuchte, hat mir freundlicherweise seine Meinung dazu mitgeteilt: 'Es kann, wie ich meine, kein Zweifel darüber bestehen, daß Ihr Werkzeug aus dem Unterkiefer eines größeren Bartenwals geformt wurde. Nichts von der natürlichen Knochenoberfläche ist erhalten geblieben; sie ist abgekratzt worden.' Wegen der extremen Versteinerung des Stücks gehört es meiner Ansicht nach zu den ältesten Ablagerungen des Cromer-Forest-Stratums und dürfte mit den großen Feuersteinwerkzeugen dieses Horizonts zeitgleich sein. Im Forest-Stratum sind Walreste gefunden worden, und zweifellos war es das Skelett eines dieser Wale, das das Material lieferte, aus dem dieses Werkzeug hergestellt wurde: von einem sehr frühen Cromerien-Menschen."

Die umfassendste jüngere Untersuchung der Formation von Cromer Forest stammt von R. G. West. Danach (1980, S. 201) ist der älteste Teil des Cromer-Forest-Stratums der sogenannte Sheringham-Ausläufer. West identifizierte den unteren Teil des Sheringham-Ausläufers, der auch die Sohle des Cromer-Forest-Stratums darstellt, mit der Prä-Pastonien-Kaltzeit von East Anglia.

Selbst nach intensiven Untersuchungen vermochte West für das Prä-Pastonien keine endgültige Datierung zu geben. Er meinte, daß die unterste Ebene des Prä-Pastonien der tiefsten Lage einer nordwesteuropäischen Kaltzeit, die den Namen Erburonien trägt, entspreche. Die Prä-Pastonien-Kaltzeit erreichte damit ein maximales Alter von etwa 1,75 Millionen Jahren (West 1980, Abb. 54). Nilsson (1983, S. 308) hingegen setzt die unterste Ebene des Erburonien auf 1,5 Millionen Jahre an.

Nach West (1980, Abb. 54) könnte die Prä-Pastonien-Kaltzeit von East Anglia aus paläomagnetischen Gründen auch mit der Menapischen Vereisung im nordwestlichen Europa vor 800 000 bis 900 000 Jahren gleichgesetzt werden. Das Prä-Pastonien ließe sich aber womöglich auch mit dem frühen nordwesteuropäischen Cromer-Komplex, einer Serie alternierender Eis- und Zwischeneiszeiten vor 400 000 bis 800 000 Jahren, identifizieren (West 1980,

S. 120; Nilsson 1983, S. 308). Die frühe Phase des Cromer-Komplexes kann nach Nilssons Korrelationstabelle (ebd.) auf ein Alter von etwa 600 000 bis 800 000 Jahre geschätzt werden.

Daher könnte die Cromer-Forest-Schichtenabfolge nach maximaler Schätzung 1,75 Millionen, nach minimaler Schätzung 600 000 bis 800 000 Jahre alt sein. Nilsson (ebd.) läßt sie vor ungefähr 800 000 Jahren beginnen.

Wenn also das von Moir beschriebene stark versteinerte Knochenstück tatsächlich aus den tiefsten Lagen des Cromer-Forest-Stratums kam, wie er vermutete, könnte es immerhin 1,75 Millionen Jahre alt sein. Die ältesten Fossilien des *Homo erectus* aus Afrika werden nur auf 1,6 Millionen Jahre datiert.

Wenn wir jedoch für die ältesten Lagen des Cromer-Forest-Stratums die jüngeren Eckdaten (ca. 600 000 Jahre) annehmen, wären das immer noch ziemlich ungewöhnliche Zahlen für England. Nilsson (1983, S. 111) zufolge stammen die ältesten Steinwerkzeuge Englands aus den Ablagerungen von Westbury-sub-Mendip, die zeitlich mit der Endphase des Cromer-Forest-Stratums zusammenfallen, d. h. etwa 400 000 Jahre alt sind.

Natürlich könnte sich Moir, was die Herkunft des mineralisierten Knochengeräts betrifft, geirrt haben. Die Ablagerungen von Overstrand umfassen fast die ganze Zeitspanne des Cromer-Forest-Stratums (West 1980, S. 159), so daß das hier gefundene Knochengerät nicht unbedingt aus der ältesten, sondern auch aus der jüngsten Lage der Cromer-Forest-Schichtenabfolge stammen könnte, was – bei einem Alter von etwa 400 000 Jahren – mit den Steinwerkzeugen von Westbury-sub-Mendip übereinstimmen würde, also selbst für konventionelle Paläontologen noch durchaus akzeptabel wäre.

In einigen zusätzlichen Bemerkungen zu den Entdeckungen aus dem Cromer-Forest-Stratum ließ sich Moir (1927, S. 50) nicht über Knochenwerkzeuge, sondern über eingeschnittene Knochen aus: “Die Entdeckung von Feuersteingeräten im Forest-Stratum veranlaßte mich zu einer genauen Untersuchung der in diesen Ablagerungen entdeckten Säugetierknochen, die im Besitz von Mr. A. C. Savin aus Cromer sind. Die Untersuchung brachte drei Fundstücke ans Tageslicht, alle von Mr. Savin bei West Runton im Moor gefunden, das dort den oberen Teil des Forest-Stratums ausmacht. An der Oberfläche weisen sie klar zu erkennende Einschnitte auf, die meiner Ansicht nur von Feuersteinmessern stammen können, mit denen das Fleisch von den Knochen gelöst wurde. [...] Die Cromer-Fundstücke lassen sich ohne weiteres mit ähnlichen von mir entdeckten Exemplaren aus verschiedenen späteren prähistorischen Epochen vergleichen, die ebenfalls Schnittspuren zeigen. Die Schnittlinien sind sauber und gerade und wurden offensichtlich durch einen scharfkantigen Feuerstein verursacht. Einige kleinere Säugetiere könnten mit ihren Zähnen auf einem Knochen vielleicht ähnliche Spuren hinterlassen, aber keine derart langen Einschnitte wie auf den Knochen von West Runton. Und genausowenig lassen sich diese Markierungen auf Gletscherbewegungen zurückführen."

Die sogenannte Upper-Freshwater-Schicht, also der Teil der Cromer-Forest-Schichtenabfolge, der in West Runton besonders deutlich vertreten ist, enthielt Bestimmungsstücke, die nach den Erkenntnissen zu Moirs Zeit in die gemäßigte Klimaphase des Pastonien gehörten. West (1980, Abb. 54) setzte die Paston-Zeit in East Anglia mit der Spätphase der gemäßigten Waal-Zeit in Nordwesteuropa gleich, die auf 1 Million Jahre datiert wird (Nilsson 1983, S. 308).

Eine andere Möglichkeit: Die gemäßigte Paston-Zeit ist vielleicht mit einer Zwischeneiszeit des Cromer-Komplexes vor etwa einer halben Million Jahren korrelierbar. Wie auch immer, West (1980, S. 116) war der Auffassung, daß die Upper-Freshwater-Schicht zum größeren Teil in den zeitlichen Rahmen des nordwesteuropäischen Cromer-Komplexes (vor 400 000 bis 800 000 Jahren) paßte (Nilsson 1983, S. 308).

Vergleicht man die verschiedenen Zuordnungsansätze miteinander, so ergibt sich aufgrund der unterschiedlichen Schätzungen für die eingeschnittenen Knochen von West Runton ein mögliches Alter zwischen 400 000 und 1 Million Jahren. Die älteren Eckdaten würden aus den Knochen ein äußerst ungewöhnliches Phänomen machen, die jüngeren weniger.

Moir bemerkte, daß die Markierungen auf den Knochen von West Runton anders aussahen, als die von Gletschern verursachten, und stellte darüber hinaus fest, daß die Schichten, aus denen die Fundstücke stammten, eine Menge unzerbrochener, dünnwandiger Muschelschalen enthielten und daher nicht angetastet schienen. "Zusammen ergeben die Knochen ein Stück Humerus von einem großen Bison sowie Teile des Unterkiefers von einem Hirsch mit den Zähnen im Gebiß", erklärte Moir (1927, S. 50). Wie er gleichfalls feststellte, hatte sich ein dicker, eisenhaltiger Überzug über die Schnittspuren gelegt, was für ihr hohes Alter spricht.

"Ich habe jüngst einige Experimente durchgeführt und dabei heutige Knochen mit einen scharfen Feuersteinsplitter abgeschabt", fuhr Moir (1927, S. 51) fort. "Die so entstandenen Einschnitte sind in jeder Hinsicht mit denen auf den Cromer-Fundstücken vergleichbar. Es zeigte sich, daß letztere neben den unschwer zu erkennenden Schnittspuren auch zahlreiche minimale Einschnitte aufweisen, die nur mit Hilfe einer Lupe adäquat untersucht werden konnten. Auf den Experimentalknochen fand ich eine ganz und gar ähnliche Häufung kleiner Schnitte. Zweifellos rühren sie von den mikroskopisch kleinen Erhebungen auf der Schnittkante des von mir benutzten Feuersteins her."

Die spezifischen Identifikationsmerkmale, die entstehen, wenn Feuersteinklingen in Knochen schneiden, sind von heutigen Forschern wie Rick Potts und Pat Shipman bestätigt worden. John Gowlett (1984, S. 53) bemerkte:

"Sie benutzten bei ihrer Arbeit ein Elektronenmikroskop mit einer sehr starken Vergrößerung. Sie fanden heraus, daß sich auf vielen der Olduvai-Knochen die Nagespuren von Fleischfressern erhalten hatten, aber auch Einschnitte, die von Steinwerkzeugen herrührten. Parallel laufende, sehr eng beieinander liegende Riefen waren ein unbestreitbarer Beweis für Steinwerkzeuge, da Feuersteine keine völlig geraden Kanten haben und jede vorstehende scharfe Ecke ihre Spuren hinterläßt."

Es ist offensichtlich, daß Moirs Identifikationsverfahren einen Vergleich mit den professionellen Methoden der modernen Paläanthropologie in keiner Weise zu scheuen bräuchten.

Zersägtes Holz aus dem Cromer-Forest-Stratum, England (Mittleres bis Frühes Pleistozän)

J. Reid Moir (1927, S.47) beschrieb auch ein Stück Schnittholz aus dem Cromer-Forest-Stratum, das auf menschliche Aktivität hindeutete: "Der verstorbene Mr. S. A. Notcutt aus Ipswich grub aus eben diesen Ablagerungen am Fuße der Felswand von Mundesley ein Stück Holz aus, das meiner Meinung nach von Menschenhand bearbeitet wurde. Die Lage, in der das Holz gefunden wurde,

Holzstück aus dem Cromer-Forest-Stratum, England. Das Stück Holz, das offensichtlich rechts abgesägt wurde, ist zwischen 500 000 und 1,75 Millionen Jahre alt (Moir 1917b).

bestand aus unberührtem Sand und Kies und war in situ von einer jüngeren eiszeitlichen Lehmschicht bedeckt."

Die Mundesley-Ablagerungen reichen vom Ende der Cromer-Forest-Periode vor etwa 400 000 Jahren bis in die jüngere Prä-Pastonien-Kaltzeit, deren Alter unterschiedlich mit 800 000 oder 1,75 Millionen Jahren angegeben wird (West 1980, S. 182; Nilsson 1983, S. 308). Aber zum größeren Teil werden die Mundesley-Strata mit der gemäßigten Cromerien-Phase von East Anglia gleichgesetzt (West 1980, S.201).

Bei seinen Ausführungen über das abgesägte Stück Holz kam Moir (1927, S. 47) zu folgender Feststellung: "Das Fundstück, das sich mit anderem Holz aus dem Forest-Stratum vergleichen läßt, ist [...] leicht gekrümmt, vierseitig und an einem Ende platt, am anderen zugespitzt. [...] Das platte Ende scheint durch Sägen mit einem scharfen Feuerstein zustande gekommen zu sein, und an einer Stelle sieht es so aus, als wäre die Schnittlinie korrigiert worden, wie das oft nötig ist, wenn man Holz mit einer modernen Stahlsäge schneidet. Die jetzige Form des Holzes geht auf ein ursprünglich rundes Stück zurück - das Dr. A. B. Rendle, F.R.S., als Eibenholz identifiziert hat -, das viermal der Länge nach und der natürlichen Maserung folgend gespalten wurde. Das spitze Ende ist etwas geschwärzt, als hätte man es ins Feuer gehalten: Möglich, daß es sich um einen primitiven Grabstock handelt."

Es besteht eine geringe Chance, daß Menschen vom Typ *Homo erectus* zur Zeit, als das Cromer-Forest-Stratum entstand, in England lebten. Das technische Niveau jedoch, das dieses Arbeitsgerät aus einem zurechtgeschnittenen Stück Holz voraussetzt, ist außerordentlich und läßt an sapiens-ähnliche Fertigkeiten denken. Es ist nämlich wirklich schwer vorstellbar, daß eine solche Sägearbeit mit Steinwerkzeugen zu bewerkstelligen gewesen sein soll. Kleine Feuersteinsplitter in einer Halterung aus Holz beispielsweise hätten keine Säge ergeben, die einen so sauberen Schnitt wie bei dem besagten Fundstück ermöglicht hätte, da die hölzerne Halterung breiter als die Sägezähne gewesen wäre. Mit einer solchen Vorrichtung wäre daher eine Engführung der Säge ausgeschlossen gewesen. Ein Sägeblatt nur aus Stein wäre äußerst zerbrechlich gewesen und hätte nicht so lange gehalten, um den Arbeitsgang durchzuführen. Abgesehen davon wäre eine ziemliche technische Vervollkommnung notwendig gewesen, um eine solche Steinklinge anfertigen zu können. Eigentlich kann nur eine Metallsäge eine solche Arbeit leisten. Eine ca. 400 000 bis 500 000 Jahre alte Metallsäge aber wäre natürlich ganz und gar außergewöhnlich.

Bemerkenswerterweise werden die eingeschnittenen Knochen, Knochenwerkzeuge und anderen Artefakte aus der Red-Crag-Formation und dem Cromer-Forest-Stratum in den heutigen Lehrbüchern und Literaturverzeichnissen kaum erwähnt. Das trifft besonders auf die Cromer-Forest-Funde zu, von denen die meisten sich, was ihre Datierung angeht, selbst von der Warte der modernen Paläanthropologie aus an der Grenze zum Annehmbaren bewegen.

In Gowletts *Ascent to Civilization* (1984, S. 88) können wir lesen: “Es besteht eine gewisse Möglichkeit, daß einige Funde aus Britannien älter sind als das Hoxnien [eine Zwischeneiszeit vor annähernd 330 000 Jahren], so etwa die Hochterrassenfunde von Fordwich und aus Kent’s Cavern nahe Torquay. Diese Funde sind deshalb so bedeutend, weil sie zeigen, daß der Mensch vielleicht schon vor 500 000 Jahren in der Lage war, Europa bis zu seinen äußersten Grenzen vorübergehend zu kolonisieren. Im südwestenglischen Westbury-sub-Mendip deutet die Vergesellschaftung einiger weniger Steinwerkzeuge mit den Überresten ausgestorbener Tiere auf Gleichzeitigkeit mit dem Cromerien hin, das nach Ablagerungen in Ostengland benannt ist, wo es zwar Faunareste gibt, aber keine archäologischen Spuren, und dessen Alter auf 500 000 bis 700 000 Jahre geschätzt wird [...] Es ist am sichersten anzunehmen, daß die erste Besiedlung Europas durch werkzeugmachende Menschen im frühen Pleistozän stattgefunden hat.” Das würde “ein Alter von etwa 1,5 Millionen Jahren bedeuten” (Gowlett 1984, S. 76).

Bedenkt man, daß Gowlett darauf gefaßt war, Beweise für die Existenz werkzeugmachender Menschen vor 1,5 Millionen Jahren in Europa zu finden, mutet seine Bemerkung, das Cromer-Forest-Stratum enthalte “keine archäologischen Spuren”, seltsam an. Gowlett, Professor an der Universität Oxford, sollte über die jüngere Geschichte der Paläanthropologie in England Bescheid wissen. Wußte er nicht, daß Moir und andere Wissenschaftler zu Anfang des 20. Jahrhunderts Knochengeräte, eingeschnittene Knochen und ähnliche Artefakte (einschließlich einer kompletten Feuersteinindustrie) in der Schicht von Cromer Forest gefunden hatten? Das scheint unwahrscheinlich. Hielt er die Funde nicht für echt? Vielleicht wußte er von den Entdeckungen und hielt sie sogar für echt, schloß sie aber absichtlich von der Diskussion aus, auch wenn sie seiner Sache hilfreich hätten sein können. Warum? Mag sein, daß ihre Erwähnung bedeutet hätte, auch die noch älteren Funde Moirs und anderer aus der Schicht unter dem Roten Crag akzeptieren zu müssen, die eine massive Kampfansage gegen das ganze Szenarium vom Alter und den Ursprüngen der Menschheit darstellen.

Abschließende Bemerkungen zu durch Menschenhand veränderten Knochen

Es ist wirklich ziemlich eigenartig, daß so viele ernsthafte Wissenschaftler im 19. und frühen 20. Jahrhundert voneinander unabhängig und wiederholt über Schnittspuren auf Knochen aus miozänen, pliozänen und frühpleistozänen Ablagerungen berichteten, die auf die tätige Hand des Menschen hindeuteten. Dazu gehörten Männer wie Desnoyers, de Quatrefages, Ramorino, Bourgeois, Delaunay, Bertrand, Laussedat, Garrigou, Filhol, von Dücker, Owen, Collyer, Calvert, Capellini, Broca, Ferretti, Bellucci, Stopes, Moir, Fisher und Keith.

Wurden diese Wissenschaftler irregeführt? Vielleicht. Aber es ist doch seltsam, sich ausgerechnet über Schnittspuren auf fossilen Knochen einer Täuschung hinzugeben. Waren die obengenannten Forscher allesamt Opfer einer einzigartigen Geistesverirrung, die im letzten Jahrhundert und zu Beginn des jetzigen verbreitet war? Oder ist die fossile Tierwelt des Tertiärs und des frühen Quartärs wirklich so reich an eindeutigen Hinweisen auf die Existenz primitiver Jäger? Nehmen wir an, es gibt diese Beweise. Dann könnte man sich fragen, warum sie heute nicht mehr auftreten. Ein Grund ist, daß niemand mehr nach ihnen sucht. Spuren menschlicher Bearbeitung an Knochen können der Aufmerksamkeit eines Wissenschaftlers leicht entgehen, der nicht aktiv danach sucht. Falls ein Paläanthropologe davon überzeugt ist, daß im Mittleren Pliozän keine werkzeugmachenden Menschen existierten, wird er sich kaum viele Gedanken über die wahre Natur von Schnittspuren auf Knochen dieser Periode machen.

Selbst für jene, die darauf gefaßt sind, Zeichen menschlicher Betätigung zu finden, ist die Deutung von Schnittspuren auf fossilen Knochen eine schwierige Sache. Dies brachte Binford (1981, S. 181) zu folgender Überlegung: "Man könnte an diesem Punkt mit gutem Grund die Frage stellen, warum wir überhaupt die Rolle des Menschen in der Tierwelt untersuchen und zu einem besseren Verständnis seines überaus unbeständigen Verhaltens zu gelangen trachten, solange wir kein System in den Bearbeitungen von Knochen erkennen können, kein Muster, das sich eindeutig der Hand des Menschen zuschreiben läßt? Die Antwort darauf ist einfach: daß nämlich die grundlegende Aufgabe der Anthropologie - von der die Archäologie ein Teil ist - in dem Bemühen besteht, die kulturellen Variablen menschlichen Verhaltens aufzuspüren."

Binford beschrieb klar das Dilemma, das im empirischen Umgang mit solchen Fragen steckt - die Methode ist unvollkommen, aber es bleibt offenbar keine andere Wahl. Große Vorsicht scheint demnach geboten. Tatsächlich gibt diese Untersuchung der empirischen Methoden der Paläanthropologie zu der Vermutung Anlaß, daß deren Methoden kein wirklich zuverlässiges Bild von der Vergangenheit und den menschlichen Anfängen im besonderen zeichnen können.

Eolithen

Außergewöhnlich alte Steinwerkzeuge

Das Material, das im vorigen Kapitel zusammengetragen wurde, reicht allein schon aus, um die Vorstellung, derzufolge werkzeugmachende Menschen erst im Pleistozän auf der Bildfläche erschienen sein sollen, zu erschüttern. Wenden wir uns jetzt aber einer umfangreicheren und bemerkenswerteren Kategorie von Beweisen zu – uralten Steinwerkzeugen.

Wissenschaftler des 19. Jahrhunderts förderten große Mengen von (wie sie glaubten) Steinwerkzeugen und -waffen aus dem Frühen Pleistozän, Pliozän, Miozän und noch älteren Straten zutage. Das waren keine nebensächlichen Funde. Führende Anthropologen und Paläontologen berichteten darüber in angesehenen Zeitschriften, und auf wissenschaftlichen Kongressen wurde heiß darüber diskutiert. Aber heutzutage weiß kaum mehr jemand davon. Man fragt sich natürlich, warum.

Wie bei den bereits erörterten Knochenfunden wurden die Fakten dieser Entdeckungen, auch wenn sie umstritten waren, nie schlüssig widerlegt. Statt dessen wurden die Fundberichte über alte Steinwerkzeuge im Laufe der Zeit einfach ad acta gelegt und vergessen, während diverse theoretische Szenarien der menschlichen Evolution in Mode kamen.

Wie es scheint, begann alles mit Eugène Dubois' berühmtgewordener und doch umstrittener Entdeckung und Publizierung des Affenmenschen von Java Ende des letzten Jahrhunderts. Viele Wissenschaftler akzeptierten den Java-Menschen, in dessen Nähe keine Steinwerkzeuge gefunden wurden, als genuinen Vorfahren des Menschen. Weil aber der Java-Mensch in Straten des Mittleren Pleistozäns entdeckt wurde, fanden die umfangreichen Beweise für werkzeugmachende Hominiden in den weit älteren Perioden des Miozäns und Pliozäns keine ernsthafte Beachtung mehr. Wie sollte es auch bereits lange Zeit vor ihren vermeintlichen Affenmenschenvorfahren werkzeugmachende Hominiden gegeben haben? Das schien den meisten Schulwissenschaftlern unmöglich; besser also, man ignorierte und vergaß alle Entdeckungen, die aus dem Rahmen der theoretischen Erwartungen fielen.

Und genau das geschah - ganze Sachkategorien wurden unter Stößen wissenschaftlicher Schlußfolgerungen verschüttet. Durch geduldige Recherchen ist es uns jedoch gelungen, einen riesigen Schatz an vergessenem Beweismaterial aufzuspüren und wiederzugewinnen. Seine Darstellung führt uns von den Hügeln der englischen Grafschaft Kent bis ins Tal des Irawady in Burma. Und wir berücksichtigen auch die Funde an ungewöhnlich alten groben Steinwerkzeugen, die gegen Ende des 20. Jahrhunderts bei Ausgrabungen ans Licht kamen.

Es sind im wesentlichen drei Kategorien von ungewöhnlichen Steinwerkzeugen, die für uns von Interesse sind: (1.) Eolithen, (2.) primitive Paläolithen und (3.) besser gearbeitete Paläolithen und Neolithen.

Autoritäten des 19. Jahrhunderts zufolge sind Eolithen kantige Steine, deren natürliche Form sie für bestimmte Zwecke geeignet machte. Menschen benutzten sie so, wie sie waren oder nach geringfügiger Bearbeitung als Werkzeuge. Nicht selten wurden eine oder mehrere der natürlichen Kanten abgeschlagen, wenn dies für eine gewünschte Funktion zweckmäßig schien. Für das ungeübte Auge waren eolithische Steinwerkzeuge oft nicht von gewöhnlichen Felsbrocken zu unterscheiden; Spezialisten auf dem Gebiet der Steintechnologie entwickelten jedoch Kriterien, die es erlaubten, Anzeichen menschlicher Bearbeitung und Benutzung zu erkennen.

Bei technisch fortgeschritteneren Steinwerkzeugen, sogenannten Paläolithen, waren die Zeichen menschlicher Fertigung offensichtlicher, versuchte man doch den ganzen Stein in eine erkennbare Werkzeugform zu bringen. Die Fragen, die in diesem Zusammenhang auftraten, betrafen hauptsächlich die korrekte Datierung solcher Utensilien. Manche paläolithischen Werkzeuge (wie sie z. B. am Ende der europäischen Steinzeit oder in einer jüngeren historischen Epoche von amerikanischen Indianern verwendet wurden) zeigen einen hohen Grad an Kunstfertigkeit und handwerklichem Geschick mit ausgefeilter Abschlagtechnik und ästhetischem Bewußtsein für grazile und symmetrische Formen. Die meisten der uns interessierenden Werkzeuge sind jedoch sehr viel rudimentärer, weshalb sie einige Forschern des 19. und 20. Jahrhunderts zu den Eolithen rechnen.

Wir haben uns dafür entschieden, eine grobe Unterscheidung zwischen Eolithen und primitiven Paläolithen zu treffen. Eolithen sind Steinbrocken werkzeugtauglicher Größe und Form, die z. B. an einer Kante Spuren von Absplitterungen zeigen; unter den groben Paläolithen finden sich immerhin Stücke, die durch Abschläge von einem größeren Steinbrocken und anschließende umfangreiche Retuschen in eine präzise Werkzeugform gebracht worden sind. Dabei stützen wir uns auf Experten, die bestätigt haben, daß ungewöhnlich alte Paläolithen aus dem Pliozän, Miozän und früheren Perioden identisch sind mit den akzeptierten paläolithischen Geräten aus dem Späten Pleistozän.

Unsere dritte Kategorie, verfeinerte Paläolithen und Neolithen, verweist auf außergewöhnlich alte Steinwerkzeuge, die den spätpaläolithischen und neolithischen Standards der Feinabsplitterung und Steinpolitur entsprechen.

Die Bedeutung der Termini Eolithen, Paläolithen und Neolithen hat sich im Lauf der Jahre mehrmals gewandelt. Für die meisten Forscher waren damit nicht nur Stadien der technischen Entwicklung verknüpft, sondern auch eine exakte zeitliche Abfolge. Eolithen galten als die ältesten Geräte, Paläolithen und Neolithen kamen, aufeinanderfolgend, später. An dieser Stelle sollen die Begriffe in erster Linie verwendet werden, um verschieden ausgeprägte handwerkliche Fertigkeiten zu benennen. Die Befundlage macht es unserer Ansicht nach unmöglich, Steinwerkzeuge nur aufgrund ihrer Form zu datieren.

Die besagte Dreiteilung in Eolithen, grobe Paläolithen und besser gearbeitete Paläolithen und Neolithen außergewöhnlichen Alters, auf der die folgende Darstellung beruht, ist nicht perfekt. Es gibt Grenzfälle, die eine Zuordnung ins eine oder andere Kapitel schwierig machten. Unter den primitiveren Steinwerkzeugen finden sich oft Einzelstücke oder "Sets", die man als technisch fortgeschrittener klassifizieren möchte - und umgekehrt. Auch wurden manchmal mehrere Steinindustrien unterschiedlichen Bearbeitungsniveaus der Einfachheit halber zusammengefaßt. Aus diesem Grund hat es sich als unmöglich oder unpraktisch erwiesen, die verschiedenen Werkzeugtypen in den einzelnen Kapiteln völlig zu trennen.

B. Harrison und die Eolithen der Hochebene von Kent, England (Pliozän)

Die kleine Stadt Ightham in Kent liegt etwa 43 Kilometer südöstlich von London. In der Nähe findet man das Elternhaus von Anne Boleyn, der unglücklichen zweiten Frau Heinrichs VIII., die ihren Kopf auf dem Richtblock verlor. In den ruhigeren Jahren der viktorianischen Ära führte ein respektabler kleiner Geschäftsmann namens Benjamin Harrison einen Lebensmittelladen in Ightham. An Feiertagen suchte er die nahe gelegenen Hügel und Täler auf, wo er Feuersteingeräte sammelte, die, mittlerweile längst vergessen, jahrzehntelang im Mittelpunkt einer schier endlosen wissenschaftlichen Kontroverse standen.

Schon als Junge hatte sich Harrison für Geologie interessiert und im Alter von dreizehn Lyells *Principles of Geology* gelesen. Auf seinen Wanderungen lernte er die Gegend rings um Ightham gut kennen. Diese Region im Südosten Englands war unter dem Namen *Weald von Kent und Sussex* bekannt und hatte eine komplexe geologische Vergangenheit. Einst war hier eine weite Anhöhe. Der mittlere Teil wurde in späteren Zeiten durch Naturkräfte abgetragen. Zurück blieben die Hügel im Norden (die North Downs) und im Süden (die South Downs). Die North Downs gehen bei Ightham in die Hochebene von Kent über, und auf diesem Plateau machte Harrison einige seiner bemerkenswertesten Entdeckungen.

Der junge Harrison wurde zu einem vollendeten Amateur-Paläanthropologen. Semiprofessionell wäre vielleicht ein besseres Wort als Amateur, denn Harrison war zumeist in enger Rücksprache mit - und manchmal unter direkter Anleitung von - Sir John Prestwich, dem berühmten englischen Geologen, tätig, der in der Nachbarschaft lebte. Er korrespondierte regelmäßig mit anderen paläanthropologisch interessierten Wissenschaftlern; seine Funde katalogisierte er sorgfältig nach den üblichen Verfahren und erfaßte sie kartographisch. Ein Zimmer über dem Laden diente Harrison als Museum, wo er seine Feuersteinsammlung aufbewahrte. An den Wänden hingen geologische Karten der Weald-Region von Kent und Sussex, Aquarelle von gefundenen Werkzeugen und Porträts von Charles Darwin, Sir John Prestwich und Sir John Evans.

Harrisons erste Funde waren keine rohen Eolithen, sondern Werkzeuge neolithischer Herkunft. Neolithen sind Steinartefakte mit einer glatten, polierten Oberfläche, denen man die hohe Kunstfertigkeit ansieht, die zu ihrer Herstellung nötig war. Neolithische Kulturen reichen nach heutiger Auffassung nur etwa 10 000 Jahre zurück und sind durch Ackerbau und Töpferei gekennzeichnet. Harrison fand Neolithen überall in der Umgebung von Ightham verstreut an der Oberfläche.

Anfang der sechziger Jahre des 19. Jahrhunderts weckten die Entdeckungen von Boucher des Perthes in Frankreich das Interesse englischer Wissenschaftler. Boucher des Perthes hatte in den Kiesschichten des Somme-Tals Paläolithen gefunden. Diese Werkzeuge waren älter und um einiges primitiver als die Neolithen, die Harrison sammelte. Als Harrison von Boucher des Perthes' Funden erfuhr, begann er selbst nach ähnlichen Exemplaren zu suchen. Auch wenn sie primitiver sind als neolithisches Gerät, können diese Paläolithen dennoch leicht als Menschenwerk erkannt werden. Heutige Autoritäten rechnen europäische Paläolithen dem Mittleren und Späten Pleistozän zu. Harrison suchte in alten Kiesbetten auf Flußterrassen. 1863 entdeckte er seinen ersten Paläolithen in einer Kiesgrube unweit Ightham (E. Harrison 1928, S. 46). Und er suchte nicht nur selbst, sondern instruierte auch Arbeiter aus der Gegend, die für ihn sammeln sollten. Über die Jahre baute er so eine ansehnliche Sammlung von Paläolithen auf.

1878 sichtete William Davies, Geologe am *British Museum*, einen Teil von Harrisons Feuersteinwerkzeugen. Er war mit ihm einer Meinung, daß Paläolithen darunter waren. Harrison sandte einige Exemplare und einen Bericht an Sir John Lubbock, der gleichfalls bekundete, daß einige der Werkzeugstücke mit Sicherheit paläolithischen Ursprungs seien. G. Worthington Smith vom *Royal Anthropological Institute* fuhr daraufhin nach Ightham und sah sich die Feuersteine an. Auch er war zunächst der gleichen Ansicht, änderte diese jedoch später (E. Harrison 1928, S. 81).

1879 traf Harrison zum ersten Mal mit Sir John Prestwich, dem hervorragenden Geologen, zusammen, der 13 Kilometer entfernt in Shoreham ein Landhaus besaß. Harrison stellte Prestwich einige Fragen. Ihn interessierte die geologische Lage von Boucher des Perthes' Funden in bezug auf das heutige Flußniveau der Somme. Von Prestwichs Fenster aus konnten sie das Tal des Flüßchens Darent sehen. "Wenn wir den Darent für die Somme nehmen, dann lägen die Kiesschichten etwa auf Höhe der Eisenbahnstation."

Harrisons Biograph, Sir Edward R. Harrison, schrieb (1928, S. 84): “Bei dieser Bemerkung schoß es Harrison durch den Kopf, daß einige seiner eigenen Paläolithen in Kiesschichten gefunden worden waren, die, gemessen am Niveau der Flüsse, aus denen sie stammten, höher lagen als die Eisenbahnstation über dem Darent. Größere relative Höhe bedeutete aber ein höheres Alter; folglich waren unter seinen Werkzeugen Stücke, die älter sein mochten als die von Boucher des Perthes im Tal der Somme gefundenen.”

Zum besseren Verständnis stelle man sich einen Fluß vor, der vor 1 Million Jahren durch eine Ebene strömte. Während er sich sein Bett gräbt, lagert er Kies auf den Uferterrassen ab. Je tiefer er sich Schicht um Schicht eingräbt, desto mehr Kies schichtet sich auf zunehmend tieferliegenden Ebenen auf. So ergibt es sich, daß die ältesten Flußkiese, die etwa 1 Million Jahre alt sind, sich in den höchsten Hanglagen des späteren Tals finden werden, die jüngsten hingegen in den niedrigsten, an den heutigen Flußufern nämlich. Die Altersbestimmung der verschiedenen Kiesschichten erfolgt also umgekehrt zu der einer typischen geologischen Schichtenabfolge, in der die höchstliegenden Straten die jüngsten und die tiefstliegenden die ältesten sind. In Wirklichkeit aber, daran sollte man denken, ist die Altersbestimmung anhand von Terrassenbildung und Kiesschichten in einem Flußtal nur selten so einfach wie in dieser Veranschaulichung.

Am 11. September 1880 machte Harrison eine typische Entdekkung. In den Worten Sir Edward R. Harrisons (1928, S. 87) liest sich das so: “Er ging zu einem Kiesbett in High Field hinaus, am Eingang der Shode-Schlucht. Hoch über dem heutigen Flußlauf fand er in dieser Kiesschicht ein paläolithisches Werkzeug. Das, was ihm in dieser Situation durch den Kopf ging, muß man sich etwa wie folgt vorstellen: Es handelte sich um einen selbst nach geologischen Maßstäben uralten Kies, und es war ein von Menschen gefertigtes Werkzeug, das vom Fluß, der einst auf einem viel höheren Niveau floß als heute, dorthin befördert worden war, wo er es gefunden hatte. Der Mensch mußte also älter sein als dieser sehr sehr alte Kies. Harrison benachrichtigte Prestwich von seinem Fund, der sofort nach Ightham kam, um sich selbst von der geologischen Lage des Fundorts zu überzeugen.” Prestwich erklärte die Schicht für sehr alt und empfahl weitere Nachforschungen. Prestwich und seine Arbeiter machten ähnliche Funde.

Als sich die Neuigkeit von den gefundenen Steinwerkzeugen verbreitete, schrieb James Geikie, einer von Englands führenden Geologen, am 2. Mai 1881 an G. Worthington Smith: "Und doch werden sie in Ablagerungen und in einer Höhe gefunden, daß sich den vorsichtigen Archäologen die Haare sträuben. Ich hoffe, daß andere Forscher Ihre Anregung aufnehmen werden, um auch an Stellen nach paläolithischem Gerät zu suchen, die bisher als uninteressant galten" (E. Harrison 1929, S. 91).

Geikies Hinweis auf die Suche nach Steinwerkzeugen "an Stellen [...], die bisher als uninteressant galten", hilft uns die Frage zu klären, warum moderne Forscher so selten über Funde berichten, die für ein sehr hohes Alter des Menschen sprechen. Aufgrund ihrer Vorurteile suchen sie nicht überall, wo sich solche Beweise vielleicht finden würden. Ein Beispiel: Da die moderne Wissenschaft die Existenz vollwertiger Menschen im Pliozän nicht anerkennt, halten ihre Vertreter nach feiner gearbeiteten Steinwerkzeugen in Pliozänschichten gar nicht erst Ausschau. Im 19. Jahrhundert war diese Auffassung noch nicht Allgemeingut. Also suchten die Wissenschaftler nach Beweisen für die Anwesenheit des Menschen auch im Pliozän und noch früher. Und wenn sie etwas fanden, berichteten sie offen darüber.

1887 las Harrison einen Artikel von Alfred Russell Wallace über das Alter des Menschen in Amerika und schrieb daraufhin Wallace einen Brief. Wallace, berühmt für eine Darwin vorwegnehmende wissenschaftliche Abhandlung über die Evolution durch natürliche Selektion, antwortete Harrison: "Es freut mich, daß Sie meinen Artikel *The Antiquity of Man in America* (Das Alter des Menschen in Amerika) interessant finden. Das Ausmaß an Ungläubigkeit, das nach wie vor unter den Geologen vorherrscht, wenn es darum geht, mögliche Beweise für ein höheres Alter als das der paläolithischen Kiesschichten herbeizuschaffen, ist schon erstaunlich. Der wunderbare 'Schädel von Calaveras' ist so nachhaltig lächerlich gemacht worden, von Personen, die, angefangen mit Bret Harte, nichts über die wahren Fakten wissen, daß viele amerikanische Geologen sogar Angst davor zu haben scheinen, ihn als echt anzuerkennen" (E. Harrison 1928, S. 130).

Die von Wallace erwähnten paläolithischen Kiesschichten entsprechen denen der Somme-Region, in denen Boucher des Perthes seine Funde machte. Diese Steinwerkzeuge gehören ins

Quartär, genauer gesagt ins Mittlere Pleistozän. Der Calaveras-Schädel ebenso wie zahlreiche Steinwerkzeuge wurden in weit älteren kalifornischen Tertiärschichten gefunden. Das Tertiär umfaßt das Pliozän, Miozän, Oligozän, Eozän und Paläozän. Die von Wallace angesprochene Taktik anhaltenden Spotts war jedoch so erfolgreich, daß relativ viele moderne Paläanthropologen von den kalifornischen Funden keine Ahnung haben.

Prestwich und Harrison hielten einige der bei Ightham gefundenen Steinwerkzeuge für tertiären Ursprungs. Die geologischen Gründe für diese Ansicht erörterte Prestwich in einem Referat, das er 1889 vor der Geologischen Gesellschaft von London hielt. Bei der Vorbereitung dieses Berichts bat Prestwich Harrison, seine Funde zu katalogisieren und auf Karten zu verzeichnen. Harrison kam der Aufforderung nach. Mit folgendem Ergebnis: 22 Feuersteinwerkzeuge waren in Höhenlagen über 150 Meter, 199 in Lagen zwischen 120 und 150 Metern und 184 in Lagen unter 120 Metern gefunden worden. Das waren insgesamt 405 Einzelfundstücke seit 1889 (E. Harrison 1928, S. 129).

Bei seinem Vortrag vor der Geologischen Gesellschaft wies Prestwich, mit Harrison unter den Zuhörern, zunächst nach, daß die höhergelegenen Kiesschichten rings um Ightham zu keinem Zeitpunkt ihrer Geschichte von den heute bestehenden Flüssen abgelagert worden sein konnten. Er legte Beweise vor, daß der Shode nie über einer Höhenlage von 103 Metern floß (Prestwich 1889, S. 273), weshalb die über 120 Meter hoch liegenden Kiesschichten recht alt sein mußten, waren sie doch von den alten Flüssen abgelagert worden.

Diese Analyse wird von modernen Fachleuten bestätigt. In einer Untersuchung, veröffentlicht vom Geologischen Dienst Großbritanniens, schrieb Francis H. Edmunds (1954, S. 59): "Vereinzelt auftretende Kiesablagerungen, die mit keinem der heutigen Flußsysteme in Verbindung zu bringen sind, wurden an verschiedenen Orten im Wealden District dokumentiert. [...] Sie 'krönen' hügeliges Gelände und befinden sich meist in einer Höhe von 90 Metern über dem Meeresspiegel. Die Schichten sind einige Fuß stark und bestehen aus grobgelagertem Feuer- oder Hornsteinkies in einem lehmigen Mutterboden."

Nach der Erörterung der geologischen Geschichte der hochgelegenen Kiesschichten, die er als Höhengeschiebe bezeichnete, wandte sich Prestwich einer wichtigen Frage zu: Konnten die in diesem Geschiebekies gefundenen Steinwerkzeuge jüngeren Ursprungs sein? Waren sie vielleicht erst zu einem Zeitpunkt hineingelangt, der noch gar nicht so lange vergangen war? Prestwich glaubte dies, was die Funde von Neolithen anging. Aber neben den neolithischen Werkzeugen, die ein paar tausend Jahre alt waren, gab es laut Prestwich sehr viel ältere paläolithische Werkzeuge in diesen Kiesschichten. Sie ließen sich aufgrund ihrer tiefverfärbten Oberflächen und abgenutzten Kanten von den Neolithen gut unterscheiden. Prestwich (1889, S. 2 83) erklärte, daß die Paläolithen "generell eine einheitlich tiefbraune, gelbe oder weiße Verfärbung zeigten, die ebenso wie die helle Patina von der langen Einbettung in verschiedenartigen Geschiebeschichten herrührt". Außerdem seien einige der Paläolithen "durch Strömungsbewegung mehr oder weniger abgerollt und zeigten deutliche Abnutzungserscheinungen an den Kanten" (Prestwich 1889, S. 283). Hingegen waren die Neolithen relativ unbeeinträchtigt.

Prestwich (1889, S. 286) fuhr dann mit seinen Ausführungen über die von Harrison gefundenen Paläolithen fort: "Aus der heutigen Beschaffenheit der Werkzeuge geht klar hervor, daß sie, obwohl Oberflächenfunde, im Gegensatz zu den neolithischen Feuersteinen, die von klimatischen Einflüssen abgesehen keine Verfärbung oder sonstige Veränderung zeigen, in Mutterboden gelegen haben müssen, der die äußeren Struktur- und Farbveränderungen bewirkt hat; dieser Mutterboden ist zwar abgetragen worden, hat aber in mehreren Fällen Spuren auf den Werkzeugen hinterlassen, die zu seiner näheren Bestimmung genügen."

Prestwich (1889, S. 289) ging dann auf die Reste von Mutterboden ein, die sich auf den Feuersteinfunden erhalten hatten: "Diese Werkzeuge sind zu einem beträchtlichen Teil auf einer Seite mit kleinen dunkelbraunen verkrusteten Konkretionen übersät, die aus Eisensuperoxyd und Sand bestehen. [...] Daraus können wir schließen, daß sowohl die Feuersteinwerkzeuge als auch die Feuersteine einst in einem sandigen, eisenhaltigen Mutterboden eingebettet waren, so wie der Calcitfilm an der Unterseite einiger Fundstücke von St. Acheul beweist, daß sie aus einer der im dortigen Geschiebe häufig auftretenden Kalksand- oder -kiesschichten stammen, oder wie die eisenhaltigen Konkretionen auf den Dunks-Green-Funden ihre Herkunft aus diesem Geschiebe verraten."

Hinweise auf die Herkunft des Mutterbodens finden sich bei Edmunds (1954, S. 47): "In den höheren Teilen der North Downs und nahe dem Grat des Chalk Escarpment (Kreidefelsenabbruch) finden sich in Abständen Stellen rostbraunen Sandes."

In den Geschiebelagen der North Downs und des Chalk Escarpment fand Harrison die meisten seiner Steinwerkzeuge. Des weiteren stellte Edmunds (ebd.) fest: "Ähnliche Blöcke fossilienhaltigen Eisensteins oder eisenhaltigen Sandsteins treten auch in den South Downs bei Beachy Head auf. Die Fossilien sind, wie sich erwiesen hat, pliozän." Und (ebd.): "Bedauerlicherweise hat man in dem Sand auf den Downs keine Fossilien gefunden, aber die weitreichende Ähnlichkeit mit den fossilienhaltigen Sandsteinen [...] führt zu dem Schluß, daß wir es mit den Resten einer ausgedehnten Sandschicht zu tun haben, die während einer auf das Miozän folgenden marinen Transgression abgelagert wurde."

Eisenhaltiger Sandstein wie der in den South Downs kommt auch in den Lenham-Ablagerungen der Weald-Region vor. Einige moderne Autoren (Klein 1973, Tabelle 6) datieren die Lenham-Ablagerungen ins Frühe Pliozän oder Späte Miozän. Nach Edmunds hätten die Sandablagerungen in den North Downs, die Ablagerungen von Lenham und der eisenhaltige Sandstein der South Downs alle das gleiche pliozäne Alter.

Schließen wir uns Edmunds Ausführungen zu Entstehungsgeschichte und Alter der eisenhaltigen Sandstellen in den North Downs und im Chalk Escarpment an, können wir zwei hypothetische Möglichkeiten in Betracht ziehen, wie die Steingeräte dort hineingelangt sein mochten.

Die erste Möglichkeit geht von einem miozänen Ursprung der Werkzeuge aus. Im späten Miozän konnten die Hersteller der Werkzeuge in der Weald-Region Südenglands ihre Produkte zu ebener Erde zurückgelassen haben, bevor das ansteigende Meer im Frühen Pliozän alles überschwemmte. Die Werkzeuge wurden dann in die marinen Ablagerungen eingebettet. In einer späteren Phase des Pliozäns wurde das Gebiet wieder trockenes Land, der mittlere Teil zusätzlich angehoben. Wasserläufe, die in nördlicher Richtung von diesem zentralen Hochland abflossen, wuschen den eisenhaltigen Meersand aus. Feuersteinwerkzeuge und eisenhaltiger Sand wurden an den Stellen abgelagert, wo man sie heute findet - in großer Höhe als Gipfelgeschiebe in den North Downs und als

Plateau-Geschiebe am Chalk Escarpment. Während der anschließenden pleistozänen Eiszeiten grub ein neues Flußsystem Täler ins Gelände. Der Kies aus den Talgeschieben der Flüsse lagerte sich auf Terrassen ab, die unterhalb der höchsten Erhebungen der North Downs und des Kreideplateaus blieben.

Die zweite Möglichkeit geht von einem pliozänen Ursprung der Werkzeuge aus. Wie gehabt fand im Frühen Pliozän eine marine Transgression statt, mit Ablagerungen und Schichtenbildung als Folge. Später im Pliozän wurde das Gebiet wieder zum von Flüssen entwässerten Festland. Menschen, die an den Ufern dieser Flüsse lebten, ließen Steinwerkzeuge zurück, die von den Flüssen an ihre heutigen Fundorte (an den höchsten Stellen der North Downs und des Chalk Escarpment) transportiert wurden. Dies geschah, bevor das heutige Flußsystem entstand. Über lange Zeiträume in den Kies eingebettet, nahmen die Feuersteinwerkzeuge ihre Farbe und Patina an. Diese Werkzeuge, deren Kanten im Fluß durch ständiges Umwälzen abgenutzt worden sind, können keinesfalls jünger sein als die längst verschwundenen nordwärts strömenden Flüsse. Werkzeuge, die in jüngerer Zeit in diesen Kiesschichten abgelagert worden wären, würden keine Abnutzungserscheinungen zeigen, da in solcher Höhe kein Wasser mehr floß. Die neuen Flüsse lagen weit niedriger.

Wie alt waren die paläolithischen Feuersteinwerkzeuge auf der Hochebene von Kent und aus den Gipfelgeschieben? Prestwich (1889, S. 292) erklärte: "Landschaftliche Veränderungen und die beträchtliche Höhe des alten Kreideplateaus mit seinem 'roten feuersteinhaltigen Lehm' und dem 'südlichen Geschiebe' hoch über den Tälern mit den nacheiszeitlichen Ablagerungen deuten auf ein großes - vermutlich voreiszeitliches Alter der paläolithischen Werkzeuge hin, die man in diesen Gipfelgeschieben gefunden hat."

Nach heutiger Auffassung näherten sich die Gletscher der Eiszeit Kent, bedeckten es aber nicht. Der Moränenschutt von Cromer in East Anglia, nördlich des Kent-Plateaus, stellt den frühesten klaren geologischen Beweis für die Vereisung in Südengland dar (Nilsson 1983, S. 112, 308). Moränenschutt besteht aus Steinen, die von den schmelzenden Gletschern zurückbleiben. Der Gletscherschutt von Cromer ist 400 000 Jahre alt. Hinweise auf ein arktisches Klima gibt es aber auch schon etwas früher, in der Beeston-Kaltzeit vor etwa 600 000 Jahren (Nilsson 1983, S.108, 308).

Genaugenommen dürfte die präglaziale Periode im südlichen England also im Mittleren Pleistozän begonnen haben. In diesem Licht betrachtet könnte Prestwichs Erklärung, daß die Fundstücke aus den Gipfelgeschieben voreiszeitlich seien, so verstanden werden, daß sie nicht älter als das Mittlere Pleistozän sind. Doch hat Edmunds (1954, S. 47) für die Gipfelgeschiebe und den eisenhaltigen Sand bekanntlich ein pliozänes Alter vorgeschlagen.

Hugo Obermaier (1924, S. 8), ein führender Paläanthropologe des frühen 20. Jahrhunderts, erklärte, daß die von Harrison auf dem Kent-Plateau gesammelten Feuersteinwerkzeuge "ins Mittlere Pliozän gehören". J. Reid Moir führte Harrisons Entdeckungen ebenfalls auf das Tertiär zurück. Eine Datierung ins Späte oder Mittlere Pliozän spräche den Werkzeugen vom Kent-Plateau ein Alter von 2 bis 4 Millionen Jahren zu. Moderne Paläanthropologen ordnen die paläolithischen Werkzeuge der Somme-Region in Frankreich dem *Homo erectus* zu und datieren sie auf gerade einmal 500 000 bis 700 000 Jahre. Die ältesten anerkannten Werkzeuge, die bisher in England gefunden wurden, sind etwa 400 000 Jahre alt (Nilsson 1983, S. 111). Für die moderne Paläanthropologie stellen daher die paläolithischen Funde vom Kent-Plateau ein kniffliges Problem dar.

Eolithen vom Kent-Plateau

Unter den paläolithischen Werkzeugen, die Benjamin Harrison auf dem Kent-Plateau sammelte, waren einige, die einem sogar noch primitiveren Kulturniveau anzugehören schienen - die Eolithen oder "Steine der Morgendämmerung". Dieser Name bürgerte sich schließlich für eine Vielzahl sehr primitiver Steinindustrien ein, die in England und anderen Ländern gefunden wurden.

Die von Harrison entdeckten paläolithischen Werkzeuge waren ihrem Erscheinungsbild nach zwar etwas plump, aber ausgiebigst bearbeitet worden, um ihnen die eindeutige Form von Werkzeugen und Waffen zu geben. Die eolithischen Werkzeuge jedoch waren nach Harrisons Definition vorgefundene Feuersteinsplitter, die an den Kanten nur etwas retuschiert waren.

Stellt sich die Frage, wie solche Eolithen von Feuersteinbruchstücken unterschieden werden können, an die keine mensch-

Ein Eolith vom Kent-Plateau (Moir 1924, S. 639).

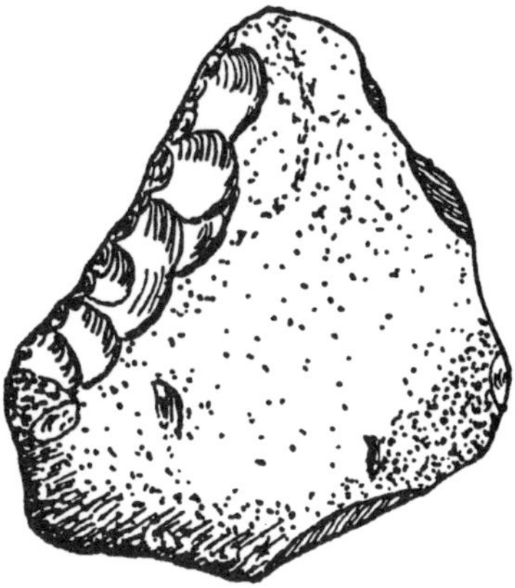

liche Hand gerührt hat. Es gab natürlich Schwierigkeiten, diese Unterscheidung zu treffen, aber selbst moderne Experten sehen in Steinsammlungen, die den von Harrison gesammelten Eolithen ähnlich sind, echte von Menschen stammende Artefakte. Hier sollen zunächst nur die groben Brocken- und Splitterwerkzeuge aus den unteren Schichten der Olduvai-Schlucht angeführt werden. Die Olduvai-Werkzeuge sind äußerst rudimentär, doch ist von paläanthropologischer Seite unseres Wissens nie in Frage gestellt worden, daß es sich um von Menschen bearbeitete Objekte handelt.

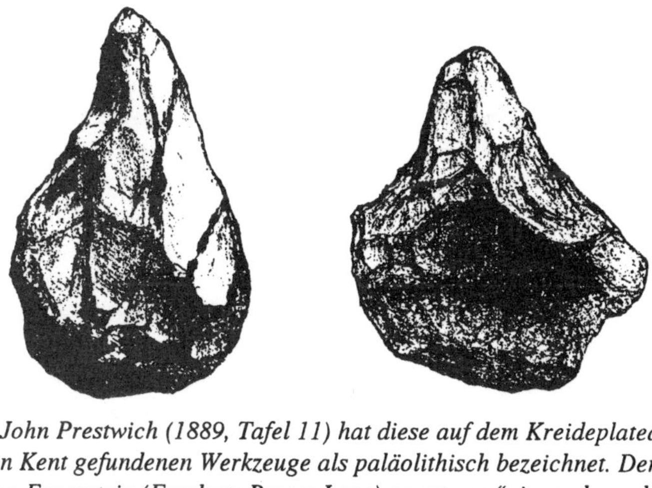

Sir John Prestwich (1889, Tafel 11) hat diese auf dem Kreideplateau von Kent gefundenen Werkzeuge als paläolithisch bezeichnet. Den linken Feuerstein (Fundort: Bower Lane) nannte er "ein grobgearbeitetes Utensil vom Typ Speerspitze".

Harrison glaubte, daß die Eolithen von Kent einem älteren Zeitalter angehörten als die Paläolithen. Aber Sir John Prestwich unterschied in seinem Bericht von 1889 nicht zwischen den beiden Werkzeugtypen. Wie wir gesehen haben, legte der geologische Befund für den Geschiebekies auf dem Kent-Plateau und in den höheren Lagen der North Downs ein spätpliozänes Alter der Werkzeuge nahe.

Nach Prestwichs Präsentation stellte Harrison fest, daß er zu so etwas wie einer Berühmtheit geworden war. Sein Name erschien in den Zeitungen, und Wissenschaftler aus allen Teilen der Welt begannen zu seinem Museum über dem Lebensmittelladen in Ightham zu pilgern. Im Juni 1889 besuchten die Mitglieder der Geologischen Gesellschaft Londons Ightham, um die Fundstellen der Steinwerkzeuge zu besichtigen.

Doch selbst die beträchtliche Autorität von Prestwich reichte nicht aus, um alle Kontroversen um Harrisons Entdeckungen, insbesondere die Eolithen, zu beenden. Viele Wissenschaftler sahen in den Eolithen nach wie vor nur das Ergebnis rein natürlicher Wirkkräfte, ohne künstliche Beeinflussung. Dennoch zog Harrison mit der Zeit Überläufer auf seine Seite. Am 18. September 1889 schrieb A. M. Bell, ein Fellow der Geologischen Gesellschaft, an Harrison:

"Ich bin froh, daß Sie sich mit dem Professor [Prestwich], einem alten Hasen, getroffen haben und daß sein Urteil über die nicht-bulboiden Schaber mit dem Ihren übereinstimmt. Ich habe mir die Kanten der von mir ausgesuchten Exemplare immer wieder angeschaut, und es wuchs in mir das Gefühl, daß hier kaum sichtbar Funktion und Absicht zu spüren sind. Es scheint etwas mehr hinter den gleichmäßigen, wenn auch primitiven Abschlägen zu stecken, als zufällige Abnutzung hätte bewerkstelligen können. Zu dieser Schlußfolgerung konnte ich mich nur sehr zögerlich durchringen: zum einen, weil ich bislang die Schlagzwiebel oder die Spur eines nicht zufälligen, zweckgerichteten Schlags als conditio sine qua non angesehen hatte; zum zweiten, und das ist wesentlicher, weil ich der Meinung bin und schon immer war, daß die wirkliche Bedrohung für eine Geschichte wie die unsere von dem zu enthusiastischen Freund ausgeht, der sieht, was nicht da ist; jetzt aber, da ich überzeugt bin, bleibe ich standfest. Solange ich keine rundum sorgfältig bearbeiteten, gleichmäßig und in einer Richtung abgeschlagenen Feuersteine

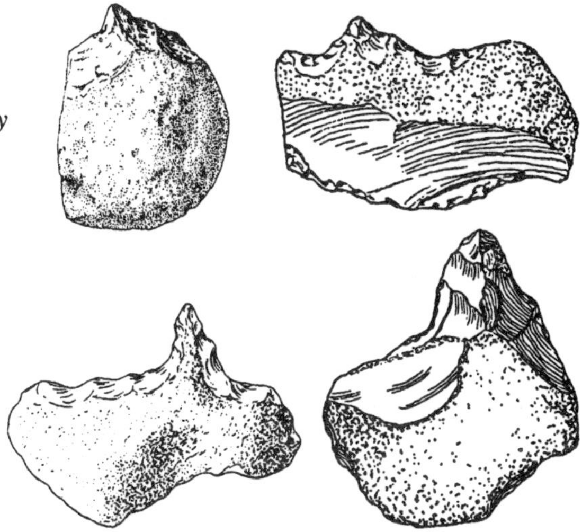

Oben: Steinwerkzeuge aus der Olduvai-Schlucht (M. Leakey 1971, S. 45, 113). Unten: Von Benjamin Harrison auf dem Kent-Plateau gefundene Werkzeuge (Moir 1924, S. 639; E. Harrison 1928, S. 342).

sehe, die das Produkt der Natur sind, werde ich diese für künstlichen Ursprungs halten" (E. Harrison 1928, S. 15).

Leland W. Patterson, ein moderner Experte auf dem Gebiet der Steintechnologie, ist durchaus der Meinung, daß es möglich ist, zwischen Naturprodukten und primitiver, aber zweckgerichteter Arbeit zu unterscheiden. Im Hinblick auf "das typische Beispiel eines Felssplitters, dessen Kante durch natürliche Einwirkung - er lag in einem jahreszeitlich wasserführenden Flußbett - beschädigt wurde", schreibt Patterson (1983, S. 303): "Die Brüche sind zweiseitig, aber wahllos verteilt. Die Facetten sind kurz, uneben und verlaufen extrem schräg zur Splitterkante. Man kann sich schwerlich vorstellen, wie durch zufälligen Kraftaufwand gleichförmige, in einer Richtung geschlagene Retuschen über ein beträchtliches Stück der Splitterkante zustande kämen. Zufällige, einseitige Beschädigung weist kein gleichförmiges Retuschenmuster auf." Einseitige Werkzeuge, bei denen sich die Abschläge auf eine Oberflächenseite beschränken, bildeten einen Großteil der von Harrison und anderen zusammengetragenen eolithischen Sammlungen.

Prestwich war jedoch zunächst sehr vorsichtig, was die Eolithen betraf. Die leichter identifizierbaren Paläolithen waren ihm angenehmer. Allmählich aber begann er seine Meinung zu ändern. Am 10. September 1890 suchten Harrison und Prestwich die ockerhaltigen Kiesschichten auf West Yoke ab, die durch Eisenzusätze rot (ockerfarben) gefärbt waren. Harrison schrieb: "Professor Prestwich war von der großen Kiesfläche beeindruckt und sprach von 'der kapitalen Ausbreitung ockerhaltigen Geschiebes in bedeutsamer Lage'. Auf seinen Wunsch hin füllte ich meinen Ranzen mit Feuersteinen, die vom Wasser gerundet waren und von denen auf dem Feld jede Menge lag. Es war die Morgendämmerung der eolithischen Ära, denn an diesem Tag drang er in mich, Stücke mitzunehmen, bei denen er nur wenige Monate vorher noch zu viele Bedenken gehabt hätte, um sie aufzuheben" (E. Harrison 1928, S. 155f.).

1891 hielt Prestwich vor der Geologischen Gesellschaft von London einen weiteren Vortrag mit dem Titel *On the Age, Formation and Successive Drift-Stages of the Valley of the Darent; with Remarks on the Palaeolithic Implements of the District and on the Origin of the Chalk Escarpment* (Über Alter, Entstehung und aufeinanderfolgende Geschiebe-Stufen im Tal des Darent; mit Bemerkungen über die paläolithischen Werkzeuge des Bezirks und den Ursprung des Kreidefelsenabbruchs). In dieser Abhandlung beschrieb Prestwich (1891, S. 163) einen paläolithischen Fund, den Harrison in einem Pflanzloch für einen Baum gemacht hatte: "Ich habe das schöne Stück nun gesehen. [...] Es ist 6 Zoll [15,2 Zentimeter] lang und 3,45 Zoll [8,75 Zentimeter] breit, sehr flach, hat eine abgerundete Spitze und zeigt keine Abnutzungsspuren. Es ähnelt eher diesen großen St.-Acheul-Typen. Es lag auf der zuletzt aus dem Loch ausgehobenen Erde." Unklar ist, in welchen Ablagerungen das Werkzeug gefunden wurde, aber so wie Prestwich die Fundumstände wiedergab, steht zu vermuten, daß er ihn als Beweis dafür nahm, daß Paläolithen nicht nur an der Oberfläche, sondern auch in situ zu finden waren.

Zusätzlich erwähnte Prestwich auch einige von den gröberen Eolithen. Dies hatte einige Nachfragen seitens William Topleys zur Folge. Topley war Fellow der Geologischen Gesellschaft und Verfasser eines von der Gesellschaft herausgegebenen Berichts über die Weald-Region. Harrison schrieb in sein Tagebuch: "Mr. William Topley sagte zum Vortrag über den Darent, er wüßte gerne, ob es einen klaren Beweis gebe, daß Feuersteine in situ gefunden worden seien. Er fügte hinzu, daß das Alter der Kiesschichten in einer solchen Höhe [auf dem Plateau] außer Frage stehe und daß diese den großen Taleinschnitten in der Kreideregion und den heutigen landschaftlichen Charakteristika des Weald zeitlich mit

Bestimmtheit vorausgingen. Aufgrund dieser Bemerkungen suchte ich in den Pfostenlöchern (und deren Umkreis), die beim Wirtshaus von Vigo für einen Zaun gegraben worden waren. Ich fand bearbeitete Steine und konnte damit über meine ersten in situ gemachten Funde Bericht erstatten" (E. Harrison 1928, S. 161). Eolithen wie Paläolithen fanden sich demnach nicht nur an der Oberfläche, sondern auch in der Erde.

Harrison vermerkte auch, daß in den meisten Fällen seine Eolithen an Stellen zum Vorschein kamen, wo es keine Paläolithen gab. Das hieß für ihn, daß die beiden Werkzeugtypen unterschiedlich datiert werden mußten.

A. R. Wallace, der sich stark für Harrisons Entdeckungen interessierte, bat um eine Abschrift von Prestwichs Abhandlung über den Darent. Harrison tat, worum er gebeten. Später antwortete Wallace: "Ich las Mr. Prestwichs Text mit großem Interesse, besonders was den primitiven Werkzeugtyp angeht, den ich nie zuvor beschrieben gesehen habe. Diese Werkzeuge sind gewiß sehr verschieden von den gutgeformten paläolithischen Waffen. Ihr ganz anderes Verbreitungsgebiet ist ein starker Beweis dafür, daß sie einer früheren Periode angehören" (E. Harrison 1928, S. 370).

1891 legte Sir John Prestwich eine dritte wichtige Abhandlung über die Steinwerkzeuge des Kent-Plateaus vor. In diesem Referat vor dem *Royal Anthropological Institute* wies Prestwich darauf hin, daß das Kreideplateau von Kent, wo Harrison seine Paläolithen und Eolithen fand, im Süden durch ein großes Tal begrenzt wird. Laut Prestwich wurde dieses Tal während der Eiszeit durch Aktivitäten des Wassers geschaffen. Das Kent-Plateau wies jedoch die gleichen Geschiebekieslagen auf, wie sie auch auf den South Downs, der heute noch bestehenden Hügellandschaft jenseits des südlichen Tals, vorkommen. Prestwich (1892, S. 250): "Da die Feuersteingeräte in enger Verbindung zu diesem Plateau-Geschiebe stehen und auf dessen Verbreitungsgebiet beschränkt sind, heißt das für uns, daß die Menschen, die sie fabrizierten, in vor- oder frühglazialer Zeit lebten."

Versetzen wir uns doch einmal, um Klarheit zu gewinnen, ins Späte Pliozän. Wir blicken vom Kent-Plateau und den (heutigen) South Downs nach Süden. Anstelle des Tals, das jetzt dort verläuft, sähen wir den Anstieg des Weald-Doms. Damals, so Prestwich, bewohnten Menschen, die primitive Steinwerkzeuge herstellten, die mittlerweile verschwundenen Höhenlagen des Doms. Flüsse und Bäche flossen nach Norden, wo sie in einer Region, die heute von den North Downs und dem Kent-Plateau eingenommen wird, Kies und Schlamm und Steinwerkzeuge ablagerten. Einige Flüsse flossen von der Wasserscheide auf den zentralen Höhen des Doms auch südwärts in die South Downs.

So blieb es bis ins Pleistozän, eine Zeit zunehmender geologischer Einstürze. Große Wassermassen, die sich ihren Weg entlang einer ost-westlichen Achse suchen, graben ein tiefes Tal in die Höhen des Weald. Jetzt ist die Landschaft stark verändert, das Kent-Plateau und die Hügel im Norden durch ein tiefes breites Tal von den Hügeln im Süden getrennt. Nunmehr ergießen sich die Wasserläufe nicht mehr auf das Plateau, sondern ins Tal. Aber die alten Kiesschichten und Sedimente, die die Eolithen enthalten, bleiben an der Oberfläche des Kent-Plateaus. Sie können also nur vor der Entstehung des Tals dort abgelagert worden sein. Der Beweis für die Stimmigkeit dieses Szenariums: die heute auf dem Kent-Plateau zu findenden Oberflächenkiese und -sedimente sind denen der South Downs sehr ähnlich. Wie geschildert, hat Edmunds (1954, S. 47) die eisenhaltigen Ablagerungen auf den Höhen der North Downs mit den in den South Downs gefundenen identifiziert. Da bestimmte Werkzeuge nur in den eisenhaltigen Kiesen und entsprechenden Schichten der North Downs und auf dem Kent-Plateau entdeckt wurden, kam Prestwich zu dem Schluß, daß diese Werkzeuge von Menschen stammten, die vor der Eiszeit auf den zentralen Höhen des Doms lebten.

Über die geologische Geschichte der Flüsse der Weald-Region und ihrer Kiesablagerungen herrscht heute weitgehende Einigkeit. Francis H. Edmunds etwa schrieb in seiner vom *Geological Survey of Great Britain* (Amt für geologische Aufnahmen) veröffentlichten Studie (1954, S. 63, 69): "Ausgehend von einer in Ost-West-Richtung verlaufenden Wasserscheide entlang der Hauptachse des Weald flossen [...] die ursprünglichen Flüsse des Wealden-Bezirks entweder nach Norden oder nach Süden." Diese Flüsse hinterließen in der Landschaft des Weald Schluchten in Nord-Südrichtung, die nicht alle vom heutigen Flußsystem genutzt werden. "Bestimmte landschaftliche Merkmale, so vor allem die Lage der Flußdurchbrüche in den North und South Downs, verbinden die heutige Topographie mit der Zeit vor dem Pliozän."

Was die Plateau-Ablagerungen (feuersteinhaltiger Lehm) anging, glaubte Edmunds, daß einige durch die Auflösung der Kreideformationen, die Feuersteine enthielten, entstanden waren. Aber er (1954, S. 56) fügte hinzu: "Die feuersteinreichen Lehmschichten, die verschiedenenorts im Weald-Bezirk zu finden sind, enthalten jedoch einen ziemlich großen Anteil Materials, das nicht so hergeleitet werden kann, sondern die umgeschichteten Reste tertiärer Schichten aus dem Eozän oder Pliozän repräsentiert." Was liegt näher als die Schlußfolgerung, die abgenutzten und patinierten Eolithen (und Paläolithen) aus den Plateau-Ablagerungen könnten tertiären Ursprungs sein.

Die Karten bei Edmunds (1954, S. 71) zeigen, daß die nordsüdlich ausgerichteten Flußsysteme, die für die tertiären Kiesschichten des Plateaus und die Höhengeschiebe verantwortlich waren, später in ihre heutigen ost-westlich verlaufenden Flußbetten umgeleitet wurden. Diese in Ost-West-Richtung strömenden Flüsse lagerten pleistozänen Kies auf Terrassen unterhalb der Höhengeschiebe ab, wobei die höchstliegenden Terrassen die ältesten sind. Dieser Prozeß der Kiesablagerung begann während der Eiszeit.

Die in den Kiesablagerungen auf den höhergelegenen Terrassen der heutigen Flußtäler gefundenen Steinwerkzeuge glichen Prestwich zufolge den paläolithischen Werkzeugen der Somme-Region in Frankreich, wo Boucher des Perthes seine Forschungen durchführte. In seiner Rede vor dem Anthropologischen Institut erklärte Prestwich, daß die im Bereich des Kent-Plateaus gefundenen Neolithen hauptsächlich in den jüngeren, tiefer eingeschnittenen Flußbetten vorkamen - zusammen mit den fossilen Überresten von Mammut, Wollnashorn, Ren und anderen Säugetieren der Eiszeit.

Eolithen fanden sich also überwiegend im pliozänen Geschiebekies auf dem Plateau, grobe Paläolithen vor allem in den Höhengeschiebelagen der pliozänen Flüsse, feiner gearbeitete Paläolithen in erster Linie in den höhergelegenen pleistozänen Kiesschichten der heutigen Flüsse und polierte Neolithen in den tiefergelegenen, jüngeren Flußkiesablagerungen.

Bei den Entdeckungen auf dem Plateau handelte es sich zum größten Teil um Oberflächenfunde. Doch bemerkte Prestwich (1892, S. 251), daß "wir aufgrund der tiefen Verfärbung der Geräte und ihrer gelegentlichen Eisenoxydverkrustungen Grund zu der Annahme haben, daß sie in einer Schicht unter der Erdoberfläche eingebettet waren". Das ist eine wichtige Feststellung. Falls nämlich die Werkzeuge über einen langen Zeitraum in der Erde der heute verschwundenen Höhenzüge des Doms lagen, bevor sie auf das Plateau gelangten, müssen sie ein unermeßlich hohes Alter aufweisen. Sie stammten in diesem Fall zumindest aus dem Späten Pliozän und wären möglicherweise noch viel älter.

Einige der Feuersteingeräte vom Plateau wurden nicht an der Oberfläche, sondern in situ gefunden, tief in den voreiszeitlichen Plateau-Geschiebelagen. Das schließt wohl die Vermutung aus, daß die Werkzeuge jüngeren Ursprungs sind und von späteren Bewohnern der Plateau-Region im Geschiebekies zurückgelassen wurden. Prestwich (1892, S. 251) meinte: "Ein schönes Exemplar wurde in South Ash gefunden, als man ein zwei Fuß [61 Zentimeter] tiefes Loch grub, um einen Baum einzupflanzen. Da es in der ausgehobenen Erde lag, bleibt seine genaue Lage unter der Oberfläche natürlich ungewiß. Es war die gleiche Situation wie bei dem Pfostenlochfund in Kingsdown. Für zwei weitere haben wir jedoch Mr. Harrisons persönliches Zeugnis. Eines holte er aus einer Lage roten feuersteinreichen Lehms am Rande eines Teichs aus einer Tiefe von zweieinhalb Fuß [76 Zentimeter], ein anderes, in Vigo, aus einer Schicht 'tiefroten Lehms' zwei Fuß tief."

Zur Erinnerung: Edmunds (1954, S. 56) datiert größere Teile der feuersteinhaltigen Lehmschichten als umgeschichtete tertiäre Reste, und zwar pliozänen, aber auch eozänen Ursprungs.

Das relative Alter der Eolithen und Paläolithen

Die auf der Plateau-Oberfläche gefundenen Eolithen veranlaßten Prestwich (1892, S. 252) zu der Frage: "Könnten diese Werkzeuge wie die dort gleichfalls zu findenden neolithischen Geräte in späterer Zeit einfach auf der Erde liegengeblieben sein?" Er gab sich darauf selbst die Antwort, "daß diese Neolithen, egal auf welchem Niveau sie gefunden werden, Witterungseinflüsse zeigen, die auf ihre exponierte Oberflächenlage zurückgehen, wohingegen die vom Plateau stammenden Werkzeuge sich nur in einem begrenzten Gebiet finden und neben ihrer Abnutzung und Verfärbung jene physischen Merkmale aufweisen, wie sie für die Einbettung in einem bestimmten Geschiebe charakteristisch sind. Auch wenn die beiden Formen auf dem gleichen Boden gefunden werden können, bleiben sie absolut unterscheidbar."

Prestwich (ebd.) wies dann einen Einwand von Sir John Evans zurück: "Ist es aber nicht auch möglich, daß ähnliche primitive Stücke in den Talgeschieben vorkommen und bisher nur übersehen worden sind, weil den besser gearbeiteten Exemplaren die ausschließliche Aufmerksamkeit gegolten hat?"

Wenn Eolithen, deren hohes Alter ja auf den Umstand zurückgeführt wurde, daß sie nur in den sehr alten Plateau-Geschiebelagen zu finden seien, zusammen mit Paläolithen oder Neolithen auch in den Tälern vorkämen, so hätte dies eine Schwächung der Position Prestwichs bedeutet, der folgendes zu erwidern wußte: "Zahlreiche primitive und schlechtgearbeitete Fundstücke stammen aus den Talgeschieben, aber sie gehören alle zu einer Sorte. Und obwohl ich viele Hunderte gesehen und in der Hand gehalten habe, bezweifle ich, daß es darunter - mit Ausnahme sekundärer Beispiele [die vom Plateau in die Täler geschwemmt wurden] -, welche gab, die den plumpsten und primitivsten Stücken vom Plateau-Typ gleichgekommen wären. Der Unterschied ist so markant wie der zwischen der gröberen römischen und und der frühbritischen Keramik."

Und weiter (ebd.): "Boucher des Perthes sammelte in der Somme-Region alles, was Spuren menschlicher Bearbeitung verriet oder Ähnlichkeiten aufwies, wie undeutlich diese auch sein mochten, aber ich kann mich nicht daran erinnern, in seiner großen Sammlung Fundstücke vom besonderen Charakter dieser Plateau-Geräte gesehen zu haben."

Anders ausgedrückt, der französische Befund bestätigte Prestwichs Hypothese, wonach die Eolithen vom Kent-Plateau einen besonderen Typ darstellten, der sich von ähnlichen groben Werkzeugen späterer Perioden unterschied. In einer Fußnote (ebd.) fügte er hinzu: "M. Boucher des Perthes hat mir ein Exemplar gegeben, das unweit St. Riquier fünf Meilen [8 Kilometer] nordöstlich von Abbéville gefunden wurde und vielleicht zu dieser Gruppe gehört. Es soll in einer Tiefe von vier Metern entdeckt worden sein und stammt offenbar aus einem Geschiebe roten Lehms, das dort - wie hier - die höheren Kreidehügel bedeckt. Es ist 4 Zoll [10 Zentimeter] lang und anderthalb Zoll [3,3 Zentimeter] breit, stabförmig, mit sehr groben Abschlägen rundum und an den Enden, und hat eine weiße Patina, an der noch ein Rest roten Lehms haftet."

Dieser Fund wäre es gewiß wert, ihn sich näher anzuschauen – er ist repräsentativ für die interessanten Details, auf die man in den alten Zeitschriftenartikeln stößt. Es könnte sich um ein Steinwerkzeug handeln, das weitaus älter ist als alles, was Boucher des Perthes in den Kiesschichten im Tal der Somme bei Abbéville gefunden hat, also älter als 500 000 Jahre (Mittleres Pleistozän).

Prestwich (ebd., S. 252f.) führte weiter aus: "Auch Mr. Harrison hat bei seiner gründlichen Suche im Shode-Tal keinerlei Funde in den Talgeschiebelagen des Bezirks von Ightham gemacht, die mit dem Plateau-Typ übereingestimmt hätten. Auf meine Bitte hin hat er, mit diesem besonderen Ziel vor Augen, mehrere dieser Orte sowie die große Kiesgrube von Aylesbury im Medway-Tal und die Gruben an der Milton Street (Swanscombe) im Themse-Tal erneut untersucht. Er schrieb mir, daß er keine dem Plateau-Typ zeitlich entsprechenden Exemplare gefunden habe, und nur sehr wenige sekundärer Herkunft."

Dann zitierte Prestwich (1892, S. 268) de Barri Crawshay: "Nach der Durchsicht meiner Sammlung von mehr als 200 Fundstücken, die aus Höhenlagen von etwa 100 Fuß [30 Meter] ringsum Swanscombe (Kent) stammen, bin ich nur auf ein einziges und zweifelsohne sekundäres Exemplar gestoßen, [...] das zum Plateau-Typ gehört. [...] Ich habe immer sehr aufmerksam in den tiefgelegenen Kiesschichten nach diesen ockerfarbenen Feuersteinen gesucht und so gut wie nichts gefunden."

Sekundäre Exemplare wurden vom Plateau herabgeschwemmt und blieben in den tieferliegenden Kiesschichten liegen. Prestwich (1892, S. 253) meinte dazu: "Diese sekundären Plateau-Exemplare lassen sich von den Werkzeugen, die in die gleiche Zeit wie die Talgeschiebe gehören, sehr leicht unterscheiden, da sie größere Abnutzungserscheinungen, eine ausgeprägte Verfärbung und besondere Formen zeigen." Die Paläolithen aus den Tälern wiesen eine sehr ausgeprägte Bearbeitung auf, mit feinen, regelmäßigen Abschlägen, und hätten im allgemeinen eine Form, die sie als Speerspitzen geeignet erscheinen ließe. Es gäbe auch einige rudimentäre, unfertige Exemplare darunter, aber sie wären offensichtlich vom gleichen Typ wie die fertigen Paläolithen und nicht vom Plateau (Prestwich 1892, S. 255).

Zu den Plateau-Eolithen fährt er fort (1892, S. 256): "Die Bearbeitung – so spärlich sie auch sein mag – erkennt man daran, daß sie an Stellen durchgeführt wurde, wo sich die Strömung der Flüsse nicht auswirken konnte, und auf eine Weise, die sich durch keine natürliche Ursachen erklären läßt." Prestwich (1892, S. 257) räumte ein, daß auch Exemplare gefunden worden seien, die den feiner gearbeiteten Tal-Paläolithen ähnelten: "Es ist nicht leicht, sich das Vorkommen dieser irregulären Exemplare zu erklären. Wenn sie aus der gleichen Zeit wie die anderen stammen, könnten wir annehmen, daß es Werkzeugmacher gab, die bei der Herstellung von Feuersteingeräten geschickter waren als ihre Nachbarn." Dagegen spräche, so Prestwich, jedoch die Tatsache, daß die rudimentären Eolithen stark patiniert und sehr abgenutzt seien, während die fertigen Paläolithen keine Patina aufwiesen und völlig scharfe Kanten hätten. Letztere könnten zu einem späteren Zeitpunkt von Menschen des Paläolithikums auf dem Plateau zurückgelassen worden sein, lange nachdem die Eolithen dort zu liegen gekommen waren. "Verglichen mit den oft kaum erkennbaren Bearbeitungsspuren der Plateau-Geräte zeigen auch die Produkte heutiger Wilder, wie z. B. an den Steinwerkzeugen der australischen Ureinwohner [...] zu beobachten ist, keinen größeren oder ausgeprägteren Arbeitsaufwand als diese frühpaläolithischen Funde." Daraus folgt, daß es nicht notwendig ist, die Plateau-Eolithen einer primitiven Rasse von Affenmenschen zuzuschreiben. Da die Eolithen praktisch identisch sind mit Steinwerkzeugen des *Homo sapiens sapiens*, muß mit der Möglichkeit gerechnet werden, daß diese englischen Eolithen (und Paläolithen) während des Späten Pliozäns von Menschen modernen Schlags hergestellt wurden. Wie später noch zu zeigen sein wird, haben Wissenschaftler des 19. Jahrhunderts mehrmals Skelettreste anatomisch moderner Menschen in pliozänen Schichten entdeckt.

In der Diskussion im Anschluß an Prestwichs Vortrag wiederholte Sir John Evans seinen Standpunkt: Das Vorkommen von Paläolithen in Plateau-Geschiebelagen spreche für eine mögliche Gleichzeitigkeit von Eolithen und Paläolithen, was bedeute, daß die Eolithen vielleicht jünger seien, als Prestwich und Harrison vermuteten (Prestwich 1892, S. 271).

Jahre später schrieb Harrison in einem Brief an W. M. Newton vom 3. Juni 1908: "Auf der Tagung des Anthropologischen Instituts 1891 schloß Dr. Evans seine Bemerkungen mit dem folgenden Satz: 'Bevor wir das [die eolithischen Geräte] akzeptieren' - dabei blickte er Prestwich an –, 'müssen wir es uns zweimal' – dabei sah er mich an –, 'ja dreimal überlegen, und dann' – jetzt sah er in die Runde – 'müssen wir noch einmal darüber nachdenken'" (E. Harrison 1928, S. 165).

Auch andere Mitglieder des Anthropologischen Instituts gaben ihre Kommentare. General Pitt-Rivers bestand darauf, daß Steine wie die Eolithen in allen Kiesschichten gefunden würden; womit er sagen wollte, daß Eolithen schlicht und einfach Produkte der Natur wären (Prestwich 1892, S. 272). J. Allen Brown berichtete. daß manche Feuersteine von den höhergelegenen Terrassen der Themse denen von Ightham ähnelten und gleichen Alters und Ursprung sein mochten – was für Prestwich sprach (Prestwich 1892, S. 275). Die Zeitschrift des Anthropologischen Instituts faßte Prestwichs Schlußworte zusammen: "Professor Prestwich erwiderte, er habe erwartet, daß gegen seine Ansichten erhebliche Einwände geäußert und Dinge angesprochen würden, die ihm entgangen sein mochten. Er habe aber nichts anderes zu hören bekommen als eine ausführlichere Wiederholung genau der gleichen Probleme, mit denen er bereits zu tun gehabt und die er in seinem Referat erörtert und erklärt habe."

Sieht man sich die Tagungsberichte genau an, geben sie Prestwich recht. Was den Einwand von Pitt-Rivers anbelangte, so hatte Prestwich bereits gezeigt, daß die Abschläge an den Eolithen sich von auf natürliche Weise herbeigeführten Absplitterungen ziemlich unterschieden. Und er hatte auch Erklärungen für das gemeinsame Vorkommen von Paläolithen und Eolithen in den Kiesschichten des Plateaus vorgetragen.

Sir Edward Harrison (1928, S. 166) gab eine Zusammenfassung der drei von Prestwich gehaltenen Referate: "Der erste Vortrag war so etwas wie eine Einführung zu Harrisons Entdeckungen, eine Beschreibung der paläolithischen Werkzeuge, die in der Umgebung von Ightham im nacheiszeitlichen Flußkies des Talbodens, in den hochgelegenen eiszeitlichen Kiesschichten und in den sehr alten, voreiszeitlichen Kiesablagerungen der Kreidehochebene gefunden worden waren. [...] Der zweite Text über die Geschiebeabfolgen im Darent-Tal lieferte dazu ergänzendes Beweismaterial. [...] Das dritte Referat handelte von den primitiven Werkzeugen, von der Art und Weise ihrer Bearbeitung durch Abschläge, von der Klassifizierung der Fundstücke nach verschiedenen Werkzeugtypen und von anderen Gründen, die dafür sprachen, daß hier Menschen am Werk waren." Kennt man die Berichte von Prestwich, so ist es wirklich bemerkenswert, daß die meisten modernen Untersuchungen von Steinwerkzeugen Harrisons Eolithen überhaupt nicht erwähnen; und die wenigen, die es tun, machen nur kurze, höchst kritische und oft sarkastische, mit einem Wort ablehnende Anmerkungen.

A. R. Wallace besucht Harrison

Am 2. November 1891 stattete Alfred Russell Wallace, damals einer der berühmtesten Wissenschaftler der Welt, Benjamin Harrison einen unangekündigten Besuch in seinem Lebensmittelladen in Ightham ab. Harrison vermerkte das Ereignis in seinen Notizbüchern: "Dr. A. R. Wallace schneite unerwartet um 10.30 Uhr bei mir herein. Er war in Begleitung von Mr. Swinton aus Sevenoaks. Ich hatte mir seine *Travels on the Amazon* (Reisen auf dem Amazonas) gekauft, und aufgrund des Porträts, das das Frontispiz dieses Buches ziert, erkannte ich ihn, noch bevor er eintrat. Ich begrüßte ihn deshalb mit einem 'Dr. Wallace, wie ich vermute', was ihn verdutzte, bis ich ihm erklärte, daß ich sein Porträt sehr gut kannte. Dies schmeichelte ihm offensichtlich. Es kam zu einer langen und geduldigen Untersuchung der alten Werkzeugtypen und einiger späterer Paläolithen" (E. Harrison 1928, S. 169). Harrison machte mit Wallace dann einen Rundgang zu den Stätten, wo die Steingeräte gefunden worden waren.

"Als ich ihm meine rudimentären Werkzeuge zeigte und sie ihm in Gruppen zusammengestellt vorlegte, fragte er: 'Bereitete es Ihnen nicht Freude, eine solche Übereinstimmung in Form und Ausführung zu sehen, als Sie sich das erstemal Ihrer Sache sicher waren?' Eine herrliche Zeit, gab ich zur Antwort. [...] Unser Gespräch wandte sich dann den neuen, aufsehenerregenden Werkzeugfunden in den goldhaltigen Kiesablagerungen Nordamerikas zu, aufsehenerregend insofern, als zwar aufgrund ihrer Fundpositionen ein hohes Alter angezeigt war, ihre Form jedoch den Werkzeugen entsprach, wie sie von den Indianern noch zur Zeit der Entdeckung des Kontinents im 15. Jahrhundert benutzt wurden" (E. Harrison 1928, S. 169f.). Die Steinwerkzeuge aus den goldhaltigen Kiesschichten waren neolithischen Typs.

Am Tag nach seinem Besuch in Ightham schrieb Wallace in

einem Brief an Harrison: "Ihre Sammlung der ältesten Paläolithen interessierte mich am meisten. Könnten Sie nicht einen populären Artikel schreiben, in dem Sie über ihre Entdeckung und die Besonderheiten der Fundorte berichten und die Werkzeuge in ihren Formen und Besonderheiten beschreiben? Das Ganze müßte mit Umrißzeichnungen der wichtigsten Formtypen bebildert sein, wobei besonderer Wert darauf zu legen wäre, daß jeder wie auch immer gefertigte Typ durch eine Reihe von Beispielen illustriert würde, die zeigten, wie man natürliche Feuersteinkiesel von passender Gestalt ausgewählt und durch einseitige Abschläge in die gewünschte kantige Form gebracht hat. Wenn Sie so schreiben, wie Sie sprechen, bin ich zuversichtlich, daß eine der guten Zeitschriften Ihren Artikel veröffentlichen wird" (E. Harrison 1928, S.171). Harrison schrieb den Artikel nicht gleich, publizierte aber im Jahr 1904 eine Broschüre, die den von Wallace vorgeschlagenen Richtlinien folgte.

Am 14. März 1892 schrieb der bekannte schottische Archäologe Sir Archibald Geikie an Harrison. In seinem Brief nahm er Stellung zu Prestwichs Vortrag im Anthropologischen Institut: "Ich war erfreut, als ich vor wenigen Tagen eine Abschrift von Mr. Prestwichs Abhandlung [über die Eolithen] erhielt und seinen Bericht über Ihre sehr erfolgreichen Forschungen lesen konnte. Es ist eine seltsame Geschichte, die diese Werkzeuge erzählen, und man kann Ihnen zu dem erfolgreichen Resultat Ihrer langen und mühsamen, aber zweifellos sehr interessanten Suche nur gratulieren. Jawohl, der paläolithische Mensch ist alt. [...] Ich bin gerade mitten in den Vorbereitungen zu einer Arbeit, die zum Gegenstand hat, was eiszeitliche und archäologische Forschung bis heute über das Alter der Menschheit in Erfahrung gebracht hat. Je mehr man dieser Frage nachgeht, desto weiter scheint der paläolithische Mensch in die Vergangenheit zurückzuweichen" (E. Harrison 1928, S. 175).

G. Worthington Smith schrieb in einem Brief vom 26. März 1892 an Harrison: "Meines Erachtens liegt die Bedeutung Ihrer Entdekkungen darin, daß sie Licht auf die zweifelsfrei echten Werkzeugstücke aus den höheren Lagen geworfen haben. Ich selbst messe den fragwürdigen und umstrittenen Formen [den Eolithen] keine große Bedeutung zu, da solche Formen in allen paläolithischen Kiesschichten zusammen mit echten Geräten vorkommen. Selbst die primitivsten Formen bedeuten nichts, wenn sie auschließlich und nur in ganz bestimmten Ablagerungen auftreten." (E. Harrison 1928, S. 175).

Hier vermittelt Smith den Anschein, als habe er all die von Prestwich angehäuften Beweise für das höhere Alter der Plateau-Eolithen ignoriert, selbst wenn sie mit besser bearbeiteten Paläolithen vergesellschaftet waren. So hat Prestwich u. a. wiederholt betont, daß die Eolithen und einige der Paläolithen sehr abgenutzt und patiniert sind, wohingegen andere Paläolithen und Neolithen die ursprüngliche Farbe des Feuersteins bewahrt und noch immer scharfe Kanten haben.

Ungeachtet dessen hat Harrison anscheinend sogar Stellen entdeckt, an denen nur Eolithen zu finden waren. Sir Edward R. Harrison (1928, S. 176) hat zu den Eolithen angemerkt: "Harrison war vor allem von ihrem primitiven Charakter angetan, und er sah es aus diesem Grund für wahrscheinlich an, daß es sich um die Werkzeuge einer Bevölkerung handelte, die älter als die paläolithischen Menschen war. Nach Ausgrabungen in den Geschiebelagen fand er sich in seiner Auffassung durch die Tatsache bestätigt, daß - trotz des gelegentlich gemeinsamen Vorkommens von Paläolithen und rudimentärem Werkzeug - auf Parsonage Farm und andernorts ein älteres Geschiebe ('verschüttete Rinne') existierte, das seiner Erfahrung nach ausschließlich primitive Geräte enthielt."

Natürlich hatte Prestwich in seinen Berichten die Tatsache, daß die Eolithen manchmal auch allein gefunden wurden, nicht verschwiegen.

Dies alles verrät viel über die wissenschaftliche Diskussion anomaler Befunde. Wissenschaftler, die aufgrund ihrer vorgefaßten Meinung bestimmte Beweise ablehnen, neigen oft dazu, ihre negative Haltung selbst dann noch aufrechtzuerhalten, wenn sie offensichtlich adäquate Antworten erhalten haben - als ob es diese Erwiderung nie gegeben hätte. Doktrinäre Wissenschaftler stellen auch gerne Bedingungen, die zu erfüllen seien, selbst wenn diese längst erfüllt sind. Die Folge sind Dialoge, in denen die Argumente und Beweise der Gegenseite demonstrativ nicht zur Kenntnis genommen werden. John B. Evans ist ein gutes Beispiel für diese Art von Austausch. Am 29. Oktober 1892 schrieb er an Harrison: "Eine bestimmte Anzahl von Feuersteinen, darunter mehrere von Ash, sind meines Erachtens zweifellos von Menschenhand gefertigt; andere sind wahrscheinlich bearbeitet worden, und bei wiederum anderen wurden möglicherweise die Kanten retuschiert. Die große Mehrzahl jedoch scheint mir ihre heutige Form durch natürliche Wirkkräfte angenommen zu haben. [...] Wenn perfektere Geräte zusammen mit diesen groben Stücken gefunden werden, besteht kein Grund, sie nicht als kontemporär anzusehen. [...] Jeder wird akzeptieren, daß die gewöhnlichen Formen paläolithischer Geräte in den höheren Lagen zu finden sind, ich frage mich daher, ob es sinnvoll ist, das Problem zu verkomplizieren, indem man einen zweiten Menschenschlag und eine Gruppe von Werkzeugen höchst zweifelhaften Charakters ins Spiel bringt" (E. Harrison 1928, S. 184).

Evans räumt also ein, daß einige der primitiven Werkzeuge Anzeichen menschlicher Bearbeitung aufweisen. Diese Feststellung wird auch nicht durch die Tatsache entkräftet, daß die "große Mehrzahl" anscheinend durch Naturkräfte gestaltet wurde. Was das relative Alter von Eolithen und Paläolithen angeht, scheint er alles Beweismaterial, das für ein höheres Alter der Eolithen sprach, entweder übersehen oder wohlweislich ignoriert zu haben.

Ein beunruhigter Harrison schrieb an Prestwich, der am 15. November 1892 antwortete: "Keine Erklärung notwendig. Ihre Sammlung kommt ohne fremdes Lob aus. Meinungsverschiedenheiten wird es immer geben. Alles was Sie zu sagen haben, ist, daß Sir John Evans einige Fundstücke akzeptiert und andere ablehnt. Soll jeder für sich selbst entscheiden" (E. Harrison 1928, S. 185).

Trotz der anhaltenden Kontroverse schätzte das *British Museum* Harrisons Eolithen dennoch hoch genug, um 1893 eine repräsentative Anzahl davon zu erwerben (E. Harrison 1928, S. 186). In der Zwischenzeit setzte Harrison seine Suchaktionen fort. Er wollte beweisen, daß die Eolithen nicht in allen Kiesschichten vorkamen, wie einige Kritiker behaupteten, sondern nur an besonderen Stellen in dem sehr alten Pliozän-Geschiebe. Viele Kiesablagerungen um Ightham, so stellte er fest, enthielten keine Steine, die seinen eolithischen Werkzeugen ähnlich gewesen wären. Harrisons Eintrag vom 3. September 1893 in sein Notizbuch liest sich beispielsweise so: "Nach Fane Hill - eine lange Sucherei und kein einziges Exemplar alter Arbeit."

Sir Edward R. Harrison (1928, S. 188) merkte dazu an: "Dieser negative Befund bestärkte Harrison in seiner Ansicht, daß die Eolithen künstlich herbeigeführte Abschläge zeigten. Wären allein die Kräfte der Natur am Werk gewesen, stünde zu erwarten, daß die Eolithen in großer Zahl und in allen feuersteinhaltigen Kieslagen gefunden würden."

Über Jahre hin blieben Harrisons Eolithen Thema ernsthafter Diskussion in wissenschaftlichen Zirkeln, darunter der *British Association for the Advancement of Science* (Britische Vereinigung für die Förderung der Wissenschaft). So schrieb Sir Edward R. Harrison (1928, S. 192): "A. M. Bell verfocht die Sache der rudimentären Werkzeuge bei einem Treffen der *British Association for the Advancement of Science*, das 1892 in Edinburgh stattfand. 1894 war es Professor T. Rupert Jones vorbehalten, einen ähnlichen Dienst zu leisten, als die Tagung in Oxford war." Die Sitzung von 1894 war A. M. Bell zufolge, der Harrison brieflich davon unterrichtete, "kein Triumph [...] auch keine Niederlage. Die Dinge sind weitgehend so, wie sie waren" (E. Harrison 1928, S. 193).

Ein Sponsor für Ausgrabungen: die British Association for the Advancement of Science

Um die Kontroverse über das Alter der Eolithen zu beenden, finanzierte die *British Association*, eine angesehene wissenschaftliche Gesellschaft, Ausgrabungen in den hochgelegenen Plateau-Geschiebelagen und an anderen Stellen nicht weit von Ightham (E. Harrison 1928, S. 194). Damit sollte definitiv nachgewiesen werden, daß Eolithen nicht nur an der Oberfläche, sondern in situ, tief in voreiszeitlichen pliozänen Kiesschichten vorkamen. Viele der Feuersteinindustrien, die allgemein akzeptiert wurden, waren zunächst Oberflächenfunde, zum Beispiel die Funde von Olorgesailie in Kenia, über die John Gowlett (1984, S. 72) berichtete: "Als Louis und Mary Leakey an der Oberfläche auswitternde Faustkeile fanden, stand schon bald fest, daß hier eine der wichtigsten Stätten des Mittleren Pleistozäns in Ostafrika war." Eine ähnliche Situation haben wir in Kilombe im kenianischen Rift Valley. Bei der Beschreibung der Kilombe-Faustkeile, die aus Steinsplittern gearbeitet waren, stellte Gowlett (1984, S. 70) fest: "Viele dieser großen Splitter waren nur leicht bearbeitet worden, um ihnen die letzte Form zu geben, so daß die ursprüngliche Form gut erkennbar ist." Die Splitterwerkzeuge von Kilombe, die nur spärliche menschliche

Bearbeitungsspuren aufweisen, passen zu der Beschreibung von Eolithen. An beiden Orten, Kilombe und Olorgesailie, wurden später Steinwerkzeuge in situ gefunden. Das traf auch für die Fundorte auf dem Kent-Plateau zu.

Harrison wurde von der *British Association* persönlich zum Leiter der Ausgrabungen auf dem Plateau bestimmt, wobei das ganze Unternehmen einem Komitee von Wissenschaftlern unterstand. Harrison notierte in seinen Aufzeichnungen, daß er viele Eolithen in situ gefunden habe, darunter "dreißig schlagende Beweise" (E. Harrison 1928, S. 189).

1895, im gleichen Jahr, als die *Geologische Gesellschaft von London* Harrison einen Teil ihres Lyell-Fonds zusprach (E. Harrison 1928, S. 196), erhielt dieser die Einladung, seine Eolithen auf einer Tagung der *Royal Society* auszustellen. Er war sehr glücklich über diese Gelegenheit, seine Fundstücke vor der wissenschaftlichen Elite zu zeigen. "Er benachrichtigte Prestwich von seiner Absicht, die bei der Ausgrabung auf Parsonage Farm in situ in Geschiebekies gefundenen Stücke auf die Ausstellung zu schicken. Prestwich widersprach dem nicht, empfahl aber für die Ausstellung auch sorgfältig ausgesuchte und in Gruppen geordnete Oberflächenexemplare. Harrison folgte dem Rat im wesentlichen, aber seine Auswahl von Fundstücken aus der Kiesgrube fiel zu umfangreich aus, und darunter waren Stücke, die nicht so eindrucksvoll auf den Betrachter wirkten, wie er gehofft hatte." (E. Harrison 1928, S. 197).

Einige Wissenschaftler waren jedoch recht beeindruckt, unter ihnen E. T. Newton, Fellow der *Royal Society* und Paläontologe des Amtes für geologische Aufnahmen, der Harrison am 24. Dezember 1895 schrieb: "Ich hoffe, Sie haben nichts dagegen, daß ich Ihre Fundstücke bis nach den Weihnachtsferien bei mir behalte. Es befriedigt mich, daß die meisten davon - und das ist das mindeste, was man sagen kann - die gestaltende Hand des Menschen verraten, und einige davon stammen eindeutig aus einer der Kiesgruben. [...] Bei einigen Exemplaren würde ich sehr vorsichtig sein, aber es gibt andere, wo ich nicht an Zufall glauben kann; sie sind mit Überlegung gefertigt worden, müssen also von dem einzigen intellektuellen Wesen stammen, das wir kennen, und das ist der Mensch" (E. Harrison 1928, S. 202). Hier haben wir das Beispiel eines qualifizierten Wissenschaftlers, der einige der aus den pliozänen Plateau-Geschiebelagen ausgegrabenen Eolithen voll und ganz als echte menschliche Artefakte anerkannte. Fachleute unserer Zeit, die die betreffenden Fundstücke nie untersucht haben, sollten sich daher hüten, diese vorzeitig abzutun.

Natürlich häufen sich bei der Identifizierung gezielter menschlicher Bearbeitungsspuren die Schwierigkeiten. Harrison nannte als eines der verdrießlichsten Probleme das Fälschen von Fundstücken. So versuchte ein berüchtigter Strolch, 'Flint Jack' genannt, immer wieder, verschiedenen Wissenschaftlern plumpe selbstgefertigte Fälschungen als echte Funde anzudienen - fast immer ohne Erfolg.

Auch Harrison sammelte seine Erfahrungen mit Fälschern. In seinen Aufzeichnungen (29. Mai 1894) gibt er wieder, was ihm ein Arbeiter aus Ightham, ein gewisser Smith, erzählt hatte: "Als ich mit Seldon auf der Eisenbahnstrecke arbeitete, sagte er zu mir: 'Möchte wissen, ob wir Feuersteine für Mr. Harrison finden.' Wir fanden jedoch keine von der richtigen Sorte, Ihrer Sorte, Sie wissen schon. Da meinte er: 'Hier is'n Mordsbrocken. Den nehm' ich mit nach Hause und hämmer' ihn ein bißchen zurecht, feil' ihn ab und mach dran rum, bis er wie'n richtiger aussieht.' Er dachte nicht, daß Sie den Unterschied merken würden, als er Ihnen den Stein vorbeibrachte, meinte, Sie würden ihn für einen von der richtigen Sorte halten. Gefragt hat er, ob das ein richtiger wär, und Sie haben ihm geantwortet: 'Den hast du selber fabriziert, Seldon.' Mir hat Seldon dann erzählt: 'Ich hab' nicht gedacht, daß er's merkt, aber ich war einfach oberschlau, das hat er gespannt. Hat keinen Sinn, ihm selbergemachte zu bringen, er kennt sich zu gut aus. Aber er hat mir Tabak gegeben, weil ich so raffiniert bin'" (E. Harrison 1928, S. 195).

Es waren aber nicht nur dienende Geister, die sich der Fälschung schuldig machten. Im Falle des Piltdown-Menschen sitzen die Wissenschaftler selbst auf der Anklagebank.

"The Greater Antiquity of Man"

1895 veröffentlichte Sir John Prestwich in der Zeitschrift *Nineteenth Century*, einem populären Magazin für das Bildungsbürgertum, einen ausführlichen Bericht über die Steinwerkzeuge von Ightham unter dem Titel *The Greater Antiquity of Man* (Das höhere Alter der Menschheit). Da es in einer für Laien verständlichen Sprache geschrieben ist und eine vorzügliche Zusammenfassung der in der Eolithen-Frage diskutierten wissenschaftliche Probleme darstellt, soll an dieser Stelle ausführlich daraus zitiert werden:

Prestwich (1895, S. 621) beschrieb zunächst die Hochebene von Kent, wie sie im Pliozän war: "Damals war das eine gleichmäßig flache Hochebene aus Kreide, überdeckt von Lehmschichten und Geschiebelagen, in die das abfließende Regenwasser Furchen grub; die Furchen wurden allmählich tiefer, bis der heutige Zustand der Kreidetäler erreicht war. Man beachte also, daß diese Täler jünger sein müssen als die Hügel, durch die sie schneiden, und daß folglich auch die Sand- und Kiesschichten, mit Überresten ausgestorbener Säugetiere und den Werkzeugen des paläolithischen Menschen, die man in diesen Tälern findet, jünger sein müssen als die Geschiebelagen, die über die Gipfel der Hügel verteilt sind."

Es waren ebendiese Geschiebelagen auf dem Plateau, in denen die Eolithen gefunden wurden. Prestwich unterschied sie sorgsam von den paläolithischen Werkzeugen, gut gearbeiteten, sogleich als Waffen und Werkzeuge erkennbaren Formen. Über die weit gröber gestalteten Eolithen schrieb er:

"Andere Schaber sind aus abgespaltenen tertiären Feuersteinkieseln gebildet, wobei die Spaltung manchmal auf natürliche Weise zustande kam, manchmal künstlich herbeigeführt wurde. Generell sind die Kanten rundherum bearbeitet, so daß der Kiesel, egal in welcher Position man ihn hält, seine Funktion als grober Schaber erfüllt. Eine ähnliche Praxis findet sich heute noch bei einigen nordamerikanischen Indianern, die, wenn sie einen Schaber brauchen, sich einen Kiesel suchen, den sie spalten, bevor sie seine Kanten dem Zweck gemäß bearbeiten. Sie heben die alten Schaber selten auf, wo neue so leicht zur Hand sind. Dieses Werkzeug wird pashoa ('Schaber') genannt und wird von den Shoshonen beim Gerben und Zurichten von Häuten verwendet."

Prestwich wies dann darauf hin, daß diese plumpen eolithischen Werkzeuge aus dem pliozänen Plateau-Geschiebekies Merkmale aufwiesen, die sie von primitiveren Werkzeugfunden aus jüngeren Ablagerungen unterschieden. "Aber, sagt ein Kritiker, eine primitive Form ist noch kein Beweis für ihr Alter, und er überläßt einem die naheliegende Schlußfolgerung, daß diese Exemplare nicht älter sind als andere Primitivformen aus späteren Zeiten. Aber wer von den Verfechtern der Plateau-Werkzeuge hätte das je behauptet? Wir haben insbesondere 1892 erklärt, daß die Primitivität der Form allein kein ausreichender Altersbeweis sei und daß auch unter den Talfunden viele sehr grobe Exemplare sind. Wir möchten abermals die Tatsache hervorheben, daß es in den Kiesschichten der Täler nicht nur primitives Werkzeug gibt, sondern auch solches aus neolithischer Zeit, und daß selbst die lebenden Wilden häufig Werkzeuge verwenden, die so primitiv sind wie die auf dem Plateau gefundenen" (Prestwich 1895, S. 624).

Prestwich (ebd.) fuhr fort: "Jede Epoche besitzt jedoch ihre eigenen typischen Formen, und diese sind, wie rudimentär und grob sie auch sein mögen, meist recht langlebig. In neolithischer Zeit herrschen Beil- und Meißelformen vor; im Talkies sind es die langen spitzen und spatelförmigen Werkzeuge, die für diese Periode charakteristisch sind; und in der Plateau-Gruppe dominieren verschiedene Schaber- und Hammerformen. Es gibt zweifellos auch zugespitzte Formen unter den Plateau-Funden, aber sie zeigen ein anderes Gepräge als die Funde der Tal-Gruppe, so wie diese sich wiederum von denen der nachfolgenden Steinzeit unterscheiden. Daneben kommen zu allen Zeiten gewisse generalisierte Formen vor, die bestenfalls noch in einigen unbedeutenden Details variieren. Desgleichen finden sich einfache Absplitterungen, mehr oder weniger gut gearbeitet, in allen drei Perioden."

Prestwich wies dann darauf hin, daß viele eolithische Werkzeuge nicht an der Erdoberfläche, sondern durch Ausschachtungen in den Geschiebelagen gefunden worden waren. Zu diesen Geschiebelagen auf dem Plateau bemerkte er (ebd.): "Das Geschiebe an der Oberfläche hier ist gewiß nicht lokalen Ursprungs, wie das Vorhandensein von Ablagerungsresten von den einige Meilen entfernten Hügeln im Süden beweist." Wie bereits erwähnt, konnte das Geschiebe in seine heutige Position auf dem Plateau nur gelangt sein, bevor die Kreidetäler, die jetzt zwischen dem Plateau und dem südlichen Hügelland liegen, ausgewaschen waren.

Auf den Einwand, die Eolithen seien doch wohl eher natürlichen Ursprungs als Artefakte, antwortete Prestwich (1895, S. 625): "Es ist auch häufig behauptet worden, daß diese Werkzeuge Naturprodukte seien, entstanden durch die in Strand- oder Flußkiesen auftretende Reibung. Aufgefordert, solche Produkte der Natur vorzuweisen, sahen sich die Betreffenden nicht imstande, auch nur ein einziges entsprechendes Exemplar herbeizuschaffen, obwohl inzwischen drei Jahre verstrichen sind. Überdies müßten Geräte, die auf diese Weise entstanden sind, in Kiesschichten jeden Alters und Ursprungs zu finden sein. Fließendes Wasser ist zudem bei weitem nicht so gestalterisch, es zeigt vielmehr die Tendenz, alle Ecken und Kanten abzuschleifen und den Feuerstein zu einem mehr oder weniger gerundeten Kiesel zu reduzieren."

Dieser Artikel von einem der bedeutendsten Geologen Britanniens ist ein in klaren verständlichen Worten verfaßtes Plädoyer für die menschliche Herkunft der von Benjamin Harrison gesammelten Eolithen und ihre Datierung ins Pliozän. Prestwich antwortete in überzeugender Weise auf alle möglichen Einwände gegen seine Interpretationen. Natürlich blieben einige Wissenschaftler bei ihrer ablehnenden Haltung. Nichtsdestoweniger darf man sich fragen, warum die Eolithen der Hochebene von Kent völlig aus dem Blickfeld der modernen Paläanthropologie verschwunden sind. Offensichtlich gibt es im gegenwärtig anerkannten Bild vom Ursprung des Menschen keinen Platz für mindestens 2 bis 4 Millionen Jahre alte, werkzeugmachende Hominiden in einem pliozänen England.

Über den Umgang mit ungewöhnlichem Beweismaterial

Da wir hinsichtlich der Vergangenheit über kein direktes Wissen verfügen, ist die Auseinandersetzung bei jeder Erörterung paläanthropologischer Beweise, denen grundsätzlich etwas Problematisches anhaftet, praktisch programmiert, da die vorgefaßten Meinungen und Untersuchungsmethoden der Debattanten sich nicht vereinbaren lassen. So verwickelt sich die Empirie unentwirrbar in spekulative Geisteshaltungen und tiefverwurzelte emotionale Vorurteile. In den meisten Fällen verbergen sich Spekulation und Vorurteil hinter einer mehr oder weniger dünnen Politur aus Tatsachen. Aber so unvollkommen dieses Verfahren auch sein mag, es ist für Wissenschaftler das einzig mögliche. Man kann deshalb zumindest auf einer konsequenten Anwendung der Prinzipien und einer Beweisführung bestehen, die nahe an den beobachteten Fakten bleibt. Unter dieser Voraussetzung hielt die von Prestwich und Harrison vorgebrachte Beweisführung den Argumenten ihrer Gegner ziemlich gut stand, da diese offenkundig nur nach Möglichkeiten suchten,

Fakten und Folgerungen abzulehnen, die sie a priori nicht bereit waren zu akzeptieren.

Ein interessantes Beispiel dafür findet sich im anhaltenden Widerstand G. Worthington Smith's gegen Harrisons Eolithen. In einem Brief vom 22. März 1899 schrieb Benjamin Harrison an Sir Edward Harrison (1928, S. 224): "Nachdem ich 1878 die Bekanntschaft von Mr. Worthington Smith gemacht hatte, schickte er mir von Zeit zu Zeit interessante Kleinigkeiten, die ich, wie es sich gehört, gekennzeichnet und in einer Schublade verstaut habe. Als ich gestern diese Sammlung durchsah, fielen mir einige interessante grob gearbeitete Stücke aus Basutoland [das heutige Lesotho in Südafrika, Anm. d. Übs.] auf. Sie sind so rudimentär wie nur möglich und Faksimiles derjenigen Funde, die zur Zeit in den Buschmannhöhlen in Zentralafrika gemacht werden. Sie passen zu meinen primitiven Werkzeugen. Seltsam, daß Smith alle meine Plateau-Funde (sprich: Eolithen) als Schwachsinn, Einbildung, Zufall und Travestie kategorisiert - alles, nur nicht als Menschenwerk. Und doch schickte er mir noch bis 1880 diese damals unumstrittenen Steine, als wollte er mich ermutigen, nach ähnlichen Ausschau zu halten. Finde ich sie dann, weist er sie verächtlich zurück!"

Harrison schrieb Smith darüber, der ihm in recht humorvollem Ton am 23. März 1899 antwortete, daß er sich zwar vage erinnere, ihm womöglich einige Splitter und Steine geschickt zu haben, jedoch nicht verstehe, was sie zur gegenwärtigen Problematik beitragen könnten: "Mir ist nicht ganz klar, was [...] moderne Steinsplitter mit Werkzeugen zu tun haben, die aus hochgelegenen Schichten stammen." Diese Aussage mutet recht seltsam an, da solche vergleichenden Untersuchungen lithischer Technologien als adäquate Methode zur Beurteilung menschlicher Bearbeitungsspuren an steinernen Objekten anerkannt waren - und es heute noch sind.

Typisch für diese Haltung war auch die arrogante Antwort Smiths auf eine sachliche Anfrage Harrisons: "Was die Beantwortung von Fragen und die Äußerung von Meinungen zu zweifelhaften Themen betrifft, so ist es nicht immer einfach damit, und Schweigen, philosophischer Zweifel oder keine festen Überzeugungen sind besser, vor allem wenn man es mit einem Hohenpriester wie Ihnen zu tun hat" (E. Harrison 1928, S.187).

Ausflüchte und herablassendes Gehabe sind für eine ganze Reihe von Wissenschaftlern nach wie vor die bevorzugte Methode, sich mit Beweisen auseinanderzusetzen, die für die etablierten Ansichten von der menschlichen Evolution unbequeme Auswirkungen hätten. Sie vermeiden es, derartige Befunde anzuerkennen, reden nie über ihren wissenschaftlichen Wert und machen sich, wenn man sie unter Druck setzt, über sie und ihre Befürworter lustig.

Im Laufe der Zeit zog Benjamin Harrison jedoch immer mehr Wissenschaftler auf seine Seite. 1899 wurde ihm auf Empfehlung des Premierministers Balfour von Königin Victoria aus der Civil List [zur Bestreitung des königlichen Haushalts bewilligte Beträge, Anm. d. Übs.] eine ehrenvolle Pension zugesprochen, und die *Royal Society* gewährte ihm eine Jahresrente. Im gleichen Jahr hielt T. Rupert Jones auf einer Tagung der *British Association* in Dover einen Vortrag über Eolithen und zeigte einige kleine Fundstücke, die viel Aufmerksamkeit erregten (E. Harrison 1928, S. 231). Im August 1900 statteten Arthur Smith Woodward vom *British Museum* und Professor Packard von der Brown-Universität Harrison einen Besuch ab. Packard akzeptierte alle von Harrisons Funden als echt, und Woodward pflichtete ihm darin bei, daß das Plateau-Geschiebe, in dem die Eolithen gefunden wurden, wahrscheinlich pliozänen Alters sei (E. Harrison 1928, S. 237). Einige von Harrisons Eolithen wurden im *British Museum* ausgestellt.

Ray E. Lankester, Direktor der naturhistorischen Abteilung des *British Museum*, erklärte 1905 in Oxford, daß [Harrisons Funde] "die Vergangenheit des Menschen mindestens so weit vor das Paläolithikum [zurückverlegten], wie das Paläolithikum von der Gegenwart entfernt ist". Um den wissenschaftlichen Wert hervorzuheben, den die Ähnlichkeit bestimmter eolithischer Formen - als Beweis für zweckgerichtete Arbeit - habe, bat er Harrison in einem Brief sogar um Exemplare zur Illustration eines Buches, das er in Vorbereitung hatte. Er war beeindruckt von den zahlreichen Werkzeugen "mit einem zahnähnlichen Vorsprung, das den Feuerstein zum 'Bohrer' geeignet machte", sowie von einer Gruppe von Funden, die er "trinakrisch" nannte, da ihre Form dem Umriß der Insel Sizilien [griech. Trinakria, Anm. d. Übs.] glich" (E. Harrison 1928, S. 270). In seiner Rede als Präsident der British Association, bekräftigte Lankester noch 1906 seine Überzeugung von der menschlichen Urheberschaft bei Harrisons Eolithen (ebd.).

Sir Edward R. Harrison (1928, S. 287f.) schrieb: "Ein Besuch von Professor Max Verworn aus Göttingen, der im Hinblick auf die

Hundertjahrfeier von Charles Darwins Geburt nach England gekommen war, erfüllte Harrison mit großer Freude. Professor Verworn blieb fünf Tage in Ightham. Wie Verworn sagte, habe er zuerst nicht an Eolithen oder sonst einen der mutmaßlichen Beweise für die Existenz des tertiären Menschen geglaubt, habe aber seine Ansichten nach persönlichen Untersuchungen in den Miozän-Ablagerungen von Cantal modifiziert. Die zur Verfügung stehende Zeit wurde voll genutzt, teils in Harrisons Museum und teils mit Feldforschung. Professor Verworn fand im Plateau-Kies unweit der Vigo-Schenke einen interessanten alten Paläolithen in situ, ein Werkzeug, das aufgrund seines abgerollten Zustands und seiner Fundposition - nahe dem Kamm des Kreidefelsenabbruchs - nur von den verschwundenen Wealden-Hügeln stammen konnte. [...] Harrison hätte sich keine beweiskräftigere Entdeckung wünschen können, noch dazu, da sie von seinem Besucher gemacht wurde, den er vom hohen Alter des Menschen in Kent überzeugen wollte." Falls Sir Edward Harrison das Wort Paläolith in dem damals gängigen Sinn gebraucht, liegt hier ein Bericht über ein Gerät vor, das technisch fortgeschrittener war als die Eolithen, die in den sehr alten Kiesablagerungen auf dem Plateau gefunden wurden, zugleich aber, abgenutzt, wie es war, in seinem Erscheinungsbild an diese Werkzeuge erinnerte: Die These, daß Menschen modernen Typs in spättertiärer Zeit, vielleicht vor 2 bis 4 Millionen Jahren in England lebten, wird dadurch weiter untermauert.

Am 25. Juli 1909 schrieb Professor Verworn Harrison aus Göttingen: "Wenn ich bis dahin noch den geringsten Zweifel an der künstlichen Herkunft der Eolithen von Kent gehabt hätte, mein Besuch vor Ort und Ihre glänzende Sammlung hätten mich mit ziemlicher Sicherheit bekehrt" (E. Harrison 1928, S. 288).

Die Kontroverse über die Eolithen zog sich bis ins 20. Jahrhundert hinein. Am 28. April 1911 schrieb Lord Avebury (Sir John Lubbock) an Harrison: "Es stimmt mich zufrieden, daß die meisten Ihrer Eolithen, wenn auch nicht alle, bearbeitet sind; ihre Zahl ist jedenfalls umwerfend. Nicht befriedigt mich jedoch, daß die paläolithischen Werkzeuge in allen Fällen jünger sind" (E. Harrison 1928, S. 294f.). In der letzten Ausgabe seines Buches *Prehistoric Times* akzeptierte Lord Avebury Harrisons Eolithen und auch die von J. Reid Moir gefundenen Geräte ohne Einschränkung (E. Harrison 1928, S. 305).

Es gab jedoch nach wie vor eine Opposition, die fortfuhr, die Interpretation der Eolithenfunde zu kritisieren. 1911 veröffentlichte F. N. Haward einen Artikel, in dem er vorgeblich nachwies, daß natürliche Kräfte Feuersteine in einer Weise zu spalten und zu zersplittern vermöchten, daß der Eindruck menschlicher Bearbeitung entsteht. Haward glaubte, Druck sei die Ursache für das Zerbrechen der Feuersteine. 1919 war dann nicht mehr Harrison der Angegriffene, sondern der für seine eigenen Eolithenfunde in East Anglia bekannt gewordene J. Reid Moir. Moir antwortete auf die Attacke. Er räumte ein, daß Druck als eine mögliche Ursache in Frage komme, und wies darauf hin, daß er zu diesem Thema schließlich selbst einen Artikel verfaßt habe (*The Fractured Flints of the Eocene 'Bull Head' at Coe's Pit, Bramford, near Ipswich*), erschienen im *Journal of the Prehistoric Society of East Anglia.* Moir (1919, S. 158f.): "Aber ich weiß auch, daß durch Druck abgespaltene Steinsplitter an ihrer Oberfläche bestimmte Eigentümlichkeiten zeigen, wodurch sie sich deutlich von anderen unterscheiden, die durch Schlagwirkung abgebrochen sind, und so weit ich in Erfahrung bringen konnte, hat Mr. Haward bislang noch nicht den wissenschaftlichen Nachweis darüber erbracht, daß die wenigen Splitter, auf die sich seine grandiose Schlußfolgerung gründet, zweifelsfrei unter Druck abbrachen."

Moir schlug eine andere Erklärung vor. Vielleicht war ein Feuersteinnest vor seiner Einbettung in einer Schicht Schlägen ausgesetzt gewesen, die stark genug waren, um Schlagzwiebeln im Anfangsstadium entstehen zu lassen, die zu einem späteren Zeitpunkt, unter der Einwirkung von Hitze beispielsweise, dann abbrachen. Moir (1919, S. 159) fügte noch hinzu, daß Haward selbst erwähnt habe, daß einige der von ihm untersuchten Feuersteinsplitter Schlagspuren aufwiesen, und bekräftigte, daß "die Existenz des Menschen im Pliozän von allen, die mit dem Studium von Menschen- und Tierknochen befaßt sind, fast als Notwendigkeit angesehen wird. Aufgrund meiner späteren Forschungen neige ich zu der Ansicht, daß der Mensch in jener Periode nicht nur existiert hat, sondern kulturell fortgeschrittener war, als man sich bislang vorgestellt hat."

Auch W. J. Sollas aus Oxford wies in seinem Buch *Ancient Hunters and Their Modern Representatives* Harrisons Entdeckungen zurück (E. Harrison 1928, S. 298). Als Antwort schickte ihm

Harrison einen Eolithen. Am 1. Februar 1912 schrieb Sollas an Harrison: “Das Stück, das Sie mir zur Begutachtung gesandt haben, ist einer der interessantesten Funde, die ich kenne. Ich interpretiere seine Geschichte wie folgt: (1) Natürliche Kräfte brachen ihn als unregelmäßig geformten Splitter von einem Feuersteinnest ab. [...] (2) Er lag in einem Flußbett, die rauhe Seite nach oben, und diese exponierte Oberfläche wurde durch Kiesel, die kegelförmig eingetiefte Schlagspuren hinterließen, stark abgenutzt. [...] (3) Noch später erfolgten dann Abschläge in bemerkenswerter Technik, die auf einen Teil der Kante beschränkt sind” (ebd.). Sollas sprach hier den bloßen Kräften der Natur eine erstaunliche Folge von Fertigungsschritten zu, an deren Ende ein scharfkantiges Feuersteingerät stand, ein Produkt jedenfalls, wie man es normalerweise nicht als das Ergebnis zufälliger Bewegungen, denen Steine im Fluß ausgesetzt sind, erwartet; aus solchen Stößen und Schlägen entstehen, wie moderne Experten demonstrieren und jeder sehen kann, in der Regel eher runde Kiesel.

Sollas fährt fort: “Es sind die Abschläge, die für uns beide von besonderem Interesse sind. Zwei Erklärungen sind denkbar: (1) daß die Abschläge das Resultat aufliegenden Drucks auf ein nachgebendes Substratum sind. Dafür spricht, daß sich die Absplitterungen auf den Rand beschränken, was vielleicht aus der allgemeinen Form des Steins erschließbar ist, dessen stumpfe Kante ausgedünnt erscheint; (2) daß die Abschläge von Menschenhand stammen. Dafür spricht die Tatsache, daß die Abschlagmethode auf einer Seite des Steins alle scharfen Kanten beseitigt hat, als ob diese Seite dazu gedacht war, bequem in der Hand zu liegen, [...] während auf der gegenüberliegenden Seite die Abschläge eine vorspringende Spitze stehengelassen haben, die sich als sehr wirksam erweisen dürfte, würde der Stein als Schlagwaffe verwendet. In der Tat gäbe dieser Feuerstein einen ausgezeichneten ‘Schlagring’ ab. Es würde mich nicht wundern, wenn das sein eigentlicher Zweck war. Aber ich möchte mich auch nicht zu der Behauptung hinreißen lassen, daß er es war. [...] Was aber wäre gegebenenfalls damit bewiesen? Die Patina an der letzten Abschlagstelle ist nicht tief, sie sieht in meinen Augen erstaunlich frisch aus, und schließlich werden in euren Ablagerungen auch paläolithische Werkzeuge gefunden. Mit welchem Beweis können Sie also aufwarten, der zeigte, daß dieses Fundstück nicht paläolithisch ist?”

Wieder begegnet man der gleichen alten Frage, auf die Prestwich schon lange Zeit zuvor eine ausführliche und wissenschaftlich überzeugende Antwort gegeben hatte: Die ziemlich abgenutzten Eolithen unterschieden sich auffällig von den Paläolithen; außerdem fanden sie sich manchmal allein in bestimmten Schichten. Trotz seiner Zweifel forderte Sollas jedoch weitere Fundstücke für das Oxforder Museum an. Harrison schickte sechs.

Zu Beginn des Ersten Weltkriegs überzog die britische Armee die Hügel rund um Ightham mit Schützengräben, wodurch sich für Benjamin Harrison neue Forschungsmöglichkeiten auftaten. Einer der von Harrison ausgebildeten "Feuersteinsucher" aus der Gegend ging bei Kriegsausbruch 1914 zur Armee, wurde im Somme-Tal stationiert und fand beim Ausheben eines Grabens einen Paläolithen, den er bei allen Sturmangriffen bei sich trug und schließlich heil nach Ightham zu Harrison brachte, als er auf Urlaub war."

Harrison starb 1921 und wurde in Ightham auf dem Grund der Pfarrkirche St. Peter's begraben. Hält man sich an die Tatsachen, so wurde das "fruchtbare Feld wissenschaftlicher Forschung über die weiter zurückreichende menschliche Vergangenheit", das sich durch die Eolithen auf dem Kent-Plateau eröffnete und von dem auf seinem Grabstein zu lesen ist, zusammen mit ihm begraben.

Eine internationale wissenschaftliche Kommission entscheidet zugunsten von J. Reid Moir

J.Reid Moir, ein Fellow des *Royal Anthropological Institute* und Vorsitzender der *Prähistorischen Gesellschaft von East Anglia*, war mit Harrisons Eolithenfunden vertraut. Und er (1927, S. 17) hielt die Kiesschichten, in denen Harrison sie gefunden hatte, für tertiären Ursprungs. Die meisten von Harrisons Funden stammten von der Oberfläche, und obgleich Sir John Prestwich sich für ihr tertiäres Alter stark gemacht hatte, blieben die Zweifel. Die geologische Position von Moirs eigenen Entdeckungen pleistozäner, pliozäner und womöglich noch älterer Feuersteinindustrien in den Schichten Roten Crags (und darunter) in East Anglia war abgesicherter, wurden die meisten doch in situ gefunden, tief unter der Oberfläche. Nach zahlreichen Angriffen auf die Authentizität seiner Funde, wobei sich vor allem F. N. Haward 1919 (siehe oben) und

Zugespitztes Werkzeug aus einer Schicht unter dem Roten Crag (Moir 1935, S. 364). Dieses Stück ist älter als 2,5 Millionen Jahre.

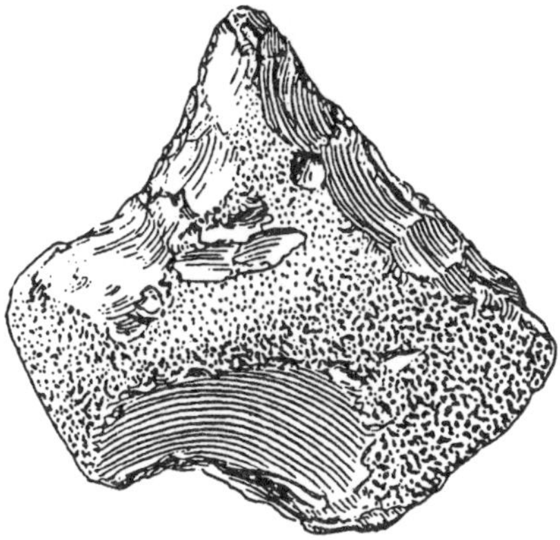

S. Hazzeldine Warren 1921 hervortaten, befaßte sich schließlich eine internationale Kommission mit der Streitfrage. Coles (1968, S. 27) berichtet, daß diese Gruppe "sich Moirs Annahme, daß die Feuersteine aus der tiefsten Schicht Roten Crags bei Ipswich in einem unberührten Stratum gelegen hatten und ein Teil der Absplitterungen aus künstlichen Eingriffen resultiert, uneingeschränkt anschloß".

Der Bericht der Kommission drückt es so aus: "Die Feuersteine finden sich in einer stratigraphischen Position an der Basis des Roten Crag, ohne daß es Anzeichen für eine Umschichtung gibt. Eine gewisse Zahl von Feuersteinen scheint durch nichts anderes als zweckgerichtete menschliche Arbeit hervorgebracht worden zu sein" (Lohest et al. 1923, S. 44).

Die Kommission, die auf Wunsch des Internationalen Instituts für Anthropologie zusammentrat, bestand aus Dr. L. Capitan, Professor am *Collège de France* und der *École d'Anthropologie*; Paul Fourmarier, Professor für angewandte Geologie an der Universität Lüttich und der *École d'Anthropologie*; Charles Fraipont, Professor für Paläontologie an der Universität Lüttich und der *École d'Anthropologie*; J. Hamal-Nandrin, Professor an der *École d'Anthropologie* in Lüttich; Max Lohest, Professor für Geologie an der Universität Lüttich und der *École d'Anthropologie*; George Grant MacCurdy, Professor an der Harvard-Universität; Mr. Nelson, Archäologe vom *National Museum of Natural History* in New York; und Miles Burkitt, Professor für Vorgeschichte an der Universität Cambridge.

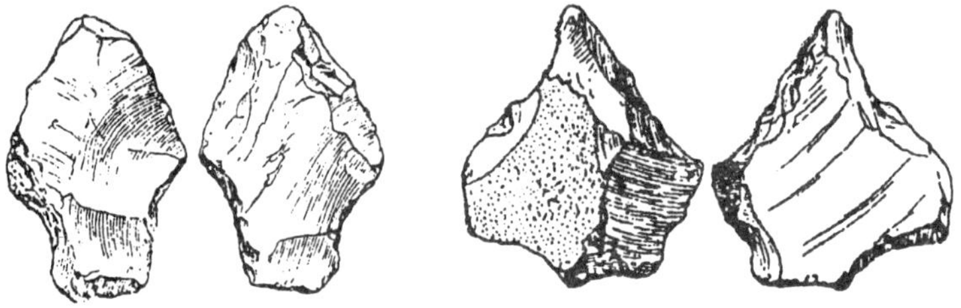

Vorder- und Rückansicht zweier Steinwerkzeuge aus dem Roten Crag von der Foxhall Road. Sie sind spätpliozänen Ursprungs. Henry Fairfield Osborn (1921, S. 572) sagte von dem linken Exemplar: "Zwei Ansichten eines zugespitzten Feuersteingeräts, das oben und unten beidseitig Abschläge sowie eine verengte Basis aufweist, aus einer 16 Fuß [= 4,8 Meter] tiefen Lage in der Foxhall-Grube. Primitiver Pfeilspitzentyp, vielleicht für die Hetzjagd." Zum rechten Stück schrieb er: "Bohrer (perçoir) aus 16 Fuß Tiefe, Foxhall."

Folgende Fragen sollten von der Kommission abschließend gelöst werden (Lohest et al. 1923, S. 53): "(1) Sind die Straten, in denen die vorgeblich von Menschenhand bearbeiteten Feuersteine entdeckt wurden, an ebendieser Fundstelle definitiv als pliozän anerkannt, so daß ausgeschlossen werden kann, daß moderne Gegenstände durch Umverlagerung oder Eindringen in uralte Schichten gelangt sind? (2) Finden sich die Feuersteine zwischen Felsen oder an anderen Stellen, die zu Pseudoretuschen vermittels Schlag- oder Druckeinwirkung geführt haben könnten?" Was die Feuersteine selbst betraf, sollte die Kommission folgende Fragen beantworten: (1) Sind die Feuersteine aus dem Crag bearbeitet, retuschiert oder zeigen sie Gebrauchsspuren? (2) Können die Retuschen mit natürlich entstandenen verglichen werden? (3) Läßt sich bestätigen, daß die Abschläge und Retuschen auf zweckgerichtete intelligente Tätigkeit zurückgehen?"

Um diese Fragen beantworten zu können, suchte die Kommission die wichtigsten Stätten auf, wo Moir seine Beweisstücke gesammelt hatte, darunter Fundorte bei Ipswich, Thorington Hall, Bramford und an der Foxhall Road. Ferner untersuchten sie die Sammlung im Museum von Ipswich, Moirs persönliche Sammlung sowie Warrens Sammlung von Feuersteinen, die durch druckinduzierte Abspaltung entstanden waren und aus den eozänen Bullhead-Ablagerungen stammten. Desgleichen wurden die Sammlungen im Museum von

S. Hazzeldine Warren meinte, daß dieses Objekt, das er für ein Produkt natürlicher Absplitterung unter Druck hielt, einem zugespitzten Moustérien-Werkzeug überaus ähnlich war (MacCurdy 1924b, S.657). Obwohl in einer eozänen Formation [bei Bullhead] gefunden, könnte es Menschenwerk sein.

Cambridge und des *British Museum* in South Kensington besichtigt, und auch die Sammlung von Mr. Westlake in Fordingbridge (bei Salisbury), die eine riesige Spezialsammlung von Feuersteinen aus Puy Courny und Puy de Boudieu bei Aurillac (Frankreich) einschloß (Lohest et al. 1923, S. 54).

Die Geologen Max Lohest und Paul Fourmarier berichteten über die Stratigraphie der Moirschen Entdeckungen: "Nach einer minuziösen Untersuchung glauben wir bestätigen zu können, daß der Rote Crag - aufgrund der kreuzweisen Schichtung und zahlreicher Fossilien in der Grube von Thorington Hall - unbestreitbar eine unangetastete Primärablagerung in situ darstellt und daß die Ablagerung pliozän ist und in unmittelbarer Nachbarschaft zur Meeresküste entstand. Falls die Feuersteine aus dieser Ablagerung wirklich das Werk eines intelligenten Wesens sind, dann besteht unserer Ansicht nach kein Zweifel darüber, daß dieses Wesen vor der großen maritimen Invasion des *Trophon antiquum* in England lebte, die von allen Geologen in die spättertiäre Epoche datiert wird" (Lohest et al. 1923, S. 55f.).

Nachdem sie mehrere der erwähnten Feuerstein-Kollektionen untersucht hatten, sprachen sich die Herren Hamal-Nandrin und Fraipont für Moirs Ansicht aus, daß die unter der Crag-Ablagerung gefundenen Feuersteine Werkzeuge aus Menschenhand seien. Sie erklärten ferner: "Die abgeschlagenen Kanten der von Mr. Warren in den eozänen Schichten von Bullhead gefundenen Feuersteine unterscheiden sich (wie die von ihm selbst bearbeiteten) sehr von den Stücken, die aus den Geröllschichten unterhalb des Crag von Ipswich stammen" (Lohest et al. 1923, S. 58f.). Auch Capitans Bericht unterstützte Moirs Position.

Mitglieder der Kommission führten im Laufe von vier Tagen vier Grabungen in der Geröllschicht durch und fanden fünf oder sechs

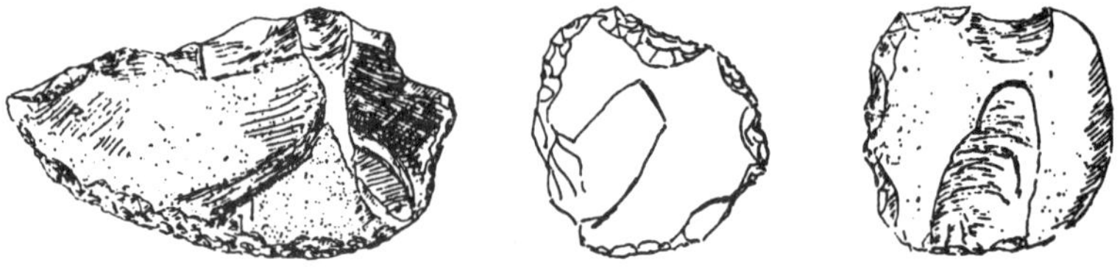

Links: Seitschaber (racloir), gefunden unter dem Roten Crag bei Thorington Hall, England (Lohest et al. 1923, S. 63).
Rechts: Zwei rundliche Schaber aus der Schicht unter dem Roten Crag von Thorington Hall (Lohest et al. 1923, S. 64).

typische Stücke. Capitan stellte fest: "Ich will nicht versäumen mitzuteilen, daß die Feuersteine sich in festem Boden und uneingeschränkt in situ befanden; bei Thorington Hall lagen zwei auf der darunterliegenden Lehmschicht auf. [...] Bei Thorington Hall stößt man auf eine von Meeressand bedeckte Geröllschicht. Alles hier ist also entweder gleichzeitig mit dem Meer, das den Crag ablagerte, oder älter" (Lohest et al. 1923, S. 60).

Capitan untersuchte dann die von Moir gesammelten Fundstücke und die im Museum von Ipswich aufbewahrten Exemplare. Er stellte drei Kategorien auf: fraglich, wahrscheinlich und sicher. Fast die Hälfte aller Stücke erschien ihm fraglich, die andere Hälfte erachtete er für wahrscheinlich (Lohest et al. 1923, S. 61f.). Er sagte aber auch, daß ungeachtet der vielen "wahrscheinlichen" Stücke die Kommission in zwanzig Fällen zu der Entscheidung gekommen sei, daß es sich unbestreitbar um bearbeitete Steine handele. "Sie haben eine fest umrissene Form, genauso wie die anerkannten Moustérien-Stücke. Dies sind keine Auswüchse der Natur oder auf natürliche Weise zerbrochene Steine, die unverändert als Werkzeuge benutzt wurden - vielmehr handelt es sich um willentlich geschaffene Produkte, mit allen Anzeichen der klaren Absicht, einen bestimmten Werkzeugtyp zu fertigen" (ebd., S. 62). Die Kommission wählte elf dieser Fundstücke für die zeichnerische Reproduktion in ihrem Bericht aus: zwei moustérien-ähnliche Seitschaber (Racloirs), zwei scheibenförmige Endschaber (Grattoirs), zwei Spitzen, zwei (stark retuschierte) Klingen, einen echten Faustkeil, eine Art großen Meißel und ein großes retuschiertes Stück vom Grattoir-Typ.

Capitan lobte die exakte wissenschaftliche Verfahrensweise von Moir und seinen Mitarbeitern und stellte dann fest: "Man könnte

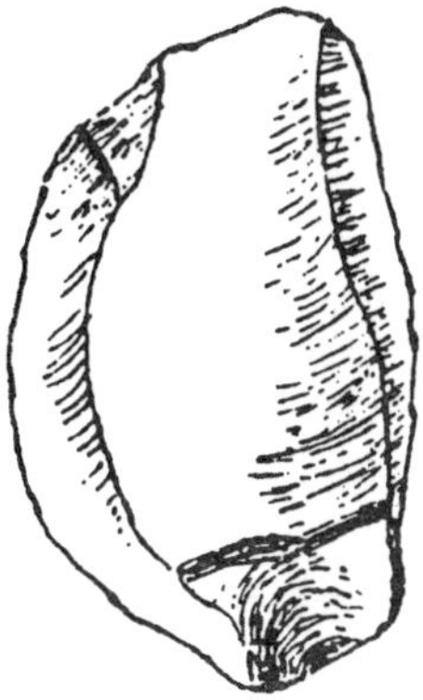 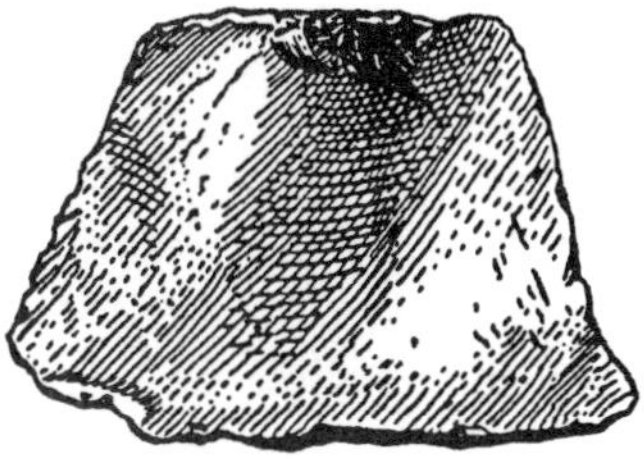

Links: Steinklingenähnliches Werkzeug aus der Schicht unter dem Roten Crag von Bramford, England (Lohest et al. 1923, S. 66).
Rechts: Zugespitztes Werkzeug aus der Schicht unter dem Roten Crag, angeblich spätpliozänen oder eozänen Ursprungs (Lohest et al. 1923, S. 65).

einwenden, daß die kleine Zahl definitiver Fundstücke nicht ausreicht, aber dies ist auf das überaus rigorose Auswahlverfahren zurückzuführen. Wir sind davon überzeugt, daß ein Großteil der nicht ausgewählten Exemplare gleichfalls bearbeitet ist" (ebd.). Er fügte hinzu: "Die Auswahl für diese Demonstration ist bewußt klein gehalten, da ihre Echtheit als Produkte menschlicher Arbeit selbst von technischen Experten nicht im mindesten angezweifelt werden kann" (ebd.). Und er schloß: "Wir brauchen mit der Diskussion, ob diese Stücke nun bearbeitet sind, nicht nutzlos fortzufahren; das hieße, den Erklärungen Inkompetenter ungebührliche Beachtung zu schenken. Niemand, der sich gut mit bearbeiteten Feuersteinen und ihren charakteristischen Kennzeichen auskennt, wird sich solche Fragen stellen" (Lohest et al. 1923, S. 62f.). Wollte man Moirs Funde zurückweisen, so Capitan, müßte man etwa 80 Prozent der allgemein akzeptierten Moustérien-Stücke gleichfalls ablehnen (Lohest et al. 1923, S. 63).

Capitan kam in seiner Analyse zu dem Resümee, "daß in den unberührten Grundschichten des Crag bearbeitete Feuersteine vorkommen (wir haben sie mit eigenen Augen gesehen). Diese sind durch nichts anderes als durch die Hand eines im Tertiär existierenden Menschen oder Hominiden geschaffen worden. Wir halten diese Tatsache als Prähistoriker für absolut erwiesen" (Lohest et al. 1923, S. 67).

Das vorläufige Ende der Debatte

Erstaunlicherweise blieben selbst nach dem Bericht der Kommission Moirs Gegner (z. B. Warren) bei ihren Versuchen, die Feuersteinwerkzeuge grundsätzlich als Produkte natürlicher Absplitterungsprozesse hinzustellen. Coles (1968, S. 29) informiert uns darüber, daß Warren noch 1948 in einer Ansprache vor den Geologen der *Southwestern Union of Scientific Societies* mit einer neuen Version seiner alten Ansichten aufwartete:

"Er stimmte Moir darin zu, daß Wellenbewegungen nicht effektiv genug seien, um Feuersteine auf eine Weise zu zerbrechen, die mit Moirs Crag-Exemplaren vergleichbar gewesen wäre. Statt dessen suchte er einen anderen natürlichen Prozeß zu finden, wodurch die durch die Erosion der Kreide freigelegten submarinen Feuersteine zersplittert worden sein mochten. Er kam zu dem Schluß, daß zu der Zeit, als die Crag-Ablagerungen entstanden, das Gebiet von Eisbergen aus dem Norden "heimgesucht" wurde. Eisberge, die in Küstennähe auf Grund liefen, könnten sehr wohl einen zermalmenden Druck auf Feuersteine ausgeübt haben, die auf dem Meeresboden lagen, und auch für ihre Riefung verantwortlich sein."

Coles' Bericht vermittelt den Eindruck, daß die Eisberghypothese so etwas wie ein letzter, verzweifelter Versuch war, die eigene vorgefaßte Meinung zu retten - und reine Spekulation. Es gibt keinen Beweis, daß Eisberge all die verfeinerten Retuschen und zahlreichen Schlagzwiebeln produzieren könnten, die Capitan in seiner Analyse beschrieben hat. Viele der Fundstücke aus dem Roten Crag liegen überdies inmitten von Sedimenten und nicht auf hartem Fels, gegen den ein Eisberg sie hätte schmettern können. Zusätzlich berichtet Coles (1968, S. 29), daß die an der Foxhall Road gefundenen Werkzeuge in Sedimentschichten lagen, die anscheinend terrestrischen und nicht marinen Ursprungs waren.

Nach diesem letzten Erklärungsversuch Warrens erlosch die Debatte. Coles (1968, S. 28) meint dazu: "Daß [...] die wissenschaftliche Welt sich nicht in der Lage sah, sich für die eine oder die andere Seite zu entscheiden, muß die Erklärung für die recht bemerkenswerte Gleichgültigkeit sein, mit der dieses ostanglische Problem seit dem Verstummen der Kontroverse bedacht wird." Zum Teil mag das stimmen, aber es gibt noch eine andere mögliche Erklärung -

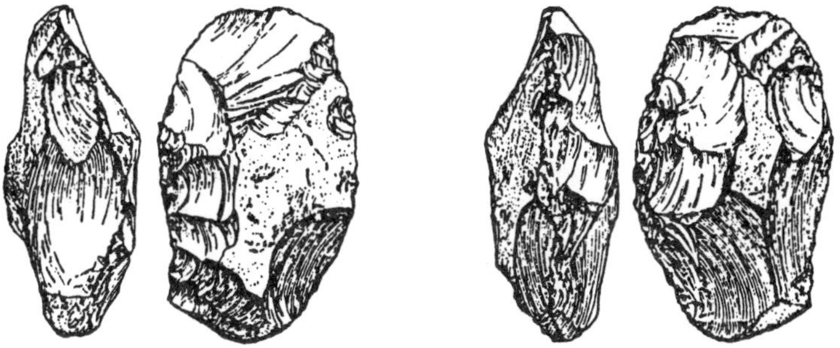

Vier Ansichten eines Steinwerkzeugs aus der Cromer-Geschiebelehmschicht von Sidestrand (Moir 1927, S. 46). Coles (1968, S. 29) kommentierte: "unzweifelhaft ein Faustkeil".

nämlich, daß die Wissenschaftsgemeinde zu dem Schluß gelangte, Schweigen sei eine bessere Methode, Moirs Entdeckungen zu begraben, als fortgesetzte, laut ausgetragene Meinungsverschiedenheiten. Und die Politik des Schweigens, ob Absicht oder nicht, erwies sich in der Tat als sehr erfolgreich, was das Verschwinden von Moirs Beweismaterial aus dem wissenschaftlichen Bewußtsein angeht.

Die meisten modernen Autoritäten erwähnen Moirs Entdeckungen überhaupt nicht. Gelegentlich findet sich ein abschätziger Hinweis, so in B. W. Sparks' und R. G. Wests *The Ice Age in Britain* (1972, S. 234): "Die Anfänge der Werkzeugherstellung sind in Zweifel gehüllt. Das liegt an der großen Ähnlichkeit zwischen primitiven Geräten und natürlich abgespaltenen Kieseln. Die ältesten datierten Werkzeuge, die wir heute als solche identifizieren können, stammen aus Afrika (Unteres [= Frühes] Pleistozän, 1,5 Millionen Jahre) und sind vom sogenannten Chopper- oder Pebble-Typ, wobei an einer Seite eines Kiesels (Pebble) in einer

Faustkeil aus der Schicht unter dem Roten Crag bei Bramford, England (Moir 1935, S.364), Alter: zwischen 2 und 55 Millionen Jahren.

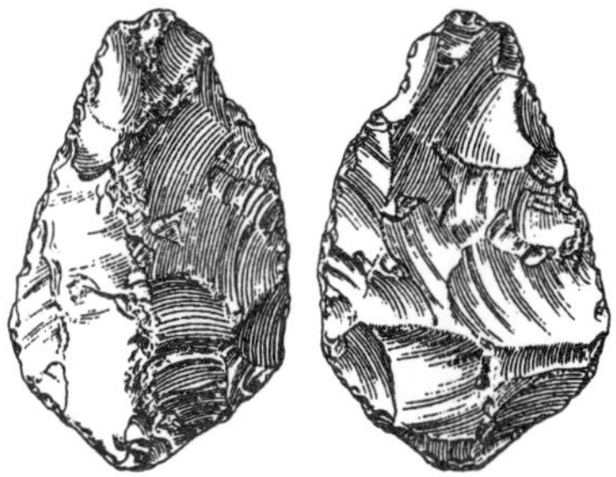

oder beiden Richtungen einige Abschläge getätigt wurden. Eine solche Industrie ist mit dem *Homo habilis* und *Homo erectus* in Verbindung gebracht worden. In Britannien hat man solche frühpleistozänen Industrien nicht gefunden. Aber zu Beginn dieses Jahrhunderts sind viele Feuersteine aus den frühpleistozänen Crag-Schichten als Artefakte beschrieben worden, wie z. B. die teilweise zweiseitig abgeschlagenen Feuersteine im Roten Crag von Ipswich und die [von Moir] sogenannten *Rostrocarinates* ["Schnabelkiel-Steine"] aus der Grundschicht des Norwich-Crag bei Norwich. Sie sind nach heutiger Ansicht allesamt natürlichen Ursprungs. Sie erfüllen nicht die nötigen Anforderungen, um sie als Werkzeug identifizieren zu können: daß das Objekt feste, regelmäßige Strukturen aufweise, daß es an einem geologisch möglichen Aufenthaltsort gefunden werde, am besten zusammen mit anderen Zeichen menschlicher Aktivität (z. B. Abschlägen, Tötungsspuren, Begräbnisplatz), und daß es Anzeichen für rechtwinklig angesetzte Abschläge aus zwei oder drei Richtungen gebe."

Sparks und West von der Cambridge-Universität sind Experten für das Pleistozän in Britannien.

In Wahrheit waren Moir und andere Autoritäten wie Osborn und Capitan sehr wohl in der Lage, die Crag-Funde eindeutig nach Werkzeugtypen (Faustkeil, Bohrer, Schaber etc.) zu unterscheiden, vergleichbar den akzeptierten paläolithischen Industrien, etwa dem Moustérien. Die Foxhall-Fundstelle, mit dem dort entdeckten Kiefer, repräsentierte für viele Fachleute eine geologisch mögliche Wohnstätte. Moir (1927, S. 33) selbst sah darin einen Arbeitsplatz und erkannte Anzeichen für den Gebrauch von Feuer.

Was multidirektionale, rechtwinklige Abschläge angeht, so ist dies gewiß nicht das einzige Kriterium zur Beurteilung menschlicher Steinbearbeitung. Aber selbst wenn es so wäre: M. C. Burkitt (1956, S.104) fand auf einigen der von J. Reid Moir gesammelten Geräte eben solche rechtwinklig angesetzten, multidirektionalen Absplitterungen. Der Archäologe und Anthropologe M. C. Burkitt von der Universität Cambridge, einst Mitglied jener internationalen Kommission, die Moirs Werkzeugfunde in den zwanziger Jahren untersuchte, äußerte sich in seinem 1956 erschienenen Buch *The Old Stone Age* positiv über die Funde.

Ein anderer, der sich auf Moirs Seite stellte, war Louis Leakey (1960, S. 66, 68), als er schrieb: "Es ist mehr als wahrscheinlich, daß es in Europa während des Unteren [= Frühen] Pleistozäns genauso wie in Afrika primitive Jäger gab. Es scheint sicher zu sein, daß ein Teil der Fundstücke aus den Sub-Crag-Ablagerungen Abschläge von Menschenhand aufweist; man kann darin nicht einfach natürliche Kräfte am Werk sehen."

Werkzeuge aus einer Schicht unterhalb des Crag stammen allerdings nicht aus dem Frühen Pleistozän, sondern mindestens aus dem Späten Pliozän.

Leakey (1960, S. 68) kam dann auf etwas Wesentliches zu sprechen: "Man sollte immer bedenken, daß einfache Kiesel-Chopper ohne die Ausbildung feinerer Formen zwar für das Kafuan und Oldowan typisch sind, daß solche Geräte aber auch später noch hergestellt wurden, sogar von Menschen, die bereits viel fortgeschritteneren Kulturen angehörten - geradeso wie wir selbst immer noch Kerzen verwenden, obwohl wir längst elektrisches Licht haben."

Diese Feststellung ist für das Verständnis lithischer Funde von entscheidender Bedeutung. Es gibt keinen Grund zu der Annahme, daß grob gefertigte Steinwerkzeuge aus frühpleistozänen oder tertiären Ablagerungen auch von dementsprechend primitiven Hominiden hergestellt worden sein müssen. Dies gilt besonders, wenn wir in Betracht ziehen, daß Exemplare weit besser gearbeiteter Werkzeuge, wie sie gewöhnlich dem *Homo sapiens* zugeschrieben werden, in Schichten aus der gleichen Zeit - Frühes Pleistozän oder Tertiär - vorkommen, desgleichen Skelettreste, die von denen moderner Menschen nicht zu unterscheiden sind.

In der Geschichte der Paläanthropologie finden sich gelegentlich Abhandlungen, die bestimmten Entdeckungen oder allgemeinen Auffassungen den Todesstoß versetzen und aus diesem Grund ständig zitiert werden. Was die europäischen Eolithen betrifft, sind es zwei Artikel, die das "definitive Vernichtungswerk" geleistet haben. Es handelt sich um jenen Aufsatz H. Breuils, in dem der Autor behauptet, geologischer Druck sei für die Bildung von Pseudo-Eolithen in den Eozänformationen von Clermont (Oise) verantwortlich gewesen, und jenen Text von A. S. Barnes, in dem durch die statistische Analyse der Abschlagwinkel der Beweis angetreten wird, die eolithischen Industrien seien natürlichen Ursprungs.

Untersuchungen, die der Abbé Henri Breuil im Jahr 1910

durchführte, sollten, wie er meinte, die Kontroverse um die Eolithen beenden. In seinem oft zitierten Bericht (*Sur la présence d'éolithes à la bas de l'éocène parisien*) erklärte Breuil, daß die Kiesgruben von Belle-Assise bei Clermont im Département Oise nordöstlich von Paris schon seit Jahren seine Aufmerksamkeit geweckt hätten. Dort war bei Ausgrabungen ein Kreidebett zutage gekommen, das die stratigraphische Basis der darüberliegenden Schichten bildete. Über dem Kreidebett lag eine Lehmschicht mit Lagen aus kantigen Feuersteinen, durchsetzt mit grünlichem Bracheux-Sand, der zum Thanétien (frühestes Eozän) gerechnet wird (Obermaier 1924, S. 12). Breuil schloß daraus, daß die feuersteinhaltigen Lagen unter dem Sand demgemäß an den Anfang des Eozäns gehören mußten, d. h. nach moderner Zählung 50 bis 55 Millionen Jahre alt wären; einige moderne Experten datieren das Thanétien sogar ins Späte Paläozän (vor 55 bis 60 Millionen Jahren) (Marshall et al. 1977, S. 1326). Über den Bracheux-Sandschichten waren pliozäne und pleistozäne Kiesablagerungen.

"Als die Diskussion um die Fertigung von Eolithen begann", schrieb Breuil (1910, S. 386), "kam es mir oft in den Sinn, daß eine Untersuchung der Feuersteinsplitter aus den tiefsten Bracheux-Sandschichten von Belle-Assise interessante Erkenntnisse liefern könnte." Drei Jahre lang sammelte Breuil Feuersteinexemplare, wobei er die Bruchstrukturen sorgfältig analysierte. "Ich habe dabei stets vermieden, die Ausgrabungen mit Hilfe von Metallwerkzeugen durchzuführen, und war auch darauf bedacht, die von den Picken der Arbeiter getroffenen Feuersteine auszusortieren. Es ist relativ einfach, während des Grabens einen ganz frischen von einem älteren Bruch zu unterscheiden. Ältere Brüche weisen an der Oberfläche stets einen dünnen Eisen- oder Manganfilm auf" (ebd.). "Nachdem ich zweifelsfrei das Vorhandensein zerbrochener Feuersteine festgestellt hatte, deren Erscheinungsbild eine zweckgerichtete Bearbeitung und Retuschierung nahelegte, die also den sogenannten Eolithen ähnlich waren, ließ ich mir diesen Befund von zahlreichen Personen, darunter Capitan, Cartailhac und Obermaier, die in meiner Begleitung charakteristische Stücke einsammelten, bestätigen. Auch Herr Commont, mit dem ich das Vergnügen hatte, die feuersteinhaltigen Straten in Augenschein nehmen zu können, sammelte einige Exemplare. Überdies fand Commont in eozänen Ablagerungen in der Pikardie Feuersteine – deren stratigraphische

Position der der Funde von Belle-Assise entsprach –, die gleichfalls Spuren von Bearbeitung und Retuschen erkennen ließen" (Breuil 1910, S. 386f.).

Breuil beschrieb dann Fundstücke mit Retuschen, Schlagzwiebeln und Schlagflächen. Einige wiesen regelmäßige zweiseitige Abschläge auf, wie sie für spätpaläolithische Werkzeuge typisch sind. Bei anderen beschränkten sich die Absplitterungen auf die der Schlagzwiebel (Bulbus) gegenüberliegende Kante des Feuersteins - auch das ein deutliches Merkmal menschlicher Arbeit. Aber Breuil (1910, S. 388) warnte: "Wenn wir bei unseren Beschreibungen Begriffe verwenden, die normalerweise auf richtige Werkzeuge aus menschlicher Fabrikation zutreffen, so ist das nichts weiter als eine Konvention, eine Formulierung, und bedeutet keineswegs, daß wir auch nur einen Augenblick glaubten, wir hätten es mit uralten Werkzeugen zu tun, die von Menschen aus dem Eozän oder noch früheren Zeiten stammten."

Breuil war der Meinung, daß menschliche Aktivitäten mit absoluter Sicherheit auszuschließen seien, da die Feuersteine in einer eozänen Formation gefunden worden waren. Wie so viele andere Wissenschaftler konnte er sich nicht vorstellen, daß im Eozän schon Menschen existierten, da sich die anhand von Fossilien rekonstruierte Säugetierfauna von der heutigen augenscheinlich völlig unterschied. Breuil (1910, S. 406) schrieb, es sei "ganz und gar unwahrscheinlich, daß vor oder während der Ablagerung des Bracheux-Sandes ein intelligentes Wesen, ein Feuersteinbearbeiter, gelebt hat."

Falls aber menschliche Betätigung ausgeschlossen war, wie waren die Feuersteinobjekte dann entstanden? Breuil (1910, S. 387f.) suchte eine natürliche Erklärung: geologischen Druck (Wasser als Ursache) verwarf er. Er beschrieb Fundstücke(1910, S. 403) , die seiner Auffassung nach ein klares Licht auf die Entstehung der von ihm begutachteten "Pseudowerkzeuge" warfen: "Es handelt sich um Feuersteine, die sich im Innern des Bettes befanden, als die Absplitterungen auftraten, wobei die Bruchstücke in gegenseitigem Kontakt verblieben. Es ist leicht zu erkennen, daß es sich hierbei um muschelige Brüche handelt, wobei quasi positive und negative Schlagbulben entstanden." Bei muscheligen Brüchen kommt es zu Erhebungen oder Mulden, die wie die kurvige innere Oberfläche einer Muschelschale geformt sind. Ein (erhabenes)

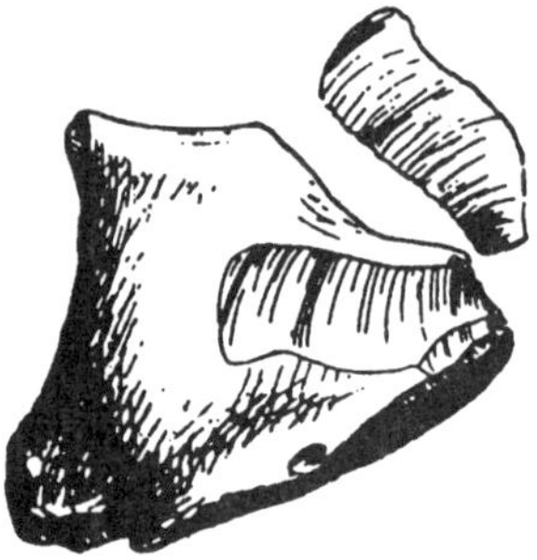

Henri Breuil (1910, S. 405) fand in einer Eozänschicht bei Clermont (Oise) Beispiele von Feuersteinablösungen aus Mutterblöcken, was, wie er meinte, auf geologischen Druck zurückzuführen sei. Befunde dieser Art würden beweisen, daß im Falle der Eolithen kein Menschenwerk im Spiel war.

Schlagzwiebel-Positiv findet sich auf der Oberfläche eines von einem Kernstein abgelösten Splitters. Der Nukleus bewahrt den negativen Eindruck des Bulbus. Wie Breuil es sah, brachen diese Bulben unter geologischem Druck ab.

Aber war wirklich geologischer Druck, so fragt man sich, dafür verantwortlich? Ein moderner Experte (L. Patterson 1983) erklärte, daß durch Druck verursachte Absplitterungen nur sehr selten charakteristische Schlagzwiebeln entstehen lassen. Wie der Name besagt, denkt man bei Schlagzwiebeln an Brüche, die durch gezielte Schläge hervorgerufen werden. Wenn Breuil recht hatte mit seiner

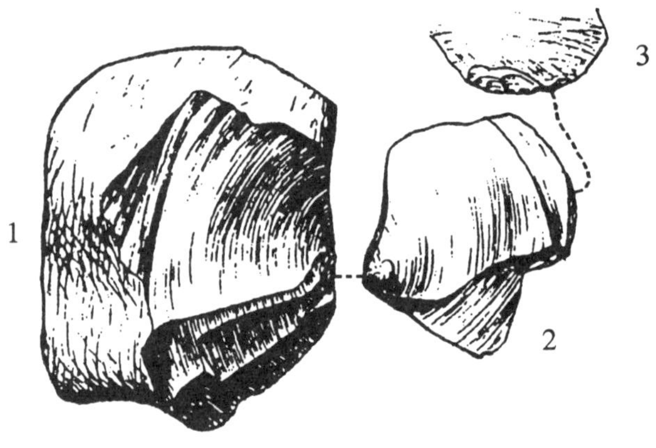

(1) Mutterblock aus Feuerstein, aus einer Eozänformation, Clermont (Oise), Frankreich. (2) Splitter, anscheinend durch geologischen Druck abgelöst; er war, als er gefunden wurde, noch in Kontakt mit dem Mutterstein. (3) Andere Seite des Splitters, wobei eine Kante Abschlagspuren aufweist, die anscheinend durch geologischen Druck entstanden sind (Breuil 1910, S. 406).

Annahme, daß geologischer Druck klar ausgeprägte Bulben und Retuschen produzieren kann, wie man sie auch auf Werkzeugen aus Menschenhand findet, dann dürfte kein steinernes Objekt mit Spuren einer groben Abschlagtechnik als Hinweis auf menschliche Betätigung akzeptiert werden, es sei denn, es würde in unmittelbarer Nähe zu anderen eindeutigen Beweisen für die Anwesenheit von Menschen gefunden werden. Wollte man diesen Standard verallgemeinern, müßten zahlreiche nach den üblichen Normen anerkannte Steinwerkzeuge - darunter die große Anzahl rudimentärer Oldowan-Geräte aus Ostafrika - als wissenschaftlich wertlos zurückgewiesen werden, wurden sie doch alle nicht in der unmittelbaren Nähe menschlicher Fossilien entdeckt. Wie S. Hazzeldine Warren in England hatte Breuil aber nicht nur Eozän-Objekte gefunden, die primitiven Eolithen ähnelten, sondern auch solche, die dem Vergleich mit technologisch avancierteren spätsteinzeitlichen Werkzeugen standhielten. Dennoch glaubten beide, daß alle diese werkzeugähnlichen Fundstücke, die elaboriertesten wie die primitivsten, ausschließlich von geologischen Kräften geformt worden seien - was nichts anderes heißt, als daß selbst jene Exemplare, die sich mit qualitätsvollen paläolithischen Stücken vergleichen ließen, nicht mit Bestimmtheit als Werkzeuge definiert werden dürften, es sei denn man entdeckte sie zusammen mit anderen Spuren menschlicher Anwesenheit.

Falls aber geologischer Druck derart vorzügliche "Werkzeuge" schafft, dann läßt sich natürlich auch im Falle ihrer Vergesellschaftung mit menschlichen Spuren nicht definitiv sagen, ob sie nun natürlichen oder menschlichen Ursprungs sind. Um Skeptiker wie Breuil zufriedenzustellen, müßte man, so scheint es jedenfalls, selbst die besten Werkzeugstücke erst noch einer fossilen menschlichen Hand zwischen die Finger stecken.

Vielleicht aber hat Breuil ja auch unrecht mit der Annahme, geologischer Druck habe bei vielen der eozänen Fundstücke von Belle-Assise die Ablösung der Schlagzwiebeln bewirkt. Sein einziger Beweis waren die wenigen bulboiden Abschläge, die er noch in direktem Kontakt mit dem Mutterblock gefunden hatte. Hier können wir auf J. Reid Moirs Erklärung dieses Phänomens verweisen. F. N. Haward hatte im Geröllstratum unter dem Norwich-Crag Feuersteinsplitter in Kontakt mit ihren Muttersteinen vorgefunden. Haward war der Meinung, ausschließlich geologischer

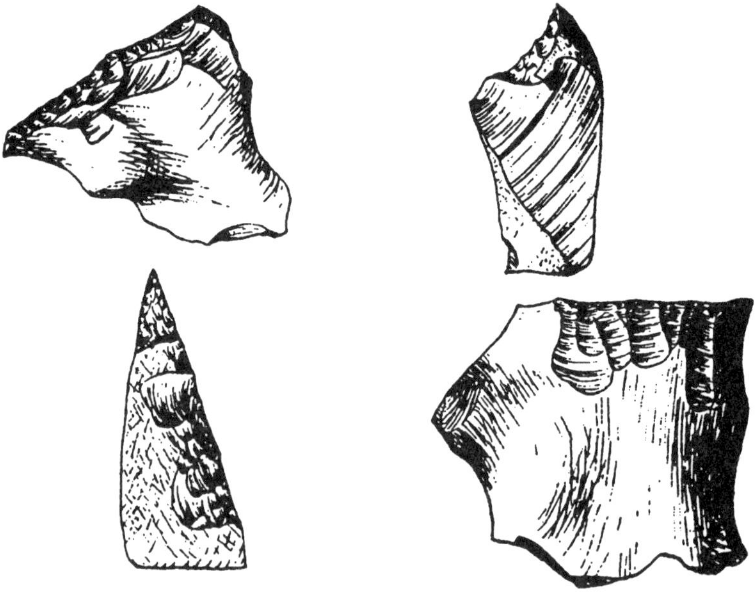

Diese Stücke aus einer eozänen Formation (Fundort: Clermont) charakterisierte H. Breuil als "Pseudo-Eolithen" (1910, S. 389, 392, 400, 401).

Druck habe zu ihrer Abspaltung geführt, Moir jedoch gab folgendes zu bedenken: Bevor die Feuersteine von den Ablagerungen bedeckt wurden, mochten durch gezielte (mutmaßlich menschliche) Schlageinwirkung ansatzweise bulboide Abschläge entstanden sein, die sich später dann aufgrund von Druckverhältnissen oder Hitze gänzlich vom Mutterstein lösten.

Breuil berief sich in erster Linie auf seine unbegründete Ansicht, daß im Eozän keine Menschen oder Frühmenschen existiert haben können, die in der Lage gewesen wären, auch nur die gröbsten Steinwerkzeuge herzustellen. Diese Auffassung wurde u. a. von Hugo Obermaier geteilt. Viele Befürworter der Eolithenfunde haben darauf hingewiesen, daß noch in unserer Zeit zum Beispiel die australischen Aborigines eolithenähnliche Werkzeuge herstellten. Aber Obermaier (1924, S. 16) protestierte: "Falls wir demnach anhand der tatsächlichen [modernen] Eolithen zu der Schlußfolgerung gelangten, daß aus Gründen formaler Übereinstimmung ähnliche Stücke aus dem Tertiär ebenfalls als Artefakte angesehen

Diesen Feuerstein fanden H. Breuil und H. Obermaier in einer eozänen Schicht bei Clermont (Breuil 1910, S. 402). Breuil erklärte, der Form nach sei er mit gewissen spätpleistozänen Werkzeugen identisch. Nichtsdestoweniger sah er in ihm das Produkt natürlicher Druckverhältnisse.

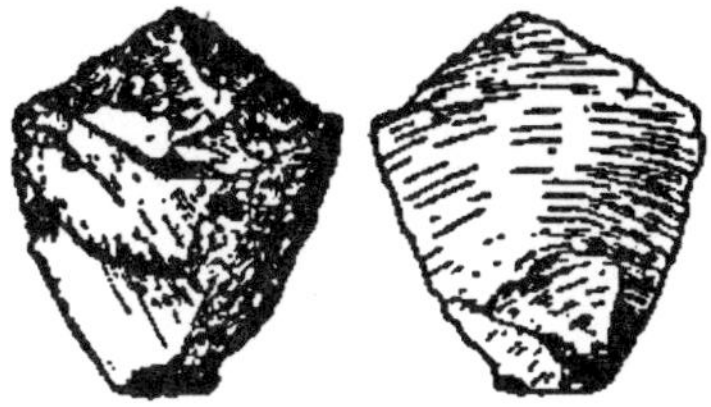

werden müssen, bedeutete das notgedrungen das Eingeständnis, daß der Mensch bereits im Oligozän und vielleicht sogar schon im Eozän existierte. Sind doch diese tertiären Produkte in keiner Weise weniger 'menschlich' als die entsprechenden modernen Formen und müssen daher ähnliche kulturelle Voraussetzungen haben. Sowohl Rutot - angesichts der Funde von Boncelles - als auch Verworn - im Hinblick auf Cantal - legen Nachdruck auf die Tatsache, daß die Feuersteine dieser Fundorte, die der menschlichen Hand wirklich ganz vorzüglich angepaßt sind, 'den Anschein erwecken, als seien sie ausdrücklich dafür gemacht'. Nun, das gleiche gilt für Belle-Assise!"

Offensichtlich waren Obermaier wie Breuil vollständig in dem Glauben befangen, im Eozän könne es einfach noch keine Menschen gegeben haben. Diese Überzeugung wog für beide schwerer als alles verfügbare Beweismaterial.

Nach einem Hinweis auf die Arbeit von Max Schlosser, der im ägyptischen Fayum fossile Affen erforschte, erklärte Obermaier: "Vom Gesichtspunkt der Paläanthropologie aus betrachtet ist das alles unhaltbar. Die nächsten Verwandten des eozänen Menschen von Clermont wären die *Pachylemuren* [Halbaffen]! Das älteste bekannte anthropomorphe Fossil, der *Propliopithecus* aus dem Oligozän, war wahrscheinlich nicht größer als ein Baby. Keiner kann ernstlich glauben, 'daß [so Schlosser] ein so kleines Geschöpf Steine von der Größe der Eolithen benutzen konnte. Das gilt auch für den Anthropodus, der sicherlich nicht so groß war wie ein zwölfjähriges Kind. Dementsprechend muß auch die Theorie pliozäner Eolithen aufgegeben werden'" (Schlosser 1911, S. 58; Obermaier 1924, S. 16f.).

Man darf jedoch nicht vergessen, daß diese Erklärungen auf

einer sorgsam “edierten” Version des bekannten Fossilienfundbestandes beruhten, von der die vollmenschlichen Skelettreste aus dem Pliozän, Miozän, Eozän und noch älteren geologischen Zeitaltern - da nicht akzeptiert - bewußt ausgenommen waren. Aber selbst wenn man sich an Obermaiers Aussagen hält, verraten sie eine fragwürdige Logik. Denn Obermaier hätte das Vorkommen menschenähnlicher Primaten im Tertiär nicht einfach deshalb gänzlich ausschließen dürfen, nur weil bis dahin noch keine menschenähnlichen Primatenfossilien entdeckt worden waren.

In anderem Zusammenhang stellte Breuil (1910, S. 406) zum Eolithenproblem fest: “Allgemein gilt die Ansicht, daß das Kriterium, wonach die natürlichen Produkte von Feuersteinen, und jene, die tatsächlich aus Menschenhand stammen oder rudimentäre Spuren menschlicher Bearbeitung aufweisen, unterschieden werden können, bisher noch nicht gefunden wurde. Und wahrscheinlich gibt es ein solches Kriterium gar nicht.”

Zahlreiche Experten in den letzten hundert Jahren waren und sind da anderer Meinung. Leland W. Patterson (1983; Patterson et al. 1987) nennt in seinen Arbeiten eine Kombination von Kriterien (darunter Schlagzwiebeln, Retuschen, die Geometrie der Schlagflächen, das wiederholte Auftreten bestimmter Formen etc.), deren Anwendung noch in den krudesten Steinanhäufungen menschliche Aktivitäten nachweisbar mache. Patterson (1983, S. 203) hat dazu erklärt: “Jeder erfahrene Analytiker von Steinmaterial kann unter Zuhilfenahme eines Vergrößerungsglases mit zehnfacher Vergrößerung zufällig abgespaltene Steinsplitter von einseitig bearbeiteten Werkzeugen unterscheiden.”

Wie Wissenschaftler bei der Verbreitung von Unwahrheiten zusammenarbeiten

Breuils Artikel war ziemlich einflußreich und wird noch heute häufig als Beleg dafür zitiert, daß Eolithen doch eher natürlichen Ursprungs sind, als daß es sich um Artefakte handelt. G. F. Wrights *The Origin and Antiquity of Man* (1912) ist ein “gutes” Beispiel für die Verwendung von Breuils Studie bereits kurz nach deren Erscheinen. Bei Wright (1912, S. 338f.), einem amerikanischen Geologen, kann man nachlesen, wie S. Hazzeldine Warren bewiesen habe, daß Karrenräder auf Schotterstraßen Abschläge erzeugten, die Feuersteine wie Eolithen aussehen ließen, und daß Marcellin Boule eolithenähnliche Feuersteinabschläge sammelte, die aus Zementmixern stammten. Wright (1912, S. 340) beklagte, daß einige Wissenschaftler (wie Rutot) noch immer für die Eolithen eintraten, und schrieb dann: "Im letzten Jahr ist es Abbé Breuil jedoch offensichtlich gelungen, einen Schlußstrich unter die Beweisführung gegen den künstlichen Charakter der Eolithen zu ziehen. Wir geben uns damit zufrieden, hier aus der von Prof. Sollas geleisteten Zusammenfassung dieser Beweisführung zu zitieren." Wright bezog sich auf das Buch *Ancient Hunters* (1911, S. 67ff.) und schloß mit der Feststellung Sollas': "Was die wichtige Frage des ersten Erscheinens von Menschen auf diesem Planeten angeht, können wir für heute unseren Seelenfrieden finden, wurde in Schichten, die erklärtermaßen älter als das Pleistozän sind, doch nicht einmal die Spur eines unbestreitbaren Beweises gefunden."

Dies ist noch heute die vorherrschende Lehrmeinung, obwohl Hunderte von Entdeckungen gemacht worden sind, die sie entkräften und von denen hier nur die wichtigsten diskutiert wurden.

Der Fall zeigt, wie Forscher mit übereinstimmenden Vorurteilen zusammenwirken, indem sie einen sogenannten "definitiven Bericht", der, wie jener von Breuil, in Wirklichkeit schlecht ausgearbeitet ist, in maßgebenden wissenschaftlichen Publikationen als der Weisheit letzten Schluß erklären. In einer Wissenschaftswelt, in der viel zitiert, aber nur wenig an Originalen gearbeitet wird, ist dies eine sehr wirksame propagandistische Maßnahme. Wie viele Leser werden schon Breuils französischen Originaltext "ausgraben", ihn mit kritischer Brille lesen und sich ein eigenes Urteil darüber bilden, ob das, was er zu sagen hatte, wirklich einen Sinn ergibt?

Barnes und der Streit um den Abschlagwinkel

In der Kontroverse um die Eolithen nimmt der von A. S. Barnes vorgeschlagene Abschlagwinkel-Test eine entscheidende Position ein. Barnes, der noch in den zwanziger Jahren Moir gegen Angriffe von Haward und Warren verteidigt hatte, änderte später seine Auffassung. 1939 machte er den Werkzeugen aus dem Roten Crag und den Cromer-Forest-Ablagerungen den Garaus – das ist jedenfalls noch heute die Meinung vieler Autoritäten. Aber seine Aufmerksamkeit galt nicht nur East Anglia. In einer Studie mit dem Titel *The Differences Between Natural and Human Flaking on Prehistoric Flint Implements*" (Die Unterschiede zwischen natürlichen und menschlichen Abschlägen auf vorgeschichtlichen Feuersteinwerkzeugen) fanden Steingeräte-Industrien aus Frankreich, Portugal, Belgien und Argentinien ebenso seine Beachtung wie die Funde Moirs (Barnes 1939, S. 99).

Verteidiger der Ansicht, daß die umstrittenen Werkzeuge von Menschenhand gestaltet wurden, argumentieren meist dahingehend, daß natürliche Kräfte keine Absplitterungen von der Art erzeugten, wie sie auf den fraglichen Objekten zu beobachten wären. Barnes räumte ein, daß zufällige Stöße und Schläge nicht die Wirkung hätten, regelmäßige, in einer Richtung verlaufende Abschläge entlang einer Kante herbeizuführen. Er glaubte auch nicht, daß der bloße Druck übereinanderliegender Schichten - wie Breuil postuliert hatte - eine zufriedenstellende Erklärung sei, entstanden dadurch doch keine Exemplare mit guten Schlagflächen (striking platforms) oder deutlich erkennbaren Schlagzwiebeln (Barnes 1939, S. 106f.).

Barnes zeigte dann aber an einigen Beispielen, daß seiner Ansicht nach auch durch natürliche Wirkkräfte eolithen-ähnliche Objekte entstünden. Er machte dabei auf einige Feuersteine aufmerksam, die aus den eozänen Meeresablagerungen von Blackheath bei Stanstead in Surrey stammten. Hier waren Feuersteinnester 6 bis 12 Meter tief in Erosionshöhlen im Kalkgestein abgesackt, wo sie von Geröllmassen aus darüberliegenden Straten zermalmt wurden. Einige abgesplitterte Feuersteine waren, als man sie fand, noch in Kontakt mit dem Mutterblock (ebd.).

Neben Absenkungen konnte laut Barnes (1939, S. 106) und anderen noch eine weitere natürliche Ursache für die "Eolithenähnlichkeit" verantwortlich sein, nämlich das Phänomen des Erdfließens (Solifluktion). Dazu kommt es, wenn eine große Masse gefrorenen Kieses auftaut, in Bewegung gerät und mit großer Geschwindigkeit hangabwärts fließt.

Barnes räumte ein, daß alle Beurteilungen und Schlüsse, die auf bloßem Augenschein beruhten, einer nicht geringen Subjektivität ausgesetzt waren. Sein Vorschlag daher: Man solle sich darauf konzentrieren, für die Beurteilung von Werkzeugen ein meßbares

Merkmal zu finden, das nach objektiven Kriterien bewertet werden könne. Barnes suchte - und fand den *Angle platform-scar*. Was darunter zu verstehen sei, erklärte er (1939, S. 107) wie folgt: "Von natürlichen Brüchen läßt sich im allgemeinen sagen, daß sich darunter vielleicht ein paar wirklich gute Pseudomorphe menschlicher Arbeit finden mögen, daß die Untersuchung einer bestimmten Zahl von Exemplaren jedoch immer abweichende Abschlagprodukte zutage fördert. Diese abweichenden Abschläge lassen entweder keinen sinnvollen Zweck erkennen, dem sie hätten dienen können, oder sie treten an Stellen auf, wo sie bei menschlicher Bearbeitung nicht zu finden wären, oder weisen zwischen Schlagplattform und Schlagnarbe stumpfe Winkel auf. Es handelt sich dabei um den Winkel zwischen der Oberfläche, auf die der Schlag oder Druck ausgeübt wurde, der die Absplitterung zur Folge hatte, und der Narbe, die auf dem Werkzeug an der Stelle zurückbleibt, wo die Ablösung erfolgt ist."

Barnes' Beschreibung des zu messenden Winkels erscheint uns unklar. Und Experten auf dem Gebiet der Steintechnologie vom San Bernardino County Museum (unter ihnen Ruth D. Simpson), mit denen wir gesprochen haben, konnten ebensowenig spezifizieren, welchen Winkel Barnes eigentlich gemessen hat. Barnes glaubte jedenfalls, er habe ein objektiv meßbares Kriterium gefunden, um natürlichen Absplіß von Menschenwerk unterscheiden zu können. Barnes (1939, S. 109) erklärte: "Wenn wir die Werkzeuge des paläolithischen Menschen in Augenschein nehmen, bemerken wir, daß deren Kanten spitze Winkel (weniger als 80°) bildeten, womit sich schneiden und schaben ließ; spitzwinklige Kanten sind für solche Zwecke besser geeignet als stumpfwinklige (mehr als 90°). Es gibt noch einen anderen Grund, warum die Abschlagwinkel der von Menschen gefertigten Werkzeuge zumeist spitz sind, und er besteht darin, daß die Hersteller über eine kontrollierte Abschlagtechnik verfügen mußten. [...] Die Erfahrungen des Autors bei der Anfertigung von Feuersteinwerkzeugen lehren ihn, daß der Abschlagwinkel zwischen 20° und 88° liegen sollte, will man die Abschläge zufriedenstellend kontrollieren."

Um aussagekräftig zu sein, müssen an zahlreichen fraglichen Fundstücken einer Werkzeugindustrie Messungen durchgeführt werden. Barnes (1939, S. 111) konstatierte, daß eine Stichprobe "dann als Produkt menschlicher Bearbeitung gelten kann, wenn nicht mehr als 25% der Abschlagwinkel stumpf (90° und darüber) sind". So gerüstet kam Barnes (ebd.) zu einer niederschmetternden Schlußfolgerung: "Keiner der vom Autor überprüften Eolithen [...] (aus Prä-Crag-Schichten in Suffolk, Kent, Puy Courny, Belgien usw.) [...] genügt dem Kriterium. Sie können daher nicht als menschliche Produkte angesehen werden."

Interessanterweise scheint sich Moir des Barnesschen Kriteriums durchaus bewußt gewesen zu sein, aber offenbar war er des Glaubens, seine Fundstücke lägen im zulässigen Bereich. 1935, vier Jahre vor der Veröffentlichung von Barnes' Studie, analysierte Moir seine eigenen Exemplare nach Maßgabe ihrer Winkel. Zunächst notierte er, daß Werkzeuge aus Feuerstein "notwendigerweise alle dem gleichen Produktionsplan folgen", mit "einer mehr oder weniger ebenen Schlagfläche" als Voraussetzung (Moir 1935, S. 355). Er entschied sich dann dafür, "Winkel von sekundären Kantenabschlägen zu untersuchen, die bei einer ganzen Reihe von Prä-Crag-Werkzeugen zu finden sind, ein Faktor, den der Werkzeugmacher weitgehend unter Kontrolle hatte" (ebd.). Unter "sekundären Kantenabschlägen" scheint Moir Absplitterungen zu verstehen, die an bereits natürlich zerbrochenen Feuersteinen ausgeführt wurden, um aus den Bruchstücken Werkzeuge zu fertigen. Obwohl nicht mit letzter Sicherheit festzustellen, stimmt dieser sekundäre Kantenabschlagwinkel offenbar mit Barnes' "Abschlagwinkel" überein. Allerdings reichen die Moirschen Untersuchungsergebnisse allein nicht aus, um sagen zu können, ob sie Barnes' Forderung von höchstens 25 Prozent stumpfen Winkeln in jeder der untersuchten Fundgruppen genügten. Aber die von Moir gemessenen Winkel waren überwiegend spitz, und Moir selbst war der Ansicht, seine Werkzeugfunde erfüllten Barnes' Kriterium.

Dennoch meinte Barnes, er habe mit seinem kurzen Artikel von 1939 allen in den letzten 75 Jahren entdeckten lithischen Industrien, denen ein ungewöhnlich hohes Alter zugeschrieben worden war, ein Ende bereitet. Für Barnes und praktisch die ganze Wissenschaftsgemeinde war das Problem damit abgeschlossen. In Wirklichkeit jedoch drosch Barnes nur auf einen toten Gaul ein, da die Kontroverse um die Eolithen und andere tertiäre Steinwerkzeug-Industrien schon längst kein brennendes Thema mehr war. Die Entdeckung des Java- und des Peking-Menschen hatte die Wissenschaftler mehr und mehr davon überzeugt, daß der entscheidende Übergang von affenähnlichen Vorfahren zu werkzeugmachenden Menschen (oder Frühmenschen) im Frühen bis Mittleren Pleistozän stattgefunden hatte, wodurch die steinernen Beweise für die Existenz eines tertiären Menschen zur weitgehend belanglosen Randepisode verkümmerten. Barnes jedoch spielte die Rolle eines Mannes, der die wichtige, wenngleich niedere Aufgabe übernommen hatte, die letzten nutzlosen Reste irrelevanten Beweismaterials zu beseitigen. Wann immer seither das Thema aufs Tapet kam - was von Zeit zu Zeit der Fall ist -, konnten die Wissenschaftler bequem Barnes zitieren. Seine Methode wird bei der Untersuchung von Steinwerkzeugen noch heute angewendet. Der Artikel aus dem Jahr 1939 ist typisch für die Art Entlarvungs- und Abfertigungstexte, die stets angeführt werden, wenn ein kontroverses Problem auf bequeme Weise "gelöst" werden soll, was alle weitergehenden Überlegungen überflüssig macht. Sieht man jedoch genau hin, so hat es den Anschein, als bräuchte Barnes' "definitive Abfertigung" selbst eine Abfertigung.

Alan Lyle Bryan, ein kanadischer Anthropologe, schrieb kürzlich (1986, S. 6): "Die Frage, wie natürliche Objekte von Artefakten zu unterscheiden sind, ist noch längst nicht beantwortet und macht weitere Forschung notwendig. Die Art und Weise, wie das Problem in England mittels der statistischen Methode von Barnes gelöst wurde, indem man die Abschlagwinkel gemessen hat, ist nicht allgemein anwendbar, will man zwischen natürlichen Objekten und Artefakten differenzieren." In einem Telefongespräch erklärte Bryan am 28. Mai 1987, daß die Anwendung von Barnes' Kriterium beispielsweise alle Klingenwerkzeuge aus der Untersuchung ausschließen würde, die von vielflächigen Kernsteinen abgeschlagen worden seien. Seiner vorsichtig geäußerten Meinung nach war Barnes bei der Eliminierung anomaler europäischer Steinwerkzeug-Industrien wohl über das Ziel hinausgeschossen. Bryan verwies auf jüngere Entdeckungen. So habe Peter White gezeigt, daß es spätpleistozäne europäische Werkzeuge gebe, die nicht in Barnes' Schema passen wollen.

Ein weiteres Beispiel für eine Industrie, die augenscheinlich nicht mit Barnes' Kriterium übereinstimmt, ist das afrikanische Oldowan, entdeckt in den unteren Lagen der Olduvai-Schlucht. Aus der Fundstätte DK vom Grund der Schicht I wurden 242 vollständige Abschläge ans Tageslicht gefördert. Bei 132 konnte der

Abschlagwinkel (Striking platform angle, “Schlagflächenwinkel”) gemessen werden. Mary Leakey (1971, S. 39) nennt folgende Ergebnisse:

70 - 89°	90 -109°	110 -129°	130°
4,6%	47,7%	46,2%	1,5%

Wie ersichtlich, sind mehr als 95 Prozent der Winkel stumpf. Aus Leakeys Befund wird jedoch nicht klar, welcher Winkel eigentlich gemessen wurde. Wir haben diesen Punkt mit Ruth D. Simpson und ihren Kollegen am kalifornischen San Bernardino County Museum für Naturgeschichte (unweit Redlands) diskutiert. Auch sie vermochten anhand von Mary Leakeys Angaben nicht genau zu sagen, welcher Winkel gemessen wurde. Dies ist ein generelles Problem, das uns bei Durchsicht der Winkelabmessungen an Steinwerkzeugen begegnete. Die vage Beschreibung der gemessenen Winkel seitens der Forscher macht es schwierig, Fundstücke zu vergleichen, und weckt Zweifel am wissenschaftlichen Wert solcher Berichte.

Falls der an den Olduvai-Werkzeugen gemessene Winkel der von Barnes vorgeschriebene oder ein adäquater war, genügt die weltweit anerkannte Oldowan-Industrie nicht seinem Kriterium. Bedenkt man die äußerste krude Art der Objekte, die Louis Leakey den Werkzeugfunden Moirs vergleichbar fand, dann ist es bemerkenswert, daß sie wissenschaftlicherseits nie auch nur im geringsten in Zweifel gezogen wurden. Wahrscheinlich liegt der Grund hierfür darin, daß die Oldowan-Industrie die als Dogma akzeptierte Hypothese vom afrikanischen Ursprung des Menschen stützt.

In den fünfziger Jahren wurde Barnes' Methode von George F. Carter kritisiert, der an verschiedenen Stellen im Gebiet von San Diego, vor allem entlang der Texas Street, primitive Steinwerkzeuge entdeckt hatte. Die Geräte, überwiegend Kieselfaustkeile und Quarzitabschläge, wurden in die letzte Zwischeneiszeit gesetzt und auf ein Alter von etwa 100 000 Jahren datiert - was der zur Zeit vorherrschenden Ansicht zuwiderläuft, wonach Menschen frühestens vor 30 000, nach konservativerer Schätzung erst vor ca. 12 000 Jahren den amerikanischen Doppelkontinent besiedelten.

Auf Versuche, seine Werkzeugfunde mit den gleichen Methoden zurückzuweisen wie die europäischen Eolithen, reagierte Carter (1957, S. 323) umgehend: “Ein Vergleich des Fundmaterials aus dem Distrikt von San Diego mit europäischem ist nur sehr bedingt möglich, was von einigen Leuten übersehen worden zu sein scheint.

Das lithische Material ist überaus verschieden - Quarzit und Porphyre in Kalifornien, glasartiges Gestein vom Typ Feuerstein in Europa. In der Gegend von San Diego gibt es weder Bewegungen durch Frost noch Erdfließen oder sonst ein verwandtes Phänomen - das gilt bereits für das Pleistozän. Und es gibt keinen Kalkstein, der absacken und Druck ausüben könnte."

Speziell im Hinblick auf Barnes' Methode stellte Carter (1957, S. 329) fest: "Klar ist, daß viele der üblichen Kriterien zur Beurteilung menschlicher Urheberschaft an Steinbearbeitungen hier nicht zutreffen. Bedauerlicherweise scheint dies auch auf das Verfahren zur Messung des Abschlagwinkels (Platform angle) zuzutreffen, das sich in England als so brauchbar erwiesen hatte, um zwischen natürlichen und menschlichen Produkten zu unterscheiden. Auf einem beidseitig abgeschlagenen Werkzeug ergeben Barnes' (1939) Abschlagwinkel weit weniger als 90°. Auf Abschlägen und Kernsteinen wie den an der Texas Street gefundenen Exemplaren sind es gewöhnlich um die 90°. Man sollte nicht übersehen, daß plankonvexe Werkzeuge normalerweise hohe Abschlagwinkel aufweisen."

Plankonvexe Werkzeuge sind auf der einen Seite eben, auf der anderen nach außen gewölbt. Hier haben wir also ein weiteres Beispiel einer Industrie, die als menschlichen Ursprungs akzeptiert wurde (zumindest von Carter und seinen Anhängern), die aber nicht mit dem Barnesschen Kriterium konform geht.

Leland W. Patterson, Autor einer neueren Studie über die in Calico (Kalifornien) gefundenen Steinwerkzeuge, hat sich gleichfalls mit der Anwendbarkeit von Barnes' Methode befaßt. Bei Calico hat man steinerne Objekte vermeintlich menschlicher Herkunft entdeckt, und dies in Schichten die mittels der Uran-Zerfallsreihen auf ein Alter von ca. 200 000 Jahren datiert wurden. Wie die Texas-Street-Werkzeuge sind sie demnach überaus anomal. Mit Hilfe der Barnesschen Winkelmessung konnte L. A. Payen (1982) die Funde von Calico als nichtig abtun. Aber Patterson und seine Mitautoren (1987, S. 92) waren der Ansicht, daß sich die Barnessche Methode der Winkelmessung für diesen Zweck nicht eignete. Patterson definiert Barnes' Winkel oder Beta-Winkel als "den Winkel zwischen der Bauchseite und der Schlagfläche" (ebd.). Er selbst zog es jedoch vor, einen anderen Abschlagwinkel (Striking platform-angle, "Schlagflächenwinkel") zu messen, den er als den

Winkel zwischen der Rückseite des Abschlags und der Schlagfläche definierte.

Patterson merkte dazu an: "Für allgemeine Analysezwecke eignet sich dieser Winkel besser als der 'Beta'-Winkel ..., weil die auffälligen Schlagzwiebeln auf Bauchseiten sich mit 'Beta'-Winkelmessungen häufig nicht vertragen" (L. Patterson 1983, S. 301).

Als Patterson und seine Mitarbeiter ihre "Schlagflächenwinkel" maßen, kamen sie zu anderen Ergebnissen als Payen (der Beta-Winkel gemessen hatte): "Spitze Schlagflächenwinkel wurden an 94,3% aller Calico-Abschläge mit intakten Schlagflächen nachgewiesen, verglichen mit den 95,5% der experimentellen Stichprobe. Die Schlagflächenwinkel an den Calico-Abschlägen maßen im Durchschnitt 78,7°, bei einer Standardabweichung von 8,3%. Dies stimmt mit den üblichen Resultaten bei gezielten Abschlägen überein" (L. Patterson et al. 1987, S. 97). Die auffällige Differenz zu den Ergebnissen Payens kommentierten Patterson und seine Mitarbeiter so: "Man kann sich fragen, welcher Art Payens Stichprobe war. Nur Fundstücke, die sich als repräsentativ erweisen, deren Hersteller die Abschlagtechnik beherrschten, sollten bei einer Analyse der Schlagflächengeometrie herangezogen werden. Man kann enormen analytischen 'Lärm' erzeugen, wenn man unterschiedliche Bruchstücke untersucht, die sich womöglich nicht einmal einer kontrollierten Abschlagtechnik verdanken. Oft sind lithischen Industrien große Mengen uncharakteristischen Bruchs gemein, der nicht von kontrollierten Abschlägen stammt" (L. Patterson et al. 1987, S. 92).

Dies könnte auch auf manche europäische Fundstätte mit ungewöhnlich alten Steinwerkzeugen zutreffen.

"Eine weitere Fehlerquelle bei der Analyse der Schlagflächen-Geometrie ist die Verwechslung von Sekundärflächen mit den richtigen residualen Schlagflächen" (ebd.). Patterson hatte schon früher (1983, S. 301) darauf hingewiesen: "Schlagflächenwinkel und 'Beta'-Winkel auf Abschlägen werden sehr oft fälschlicherweise gleichgesetzt, wenn durch einen sekundären Bruch die eigentliche Schlagfläche verschwunden ist und eine narbige Abschlagfläche zurückgelassen hat, die den falschen Eindruck erweckt, diese Winkel seien stumpf. Es sollte betont werden, daß bei intakten Exemplaren kontrollierten Abschlags Schlagflächen- und 'Beta'-Winkel keine 90° messen. [...] Untersuchungen wie die von R. E.

Taylor und L. A. Payen, die von 'Beta'-Winkeln auf den Abschlägen ausgehen und zu der Schlußfolgerung gelangen, daß die Fundorte Calico und Texas Street keine von Menschen bearbeitete Produkte bargen, sind aus den genannten Gründen zweifelhaft."

Patterson stellte die grundlegende Schwäche der Barnesschen Methode heraus: "Frühere Forscher mußten den Eindruck erhalten, daß Fundstücke aus natürlichem Steinspliß zahlreiche stumpfwinklige Schlagflächen aufweisen, aber der Grund dafür scheint vorwiegend in einer falschen Identifikation des Schlagflächenwinkels zu liegen. [...] Die Prozentzahl der Abschläge mit stumpfen Schlagflächenwinkeln ist offenbar nur deshalb so hoch, weil so viele ursprüngliche Schlagflächen verschwunden sind und statt ihrer sekundäre Bruchflächen fälschlicherweise als Reste ursprünglicher Schlagfächen identifiziert wurden. [...] Wahrscheinlich liegt das größte Problem der Barnesschen Methode darin, daß sie nur ein einziges Merkmal berücksichtigt. Es ist jedenfalls sehr schwierig, auf diese Weise das Fehlen oder Vorhandensein menschlicher Arbeit schlüssig nachzuweisen. [...] Die Untersuchung singulärer Attribute vermag nie zu überzeugen" (L. Patterson et al. 1987, S. 92).

Zu den wichtigsten Merkmalen zählten nach Patterson klar ausgeprägte Schlagflächen (besonders solche, die besserer Abschläge wegen modifiziert wurden), Werkzeugtypen in mehrfacher Ausfertigung, Messungen der Schlagflächenwinkel, das Vorhandensein von Schlagzwiebeln und zugehörigen Rippellinien sowie der geologische Kontext. Andere Merkmale, die einbezogen werden könnten: regelmäßige Retuschen, scharfe Kanten (die Natur neigt zu Rundungen) und Hinweise auf parallele Abschläge.

Dieser methodisch ausgeglichene Ansatz war übrigens auch für das Vorgehen der ursprünglichen Entdecker von Steinwerkzeugen typisch.

Schauen wir uns einige der von Patterson genannten Schlüsselmerkmale genauer an. Die Schlagzwiebel galt Patterson als wichtigstes singuläres Identifikationselement. Was Calico betraf, stellten er und seine Ko-Autoren fest: "Von 3336 Abschlägen aus fünf Fundeinheiten wiesen 26,1% Schlagzwiebeln auf; sie wurden als 'diagnostische', d. h. charakteristische Abschläge klassifiziert. Beim experimentellen Zerschlagen von Steinen war das Ergebnis (nach harter Schlagwirkung) folgendes: 24,3% von 473 Abschlägen besaßen Schlagzwiebeln und wurden als diagnostische Abschläge klassifiziert. Verglichen damit weisen Abschläge, die durch ein mechanisch herbeigeführtes Zermalmen (Druckkräfte) zustande kamen, meist einen sehr niedrigen Prozentsatz an erkennbaren Schlagzwiebeln auf, wie Abschläge aus Kiesbrechanlagen zeigen" (L. Patterson et al.1987, S. 95).

Patterson (1983, S. 300) wies auch darauf hin, daß Brüche, die durch Schlagwirkung entstanden sind, nicht selten Rippellinien hervortreten lassen, die vom Aufschlagpunkt ausstrahlen, wohingegen Brüche, die durch Druckwirkung entstanden sind, feinere Rippellinien erzeugen. Ferner können bei Schlagbrüchen Abnutzungseffekte in Form kleiner Splitter auftreten, die sich von der Bauchseite der Schlagzwiebel ablösen. Bis heute jedoch sei keine Situation belegt, wonach durch Schlagwirkung aufgrund natürlicher Kräfte Absplitterungen in großen Mengen angefallen wären (L. Patterson et al. 1987, S. 96).

In einigen kontroversen Fällen hat Patterson auf die Bedeutung des "geologischen Kontextes einer Steinsammlung" aufmerksam gemacht (1983, S. 299). Er fügte hinzu: "Massive Brüche durch Schlagwirkung treten in der Natur, soweit bekannt, einzig und allein unter Sturmbedingungen an Meeresküsten auf, wenn große Energien frei werden. [...] Viskose Flüssigkeiten und dünner Schlamm behindern jedoch heftige Gesteinsbewegungen mit hoher Geschwindigkeit. Brüche unter Druck hinterlassen andere lithische Merkmale als die auf Schlagwirkung beruhenden Abschlagtechniken des Frühmenschen. [...] Natürliche Brüche im Gestein treten auch noch unter einer anderen Voraussetzung auf: wenn Feuersteinnester in einen sicheren Kalkuntergrund eingelagert sind und es zu einer massiven Verwerfung kommt. Hierbei sind Scherungsbrüche normal, ohne die üblicherweise unter Schlageinwirkung entstehenden Charakteristika" (L. Patterson 1983, S. 299).

Patterson vertritt also die Auffassung, daß es sehr wohl möglich ist, natürliche, durch Druck hervorgerufene Brüche eindeutig von solchen zu unterscheiden, die mittels gezielter Abschlagtechniken entstanden sind - in Übereinstimmung mit den ursprünglichen Befürwortern früher Steinwerkzeug-Industrien.

Hinsichtlich der Werkzeugtypenanalyse und der Verteilungsmuster erklärte Patterson: "Selbst wenn die Natur lithische Objekte hervorbringt, die einfachen von Menschen hergestellten Geräten ähneln, wird dies wahrscheinlich nicht allzu häufig vorkommen.

Die Häufigkeit des Auftretens morphologisch ähnlicher Fundstücke an einem gegebenen Ort ist deshalb für den Nachweis wahrscheinlicher Herstellungsstrukturen von Bedeutung. Die Produktion zahlreicher, morphologisch übereinstimmender Stücke ist gewiß keine Gewohnheit der Natur. Quantitative Angaben über die Häufigkeit eines jeden Fundtyps sollten daher niemals fehlen" (L. Patterson 1983, S. 298).

Im Licht der Arbeiten von Bryan, Carter und Patterson ist klar, daß die uneingeschränkte Ablehnung eolithischer und anderer früher Steinindustrien aufgrund des Barnesschen Winkelmaßkriteriums nicht gerechtfertigt ist. Generell läßt sich sagen, daß die Befürworter ungewöhnlich alter Industrien ihre Schlüsse anhand fundierterer Analysetechniken gezogen zu haben scheinen als ihre Gegner, deren Einwände hauptsächlich in Form von Mutmaßungen über die Auswirkungen natürlicher Kräfte vorgebracht wurden, während die Beweislage, auf die sich stützen, eher dürftig und inadäquat ist.

Auswirkungen der eolithischen Industrien Englands auf moderne Theorien der menschlichen Evolution

Als Zwischenbilanz ist festzuhalten, daß wir uns auf einige sehr glaubhafte Berichte seitens angesehener Wissenschaftler über Steinindustrien stützen können, die gut und gerne ins Tertiär datiert werden können. Danach dürften die Eolithen des Kent-Plateaus dem englischen Pliozän angehören. Das Ende des Pliozäns wird im allgemeinen auf etwa 2 Millionen Jahre angesetzt, von einigen auch auf 1,6 Millionen Jahre (Gowlett 1984, S. 200). Hugo Obermaier, einer der bedeutenden Paläanthropologen des frühen 20. Jahrhunderts, schrieb über "die Eolithen des Kreideplateaus von Kent in Südengland, die ins Mittlere Pliozän gehören" (1924, S. 8).

Ein Zeitansatz ins Mittlere Pliozän ergäbe für die Eolithen von Kent ein Alter von 3 bis 4 Millionen Jahren. Die meisten Paläanthropologen geben den Ursprüngen des modernen *Homo sapiens* (fachwissenschaftlich *Homo sapiens sapiens*) zur Zeit ein Alter von höchstens 100 000 Jahren. Der unmittelbare Vorgänger des *Homo sapiens sapiens*, in der Wissenschaft als archaischer oder früher *Homo sapiens* bekannt, wäre demnach 200 000 bis 300 000 Jahre alt. *Homo erectus*, der mutmaßliche Vorfahre des frühen *Homo sapiens*, erreicht in Afrika ein annäherndes Alter von 1,5 Millionen Jahren (Johanson und Edey 1981, S. 283), und *Homo habilis*, der wahrscheinliche Vorfahre von *Homo erectus*, kommt auch nur auf 2 Millionen Jahre. Nach gängiger Darstellung waren die Hominiden des Späten und Mittleren Pliozäns sehr primitive *Australopithezinen*, denen man die Fertigung von Werkzeugen nicht zutraut.

Nimmt man an, daß die Eolithen vom Kent-Plateau in die letzte Phase des Pliozäns vor etwa 2 Millionen Jahren datiert werden können, so ist das natürlich zu früh für *Homo sapiens*. Es ist auch zu früh für *Homo erectus*. Selbst wenn man das erste Auftreten des *Homo erectus* mehr als 1,5 Millionen Jahre zurückverlegt, bereitet das Minimum von 2 Millionen Jahren für die eolithischen Werkzeuge des Kent-Plateaus noch immer einige Probleme. Nach dem meistakzeptierten Szenarium der menschlichen Evolution war *Homo erectus* der erste Hominide, der Afrika verließ, und das vor nicht mehr als 1,5 Millionen Jahren. Damit wäre selbst eine frühpleistozäne Datierung der Harrisonschen Werkzeugfunde auf dem Kent-Plateau problematisch.

Bisher war freilich immer nur vom derzeit gängigsten Abriß der Evolution die Rede, demzufolge die wichtigsten Entwicklungen alle in Afrika stattgefunden haben. Aber es gibt auch eine andere Version des Evolutionsprozesses - mit weniger Anhängern. Danach ereignete sich der Übergang vom *Homo erectus* zum *Homo sapiens* nicht ausschließlich in Afrika, sondern in einem weiteren geographischen Rahmen (Gowlett 1984). Dies würde aber bedeuten, daß die Vorläufer von *Homo erectus*, Geschöpfe wie *Homo habilis*, schon vor vielleicht 2 Millionen Jahren außerhalb Afrikas existiert haben müßten. Einigen Wissenschaftlern zufolge fabrizierte *Homo habilis* die sehr primitiven Steingeräte aus den unteren Schichten der Olduvai-Schlucht, Werkzeuge, die den Eolithen sehr ähnlich sind. Es liegt also (nach einigen Paläanthropologen) im Bereich des theoretisch Möglichen, daß ein Wesen wie *Homo habilis* die von Harrison in England gefundenen Eolithen hergestellt haben könnte.

So gesehen wären relativ wenige Abweichungen von der Standardtheorie nötig, damit Harrisons Eolithen ins Bild paßten. Aber wenn ein Befund erst einmal verdammt worden ist, muß das offenbar immer so bleiben, ohne Chance zur Rehabilitation. Selbst Wissenschaftler, deren Theorien sich durch diese "belasteten"

Beweise stützen ließen, zeigen sich ignorant. Warum? Weil der Wiederauferstehung relativ harmloser Befunde aus der Gruft bedrohlicheres Material nachfolgen könnte?

Die von J. Reid Moir entdeckten Werkzeuge werfen ähnliche Probleme auf. Interessanterweise wurde dies von einem modernen Forscher (Coles 1968) erkannt. Einige von Moirs Entdeckungen in der Cromer-Forest-Formation wurden dem Mittleren Pliozän zugeschrieben, andere aus dem Roten Crag in das Frühe Pleistozän oder Späte Pliozän gesetzt.

J. M. Coles (1968, S. 30) faßte seine Diskussion der Moirschen Funde in East Anglia wie folgt zusammen: "Angesichts des Nachweises früher Menschen in Nordafrika und Südeuropa ist an der Existenz lithischer Industrien aus Menschenhand im Mittleren Pleistozän East Anglias im Grunde genommen nichts Alarmierendes. Falls es sich bei dem Faustkeil von Sidestrand um ein paläolithisches Werkzeug handelt und nicht um eine neolithische Grobform in einem Erosionseinschluß, legt dies die Existenz des Menschen in der Cromer-Zwischeneiszeit oder in der frühen Mindel-Eiszeit nahe. Dies würde den Befunden für eine europäische Präsenz des Menschen in diesen Zeitphasen nicht zuwiderlaufen, doch ist der Faustkeil auf seine Art eine ziemliche Überraschung. Noch überraschender wäre die Existenz einer Faustkeiltradition (der wir den Faustkeil aus dem Norwich-Crag [Prä-Günz-Phase] von Whitlingham zuordnen könnten), die zum jetzigen Zeitpunkt überhaupt nicht zur Fundsituation des Frühmenschen und seiner Steinindustrien in Afrika und Europa passen würde. Die von Menschenhand bearbeiteten Feuersteine von Foxhall, gewiß dem rätselhaftesten aller ostanglischen Fundorte, müßten, falls man sie akzeptierte, ins Villafranchien datiert werden, was, vorausgesetzt, wir wollten unseren Glauben an die afrikanischen Ursprünge beibehalten, auf eine enorme Lücke in der Befundlage hinsichtlich der Existenz des Frühmenschen hindeutet."

In den Ohren konservativer Schulwissenschaftler müssen diese vorsichtigen Zugeständnisse wie Häresie klingen. Das frühe Villafranchien, dem Coles die Foxhall-Werkzeuge zuordnete, gehört zum Späten Pliozän, das auf 2 bis 3,5 Millionen Jahre vor unserer Zeit datiert wird. Unserer konservativen Schätzung nach ist der Fundort Foxhall höchstwahrscheinlich ins ausgehende Villafranchien zu datieren, zwischen 2 und 2,5 Millionen Jahren. Im England in dieser Zeit werkzeugmachende Menschen zu finden, wäre revolutionär. Nach herrschender Theorie dürfte es in dieser Periode nur affenähnliche *Australopithezinen* geben, und dies nur in Afrika.

Mit Coles nähert sich ein Vertreter des modernen wissenschaftlichen Establishments vorsichtig unserer These an, daß es sich bei der Theorie vom afrikanischen Ursprung der Gattung *Homo* um einen Mythos handelt. Coles sah sich einem Spektrum an ungewöhnlichem und mehr oder weniger überraschendem Beweismaterial gegenüber. Und angesichts des bisher erörterten und nachfolgend noch zu diskutierenden Beweismaterials ist klar, daß die spätpliozänen Entdeckungen, die Coles am meisten überrascht haben, nur die Spitze eines Eisbergs von Befunden sind, die tief ins Tertiär und noch weiter zurückreichen, gibt es doch reichlich Beweise für die Existenz des Menschen im Miozän, Oligozän und Eozän, die Stück für Stück so gut sind wie Moirs Entdeckungen. An diesem Punkt wird nicht nur die Lehre von der afrikanischen Herkunft, sondern die ganze Evolutionstheorie fragwürdig.

Neuere Funde aus Pakistan (am Übergang vom Pleistozän zum Pliozän)

In Reaktionen auf die jüngsten Entdeckungen in Pakistan schrieb die britische Zeitschrift *New Scientist* (abgedruckt in der *San Diego Union* vom 30. 8. 1987) von "Berichten britischer Archäologen, die in Nord-Pakistan arbeiten und 2 Millionen Jahre alte Faustkeile entdeckt haben wollen - angeblich das Werk von Menschen. [...] Setzt man die Migrationszeit um so viel früher an, so hieße das vermutlich, daß bereits *Homo habilis*, eine primitivere Spezies in der menschlichen Abstammungslinie, Afrika verlassen hat, und zwar bald nachdem er die Herstellung von Steinwerkzeugen erlernte. Gegenwärtig herrscht die Auffassung vor, daß der spätere *Homo erectus* (mit einem weit größeren Gehirnvolumen) die Ausbreitung des Menschen vor etwa 1 Million Jahre in die Wege leitete."

Der Beitrag brachte dann Stellungnahmen etablierter Wissenschaftler die - natürlich - der Entdeckung mißtrauten. "Sally McBrearty, eine Anthropologin vom *William and Mary College*, mit Feldforschungserfahrung in Pakistan, beklagt, daß die Entdekker 'keine hinreichenden Beweise für das vermeintliche Alter der

Funde und ihre menschliche Herkunft vorgelegt haben'. Und: 'Wie viele andere Experten war auch McBrearty skeptisch hinsichtlich einer Datierung auf 2 Millionen Jahre, da die Entdeckung in einer Alluvialebene gemacht worden sei, in keinem guten stratigraphischen Kontext' also."

Diese und auch die anderen ins Feld geführten Argumente erscheinen nur allzu vertraut. Da klingt der Originaltext im *New Scientist* schon redlicher: "Diese Artefakte sind erstaunlich alt, aber die Datierung ist überzeugend" (Bunney 1987, S. 36). Und zu den von McBrearty geäußerten Zweifeln an der Qualität des stratigraphische Kontexts wird festgestellt: "Solche Zweifel sind im Fall der Steinwerkzeuge aus dem Soan-Tal südöstlich von Rawalpindi nicht angebracht, meint Robin Dennell, Feldforschungsleiter des gemeinsamen Paläolithikumprojekts der Britischen Archäologischen Mission und der Universität Sheffield. Er und seine Kollegin Helen Rendell, eine Geologin von der Universität von Sussex, berichten, daß die Steinfragmente, allesamt aus Quarzit, so fest in eine Ablagerung aus Trümmergestein und Grit, die als Obere Siwalik-Schichtenfolge bekannt ist, eingebettet waren, daß man sie herausmeißeln mußte" (Bunney 1987, S. 36). Dem *New Scientist* zufolge kam die Datierung durch eine Kombination aus paläomagnetischen und stratigraphischen Analysen zustande.

In der amerikanischen Pressefassung hinterließ die Meldung beim Leser den Eindruck, die fraglichen Objekte seien mit ziemlicher Wahrscheinlichkeit durch zufällige Stöße im Flußbett entstanden. Unerwähnt blieben die Hinweise, die für menschliche Bearbeitung sprachen. Der *New Scientist* ist da weniger voreingenommen: "Von den Stücken, die ans Licht kamen, sind nach Dennells Auffassung acht 'definitive Artefakte'. Am sichersten ist er sich bei einem Quarzit, der von einem Hominiden vermutlich in drei Richtungen mit einem Steinhammer traktiert wurde, was sieben Abschläge ergab" (Abb. S. 180). Dieser Mehrfacettenabschlag ist zusammen mit den frischen Narben auf dem verbleibenden 'Kern' ein 'sehr überzeugender' Beleg für eine Bearbeitung durch Menschenhand, erklärte Dennell dem *New Scientist*" (ebd.).

Was wird nun mit den pakistanischen Funden? Wie es scheint, stehen wir hier vor einem ganz aktuellen Nachweis für unsere These, daß Wissenschaftler in der Tat unfähig sind, Befunde zu würdigen, die ihrer vorgefaßten Meinung widersprechen.

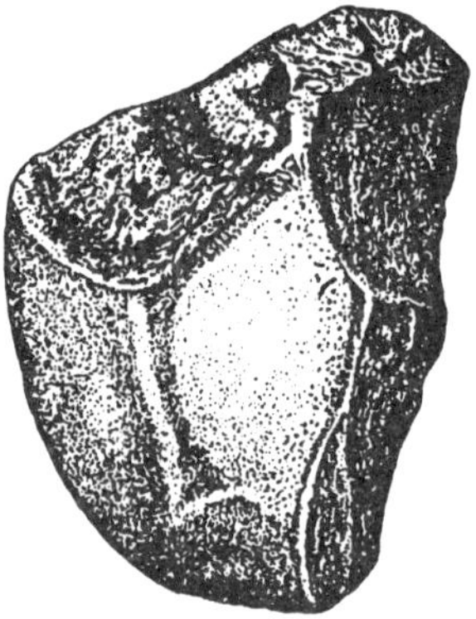

Steinwerkzeug, entdeckt in der Oberen Siwalik-Formation, Pakistan (Bunney 1987, S. 36). Britische Wissenschaftler schätzten sein Alter auf 2 Millionen Jahre.

Sibirien und Indien (Frühes Pleistozän bis Spätes Pliozän)

In Asien, vor allem in Sibirien und im nordwestlichen Indien, wurden zahlreiche weitere Steingeräte entdeckt, die alle um die 2 Millionen Jahre alt sind. Das "Rätsel von der Ulalinka", so nannten A. P. Okladinov und L. A. Ragozin ihre Entdeckung. 1984 schrieben die beiden Wissenschaftler: "Bis in jüngste Zeit galt die Ansicht, daß das sibirische Paläolithikum nicht älter als 20 000 bis 25 000 Jahre sei. Alles änderte sich nach der Entdeckung einer paläolithischen Fundstätte, die keinerlei Ähnlichkeit mit bekannten Fundplätzen zeigte, an den Hängen des steilufrigen Ulalinka-Flusses am Rand von Gorno-Altaïsk, der Hauptstadt eines autonomen Oblast [größeres Verwaltungsgebiet, Anm. d. Ü.] im Jahr 1961. Hier wurden frühmenschenzeitliche Steinwerkzeuge in der Form runder Kopfsteine gefunden, die aber nur teilweise in einer groben Absplißtechnik bearbeitet waren. Die Steine blieben zur Hälfte oder gar zu zwei Dritteln in ihrer ursprünglichen Kieselform erhalten. Nur an der künftigen Funktionsseite war eine Schnittkante herausgearbeitet worden. Wer mit der Technologie dieser weit zurückreichenden Zeit nicht vertraut ist, würde einen solchen Stein wegwerfen, da er nichts Auffälliges an sich hat. Einem Archäologen jedoch, der auf solche Funde spezialisiert ist, kann der Stein von der Ulalinka sehr viel erzählen" (Okladinov und Ragozin 1984, S. 5).

Nicht weniger als sechshundert solcher Werkzeuge wurden an der Ulalinka gefunden.

Nach der Entdeckung der Steinwerkzeuge datierten Geologen

den Fundort auf 40 000 Jahre. Spätere Untersuchungen verlegten ihn ins späte Mittlere Pleistozän, zwischen 150 000 und 400 000 Jahren (Okladinov und Ragozin 1984, S. 56). 1977 unternahmen Okladinov und Ragozin neue Ausgrabungen mit der Folge, daß sie das werkzeugtragende Stratum für viel älter erklärten, als bisher angenommen worden war:

"Die Kieselwerkzeuge gehören dem mittleren Kotschkov-Horizont an, den sogenannten Podpusk-Lebiazh-Lagen, die grob gesagt 1,5 bis 2,5 Millionen Jahre alt sind. Diese Schlußfolgerung wurde durch eine Thermolumineszenz-Analyse bestätigt, die A. I. Schljukov, der Leiter der Geochronologischen Abteilung der Geographischen Fakultät an der Staatlichen Moskauer Universität, durchführte [...] Es stellte sich heraus, daß die Kulturschicht mit den Kieselwerkzeugen von der Ulalinka älter als 1,5 Millionen Jahre war" (Okladinov und Ragozin 1984, S. 11f.). Die vor Ort gefundenen Fauna-Reste waren dem mittleren Villafranchien in Europa vergleichbar (Okladinov und Ragozin 1984, S. 12).

Weiter berichteten Okladinov und Ragozin (ebd.): "Ähnliche Kieselwerkzeuge wurden auch in China gefunden, vergesellschaftet mit zwei Messern aus menschlichen Schneidezähnen. Es handelt sich um den sogenannten Yuanmou-Menschen. Paläomagnetischer Datierung zufolge ist er zwischen 1,5 und 3,1 Millionen Jahren alt; das akzeptierte Datum liegt bei 1,7 Millionen Jahren. [...] War der Ulalinka-Mensch ein Ureinwohner oder ist er von irgendwoher zugewandert?"

Es wäre möglich, meinten sie, daß seine Vorfahren aus Afrika gekommen waren. Falls dem aber so wäre, hätte diese Migration um einiges früher als vor 1,5 Millionen Jahren stattfinden müssen, und der Wanderer wäre demnach *Homo habilis* gewesen.

Die russischen Wissenschaftler neigten jedoch der patriotischeren Variante zu, wonach die Vorfahren des Ulalinka-Hominiden von nirgendwo zugewandert seien. Sie (1984, S. 15ff.) schlugen deshalb eine umfassende Suche nach den Skelettresten eines möglichen Vorfahren des Ulalinka-Menschen in Sibirien vor. Dabei äußerten sie die Vermutung, daß sehr wohl Sibirien und nicht Afrika die Wiege der Menschheit gewesen sein könnte. In ihren Überlegungen spiegelte sich überdies der sowjetisch-chinesische Konflikt in paläanthropologischer Sicht wider (1984, S. 18): "Es ist nicht unmöglich, daß der *Sinanthropus* [Peking-Mensch] von dem

Ulalinka-Hominiden abstammt." Mit anderen Worten, der Mensch in China hätte sich aus dem Menschen in der Sowjetunion entwickelt. Natürlich waren die Chinesen vom Gegenteil überzeugt.

Okladinov und Ragozin waren nicht die ersten Wissenschaftler, die den Gedanken aufwarfen, innerhalb der Grenzen der damaligen Sowjetunion hätten sich Menschen entwickelt. So schrieb z. B. der Archäologe Aleksander Mongajt (1959, S. 64): "Heute kann angenommen werden, daß Transkaukasien in jener riesigen Zone lag, in der der Mensch zum erstenmal auftrat. [...] 1939 wurden in Ost-Georgien an einem Ort namens Udabno die Überreste eines Menschenaffen gefunden, der am Ende des Tertiärs lebte. Man nannte ihn *Udabnopithecus*. Der Fund bestätigte die Möglichkeit eines transkaukasischen Ursprungs der Menschheit (zusätzlich zu anderen Ursprungsregionen wie Südasien, Südeuropa und Nordostafrika). Um diese Hypothese jedoch untermauern zu können, brauchte die Wissenschaft ein entscheidendes Bindeglied - wenn schon nicht Überreste des primitiven Menschen selbst, dann zumindest die ältesten Arbeitsgeräte. 1946-1948 entdeckten S. M. Sadarjan und M. Z. Panitschkina bei Survey-Arbeiten am Satani-dar (Teufelsberg) unweit des Bogotlu in Armenien primitives Obsidianwerkzeug der ältesten Ausprägung, das ins Chelléen gehörte; bis heute sind diese Werkzeuge die ältesten archäologischen Funde in der UdSSR. Sie bilden ein weiteres Glied in der Kette der Fakten, die beweisen, daß die südlichen Regionen der Sowjetunion Teil des Gebiets waren, wo der Mensch dem Tierstadium entwuchs."

Ein anderer Forscher, Jurij Motschanov, entdeckte bei Diring Jurlach in Sibirien an einer Fundstätte über der Lena Steinwerkzeuge, die den europäischen Eolithen ähnlich waren. Die Schichten, aus denen diese Geräte stammten, wurden mittels der Kalium-Argon-Methode und paläomagnetischer Untersuchungen auf 1,8 Millionen Jahre datiert. Motschanov kümmerte sich nicht um das gängige afrikanische Herkunftskonzept. Er schlug statt dessen ein gleichzeitiges Auftreten des Menschen im frühesten Pleistozän sowohl in Sibirien als auch in Afrika vor.

Einige Wissenschaftler brachten vor, Sibirien sei zu kalt für eine Besiedlung gewesen. Aber Pavel Melnikov, der Direktor des Instituts für Dauerfroststudien in Jakutsk, konterte, daß "Paläobotaniker nach der Untersuchung von Pollen und Samen in sehr alten Lagen zu dem Ergebnis gekommen sind, daß vor 1 Million Jahren das sibirische Klima weitgehend dem heutigen entsprach und für eine menschliche Besiedlung geeignet war" (ebd.).

Es gibt also keinen Grund, die Möglichkeit auszuschließen, daß diese werkzeugmachenden Menschen dem modernen *Homo* sapiens sehr ähnlich waren. Und noch etwas gilt es zu berücksichtigen: Wenn das Klima annähernd dem heutigen entsprach, dann wären diese alten Sibirier gewiß nicht ohne schützende Kleidung und Behausungen ausgekommen, was auf ein fortgeschrittenes Kulturniveau hinweist.

Neuere Funde aus Indien führen uns ebenfalls in eine etwa 2 Millionen Jahre alte Vergangenheit zurück. In Nordwestindien, im Gebiet der Siwalik-Berge, sind schon viele Steinwerkzeuge gefunden worden. Die Siwalik-Berge haben ihren Namen von Shiva, dem Herrn der destruktiven Kräfte im Universum. Roop Narain Vasishat, ein Anthropologe von der Punjab-Universität, wandte sich vehement gegen die Vorstellung, "daß die Siwalik-Hominiden sich nicht zu Hominiden entwickelten und der prähistorische werkzeugmachende Mensch in dieser Region ein Eindringling von außen war" (1985, S. 14f.). Wie in China und Rußland, so glauben auch in Indien einige Wissenschaftler, daß die entscheidenden Schritte in der menschlichen Evolution auf dem Boden ihrer Heimat getan wurden.

Die erwähnten 1,5 bis 2 Millionen Jahre alten sibirischen und indischen Funde passen ebenfalls nicht sonderlich zu der gängigen Auffassung, daß der *Homo erectus* als erster Mensch vor ca. 1 Million Jahren Afrika verließ, aber sie würden sich, wie erwähnt, mit der Ansicht vertragen, daß bereits vor 2 Millionen Jahren der *Homo habilis* auf Wanderschaft ging.

Ein prominenter Wissenschaftler, der diese Ansicht teilt, ist John Gowlett aus Oxford. Dieser (1984, S. 59) schrieb: "Obwohl manchmal der Vorschlag gemacht wird, die menschliche Besiedlung des Ostens habe erst mit der Auswanderung des *Homo* [*erectus*] aus Afrika zu Beginn des Pleistozäns ihren Anfang genommen, erscheint mir dies unwahrscheinlich. Zu den allerersten fossilen Überresten von Hominiden, die bisher gefunden wurden, gehören die *Homo-erectus*-Funde auf Java, das kaum der erste Zwischenaufenthalt auf einer Wanderroute gewesen sein kann. Zu den historischen Funden, die Eugène Dubois 1891 in der Nähe des Solo-Flusses gemacht hat, kommen andere, primitivere Fundstücke hinzu, die seitdem in den älteren Djetis-Schichten entdeckt wurden." Die Djetis-Schichten erhielten eine Kalium-Argon-Datierung von 1,9 Millionen Jahren (Jacob 1972; Gowlett 1984, S. 59). Nachfolgende Untersuchungen (Bartstra 1978; Nilsson 1983, S. 329) erbrachten für die Djetis-Schichten jedoch ein viel geringeres Alter von unter 1 Million Jahren. Wie noch zu zeigen sein wird, sind die javanischen *Homo-erectus*-Funde jedoch höchst fragwürdig, handelt es sich doch praktisch bei allen um Oberflächenfunde. Der stratigraphische Kontext und damit die Datierung können nicht als gesichert gelten.

Was hat die gesamte vorangehende Diskussion erbracht? Als wichtigste Schlußfolgerung bleibt, daß die meisten modernen Paläanthropologen unfähig sind, mit Steinwerkzeugen umzugehen, die aus Zeiten und von Orten stammen, die auch nur leicht von den festgefahrenen Vorstellungen über die Zeit der Auswanderung des *Homo* aus seiner afrikanischen Heimat abweichen.

Natürlich ist es legitim, sich auch nach der viele überzeugenden Argumentation für eine menschliche Herkunft der Eolithen ein gesundes Maß an Zweifel zu erhalten. Darf man es einem solchen Zweifler übelnehmen, wenn er diese These nicht akzeptieren kann? Die Antwort ist ein bedingtes Ja. Die Einschränkung besteht darin, daß dann auch andere ähnliche Steinindustrien zurückgewiesen werden müßten. Dies würde die Ablehnung zahlreicher gegenwärtig noch akzeptierter Befunde bedeuten, darunter z. B. die ostafrikanischen Oldowan-Industrien und die groben Steinwerkzeuge des Peking-Menschen von Zhoukoudian (Choukoutien) in China.

Anerkannte Eolithen: Die Steinwerkzeuge von Zhoukoudian und Olduvai

Zhoukoudian, der Fundort des Peking-Menschen, weist auch eine den europäischen Eolithen ähnliche Industrie auf. Die Zhoukoudian-Werkzeuge bestehen aus natürlichen Steinsplittern, die auf einer Seite durch Abschläge modifiziert wurden. Die Primitivität der hier gefundenen Werkzeuge (Abb. rechts) hatte man nicht erwartet. Der Peking-Mensch wurde als *Homo erectus* klassifiziert, der in Europa und Afrika gewöhnlich mit den technologisch fortgeschritteneren beidseitig abgeschlagenen Werkzeugen vom Acheuléen-Typ in

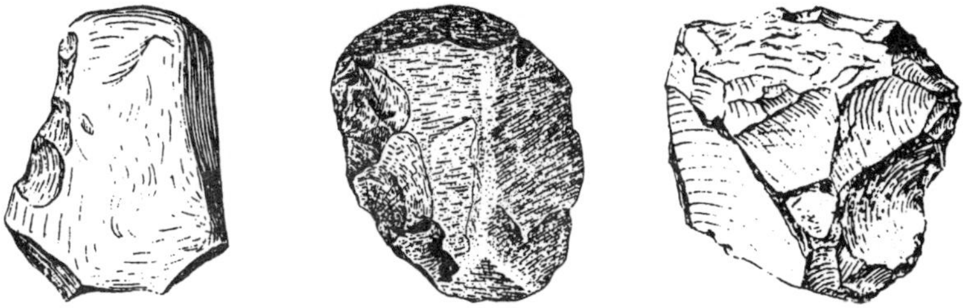

Diese Werkzeuge aus der Höhle von Zhoukoudian erscheinen primitiver als die ungewöhnlich alten, sprich pliozänen und miozänen Eolithen Europas (Black et al. 1933, S. 115, 131, 132).

Verbindung gebracht wird. Der Anthropologe Alan Lyle Bryan (1986, S.7) stellte fest: "Weniger als 2% der 100 000 Artefakte, die auf dem Siedlungsniveau der Fundstelle I in Zhoukoudian gefunden wurden, zeigen zweiseitige Kantenretuschen."

Zhang Shensui beschrieb die Werkzeuge aus den unteren Schichten von Fundstelle I: "Werkzeuge, die aus Steinkernen, Kieseln und kleinen Steinbrocken gearbeitet wurden, sind zahlreicher als die aus Rohlingen. Der Fundbestand ist technologisch einfach und besteht hauptsächlich aus Faustkeilen und Schabern. Spitzen und Stichel kommen nur selten vor und sind sehr grob retuschiert" (Zhang 1985, S.168). Vergleicht man Abbildungen von Eolithen des Kent-Plateaus (siehe oben) mit solchen von Zhoukoudian, lassen sich keine sonderlichen Unterschiede in der Ausführung feststellen.

Die Oldowan-Industrie (Frühes Pleistozän)

Eine zweite Industrie, die den europäischen Eolithen sehr ähnlich ist, finden wir in der von Mary und Louis Leakey in den dreißiger Jahren in den Schichten I und II der Olduvai-Schlucht im damaligen Tanganyika (heute Tansania) entdeckten Oldowan-Industrie. Viele der hier gefundenen Werkzeuge sind von Mary Leakey im dritten Band des Werkes *Olduvai Gorge* (1971 von der Cambridge University Press veröffentlicht) beschrieben worden.

Anhand der publizierten Berichte, und das ist alles, worauf wir uns stützen können, sind europäische Eolithen wie die von Harrison gesammelten von gewissen Oldowan-Geräten kaum zu unterscheiden. Dies wird an den Abbildungen in Mary Leakeys Buch sofort deutlich, zeigen sie doch eine offensichtliche Übereinstimmung zwischen beiden Typen. Obwohl aus unterschiedlichem Gestein, sehen sie sich bemerkenswert ähnlich. Und Mary Leakeys verbale Beschreibungen wären genausogut auf die Eolithen anwendbar. Hinsichtlich der primären Oldowan-Industrie stellte sie fest:

"Sie ist charakterisiert durch 'Behausteine' (Chopper) unterschiedlichen Typs, Polyeder, Diskoide, Schaber, gelegentliche Hammersteine, benutzte Rundsteine und Splitter zum leichten Gebrauch" (M. Leakey 1971, S. 1). In Schicht II fand Leakey eine Industrie, in der Kugelformen häufiger waren, die sie *Entwickeltes Oldowan* nannte. Schicht II enthielt noch eine zweite Industrie, *Entwickeltes Oldowan B*, mit zweiseitig abgeschlagenen Werkzeugen (weniger als 40 Prozent des Fundbestands). Im oberen Teil der mittleren Schicht II traten Acheuléen-Ansammlungen auf, von denen mehr als 40 Prozent beidseitige Abschläge aufwiesen. Aber selbst diese waren noch ziemlich primitiv. Nach Leakey: "Das Acheuléen scheint hier eine Frühform zu sein, mit minimalen beidseitigen Abschlägen und beträchtlichen individuellen Varianten" (M. Leakey 1971, S. 2).

Die Acheuléen-Formen von Olduvai scheinen mit den von Harrison und Prestwich beschriebenen paläolithischen Werkzeugen übereinzustimmen, während der Oldowan-Typ, insbesondere die einseitig abgeschlagenen Exemplare, grob mit den als Eolithen beschriebenen Feuersteingeräten zu korrespondieren scheint.

Die Mehrzahl der Oldowan-Werkzeuge wurden als Chopper klassifiziert, gefertigt aus vulkanischen Rundsteinen, aber auch aus Quarz und Quarzit. Wie Leakey feststellte: "Sie sind im wesentlichen gezackt und weisen keine sekundäre Bearbeitung auf, obwohl durch den Gebrauch die Kanten häufig absplitterten und stumpf wurden" (M. Leakey 1971, S. 1). Anders ausgedrückt: sie sind sogar noch primitiver als die Eolithen vom Kent-Plateau, von denen die meisten immerhin in irgendeiner Form eine gezielte sekundäre Bearbeitung aufweisen. Trotz sorgfältiger Recherchen konnten wir jedoch keinen einzigen veröffentlichten Angriff auf die Authentizität der Oldowan-Stücke als echte menschliche Artefakte finden.

Es ließe sich das Argument anführen, daß in der Olduvai-Schlucht menschliche Fossilien entdeckt wurden, auf der Hochebene von Kent jedoch nicht. Doch sollte man dabei nicht übersehen, daß Louis und Mary Leakey in der Olduvai-Schlucht mehrere Jahrzehnte lang primitive Steinwerkzeuge ausgruben, bevor sie irgendwelche Hominidenfossilien ans Licht brachten. 1959 entdeckten die Leakeys die ersten fossilen Knochen eines neuen primitiven Hominiden, dem sie Menschenähnlichkeit zusprachen und den Namen *Zinjanthropus* gaben. Ursprünglich schrieben sie auch die Steinwerkzeuge von Olduvai dem *Zinjanthropus* zu. Nicht lange danach wurden jedoch nahebei die Knochen eines weiter fortgeschrittenen Hominiden, *Homo habilis*, entdeckt. *Zinjanthropus* verlor seine Stellung als Werkzeugmacher und wurde durch *Homo habilis* ersetzt. Die Werkzeuge selbst blieben unangetastet.

In der folgenden Erklärung Mary Leakeys (1971, S. 280) steckt vielleicht ein Hinweis darauf, warum die Oldowan-Industrie nicht den gleichen Anfechtungen ausgesetzt war wie die europäischen Eolithen: "Der Nachweis der Fertigung von Werkzeugen, wobei ein Gerät als Werkzeug benutzt wurde, um ein anderes herzustellen, ist eines der wichtigsten Kriterien für die Entscheidung, ob ein bestimmtes Taxon [eine abgegrenzte Gruppe von Lebewesen, z. B. Gattung, Art - Begriff der biologischen Systematik; Anm. d. Übs.] Menschenstatus erreicht hat. [...] Wenn der Nachweis der Werkzeugfertigung als entscheidender Faktor zur Bestimmung des menschlichen Status nicht in Frage kommt, dann läßt sich ein alternatives Kriterium der Erkenntnis, an welchem Punkt dieser erreicht sei, schwer finden. Die evolutionären Veränderungen müssen so allmählich eingetreten sein, daß Fossilien allein nicht ausreichen werden, um die Übergangsschwelle fixieren zu können. Dies gälte selbst dann noch, wenn wir eine weit vollständigere Materialsequenz studieren könnten: Bei dem spärlichen und oft unvollständigen Material, das sich erhalten hat, steht das völlig außer Frage. Eine willkürliche Definition aufgrund des Schädelvolumens ist gleichfalls von zweifelhaftem Wert, da die Bedeutung des Schädelvolumens eng mit der Statur und Körpergröße verknüpft ist, worüber wir, was die frühen Hominiden betrifft, nur wenige präzise Informationen haben."

Wissenschaftlicherseits wird die Vorstellung, daß die Gattung *Homo* in Afrika entstand, wo sie sich vor etwa 2 Millionen Jahren aus den australopithezinen Hominiden entwickelte, fast einhellig akzeptiert. So mag vielleicht die Notwendigkeit, Steinwerkzeuge als erhärtende Beweise für einen menschenähnlichen Status zu

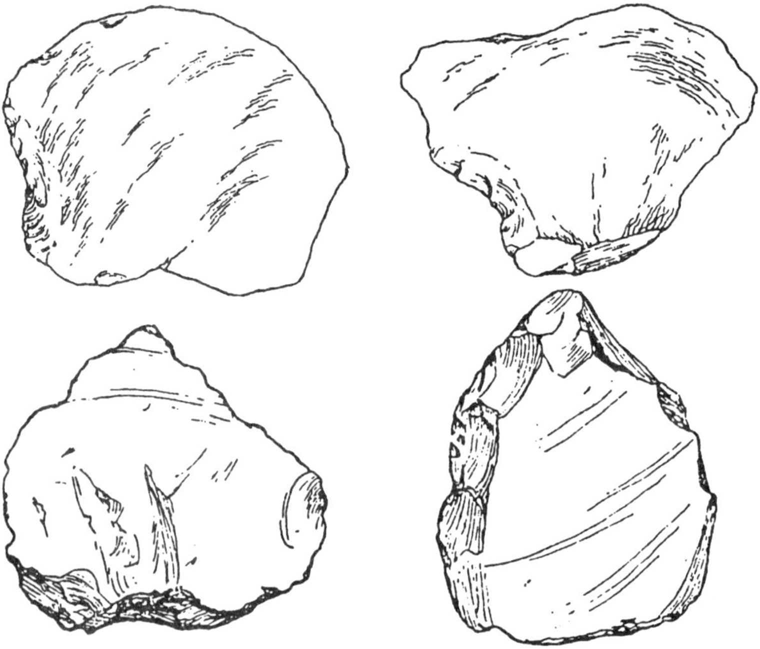

Oben: Steinsplitter zum leichten Gebrauch, Olduvai-Schlucht, Ostafrika (M. Leakey 1971, S. 38). Unten: Abgeschlagene Feuersteinwerkzeuge aus der Roten-Crag-Formation von Foxhall, England (Moir 1927, S. 34). Die Olduvai-Exemplare erwecken den primitiveren Anschein und sehen weniger werkzeugähnlich aus als die englischen.

finden, zumindest teilweise erklären, warum die Oldowan-Industrie auf so viel Nachsicht gestoßen ist. Würden diese Funde nicht als Werkzeuge anerkannt, nähme das den afrikanischen Hominiden viel von ihrem Status als menschliche Vorfahren.

Daß die Oldowan-Werkzeuge vom *Homo habilis* geschaffen wurden, einer primitiven Art, die nach moderner paläanthropologischer Auffassung den ersten Übergang von den australopithezinen Hominiden zur Gattung *Homo* markiert, wird kaum ein Wissenschaftler in Frage stellen. Daß eine ähnliche Kreatur vielleicht für die Eolithen aus East Anglia und Kent verantwortlich sein könnte, sollte man deshalb als Möglichkeit nicht ausschließen.

Von einigen der Oldowan-Werkzeuge schrieb J. Desmond Clark in seinem Vorwort zu M. Leakeys Untersuchung allerdings: “Hier haben wir Artefakte, die ihrem konventionellen Gebrauch nach typologisch mit viel späteren Zeiten (dem späten Paläolithikum und danach) in Verbindung gebracht werden - winzige Schaberformen, Ahlen, Grabstichel [...] und ein Kiesel mit Kerbung und Loch" (M. Leakey 1971, S. XVI).

Das gleiche gilt auch für die europäischen Eolithen. Allerdings sind Werkzeuge von der Art, wie sie im "späten Paläolithikum und danach" gefunden wurden, nach Ansicht moderner Wissenschaftler für den *Homo sapiens* spezifisch und nicht für den *Homo erectus* oder *Homo habilis*. Wir könnten uns also mit dem Gedanken tragen, daß für einige (wenn nicht alle) Oldowan-Geräte und Eolithen möglicherweise anatomisch moderne Menschen verantwortlich waren. Natürlich heißt es dann sofort wieder, daß von Menschen des modernen Typs im Frühen Pleistozän oder Späten Pliozän, vor etwa 1 bis 2 Millionen Jahren, keine Fossilien nachgewiesen wurden, während es von *Homo habilis* Fossilien gibt. Aber die Ausgrabungsgeschichte der Olduvai-Schlucht hat gezeigt, daß man vorsichtig sein sollte, wenn man fossile Knochen und Steinwerkzeuge korrelieren will. So wie *Homo habilis Zinjanthropus* als Werkzeugmacher ersetzte, könnten neuerliche Funde, vielleicht sogar Fossilien des *Homo sapiens*, für eine Ablösung auch des *Homo habilis* sorgen.

Ungeachtet des Fehlens von *Homo-sapiens*-Resten wirft die fortgeschrittene Technik mancher Oldowan-Werkzeuge Fragen über die korrekte Zuweisung auf. Wurden sie wirklich von einem so primitiven Wesen wie *Homo habilis* geschaffen? Die Leakeys fanden in Schicht I der Olduvai-Schlucht Bola-Steine und ein Gerät, das offensichtlich zur Lederbearbeitung diente, vielleicht um Lederschnüre für die Bolas zuzuschneiden. Die Verwendung von Bola-Steinen auf der Jagd aber erfordert ein Maß an Intelligenz und Geschicklichkeit, das *Homo habilis* wahrscheinlich fehlte. Die kürzliche Entdeckung eines relativ kompletten *Homo-habilis*-Skeletts hat gezeigt, daß dieser Hominide denn auch sehr viel affenähnlicher war, als Wissenschaftler bislang angenommen hatten.

Man sollte auch nicht vergessen, daß *Homo-sapiens*-Fossilien selbst an spätpleistozänen Fundorten, wo sie nach gängiger Auffassung erwartet werden können, ziemlich selten sind. Marcellin Boule (Boule und Vallois 1957, S. 145) erwähnte, daß Ausgräber, die in der Fürstenhöhle von Grimaldi nach menschlichen Fossilien suchten, sich durch annähernd 4000 Kubikmeter Ablagerungen arbeiteten, ohne auch nur einen einzigen Menschenknochen zu finden. Und doch waren in der Höhle Steinwerkzeuge und Reste von Tieren überreichlich vorhanden. Das Fehlen von *Homo-sapiens*-Fossilien an einem bestimmten Ort schließt demnach *Homo sapiens* als den Hersteller der dort gefundenen Werkzeuge keineswegs aus.

Außerdem sind fossile Skelettreste von Menschen des vollmodernen Typs in Schichten gefunden worden, die mindestens so alt sind wie die unteren Schichten der Olduvai-Schlucht. Dazu zählen ein fossiles menschliches Skelett, das Dr. Hans Reck 1913 in Schicht II von Olduvai entdeckte, und einige fossile menschliche Oberschenkelknochen, die Richard Leakey am Turkana-See in Kenia in einer Formation fand, die ein wenig älter ist als Schicht I von Olduvai. Schicht I wird heute auf etwa 1,75 Millionen Jahre datiert, die Decke von Schicht II auf 0,7 bis 1 Millionen Jahre (M. Leakey 1971, S. 14f.).

Mary Leakey erwähnte noch ein anderes Phänomen. "Aus dem heutigen Südwestafrika ist kürzlich ein interessantes Beispiel des Gebrauchs unretuschierter Steinsplitter, die zum Schneiden verwendet werden, berichtet worden. Es mag hier kurz Erwähnung finden. Eine Expedition des Staatlichen Museums in Windhoek stieß auf zwei Gruppen der Ova Tjimba, die Steine als Arbeitsgeräte benutzen, und zwar nicht nur Chopper, um Knochen aufzubrechen oder für andere schwere Arbeiten, sondern auch einfache unretuschierte und unbefestigte Splitter zum Schneiden und Enthäuten" (M. Leakey 1971, S. 269).

Nichts hindert einen also, die Möglichkeit in Betracht zu ziehen, daß selbst hinter den primitivsten in der Olduvai-Schlucht gefundenen Steinwerkzeugen und den europäischen Eolithen als Urheber anatomisch moderne Menschen standen.

Um das Bild noch komplizierter zu machen, könnte man sich durchaus vorstellen, daß *Homo sapiens* Millionen Jahre lang mit Arten menschenähnlicher Affen koexistierte, die mit dem Menschen in einem evolutionären Sinne nicht verwandt waren. Diese menschenähnlichen Geschöpfe mögen ebenfalls in der Lage gewesen sein, sehr primitive Steingeräte herzustellen. Aus Zentralasien wird immer wieder von einer affenmenschenähnlichen lebenden Kreatur, dem Almas, berichtet, der angeblich Steine zerbricht, um Werkzeuge zu erhalten. In der Tat ist es dies, was die unverfälschten Befunde an Skelettresten und Steinwerkzeugen nahelegen – daß

Menschen des modernen Typs und primitivere Geschöpfe seit undenkbaren Zeiten nebeneinander existierten und zahllose Steingeräte produzierten, von den krudesten bis zu den fortgeschrittensten.

Neuere Eolithenfunde aus Amerika

Nach gängiger Lehrmeinung waren es sibirische Jäger, die während der letzten Eiszeit, als der Meeresspiegel gesunken war, auf einer Landbrücke im Bereich der heutigen Beringstraße nach Alaska kamen. Bis vor etwa 12 000 Jahren verhinderte der Eisschild, der Kanada bedeckte, ein weiteres Vordringen nach Süden. Dann entstand ein eisfreier Korridor, dem die ersten amerikanischen Einwanderer bis ins Gebiet der heutigen Vereinigten Staaten folgten. Diese Menschen waren die sogenannten Clovis-Jäger; sie sind berühmt wegen ihrer charakteristischen doppelt kannelierten Speerspitzen, die sich zu den hochentwickelten Steinwerkzeugen des späteren europäischen Paläolithikums stellen lassen.

Folgt man Jared Diamond (1987), so vermehrten sich die Clovis-Jäger schnell und bevölkerten schon bald das gesamte bewohnbare Nord- und Südamerika. Da ein Fundort in Patagonien, ganz im Süden von Südamerika, jetzt auf ein Alter von 10 500 Jahren datiert wird, müssen die Einwanderer die ganze Strecke von der Arktis durch die Tropen bis in die fast antarktischen Regionen Südamerikas in wenig mehr als tausend Jahren zurückgelegt haben. Auf ihrem langen Weg rotteten die Clovis-Jäger in einer räuberischen Beuteorgie sondersgleichen, mit der nur ihre europäischen Erben konkurrieren können, mehr als 70 Prozent der großen neuweltlichen Säugetierarten aus (Diamond 1987, S. 82-88).

Diese Theorie erscheint in einem besonderen Licht, wenn man sich daran erinnert, daß bis zum Zweiten Weltkrieg in der Anthropologie die Ansicht vorherrschte, daß Menschen frühestens vor 4000 Jahren amerikanischen Boden betraten. Die Reaktion auf die Clovis-Jäger-Theorie faßte der Anthropologe John Alsoszatai-Petheo (1986, S. 18f.) wie folgt zusammen:

“Jahrzehntelang litten amerikanische Archäologen unter der Überzeugung, daß der Mensch auf dem amerikanischen Kontinent eine relative Neuheit darstellt. Gleichzeitig lief die bloße Erwähnung eines möglicherweise höheren Alters auf beruflichen Selbstmord hinaus. Bei dieser Orientierung überrascht es nicht, daß die Funde von Folsom, Clovis und an anderen Orten auf den High Plains, die letztlich die Beweise für das höhere Alter des Menschen in Amerika lieferten, von etablierten Autoritäten kurzerhand zurückgewiesen wurden, obwohl die Beweislage vielfältig und eindeutig war, die Funde von verschiedenen Wissenschaftlern stammten und zahlreiche professionelle Besucher/Beobachter sie gesehen und bestätigt hatten. [...] Die konservative Geistesverfassung des Tages ließ keinen Platz für Aufgeschlossenheit."

Aloszatai-Petheo meinte dann, daß sich die Geschichte heute wiederhole, daß, wie seinerzeit die Entdeckungen von Folsom und Clovis verworfen worden waren, konservative Archäologen heute eisern alle Beweise für die Existenz von Prä-Clovis-Menschen in Amerika ablehnten. Dabei gibt es längst zahlreiche Beispiele von mit modernen Methoden durchgeführten Ausgrabungen, die das Alter des Menschen in Amerika auf mindestens 30 000 Jahre zurückverlegen.

Geologische, archäologische und paläontologische Forschungen brachten z. B. in El Cedral im mexikanischen Bundesstaat Sinaloa zusammen mit den Knochen ausgestorbener Tiere menschliche Artefakte ans Tageslicht, und zwar "in unberührten stratifizierten Ablagerungen mit Radiokarbonhorizonten von 33 000, 31 850, 21 960 ± 540 und mehr als 15 000 Jahren" (Lorenzo und Mirambell 1986, S. 107). Das Datum von 31 850 v. u. Z. paßt zu einer in situ gefundenen Herdstelle, bestehend aus "einem Kreis aus den Fußwurzelknochen eines Proboszиден [verschiedene Elefantenarten], der eine 2 Zentimeter dick mit Holzkohle bedeckte Stelle von 30 Zentimeter Durchmesser umgab" (Lorenzo und Mirambell 1986, S. 111).

Ein anderer Fall betrifft eine Feuergrube. Sie wurde auf Santa Rosa Island vor der Küste von Santa Barbara gefunden und von dem Archäologen Rainer Berger von der *UCLA* (*University of California at Los Angeles*) untersucht. Labortests mit Holzkohle aus der Grube erbrachten keine brauchbaren Radiokarbondaten, d. h. die Proben mußten älter als 40 000 Jahre sein, der Grenzwert, den die konventionelle Radiokarbondatierung nicht überschreiten kann. Der Fund ist bemerkenswert, da die Feuergrube primitive Hauwerkzeuge und die Knochen einer stiergroßen Mammutart enthielt (*Science News* 1977a, S. 196).

Zu einer weiteren interessanten Ausgrabung kam es im nordöstlichen Brasilien. Unter dem Abri von Boquierâo do Sitio da Pedra Funda grub sich ein französisch-brasilianisches Archäologenteam durch 3 Meter dicke Sedimentschichten, die in allen Lagen menschlichen Siedlungsschutt enthielten. In den untersten Lagen fanden sich große, kreisförmige Herdstellen mit großen Mengen an Holzkohle und Asche. Und da waren Geräte aus Kieseln, gezackte Steine, Grabstichel, retuschierte und zweikantige Abschläge, alle aus lokalem Quarz und Quarzit. Und es gab bemalte Felsbrocken, die von den Höhlenwänden abgesplittert oder abgebrochen waren, was die Vermutung nahelegt, daß die in diesem Teil Brasiliens wohlbekannte Tradition der Felsmalerei möglicherweise schon in der frühesten Zeit der Besiedlung geübt wurde (Guidon und Delibrias 1986, S. 769ff.).

Holzkohle aus der zuunterst entdeckten Herdstelle ergab Radiokarbondaten von 31 700 ± 830 bzw. 32 160 ± 1000 Jahren. Die weiteren Radiokarbondaten, die auf verschiedenen Ebenen der Ablagerung gewonnen wurden, bildeten eine gleichmäßige Serie: 6160, 7 750, 7 640, 8 050, 8 450, 11 000, 17 000, 21 400, 23 500, 25 000, 25 200, 26 300, 26 400, 27 000, 29 860, 31 700 und 32 160 Jahre v. u. Z. (Guidon und Delibrias 1986).

Natürlich gibt es mittlerweile eine kleine, aber wachsende Zahl von Archäologen, die es akzeptieren können, daß in Südamerika womöglich schon vor 30 000 Jahren Menschen lebten. Dementsprechend könnte man argumentieren, daß der Widerstand, den aufeinanderfolgende Schulen von Archäologen neuen Entdeckungen entgegenbringen, ein unvermeidbarer, aber durchaus heilsamer Teil des wissenschaftlichen Prozesses sei. Eine Antwort darauf ist, daß das Festhalten an konservativen anthropologischen Ansichten keineswegs extreme Spekulationen verhindert. Die Theorie, wonach die Clovis-Jäger innerhalb weniger Jahrhunderte vom nördlichen Kanada bis nach Feuerland eilten, ist sicherlich spekulativ. Und die radikale Ablehnung gewisser Möglichkeiten, z. B. die Existenz von Menschen in Amerika zu einem bestimmten Zeitpunkt, kann ebenso spekulativ sein wie deren unkritische Bejahung.

Texas Street, San Diego (Frühes Spätpleistozän bis Spätes Mittelpleistozän)

Ein gutes Beispiel für die Kontroversen um frühe amerikanische Steinwerkzeugindustrien, die an die europäischen Eolithen erinnern, sind die Funde, die George Carter (1957) bei Ausgrabungen an der Texas Street in San Diego gemacht hat. Carter behauptete, Herdstellen und grob gearbeitete Steinwerkzeuge in Schichten gefunden zu haben, die mit der letzten Zwischeneiszeit zusammenfallen, d. h. an die 80 000 bis 90 000 Jahre alt sind. Kritiker spotteten über diese Behauptungen und sprachen von Carters angeblichen Werkzeugen als Naturprodukten oder "Cartifakten". Carter selbst wurde in einem Lehrgang der Universität Harvard über "Phantastische Archäologie" diffamiert (Williams 1986, S. 41). Dabei hatte Carter klare Kriterien vorgegeben, um zwischen Werkzeugen und auf natürliche Weise zerbrochenen Steinen zu unterscheiden, und Gesteinsexperten wie John Witthoft (1955) haben seine Behauptungen bekräftigt.

1973 führte Carter weitere Ausgrabungen an der Texas Street durch und lud zahlreiche Archäologen ein, den Fundort zu begutachten. Nahezu keiner antwortete auf seine Einladung. Carter selbst (1980, S. 63) spottete: "Die San Diego State University weigerte sich felsenfest, Arbeiten in ihrem eigenen Hinterhof in Augenschein zu nehmen."

Carter fand noch an mehreren anderen Stellen in San Diego und im Südwesten der Vereinigten Staaten Hinweise auf die Existenz von Menschen in der letzten Zwischeneiszeit. 1960 bat ein Redakteur von *Science*, der Zeitschrift der *American Academy for the Advancement of Science* (Amerikanische Akademie zur Förderung der Wissenschaft), um einen Beitrag über frühe Menschen in Amerika. Carters Artikel wurde abgelehnt. In einem Brief an den Autor vom 1. Februar 1960 begründete der Redakteur die Ablehnung wie folgt: "Sie haben einen Artikel mit dem Titel *On the Antiquity of Man in America* (Über das Alter des Menschen in Amerika) für unsere Serie *Aktuelle Probleme der Forschung* vorbereitet. Da ich Sie selbst dazu ermuntert habe, bedauere ich es besonders, Ihnen mitteilen zu müssen, daß Ihr Text, obwohl er interessant ist und sich mit einem wichtigen Thema befaßt, zu kontrovers ist, um in einem allgemeinen Wissenschaftsmagazin wie dem unseren veröffentlicht zu werden. Ich habe den Rat von zwei überaus kompetenten Fachleuten gesucht, die sich in ihren Empfehlungen weitgehend einig waren. Beide betrachteten den Artikel als ungeeignet für *Science*" (T. E. Lee 1977, S. 3).

Carter erwiderte am 2. Februar 1960: "Ich muß nunmehr annehmen, daß Sie keine Ahnung hatten von der Heftigkeit der Emotionen, die auf diesem Gebiet herrschen. Es ist nahezu hoffnungslos, zum jetzigen Zeitpunkt Ideen zu vermitteln, die den Stand der Frühmenschenforschung in Amerika betreffen. Aber nur zum Spaß: Ich korrespondiere mit jemandem, dessen Namen ich nicht verwenden kann, weil der Betreffende, auch wenn er mich im Recht glaubt, für eine solche Aussage seinen Job verlieren könnte. Ich habe einen anderen anonymen Briefpartner, der während seines Graduiertenstudiums mögliche Beweise fand, die mir recht zu geben versprachen. Er und ein Mitstudent vergruben sie wieder. Sie waren sich sicher, daß die Bekanntmachung ihres Fundes sie ihre Möglichkeit zu promovieren gekostet hätte. Auf einer Tagung sagte ein junger Kollege zu mir: 'Ich hoffe, Sie geben es ihnen richtig. Ich würde es auch tun, wenn ich den Mut aufbrächte. Aber es würde mich meinen Job kosten.' Bei einer anderen Tagung machte sich ein junger Mann an mich heran, um mir zu sagen: 'In Grabung x haben sie auf dem Grund Kernwerkzeuge wie Ihre gefunden, aber sie haben die Sachen einfach nicht veröffentlicht'" (T. E. Lee 1977, S. 4).

Die Auswirkungen negativer Propaganda auf die Evaluierung von Carters Entdeckungen zeigen sich in der folgenden Erklärung des Archäologen Brian Reeves: "Wurden an der Texas Street tatsächlich Artefakte ausgegraben, und gehört der Fundort wirklich in die letzte Zwischeneiszeit? [...] Aufgrund der kritischen 'Beweislast', die von etablierten Archäologen angehäuft wurde, akzeptierte der ältere Autor [Reeves] wie die meisten anderen Archäologen die Stellungnahme der Skeptiker unkritisch und tat die Fundstellen und -objekte als natürliche Erscheinungen ab" (Reeves et al. 1986, S. 66).

Aber als er sich die Mühe machte, den Befund selbst zu begutachten, änderte Reeves seine Meinung. "Während eines Aufenthalts 1976 in San Diego hatte der ältere Autor Gelegenheit, sich einige Stücke aus George Carters [...] Texas-Street-Sammlung anzuschauen. Unter den zerbrochenen runden Quarziten waren viele, die in den Augen von Reeves und R. S. MacNeish Kulturprodukte waren, bearbeitete Artefakte, die auch benutzt worden sind" (ebd.).

Angesichts dieser Meinungsänderung darf man sich fragen, was wohl von einer aufgeschlossenen Erörterung der europäischen Eolithen zu erwarten wäre.

Reeves schrieb den folgenden Kommentar über die unfaire Behandlung, die den Carterschen Funden von wissenschaftlicher Seite zuteil geworden ist: “Der Quarzitbruch-Komplex, der zuerst von Carter geltend gemacht wurde, ist Teil einer spät- bis mittelpleistozänen lithischen Tradition umweltangepaßter Pazifikküstenbewohner, für die Rundsteinkerne und einseitige Abschläge aus Quarzit typisch sind. [...] Wären Carters Behauptungen von professionellen Archäologen auch nur soweit ernstgenommen worden, um detaillierte Feldstudien durchzuführen, statt sie lächerlich zu machen, wären wir jetzt im Besitz eines umfassenden Korpus an Daten über eine spätpleistozäne nordamerikanische Küstenbesiedlung” (Reeves et al.1986, S. 78f.). Reeves schätzte einige von Carters Werkzeugen auf 120 000 Jahre.

Aufgrund seiner Forschungen rings um San Diego versuchte Carter (1957, S. 370f.) die Geschichte des Werkzeuggebrauchs in dieser Region in den letzten 90 000 Jahren nachzuzeichnen. Nach der durch grobe Steinwerkzeuge gekennzeichneten Texas-Street-Phase folgten: (1) Die Periode zwischen 80 000 und 55 000 Jahren v. u. Z. Charakteristisch dafür waren “stark verwitterte Manos und Metates, gefunden in alluvialen Grundschichten über einem zwischeneiszeitlichen Küstenstreifen auf dem Campus von Scripps und in der Gegend von La Jolla und Point Loma”. Daneben gab es zweiseitig bearbeitete und plankonvexe Rundstein-Kernwerkzeuge und benutzte Abschläge. Manos und Metates sind Mahlwerkzeuge. (2) Die Periode zwischen 55 000 und 30 000 Jahren: mit großen, groben, meist einseitig abgeschlagenen ovalen Messern. (3) Die Periode zwischen 30 000 und 15 000 Jahren: mit kleinen, schmalen, blattförmigen bikonvexen und mit breithalsigen Messern und mit zahlreichen feingearbeiteten plankonvexen Geräten. (4) Danach kamen die rezenten San-Dieguito- und Yuma-Kulturen.

Nach heutiger Schulmeinung wären praktisch alle der hier aufgelisteten vielfältigen lithischen Formen entweder falsch datiert oder Produkte der menschlichen Fantasie. Die Manos und Metates sind besonders interessant, da diese Mahlsteine gewöhnlich mit dem Neolithikum (der Jungsteinzeit) in Verbindung gebracht werden. Die ältesten akzeptierten Exemplare stammen aus Ägypten und sind höchstens 17 000 Jahre alt (Gowlett 1984, S.152).

Louis Leakey und der Fundort Calico in Kalifornien (Mittleres Pleistozän)

Manchmal erlauben sich auch angesehene Wissenschaftler ketzerische Ideen. Ein Beispiel ist der für seine afrikanischen Entdeckungen weltberühmte Louis Leakey, der schon sehr früh radikale Ideen über das Alter des Menschen in Amerika äußerte.

Leakey erinnerte sich: "Etwa in den Jahren 1929-1930, als ich an der Universität Cambridge Studenten unterrichtete, begann ich mich für das Alter des Menschen in Amerika zu interessieren. Obwohl es keine konkreten Beweise für ein hohes Alter gab, beeindruckten mich gewisse Indizien so sehr, daß ich meinen Studenten zu erzählen begann, daß der Mensch seit mindestens 15 000 Jahren in der Neuen Welt zu Hause sein muß. Ich werde nie vergessen, wie Ales Hrdlicka, der große Mann von der *Smithsonian Institution*, der damals zufällig in Cambridge war, darauf reagierte. Mein Professor (ich war nur ein Supervisor) hatte ihm gesagt, Dr. Leakey erzähle den Studenten, daß der Mensch seit 15 000 oder mehr Jahren in Amerika beheimatet sein müsse. Hrdlicka stürmte in mein Zimmer und sagte, ohne mir die Hand zu schütteln: 'Leakey, was höre ich da? Predigen sie Häresie?' Ich meinte: 'Nein, Sir!' Hrdlicka erwiderte: 'Doch! Das tun Sie! Sie erzählen den Studenten, daß es vor 15 000 Jahren bereits Menschen in Amerika gab. Welche Beweise haben Sie dafür?' Ich antwortete: 'Keine direkten. Ausschließlich Indizien. Aber angesichts einer Verbreitung des Menschen von Alaska bis Kap Hoorn und angesichts so vieler verschiedener Sprachen und mindestens zweier Hochkulturen ist es unmöglich, daß der Mensch auf diesem Kontinent nur die paar tausend Jahre, die Sie ihm gegenwärtig zugestehen, anwesend war" (L. Leakey 1979, S.91).

1964 wurde auf Leakeys Initiative in der südkalifornischen Mojave-Wüste an einem Ort namens Calico eine erste Ausgrabung durchgeführt. Der Grabungsplatz liegt am Ufer des längst verschwundenen pleistozänen Manix-Sees, auf den erodierten Resten eines Schwemmkegels aus Sedimenten, die von den nahe gelegenen Calico-Bergen herabgespült wurden. Das Unternehmen dauerte insgesamt 18 Jahre und brachte 11 400 Artefakte aus verschiedenen Schichten ans Licht. Die älteste artefaktenhaltige Schicht wurde mittels der Uranzerfallsreihen-Methode auf etwa 200 000 Jahre v. u. Z. datiert (Budinger 1983).

Natürlich haben Mainstream-Archäologen die Calico-Funde insgesamt eher als Naturprodukte abgetan, und der Fundort wird in populären archäologischen Darstellungen stillschweigend übergangen. Ja, es hatte in der Tat den Anschein, als habe der ikonoklastische Leakey, berühmt für so viele revolutionäre archäologische Entdeckungen, bei seinem Abstecher in die Neue Welt einen fatalen Fehler begangen.

Doch haben die Calico-Artefakte auch ihre Verteidiger, denen gute Argumente zur Verfügung stehen, die zeigen, daß es sich um Produkte aus Menschenhand, nicht um "Geofakte" handelte. Zu ihnen gehört der Archäologe Philip Tobias, der bekannte Mitstreiter von Raymond Dart, dem Entdecker des *Australopithecus*. Tobias (1979, S. 97) erklärte: "Als Dr. Leakey mir erstmals eine kleine Sammlung von Calico-Stücken zeigte, [...] war ich sofort der Überzeugung, daß einige davon, wenn auch nicht alle, eindeutige Anzeichen menschlicher Fabrikation aufwiesen."

Die Argumente gegen und für die Calico-Funde gemahnen an die Kontroverse um die europäischen Eolithen. Gegner wie der Archäologe C. Vance Haynes (1973, S. 305-310) behaupteten, daß die vermeintlichen Steinwerkzeuge von Calico ausnahmslos durch den natürlichen Zusammenprall von Steinen in Flüssen und Erdverschiebungen simuliert worden sein können. Auf der anderen Seite wiesen die Verteidiger darauf hin, daß solche natürlichen Prozesse sich nicht an Orten wie Calico ereigneten, daß sie aber, selbst wenn dies möglich wäre, keinesfalls die festzustellenden systematischen Absplitterungsmuster erzeugt haben könnten (L. Patterson et al. 1987, S. 91-105).

Auf einer internationalen archäologischen Konferenz 1981 in Mexico City listeten drei der Verteidiger von Calico 17 Kriterien für menschliche Abschlagverfahren auf, denen, wie sie sagten, die in Calico gefundenen Artefakte allesamt genügten. Zu diesen Kriterien gehörten (1) das Vorhandensein von Rippellinien und Schlagzwiebeln mit "Narben", (2) Abschlagflächenwinkel unter 90 Grad, (3) das Zermalmen der Schlagflächen, (4) keine zurückbleibende "Rinde" auf Schlagflächen und Rückseiten, (5) prismatische Abschläge und Klingen, (6) einseitige Kantenretusche, (7) Abschläge an bestimmten Kanten, nicht aber an anderen, (8) ausgearbeitete zweiseitige Objekte und (9) spezielle Arbeitsbereiche, wo die Steinbearbeitung nachgewiesen ist (Simpson et al. 1981).

1985 wurden auf dem jährlichen Treffen der *Society for American Archaeology* in Denver mehrere der besten kleinen Calico-Werkzeuge präsentiert. Herbert L. Minshall (1989, S. 111) schrieb darüber: "Die Werkzeuge wurden schließlich als Produkte aus Menschenhand anerkannt, doch kam nunmehr der Einwand, daß sie unmöglich so alt sein konnten, obwohl - verglichen mit dem geschätzten Alter der Schwemmkegelsedimente - selbst 200 000 Jahre noch maßvoll waren. [...] Ein höchst angesehener Archäologe äußerte tatsächlich den Verdacht, daß die Werkzeuge, die er begutachtete, auf irgendeinem Weg von der Oberfläche in die Ausgrabung gelangt sein mochten."

Die Entdeckungen von Calico wurden in den Reihen der etablierten Paläanthropologen mit Schweigen, Hohn und Widerstand aufgenommen. Ruth Simpson kam nichtsdestoweniger zu dem Schluß: "Die Datenbasis für eine sehr frühe Existenz von Menschen in der Neuen Welt wächst schnell und kann nicht länger einfach nur deshalb ignoriert werden, weil sie mit den geläufigen prähistorischen Modellen nicht übereinstimmt. Angesichts der heute noch bestehenden Datenlücken sind alle gegenwärtig vorgeschlagenen 'endgültigen' Lösungen über Ursprünge, Wanderungen und Kulturen des pleistozänen Menschen in der Neuen Welt verfrüht. Beim gegenwärtigen Stand unseres Wissens ist flexibles Denken notwendig, um unvoreingenommene gleichwertige Berichte zu erhalten" (Simpson et al. 1986, S. 104).

Toca da Esperança, Brasilien (Mittleres Pleistozän)

Die Authentizität der Calico-Werkzeuge wurde durch einen Fund in Brasilien unterstrichen. 1982 entdeckte Maria Beltrao im Bundesstaat Bahia eine Reihe von Höhlen mit Wandmalereien. 1985 wurde in der "Höhle der Hoffnung" (Toca da Esperança) ein Graben angelegt. Bei Grabungen in den Jahren 1986 und 1987 "kamen aus einem definierten stratigraphischen Kontext Steinwerkzeuge zum Vorschein, die mit Fauna aus dem Quartär vergesellschaftet waren" (de Lumley et al.1988, S. 241).

Es gab vier Lagen in der Höhle. Die erste Lage war eine harte Karbonatkruste und 20 bis 60 Zentimeter dick. Darunter waren drei Lagen von Sand und sandigem Lehm. In der untersten, Lage 4, wurden Steinwerkzeuge zusammen mit reichlichen Säugetierfossilien entdeckt. De Lumley et al. (ebd.) kommentierten:

"Drei Knochen [...] wurden mittels der Uran-Thorium-Methode unter Verwendung von Alpha- und Gamma-Strahlenspektrometern datiert, wobei Daten zwischen 204 000 und 295 000 Jahren [herauskamen]." Die Tests wurden von drei verschiedenen Laboratorien vorgenommen: in Gif-sur-Yvette in Frankreich, an der *University of California* in Los Angeles und im Labor des *U.S. Geological Survey* in Menlo Park, Kalifornien (de Lumley et al. 1988, S. 243).

De Lumley et al. (1988, S. 242) konstatierten: "Der Befund scheint darauf hinzudeuten, daß der Frühmensch sehr viel früher nach Amerika gekommen ist, als bisher angenommen wurde." Und: "Angesichts der Entdeckungen in der Toca da Esperança sind die lithischen Industrien von Calico in der kalifornischen Mojave-Wüste, deren Alter mit 150 000 bis 200 000 Jahren angegeben wird, viel einfacher zu deuten" (de Lumley et al. 1988, S. 245).

Toca da Esperança liefert ein weiteres gutes Beispiel für das Zögern der Wissenschaftsgemeinde, wenn es darum geht, liebgewonnene Überzeugungen aufzugeben oder zu ändern. Die Grabungen standen unter der Leitung eines berühmten französischen Fachgelehrten. Sie wurden systematisch und nach strikten Regeln durchgeführt. Die Werkzeuge wurden in situ gefunden, in einem definierten stratigraphischen Kontext. Die Bearbeitungsspuren waren eindeutig intentional. Und die Werkzeuge wurden zusammen mit den Resten einer typischen mittelpleistozänen Fauna gefunden, darunter viele ausgestorbene Arten. Die Forscher räumten ein, daß es nicht möglich war, die Höhle auf biostratigraphischer Grundlage direkt zu datieren (das Mittlere Pleistozän reicht von 1 000 000 Jahren bis etwa 100 000 Jahre v. u. Z.), doch ergaben mehrfache Uranzerfallsreihentests Daten zwischen 204 000 und 295 000 Jahren. Natürlich könnten die so gewonnenen Datierungen falsch sein. Aber wenn sie falsch sind, dann sind alle Uran-Zerfallsreihen - einschließlich jener, auf die sich akzeptierte Funde stützen - unsicher. Die Masse der empirischen Beweise, die die Existenz von intelligenten werkzeugmachenden Wesen auf dem amerikanischen Doppelkontinent im Mittleren Pleistozän bestätigen, ist erdrückend. Und doch beharrt die Fachwissenschaft auf ihrem Konsens, daß die Menschen erst in relativ später Zeit nach Amerika kamen.

Primitive paläolithische Werkzeuge

Ging es im vorigen Kapitel um ungewöhnliche Steinwerkzeuge des primitivsten Typs, die Eolithen, so sollen nun Gerätschaften untersucht werden, die zwar verglichen mit den perfektionierten Werkzeugen der eigentlichen Steinzeit immer noch sehr einfach sind, aber den Eolithen gegenüber einen sichtbaren Fortschritt darstellen. Wir haben für sie den Begriff "primitive Paläolithen" gewählt.

Für manche Wissenschaftler verbindet sich mit den Begriffen Eolithen und Paläolithen eine chronologische Abfolge. An dieser Stelle sollen sie hauptsächlich zur morphologischen Unterscheidung der Werkzeugtypen dienen. Um die Erinnerung aufzufrischen: Eolithen sind durch natürlichen Bruch entstandene Steinbrocken, die als Werkzeuge gebraucht werden, wozu es keiner oder nur einer sehr geringen Bearbeitung bedarf. Paläolithen hingegen sind Steine, die meist gezielt von Steinkernen abgeschlagen und ausgiebiger bearbeitet wurden sind.

Carlos Ribeiros Funde in Portugal (Miozän)

Der erste Hinweis auf Carlos Ribeiro kam eher zufällig. Bei der Durchsicht der Schriften eines amerikanischen Geologen aus dem 19. Jahrhundert, J. D. Whitney, der von der möglichen Existenz tertiärer Menschen in Kalifornien berichtete, stießen wir auf den einen oder anderen Satz über Ribeiro; dieser habe, so hieß es da, unweit von Lissabon in miozänen Schichten Feuersteinwerkzeuge gefunden. Kurze Erwähnung fand Ribeiro auch bei S. Laing, einem populären englischen Wissenschaftsautor vom Ende des 19. Jahrhunderts. Recherchen in verschiedenen Bibliotheken blieben ergebnislos: es gab keine Werke unter Ribeiros Namen. Wir waren in einer Sackgasse. Aber Ribeiros Name tauchte erneut auf, dieses Mal in der englischen Ausgabe des Buches von Boule und Vallois, *Fossil Men*, die die Arbeit des portugiesischen Geologen ziemlich schroff ablehnten. Boule und Vallois brachten uns jedoch auf die richtige Fährte, de Mortillets *Le Préhistorique* in der Ausgabe von 1883, die eine positive Würdigung von Ribeiros Entdeckungen enthält. Als wir den Literaturhinweisen in den Fußnoten nachgingen, stießen wir mit der Zeit auf einen wahren Schatz an bemerkenswerten, überzeugenden Fundberichten in französischsprachigen Zeitschriften zur Archäologie und Anthropologie in der zweiten Hälfte des 19. Jahrhunderts.

Die Suche nach diesen vergrabenen Befunden erwies sich als sehr aufschlußreich, zeigte sie doch, wie das wissenschaftliche Establishment mit *Tatsachenberichten* umgeht, deren *Tatsachen* nicht mit den akzeptierten Ansichten übereinstimmen. Man sollte nicht vergessen, daß für die meisten der heutigen Paläanthropologiestudenten Ribeiro und seine Entdeckungen einfach nicht existieren. Man muß schon Lehrbücher konsultieren, die vor mehr als dreißig Jahren erschienen sind, um ihn auch nur erwähnt zu finden. Hat Ribeiros Werk es wirklich verdient, vergraben und vergessen zu werden? Hier sollen nur die Fakten sprechen. Es sei dem Leser überlassen, zu eigenen Schlußfolgerungen zu gelangen.

Ribeiros Entdeckungen im Überblick

Carlos Ribeiro war kein Amateur. 1857 wurde er zum Leiter des Geologischen Dienstes in Portugal ernannt und in die Portugiesische Akademie der Wissenschaften aufgenommen. In den Jahren 1860-1863 führte er Untersuchungen von Steinwerkzeugen aus den Quartärschichten Portugals durch.

In der Geologie des 19. Jahrhunderts werden die geologischen Perioden üblicherweise in vier Hauptabschnitte unterteilt: (1) das Primär, das vom Präkambrium bis zum Perm reicht; (2) das Sekundär, vom Trias bis zur Kreidezeit; (3) das Tertiär, vom Paläozän bis zum Pliozän; und (4) das Quartär, vom Pleistozän bis heute. Bei seinen Forschungen entdeckte Ribeiro, daß in den tertiären Schichten von Canergado und Alemquer, zwei Dörfern im Tejobecken etwa 35 bis 40 Kilometer nordöstlich von Lissabon, Feuersteingeräte gefunden worden waren, die Anzeichen menschlicher Bearbeitung trugen.

Sofort begann Ribeiro mit seinen eigenen Nachforschungen. Er fand an vielen Stellen tatsächlich "bearbeitete Feuerstein- und

Quarzitabschläge im Innern der Schichten". Ribeiro (1873a, S. 97) schrieb: "Ich war überaus überrascht, als ich, eigenhändig und nicht ohne Kraftaufwand, tief in einer Kalksteinschicht sitzende, bearbeitete Feuersteine herauslöste; die Schicht war in einem Winkel von 30-50 Grad zur Waagrechten geneigt."

Der regionale geologische Befund sprach für ein tertiäres Alter der Kalksteinschicht, die darin gefundenen Steinwerkzeuge aber, die so augenscheinlich das Werk von Menschen waren, brachten Ribeiro in ein Dilemma. Da man die Werkzeuge tief im Inneren der Schicht entdeckt hatte, schien die Möglichkeit ausgeschlossen, daß sie dort auf künstliche Weise zu einem späteren Zeitpunkt plaziert worden waren. Wenn man also die Schichten als tertiär akzeptierte, mußte es Menschen in dieser Zeit gegeben haben. Doch Ribeiro meinte sich der herrschenden wissenschaftlichen Meinung beugen zu müssen, wonach Menschen nicht vor dem Quartär auftraten. Bis heute besteht die Fachwelt darauf, daß Menschen des modernen Typs erst am Ausgang des Pleistozäns auftraten. Ribeiro suchte und fand einen Weg, die Kalksteinschicht als quartär zu kennzeichnen, auch wenn ihn die geologischen Fakten weiterhin zutiefst beunruhigten (ebd.).

Auf den offiziellen geologischen Karten Portugals für das Jahr 1866 schrieb Ribeiro bestimmten werkzeughaltigen Schichten widerstrebend ein quartäres Alter zu. Als der französische Geologe de Verneuil die Karten sah, widersprach er Ribeiros Einschätzung und wies darauf hin, daß die sogenannten quartären Schichten dem geologischen Befund zufolge mit Bestimmtheit ins Pliozän oder Miozän gehörten.

In der Zwischenzeit hatte in Frankreich der Abbé Bourgeois, ein angesehener Forscher, von Werkzeugfunden in Tertiärschichten berichtet und bei einigen anderen Experten Unterstützung gefunden. Durch de Verneuils Kritik und Bourgeois' Funde zweifach beeinflußt, löste Ribeiro seinen inneren Konflikt, indem er beschloß, die geologischen und paläontologischen Tatsachen nicht länger zu ignorieren. Von nun an begann er öffentlich darüber zu berichten, daß in pliozänen und miozänen Formationen Portugals von Menschen bearbeitete Werkzeuge gefunden wurden (Ribeiro 1873a, S. 98).

Ribeiros Bestimmung des Alters der Schichten im Tal des Tejo bei Lissabon wird im allgemeinen durch die moderne Geologie bestätigt, die von sieben miozänen Sedimentierungszyklen und einem pliozänen Zyklus spricht (Antunes et al., S.136). Das Jungtertiär (Miozän und Pliozän) wird manchmal auch als Neogen bezeichnet.

Ivan Chicha (1970, S. 50) meinte in einer Untersuchung europäischer Neogenformationen: "Neogenschichten kennen wir aus der Umgebung Lissabons im Talbecken des unteren Tejo. Die oligozänen Schichten, vorwiegend aus kontinentalen Süßwasserläufen [...] werden von Schichten überlagert [...] die ins älteste Miozän, ins Aquitanien, gehören." Laut Chicha sind diese aquitanen Schichten von Kalksteinen und versteinerten Lehmen bedeckt, die bis ins Tortonien-Stadium des Späten Miozäns hinaufreichen.

Bei der Beurteilung von Steinwerkzeugen sind drei Fragen zu beantworten: Ist das Exemplar wirklich von Menschenhand bearbeitet worden? Ist das Alter der Schicht, in der es entdeckt wurde, korrekt bestimmt worden? Wurde das Werkzeug in die Schicht eingebettet, während diese sich ablagerte, oder geschah der Einschluß zu einem späteren Zeitpunkt? Was Ribeiro anging, so war er überzeugt davon, alle drei Fragen befriedigend beantwortet zu haben. Die werkzeugähnlichen Feuersteinobjekte, die er untersuchte, waren menschlichen Ursprungs. Sie stammten zumeist aus miozänen Schichten, und viele wurden anscheinend in Primärposition gefunden, wenngleich einige seiner Stücke auch Oberflächenfunde waren.

1871 legte Ribeiro den Mitgliedern der Portugiesischen Akademie der Wissenschaften in Lissabon eine Sammlung von Feuerstein- und Quarzitwerkzeugen vor, darunter jene aus den tertiären Schichten des Tejo-Tals. Einen entsprechenden Bericht von seinen Entdeckungen trug er 1872 vor dem Internationalen Kongreß für Prähistorische Anthropologie und Archäologie in Brüssel vor, wo er noch weitere Fundstücke, vor allem zugespitzte Abschläge, präsentierte. Bourgeois erklärte sie zunächst allesamt für natürlichen Ursprungs, fand jedoch bei einer neuerlichen Überprüfung einen Feuerstein, dem er Anzeichen menschlicher Bearbeitung zusprach. Dummerweise war er nicht in situ gefunden worden. Also legte er sich mit seinem Urteil nicht fest (de Mortillet 1883, S. 95). Ein englischer Fachmann, A. W. Franks, der am *British Museum* als Konservator für Nationale Altertümer und Ethnographika fungierte, äußerte sich positiver. Als Experte auf dem Gebiet kultureller Hinterlassenschaften, wozu natürlich auch Werkzeuge zählten, erklärte Franks, daß einige der Fundstücke allem Anschein nach menschliche Produkte wären; was aber das Alter der Fundschichten betraf, hielt er mit seiner Meinung zurück (Ribeiro 1873a, S. 99).

Zur Frage "der genauen geologischen Positionierung der Fundschichten" äußerte sich Ribeiro (1873a, S.100) dann selbst vor dem Kongreß. Seiner Darstellung nach war einer der Feuersteine im rötlich-gelben pliozänen Sandstein am linken Tejo-Ufer südlich von Lissabon gefunden worden. Er merkte an, daß diese Schichten von miozänen Meeresablagerungen bedeckt seien (Ribeiro 1873a, S. 101). Auch für moderne Autoritäten (Antunes et al. 1980, S. 136-138) hat sich im Gebiet von Lissabon an dieser elementaren Schichtenfolge - miozäne Meeresablagerungen, überdeckt von pliozänen Sandsteinformationen - nichts geändert.

"Was die übrigen Feuersteine angeht, die Mr. Franks zufolge unzweifelhafte Spuren menschlicher Bearbeitung aufweisen", sagte Ribeiro (1873a, S. 102), "wurden sie in miozänen Schichten gefunden."

Auf dem Weg von Lissabon nordwärts nach Caldas da Rainha kommt man zwischen den Städten Otta und Cercal an einen steil abfallenden Hügel namens Espinhaço de Cão. In den Sandsteinschichten dieses Hügels, unterhalb miozäner Straten, fand Ribeiro nach eigener Aussage "Feuersteine, die von Menschenhand bearbeitet worden waren, bevor sie in den Ablagerungen begraben wurden" (ebd.). Dies hieße, daß es in Portugal vor mindestens 5, wenn nicht gar 25 Millionen Jahren Menschen gegeben haben müßte.

Ribeiros miozäne Feuersteine hinterließen in Brüssel einen nachhaltigen Eindruck, blieben aber umstritten. Auf der Pariser Weltausstellung von 1878 zeigte Ribeiro in der Anthropologischen Galerie 95 tertiäre Feuersteinfunde. De Mortillet besichtigte die Stücke, untersuchte sie sorgfältig und kam zu dem Ergebnis, daß 22 davon zweifelsfrei Spuren menschlicher Bearbeitung zeigten. Das war für de Mortillet, der, wie bereits geschildert, Hinweise auf die menschliche Bearbeitung von Knochen aus dem Tertiär gewöhnlich pauschal zurückwies, ein erstaunliches Zugeständnis.

Gabriel de Mortillet und sein Freund und Kollege Emile Cartailhac brachten mit ihrer Begeisterung andere Paläanthropologen

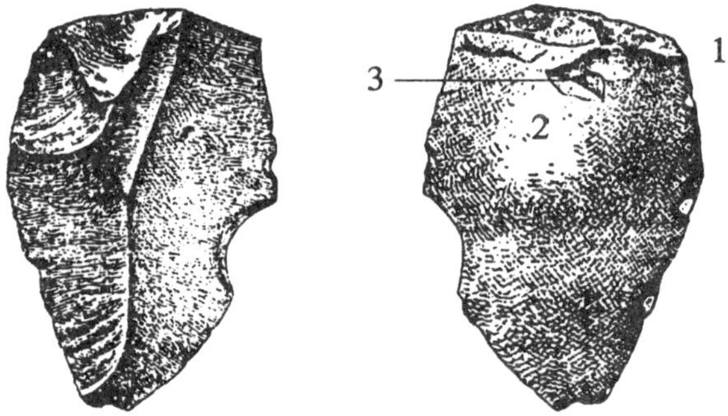

Carlos Ribeiro vom Geologischen Dienst Portugals fand dieses Stück in einer miozänen Formation auf dem Espinhaço de Cão (G. de Mortillet und A. de Mortillet 1881, Tafel 3). Die Bauchseite zeigt: (1) Schlagplattform, (2) Schlagzwiebel und (3) minimale Schlagnarben (éraillures).

dazu, sich Ribeiros Fundstücke anzuschauen. Sie waren alle der gleichen Meinung: Ein Gutteil der Feuersteine war eindeutig Menschenwerk. Cartailhac fotografierte die Exemplare, und später illustrierte de Mortillet mit diesen Fotos sein Buch *Musée Préhistorique* (1881).

De Mortillet (1883, S. 99) schrieb: "Die beabsichtigte Arbeit ist sehr gut ausgeführt, nicht nur der allgemeinen Form nach, die täuschen kann, sondern viel schlüssiger in den eindeutig vorhandenen Schlagplattformen und stark ausgeprägten Schlagzwiebeln." Die Schlagzwiebeln wiesen manchmal Stellen auf, wo kleine Steinsplitter durch die Wucht des Aufschlags herausgebrochen waren. Darüber hinaus waren bei manchen von Ribeiros Fundstücken mehrere lange, vertikale, parallele Abschläge zu erkennen, deren zufällige Entstehung doch sehr unwahrscheinlich ist.

De Mortillets analytische Methode ist derjenigen moderner Experten der Steintechnologie vergleichbar, die ebenfalls betonen, daß die Werkzeugähnlichkeit eines Feuersteins allein nicht ausreicht, um ihn als Menschenwerk zu klassifizieren. Leland W. Patterson glaubt, daß die Schlagzwiebel den wesentlichen Hinweis auf eine zweckgerichtete Bearbeitung von Steinabschlägen gibt. Wenn auch noch Reste der Schlagplattform vorhanden sind, kann man um so mehr davon überzeugt sein, es mit einem Splitter zu tun zu haben, der in überlegter Absicht von einem Feuersteinkern abgeschlagen wurde, und nicht mit einem Produkt von Naturkräften, das zufällig einem Werkzeug oder einer Waffe ähnelt.

"Es kann keinen Zweifel geben", notierte de Mortillet (ebd.) zu Ribeiros Steinwerkzeugen. "Die verschiedenen Exemplare sind aus großen Bruchstücken gearbeitet, fast alle dreieckig und unretuschiert, einige aus Feuerstein, andere aus Quarzit. Sieht man sich die Sammlung an, so glaubt man gar, Werkzeuge aus dem Moustérien zu sehen, nur daß sie etwas gröber als gewöhnlich sind."

Das Moustérien bezeichnet jenen Werkzeugtyp, den die Neandertaler (*Homo sapiens neanderthalensis*) gegen Ende des Pleistozäns hergestellt haben sollen. Indem er den Vergleich mit den spätpleistozänen Moustérien-Geräten zog, machte de Mortillet deutlich, daß Ribeiros Fundstücke sich von den weltweit als Artefakte anerkannten Exemplaren kaum unterschieden. Des weiteren stellte er (1883, S. 99f.) fest: "Viele der Stücke haben auf der gleichen Seite, auf der sich die Schlagzwiebel befindet, Vertiefungen, in denen Spuren und Fragmente von Sandstein haftengeblieben sind, ein Befund, der ihre ursprüngliche Position in den Schichten bestätigt. In den Lehm- und Kalksteinschichten des Tejo-Tals ist Sandstein eingeschlossen, wodurch eine Formation entstanden ist, die an einigen Stellen mehr als 400 Meter dick ist. Die Schichtlagen haben sich verworfen und ruhen manchenorts in einer fast senkrechten Position. Es ist ganz offensichtlich tertiäres Gelände. Von den

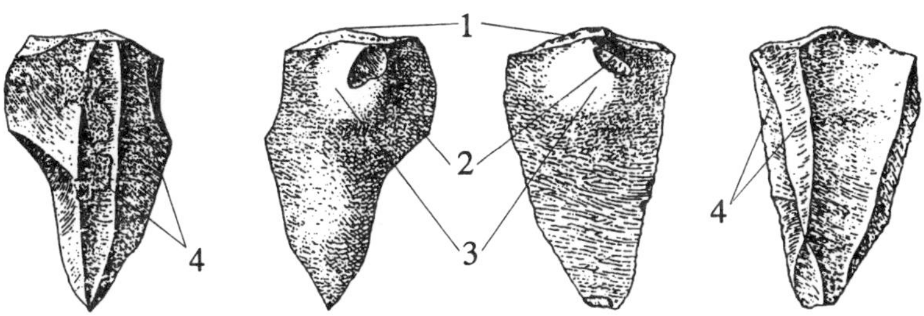

Links: Rück- und Vorderansicht eines Steinwerkzeugs, gefunden in einer tertiären Formation in Portugal (de Mortillet 1883, S. 98). Damit wäre es über 2 Millionen Jahre alt. Rechts: Ein anerkanntes Steingerät, keine 100 000 Jahre alt, aus dem spätpleistozänen europäischen Moustérien (de Mortillet 1883, S. 81). Beide Werkzeuge zeigen klare Kennzeichen zweckgerichteter menschlicher Bearbeitung: (1) Schlagplattformen (2) Schlagnarben (3) Schlagzwiebeln und (4) parallele Abschläge.

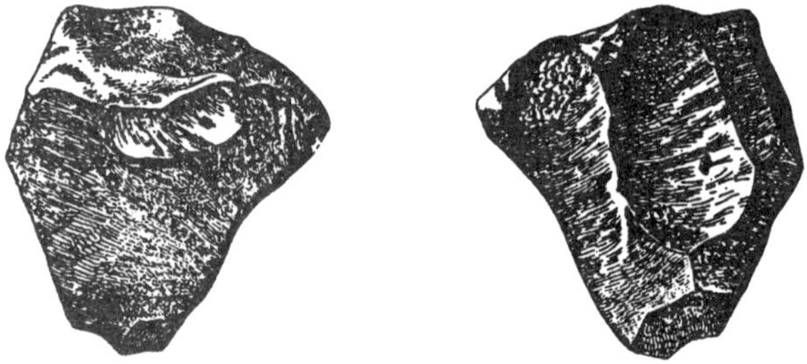

Bauch- und Rückseite eines Feuersteinwerkzeugs, gefunden in einer spätmiozänen Formation am Monte Redondo, Portugal (G. und A. de Mortillet 1881, Tafel 3).

22 bearbeiteten Fundstücken befand Ribeiro neun als miozänen Ursprungs. Die restlichen sind pliozän."

Der Quarzitsplitter auf Seite 209 oben links wurde bei Barquinha, 103 Kilometer nordöstlich von Lissabon, in einer pliozänen Formation gefunden. Seine Bauchseite zeigt Schlagplattform, Schlagzwiebel und Schlagnarbe (G. und A. de Mortillet 1881, Tafel 3). Während dieser Splitter noch mit dem Quarzitkern verbunden war, wurde von ihm ein anderer Splitter abgeschlagen, wie das "Negativ" einer Schlagzwiebel auf seiner Rückseite beweist.

Eine internationale Kommission bestätigt Ribeiro

1880, auf der in Lissabon abgehaltenen Tagung des *Internationalen Kongresses für Prähistorische Anthropologie und Archäologie* legte Ribeiro erneut einen Bericht vor mit weiteren "aus Miozänschichten geborgenen" (1884, S. 86) Funden: In *L'Homme Tertiaire au Portugal* (Der tertiäre Mensch in Portugal) stellte er fest (1884, S. 88): "Die Fundumstände [...] sind wie folgt: (1) Die bearbeiteten Feuersteine wurden als integrale Bestandteile der Schichten gefunden. (2) Sie hatten scharfe, guterhaltene Kanten, was beweist, daß sie nicht über größere Strecken transportiert worden sind. (3) Sie wiesen Patina auf, die farblich dem Schichtgestein nahekam, aus dem sie stammten."

Der zweite Punkt ist besonders wichtig. Einige Geologen behaupteten nämlich, die Feuersteingeräte seien durch Überschwem-

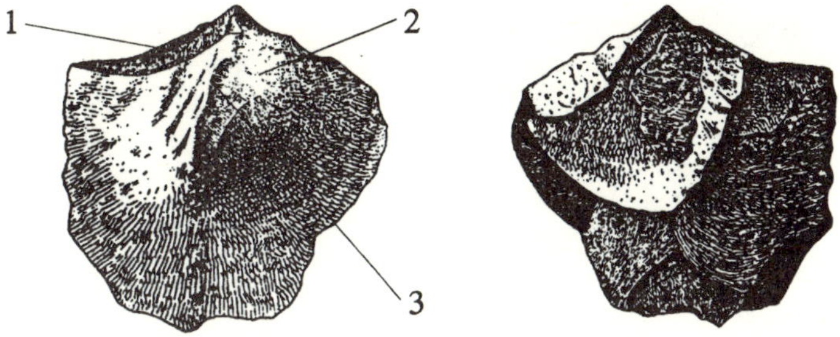

Quarzitwerkzeug, gefunden in einer pliozänen Schicht bei Barquinha, Portugal (G. und A. de Mortillet 1881, Tafel 3). Die Bauchseite (links) zeigt eine (1) Schlagplattform, (2) Schlagzwiebel und (3) Schlagnarbe.

mungen und Sturzbäche, die in diesem Gebiet periodisch aufträten, in die miozänen Schichten eingedrungen. Danach könnten Feuersteinwerkzeuge aus dem Quartär durch Spalten und Risse ins Innere von Miozänschichten geraten und dort zementiert werden; dort hätten sie im Laufe einer langen Zeit die Schichtenfärbung angenommen (de Quatrefages 1884, S. 95). Falls die Feuersteine transportiert worden wären, hätten die scharfen Kanten höchstwahrscheinlich Schaden genommen, und das war nicht der Fall.

Der Kongreß bestimmte eigens eine wissenschaftliche Kommission, deren Mitglieder die Werkzeuge und ihre Fundorte einer direkten Inspektion unterziehen sollten. Neben Ribeiro selbst gehörten der Kommission an: G. Bellucci von der Italienischen Gesellschaft für Anthropologie und Geographie; G. Capellini von der Königlichen Universität Bologna; E. Cartailhac vom französischen Unterrichtsministerium; Sir John Evans, ein englischer Geologe; Gabriel de Mortillet, Professor für prähistorische Anthropologie am *Collège d'Anthropologie* in Paris; und Rudolf Virchow, der berühmte deutsche Pathologe und Anthropologe, sowie die Wissenschaftler Choffat, Cotteau, Villanova und Cazalis de Fondouce.

Am 22. September 1880 um sechs Uhr morgens bestiegen die Herren der Kommission einen Sonderzug, der sie von Lissabon aus nach Norden brachte. Während der Bahnfahrt sahen sie die alten Festungen auf den Anhöhen entlang der Strecke und wiesen einander gegenseitig auf die Jura-, Kreide- und Tertiärformationen des Tejo-Tals hin. In Carregado verließen sie den Zug. Denkt man sich eine gerade Linie von Carregado nordwärts nach Cercal, hat

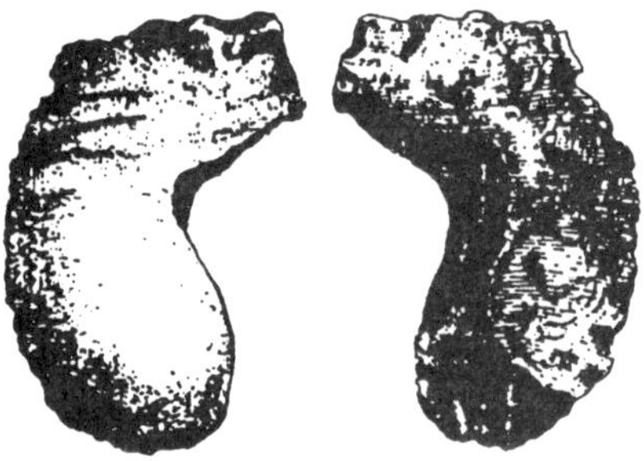

Feuersteingerät, gefunden von G. Bellucci in einer frühmiozänen Formation bei Otta in Portugal (Choffat 1884b, Abb.1). Identisch mit spätpleistozänen Werkzeugen eines ähnlichen Typs, lautete das Urteil einer wissenschaftlichen Kommission.

man die meisten von Ribeiros Fundstellen. Die Kommissionsmitglieder machten sich auf den Weg ins nahegelegene Otta und erreichten nach weiteren 2 Kilometern den Monte Redondo. Hier verteilten sie sich auf der Suche nach Feuersteinen über das zerklüftete Gelände.

Paul Choffat, der Sekretär der Kommission, berichtete später dem Kongreß: "Von den vielen Feuersteinsplittern und offenkundigen Kernstücken, die unter den Augen der Kommissionsmitglieder dem Schichteninneren entnommen wurden, wurde ein Exemplar zweifelsfrei als überlegte menschliche Arbeit beurteilt" (1884a, S. 63). Das Stück war von dem italienischen Naturforscher Bellucci in situ entdeckt worden (Abb. oben). Choffat fügte hinzu, daß Bellucci an der Oberfläche weitere Feuersteinfunde gemacht hatte, die unbestreitbare Arbeitsspuren aufwiesen. Einige meinten, Klimafaktoren wie Regen und Wind sprächen für aus den miozänen Konglomeraten ausgewitterte Miozän-Werkzeuge, andere hielten die Geräte für wesentlich jünger.

Gabriel de Mortillet räumte in seinem Buch *Le Préhistorique* ein (1883, S. 100): "Ich vermochte Ribeiros Entdeckungen einschließlich der präzisen geologischen Position einiger der von ihm gefundenen bearbeiteten Feuersteine genauestens zu bestätigen."

De Mortillet (1883, S.100f.) beschrieb im weiteren den Ausflug der Wissenschaftler nach Otta und Belluccis bemerkenswerten Fund: "Die Kongreßmitglieder kamen in Otta an - und befanden sich inmitten einer großen Süßwasserablagerung, auf dem Grund eines ehemaligen alten Sees, mit Sand und Lehm im Zentrum und Sand und Gestein außen herum. Intelligente Lebewesen hätten ihre Geräte an den Ufern hinterlassen, und hier, an den Ufern des Sees, der einst den Monte Redondo umspült hatte, wurde die Suche angesetzt. Sie war von Erfolg gekrönt. Signor Bellucci [...] fand in situ einen Feuerstein, der unbestreitbare Merkmale zweckgerichteter Bearbeitung aufwies. Bevor er ihn barg, zeigte er ihn einigen Kollegen. Der Feuerstein war fest in Schichtgestein eingebettet, so daß Bellucci einen Hammer benutzen mußte, um ihn herauszulösen. Der Feuerstein ist zweifellos gleichen Alters wie die Ablagerung. Es war kein sekundärer Oberflächenfund, der womöglich erst zu einem viel späteren Zeitpunkt eingebacken worden war, man fand das Gerät fest im Gestein an der Unterseite eines Gesimses, das sich über ein durch Erosion abgetragenes Gebiet erstreckte. Was die stratigraphische Fundposition angeht, kann man sich unmöglich einen vollständigeren Beweis wünschen."

Es war nur noch nötig, das Alter der Schicht zu bestimmen. Die Untersuchung der regionalen Fauna und Flora ergab, daß die um den Monte Redondo auftretenden Formationen ins Tortonien-Stadium des Spätmiozäns gehören (de Mortillet 1883, S. 102). "Es ist deshalb erwiesen", so schloß de Mortillet, "daß es im Portugal der Tortonien-Phase ein intelligentes Wesen gab, das die Feuerstein-Abschlagtechnik genauso beherrschte wie die Menschen des Quartärs" (ebd.). Einige moderne Wissenschaftler setzen die Konglomerate von Otta ins Burdigalien, eine Phase des Frühen Miozäns (Antunes et al. 1980, S.139).

Choffat (1884b, S. 92f.) präsentierte die Schlußfolgerungen der Kommissionsmitglieder in Form von Antworten auf vier Fragen. Die ersten beiden Fragen und Antworten betrafen die Feuersteine:

"(1) Sind an den ausgestellten und den auf der Exkursion gefundenen Feuersteinen Schlagzwiebeln zu erkennen? Die Kommission erklärt einhellig, daß Schlagzwiebeln vorhanden sind; einige Stücke weisen sogar mehrere auf.

(2) Sind Schlagzwiebeln ein Beweis für absichtliche Bearbeitung? Dazu gibt es verschiedene Meinungen, die wie folgt zusammengefaßt werden können: De Mortillet ist der Ansicht, daß eine Schlagzwiebel als Beweis für absichtliche Bearbeitung bereits ausreiche, wohingegen Evans selbst mehrere Schlagzwiebeln auf einem Fundstück nicht für hinreichend hält, um gezielte Abschläge mit Sicherheit nachweisen zu können; die Wahrscheinlichkeit ist allerdings groß."

Es sei noch einmal darauf hingewiesen, daß moderne Fachleute wie Leland W. Patterson (1983) in einer oder mehreren Schlagzwiebeln ausgezeichnete Indikatoren für zweckgerichtete Bearbeitung sehen. Die beiden übrigen Fragen betrafen die Fundpositionen der Feuersteine:

"(3) Stammen die bei Otta gefundenen, bearbeiteten Feuersteine aus dem Schichtinneren oder von der Oberfläche? Die Ansichten sind geteilt. M. Cotteau glaubt, daß es sich bei allen um Oberflächenfunde handelt, und daß die Stücke, die man in einer Schicht eingebettet gefunden hat, durch Spalten abgesackt sind. Signor Capellini hingegen meint, die Oberflächenfunde seien aus dem Schichtinneren ausgewittert. De Mortillet, Evans und Cartailhac sind der Ansicht, die Feuersteine gehörten zwei verschiedenen Zeitperioden an, nämlich einerseits dem Tertiär und der quartären Alt- und Jungsteinzeit andererseits. Die Feuersteine aus den beiden Perioden seien nach Form und Patinierung leicht zu unterscheiden.

(4) Wie alt sind die Schichten, in denen die Feuersteine gefunden wurden? Nach überaus kurzer Diskussion erklärten die Kommissionsmitglieder, daß sie mit Ribeiro völlig übereinstimmten." Mit anderen Worten, die Schichten waren miozän, auch wenn einige Mitglieder nicht glaubten, daß die Oberflächenfunde Auswitterungen darstellten, sondern der Meinung waren, daß diese Feuersteine in relativ jüngerer Zeit abgesunken waren.

In der folgenden Diskussion sagte Capellini: "Ich halte diese Feuersteine für Produkte wohlüberlegter Arbeit. Wenn Sie das nicht zugeben, müssen Sie auch an den Feuersteinen der späteren Steinzeitalter Zweifel hegen" (Choffat 1884b, S. 97f.). Capellini zufolge waren Ribeiros Miozänfunde also praktisch identisch mit anerkannten Feuersteingeräten aus dem Quartär.

Es gibt demnach nur wenig Grund, Ribeiros Entdeckungen nicht die Aufmerksamkeit zu schenken, die sie verdienen: Ein professioneller Geologe, immerhin Direktor des Staatlichen Geologischen Dienstes in Portugal, entdeckt Feuersteingeräte in Miozänschichten. Diese Geräte ähnelten akzeptierten Werkzeugtypen. Sie weisen Merkmale auf, die heutigen Experten zufolge Zeichen menschlicher Bearbeitung sind.

Zur Lösung kontroverser Fragen entsendet ein Kongreß der führenden europäischen Archäologen und Anthropologen eine Kommission, die eine von Ribeiros miozänen Fundstellen mit eigenen Augen begutachtete. Dabei entdeckte einer der Wissenschaftler in einer miozänen Schicht ein Werkzeug in situ, was von mehreren Kommissionsmitgliedern beobachtet wird. Natürlich wurden Einwände laut, aber sie scheinen nicht schlüssig genug zu sein, um einen unvoreingenommenen Beobachter dazu zu veranlassen, Belluccis Fund im besonderen und Ribeiros Entdeckungen im allgemeinen einfach von der Hand zu weisen.

Die Funde des Abbé Bourgeois bei Thenay in Frankreich (Miozän)

Abbé L. Bourgeois war Rektor des Priesterseminars von Pontlevoy im Departement Loire-et-Cher. Am 19. August 1867 legte er dem Internationalen Kongreß für Prähistorische Anthropologie und Archäologie in Paris einen Bericht über Feuersteingeräte vor, die er in frühmiozänen Schichten bei Thenay unweit von Orléans gefunden hatte (de Mortillet 1883, S. 85). Bourgeois, der zuvor schon zwanzig Jahre lang in der Umgebung von Thenay geforscht hatte, erklärte, daß die Geräte trotz ihrer primitiven Machart quartären Werkzeugformen (Schabern, Bohrern, Klingen etc.) glichen, die er in derselben Region an der Oberfläche gefunden hatte. An nahezu allen miozänen Exemplaren beobachtete er die üblichen Anzeichen für menschliche Bearbeitung: Feinretuschierung, symmetrischen Absplíß und Gebrauchsspuren. Besondere Formen traten mehrfach auf. Manche von Natur aus durchscheinende Feuersteine waren undurchsichtig, woraus zu schließen war, daß sie gebrannt worden waren. Bourgeois, der mit Feuer und Feuersteinen experimentiert hatte, war es gelungen, exakt den gleichen Effekt zu erzielen. Die Brandspuren an den Feuersteinen waren somit ein weiterer deutlicher Hinweis auf menschliche Betätigung.

Die Feuersteingeräte von Thenay stammten aus Schichten unter dem Calcaire de Beauce, einer wohlbekannten frühmiozänen Kalksteinformation. Bourgeois wußte sehr wohl, daß die Entdekkung von Steinwerkzeugen in dieser geologischen Position wirklich bemerkenswert war, weil sich daraus bedeutende Folgerungen für das Alter des Menschen aufdrängten. So unbequem die Fakten für Bourgeois auch sein mochten, sie sprachen für sich. De Mortillet (1883, S. 86) erklärte, daß die Lehmschichten, in denen die Feuersteine gefunden worden waren, ins Frühe Miozän oder gar ins Oligozän gehörten. Damit müßte das Alter des Menschen in Frankreich auf 20 bis 25 Millionen Jahre vor unserer Zeit vordatiert werden - angesichts der herrschenden Lehrmeinung über die menschliche Evolution ein Ding der Unmöglichkeit. Doch wer an die wissenschaftliche Methodik glaubt, sollte sich die Bereitschaft erhalten, die eigenen Vorstellungen angesichts unwiderlegbarer Fakten zu ändern.

Auch heutige Geologen beurteilen die Ablagerungen von Thenay als miozän. Wie gesagt, liegen die werkzeughaltigen Schichten unter dem Calcaire de Beauce, das heute dem Aquitanien zugerechnet wird (Pomerol und Feugeur 1974, S. 142), also zum Frühen Miozän (Romer 1966, S. 334) gehört. Einige französische Experten (Klein 1973, S. 566) setzen die Ablagerungen von Thenay in die Helvetische Phase des Mittleren Miozäns (Romer ebd.). Die Basis des Helvetien markierte somit die Scheidelinie zwischen dem Mittleren und dem Frühen Miozän.

Die Funde von Thenay in der Diskussion

Bourgeois zeigte seine Fundstücke im Haus des Marquis de Vibraye, wo die Mitglieder des Kongresses von 1867 sie in aller Ruhe in Augenschein nehmen konnten. Form und Erscheinungsbild der Feuersteine waren ein ausreichender Grund gewesen, Bourgeois von ihrer menschlichen Herkunft zu überzeugen. Die meisten Besucher zögerten jedoch, so weit zu gehen. De Mortillet (1883, S. 86) stellte fest, daß "das enorme Alter der Fundschichten Geologen und Paläontologen unwillkürlich dagegen einnahm". Wieder einmal beeinflußten Vorurteile eine Entscheidungsfindung.

Die miozänen Feuersteine von Thenay fanden bei ihrem Pariser "Debüt" wenig Beifall. Nur ein paar Wissenschaftler, darunter der prominente dänische Naturforscher Worsaæ, erkannten sie als Artefakte an. Bourgeois jedoch fuhr unverdrossen in seiner Arbeit fort, fand immer mehr Stücke und überzeugte einzelne Paläontologen und Geologen von seiner Auffassung. Einer der ersten war nach eigener Auskunft de Mortillet. Auf den Einwand hin, der unter anderem von Sir John Prestwich kam, daß es sich bei den ersten von Bourgeois gesammelten Stücken - viele mit Feuerspuren - eigentlich um Oberflächenfunde handele, stammten sie doch von den Geröllhängen eines kleinen Tals, das durch das Plateau von Thenay schnitt, reagierte Bourgeois, indem er einen Graben durch das besagte Tal zog, wo er Feuersteine mit genau den gleichen Anzeichen menschlicher Arbeit fand (de Mortillet 1883, S. 94).

Noch immer mißtrauische Kritiker gaben zu bedenken, daß die im Graben gefundenen Feuersteine von den höchsten Erhebungen des Plateaus, auf denen häufig steinzeitliche Werkzeuge entdeckt wurden, durch abwärts führende Spalten in die Tiefen des Gesteins gelangt sein mochten. Um diesem Einwand zu begegnen, ließ Bourgeois 1869 auf dem Plateauscheitel einen Schacht graben (de Mortillet 1883, S. 95). Dabei stieß er auf eine 32 Zentimeter starke Kalksteinschicht ohne die erforderlichen Risse und Spalten, durch die quartäre Steinwerkzeuge nach unten hätten absinken können. In einer Schachttiefe von 4,23 Metern entdeckte Bourgeois in frühmiozänen Straten der Aquitanien-Phase abermals zahlreiche Feuersteinwerkzeuge. De Mortillet (1883, S. 95f.) bemerkte in seinem Buch *Le Préhistorique*: "Alle weiteren Zweifel über ihr Alter oder ihre geologische Position waren damit beseitigt."

In der frühmiozänen Lehmschicht, die die Feuersteine enthielt, fand Bourgeois einen Hammerstein mit offensichtlichen Anzeichen von Schlageinwirkung. Hammersteine dienten in erster Linie dazu, Abschläge von Feuersteinkernen zu machen. Bourgeois (1873, S. 90) hatte in seiner Sammlung bereits mehrere andere Exemplare dieses Werkzeugtyps.

Trotz der klaren Demonstration durch die Aushebung des Schachtes auf dem Scheitelpunkt des Plateaus von Thenay gaben viele Wissenschaftler ihre Zweifel nicht auf. Zur entscheidenden Auseinandersetzung kam es 1872 auf der Tagung des Internationalen Kongresses für Prähistorische Anthropologie und Archäologie in Brüssel, auf der Bourgeois einen Vortrag hielt, in dem er die Geschichte seiner Funde zusammenfassend darstellte und darüber hinaus zahlreiche Fundstücke präsentierte, von denen Abbildungen in die veröffentlichten Kongreßberichte aufgenommen wurden. Bei der Beschreibung eines Steins mit Spitze erklärte Bourgeois (1863, S. 89):

"Hier haben wir ein pfriemähnliches Stück mit breiter Basis. Die Spitze in der Mitte ist durch regelmäßige Retuschen herausgearbeitet worden. Es ist ein für alle Epochen gültiger Werkzeugtyp. Auf der Rückseite sieht man ganz deutlich eine Schlagzwiebel, ein ansonsten seltenes Merkmal der tertiären Feuersteine von Thenay."

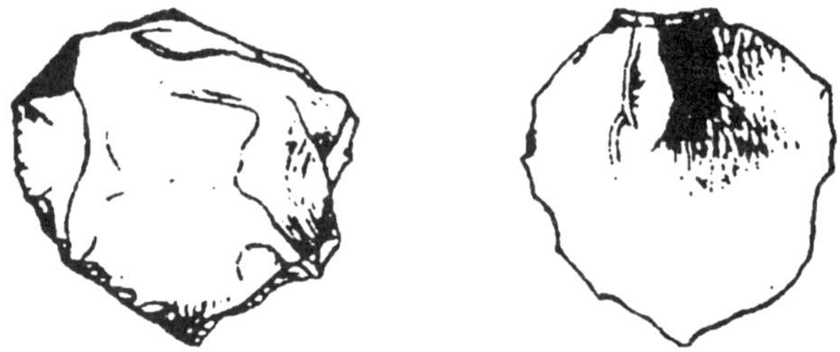

Feuersteinwerkzeug mit herausgearbeiteter Spitze aus einer miozänen Formation bei Thenay in Frankreich (Bourgeois 1873, Tafel 1).

Bourgeois beschrieb ein weiteres Exemplar: "Ein sehr regelmäßig geformtes Fragment eines Abschlags, das die Bezeichnung Messer verdient." Er fuhr fort: "Die Kanten sind regelmäßig retuschiert, und die Rückseite weist eine Schlagzwiebel auf" (Bourgeois 1873, S. 49). Auf vielen seiner Stücke, erklärte Bourgeois, seien die Kanten am wahrscheinlichen Griffteil des Werkzeugs unabgenutzt, während die an den Schnittflächen starke Abnutzungs- und Glättungserscheinungen zeigten.

Ein anderes Stück (Abb. rechte Seite oben) wurde von Bourgeois (1873, S. 89) als Projektilspitze oder Ahle charakterisiert. Er wies auf die retuschierten Kanten hin, die offensichtlich mit dem Ziel bearbeitet worden waren, eine scharfe Spitze herzustellen. Schließlich beschrieb er noch ein letztes Gerät: "Ein kurzer Schaber, mit zahlreichen, gut erkennbaren Retuschen, in jeglicher Hinsicht den täglichen Oberflächenfunden aus dem Quartär vergleichbar. Auf seiner Rückseite [...] eine Schlagzwiebel."

Über die genauen Fundorte der vorgelegten Stücke ließ sich Bourgeois nicht aus. Aber seine Darstellung läßt vermuten, daß sich die Werkzeuge allesamt glichen, egal ob sie von den Talhängen, aus dem Graben im Tal oder dem Schacht im Plateau stammten.

Um zu einer Klärung der Streitfragen zu gelangen, ernannte der Kongreß eine Kommission, die aus fünfzehn Mitgliedern bestand. Eine Mehrheit von acht Mitgliedern, darunter de Quatrefages und Capellini, sprach sich für den menschlichen Ursprung der Feuersteingeräte aus (de Mortillet 1883, S. 87). Ein weiteres Mitglied stimmte, wenngleich mit einigen Bedenken, für Bourgeois. Nur fünf von fünfzehn konnten an den Thenay-Funden keinerlei Spuren menschlicher Bearbeitung entdecken. Ein Mitglied hatte keine Meinung.

Ein in eine Spitze auslaufendes Artefakt aus den miozänen Schichten von Thenay in Frankreich, mit Retuschen nahe der Spitze (Bourgeois 1873, Tafel 2).

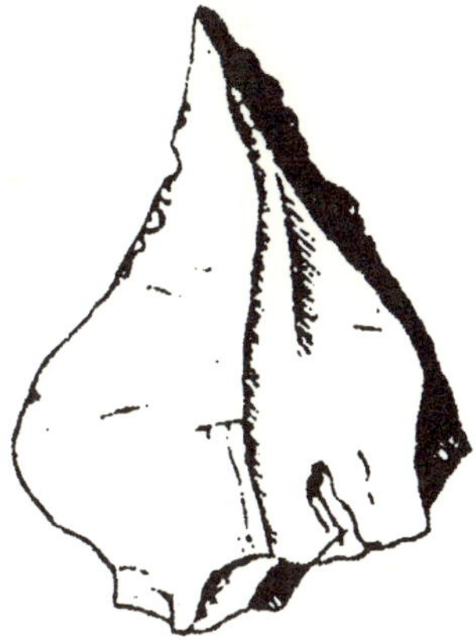

De Mortillet betonte, daß sich unter den positiven Gutachtern ebenjene Wissenschaftler befanden, die sich bereits mit Feuersteingerät beschäftigt hätten, während zu der ablehnenden Fraktion Wissenschaftler gehörten, die nur wenig oder keine Erfahrungen auf dem Gebiet besaßen. Einer von ihnen, ein Dr. Fraas aus Deutschland, behauptete auf dem Kongreß sogar, daß die Faustkeile "eine Erfindung des französischen Chauvinismus" darstellten (de Mortillet 1883, S. 88).

Eine Auswahl der bei Thenay gefundenen Feuersteinwerkzeuge schenkte Bourgeois dem Nationalen Museum für Altertümer in St. Germain. Seine besten Stücke zeigte er noch einmal auf der großen anthropologischen Ausstellung von 1878. Nach seinem Tod erhielt das Museum der *École d'Anthropologie* in Paris zahlreiche Exemplare.

Viele der Feuersteine von Thenay weisen feine Oberflächenrisse auf - ein Hinweis darauf, daß sie mit Feuer in Berührung kamen. Bei

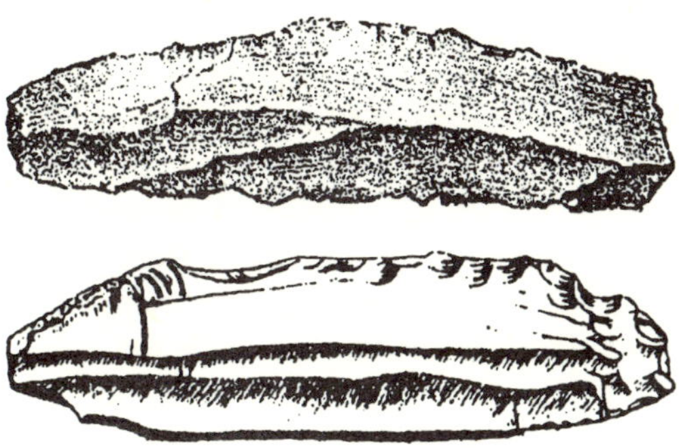

Oben: Spätpleistozänes Feuersteinwerkzeug (Laing 1894, S.366). Unten: Werkzeug aus den frühmiozänen Schichten von Thenay (Bourgeois 1873, Tafel 3).

anderen ist die Oberfläche von unregelmäßigen Löchern zerfressen. War Verwitterung die Ursache? De Mortillet (1883, S. 90) erklärte, durch Feuer bzw. Witterungseinflüsse hervorgerufene Risse und Sprünge könnten sehr leicht auseinandergehalten werden. Bemerkenswerterweise waren die gewöhnlich lichtdurchlässigen Feuersteine undurchsichtig geworden. Um Feuersteine so zu verfärben wie die Funde von Thenay, müssen, wie experimentell erwiesen ist, sehr hohe Temperaturen einwirken. Sonneneinstrahlung reicht dazu nicht aus. Wenn aber Feuer die Ursache war, handelte es sich dann um einen natürlichen oder einen von Menschenhand entfachten Brand?

Für natürliche Ursachen gibt es drei Erklärungen: vulkanische Hitze, Selbstentzündung der Vegetation oder Blitzschlag. Es gab jedoch, wie de Mortillet feststellte, keine Vulkane in der Region und auch keine Lagen leicht entzündlichen pflanzlichen Materials wie Torf. Außerdem hatte man vielerorts in der Region in verschiedenen Höhenlagen gebrannte Feuersteine gefunden. Daraus schloß de Mortillet, daß die Brandmerkmale auf eine fortgesetzte zweckdienliche Nutzung des Feuers über einen langen Zeitraum hindeuteten und keineswegs auf gelegentliche, durch Blitzschlag verursachte Gras-, Busch- oder Waldbrände. Der Befund ließ den naheliegenden Schluß zu, daß Menschen sich regelmäßig des Feuers bedienten, um das Zerbrechen der Feuersteine zu erleichtern.

Schlagzwiebeln waren zwar noch selten auf den frühmiozänen Feuersteinen von Thenay, aber die meisten Stücke zeigten Feinretuschierung an den Kanten. Nach de Mortillet (1883, S. 92) waren die Retuschen allein schon ein ziemlich sicherer Hinweis auf menschliche Bearbeitung. Denn die Retuschen waren meist auf eine Kantenseite beschränkt, die andere blieb unretuschiert. Man nennt das einseitigen Abschlag. Wie moderne Experten, war auch de Mortillet der Ansicht, daß einseitige Abschläge nicht das Resultat zufälliger Stöße oder Erschütterungen sind, sondern auf gezielte Bearbeitung zurückgehen. Ganz mochte de Mortillet (1883, S. 92f.) eine natürliche Ursache trotzdem nicht ausschließen; der daraus resultierende Absplіß sei jedoch im allgemeinen sehr grob und unregelmäßig. Von einigen Thenay-Feuersteinen, die völlig regelmäßig auf einer Seite und in einer Richtung retuschiert waren, reproduzierte de Mortillet Abbildungen in seinem Buch *Musée Préhistorique* (siehe Abb. rechte Seite oben).

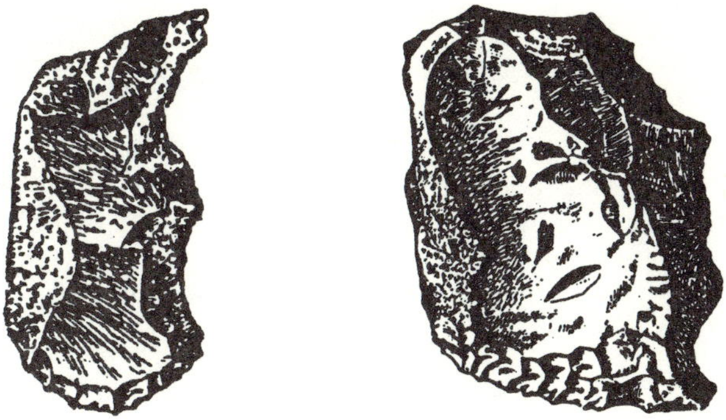

Einseitig retuschierte Werkzeuge aus dem Frühen Miozän von Thenay in Frankreich (G. und A. de Mortillet 1881, Tafel 1).

Leland W. Patterson, Experte auf dem Gebiet lithischer Techniken, weiß (1883, S. 303): "An archäologischen Fundplätzen stellen einseitig retuschierte Steinwerkzeuge generell eine wichtige Kategorie dar. Sie bilden unter den Steinartefakten des Frühmenschen einen wesentlichen Teil. Zu dieser Gruppe können so bekannte Steinwerkzeugtypen wie Grabstichel, Bohrer, Schaber, gekerbte Werkzeuge, aber auch Messer-, Faustkeil- und Sägeformen gezählt werden." Diese Beschreibung trifft auf die Thenay-Funde zu.

Laut Patterson (ebd.) wären "absolut einseitige Werkzeugformen durch die Zufallskräfte der Natur am allerschwersten zu reproduzieren. Das gilt für die einseitigen Kantenabschläge genauso wie für die langen, parallelen Abschlagmarken, wie sie für zweckbestimmte, einseitig bearbeitete Werkzeuge typisch sind. [...] Folglich ist es nur sehr schwer vorstellbar, daß zufällig auftretende natürliche Kräfte eine ganze Reihe gutgearbeiteter einseitiger Werkzeuge, von denen jeder Typ mehrfach vertreten ist, geschaffen haben könnten - ist dies doch in der Regel Beweis genug für eine Werkzeugausstattung von Menschenhand." Und er fügte hinzu, daß bei zehnfacher Vergrößerung jeder Fachmann einseitig bearbeitete Werkzeuge von Zufallsprodukten unterscheiden könne.

Abbildungen der frühmiozänen Feuersteine von Thenay zeigen die annähernd gleich großen, parallelen Abschlagmarken, die nach Patterson auf menschliche Bearbeitung hinweisen. Umseitig kann man ein einseitig bearbeitetes Fundstück mit einem ähnlichen, aber akzeptierten Gerät aus der Olduvai-Schlucht vergleichen.

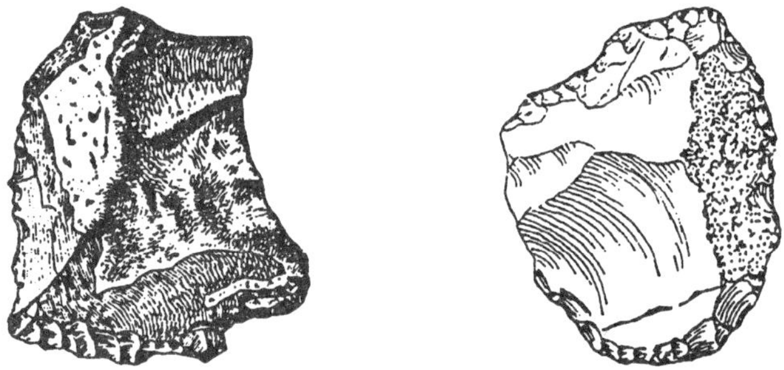

Links: Ein Feuersteinwerkzeug aus einer frühmiozänen Formation bei Thenay (G. und A. de Mortillet 1881, Tafel 1). Rechts: Ein wissenschaftlich akzeptiertes Fundstück aus der Olduvai-Schlucht, untere Mittlere Schicht II (M. Leakey 1971, S.113). An beiden Exemplaren zeigen die unteren Kanten grob-parallele Abschlagmarken, die den Pattersonschen (1883) Anforderungen für eine Anerkennung als menschliches Produkt genügen.

Durch das Werk von S. Laing erreichte die Kunde von den frühmiozänen Werkzeugfunden von Thenay das gebildete englischsprachige Lesepublikum. Dieser schrieb (1893, S. 114) : "Was den menschlichen Ursprung [der Funde] anging, war die Fachwelt geteilter Meinung, aber spätere Funde haben Exemplare zutage gebracht, über die keinerlei Zweifel bestehen kann, vor allem das Feuersteinmesser und zwei kleine Schaber [das Messer und ein Schaber sind auf der rechten Seite abgebildet], die von M. Quatrefages auf Seite 92 seines neuen Buches *Races Humaines* wiedergegeben werden. Sie weisen alle charakteristischen Züge auf, anhand derer in anderen Fällen auf menschliche Gestaltung geschlossen wird, so z. B. die Schlagzwiebel und wiederholte unidirektionale Feinabschläge an der Werkkante."

Laing (1893, S. 113ff.) fuhr mit seinen Ausführungen fort: "Daß diese Geräte menschlicher Herkunft sind, fand durch die Ethnographie eine überraschende Bestätigung: Die Minkopi auf den Andamanen stellen Wetzsteine oder Schaber her, die mit jenen von Thenay fast identisch sind, und sie tun es auf die gleiche Weise mittels Feuer, um die Steine in passend große und geformte Bruchstücke zu zersprengen. Diese Minkopi sind mit der Abschlagtechnik zur Herstellung von Faustkeilen oder Pfeilspitzen nicht vertraut, verwenden aber Fragmente von großen Muschelschalen, die es überreichlich gibt, bzw.

Ein Bohrer oder Schaber und ein Feuersteinmesser aus einer frühmiozänen Schicht bei Thenay.

Knochensplitter und Hartholzstücke, die sie mit ihren Schabern schärfer zuspitzen oder feinkantiger machen. Der gegen die Authentizität dieser materiellen Zeugnisse des miozänen Menschen vorgebrachte Haupteinwand, es gäbe keinen schlüssigen Beweis für ihre Fabrikation, kann damit als erledigt betrachtet werden. Die Gegner müssen sich also mit der Vermutung zufriedengeben, daß diese Geräte entweder von einem ausnehmend intelligenten *Dryopithecus* angefertigt wurden oder daß sich der Abbé Bourgeois, womöglich irregeführt von seinen Arbeitern, täuschte in der Annahme, Feuersteine, die in Wirklichkeit aus quartären Deckschichten stammten, in miozänen Ablagerungen gefunden zu haben. Bei einem so erfahrenen Forscher scheint dies kaum wahrscheinlich, und selbst wenn dem so gewesen wäre, hätte man die üblichen, durch Schlageinwirkung geformten quartären Faustkeile, Messer und Pfeilspitzen erwarten dürfen, während die gefundenen Exemplare - kleinformatige Schaber und Bohrer - alle einem bestimmten Typ angehören und zum Teil im Feuer gebrannt worden sind. [...] Im großen und ganzen scheint die Beweislage für diese miozänen Werkzeuge sehr überzeugend, und ablehnende Meinungen verdanken sich, wie es aussieht, kaum einem anderen Grund als der Weigerung, das hohe Alter der menschlichen Art zuzugeben."

Sammlungen quartärer Werkzeuge enthalten, wie an dieser Stelle hinzugefügt werden soll, neben den besser gearbeiteten Projektilspitzen und Faustkeilen häufig Schaber und Bohrer des bei Thenay gefundenen Typs.

Jedenfalls scheinen die Beweise, nach denen im Frühen Miozän, also vor etwa 20 Millionen Jahren, ein Wesen menschlicher Art die Feuersteinwerkzeuge von Thenay gefertigt hat, erdrückend zu sein. Einige Fachleute waren jedoch der Ansicht, das Geschöpf sei nicht vom modernen Typ gewesen, sondern ein primitiverer Vorfahre, wie es die Evolutionstheorie erforderte. Die Auseinandersetzung verlief vehement. Da diese Frage immer wieder auftaucht, schenken wir der Angelegenheit größere Aufmerksamkeit.

Der Evolutionsgedanke und die Natur des tertiären Menschen

"Das Problem des Tertiärmenschen wird auf einzigartige Weise von der Tatsache verschleiert, daß Lösungen zu oft von vorgefaßten Meinungen diktiert werden, die auf einander widersprechenden Theorien basieren", so A. de Quatrefages (1884, S. 80) in seinem Buch *Hommes Fossiles et Hommes Sauvages*. Die einander widersprechenden Theorien und Meinungen waren in diesem Fall die darwinistische Evolutionstheorie und die biblische Schöpfungslehre. De Quatrefages (ebd.), dem beide Auffassungen nicht angenehm waren, fuhr fort: "Die Elemente einer Überzeugung, die auf rein wissenschaftlicher und rationaler Basis beruht, sind nicht zahlreich. Es ist leicht einzusehen, daß Menschen gleicher Intelligenz und Erfahrung unterschiedliche Ansichten haben können oder zögern, überhaupt eine Meinung zu äußern. Aber offenbar haben darwinistische Lehren und dogmatische religiöse Überzeugungen die wissenschaftliche Diskussion in dieser Angelegenheit beeinflußt."

Ende des 19. Jahrhunderts waren die einzigen bekannten fossilen Relikte der frühen Menschheit jene des Neandertalers und des Cro-Magnon-Menschen. Dem Evolutionismus zuneigende Wissenschaftler waren der Ansicht, daß die Neandertaler, wenn auch etwas primitiv, zu menschenähnlich waren, um als fehlendes Bindeglied zu den miozänen Affen dienen zu können; und der Cro-Magnon war natürlich in jeder Hinsicht ein Mensch. Aber mit dem Cro-Magnon war der vollentwickelte Mensch ins Quartär zurückdatiert, ein Zeitgenosse eiszeitlicher Tiere wie Mammut und Wollnashorn.

Natürlich führte dies dazu, daß die Darwinisten die Entwicklung des Menschen aus affenähnlichen Vorfahren sehr viel früher ansetzten. De Quatrefages (1884, S. 80f.) stellte fest: "Haeckel war der erste, der einen Vorschlag machte. Er siedelte seinen *Homo alalus* (sprachloser Mensch) und seinen *Homo pithecanthropus* (Affenmensch) im Pliozän oder Späten Tertiär an. Darwin machte es seinem deutschen Jünger nach und schlug vor, den Übergang von den Altaffen zu den Vorläufern des Menschen, wie er durch den Verlust des äffischen Haarkleides gekennzeichnet ist, bereits im Eozän anzusetzen. Der vorsichtige Wallace empfahl das Mittlere Tertiär als jenen Zeitraum, in dem eine unspezifizierte Affenart nach einem langwierigen Prozeß der morphologischen Evolution menschliche Gestalt annahm."

Damals waren die von Darwin und Haeckel vorgetragenen Affenmenschentheorien allerdings rein hypothetisch. Man hatte keine Fossilien gefunden, die als echte Geschöpfe des Übergangs von frühtertiären Affen zum Cro-Magnon-Menschen gelten konnten. Was aber war mit den von Ribeiro in Portugal und Bourgeois in Frankreich in Miozänformationen entdeckten Steinwerkzeugen?

Anatole Roujou, ein französischer Evolutionist, reagierte in interessanter Weise auf die Steinwerkzeuge von Thenay: "Von der Transformation der Arten überzeugt, mußte ich nicht auf die Entdeckung von miozänen Feuersteinen warten, die die Existenz des tertiären Menschen beweisen, da seine Existenz eine notwendige Konsequenz der Transformation ist, wie wir sie zur Zeit verstehen, und sich notwendig aus meinen Ideen über die morphologischen Affinitäten zwischen Säugetieren und ihrem Abstammungsmodus ableiten läßt" (de Quatrefages 1884, S. 81).

De Quatrefages (ebd.) meinte dazu: "Roujou führte die verschiedenen heutigen Menschenrassen, von deren Existenz seit dem Quartär er überzeugt war, auf den Menschen des Tertiärs zurück, den er aus rein theoretischen Überlegungen als gegeben akzeptierte. Er sah keinen Grund dafür anzunehmen, daß Menschen wie die heute lebenden nicht bereits zu einer Zeit existiert haben könnten, als die Feuersteinwerkzeuge von Thenay entstanden."

Das ist für einen Evolutionisten ein recht interessantes Eingeständnis. Heute datieren Evolutionisten das Auftreten des anatomisch modernen Menschen ins Späte Pleistozän. Nichtsdestoweniger gibt es auch vom Standpunkt der gegenwärtigen Evolutionstheorie genaugenommen keinen Grund, die Existenz moderner Menschen oder einer eng verwandten Spezies im Miozän a priori auszuschließen. Schließlich stellen sich die Befürworter der Theorie eines immer wieder unterbrochenen Gleichgewichts schon lange keinen ununterbrochenen Prozeß allmählicher Veränderungen von einer Art zur anderen mehr vor. Der paläontologische Befund, so sagen sie, zeige, daß Arten über lange Zeiträume hinweg, und das mögen Jahrmillionen sein, unverändert blieben und daß neue Arten, hält man sich an den fossilen Nachweis, relativ abrupt auftreten (Gould und Eldredge 1977). Wenn wir diese Sicht akzeptieren, dürfen wir nicht unbedingt erwarten, daß unsere Vorfahren, je weiter wir sie in der Zeit zurückverfolgen, zunehmend primitiver und affenähnlicher werden. Immerhin existieren heute noch viele Lebewesen, Schildkröten und Alligatoren beispielsweise, die sich seit zehn Millionen Jahren nicht wesentlich verändert haben.

De Mortillet, auch er Darwinist, hatte einen etwas anderen Ansatz als Roujou: "Er versucht die Ideen Darwins mit den paläontologischen Fakten in Einklang zu bringen", schrieb de Quatrefages (1884, S. 81). De Mortillet selbst meinte: "Mehrmals, seitdem sich die werkzeugtragenden Schichten von Thenay ablagerten - aber mindestens dreimal -, hat die Säugetierfauna gewechselt. [...] Können sich die Menschen, die in biologischer Hinsicht eine der komplexesten Organisationsformen überhaupt aufweisen, diesem Gesetz der Transformation entzogen haben?" (de Quatrefages, ebd.).

Vom Standpunkt der modernen Theorie aus können sich Arten unterschiedlich schnell verändern. Selbst wenn man darin übereinstimmt, daß einige Säugetierarten seit dem Miozän mehrere Male durch andere ersetzt worden sind, besteht kein Grund, Beweismaterial zurückzuweisen, das dafür spricht, daß die Spezies Mensch so blieb, wie sie war. Nach heutiger Auffassung ist die Artenbildung, wie gesagt, ein eher abrupter und nicht voraussagbarer Vorgang und keineswegs das Ergebnis eines anhaltenden, allmählich fortschreitenden Wandlungsprozesses.

Wie aus den unterschiedlichen Schlußfolgerungen von Roujou und de Mortillet hervorgeht, ist die Evolutionstheorie ziemlich flexibel, vielleicht zu flexibel. Es hat den Anschein, als könne nahezu jedes paläanthropologische Beweisstück in ihrem dehnbaren Rahmen untergebracht werden.

De Mortillet traf dann folgende Feststellung: "Wenn wir in den Feuersteinfunden von Thenay Zeichen gezielter Bearbeitung erkennen, können wir daraus nur den Schluß ziehen, daß dies nicht das Werk anatomisch moderner Menschen, sondern einer anderen menschlichen Spezies war, wahrscheinlich Vertretern einer Gattung von Prähominiden, die die Lücke zwischen Menschen und Tieren schließen" (de Quatrefages 1884, S. 81f.).

De Mortillet nannte diesen Vorläufer, von dem es drei Arten gegeben habe, *Anthropopithecus*. Die älteste Art, die die Verbindung zu den Affen bildete, wäre die von Thenay. Die beiden anderen Spezies hätten die Feuersteinwerkzeuge hergestellt, die von Ribeiro in Portugal und von Rames bei Aurillac in Südfrankreich gefunden worden waren.

"Für de Mortillet", erklärte de Quatrefages (1884, S. 82f.), "ist die Existenz der *Anthropopithèques* in der Tertiärzeit eine notwendige Konsequenz darwinistischer Doktrinen. Ebenso unerläßlich ist ihr sukzessives Auftreten und Verschwinden, da nur so der Gleichklang zwischen der progressiven Entwicklung der menschlichen Art und jener der Säugetierfauna erhalten bleibe. Als er in sehr alten Erdschichten auf Feuersteine mit Anzeichen menschlicher Bearbeitung stieß, war es ganz natürlich für ihn, sie als erste Manifestationen primitiven Arbeitsfleißes von seiten eines Vorgängers des modernen Menschen zu interpretieren."

De Mortillets Einwände gegen anatomisch moderne Menschen im Tertiär waren, wie es aussieht, in erster Linie theoretischer Art und resultierten aus seinen darwinistischen Vor-Urteilen.

Denkt man an dieses formative Stadium der modernen Paläanthropologie zurück, sollte man de Mortillets festen Glauben an die Existenz eines affenähnlichen Vorläufers des modernen Menschen nicht übergehen. Die Darwinisten sahen dem Erscheinen des *missing link* genauso erwartungsvoll entgegen wie andere dem Kommen des Messias. Wir dürfen uns deshalb fragen: Waren es vielleicht Glaube und Überzeugung, die mehr als jeder andere Faktor spätere Paläanthropologen dazu motivierten, gewisse affenähnliche fossile Kreaturen als die biologischen Vorfahren des modernen Menschentyps auszuersehen?

De Quatrefages (1884, S. 83) meinte weiter: "De Mortillet gibt unumwunden zu, daß von den *Anthropopithèques* bislang noch nicht das geringste Überbleibsel gefunden wurde. Er bekämpft die Theorie von M. Gaudry, der gewillt scheint, die bearbeiteten Feuersteine von Thenay dem Miozänaffen *Dryopithecus fontani* zuzuschreiben. Aber es obliegt de Mortillet, uns den genauen Charakter jenes Wesens zu enthüllen, das außer in seinen Augen offenbar nur ein ganz und gar theoretisches Dasein führt. Andere jedoch sind wagemutiger. Haeckel und Darwin haben auf der Grundlage verschiedener Überlegungen auf einige Merkmale hingewiesen, die es uns ihrer Meinung nach ermöglichten, ihre Affenmenschen zu erkennen. Hovelacque schließlich hat die Transformationstheorie an den Rand der Absurdität getrieben, indem er Punkt für Punkt die einander entsprechenden physischen Merkmale der höchstentwickelten Menschenaffen mit jenen der tiefststehenden Menschentypen verglich; aus der so gewonnenen Erkenntnis leitete er eine Zwischenform ab und glaubt nun, ein ziemlich vollständiges Bild des Geschöpfes entwerfen zu können, das dem ersten Menschen modernen Typs unmittelbar vorausging."

Solche spekulativen Vergegenwärtigungen kommen bis auf den heutigen Tag vor. Während Hovelacque nicht einen einzigen fossilen Knochen als Untersuchungsmaterial besaß, hatten spätere Paläanthropologen wenigstens irgendeinen Anhaltspunkt. Aber auch die wenigen Knochenfragmente, die in ihren Besitz gelangten, reichten nicht aus, um die zahllosen ausgefeilten Technicolorvisionen von Körperformen und Lebensweisen rechtfertigen zu können, die bis heute die Ausstellungsräume der Museen und die Seiten populärwissenschaftlicher Magazine schmücken. Der entscheidende Punkt ist jedoch der, daß die Existenz affenähnlicher Vorfahren des modernen Menschen, wie de Quatrefages so scharfsichtig erkannt hat, eher eine Sache dogmatischer Behauptungen als wissenschaftlicher Tatsachen ist. Wenn man sich dies vor Augen hält, dann erscheinen die nachfolgenden Entwicklungen der Paläanthropologie in einem neuen Licht. Waren die späteren "Entdeckungen" fossiler affenähnlicher menschlicher Vorfahren das Ergebnis unvoreingenommener wissenschaftlicher Forschung oder das einer phantasievollen prophetischen Suche?

"Die Mehrheit der Autoren, die für die evolutionären Ansichten stehen, die ich diskutiert habe, sprechen sehr laut im Namen der Gedankenfreiheit", stellte de Quatrefages (1884, S. 83) fest. Der Begriff "Gedankenfreiheit" bezieht sich in diesem Zusammenhang aber nicht auf die moderne, verfassungsrechtlich garantierte Gewissensfreiheit, sondern auf die sogenannte "Freigeisterei", atheistische und deistische Philosophien, die im Europa des 18. und 19. Jahrhunderts in Opposition zu etablierten Kirchen und Lehrmeinungen entstanden.

De Quatrefages (ebd.) fuhr fort: "Sehr seltsam ist es zu sehen, wie andere Autoren mit einem ganz anderen Ausgangspunkt - jenen mosaischen Lehren nämlich, die auch vom Christentum geteilt werden - zu genau den gleichen Schlußfolgerungen kommen." Damit wandte er sich gegen die Überzeugung Boucher de Perthes', des Entdeckers der Abbévillien-Industrie, der aus dem Christentum die Idee einer vorsintflutlichen Menschheit bezog, die sich von den heutigen Menschen stark unterschieden habe. Manche christliche Denker glaubten, daß die Zeit vor der Sintflut unschätzbar lang und die Erde einst von prä-adamitischen Menschen, "groben Entwürfen" der heutigen Spezies, bewohnt worden sei. Für solche Gelehrte, Boucher de Perthes eingeschlossen, waren diese primitiven Menschen die Schöpfer der tertiären Steinwerkzeuge. Boucher de Perthes gab zu bedenken, daß von dieser antediluvianischen Rasse bereits fossile Knochen gefunden worden sein mochten, möglicherweise hatte man sie aber für die Reste von Menschenaffen gehalten. Die prä-adamitische Rasse affenähnlicher Menschen, veranlagungsgemäß nicht befähigt, Gott zu verstehen und zu verehren, soll durch eine Flut (aber nicht die zu Noahs Zeit) vernichtet worden sein. Auf diese Katastrophe und auf weitere, die später kamen, folgten die sechs Tage der neuen Schöpfung und damit die gegenwärtige, zur Gottesanbetung fähige Menschheit, beginnend mit Adam und Eva (de Quatrefages 1903, S. 31; 1884, S.84-88). Die neue menschliche Spezies war von der alten völlig verschieden, und es bestand auch keine abstammungsmäßige Beziehung zu ihr.

"Auf der anderen Seite standen de Mortillet und Darwin und seine Schüler", bemerkte de Quatrefages (1884, S. 89), "für die es nur eine kontinuierliche Abfolge von Schöpfungen gab. Der heutige Mensch ist mit dem uralten *Anthropopithèque* durch eine ununterbrochene Abstammungslinie verbunden. Seine Gestalt hat sich etwas verändert, seine Intelligenz sich vergrößert; aber wir sind nichts anderes als - im geläufigen physiologischen Sinn des Wortes - seine Urenkel. Ich will mich hier nicht gegen diese letzte Ansicht aussprechen. Meine negative Einstellung gegenüber der Transformationslehre ist allgemein bekannt. Das gilt entsprechend für die soeben erörterten religiösen Theorien."

Die Frage der Existenz tertiärer Menschen war nach de Quatrefages (ebd.) "wie so vieles andere, das der Wissenschaft hätte vorbehalten bleiben sollen, zum Schauplatz der Auseinandersetzung zwischen religiösem Dogmatismus und Freigeisterei geworden".

Viel hat sich nicht geändert, denkt man an die bis heute

anhaltenden Debatten zwischen Vertretern des Darwinschen Evolutionismus und Anhängern der biblischen Schöpfungsgeschichte, vor allem in den Vereinigten Staaten.

Wir teilen de Quatrefages' Ansichten insofern, als uns die dogmatische Deutung der menschlichen Ursprünge, sei es durch den Darwinschen Evolutionismus oder den biblischen Schöpfungsmythos, nicht zufriedenstellt. Das vorhandene empirische Befundmaterial läßt sich offenbar mit beiden Auffassungen nicht allzu gut vereinbaren, was es ratsam macht, sich ernsthaft mit anderen theoretischen Systemen zu befassen. In einem in Vorbereitung befindlichen Buch werden wir eine alternative Darstellung der menschlichen Ursprünge vorlegen, die besser zu all den Fakten paßt als die Spekulationen der traditionellen Gegner in einem schon langanhaltenden Streit.

Bleibt also die Frage: Wer machte die Feuersteingeräte von Thenay? Selbst wenn man die Existenz primitiver Affenmenschen annimmt, wie läßt sich die gleichzeitige Existenz von Menschen modernen Typs ausschließen? Wenn man *Homo erectus* oder *Homo habilis* ins Miozän zurückversetzen kann, warum nicht auch *Homo sapiens*?

Laing (1884, S. 370) meinte zu den Feuersteinen von Thenay: "Dieser Gerätetyp findet sich, bis auf kleine sukzessive Verbesserungen unverändert, das ganze Pliozän und Quartär hindurch, ja bis auf den heutigen Tag. Der Schaber der Eskimos und der Andamaner ist nur eine vergrößerte und verbesserte Ausgabe des Miozän-Schabers."

Wenn heutige Menschen solche Schaber herstellen, ist es sicherlich möglich, wenn nicht sogar wahrscheinlich, daß identische Lebewesen im Miozän ähnliche Schaber fertigten. Wie wir sehen werden, haben Wissenschaftler in der Tat in tertiären Schichten menschliche Skelettreste ans Licht gebracht, die von denen des *Homo sapiens* nicht zu unterscheiden sind.

Es wird somit einsichtiger, warum wir von den Feuersteinen von Thenay heute nichts mehr hören. In der Geschichte der Paläanthropologie gab es eine Epoche, da Wissenschaftler, die Anhänger der Evolutionstheorie waren, die miozänen Werkzeuge von Thenay tatsächlich akzeptierten, sie aber einem Vorläufer des Menschen zuschrieben. Aufgrund der Evolutionstheorie waren sie davon überzeugt, daß so ein Vorgänger existiert haben muß, auch wenn noch keine Fossilien gefunden worden waren. Als man aber 1891 auf Java die erwarteten Fossilien entdeckte, war dies in einer Schicht, die heute als mittelpleistozän gilt. Dieses Geschehen bereitete den Anhängern miozäner Affenmenschen nicht geringes Kopfzerbrechen. Der menschliche Vorfahre, das traditionelle Bindeglied zwischen fossilen Affen und modernen Menschen, hatte nicht im Frühen Miozän, vor nach heutiger Schätzung 20 Millionen Jahren, gelebt, sondern im Mittleren Pleistozän, vor weniger als 1 Million Jahren (Nilsson 1983, S. 329f.). Daher wurden die Feuersteingeräte von Thenay und all die anderen Beweisstücke für die Existenz tertiärer Menschen (oder werkzeugmachender tertiärer Affenmenschen) stillschweigend und anscheinend ziemlich gründlich aus den aktiven Erwägungen getilgt und danach vergessen.

Die Alternative weckte Unbehagen, bestand doch die Möglichkeit, daß anatomisch moderne Menschen Zeitgenossen dryopitheziner Affen waren. Dies zu akzeptieren, hätte bedeutet, das langsam Form annehmende Bild von den evolutionären Ursprüngen des Menschen aufzugeben oder es in einem solchen Maße zu revidieren, daß es weitaus weniger glaubhaft wurde. Man braucht noch nicht einmal von anatomisch modernen Menschen zu sprechen. Nach der Entdeckung des Java-Menschen paßte jede Art werkzeugmachender Hominiden im frühen Miozän Frankreichs einfach nicht mehr ins Konzept.

Natürlich ist dieses Szenarium über den Umgang mit Beweismaterial etwas hypothetisch, aber es hat den Anschein, als hätte sich dergleichen im Laufe mehrerer Jahrzehnte gegen Ende des 19. und zu Beginn des 20. Jahrhunderts in der Wissenschaftsgemeinde tatsächlich zugetragen. Die umfangreichen Beweise für die Existenz werkzeugmachender Hominiden im Tertiär wurden faktisch begraben, und die Stabilität des ganzen Gebäudes der modernen Paläanthropologie beruht darauf, daß sie begraben bleiben. Sollte auch nur ein einziges Beweisstück für die Existenz von miozänen oder frühpliozänen Werkzeugmachern akzeptiert werden, begänne das ganze, in diesem Jahrhundert so sorgfältig aufgebaute Bild der menschlichen Evolution sich aufzulösen. Spätpliozäne und frühpleistozäne Werkzeugfunde außerhalb Afrikas bereiten die gleichen Schwierigkeiten. Nach dem heute favorisierten Modell war *Homo erectus* der erste Hominide, der Afrika verließ - und zwar vor etwa 1 Million Jahren.

Geräte aus dem Späten Miozän: Aurillac, Frankreich

Tertiäre Steinwerkzeuge wurden auch unweit der Stadt Aurillac (Departement Cantal, südliches Zentralfrankreich) an den Fundstellen Puy Courny und Puy de Boudieu zutage gefördert. 1870 berichtete Anatole Roujou, daß Charles Tardy, ein für seine Quartärforschungen bekannter Geologe, auf der exponierten Oberfläche eines spätmiozänen Konglomerats in der Nähe von Aurillac ein Feuersteinmesser gefunden habe (Abb. rechte Seite). Zur Beschreibung der Fundumstände benutzte Roujou das Wort *arraché* [entrissen, herausgerissen, Anm. d. Übs.], was heißt, daß der Feuerstein offenbar mit einiger Kraftanstrengung geborgen werden mußte. Laut Roujou erwies sich das Stratum aufgrund der charakteristischen Fauna - darunter *Dinotherium giganteum* und *Machairodus latidens* - als spätmiozän (de Mortillet 1883, S. 97). De Mortillet, der der Ansicht war, daß sich auf dem Feuerstein unbestreitbare Anzeichen gezielter Bearbeitung zeigten, erklärte die Ähnlichkeit des Objekts mit zweifelsfreien Quartärgeräten. Doch glaubte er, Tardys Fund sei erst in jüngerer Zeit oberflächig einzementiert worden, weshalb er es vorzog, ihn ins Quartär zu datieren.

Der französische Geologe J. B. Rames bezweifelte, daß das von Tardy gefundene Objekt tatsächlich aus Menschenhand stammte, machte aber 1877 in der gleichen Gegend am Puy Courny eigene Entdeckungen. De Mortillet schrieb, daß die von Rames beigebrachten Feuersteine in Schichten weißen Quarzitsandes und weißlichen Lehms neben den fossilen Knochen von *Hipparion, Mastodon angustidens* und anderen Arten des Späten Miozäns (Tortonien) gefunden worden seien. Anstatt wie die Feuersteine von Thenay durch Feuer gespalten worden zu sein, fanden sich an den Exemplaren vom Puy Courny offenkundige Abschläge durch Schlageinwirkung (de Mortillet 1883, S. 97).

S. Laing (1894, S. 357) bietet eine gute Darstellung der Ramesschen Funde vom Puy Courny: “Die erste Frage richtet sich nach dem geologischen Alter der Ablagerungen, in denen diese abgeschlagenen Werkzeuge gefunden wurden. Beim Puy Courny kann darüber kein Zweifel bestehen. In der Zentralregion der Auvergne hat es zwei Serien von Vulkanausbrüchen gegeben, die letzte gegen Ende des Pliozäns oder zu Beginn des Quartärs, und eine frühere, die aufgrund ihrer Lage und Fossilien klar dem oberen

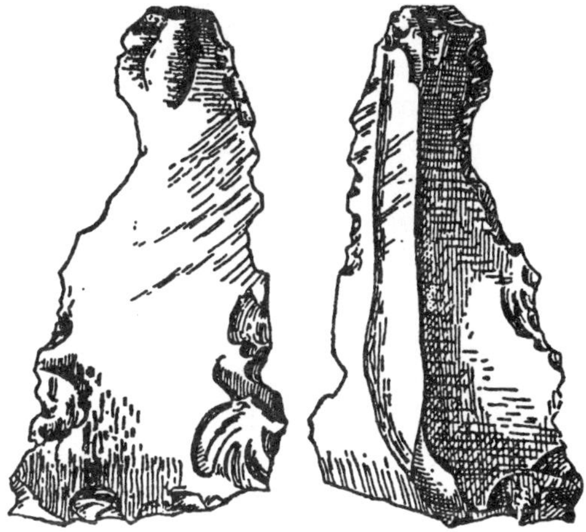

Das erste bei Aurillac in Frankreich gefundene Steinwerkzeug (Verworn 1905, S.9).

[= älteren] Miozän zuzuordnen ist. Die Schichten, in denen M. Rames, ein sehr fachkundiger Geologe, die abgeschlagenen Feuersteine fand, waren mit Tuff und Lava von diesen älteren Vulkanen durchsetzt, und auf dem Kongreß französischer Archäologen, dem die Fundstücke vorgelegt wurden, wurden keine Zweifel an ihrem geologischen Alter laut. Die ganze Frage reduziert sich demnach darauf, ob die Beweise für einen menschlichen Ursprung ausreichten, worüber der gleiche Kongreß volle Zufriedenheit äußerte."

Auch moderne Geologen verweisen die fossilhaltigen Sandschichten des Puy Courny ins Miozän (Peterlongo 1972, S. 134f.). Die Fauna (*Dinotherium giganteum, Mastodon longirostris, Rhinoceros schleiermacheri, Hipparion gracile* usw.) soll an die von Pikermi in Griechenland erinnern und für das ausgehende Pontische Zeitalter (Pontien) charakteristisch sein (Peterlongo 1972, S. 135). Früher wurde das Pontien mit dem Frühen Pleistozän gleichgesetzt, aber Nilsson (1983, S. 19) erklärte, daß modernen radiometrischen Datierungsmethoden zufolge "das ganze Pontische Zeitalter ins späteste Miozän gehört". Auch nach französischen Fachleuten bezeichnet das Pontien das Ende des Miozäns und kann auf ein Alter von 7 bis 9 Millionen Jahre datiert werden (Klein 1973, Tafel 6).

Laing (1894, S. 358) gab dann eine detaillierte Beschreibung der Anzeichen menschlicher Bearbeitung, die Rames auf den Feuersteinen festgestellt hatte: "Die Fundstücke gehören zu mehreren wohlbekannten paläolithischen Werkzeugtypen, Faustkeilen, Schabern, Pfeilspitzen und Abschlägen, nur gröber gearbeitet und kleiner als Exemplare aus späterer Zeit. Sie wurden an drei verschiedenen Stellen in ein und derselben Schicht sandigen Kieses gefunden und erfüllen alle Bedingungen, die an die Echtheit quartärer Werkzeuge gestellt werden, als da wären: Schlagzwiebeln, muschelige Brüche und vor allem zweckbestimmte Abschläge in einer Richtung. Es ist offensichtlich, daß bestimmte parallele Feinabschläge, die oft nur auf einer Seite des Feuersteins zu finden sind und ihm eine Form geben, die (wie wir von heutigen und anderen steinzeitlichen Werkzeugen wissen) dem menschlichen Gebrauch dient, kluges Planen voraussetzen und keineswegs durch zufällige Kollisionen von Flußkieseln entstanden sein können, die von einem Sturzbach mitgerissen wurden."

Laut Laing entdeckte de Quatrefages feine parallele Kratzer an den abgeschlagenen Kanten vieler Exemplare, was auf ihren Gebrauch hindeutete. Diese Gebrauchsspuren fehlten auf den Kanten ohne Abschläge. Auf einem wissenschaftlichen Kongreß in Grenoble wurden die Feuersteinwerkzeuge vom Puy Courny als echt anerkannt (Laing 1893, S. 118).

Abschließend wiederholte Laing (1894, S. 358f.) einen weiteren entscheidenden Punkt: "Die Feuersteinabschläge vom Puy Courny bieten noch einen anderen sehr schlüssigen Beweis für intelligente Planung. Die kiesige Ablagerung, in der sie gefunden wurden, enthält fünf verschiedene Feuersteinsorten, und alle, die nach menschlicher Bearbeitung aussehen, gehören zu ein und derselben Varietät, die sich von Natur aus besonders gut zum Gebrauch in Menschenhand eignet. Wie de Quatrefages sagt, hätten weder Sturzbäche noch sonstige natürliche Einwirkungen eine solche Auswahl herbeigeführt, die nur von einem intelligenten Geschöpf getroffen worden sein kann, das sich die für seine Werkzeuge und Waffen am besten geeigneten Steine aussuchte."

Leland W. Patterson, der moderne Experte, weiß (1983, S. 305-306): "Das selektive Vorkommen gewisser Rohmaterialformen kann sich bei der Identifikation menschlicher Aktivitäten an einem spezifischen Ort als nützlich erweisen. Gibt es für einen Rohstoff keinen lokalen Herkunftsort, so spricht einiges dafür, daß dieses Material von Menschen an den Ort gebracht wurde. Eine andere Überlegung betrifft das selektive Vorkommen ganz bestimmter

Arten von Rohmaterialien unter den womöglich von Menschen gefertigten Stücken. Menschen neigen im Gebrauch von Steinen zur Selektion, wohingegen die Natur nach dem Zufallsprinzip viele verschieden geformte Steine zerbrechen würde."

Nun versuchte aber Marcellin Boule eine geologische Erklärung für den Umstand, daß es sich bei den als Werkzeuge identifizierten Feuersteinen um einen ganz bestimmten Feuersteintyp handelte, wo doch am Puy Courny eine ganze Reihe unterschiedlicher Arten vertreten war. Wie Rames festgestellt hatte, stammten die diversen Formen alle aus verschiedenen Lagen einer tiefliegenden Oligozänformation. Boule vertrat nun (1889) die These, daß während des Späten Miozäns möglicherweise nur die Schicht erodiert war, die den fraglichen Feuersteintyp enthielt. Nach Verworn (1905, S.10) würde dies bedeuten, daß den werkzeugmachenden intelligenten Wesen im Späten Miozän nur dieser bestimmte Feuersteintyp als Material zur Verfügung gestanden hätte.

Boule jedoch wies die Vorstellung, daß die Feuersteinobjekte von Aurillac das Werk von Menschen oder evolutionären Ahnen des Menschen sein könnten, vollständig zurück. Seine Erosionsanalysen sollten beweisen, daß im Späten Miozän überhaupt nur ein bestimmter Feuersteintyp solchen natürlichen Kräften ausgesetzt war, die relativ häufig werkzeugähnliche Formen schufen.

Boules Darstellung der sukzessiven Erosion der verschiedenen feuersteinhaltigen Oligozänlagen ist jedoch nicht unbedingt korrekt. Vielleicht erodierten mehrere Lagen gleichzeitig. Selbst dann noch wäre nichts gegen das Ramessche Argument einer intelligenten Auswahl zum Zwecke der Werkzeugherstellung gesagt. Aber auch wenn man Boules Abfolge geologischer Ereignisse akzeptierte, hieße das immer noch nicht, daß die abgeschlagenen Feuersteinobjekte aus dem Späten Miozän vom Puy Courny rein natürlichen Ursprungs sein müßten. In diesem Fall wäre zu erwarten, daß all die anderen Feuersteinarten, die aus Schichten unter der Fundschicht ausgewittert sind, von den Kräften der Natur logischerweise ebenfalls werkzeugähnliche Formen erhalten haben sollten. So betrachtet ist Boules Erklärung eher eine Bekräftigung der Position, die menschliche Tätigkeit am Werk sieht.

Selbst wenn man annimmt, Boules geologische Erklärung wäre korrekt, erklärte sich damit noch nicht die besondere "Technik" der Abschläge auf den Feuersteinen. Wie bereits erwähnt, waren die konsekutiv und parallel ausgeführten, auf eine Seite einer Kante beschränkten Abschläge nicht von der Art, wie man sie bei natürlichen Zufallsprodukten erwartet hätte. Vielmehr waren diese Feuersteinobjekte nach Ansicht vieler Fachleute von den akzeptierten, einseitig abgeschlagenen Feuersteinwerkzeugen aus dem Späten Pleistozän nicht zu unterscheiden.

Verworns Grabungsexkursion nach Aurillac

Zu Beginn des 20. Jahrhunderts wurden Fundstücke aus der Region von Aurillac von manchen Wissenschaftlern nach wie vor als menschliche Artefakte aus dem Späten Miozän angesehen. Einer dieser Wissenschaftler war Max Verworn von der Universität Göttingen.

In der Einleitung zu seinem umfangreichen Bericht über die Steingeräte von Aurillac (Cantal), der 1905 veröffentlicht wurde, wies er darauf hin, daß die Existenz von Menschen im Pleistozän aufgrund von Skelettfunden, Steinartefakten und anderen Gegenständen menschlicher Produktion zweifelsfrei feststehe. Verworn (1905, S. 3f.) schrieb: "Die Tatsache, daß die aufgefundenen Skeletteile des Menschen uns unsere diluvialen [pleistozänen] Vorfahren im wesentlichen bereits auf unserer jetzigen morphologischen Entwicklungsstufe als wirkliche Menschen zeigen, mußte es aber schon längst jedem modernen Naturforscher, der auf dem Boden der Deszendenzlehre [Evolutionismus] steht, höchst wahrscheinlich machen, daß die Anfänge der Entwicklung unseres Geschlechts und seiner spezifisch menschlichen Charaktere weit über das Diluvium [Pleistozän] zurückreichen, mindestens bis tief in die Tertiärzeit hinein. Trotz dieser theoretischen Forderung der Naturforschung ist die moderne Wissenschaft nur sehr zögernd an die Frage nach dem tertiären Menschen herangetreten und hat sich allen Angaben über die Spuren desselben außerordentlich mißtrauisch gegenübergestellt. Durchaus mit Recht, denn in aller wahren Wissenschaft muß jede Erkenntnis erst das kritische Feuer des Zweifels passiert haben, ehe sie Anerkennung finden darf."

In Verworn haben wir das ungewöhnliche Beispiel eines Wissenschaftlers der darwinistischen Schule, der Befunde (in diesem Fall Beweise für die Existenz von Menschen im Miozän) akzeptierte, auch wenn sie den gängigen darwinistischen Ideen über den Ursprung der menschlichen Spezies widersprachen. Von seiten des heutigen wissenschaftlichen Establishments hört man immer nur, daß einzig fundamentalistische Schöpfungsgläubige und frühe anti-evolutionistische Wissenschaftler dem herrschenden evolutionären Verständnis der menschlichen Ursprünge gegenteiliges Beweismaterial entgegengesetzt hätten. Aber das ist falsch. Wissenschaftler, die an die Evolution glaubten, waren für die in diesem Buch gesammelten Informationen die wichtigste Quelle.

Die wissenschaftliche Diskussion um den tertiären Menschen erreichte in den achtziger Jahren des 19. Jahrhunderts ihren Höhepunkt, danach ging sie merklich zurück. Die Frage wurde durch Rutots Entdeckungen von Feuersteingeräten in Belgien neu aufgeworfen (siehe unten). Verworn hatte zunächst selbst große Zweifel an der menschlichen Produktion von Eolithen, den primitivsten der frühen Steinwerkzeuge.

In seinem Bericht über Aurillac (1905, S. 4f.) äußerte er sich dazu folgendermaßen: "Ich muß gestehen, daß ich noch vor weniger als einem Jahr der Annahme von der Werkzeugnatur der 'Eolithen' mehr als skeptisch gegenüberstand und meinen Bedenken auch in der Sitzung der *Göttinger Anthropologischen Gesellschaft* vom 22. Juli 1904 gelegentlich Ausdruck gegeben habe. Freilich waren mir damals aus eigener Anschauung nur die Funde von Dr. Hahne aus dem Diluvium der Magdeburger Gegend bekannt, und ich kann sagen, daß ich für einen großen Teil der Hahneschen 'Eolithen' im Hinblick auf die starken anorganischen Einflüsse und die Bedingungen ihres Vorkommens auch heute noch meine Skepsis nicht überwinden kann, wenn ich auch anerkenne, daß einzelne Stücke höchstwahrscheinlich die Spuren menschlicher Einwirkung tragen. Inzwischen war Herr Rutot im vorigen Jahre so liebenswürdig, mir eine größere Serie typischer Eolithen aus den verschiedenen Stufen des belgischen Diluviums zum Geschenk zu machen, nach deren genauer Analyse ich keinen Zweifel an ihrer Werkzeugnatur mehr hegen konnte. Es war eine starke Erregung, die sich damals meiner bemächtigte. Werden doch durch diese Funde die Spuren primitiver Kultur weit über die bisher nachgewiesenen Grenzen zurück verlegt."

Verworn gebraucht den Begriff Eolith in diesen Zeilen in einem sehr weitgefaßten Sinn. Wie wir sehen werden, nahm er später

Unterscheidungen vor, die den in diesem Buch getroffenen ähnlich sind.

Er fuhr fort: "Zugleich entstand für mich die Frage, ob solche Spuren auch bereits im Tertiär unzweideutig nachweisbar sein möchten. Die positiven Angaben darüber aus früherer Zeit, die z. T. mit großer Bestimmtheit aufgetreten waren, hatten sich keine allgemeine Anerkennung zu schaffen vermocht. Für mich war zwar die Existenz des Menschen in der Tertiärzeit aus theoretischen Gründen gar nicht zweifelhaft, aber etwas ganz anderes war doch die Frage, ob der tertiäre Vorfahre des Menschen bereits Werkzeuge gehabt habe, die uns seine Anwesenheit in jener entlegenen Zeit verraten könnten. In diesem Punkte war ich noch immer sehr skeptisch. Wenn auch Klaatsch und Rutot sich von der Existenz tertiärer 'Eolithen' überzeugt zu haben glaubten und von solchen auch einige Abbildungen gegeben hatten, so konnte ich mich doch nicht entschließen, nach Beschreibungen und Abbildungen allein die Werkzeugnatur derselben anzuerkennen. Hier ist es unerläßlich für jemanden, der ein eigenes Urteil gewinnen will, die Objekte selbst in den Händen zu haben, um sie drehen und wenden und in bezug auf ihre Einzelheiten genau analysieren zu können. Außerdem ist es notwendig, die Objekte und ihr Vorkommen an Ort und Stelle kennenzulernen, damit man auch hinsichtlich ihres geologischen Alters die Gewißheit gewinnen kann, die man verlangt. So beschloß ich, durch eigene Ausgrabungen an Ort und Stelle mich selbst zu überzeugen, und hoffte um so mehr in der Lage zu sein, mir ein abschließendes Urteil in der Frage für oder wider die Werkzeugnatur der tertiären Feuersteine bilden zu können, als ich seit mehreren Jahren durch experimentelle Studien an Feuersteinen verschiedener Herkunft mit den charakteristischen Spuren menschlicher Einwirkung genauer vertraut war. Ich kann sagen, daß ich in der Tat gänzlich ohne vorgefaßte Meinung nach der einen oder anderen Richtung hin meine Reise antrat. Es hätte mich ebenso interessiert, die Frage im negativen wie im positiven Sinne zu beantworten" (1905, S. 5f.).

Verworn mußte sich entscheiden, wo er seine Suche nach Steingeräten fortsetzen sollte. Frankreich, darüber war er sich im klaren, hatte bereits viele Forscher mit angeblichen tertiären Feuersteinwerkzeugen beglückt. Die Fundstätte bei Thenay bot sich an, doch hatten zwei Wissenschaftler, L. Capitan und P. Mahoudeau, erst kurz zuvor einen äußerst negativen Bericht über die dort gefundenen Feuersteinobjekte veröffentlicht. Also entschloß sich Verworn, andernorts zu suchen.

Aurillac in Cantal, wo in den vorangegangenen Jahrzehnten mehrmals spätmiozäne Geräte entdeckt worden waren, schien für seine Untersuchungen gewinnbringender zu sein. Verworn zog auch das Tal des Tejo bei Lissabon in Betracht, wo Ribeiro seine Miozänfunde gemacht hatte. Da aber von dort keine neueren Funde mehr gemeldet worden waren, verzichtete er auf eine Reise nach Portugal. An anderen Fundorten wie St. Prest in Frankreich und dem Kent-Plateau im Südosten Englands wurde der geologische Kontext als pliozän angesehen, was sich für Verworns Zwecke weniger eignete als die älteren miozänen werkzeughaltigen Formationen von Aurillac. Also auf nach Aurillac!

Auf dem Weg nach Frankreich besuchte Verworn Rutot in Brüssel und studierte einige Steinwerkzeuge im Königlichen Museum für Naturgeschichte. Es waren auch welche aus Aurillac darunter. Sie waren dem Brüsseler Museum von den französischen Geologen Pierre Marty und Charles Puech überantwortet worden.

Verworn (1905, S. 7) vermerkte: "Schon diese Reihe enthielt Stücke, die ich mir nicht leicht anders als durch die Einwirkung des Menschen beeinflußt denken konnte, und das Gleiche war der Fall mit einer großen Reihe von Feuersteinen derselben Herkunft, die ich bald darauf bei Capitan in Paris zu sehen Gelegenheit fand. [...] Capitan hat ebenso wie bald darauf Klaatsch selbst in Aurillac gegraben, doch steht die Publikation seines Materials noch aus. Zwang mich nun zwar die Betrachtung und Prüfung dieser Funde schon dazu, mich mit dem Gedanken einer miozänen Feuersteinkultur in der Auvergne vertraut zu machen, so muß ich doch gestehen, daß meine wissenschaftliche Skepsis und, wenn man will, auch althergebrachte Vorurteile in dieser wichtigen Frage noch stark genug wirkten, um meine positive Entscheidung immer wieder durch allerlei neu ersonnene Bedenken ins Wanken zu bringen. Ich mußte die Dinge an Ort und Stelle sehen, ich mußte die Fundverhältnisse selbst kennenlernen, ich mußte die Stücke eigenhändig aus der Erde nehmen, sonst konnte ich keine Sicherheit finden. So ging ich nach Aurillac."

Verworn blieb sechs Tage in Aurillac. Pierre Marty, ein Geologe aus der Gegend, der über die spätmiozäne Fauna von Joursac (in

Cantal) eine monographische Abhandlung verfaßt hatte, machte ihn mit der regionalen Geologie vertraut. Marty zeigte Verworn zudem eine Stelle am Puy de Boudieu, die er selbst entdeckt hatte. Was Verworn hier ans Tageslicht beförderte, lieferte ihm die meisten seiner Fundstücke. Weitere ausgiebige Informationen erhielt er von Charles Puech, der als Geologe und Straßenbauingenieur für das Département Cantal arbeitete.

Verworn (1905, S. 8) berichtet weiter: "Das Ergebnis [der günstigen Verhältnisse] war, daß ich gleich bei der ersten Ausgrabung am Puy de Boudieu das Glück hatte, auf eine Stelle zu stoßen, an der ich eine große Anzahl von Feuersteinen fand, deren unbestreitbare Manufaktnatur [Manufakt = Erzeugnis menschlicher Arbeit, *Anm. d. Übs.*] mich anfangs geradezu verblüffte. Ich hatte so etwas nicht erwartet. Nur langsam konnte ich mich an den Gedanken gewöhnen, hier Werkzeuge eines tertiären Menschen in der Hand zu haben. Ich machte mir alle erdenklichen Einwände. Bald zweifelte ich am geologischen Alter, bald wieder an der Manufaktnatur der Feuersteine, bis ich widerstrebend einsah, daß alle Einwände die Tatsache nicht zu beseitigen vermochten."

Zu de Mortillets Anregung, es handle sich bei dem Werkzeugmacher von Aurillac um einen kleinen, affenähnlichen Menschenvorfahren - den de Mortillet zunächst *Anthropopithecus*, später *Homosimius* nannte -, meinte Verworn (1905, S. 11): "Es braucht kaum erwähnt zu werden, daß diese Spekulationen, soweit sie sich auf die Existenz tertiärer Feuersteinwerkzeuge stützen, vollkommen willkürlich sind ..."

Seine eigenen Entdeckungen im Gebiet von Aurillac beschrieb er (1905, S.16) wie folgt: "Ich habe speziell am Puy de Boudieu, wo ich das Glück hatte, auf eine besonders ergiebige Stelle zu stoßen, auch die Beobachtung gemacht, daß die bearbeiteten Stücke häufig zu mehreren, 5, 10, 15 Exemplaren ziemlich nahe aneinander liegen, nur durch geringe Tuff- oder Kiesmassen voneinander getrennt, während wieder auf 50-80 cm im Umkreis eines solchen Nestes keine oder nur vereinzelte Stücke vorkommen. Was ihr Äußeres betrifft, so erscheinen die unbearbeiteten Stücke meist rundlich abgerollt. Die bearbeiteten dagegen zeigen meist nur wenig oder gar keine Spuren der Abrollung. [...] [Es ergab sich, daß] ich am Puy de Bourdieu fast ausschließlich vollkommen scharfkantige Stücke ausgrub, die z. B. so scharf waren, als wären sie eben erst geschlagen [worden]. Demgegenüber sind alle Quarzgerölle, die mit den miozänen Feuersteinen zusammen vorkommen, fast völlig rund gerollt."

Daß unter all den abgerollten und abgerundeten Kieseln aus anderen Gesteinsarten am Puy de Boudieu auch scharfkantige Feuersteinobjekte waren, konnte nur heißen, daß die Feuersteine seit ihrer Ablagerung keinen größeren Bewegungen ausgesetzt gewesen waren und daß die an ihnen feststellbaren Abschläge deshalb eher menschlichen als geologischen Ursprungs sein mußten. Die Tatsache, daß scharfkantige Werkzeugstücke in Gruppen gefunden wurden, legte den Schluß nahe, daß es sich hier um Werkstätten gehandelt haben mag.

Verworn gab dann eine zusammenfassende Darstellung der geologischen Gegebenheiten. Die Grundschichten bestehen aus oligozänen Süß- und Brackwasserablagerungen mit eingebetteten Feuersteinen. Über diesen liegen Miozänschichten aus Flußsand, Steinen und erodiertem Kalk, die neben Feuersteinen Fossilien wie *Dinotherium giganteum, Mastodon longirostris, Rhinoceros schleiermacheri, Hippärion gracile* etc. enthalten. Vulkanausbrüche hinterließen Basaltlagen, die diese spätmiozänen werkzeughaltigen Schichten überdecken, manchmal aber auch unterlaufen. Über den Basalt- und den Miozänschichten liegen einige Pliozänschichten (mit Fossilien von *Elephas meridionalis* und anderen pliozänen Säugetieren), die wiederum unter vulkanischen Gesteinslagen aus pliozänen Eruptionen begraben sind. Damit endete die Vulkantätigkeit, und es folgten die kalten Perioden des Pleistozäns. Paläolithische und neolithische Werkzeuge der gängigen Typen finden sich in den oberen Terrassen (Verworn 1905, S. 17). Die von Verworn umrissene vulkanische Sequenz wird heute noch akzeptiert (Autran und Peterlongo 1980, S. 107-112).

Verworn machte weiterhin darauf aufmerksam, daß die Kritiker, die das miozäne Alter der Feuersteinfunde von Cantal bestritten, die Fundplätze nicht in Augenschein genommen hätten, und er stellte fest: "In der Tat ist in bezug auf das Alter der Feuersteine niemals von den Geologen, die den Ort besucht haben, der geringste Zweifel geäußert worden. Alle haben immer die Altersbestimmung bestätigt, und mir ist auch nicht bekannt, daß außer Keilhack und Noetling überhaupt irgend jemand einen Zweifel daran geäußert hätte" (1905, S.19).

Keilhack gab zu bedenken, daß die Vulkanausbrüche, die laut Verworn im Pliozän endeten, auch bis ins Quartär angedauert haben könnten. Wenn das zutraf, dann waren vielleicht die Werkzeuge, von denen einige zwischen den Lavaschichten gefunden wurden, jüngeren als pliozänen oder miozänen Ursprungs. Was aber war dann mit dem Befund, demzufolge man die Geräte zusammen mit miozänen Fossilien entdeckt hatte? Keilhack vermutete, daß Knochen aus älteren Miozänschichten durch strömendes Wasser mit jüngeren Feuersteingeräten aus dem Quartär vermengt worden sein könnten.

Zunächst, entgegnete Verworn, seien in keinem einzigen Fall unter der Lava von Aurillac Fossilien von Säugetieren, die ausschließlich im Pleistozän gelebt hätten, zusammen mit Feuersteinwerkzeugen gefunden worden. Dies deutete darauf hin, daß es im Quartär zu keinen Eruptionen mehr gekommen war. Deshalb waren alle feuersteinhaltigen Ablagerungen unter den mehrmals auftretenden Lavaschichten definitiv pliozän oder älter. Des weiteren trennten Süßwassersedimente mit scharf ausgeprägten fossilen Überresten Basaltschichten und andere vulkanische Gesteine voneinander. So könne man zum Beispiel unter einer bestimmten Lage Basalts eine Sedimentschicht mit pliozänen Fossilien und darunter wieder eine Basaltschicht finden. Unter dieser zweiten Lage Basalts könne man eine weitere Lage Sedimente feststellen, in der die fossilen Reste miozäner Pflanzen und Tiere mit Feuersteinwerkzeugen vergesellschaftet sind. Und unter einer dritten Lage Basalts treffe man über der oligozänen Grundschicht erneut auf miozäne feuersteinhaltige Sedimente. Eine solche Befundsituation brachte Verworn zu der Schlußfolgerung, daß im Gebiet von Aurillac die feuersteinhaltigen Sedimentschichten unter oder unmittelbar über der tiefsten Basaltformation eher miozänen als pliozänen Alters waren.

Verworn (1905, S. 20) fuhr fort: "Sodann finden wir diese Manufaktschichten immer unmittelbar über dem Oligozän oder auf dem das Oligozän unmittelbar bedeckenden Basalt der ältesten Eruption. Da aber über diesen ältesten Eruptionsmassen noch Schichten angetroffen werden, die z. B. bei Joursac eine typische spätmiozäne Flora mit der charakteristischen Fauna des *Hipparion, Dinotherium* etc. vereint enthalten, so können diese manufaktführenden Schichten nicht jünger sein als das obere [= späte]

Miozän, und damit fällt auch der zweite Einwand Keilhacks, daß die in den Manufaktschichten gefundenen Knochen erst sekundär eingeschwemmt sein könnten, von selbst hinweg."

Danach erörterte Verworn (1905, S. 21) ausführlich verschiedene Möglichkeiten, wie man die Spuren menschlicher Bearbeitung an einem Feuerstein erkennen könne. Beweise dafür teilte er in zwei Gruppen ein:

(1) "Schlagerscheinungen", die vom Erstschlag stammen, der den Abschlag vom Feuersteinkern löst;

(2) "Schlagerscheinungen", die das Ergebnis sekundärer Kantenabsplitterungen auf dem Abschlag selbst sind.

Auf einem Feuersteinabschlag sind die hauptsächlichen Anzeichen für die Einwirkung des Schlages, der den Abschlag erzeugt, Schlagplattform (Verworn: "Schlagfläche"), Schlagzwiebel ("Schlagbeule") und die Narbe. Sind alle drei Merkmale auf einem Abschlag zu finden, so ist das laut de Mortillet ein ausgezeichneter Hinweis auf absichtliche Bearbeitung (Verworn 1905, S. 21f.).

Zusätzlich zu diesen drei genannten Kriterien beschrieb Verworn (1905, S. 22-23) einige weitere "Schlagsymptome" auf Feuersteinabschlägen. Am oberen Ende des Abschlags nahe dem Aufschlagpunkt sind kleine konzentrische Kreisrisse (Verworn: "Kegelsprünge") erkennbar. Vom Aufschlagpunkt ausstrahlend und über die ganze Oberfläche des Abschlags auslaufend ist überdies eine Reihe von Kraftlinien ("Wellenringen") festzustellen. Je stärker der Schlag ausfiel, der den Abschlag vom Feuersteinkern trennte, desto ausgeprägter sind diese Wellenlinien. Strahlenförmige Risse (Verworn nennt sie "Strahlensprünge"), die vom Aufschlagpunkt ausgehen, schneiden quer durch die Wellenringe.

Verworn wies auch darauf hin, daß die "Sprungfläche" (Bruchfläche) bei einem durch Schlagwirkung abgelösten Abschlag nicht gerade verläuft. Sieht man sich den Abschlag seitlich von der Kante her an, erkennt man, daß nahe dem oberen Ende des Abschlags, wo die Schlagzwiebel ist, die Bauchseite konvex ist, während sie dem unteren Ende zu konkav wird, was eine S-förmige Kontur ergibt. Manchmal ist auf der Schlagplattform auch die Spur eines älteren Schlags sichtbar, der nicht stark oder präzise genug war, den Abschlag vom Nukleus abzulösen. Auf dem Kern selbst sind die erwähnten Abschlagspuren manchmal als negative Eindrücke zu erkennen.

Man möchte meinen, das gemeinsame Auftreten solcher Anzeichen auf Feuersteinobjekten mache es einem leicht, die tätige Hand von Menschen zu identifizieren. Aber nach Verworn ist das nicht unbedingt der Fall. Alle oben erwähnten Charakteristika sind nur für eines bezeichnend: einen mit hinreichender Wucht geführten, auf einen bestimmten Punkt angesetzten Schlag. Wenn die Natur einen derartigen Schlag führen kann, dann wären alle Spuren, die auf Schlageinwirkung hindeuten, nicht genug, um menschliche Betätigung nachzuweisen (Verworn 1905, S. 23).

Die Frage, ob die Natur dazu in der Lage ist, wurde viel diskutiert. Verworn (1905, S. 24): "Daß die durch Wechsel von extremen Temperaturen, von Feuchtigkeit und Trockenheit, vor allem durch Frost entstehende Zerspaltung des Feuersteins niemals die oben geschilderten Symptome hervorbringt, ist heute wohl allgemein anerkannt. Anders steht es schon mit der Frage, ob stark bewegtes Wasser, z. B. in plötzlich anschwellenden Gebirgsbächen, bei Wasserfällen, am Meeresstrande nicht gelegentlich Steine so gegeneinander werfen kann, daß sie mit den typischen Schlagerscheinungen zerspringen. Mir scheint eine solche Möglichkeit nicht ganz ausgeschlossen zu sein, wenn ich auch vermute, daß derartige Fälle, wenn sie wirklich vorkommen, immerhin zu den Seltenheiten gehören werden."

Darin stimmt Verworn mit modernen Experten auf dem Gebiet der Steintechnologie wie Leland W. Patterson (1983) und George F. Carter (1957, 1979) überein.

Verworn (ebd.) war jedenfalls besten Willens, alle Möglichkeiten in Betracht zu ziehen: "Ebenso könnte ich mir denken, daß durch Herabfallen schwerer Steine und Geröllmassen, etwa an Abhängen, an denen die Erosion arbeitet, gelegentlich Feuersteine unter den typischen Druckerscheinungen zerschlagen werden. Immerhin wird auch dieser Fall nicht eben häufig sein. Schließlich erscheint mir auch die Möglichkeit gegeben, daß die Bewegungen der Gletscher Steine derartig gegeneinander pressen, daß sie unter Entwicklung der charakteristischen Drucksymptome zerspringen. Kurz, die Möglichkeit, daß rein anorganische Faktoren an Feuersteinen die oben genannten Druckerscheinungen hervorbringen können, möchte ich nicht ohne weiteres bestreiten. Dann aber sind Schlagbeulen, Schlagnarben, Schlagflächen, Wellenringe, Kegelsprünge etc. an sich entgegen der Ansicht Mortillets keine einwandfreien Kriterien

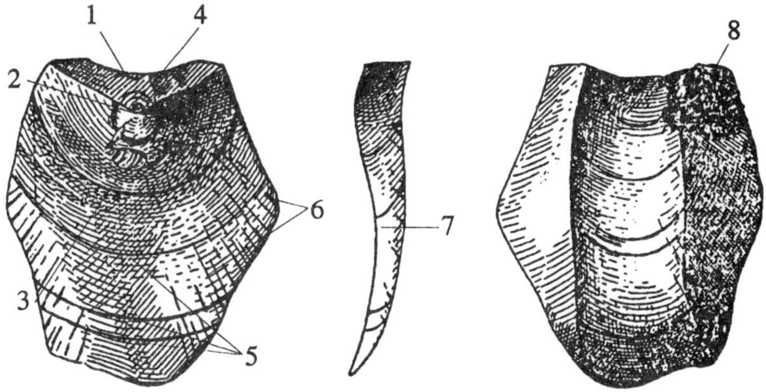

*Charakteristische Merkmale eines Abschlags (Verworn 1905, S.22): (1) Schlagplattform; (2) Schlagzwiebel; (3) Schlagnarbe (*éraillure*); (4) Aufschlagpunkt mit konzentrischen kreisförmigen Rissen ("Kegelsprüngen"); (5) Kraftwellen ("Wellenringe"); (6) Risse, die vom Aufschlagpunkt ausgehen ("Strahlensprünge"); (7) S-förmig gekurvte Bruchfläche ("Sprungfläche"); (8) Marke von einem früheren Schlag, der zu schwach oder ungenau war, um den Abschlag vom Feuersteinkern abzulösen ("Splitterbruch").*

absichtlicher Spaltung." Hier war Verworn vielleicht zu vorsichtig. Seine eigene Schlagspurenanalyse läßt es jedenfalls als nicht sehr wahrscheinlich erscheinen, daß solche kombinierten Wirkungen, von äußerst seltenen Fällen abgesehen, auf natürliche Weise entstehen.

Verworn war der Ansicht, daß retuschierte Kanten an Feuersteinabschlägen gute, aber noch keine völlig sicheren Hinweise auf menschliche Bearbeitung waren. Er empfahl daher, solche Retuschen, die Tiefe und Größe einzelner Schlagmarken, die Ähnlichkeit der Aufschlagflächen und ihre regelmäßige Reihung entlang der Kanten vermeintlicher Feuersteinwerkzeuge inbegriffen, sorgfältig zu analysieren (Verworn 1905, S. 24f.).

Abschläge auf einer Kantenseite und in einer Richtung werden im allgemeinen als sichere Merkmale menschlicher Bearbeitung angesehen, aber Verworn (1905, S. 27) meinte, er könnte sich "vorstellen, daß zum Beispiel scharfkantige Feuersteinstücke aus einer Lehmwand hervorragen und daß von oben her Kiesmassen darüber fallen. Dann müssen, namentlich wenn das öfter geschieht, ganze

Reihen von gleichseitig gerichteten Schlagmarken am Rande entstehen."

Besondere Aufmerksamkeit, so Verworn, solle man den Gebrauchsspuren an den Kanten möglicher Feuersteingeräte schenken. Ein Werkzeug, das dazu diente, Holz, Knochen oder Häute abzuschaben, oder mit dem Erde umgegraben wurde, müßte nämlich bestimmte charakteristische Merkmale aufweisen. Auf diesem Gebiet führte Verworn umfangreiche Experimente durch. Er kam zu folgendem Schluß: "Es ist charakteristisch für die Gebrauchsspur, daß sie immer nur kleine Marken am Rande erzeugt, die durchschnittlich nicht größer als 1-2 mm sind und selbst bei größtem Kraftaufwand und bei härtestem Objekt selten 5 mm überschreiten." (Verworn 1905, S. 25f.). Gebrauchsspuren sollten sich natürlich auf die zum Schaben benutzte Kante beschränken und in regelmäßiger Parallelität in der entsprechenden Richtung verlaufen. Mit einem kleinen Feuerstein kann weniger Druck ausgeübt werden, also sollten die Gebrauchsspuren auf kleinen Exemplaren kleiner sein als auf großen (Verworn 1905, S. 26).

Keine der verschiedenen Schlag- und Gebrauchsspuren, so Verworn nach seiner Untersuchung, sei für sich allein betrachtet schlüssig, weshalb er (1905, S. 29) "demgegenüber die unabweisliche Forderung (aufstelle), daß von Fall zu Fall eine kritische Diagnose gestellt werden muß, die sich gründet auf eine tief eindringende Analyse der Erscheinungen am gegebenen Stück und der Fundbedingungen. Die Diagnose des individuellen Stückes aber darf sich nicht bloß auf ein, sondern muß sich auf eine ganze Reihe von Momenten gründen, genau so wie die Diagnose des Arztes bei manchen inneren Krankheiten. [...] Worum wir uns bemühen müssen, ist also nicht die Auffindung eines einzelnen, immer und überall entscheidenden Kriteriums für die Manufaktnatur; ein solches Kriterium existiert in Wirklichkeit nicht, und jede Jagd danach ist vergeblich. Worum wir uns bemühen müssen, ist vielmehr die Entwicklung einer kritischen Diagnostik, die in analoger Weise ausgebildet ist wie die Diagnostik des Arztes. Je feiner wir diese Diagnostik durch Beobachtung und Experiment entwickeln, um so mehr wird sich die Zahl der zweifelhaften Fälle für uns vermindern. Die kritische Analyse der gegebenen Kombination von Symptomen ist es allein, die uns in den Stand setzt, die Entscheidung zu treffen."

Dies entspricht der von Leland W. Patterson (1983) vorgeschlagenen Methodologie. Anders als Verworn legt Patterson jedoch größeren Wert auf die Beweiskraft von Schlagzwiebeln und unidirektionalen Kantenabschlägen, vor allem bei Mehrfachfunden an einer Stelle. Pattersons Studien haben gezeigt, daß solche Merkmale auf natürliche Weise nie besonders zahlreich entstehen.

Durch ein Beispiel veranschaulichte Verworn (1905, S. 29), wie seine analytische Methode anzuwenden wäre: "Finde ich in einer interglazialen Geröllschicht einen Feuerstein, an dem eine deutliche Schlagbeule zu sehen ist, sonst aber kein weiteres Symptom absichtlicher Bearbeitung, so werde ich zweifelhaft sein, ob ich ein menschliches Manufakt vor mir habe. Finde ich dagegen einen Feuerstein, der auf der einen Seite die typischen Schlagerscheinungen zeigt und der auf der Rückseite noch die Negative von zwei, drei, vier anderen, in der gleichen Richtung abgesprengten Abschlägen trägt, befinden sich ferner an einer Kante des Stückes zahlreiche, parallel nebeneinander verlaufende kleine Schlagmarken, die alle ohne Ausnahme von der gleichen Seite des Randes her abgeschlagen sind, erscheinen schließlich die übrigen Kanten des Stückes vollkommen haarscharf ohne eine Spur von Schlagmarken oder Spuren der Abrollung, dann kann ich mit unerschütterlicher Sicherheit sagen: Es ist ein Manufakt."

Nach mehreren Ausgrabungen in der Nachbarschaft von Aurillac wandte Verworn bei der Untersuchung seiner zahlreichen Fundstücke die oben beschriebene rigorose wissenschaftliche Methodologie an. Danach kam er zu folgendem Schluß: "Derartige völlig einwandfreie Stücke habe ich nun in größerer Zahl am Puy de Boudieu eigenhändig aus der ungestörten Schicht genommen. Damit ist der unerschütterliche Beweis für die Existenz von feuersteinschlagenden Wesen im Ausgang der Miozänzeit geliefert" (1905, S. 29f.).

Verworn fiel auf, daß die Feuersteingeräte von der Hauptgrabungsstätte am Puy de Boudieu scharf waren und keine Spuren zeigten, die darauf schließen ließen, daß sie seit ihrer Ablagerung bewegt worden wären. Er stellte fest (1905, S. 32): "Ich finde in Größe und Handlichkeit keinen Unterschied gegenüber den paläolithischen Werkzeugen. Damit fällt selbstverständlich auch die Berechtigung von Mortillets Schluß, den er aus der angeblichen Kleinheit der Werkzeuge auf die Körpergröße seiner hypothetischen 'homosimiens' zieht, 'c'est que ces animaux étaient d'une taille inférieure à celle de l'homme' [daß diese Lebewesen

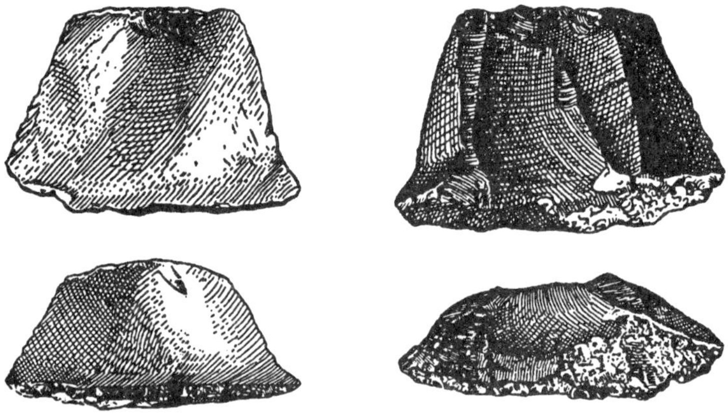

Vier Ansichten eines Feuersteinschabers aus den spätmiozänen Schichten von Aurillac (Frankreich) (Verworn 1905, S. 37). Oben links: Bauchseite mit großer Schlagzwiebel. Unten links: Bauchseite gekippt, untere Kante (schräg zur Bauchseite) mit zahlreichen kleinen Gebrauchsspuren. Oben rechts: Rückseite des Schabers, mit den Spuren fünf großer paralleler Abschläge. Unten rechts: Rückseite gekippt. Die untere Kante (schräg zur Rückseite) weist deutlich erkennbare Gebrauchsspuren auf der linken und Kortexreste auf der rechten Seite auf.

kleinwüchsiger als der Mensch waren]. In den Werkzeugen liegt kein Grund für eine solche Annahme."

Verworn (1905, S. 33) schreibt weiter: "Die typischen Schlagerscheinungen, wie Schlagfläche, Schlagbeule, Schlagnarben, Strahlensprünge, Krümmung der Sprungfläche sind deutlich ausgeprägt. Nur die Wellenringe auf der Sprungfläche sind meistens nicht stark entwickelt und die Kegelsprünge wohl niemals zu sehen. Letzteres liegt aber offenbar an der Undurchsichtigkeit des Materials und seiner starken, dunklen Patinierung. Der Rücken der Abschläge trägt mitunter noch die Rinde, zum allergrößten Teil aber die Schlagmarken früherer Abschläge, die fast immer in der gleichen Richtung abgesprengt sind. Bisweilen verlaufen vier oder fünf Schlagmarken parallel über den Rücken und häufig sind die Negative der Schlagbeulen noch gut erhalten. Daneben sieht man nicht selten starke Splitterbrüche von früheren, in gleicher Richtung erfolgten Schlägen."

Verworn (ebd.) experimentierte eigenhändig mit Feuerstein-

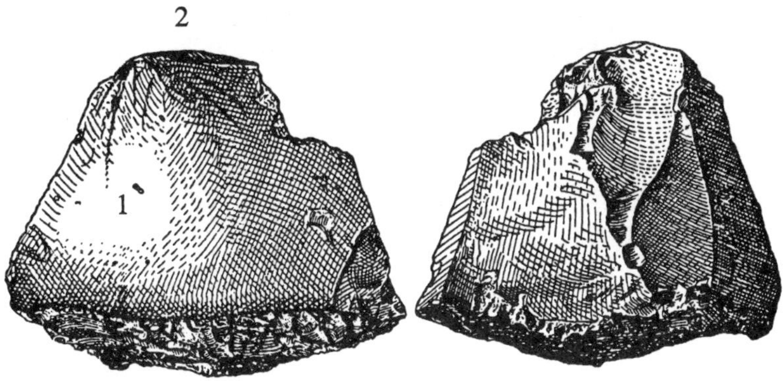

Links: Bauchseite eines spätmiozänen Feuersteinschabers aus Aurillac (Frankreich) mit (1) Schlagzwiebel und (2) Schlagplattform. Die Feuersteinrinde ist von der unteren Kante durch Schlageinwirkung entfernt worden, was zahlreiche Abschlagmarken in annähernd gleicher Richtung hinterließ. Rechts: Die Rückseite mit den großen parallelen Marken von fünf Abschlägen, die angebracht wurden, bevor der Schaber selbst vom Mutterstein abgesprengt wurde. Die obere linke Ecke des Werkzeugs zeigt Schäden ("Splitterbrüche"), die von einem früheren Schlag herrühren (Verworn 1905, S.38).

abschlägen und berichtete darüber: "Ich habe von den alten Platten der miozänen Schicht eine ganze Anzahl mit Hausteinen aus demselben Material behauen und habe dabei Abschläge bekommen, die in geradezu lächerlicher Weise die Formen der alten wiederholen." Wegen der Rinde, die den Feuerstein umgab, mußten die Schläge ziemlich heftig ausfallen - was deutlich erkennbare Schlagzwiebeln hinterließ, jenen auf miozänen Abschlägen vergleichbar. Der abschwächende Effekt des relativ weichen Kortex war auch für die schwach ausgeprägten Kreislinien auf den Abschlägen verantwortlich, die wellenförmig vom Aufschlagpunkt ausstrahlen.

Neben den Abschlägen stieß Verworn auch auf zahlreiche Steinkerne, von denen Abschläge abgelöst waren. Den Befund analysierte er wie folgt (1905, S. 34): "In der Tat findet man eine große Zahl von Feuersteinplatten, an deren Rändern man die charakteristischen Schlagmarken mit dem Negativ der Schlagbeule wahrnimmt. [...] Man hat eben einfach eine beliebige Platte genommen und von ihrem Rand einen oder mehrere Abschläge

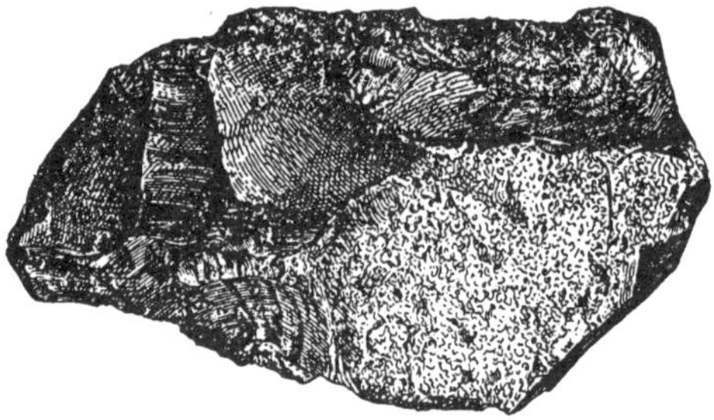

Spätmiozäner Schaber aus Aurillac mit großen, parallel abgelösten Abschlägen (Verworn 1905, S. 39). Dieses Charakteristikum erinnerte Verworn an spätpleistozäne Funde.

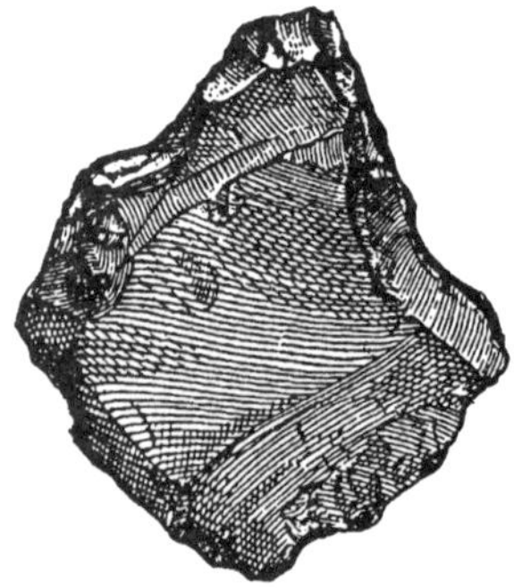

Zugespitzter Feuerstein (Verworn: "typischer Spitzenschaber") aus dem Späten Miozän, Aurillac (Frankreich) (Verworn 1905, S. 40).

abgesprengt. Bisweilen findet sich eine ganze Anzahl großer Schlagmarken nebeneinander um den Rand der Platte herum, vorwiegend in der gleichen Schlagrichtung, hin und wieder jedoch auch in entgegengesetzter Richtung verlaufend."

Die meisten Werkzeuge, die Verworn in den miozänen Schichten von Aurillac fand, waren Schaber in verschiedener Form: "Einzelne Schaber zeigen nur Gebrauchsspuren am Schaberand, während die anderen Ränder haarscharf sind [Abb. S. 246]. Bei anderen ist der Schaberand durch eine Anzahl gleichgerichteter Schläge bearbeitet. Die für die Behauung charakteristischen Zeichen der Schlagmarken sind alle schön und deutlich entwickelt, die Splitterbrüche noch heute vollkommen scharf [Abb. S. 247]. Als Zweck der Randbearbeitung ist fast immer entweder die Abschälung der Kruste oder eine bestimmte Formgebung des Randes klar und zweifellos zu erkennen. Zur Randbearbeitung gesellt sich bei manchen Stücken noch eine deutlich sichtbare Handanpassung durch Entfernung scharfer Kanten und Spitzen an Stellen, wo sie verletzen oder hindern mußten" (Verworn 1905, S. 37f.).

Über das in Abb. oben dargestellte Objekt sagte Verworn (1905, S. 39): "In dem [...] abgebildeten Werkzeug liegen die einzelnen

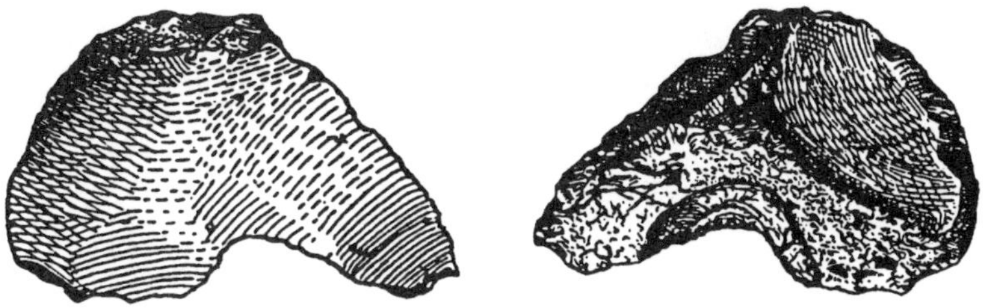

Links: Bauchseite eines Hohlschabers aus dem Späten Miozän von Aurillac (Frankreich) (Verworn 1905, S. 40). Rechts: Die Rückseite läßt erkennen, daß die Steinrinde an der Gebrauchskante, wo Verworn winzige, auf Benutzung hinweisende Markierungen fand, entfernt worden ist.

Schlagmarken an der Schabekante so regelmäßig nebeneinander, daß man an paläolithische oder sogar neolithische Gegenstände erinnert wird." Paläolithische und neolithische Werkzeuge werden nach der anerkannten vorgeschichtlichen Periodisierung dem späteren Pleistozän zugeordnet.

Verworn fand auch eine ganze Anzahl Spitzenschaber (Abb. linke Seite unten): "Sie sind vielleicht von allen Werkzeugen diejenigen, bei denen durch die absichtliche Ausarbeitung der Spitze die Andeutung einer Formgebung, wenigstens der Gebrauchskante des Werkzeuges, am meisten bemerkbar wird. In der Tat ist die Spitze bisweilen in einer Weise herausgearbeitet, daß man von einer gewissen Sorgfalt bei der Herstellung sprechen möchte. Durch zahlreiche einseitig gerichtete Schläge ist die Kante meist wohl unter Benutzung einer Ecke so umgeformt worden, daß die Absicht, eine Spitze herzustellen, ganz unzweideutig hervortritt. Ich möchte übrigens als Spitzschaber nur solche Werkzeuge bezeichnen, bei denen die Schlagmarken zu beiden Seiten der Spitze in gleicher Richtung verlaufen" (Verworn 1905, S.39f.).

Ferner fanden sich in der Gegend von Aurillac auch Hohlschaber (Abb. oben) mit bogenförmigen Konkavitäten an der Gebrauchskante, die sich für das Abschaben zylindrischer Objekte wie Knochen oder Speerschäfte eigneten. Verworn (1905, S. 41) stellte fest: "In der Regel sind die Hohlschaber dadurch hergestellt worden, daß man bei einem Abschlag eine Kante durch eine Anzahl einseitig gerichteter Schläge hohl ausarbeitete."

Verworn brachte auch mehrere Werkzeuge ans Licht, die zum

Ein spätmiozänes Feuersteinwerkzeug aus Aurillac (Frankreich). Die Spitze entstand durch die Ablösung zahlreicher Abschläge in praktisch ein und derselben Richtung (Verworn 1905, S. 41).

Hämmern, Hacken und Graben geschaffen schienen. Zu einem dieser Funde, der oben abgebildet ist, meinte er (Verworn 1905, S. 41): "Größeres spitzes Werkzeug zum Hacken oder Graben. Aus einer natürlichen Feuersteinplatte durch Herausarbeiten der Spitze hergestellt. Man sieht auf der Fläche des Stückes die Feuersteinkruste und oben die durch zahlreiche, sämtlich in gleicher Richtung ausgeführte Schläge herausgearbeitete Spitze."

Zu einem anderen zugespitzten Gerät stellt er fest (Verworn 1905, S. 42): "Diese Werkzeuge, die mitunter an dem der Spitze gegenüberliegenden Rand auch noch eine Handanpassung durch Abschlagen der scharfen schneidenden Kante erkennen lassen, haben jedenfalls als primitivste Faustkeile ('coups de poing') zum Schlagen oder Hacken gedient [...]" Weitere Geräte, die Verworn fand, eigneten sich nach seinem Dafürhalten bestens zum Stechen, Bohren und Ritzen.

Verworn glaubte aus der Gesamtheit seiner Funde schließen zu können (1905, S. 44f.): "Hier bestand am Ausgang der Miozänzeit bereits eine Kultur, die, wie wir aus der Beschaffenheit der Feuersteinwerkzeuge mit Erstaunen sehen, nicht mehr in den ersten Anfängen war, sondern schon eine lange Entwicklung voraussetzt. [...] Diese miozäne Bevölkerung des Cantal [verstand] bereits den Feuerstein zu spalten und zu bearbeiten [...]"

Hatten sich auf eolithischen Werkzeugen als einzige sichtbare Anzeichen menschlicher Arbeit Gebrauchsspuren und womöglich ein leichter Absplíß gefunden, der die Gebrauchskante verbessern sollte, so sah Verworn an den Geräten von Aurillac (Cantal) bereits Anzeichen intensiverer, gezielter Bearbeitung: das Entfernen des Kortex, der rauhen äußeren Oberflächenschicht von Feuersteinen, um eine scharfe Kante freizulegen, und anschließend die Bearbeitung dieser Kante zu einem ganz bestimmten Zweck. Aber die Veränderungen beschränkten sich auf diese eine für den Gebrauch bestimmte Kante und erstreckten sich nicht, wie bei spätpaläolithischen und neolithischen Werkzeugen, auf das ganze Gerät. Ein dritter deutlicher Hinweis auf intentionale Bearbeitung war an manchen Werkzeugen der bequeme Handgriff, der durch die Abrundung scharfer Kanten zustande kam (Verworn 1905, S. 44f.). Aus diesen Gründen haben wir die von Verworn bei Aurillac gefundenen Feuersteingeräte zu den primitiven Paläolithen gerechnet.

Verworn selbst (1905, S. 50) bezeichnete die Geräte von Aurillac als "Archäolithen" und stellte sie zwischen Eolithen und Paläolithen. Eolithische Industrien sind laut Verworn solche, bei denen ohne weitere Modifikation die naturgegebenen Kanten von Steinen als Werkzeuge benutzt werden. Demnach wären hier Gebrauchsspuren die einzigen Anzeichen menschlicher Betätigung. Dagegen sind bei archäolithischen Industrien die Gebrauchskanten der Werkzeuge so weit bearbeitet, daß sie spezifischen Zwecken genügen. Paläolithische Industrien zeigen die mit einiger Geschicklichkeit durchgeführte Umgestaltung des ganzen Steins in ein spezifisch geformtes Werkzeug.

Verworn (ebd.) war der Ansicht, daß rein eolithische Kulturen - mit Geräten, die keine Retuschen, sondern nur Gebrauchsspuren aufwiesen - noch nicht entdeckt worden seien. Geologische Überlegungen waren seiner Auffassung nach entscheidend, wenn es um die Datierung von Steinwerkzeugen ging, da das kulturelle Niveau nicht immer als gleich angenommen werden dürfe. Noch heute gebe es Menschen, die die primitivsten Steingeräte anfertigten und verwendeten. Man darf daher nicht automatisch darauf schließen, daß ein technisch fortgeschrittenes Steinwerkzeug unbedingt jüngeren Datums, ein primitives Gerät hingegen notgedrungen älter sein müsse.

Verworn stellte ferner fest (1905, S. 47): "Jedenfalls lehren uns die Tatsachen, daß wir uns auch bezüglich der miozänen Kultur vor dem Fehler hüten müssen, der in der Geschichte der prähistorischen Forschung so oft begangen wurde, so oft eine ältere Kulturstufe entdeckt wurde, daß wir die Entwicklungshöhe der betreffenden Kulturstufe zu tief einschätzen. Das tertiäre Alter der Kultur darf uns in diesem Falle unter keinen Umständen dazu verführen." Darin kann man ihm nur zustimmen.

Über die Physis der Miozänmenschen hat auch Verworn nur Mutmaßungen (1905, S. 48f.): "Bezüglich der Frage nach der somatischen Beschaffenheit der miozänen Bewohner des Cantal möchte ich mir noch ein paar Bemerkungen gestatten. Ich habe schon oben darauf hingewiesen, daß die Mortilletsche Schlußfolgerung aus den Geräten auf die geringe Körpergröße ihrer Hersteller völlig hinfällig ist, weil die Voraussetzung einer besonderen Kleinheit der Werkzeuge nicht zutrifft. Ich möchte im Gegenteil mit größter Wahrscheinlichkeit aus der Beschaffenheit der Feuersteinwerkzeuge auf eine im wesentlichen der unsrigen gleiche Größe und Form der Hand und damit des übrigen Körpers schließen. Die Existenz großer, unsere ganze Hand füllender Schaber und Hacken, vor allem aber die vollkommene Handgerechtigkeit, welche fast alle Werkzeuge auch für unsere Hand besitzen, scheint mir diesen Schluß in hohem Grade zu rechtfertigen. Die Werkzeuge der verschiedensten Größe, deren Benutzungsseite und Handlage sich aus den Gebrauchsspuren bisweilen mit völliger Klarheit ergibt, liegen zum größten Teil so vorzüglich und bequem in unserer Hand, die ursprünglich vorhandenen scharfen Spitzen und schneidenden Kanten sind an den für unsere heutige Handlage notwendigen Stellen bisweilen in so zweckmäßiger Weise entfernt, daß man glauben könnte, die Werkzeuge wären direkt für unsere Hände gemacht. [...] Wenn es auch sehr wahrscheinlich ist, daß diese tertiären Formen den tierischen Ahnen des heutigen Menschen noch näher gestanden haben werden als die heutigen Menschen selbst, wer sagt uns, daß sie nicht schon die wesentlichen Charaktere des heutigen Menschen in ihrem Körperbau besaßen, daß nicht die Entwicklung der spezifisch menschlichen Charaktere weit hinter dem oberen Miozän zurückliegt? Vielleicht waren die miozänen Bewohner des Cantal schon so hoch entwickelt, daß wir ihnen unbedenklich den Titel 'Mensch' zuerteilen könnten. Eine solche Annahme würde nicht mehr und nicht weniger Wahrscheinlichkeit haben als Mortillets Annahme einer neutralen Zwischenform. Auf der anderen Seite, was würde uns hindern, in diesen tertiären Wesen eine Nebenlinie der direkten Vorfahrenreihe des Menschen zu sehen? Alles das sind Möglichkeiten, die sich vorläufig weder beweisen noch widerlegen lassen, aus dem einfachen Grund, weil wir gar keine Berechtigung haben, eine bestimmte Kulturstufe auf eine bestimmte somatische Entwicklungsstufe zu beziehen. Solange wir keine somatischen Reste der tertiären Bewohner des Cantal finden, solange bleibt alle Spekulation über ihre systematische Stellung ganz ohne Bedeutung. Aus demselben Grund ist auch jede Verknüpfung mit dem *Pithecanthropus* von Trinil [= Java-Mensch] ohne Wert. Vom einen kennen wir nur die Kultur, aber keine somatischen Reste, vom andern nur einen somatischen Rest, aber keine Spur seiner Kultur. Es bleibt immer eine Gleichung mit zwei Unbekannten. Dabei kommt nichts heraus. Wir brauchen Geduld und mehr Material" (Verworn 1905, S. 49).

Verworn spricht hier einen wichtigen Punkt an. Es ist nämlich, nach Hunderttausenden bis Millionen von Jahren, sehr schwierig, Steingeräte mit bestimmten fossilen Fundkomplexen des gleichen Zeitraums, falls es sie denn gibt, in Verbindung zu bringen. Wie noch zu zeigen sein wird, sind fossile Skelettreste in pliozänen, miozänen und sogar eozänen und noch älteren geologischen Kontexten gefunden worden, die von denen völlig moderner Menschen nicht zu unterscheiden sind. Wenn man dann noch in Betracht zieht, daß heutige Menschen Werkzeuge anfertigen, die kaum anders aussehen als die in den miozänen Formationen Frankreichs und andernorts gefundenen, sieht die übliche evolutionäre Periodenabfolge schlecht aus. Tatsächlich erscheint sie nur sinnvoll, wenn man einen beträchtlichen Teil des Beweismaterials ignoriert. Zieht man den vollständigen Bestand an Werkzeug- und Fossilienfunden zur Beurteilung heran, wird es ziemlich schwierig, überhaupt noch eine Evolutionssequenz zu konstruieren. Uns bleibt nur die Annahme, daß vor 10 Millionen Jahren verschiedene Arten von Menschen und menschenähnlichen Wesen nebeneinander existierten, die Steinwerkzeuge unterschiedlicher technischer Qualität herstellten.

Rutots Entdeckungen in Belgien (Oligozän)

A. Rutot, Direktor des Königlichen Museums für Naturgeschichte in Brüssel, machte eine Reihe von Entdeckungen, die der Frage ungewöhnlich alter Steinindustrien zu Beginn des 20. Jahrhunderts zu neuer Aktualität verhalfen. Die meisten der von ihm identifizierten Industrien fielen ins Frühe Pleistozän. Die älteste dieser Pleistozän-

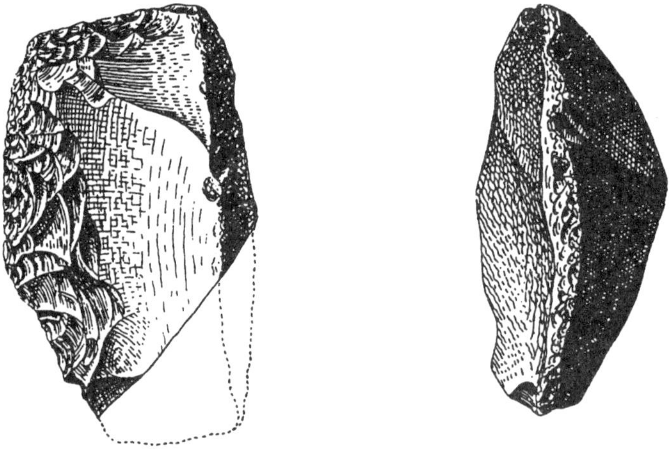

Links: Einfacher Haustein (Percuteur simple*), gefunden unter den spät-oligozänen Sandschichten von Boncelles in Belgien (Rutot 1907, S. 452). Rechts: Haustein mit geschärfter Kante (*Percuteur tranchant*) Rutot (1907, S. 452) entdeckte Spuren des Gebrauchs an der dafür vorgesehenen Kante.*

Industrien, das Reutelien, war nach dem kleinen Dorf Reutel östlich von Ypres benannt. Danach kamen das Mafflien und das Mesvinien, benannt nach den Dörfern Maffles und Mesvin, und als letzte Phase in der Reihung das bereits höher entwickelte Strépyen (nach der kleinen Stadt Strépy). Rutot sah im Strépyen den Übergang zu den eigentlichen paläolithischen Industrien des späteren Pleistozäns (Obermaier 1924, S. 8). 1907 jedoch erbrachten weitere Forschungen Rutots einen noch sensationelleren Befund: Entdeckungen aus dem Oligozän, zwischen 25 und 38 Millionen Jahren alt. Georg Schweinfurth brachte in der *Zeitschrift für Ethnologie* einen ersten Bericht. Zur Klassifizierung der neuen Funde verwendete er den Begriff Eolith (im weitesten Sinn). Aufgrund von Rutots später veröffentlichten Beschreibungen kann man die Werkzeuge als primitive Paläolithen einordnen.

Schweinfurth (1907, S. 958f.): "Die auf dem Hochplateau der Ardennen fortgesetzten Nachforschungen nach Eolithen führten zu diesem Fund. [...] Als Rutot die in der Nähe von Boncelles, 8 km im Süden von Lüttich, gelegene Stelle besuchte, fand er, daß die Eolithe enthaltende Geröllschicht 15 m tief unter den Sanden gelegen war, die auf dem Hochplateau dort ausgebeutet werden. Nun ist dieser

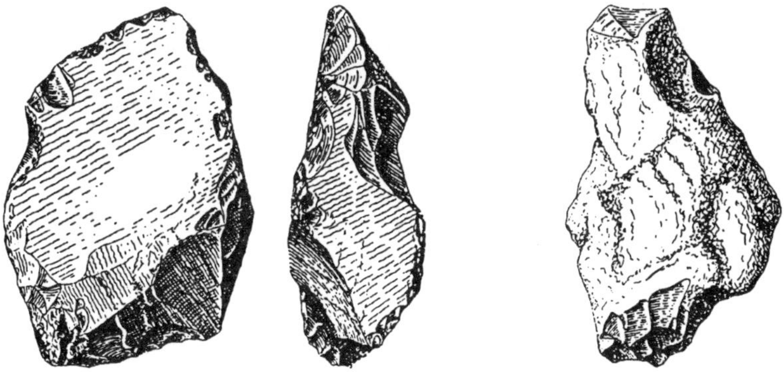

*Links: Kleiner, geschärfter Faustkeil (*Tranchet*), gefunden unter den spätoligozänen Sandschichten von Boncelles in Belgien (Rutot 1907, S. 453). An den Seiten sind Retuschen erkennbar, die den Zugriff der Hand erleichtern. Gebrauchsspuren finden sich an der Unterkante. Rechts: Faustkeil mit herausgearbeiteter Spitze (*Percuteur pointu*), gleichfalls von Boncelles (Belgien). Rutot (1907, S. 454) meinte, er weise an beiden Enden Gebrauchsspuren auf.*

Sand bisher für Oligozän angesehen worden, da aber keine Fossile vorlagen, konnte das Alter der Schicht nicht sicher festgestellt werden. Bei weiterer Nachforschung fand Rutot indes eine andere Sandgrube, wo der Sand eine schön entwickelte marine Fauna des oberen [= späten] Oligozäns darbot und wo zugleich auf dem Grund dieser Sandschicht Geröllager ausgebreitet waren, die vielgestaltige Eolithe enthielten. Es fanden sich da Behausteine, Amboßsteine, Messerklingen, Schaber, Hobelschaber, Durchlocher und Wurfsteine, alle in zweckmäßig ausgesuchten und handlichen Formen. Rutot hat jetzt eine sehr vollständige Serie von diesen in Gebrauch genommenen Natursteinen bzw. Manufakten zusammengebracht, und er ist gerade daran, einen ausführlichen, mit Abbildungen ausgestatteten Bericht über den Fund zur Veröffentlichung (im *Bull. de la Soc. Belge de Géologie*) vorzubereiten. Am 30. September hatte der glückliche Entdecker die Freude, 34 belgische Kollegen, Geologen und Prähistoriker, welche letzteren namentlich aus Lüttich herbeigekommen waren, an die Fundstelle führen zu können. Alle stimmten darin überein, daß kein Einwand gegen die begründete Darlegung des Befundes erhoben werden könne."

Dann gab Schweinfurth (1907, S. 959) folgende vorläufige

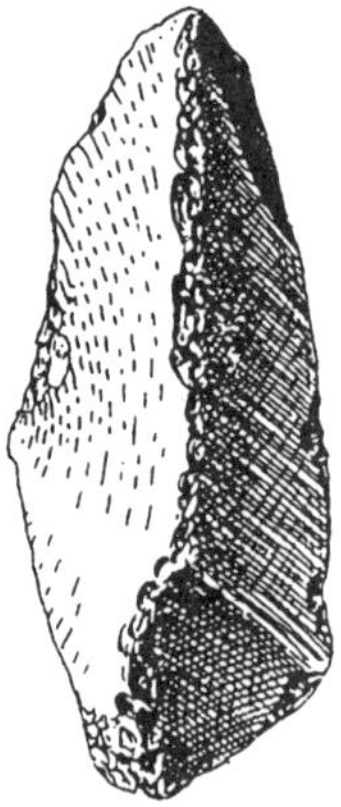

*Links: Ein oligozäner Retuschierkeil (*Retouchoir*) mit Schlagmarken an der Gebrauchskante (Rutot 1907, S. 454).*
*Rechts: Oligozäner Amboßstein (*Enclume*) vom Fundort Boncelles in Belgien mit Schlagspuren rings um die ebene Oberfläche (Rutot 1907, S.455).*

Erklärung Rutots über die Geologie der Region von Boncelles wieder: “Auf diesem Plateau (zwischen Maas und Ourthe) ist das primäre Gestein von der Feuersteinkreide bedeckt worden, und im Verlauf der Eozänperiode hat sich diese Kreide aufgelöst, die Kieselknollen waren aber am Platze geblieben und bildeten nun die angetroffene Schicht (‘tapis de silex’). Mit Beginn des oberen Oligozäns kam das Meer und bedeckte diese Anhäufung von Kieselknollen, es setzte schließlich 15m fossilführende Sande darüber ab. Zuletzt, während des mittleren Pliozäns, haben Wasserströmungen das Lager von weißem Kieselgeröll 3 m höher darüber abgesetzt, eine Bildung, die man als ‘Kieseloolithe’ zu bezeichnen pflegt, dazu auch noch Sand- und Tonschichten. Dann erst begann die Ausfurchung der heutigen Täler.”

Rutot war der Auffassung, daß die Eolithen von Boncelles menschlichen Wesen zuzuschreiben waren, die vor dem oligozänen Meereseinbruch in dem von Feuersteinen übersäten Tiefland am Meer lebten.

Rutots vollständiger Bericht über die Funde von Boncelles erschien im *Bulletin de la Société Belge de Géologie, de Paléontologie et d’Hydrologie* und bestätigte Schweinfurths Mitteilungen umfassend. Rutot (1907, S. 497) teilte zudem mit, daß ähnliche Steinwerkzeuge auch in den oligozänen Kontexten von Baraque Michel und der Höhle von Bay Bonnet entdeckt worden seien. Bei Rosart am linken Ufer der Maas hatte man überdies Steinwerkzeuge in einer Formation aus dem Mittleren Pliozän gefunden, die damit älter waren als die Eolithen vom Kent-Plateau.

In seinem Bericht erklärte Rutot, daß die ursprüngliche Entdekkung der Geräte E. de Munck zu verdanken sei, der sie in einer Sandgrube an der Hauptverbindungsstraße zwischen Tilff und Boncelles gefunden habe, etwa 500 Meter von der Straßenkreuzung "Le Gonhir" entfernt. Arbeiter hatten in die Sohle der Sandgrube ein etwa einen halben Meter tiefes Loch gegraben, um Feuersteine herauszuholen, die als Schotter für den Straßenbau gebraucht wurden. Dies versetzte de Munck in die Lage, aus der Matrix gelblehmigen Sandes zahlreiche Feuersteine zu bergen, die Anzeichen von Feinretuschierung und Gebrauchsspuren aufwiesen (Rutot 1907, S. 442). "Es waren diese Geräte, darunter ein Schaber mit einer ausgeprägten Schlagzwiebel und feinretuschierter scharfer Kante, die mich davon überzeugten, daß es an der von de Munck genannten Stelle ein Lager tertiärer Eolithen gab, das es verdiente, erforscht und studiert zu werden" (Rutot 1907, S. 442f.).

Rutot und de Munck förderten mehr als hundert Feuersteingeräte ans Licht, die Rutot zufolge (1907, S. 444) "zahlreiche Beispiele sämtlicher eolithischer Typen (repräsentierten), als da wären *Percuteurs* (Hausteine), *Enclumes* (Amboßsteine), *Couteaux* (Messer), *Racloirs* (Seitenschaber), *Grattoirs* (Endschaber) und *Perçoirs* (Ahlen)." Rutot (ebd.) meinte: "Diese Werkzeuge zeigen in allen Details die gleichen Charakteristika wie andere wohlbekannte und für authentisch erklärte eolithische Industrien aus dem Tertiär und Quartär." Er nannte die Industrie Fagnien nach dem Namen der Region, Hautes-Fagnes.

Auch aus einer 500 Meter nordwestlich des Fundorts gelegenen

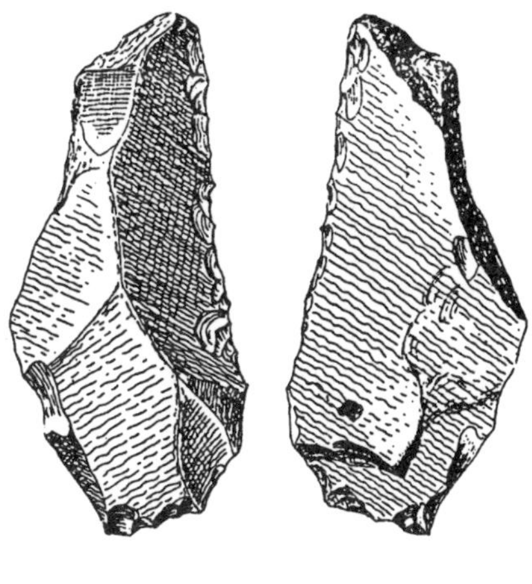

Zwei Ansichten eines "Messers" (couteau), *gefunden unter den spätoligozänen Sandschichten von Boncelles in Belgien (Rutot 1907, S. 456). Die Gebrauchskante zeigt die für eine schneidende Funktion charakteristischen Gebrauchsspuren.*

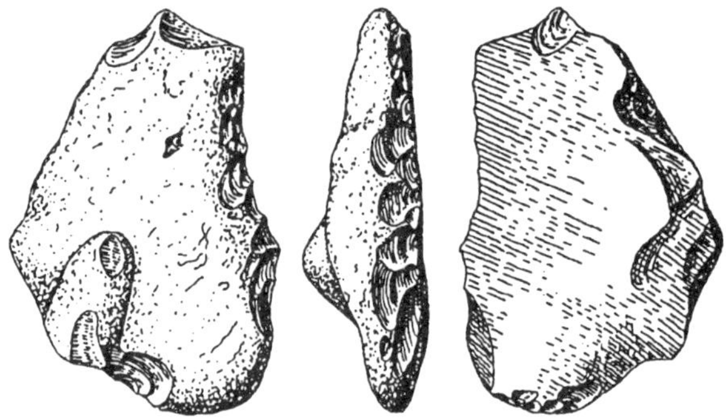

*Drei Ansichten eines Seitenschabers (*Racloir*), gefunden unter den spätoligozänen Sandschichten von Boncelles in Belgien (Rutot 1907, S. 458).*

zweiten Grube wurden Werkzeuge ausgegraben. Zugleich lieferte dieser Fundort die Bestätigung für die oligozäne Datierung der werkzeugtragenden Feuersteinlage. Anders als die erste Fundstelle, die mit keinerlei Fossilien aufwartete, enthielten die Sedimentablagerungen über der Feuersteinschicht am zweiten Fundort zahlreiche Muschelschalenabdrücke. Etwa ein Dutzend Arten konnten identifiziert werden (ebd.). Offensichtlich repräsentierten die Muschelschalen eine typisch oligozäne Ansammlung. Die häufigste Spezies war *Cytherea beyrichi*, von der Rutot (1907, S. 447) erklärte: "Diese Muschel ist typisch für das Späte Oligozän Deutschlands, vor allem die Formationen von Sternberg, Bünde und Kassel [...] Die weiteren erkennbaren Arten (*Cytherea incrassata, Petunculus obovatus, P. philippi, Cardium cingulatum, Isocardia subtransversa, Glycimeris augusta* etc.) finden sich allesamt im Späten Oligozän."

Rutot (1907, S. 448) schloß daraus: "Die in der Feuersteinschicht auf dem Grund der spätoligozänen Sandablagerungen gefundene eolithische Industrie ist also mindestens mitteloligozänen Alters."

Rutots Deutung der Stratigraphie von Boncelles wird durch andere Autoritäten gestützt. Maurice Leriche (1922, S. 10) und Charles Pomerol (1982, S. 114) charakterisieren die Sandablagerungen von Boncelles beide als Chattien oder Spätes Oligozän.

"Wir stehen vor einem schwerwiegenden Problem oder besser gesagt vor einer Tatsache, deren Bedeutung einem nicht entgehen kann", schrieb Rutot (1907, S. 448), waren ihm doch frühere

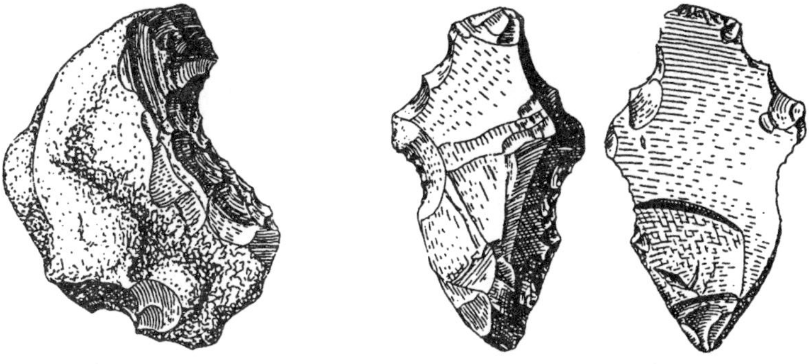

*Links: Dieses Werkzeug wurde von Rutot als "ausgekerbter Seitenschaber" (*Racloir à encoche*) bezeichnet. Hohlschaber dieses Typs findet man häufig in spätpleistozänen Anhäufungen. Das Werkzeug wurde unter den spätoligozänen Sandschichten von Boncelles in Belgien gefunden (Rutot 1907, S. 458).*
*Rechts: Ein doppelkantiger Schaber (*Racloir double*), gefunden unter den spätoligozänen Sandschichten von Boncelles in Belgien. Retuschen an den zwei mittleren Kerben ermöglichten einen bequemen Zugriff. Am oberen und unteren Ende sind Gebrauchsspuren sichtbar (Rutot 1907, S. 459).*

Kontroversen um die Authentizität von Steinwerkzeugen durchaus geläufig. "Tatsächlich haben sich einige [Wissenschaftler] in der jüngeren Vergangenheit nur mit Widerwillen dazu bereit erklärt, die Existenz intelligenter Geschöpfe, die im Späten Miozän Werkzeuge anfertigten und benutzten, zu akzeptieren. Und daß die Bedeutung, die einst der Fundstätte von Thenay zukam, als man sie ins Aquitanien [Frühes Miozän] datierte, mittlerweile geringer geworden ist, wurde fast mit einem Gefühl der Erleichterung aufgenommen. [...] Aber jetzt hat es den Anschein", fuhr Rutot (ebd.) fort, "als sei die Vorstellung von oligozänen Menschen, die also noch älter wären als die von Thenay, mit derartiger Eindeutigkeit bestätigt worden, daß man nicht den leisesten Fehler entdecken kann. Dies widerspricht unseren alten Ideen, die sich doch kaum an die simple Idee gewöhnt haben, daß es Menschen im Quartär gibt. Nun wird auch der pliozäne Mensch von Kent nach und nach akzeptiert, welchem Erkenntnisfortschritt wir wiederum die Möglichkeit verdanken, an eine spätmiozäne Menschheit überhaupt denken zu können, die zeitgleich war mit *Mastodon, Hipparion* und *Dryopithecus.*"

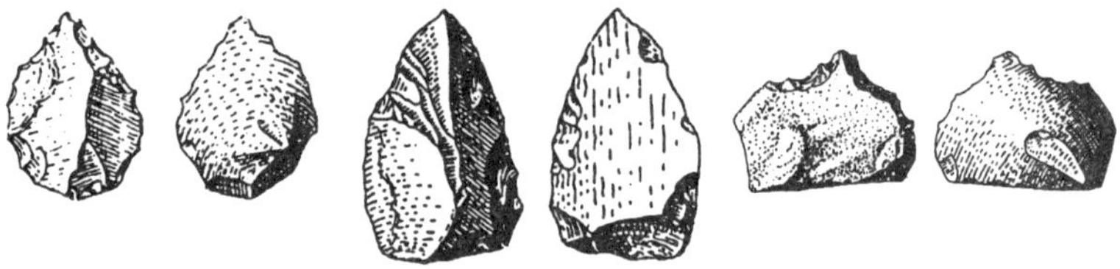

Links: Dieses Gerät wurde unter den spätoligozänen Sandschichten von Boncelles (Belgien) gefunden (Rutot 1907, S. 460). Rutot erklärte, es ähnele einer Moustérien-Spitze aus dem europäischen Spätpleistozän. Die Bauchseite (rechts) zeigt eine Schlagzwiebel.
Mitte: Ein Racloir, *gefunden unter den spätoligozänen Sandschichten von Boncelles in Belgien. Rutot (1907, S. 460) fand eine starke Übereinstimmung mit Moustérien-Spitzen aus dem europäischen Spätpleistozän.*
*Rechts: Dieses Feuersteingerät mit herausgearbeiteter Spitze wurde stratigraphisch in einer Position unter den spätoligozänen Sandschichten von Boncelles in Belgien (Rutot 1907, S. 461) gefunden. Die Bauchseite (rechts) dieses Werkzeugs zeigt eine gutausgeprägte Schlagzwiebel mit Schlagnarbe (*Éraillure*). Laut Rutot ist dieser Werkzeugtyp in neolithischen und modernen Steinansammlungen häufig.*

Mit den spätpliozänen Entdeckungen, von denen Rutot spricht, sind wahrscheinlich die von Ribeiro in Portugal und die von Tardy und anderen bei Aurillac gemeint. “Natürlich mag einem der Schritt vom Späten Miozän zurück ins Mittlere Oligozän etwas unwahrscheinlich vorkommen; nichtsdestoweniger ist es richtig, sich in das Unvermeidbare zu fügen und die Fakten zu akzeptieren, wie sie sind, wenn man sieht, daß sie keiner anderen Erklärung genügen wollen” (Rutot, ebd.)

“Überdies”, so fügt er hinzu (1907, S. 448f.), “ist nach der Entdeckung einer lithischen Industrie wie der der noch vor kurzem lebenden Tasmanier, die uns durch die Forschungen von Dr. F. Noetling zur Kenntnis gebracht wurde, kein Zögern mehr möglich. Daß wir von dieser Industrie Kenntnis erhalten haben, ist sozusagen ein Wink des Schicksals, wird dadurch doch eindeutig bewiesen, daß Eolithen eine Realität sind. Die Entdeckung zeigt, daß noch vor kaum sechzig Jahren Menschen Geräte fertigten und benutzten, die kompetenten und unparteiischen Beobachtern zufolge uneingeschränkt als Eolithen zu betrachten sind.”

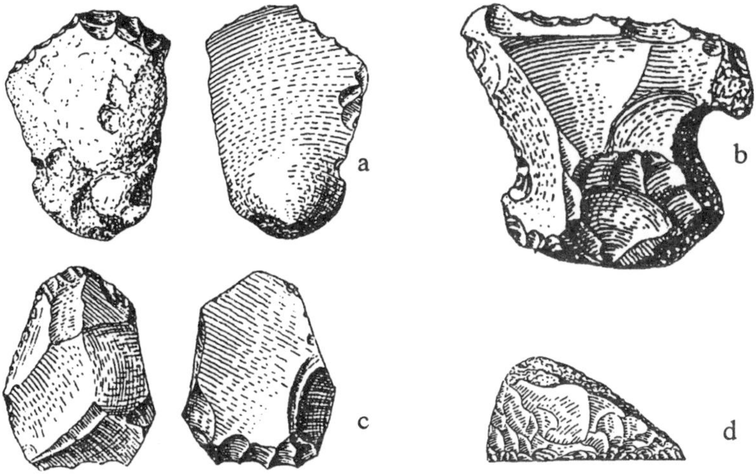

*Endschaber (*Grattoirs*), gefunden unter den spätoligozänen Sandschichten von Boncelles in Belgien: (a) zwei Ansichten eines* Grattoir, *auf dessen Bauchseite (rechts) eine Schlagzwiebel zu erkennen ist; (b)* Grattoir *mit runden seitlichen Einbuchtungen zum Halten; (c) zwei Ansichten eines doppelkantigen* Grattoir, *wobei die beiden Gebrauchskanten jeweils einseitig behauen sind; (d)* Grattoir *mit feinretuschierter Gebrauchskante (Rutot 1907, S.462ff.).*

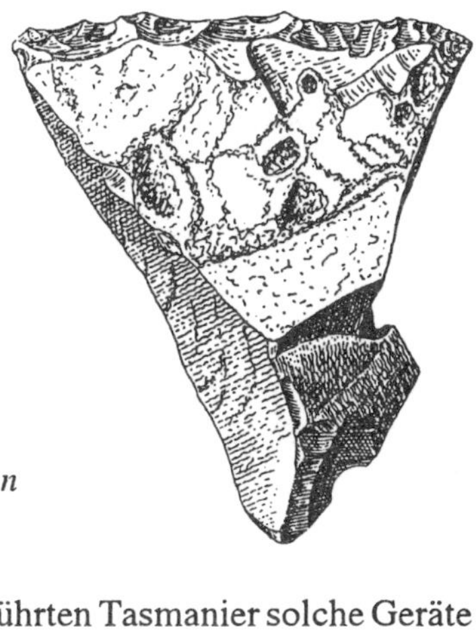

*Großer Endschaber (*Grattoir*), gefunden unter den spätoligozänen Sandschichten von Boncelles in Belgien (Rutot 1907, S. 463).*

Vermutlich hätten die hier angeführten Tasmanier solche Geräte auch noch zu Lebzeiten Rutots verwendet, wären sie nicht um die Mitte des 19. Jahrhunderts von europäischen Siedlern ausgerottet worden.

Rutot entdeckte am Fundort von Boncelles auch Objekte, die er ihrem Aussehen nach als *Pierres de jet* - Schleudersteine - identifizierte. "Schleudersteine sind polyedrische Steinfragmente mit einer unregelmäßigen Kombination von natürlichen und künstlichen Oberflächen. Der Form nach sind sie leicht gerundet, klein und bestens geeignet, um mit großer Wucht aus der Hand oder einer Schlinge geworfen zu werden. Eine solche Waffe würde beim Aufprall nicht nur eine Schockwirkung hervorrufen, sondern aufgrund der rotierenden scharfen Kanten des Geschoßes auch Schnittverletzungen. Die Feuersteinindustrie von Boncelles ist reich an solchen vielflächigen Steinen, die ganz den Anschein von Schleudersteinen erwecken" (Rutot 1907, S. 466).

Rutot kam zu dem Schluß, es bestehe durchaus die Möglichkeit, daß Feuersteingeräte mit bestimmten Charakteristika von den einstigen Bewohnern von Boncelles zum Feuermachen benutzt worden seien. "Nicht nur in eolithischen Serien, sondern auch in paläolithischen und neolithischen Ansammlungen begegnet man Feuersteinexemplaren, die auf einer Seite, in Gruppen verteilt, Spuren zahlreicher und wiederholter heftiger Schläge aufweisen, wobei jede Gruppe eine Reihe von Schlagmarken vereint, die alle in eine Richtung zeigen. In jeder dieser Gruppen sind die Schlagspuren anders ausgerichtet" (Rutot 1907, S. 467). Diese Marken können als Versuche, Funken zu schlagen, gedeutet werden. Im Französischen heißen die Feuersteine, die tatsächlich zum Feuerschlagen benutzt werden, *Briquets*.

Oberflächlich können diese *Briquets* anderen Werkzeugtypen wie Amboßsteinen, *Racloirs* oder *Grattoirs* ähneln. Rutot verwies jedoch darauf, daß "sie sich von diesen durch die Wucht und Unregelmäßigkeit der Schläge unterscheiden, denen sie ausgesetzt waren; auch ist die Steinrinde erhalten und von Schlagspuren markiert, was jede Vermutung, es handle sich um Schneidewerkzeuge, zunichte macht" (ebd.). An den Gebrauchskanten von Steinwerkzeugen wird der Kortex beinahe immer entfernt.

Zu seiner Hypothese, daß die fraglichen Feuersteinobjekte tatsächlich zum Feuermachen gedient haben könnten, äußerte sich Rutot (ebd.) in einer Fußnote: "Den gleichen Gedanken haben E. Lartet und Christy in *Reliquiae Aquitanicae* auf den Seiten 85f. und 138-140 formuliert, und es sind einige Moustérien-Objekte wiedergegeben, die - als *Briquets* - zum Feuermachen gedient haben

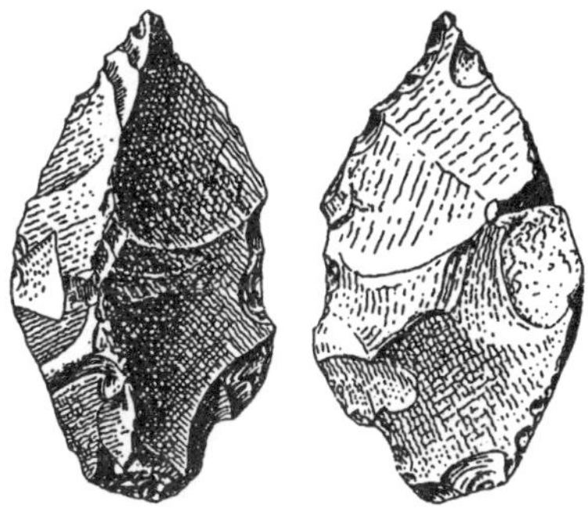

Oben: Drei Ahlen (Perçoirs)*, gefunden unter den spätoligozänen Sandschichten von Boncelles in Belgien (Rutot 1907, S. 465).*
Unten: Eine Ahle, gefunden unter den spätoligozänen Sandschichten von Boncelles in Belgien. Die eine Kante – an der Spitze – weist Abschläge auf der Rückseite (links), die andere auf der Bauchseite auf (rechts). Laut Rutot ist dieses Muster für eine spezifische Abschlagtechnik charakteristisch, die es dem Werkzeugmacher gestattete, zunächst die Abschläge an der einen Kante auszuführen, dann das Gerät umzudrehen und von der gleichen Stelle aus und in der gleichen Richtung die Abschläge an der anderen Kante anzubringen.

sollen. In einer interessanten Erläuterung heißt es dazu, daß das Feuer nicht nur durch die Reibung von Feuerstein auf Pyrit zustande kam, sondern auch durch das Aneinanderschlagen zweier Feuersteine. In einer Anmerkung lesen wir, daß noch bis vor einem Jahrhundert in England, und zwar in Norfolk und Suffolk, die Menschen sich zum Feuermachen zweier Feuersteine bedienten. Man verwendete getrocknetes Moos als leicht entflammbare Substanz, während zwei Feuersteine schnell aneinander gerieben wurden." Alles in allem, so meinte Rutot, handelte es sich bei den Objekten, denen die modernen Geräte am meistem glichen, um *Briquets* - Feuersteine zum Feuermachen.

Rutot (1907, S. 468) stellte abschließend fest: "Nachdem wir die vielfältige lithische Industrie der intelligenten Wesen des Oligozäns kennengelernt haben, sind wir, bedenkt man allein die enorme

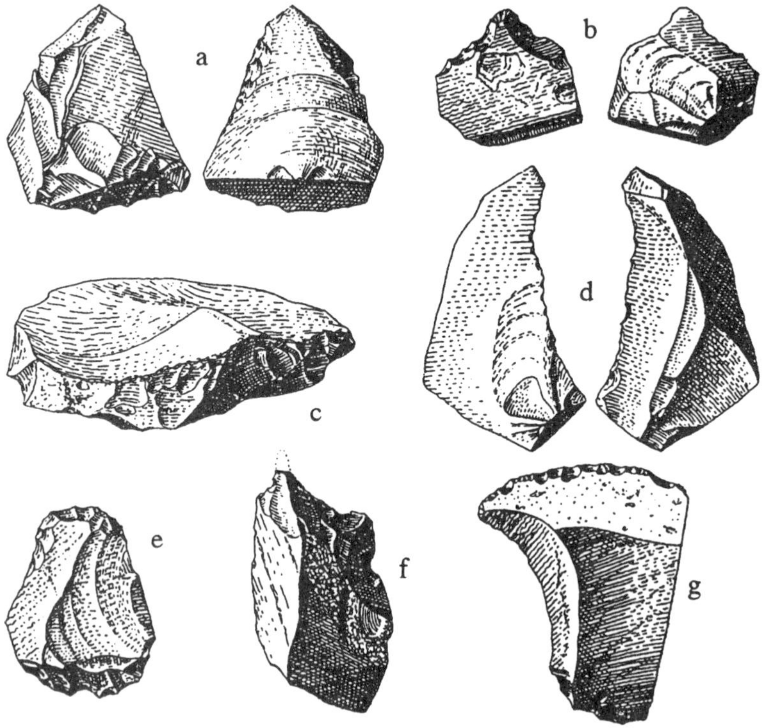

Von Tasmaniern in jüngerer historischer Zeit hergestellte Werkzeuge (Rutot 1907, S. 470–477). Laut Rutot glichen sie nahezu exakt den Oligozän-Werkzeugen von Boncelles in Belgien. (a) Seitenschaber (Racloir), *vgl. Abb. S. 260 Mitte. (b) Werkzeug mit herausgearbeiteter Spitze* (Perçoir), *vgl. Abb. S. 260 rechts. (c) Amboßstein* (Enclume), *vgl. Abb. S. 256 rechts. (d) Steinmesser* (Couteau), *vgl. Abb. S. 257. (e) Doppelendschaber* (Grattoir double), *vgl. S. 261 oben, Abb c. (f) Ahle* (Perçoir), *vgl. Abb. S. 263. (g) Endschaber* (Grattoir), *vgl. Abb. S. 261 unten.*

Zeitspanne, die seither vergangen ist, von ihrem Können berechtigterweise überrascht. Wenn wir uns andererseits die Steinindustrie der neuzeitlichen Tasmanier vor Augen führen, wie sie durch die Forschungen von Dr. Noetling bekannt geworden ist, dann sind wir mit nicht weniger Berechtigung von deren außerordentlich einfachem und rudimentärem Charakter überrascht. In Wahrheit stimmen die beiden Industrien, vergleicht man sie miteinander, exakt überein [Abb. oben], und die mittlerweilen ausgerotteten, aber vor sechzig Jahren noch existierenden Tasmanier standen auf dem gleichen kulturellen Niveau wie die primitiven Bewohner von Boncelles und Hautes Fagnes." Nur daß die Tasmanier ihre Werkzeuge aus Quarzit, Diabas, Granit und ähnlichen Gesteinsarten und nicht aus Feuerstein herstellten.

Rutot (1907, S. 480f.) stellte schließlich die auf Grund seiner Entdeckungen naheliegenden, entscheidenden Fragen: "Wenn wir die Analogien oder besser gesagt Übereinstimmungen zwischen den oligozänen Eolithen von Boncelles und den modernen Eolithen der Tasmanier ins Auge fassen, finden wir uns einem schwerwiegenden Problem gegenüber - der Existenz von Geschöpfen im Oligozän, die intelligent genug waren, eine Vielfalt eindeutiger Werkzeugtypen herzustellen und zu benutzen. Wer waren diese intelligenten Lebewesen? Handelte es sich um einen Vorläufer der menschlichen Art, oder war es bereits ein Mensch? Dies ist ein gravierendes Problem - ein Gedanke, der uns nur in Erstaunen versetzen kann, der die Aufmerksamkeit und das Interesse all jener weckt, die die Wissenschaft vom Menschen zum Gegenstand ihrer Studien und ihres Nachdenkens gemacht haben."

Manchen heutigen Fachwissenschaftler mag es schockieren, daß eine solche Aussage in einer wissenschaftlichen Zeitschrift unseres Jahrhunderts stand, würde er doch nicht einmal die Möglichkeit in Betracht ziehen, daß es im Oligozän Menschen oder auch nur Frühmenschen gegeben haben könnte.

Freudenbergs Entdeckungen bei Antwerpen (Frühes Pliozän bis Spätes Miozän)

Im Februar und März 1918 führte Wilhelm Freudenberg, ein Geologe im Dienst der deutschen Armee, Probebohrungen in tertiären Formationen westlich von Antwerpen durch. In Lehmgruben bei Hol (unweit St. Gillis) und an anderen Stellen entdeckte Freudenberg Feuersteinobjekte, die er für Werkzeuge hielt, sowie eingeschnittene Knochen und Muschelschalen.

Die meisten Funde kamen aus den Sedimentschichten des Scaldisien, eines maritimen Stadiums, das nach Freudenberg (1919, S. 2) ins Mittlere Pliozän gehörte. Modernen Fachleuten zufolge

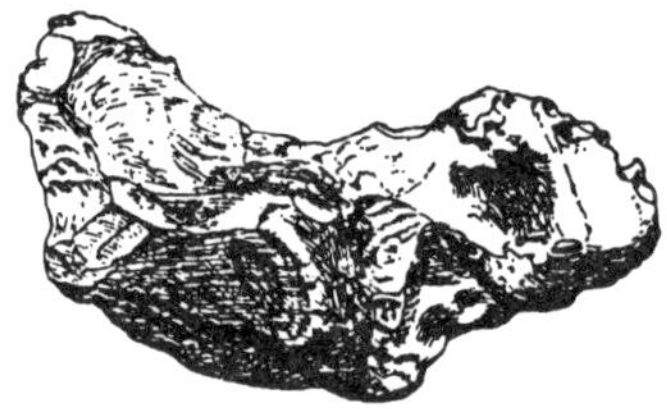

Dieses Objekt, von W. Freudenberg (1919, S. 16) als Gerät zum Öffnen von Muschelschalen charakterisiert, wurde in einer 4 bis 7 Millionen Jahre alten Schicht des Scaldisien bei Koefering nahe Antwerpen entdeckt. Das offensichtlich bearbeitete linke Ende scheint die Gebrauchskante gewesen zu sein.

umfaßt das Scaldisien das Frühe Pliozän und Späte Miozän (Klein 1973, Tafel 6; Savage und Russell 1983, S. 294). Es wird auf ein Alter zwischen 4 und 7 Millionen Jahren datiert (Klein, ebd.). Freudenberg (1919, S. 9) hielt es für möglich, daß die von ihm entdeckten Gegenstände in die der scaldisischen Meerestransgression unmittelbar vorangehenden Periode gehören, womit sie, falls es so wäre, auf ein Alter von 7 Millionen Jahren oder mehr zu datieren wären.

Einige der Feuersteingeräte, die Freudenberg fand, deutete er als Keile zum Öffnen von Muschelschalen. Ein solches Objekt (Abb. oben) kam aus einem Hohlraum im höchstgelegenen Teil der Scaldisien-Formation bei Koefering und wurde zusammen mit zerbrochenen Muschelschalen gefunden (Freudenberg 1919, S. 18).

Bei der Beschreibung eines weiteren Geräts gleicher Funktion (Abb. rechte Seite) stellte Freudenberg (1919, S. 20) fest: "Es stammt aus dem Scaldisiensand von Mosselbank und wurde mit vielen Pliozänmollusken bei Geschützstellungsbauten an der Gouvernementgrenze von Antwerpen zutage gefördert. Es liegt ein typischer hakenförmiger Muschelöffner vor, der inmitten der zerschlagenen Pliozänmuscheln besonders der aufgebrochenen Schalen von *Cyprina tumida* sich gefunden hat. Die Muschelanhäufung dürfte als ein tertiärer Kjökkenmöddinger [wörtlich: (dän.) Küchenabfälle: Abfallhaufen mit einem überwiegenden Anteil an Speiseresten; Anm. d. Übs.] zu deuten sein. Länge = 9 cm, wenn man das abgebrochene Ende sich ergänzt denkt."

Freudenberg brachte zusätzlich einige Feuersteine ans Licht, die im Feuer gebrannt worden waren. Er sah darin einen deutlichen

Ein Gerät zum Muschelöffnen, aus einer Scaldisien-Schicht bei Mosselbank nahe Antwerpen (Freudenberg 1919, S. 16). Zusammen mit dem Werkzeug, das sowohl ins Frühe Pliozän als auch ins Späte Miozän gehören könnte, wurden zahlreiche zerbrochene Muschelschalen gefunden.

Hinweis auf Feuernutzung durch intelligente Lebewesen des belgischen Tertiärs.

Von besonderem Interesse waren zahlreiche Muschelschalen, die Freudenberg in den scaldisischen Sandschichten von Vracene und Mosselbank, wo befestigte Stellungen ausgehoben wurden, entdeckte. Er schrieb (Freudenberg 1919, S. 39): "Die Muschelhaufen von Koefering und Mosselbank bei Vracene haber außer zahlreichen in lebendem Zustande aufgebrochenen Exemplaren von *Cyprina islandica* und *Cyprina tumida* je einen Muschelöffner aus glänzend patiniertem Feuerstein geliefert, wie ein solcher sich auch bei Hol gefunden hat. [...] Die Durchsicht des Muschelmaterials von Vracene und Hol, die ich in Göttingen im Frühjahr 1919 vornahm, bestätigte vollkommen die Richtigkeit meiner damaligen Auffassung der Muschelschichten als Kjökkenmöddinger. Beim Reinigen vom gelben Quarzsand und Lehm zeigten sich vielfach künstliche Einschnitte jeweils am Hinterende der Muschelschalen dicht unter dem Wirbel [Abb. unten]. Besonders deutlich waren sie an den

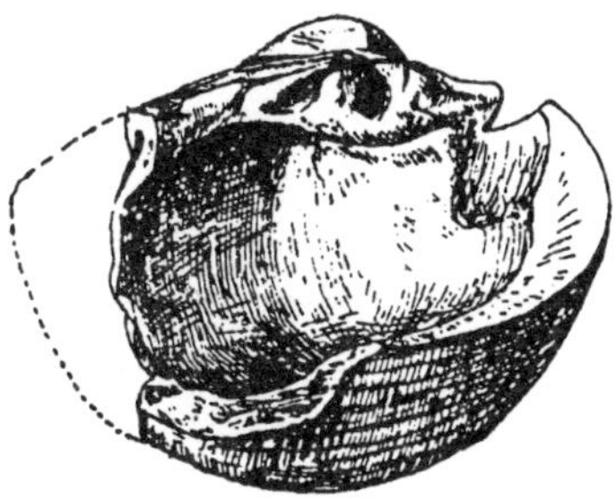

Muschelschale aus einer Scaldisien-Formation (Frühes Pliozän – Spätes Miozän) unweit Antwerpen, mit einer Schnittspur rechts vom Wirbel (Freudenberg 1919, S. 33).

beiden Cyprina-Arten. Bei der ausgestorbenen *Cyprina tumida* war fast regelmäßig der vordere Schließmuskel durch einen Einschnitt senkrecht zum Mantel und Schloßrand, näher dem Schloß als dem Mantel durchschnitten, was nur mit Hilfe eines scharfen Feuersteinmessers oder eines Haifischzahnes - wir fanden hier Zähne von *Oxyrhina hastalis Ag.* - geschehen sein konnte. Auf das Absichtliche dieser Handlung braucht nicht besonders hingewiesen zu werden. Ich besitze 7 linke Klappen von *Cyprina tumida* und 9 rechte Klappen mit derartigen Einschnitten am vorderen Schließmuskeleindruck."

Über die Einschnitte selbst äußerte er sich gleichfalls (1919, S. 40): "Die Schnittflächen an den Schalenklappen von *Cyprina tumida*, welche von den queren Einschnitten herrühren, sind glatt und tragen die gelblichweiße Verwitterungsrinde wie die anderen alten Oberflächen und Bruchflächen an jeder beliebigen Stelle. Die Längen der Schnittspuren betragen nur wenige Millimeter, selten mehr als einen halben Zentimeter. Der Einschnitt der mit wohlerhaltenen Schnittspuren versehenen Schale von *Cyprina tumida* ist spitz keilförmig, wie er nur von einem scharfen Instrument hervorgebracht sein kann. Stets aufgebrochen und darum wohl als Nährmuschel anzusprechen sind die Schalen der gleichfalls ausgestorbenen *Voluta Lamberti* Sow. und des *Cardium decorativum*, welches ebenso wie *Cardium edule* und *C. echinatum* als Eßmuschel gedient haben mag." Die scharfen Schnittspuren neben dem Muschelwirbel lassen sich, wie es scheint, eher mit menschlicher Betätigung in Einklang bringen als mit den Aktionen muschelfressender Tiere, z. B. des Seeotters.

Freudenberg fand auch viele Austern mit zerbrochenen und eingeschnittenen Schalen. Zu *Ostrea edulis* L. var. *ungulata* Nyst schrieb er (1919, S.45): "Ich grub etwa 20 flache, rechte und halb so viele gewölbte linke Klappen aus. Manche Schalen zeigen Verletzungsspuren von scharfen, spitzen Gegenständen, etwa Haifischzähnen, die künstlich hervorgebracht sein können, da sie am Rand ansetzen und offenbar das Öffnen der Schale bezweckten. Die Marken wiederholen sich einige Male an der gleichen Stelle und machen dadurch den Eindruck des Absichtlichen. Stets sind sie an der flachen Klappe angesetzt, da diese leichter zu durchbohren ist als die gewölbte Gegenklappe. Die Aussplitterung ist nur an der Innenseite erfolgt, woraus zu schließen ist, daß der spitze Körper von der Außenseite eindrang. Hiermit scheint eine posthume Verletzung ausgeschlossen, da das tote Tier seine Klappen öffnet und eine derartige Schalenverletzung zwecklos sein würde."

Zusammenfassend meinte Freudenberg (1919, S. 50): "Die Zahl der ausgestorbenen Arten macht genau die Hälfte der Gesamtzahl aus, 27 von 54. An dem jungtertiären [= spättertiären] Alter der Fundschicht ist nach diesem Befund nicht zu zweifeln. Die Anwesenheit einer muschelessenden Bevölkerung an der flandrischen Küste zur jüngeren Tertiärzeit ist somit unzweifelhaft."

Freudenberg fand aber nicht nur Muschelschalen mit Schnittspuren, sondern auch eingeschnittene Knochen von Meeressäugern. Darunter war das Fragment eines Oberkiefers von einem Schnabelwal, vermutlich verwandt mit *Lagenocetus latifrons Gray*. Die flache Kieferoberfläche weist eine Reihe von Einschnitten auf. Freudenberg glaubte, daß diese gezielt angebracht worden seien. In einer taphonomischen Analyse des Kiefers konstatierte er: "Würde es sich nicht um künstliche Einschnitte, sondern um selektive Ätzung des Knochens durch chemische und mechanische Mittel (wie Salzlösungen und Flugsand) handeln, so könnte man denken, daß die Ätzfurchen, wenn solche gebildet worden wären, bis hinab zu den Gefäßkanälen reichten und hier ihr Ende gefunden hätten. In Wirklichkeit schneiden sich jedoch die Spurlinien der Einschnitte mit den Gefäßkanälen; sie sind also unabhängig von der feineren Knochenstruktur" (Freudenberg 1919, S. 22). Freudenberg meinte, der Kiefer sei als eine Art Presse verwendet worden.

Neben den markierten und polierten Walknochen fanden sich auch die Knochen anderer Meeressäugetiere. Dazu bemerkte Freudenberg (1919, S. 28): "Künstlich aufgebrochene Röhrenknochen von großen Walrossen oder Rüsselrobben fanden sich dicht auf dem Septarienton [Mittleres Oligozän]. Diese Knochenstücke waren in lehmigen Grünsand eingebettet, der teilweise durch Limonit verfestigt an den Knochen haftet. Sie tragen zum Teil tiefe Schlagmarken, die wohl mit größeren Steinbrocken hervorgebracht sein können. Die Tiefe der Marke wechselt je nach der Stärke des ausgeübten Schlages."

Eine weitere Bestätigung für die Anwesenheit von Menschen erbrachten partielle Fußabdrücke, die offenbar entstanden, als unter dem Druck menschenähnlicher Füße Lehmstücke zusammengepreßt wurden. Aus einer Lehmgrube bei Hol, unmittelbar südlich der

Straße, die in westlicher Richtung von St. Gillis nach Meuleken führte, barg Freudenberg (1919, S. 3) den Abdruck von vier Zehen und einem Fußballen.

Aufgrund der Muschelfauna wurde das Steinbett, in dem die Fußabdrücke gefunden wurden, als Scaldisien beurteilt. Die Fußabdrücke waren demnach 4 bis 7 Millionen Jahre alt. Freudenberg (1919, S. 9) glaubte jedoch, daß sie bereits in der Periode entstanden sein mochten, die der marinen Transgression während des Scaldisien direkt vorausging, und daß sie erst später in die Scaldisienschicht, in der man sie fand, inkorporiert wurden. Somit wären die Fußabdrücke sogar noch etwas älter als 7 Millionen Jahre.

Freudenberg, der so sorgfältig vorging wie ein moderner physischer Anthropologe, ließ die Fußabdrücke dermatologisch analysieren. Über den Ballenabdruck eines rechten Fußes schrieb er (Freudenberg 1919, S. 11): "Es sind nämlich auf der linken Seite Spuren von verschobenen Sandkörnern, Tastleisten und kleine Falten von Fußhaut vorhanden, die eine Bewegung von links nach rechts, oder was dasselbe ist, von innen nach außen zeigen, wenn wir voraussetzen, daß der Fuß beim Gleiten von innen nach außen bewegt wurde. [...] Während nun die linke Seite des Ballenabdrucks verschliffene Züge zeigt, die in den unregelmäßigen Abständen der Rillen durchaus dem Plastolinabdruck eines sich verschiebenden rechten Fußballens eines Erwachsenen gleichen, so ist das rechte, äußere Feld des Ballenabdrucks ganz bedeckt mit Abdrucken von Tastleisten eines menschenähnlichen Wesens. [...] Auch die Zahl der auf einen Millimeter queren Abstand entfallenden Tastleistenhohlformen ist zum Teil die gleiche beim fossilen Abdruck wie am rezenten Erwachsenenfußballen. Sie beträgt am fossilen etwa 2 (10:5 [= 10 auf 5mm]), stellenweise noch etwas weniger. Dagegen beim Erwachsenen fand ich 4 auf 2 mm; 5 auf 2 mm und 6 auf 2 mm, also 2–3 Tastleisten auf 1 mm .[...] Die Ausgüsse der Schweißdrüsenöffnungen sind an dem fossilen Abdruck an manchen Stellen vielleicht zu erkennen als feinste Knötchen, die reihenweise den Längstälern zwischen den Tastfurchenausgüssen aufgesetzt sind."

Auch die Zehenabdrücke weisen erstaunliche Ähnlichkeit mit der Anatomie des modernen Menschen auf. Hinsichtlich der Abdrücke der vierten und fünften Zehe eines linken Fußes vermerkte Freudenberg (1919, S. 13f.): "Die Länge des [...] Zehenabdrucks, am Innenrand gemessen, beträgt bei einem vierjährigen Knaben 18 mm. Das entsprechende Maß an dem fossilen Zehenabdruck ist 15 mm. [...] Sogar die Abdrücke von Tastleisten sind an dem fossilen Hohldruck zu beobachten. Sie sind gleichgerichtet mit denen eines menschlichen Kindes, insofern als sie von der Trennungsstelle von Zehe V und IV nach allen Seiten radial ausstrahlen. Wie beim Menschenkind kommen 6–7 Tastleisten auf 2 mm an dieser Stelle des Fußes. Außerdem sind noch gleichgerichtete Hautrunzeln zu beobachten, die an dem Sandsteinabdruck als schmale Pfeilerchen zwischen länglichen Gruben erscheinen. [...] Der wichtigste Befund an dem fossilen Zehenabdruck ist die Kürze der 5. Zehe, die ganz an die menschliche Zehe erinnert. Die menschenähnlichen Affen haben lange Fußzehen, bis auf Gorilla. Die Fußstruktur des Genus *Homo* war darum schon vor dem mittleren Pliozän die gleiche wie heute, wenn auch nicht so ausgeprägt. Auch die große Zehe zeichnete sich durch Kürze und relative Breite aus, wie ein etwas fraglicher Abdruck von Hol beweist. Er gehört vielleicht zu einer linken großen Zehe. [...] Es besteht somit kein Zweifel darüber, daß auch unser neuer Fundort bei Hol und der von Koefering sich eben dieser mittelpliozänen Marinformation einreiht [Frühes Pliozän bis Spätes Miozän nach heutigem Wissensstand]. Das geologische Alter des *Palaeanthropus*, wie der flandrische Tertiärmensch vorläufig heißen möge, rückt somit in diese Epoche, wenn nicht in noch ältere Zeit hinauf. Wir schließen das besonders aus der Tatsache, daß die marinen pliozänen Säugetierknochen dem Tertiärmenschen als Rohmaterial für seine Geräte und die Muscheltiere als Nahrung gedient haben, ferner aus dem Vorkommen von Fußabdrücken eines menschenähnlichen Wesens in den Strandgeröllen des Mittelpliozäns von Hol."

Freudenberg (ebenda, S. 52f.) lenkte die Aufmerksamkeit seiner Leser dann auf England, wo Henry Stopes (siehe oben: eingeschnitzte Muschelschale aus dem pliozänen Roten Crag), J. Reid Moir (Feuersteinwerkzeuge aus der gleichen Formation) und Osmond Fisher (eingeschnittene Knochen) Entdeckungen gemacht hatten, die die flandrischen Funde Freudenbergs stützten.

Freudenberg war ein Jünger Darwins und glaubte, sein tertiärer Mensch müsse ein sehr kleiner Hominide gewesen sein, vielleicht 1 Meter groß, mit menschenähnlichen Füßen und einem Körperbau, der affen- und menschenähnliche Formen vereinte. Insgesamt erinnert Freudenbergs Beschreibung seines flämischen Tertiärmenschen an Johansons Porträt des *Australopithecus afarensis* (Lucy). Selbst wenn man Freudenbergs hypothetisches Bild eines primitiven Hominiden mit menschenähnlichen Füßen akzeptierte - niemand würde nach der bestehenden paläanthropologischen Lehrmeinung im Belgien des Späten Miozäns, am Beginn des Scaldisien, vor mehr als 7 Millionen Jahren also, einen Australopithezinen erwarten. Die ältesten Australopithezinen in Afrika werden auf ein Alter von nur 4 Millionen Jahren datiert.

Ein spätes Scaldisien-(Frühes Pliozän-)Datum von 4 Millionen Jahre für einen flämischen Australopithezinen läge im Bereich des Möglichen. Man sollte sich vergegenwärtigen, daß noch während des Pliozäns und der Zwischeneiszeiten des Pleistozäns afrikanische Säugetiere wie das Flußpferd in so nördlichen Breiten wie England beheimatet waren. Moderne Paläanthropologen hätten demnach guten Grund, sich Freudenbergs Berichte einmal ernsthaft anzuschauen; unglücklicherweise sind sie im Laufe dieses Jahrhunderts dem Wissensfilterungsprozeß zum Opfer gefallen und aus dem Blickfeld verschwunden.

Freudenbergs Annahme, die menschenähnlichen Fußabdrücke aus dem belgischen Scaldisien stammten von einem kleinen primitiven Hominiden, ist nicht von der Hand zu weisen. Es besteht aber noch eine andere Möglichkeit. Immerhin gibt es auch heute noch in Afrika und auf den Philippinen Gruppen von Pygmäen, deren männliche Erwachsene unter 1,50 Meter bleiben und deren Frauen noch kleiner sind. Der Vorschlag, es habe sich bei dem Wesen, das den von Freudenberg entdeckten Fußabdruck hinterließ, um einen Pygmäen und nicht um einen Australopithezinen gehandelt, hat den Vorteil, mit dem ganzen Beweisspektrum - Steinwerkzeugen, eingeschnittenen Knochen, isolierten Hinweisen auf Feuer und mit Hilfsmitteln geöffneten Muscheln - vereinbar zu sein. Von Australopithezinen ist nicht bekannt, daß sie Steinwerkzeuge hergestellt und Feuer benutzt hätten. Und überdies sind die Zehen von Australopithezinen auffallend länger als die Zehen moderner Menschen vom Typ *Homo sapiens,* wohingegen die kleinen Zehen des belgischen Hominiden von der Länge her denen moderner Menschen gleichen.

Freudenbergs Annahme, das Wesen, das die Fußabdrücke hinterließ, sei ziemlich kleinwüchsig gewesen, hängt in erster Linie mit seinen Messungen zusammen. Er stellte nämlich fest, daß der

Krümmungsradius des Ballenabdrucks eines Fußes (den er bei Hol entdeckt und abgenommen hatte) dem eines vierjährigen menschlichen Kindes nahekam (Freudenberg 1919, S. 10f.). Ein anderes Merkmal des gleichen Abdrucks brachte ihn jedoch zu dem Schluß, daß das Geschöpf trotz seiner kleinen Statur erwachsen war: Wie oben bereits ausgeführt, konnte er in dem fossilen Ballenabdruck zwei Tastleisten pro Millimeter feststellen. Menschliche Erwachsene haben in diesem Teil des Fußes 2 bis 3 Tastleisten pro Millimeter Haut, menschliche Kinder hingegen etwa vier. Freudenberg glaubte deshalb, daß es sich um einen Erwachsenen gehandelt hat, obwohl der Krümmungsradius des Fußballens nur auf eine Größe von etwa 1 Meter hindeutete.

Andere von Freudenberg durchgeführte Messungen lassen allerdings vermuten, daß die erwachsenen Hominiden doch größer waren. Einer der gefundenen Zehenabdrucke aus dem Scaldisien war etwa genauso groß wie der eines vierjährigen menschlichen Kindes, was auf eine Größe von 1 Meter schließen läßt. Bei diesem Abdruck zählte Freudenberg (1919, S. 14) 3 bis 3,5 Tastleisten pro Millimeter. Die Zehenabdrücke menschlicher Kinder zeigen die gleiche Anzahl von Tastleisten an dieser Stelle (Freudenberg 1919, S. 14). Das Geschöpf, von dem der Fußabdruck stammt, war also wahrscheinlich doch ein Kind und kein Erwachsener. Als Erwachsener wäre es größer als 1 Meter gewesen.

Freudenbergs Berichte wirken auf einen heutigen Leser notgedrungen etwas idiosynkratisch. Das ändert aber nichts an der Tatsache, daß er zu der Reihe ernstgenommener Wissenschaftler zählt, die noch in der ersten Hälfte dieses Jahrhunderts in wissenschaftlichen Publikationen über Funde berichteten, die heute keinen Augenblick lang einer seriösen Betrachtung für wert befunden würden.

Technisch verbesserte Paläolithen und Neolithen

Verglichen mit den primitiven Paläolithen des letzten Kapitels sollte bei den Steingeräten dieser Klasse ein klarer technischer Fortschritt zu erkennen sein. Mehr braucht es nicht, um in diese Kategorie aufgenommen zu werden.

Die Entdeckungen Florentino Ameghinos in Argentinien

Ende des 19. und zu Beginn des 20. Jahrhunderts machte sich Florentino Ameghino mit der gründlichen Erforschung und Beschreibung der Stratigraphie und fossilen Fauna der Küstenprovinzen Argentiniens international einen Namen als Paläontologe. Seine kontroversen Entdeckungen konnten seine weltweite Berühmtheit nur noch steigern.

Zu den wichtigsten Entdeckungen Ameghinos gehörten Funde in einer - wie er selbst glaubte - Miozänschicht am Monte Hermoso an der argentinischen Küste, etwa 60 Kilometer nordöstlich von Bahia Blanca. Wie es zu diesen Funden kam, berichtete er selbst (1908, S.105):

"Während eines Forschungsaufenthaltes, der von Ende Februar bis Anfang März 1887 dauerte, hatten wir das große Glück, auf fossile Überreste zu stoßen, die die Existenz eines intelligenten Lebewesens bewiesen, das ein Zeitgenosse [...] der ausgestorbenen Fauna an diesem Ort war. Die Überbleibsel bestanden aus Bruchstücken von *Tierra cocida* (gebrannte Erde), *Escoría* (glasartig geschmolzene Erde), gespaltenen und verbrannten Knochen sowie bearbeiteten Steinen. Diese Entdeckungen kam für mich so überraschend und erschienen mir so wichtig, daß ich meine Eindrücke sofort niederschrieb und sie an die Zeitschrift *La Nación* schickte, in der sie am 10. März 1887 zu lesen waren."

An anderer Stelle kommentierte Ameghino (1911, S. 74) die Entdeckungen vom Monte Hermoso folgendermaßen: "Ich war damit beschäftigt, den Teil eines Skeletts von *Macrauchenia antiqua* [das ist ein kamelähnliches Pliozän-Säugetier] freizulegen, als mich zwischen den Knochen ein gelb-rotes Steinfragment in Erstaunen versetzte. Ich hob es auf und erkannte es sofort als unregelmäßig geformtes Stück Quarzit, mit negativen und positiven Schlagzwiebeln, Schlagplattform und Schlagnarbe. Diese typischen Merkmale waren ein unwiderlegbarer Hinweis darauf, daß ich ein von intelligenten Lebewesen bearbeitetes Steinobjekt aus der Miozänzeit gefunden hatte. Als ich mit der Arbeit fortfuhr, fand ich schnell ähnliche Gegenstände. Zweifel waren nicht möglich, und noch am gleichen Tag, dem 4. März 1887, berichtete ich *La Nación* von der offensichtlichen Entdeckung bearbeiteter Steinobjekte in den Miozänformationen Argentiniens [...] Später sandte das Museum von La Plata auf mein Drängen den Präparator Santiago Pozzi zum Erwerb von Fossilien an den Fundort, und er fand den meinen ähnliche Objekte."

Zusammenfassend meinte Ameghino (1911, S. 52f.): "Die Anwesenheit des Menschen oder, vielleicht besser, seines Vorgängers an diesem uralten Platz wird durch das Vorkommen rudimentär bearbeiteter Feuersteine bestätigt, wie es die in Portugal gefundenen sind, aber auch durch Knochenschnitzereien, verbrannte Knochen und gebrannte Erde aus alten Feuerstellen, in denen stark sandhaltige Erde so heftig mit Feuer in Berührung kam, daß sie teilweise verglaste."

Über die Feuerstellen schrieb er (1911, S. 52): "Es gibt hier keinerlei Spuren von Vulkantätigkeit und weder Braunkohlelager noch irgendwelche Spuren einer Vegetation, die die in den Intervallen zwischen den aufeinanderfolgenden Ablagerungen zufällig entstandenen Feuer hätte nähren können. Und wie es der seltenste aller Zufälle will, finden sich auch noch verbrannte Knochen an diesen Feuerstellen. Das Feuer erreichte eine solche Hitze, daß sich in den Stücken gebrannter Erde durch die Ausdehnung der Luft oder bestimmter Gase, die beim Verbrennen irdener Substanzen entstanden, sphärische Hohlräume bildeten."

Nach zwei Jahren Forschung kam Ameghino zu dem Ergebnis, daß es sich bei dem intelligenten Lebewesen, das die Monte-Hermoso-Artefakte herstellte, nicht um Menschen des modernen Typs und ihre unmittelbaren Vorgänger handelte. Unter den fossilen Knochen war der Atlas (der erste Halswirbel, der an die Schädelbasis anschließt) eines Hominiden, an dem Ameghino primitive Züge entdecken wollte, den A. Hrdlicka jedoch für vollkommen menschlich erklärte.

Moderne Fachleute plazieren das Montehermosien nicht ins Miozän, wie Ameghino gemeint hatte, sondern ins Frühe Pliozän. Nach E. Anderson (1984, S. 41) kann die argentinische Küstenregion stratigraphisch wie folgt datiert werden: die Ensenada-Phase von 400 000 Jahren bis zu 1 Million Jahre; das Uquien zwischen 1 und 2 Millionen Jahre; die Chapadmalal-Phase zwischen 2 und 3 Millionen Jahren; und das Montehermosien zwischen 3 und 5 Millionen Jahren. Für die letztgenannte Periode gibt es eine Kalium-Argon-Datierung auf 3,79 Millionen Jahre (Savage und Russell 1983, S. 347).

Das Alter des Montehermosien wird auch durch die gefundenen Säugetierfossilien bestätigt. Nach Ameghino (1912, S. 64) ist die Fauna vom Monte Hermoso durch "ein völliges Fehlen nordamerikanischer Arten" gekennzeichnet. Sie muß demnach älter sein als die Landbrücke von Panama, die sich vor 3 Millionen Jahren bildete.

Ameghinos Entdeckungen in den Tertiärschichten am Monte Hermoso und andernorts in Argentinien weckten das Interesse europäischer Gelehrter. Ein Interesse anderer Art verspürte Ales Hrdlicka, Anthropologe an der Smithsonian Institution. Dieser fand die Zustimmung, die aus Europa für Ameghino laut wurde, geradezu bestürzend. Hrdlicka wandte sich entschieden gegen die Vorstellung, daß es im Tertiär Menschen gegeben haben könnte, und verwies grundsätzlich alle Berichte über Entdeckungen, die das Auftreten des Menschen auf dem amerikanischen Kontinent um mehr als ein paar Jahrtausende zurückverlegten, in den Bereich der Sage. Hrdlicka verdankte seine enorme wissenschaftliche Reputation mehr oder weniger dem Umstand, daß er es geschafft hatte, alle einschlägigen nordamerikanischen Funde mit fragwürdigen Argumenten abzuschmettern. Jetzt wandte er sich mit Florentino Ameghino einem neuen Gegner und mit Südamerika einem neuen Interessengebiet zu.

1910 besuchte Hrdlicka Argentinien. Florentino Ameghino begleitete ihn persönlich zum Monte Hermoso. In seinem Buch *Early Man in South America* (1912) erwähnt Hrdlicka die Werkzeugfunde und alle sonstigen Hinweise auf menschliche Aktivitäten, die Ameghino dort zutage gefördert hatte, nur beiläufig, wohingegen er späteren und weniger überzeugenden Funden Ameghinos aus einer Schicht über dem pliozänen Montehermosien, die dem Puelche-Stadium angehört, Dutzende von Seiten widmet, um sie sogleich in Frage zu stellen. Nach heutiger Auffassung ist das Puelche-Stadium dem Uquien zuzurechnen. "Das Puelchien fällt demnach in die Periode des Uquien, die auf 1,5 bis 2,5 Millionen Jahre geschätzt wird" (Anderson 1984) oder 1 bis 2 Millionen Jahre alt ist (Marshall et al. 1982).

Offensichtlich war Hrdlicka der Überzeugung, daß seine umfassende Kritik an den Funden aus der Puelchien-Schicht ausreichten, um auch die in der viel älteren Montehermosien-Formation gemachten Entdeckungen zu diskreditieren - eine Taktik, die häufig angewandt wird, um ungewöhnliche Funde in Zweifel zu ziehen.

Aber scheinbar befürchtete Hrdlicka auch, daß er bei seinem Abstecher zum Monte Hermoso in einen gefährlichen Hinterhalt geraten war, weshalb er (Hrdlicka 1912, S. 105) sich bemühte, den von ihm selbst und von Ameghino dort - im "oberen Teil des Puelchien" - gefundenen Geräten ein geringeres Alter zuzuweisen. Folglich mußte seine Kritik bereits am Alter der Schicht ansetzen, aus der die Werkzeuge stammten. Hrdlicka versicherte sich dabei der Unterstützung des Geologen Bailey Willis, der ihn nach Argentinien begleitete.

Willis' Untersuchungen halten einer Überprüfung jedoch nur bedingt stand, da er sich der Beeinflussung von seiten Hrdlickas nicht entziehen konnte. So versäumte er es, die Altersbestimmung bestimmter Schichten anhand von Tierfossilien abzusichern. Willis nahm einfach an, daß die Steinwerkzeuge jüngeren Ursprungs waren, und daß die Schicht, in der sie gefunden wurden, damit gleichfalls jünger sein mußte. Es hat jedoch den Anschein, als gehörte der werkzeugtragende, graue kiesige Sand tatsächlich ins Puelchien, wie Ameghino glaubte, und als seien die darin gefundenen Steinwerkzeuge tatsächlich 2 bis 2,5 Millionen Jahre alt.

Wie auch immer, die Frage nach dem Alter der werkzeughaltigen Schicht unter dem Dünensand am Monte Hermoso bleibt einstweilen offen. Ameghinos Behauptung, sie gehöre der Puelche-Phase an, war nicht stichhaltig, genausowenig wie Hrdlickas und Willis' Versuch, sie in eine jüngere Vergangenheit zu datieren. Aber die letzteren erreichten doch, was sie wollten: Nach ihrem Bericht - dem Hrdlicka noch ein Gutachten von W. B. Holmes von der

Smithsonian Institution beifügte (Hrdlicka 1912, S. 125ff.), das sich gleichfalls gegen ein hohes Alter von Ameghinos und Hrdlickas Funden aussprach, Ameghinos detaillierte Analysen aber weitgehend ignorierte und sich mit dem musealen Augenschein begnügte - wurden die Akten über diesem Fall geschlossen, und Ameghino geriet samt seinen Entdeckungen in Vergessenheit. Die paläontologische Wahrheit liegt, so scheint es, wie die Schönheit im Auge des Betrachters.

Mittlerweile stehen uns jedoch andere Datierungsmethoden zur Verfügung. Die vulkanischen Aschen am Fundort erlaubten einen Kalium-Argon-Test. Auch könnte eine gründlichere Erhebung der fossilen Fauna wichtige Aufschlüsse geben. Hier hat die Forschung das letzte Wort noch nicht gesprochen!

Hinweise auf den bewußten Gebrauch von Feuer

Neben den Steinwerkzeugen sind es vor allem die Hinweise auf eine bewußte Nutzung des Feuers, die Ameghinos Entdeckungen so bedeutsam machen. Er hatte verschiedenenorts Spuren von Feuerstellen in Form von gebrannter Erde (*Tierra cocida*), Schlacke (*Escoría*), Holzkohle und verbrannten Tierknochen, vergesellschaftet mit Steingeräten, gefunden. Die Spuren von Schlacke und gebrannter Erde deutete Ameghino als Anzeichen von Grasfeuern, die von primitiven Jägern vorsätzlich gelegt worden waren.

Auch Hrdlicka und Willis sammelten fleißig. So fand beispielsweise Willis in Miramar Bruchstücke roter *Tierra cocida* und Brocken schwerer schwarzer Schlacke, 8 bis 10 Zentimeter dick, in "einer ungestörten Pampa-Schicht" (Hrdlicka 1912, S. 47).

Einige Wissenschaftler hielten die *Tierra cocida* von Miramar für vulkanischen Ursprungs. Aber die Untersuchungen des amerikanischen Geologen Whitman Cross schlossen diese Möglichkeit aus. Andere Autoren dachten an Grasbrände als Ursache. Cross verbrannte auf verschiedenen Erdproben das sehr häufig vorkommende Pampasgras (*Cortadera*), mit dem Ergebnis, daß dabei eine sehr dünne Schicht gehärteter Erde zurückblieb, aber keine *Tierra cocida* oder geschmolzene *Escoría*.

Als Willis die Gegend am Rio Colorado besuchte, fiel ihm ein anderes Gras auf, *Esparto* [eine Art Spartgras], das tiefer in der Erde wurzelt, und er beobachtete, wie es verbrannt wurde. An einer solchen Brandstelle konnte man bis zu 10 Zentimeter dicke Brocken ziegelfarbener Erde finden, die z. T. von Graswurzeln und verkohltem Gras durchsetzt waren, was auch bei einigen der von Ameghino beschriebenen Stücke der Fall war (Hrdlicka 1912, S. 46ff.).

Ameghino hielt einige der kompakten Schlackenstücke und gebrannten Erdbrocken für die Überreste von Feuerstellen. Willis hingegen hielt grundsätzlich nichts von der These einer menschlichen Einwirkung: "Um zu beweisen, daß Menschen ein Feuer am Brennen hielten, in dem eine bestimmte Menge *Tierra cocida* gebrannt wurde, wären unabhängige Beweise menschlicher Aktivitäten erforderlich" (Hrdlicka 1912, S. 364). Nun lieferte Ameghino genau diese zusätzlichen Beweise gleich mehrfach, nur war Willis vielleicht zu schnell bei der Hand, wenn es galt, solche Hinweise als unbrauchbar abzutun. Zudem war Willis Geologe und hatte keine besondere Erfahrung im Umgang mit Fossilien. Jeder objektive Wissenschaftler aber sollte wohl erst einen Blick auf diese Fossilien werfen, bevor er sich Willis anschließt.

Möglicherweise aber sind Schlacke und zusammengebackene gebrannte Erde entgegen Ameghinos Auffassung doch nicht das Resulat von Lagerfeuern. Hrdlicka stellte an Feuerstellen fest, daß sich die Erde zwar rot und schwarz verfärbte, daß sie aber nicht zusammenhielt. Dieser Umstand macht es unwahrscheinlich, daß die kompakte *Tierra cocida* das Produkt von Lagerfeuern ist (Hrdlicka 1912, S. 49f.). Proben der *Tierra cocida* wurden nach Washington geschickt, wo sie von Frederick Eugene Wright und Clarence N. Fenner vom Geophysikalischen Labor des Carnegie-Instituts untersucht wurden. Ihnen zufolge bestand die *Tierra cocida* aus Pampa-Löß, der auf 850 bis 1050 Grad erhitzt worden war - Temperaturen, die nach ihrer Einschätzung bei Grasbränden oder auch kleinen Waldbränden nicht erreicht werden (Hrdlicka 1912, S. 88).

Die aufgefundenen Schlackenstücke liefern also den Beweis für intensivere Feuer. Diese waren aber laut Bericht des Geophysikalischen Labors nicht vulkanischen Ursprungs (Hrdlicka 1912, S. 94), wiesen aber einige rätselhafte Züge auf. Zum einen handelte es sich um geschmolzenen Löß, aber es war nicht das gleiche Material wie der Löß, aus dem man die Schlacken geholt hatte. Für Wright und Fenner konnte das nur bedeuten, daß die Schlacken nicht am Fundort, sondern anderswo entstanden waren. Zum zweiten waren die glasigen Schlacken zwar eisenhaltig, aber diese Eisenverbindungen wiesen keine rötliche Färbung auf, was der Fall gewesen wäre, wenn sie der Einwirkung von Sauerstoff ausgesetzt gewesen wären. Dies deutete darauf hin, daß die Schlacken jedenfalls nicht durch offenes Feuer im Freien entstanden waren. Die Wissenschaftler vom Geophysikalischen Labor schlossen daraus auf eine unterirdische Entstehung der Schlacken durch ausgetretene flüssige Lava aus dem Erdinneren (Hrdlicka 1912, S. 93-97).

Aber eine solche Erklärung läßt viele Fragen offen. In den Fundschichten gab es, wie Wright und Fenner selbst festgestellt haben, keinerlei Hinweise auf Vulkanismus. Dennoch hielten sie an ihrem Erklärungsmodell fest, auch wenn es an den Haaren herbeigezogen schien: "Mag sein, daß der vulkanische Ausstoß explosionsartig erfolgte, wobei die Lava [...] zerschmettert und zu Staub reduziert wurde, der als Vulkanasche auf die Erde fiel und jetzt einen festen Bestandteil der Lößschicht bildet. Unter diesen Bedingungen wären die kühleren, zähflüssigen, geschmolzenen Lößteile intakt geblieben und als Schlacken ausgeworfen worden und hätten so auch Erosion und chemischer Auflösung besser widerstanden als die zerschmetterte vulkanische Lava" (Hrdlicka 1912, S. 96).

Primitive Brennöfen und Gießereien?

Es gibt aber für die Funde von gebrannter Erde und Schlacke eine Erklärungsmöglichkeit, die weit weniger spekulativ ist als die Lava-Hypothese von Wright und Fenner - daß sie nämlich Ergebnis eines Feuers sind, das ganz anderer Art ist als ein Lagerfeuer: des Feuers primitiver Brennöfen oder Gießereien.

Auf diese Idee brachte uns Arlington H. Mallerys Buch *Lost America*, in dem primitive Eisenschmelzöfen beschrieben sind, die man in Ohio und andernorts in Nordamerika entdeckt hatte. Mallery glaubte, daß ihre Erbauer aus Europa kamen. Da das in diesen Gießereien angewandte Schmelzverfahren in Europa bereits vor den Fahrten des Kolumbus obsolet geworden war, schloß Mallery, es müsse sich um vorkolumbianische europäische Einwanderer gehandelt haben. Das freilich widerspricht wieder einmal der gängigen historischen Lehrmeinung, und die ganze Hypothese beruht zugestandenermaßen auf reiner Spekulation, aber diese Spekulation ist durchaus wohlbegründet.

Mallery (1951, S. 100) erklärte: “Die ältesten Eisenschmelzöfen in der Alten wie in der Neuen Welt waren flache Gruben mit abgerundeten Böden und wurden auf Anhöhen und Hügeln angelegt. Um die zu erwartenden Aufwinde aus dem Tal für die Verbrennung zu nutzen, wurden sie möglichst nahe zur Hügelflanke hin gebaut, wo sie den Winden direkt ausgesetzt waren.” In Argentinien sind dies die vom Atlantik aufs Land gerichteten Südostwinde; demnach scheinen die Küstenhänge für Schmelzöfen mit natürlichem Windgebläse wie geschaffen zu sein.

Zum Schmelzverfahren selbst schrieb Mallery (1951, S.197): “Zum Schmelzen von Eisen [...] verwendete man in der Regel Raseneisenerz aus den Sümpfen.” Was aber ist Raseneisenerz? Mallery (1951, S. 199) erklärt es: “Raseneisenerz ist ein gelblichbraunes, lehmähnliches Material, das hauptsächlich aus verschiedenen Lehmen und Eisenhydroxiden besteht. Vielleicht waren es sogar Töpfer, die statt Lehm Raseneisenerz für ihre Keramik verwendet hatten, die das Eisengewinnungsverfahren entdeckten.”

Wie sich herausstellt, gibt es bei Miramar und an anderen küstennahen Stellen eine Erde, die stark eisenerzhaltig ist. Wright und Fenner analysierten Proben aus Miramar und beschrieben sie als “braune eisenhaltige Erde” mit “ausgeprägter Häufung limonitischen Materials” (Hrdlicka 1912, S. 70). Der Limonit ist ein durch Verwitterung entstandenes Eisenerz, das auch als Brauneisenstein oder Raseneisenerz bezeichnet wird. Wright und Fenner stellten fest: “Braune eisenhaltige Erden wurden von einigen Wissenschaftlern auch für *Tierra cocida* gehalten. Die sorgfältige mikroskopische Untersuchung hat gezeigt, daß es sich bei diesen Proben um einfachen Löß handelte, in dem eisenhaltige Einsprengsel überwogen” (Hrdlicka 1912, S. 89). Möglicherweise haben diese eisenhaltigen Erden als Rohmaterial für die Eisenschmelze gedient.

Entscheidende Hinweise gibt der Anteil des Eisens in der zurückgebliebenen Schlacke. Mallery (1951, S. 200) bemerkte dazu: “Der Eisenanteil der Schlacke [...] in den Fundhügeln Englands, Belgiens, Skandinaviens, Virginias und des Ohio-Tals ist sehr hoch und liegt zwischen 10 und 60 Prozent. Schlacke aus modernen Gebläsehochöfen, wie sie seit dem 14. Jahrhundert allgemein üblich sind, enthält selten mehr als ein Prozent Eisen.”

Die chemische Analyse einer Schlacke, die nördlich von Necochea gefunden wurde, ergab einen Anteil von 9,79 Prozent Eisenverbindungen (Hrdlicka 1912, S. 81). Ein anderes Stück von San Blas nördlich des Rio Negro wies 9,71 Prozent Eisenverbindungen auf (Hrdlicka 1912, S. 86), und einige weitere Exemplare kamen auf mindestens 5 Prozent.

In Schweden sind primitive Schmelzöfen entdeckt worden, die u.a. auch Schlacke enthielten, vermischt mit hartgebranntem rotem Lehm (Mallery 1951, S. 204), vergleichbar "zusammengebackenen *Tierra- cocida-* und Schlacke"-Stücken, die Willis und Hrdlicka bei Miramar eingesammelt hatten (Hrdlicka 1912, S. 73). Bei einem anderen schwedischen Schmelzofen bestand der Boden aus einer "zehn Zentimeter dicken Schicht harten und teilweise gebrannten Lehms" (Mallery 1951, S. 201). Willis beschrieb eine ähnliche Partie gehärteter roter Erde, gefunden in den Chapadmalal-Schichten einer meeresnahen *Barranca* [Steilklippe] bei Miramar. Das Chapadmalalien, von Ameghino ins Späte Miozän datiert, gilt heutigen Autoritäten als spätpliozän, also 2 bis 3 Millionen Jahre alt.

Willis erklärte: "Der obere Teil bestand aus rotem Lehm, der sich zu einer dunkelbraunen und dann schwarzen Masse verfärbte, die in braunen Löß überging. [...] Die Hauptmasse des roten Lehms ist 60 Zentimeter lang und 10 Zentimeter dick" (Hrdlicka 1912, S. 46). Er schrieb diese besondere Partie einem chemischen Dehydrierungsprozeß zu, räumte aber ein, daß "die Verfärbung auch durch ein an der jetzt roten Oberfläche brennendes Feuer hervorgerufen sein mochte" (ebd.).

Es hätte dazu jedoch eines außerordentlich heißen Feuers bedurft. Wright und Fenner meinten: "Viele der *Tierra-cocida-*Brocken sind so groß und kompakt, daß man sich zur Erklärung ihres Entstehens gezwungen sieht, ein lang brennendes, eng begrenztes Feuer von relativ hoher Temperatur anzunehmen, wie es zwar in Kontaktnähe zu vulkanischen Eruptivmassen gegeben wäre, nicht aber unter einem offenen Gras- oder Holzfeuer" (Hrdlicka 1912, S. 89). Aber, wie gesagt: an den in Betracht kommenden Orten weist nichts auf vulkanische Feuer hin, während andererseits "ein lang brennendes, eng begrenztes Feuer von relativ hoher Temperatur" für Brenn- und Schmelzöfen typisch ist.

Mit der Schmelzofen-Hypothese läßt sich auch die dunkelgraue statt rote Färbung mancher Schlacken erklären. Wright und Fenner beobachteten bei Hitzeexperimenten, daß sich kleine Proben von Löß beim Brennen rot färbten, da alle Lößpartikel oxidierten. Wenn allerdings größere Mengen gebrannt wurden, erreichte der Sauerstoff nicht das Innere, das grau blieb (Hrdlicka 1912, S. 88). Das gilt auch für das Innere großer Mengen von Eisenerz, wie wir bei Mallery sehen können. Überdies arbeiteten primitive Schmelzöfen weniger nach dem Oxidations- als nach dem Reduktionsprinzip, was die Grau- anstelle der Rottöne ebenfalls erklärt.

Carlos Ameghino findet Werkzeuge bei Miramar (Pliozän)

Nach Hrdlickas Attacke auf Florentino Ameghinos Entdeckungen setzte dessen Bruder Carlos an der argentinischen Küste südlich von Buenos Aires mehrere neue Grabungskampagnen in Gang. Zwischen 1912 und 1914 entdeckte Carlos Ameghino mit seinen Kollegen mehrere Steinwerkzeuge (Bola-Steine, ein Feuersteinmesser) in den pliozänen Formationen der Steilküste von Miramar.

Um eine korrekte Datierung der Geräte zu gewährleisten, lud Carlos Ameghino vier Wissenschaftler ein, ihre Meinung abzugeben: Santiago Roth, Leiter der paläontologischen Abteilung des Museums von La Plata und Direktor des Amtes für Geologie und Bergbau der Provinz Buenos Aires; Lutz Witte, Geologe am Amt für Geologie und Bergbau der Provinz Buenos Aires; Walther Schiller, Leiter der mineralogischen Abteilung des Museums von La Plata und Berater des Nationalen Amtes für Geologie und Bergbau, sowie Moises Kantor, Leiter der geologischen Abteilung des Museums von La Plata.

Der Bericht der Kommission fiel eindeutig aus: "Diese Kommission [...] gab nach Besichtigung des Fundortes ihrer einhelligen Meinung Ausdruck, daß ihr Schichtveränderungen, die nach der Ablagerung eingetreten wären, sicherlich aufgefallen wären, daß die Mitglieder aber keine solchen Veränderungen feststellen konnten. In der lithologischen Zusammensetzung der Sedimente und in ihrer Struktur unterschied sich die Schicht, die die Artefakte enthielt, nicht prinzipiell vom Löß dieses Horizonts. Alle Anwesenden erklärten, daß die Steinartefakte [...] in intaktem, ungestörtem Terrain und in Primärposition gefunden wurden. [...] Der persönliche Augenschein an Ort und Stelle hat uns keinen Grund zur Annahme geliefert, die Artefakte könnten, auf welche Weise auch immer, erst nach der Entstehung der Schicht darin vergraben worden sein. Sie wurden in situ gefunden und sollten daher als Objekte menschlicher Arbeit angesehen werden, zeitgleich mit dem geologischen Niveau, auf dem sie abgelagert wurden" (Roth et al. 1915, S. 422). Des weiteren stellten die Kommissionsmitglieder fest, daß "die Produkte menschlicher Tätigkeit, denen man hier begegnete, in Lößablagerungen zu finden sind, die charakteristisch sind für den Eopampeanischen Horizont, der die Basis der *Barranca* bildet; und daß die stratigraphischen Verhältnisse uns mit wissenschaftlicher Gewißheit die Feststellung erlauben, daß es hier kein Nebeneinander von neueren und älteren Schichten gibt" (Roth *e*t al. 1915, S. 42f.)

Die Eopampeanischen Schichten, in denen die Geräte gefunden wurden, korrespondieren mit dem Chapadmalalien (auch Chapadmalien oder Chapalmalien), dem von modernen Fachleuten ein spätpliozänes Alter von 2,5 bis 3 Millionen Jahren (Anderson 1984, S. 41) oder 2 bis 3 Millionen Jahren (Marshall et al. 1982, S. 1352) zugeschrieben wird. In ihrer Weltübersicht über die pliozäne Säugetierfauna listen Savage und Russell (1983) Miramar als einen Chapadmalalien-Fundort auf.

Abschließend erklärte die Kommission: "Unter Berücksichtigung aller Fundumstände und in Anbetracht des Zustands der gefundenen Objekte und ihrer stratigraphische Position vertritt die Kommission die Ansicht, daß es sich um Objekte handelt, die von Menschen hergestellt wurden; diese Menschen lebten in einer Zeit, die mit der geologischen Chapadmalal-Phase zusammenfällt" (Roth et al. 1915, S.423).

Eine Steinspitze im Oberschenkelknochen eines Toxodons

Carlos Ameghino setzte seine Forschungen auch nach der Rückkehr der Kommission nach Buenos Aires fort. Dabei entdeckte er zahlreiche Fossilien von Tieren, die typisch für das Chapadmalalien sind, so *Pachyrucos,* ein hasenähnliches, und *Dicoelophoros*, ein rattenähnliches Nagetier. Diese Tiere fehlten in den darüberliegenden (mesopampeanischen) Schichten (C. Ameghino 1915, S. 438).

Vom Ende der spätpliozänen Chapadmalalien-Schichten stammte der Oberschenkelknochen eines *Toxodons*, eines ausgestorbenen

*Dieser Oberschenkelknochen (*Femur*) eines Toxodons, in den eine steinerne Projektilspitze eingebettet ist, wurde in einer Pliozänschicht bei Miramar in Argentinien entdeckt (C. Ameghino 1915, Abb. 2).*

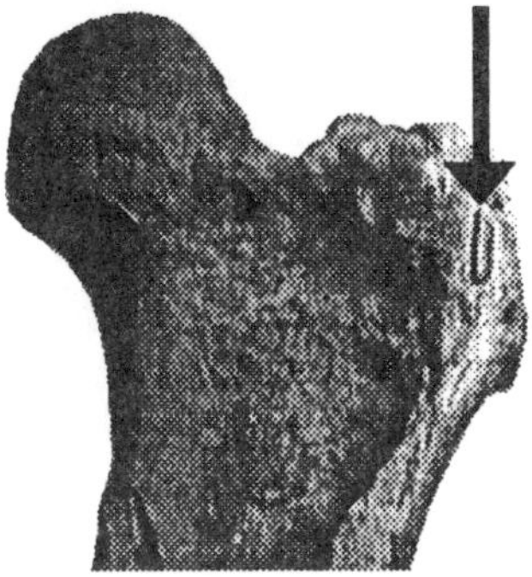

südamerikanischen Huftiers, das einem behaarten, kurzbeinigen, hornlosen Rhinozeros glich. In den Oberschenkelknochen des *Toxodons* eingebettet fand Ameghino eine steinerne Pfeil- oder Lanzenspitze (Abb. oben), und damit den Beweis, daß vor 2 bis 3 Millionen Jahren kulturell fortgeschrittene Menschen in Argentinien lebten.

Bemerkenswerterweise wurde der *Toxodon*-Knochen nicht isoliert gefunden, sondern, wie Carlos Ameghino (1915, S. 438f.) feststellte, zusammen mit den "fast vollständigen Knochen eines *Toxodon*-Hinterbeins, an dem die Gelenkverbindungen noch intakt und die einzelnen Knochen in ihren jeweiligen Positionen geblieben waren. Dies ist ein ganz klarer Beweis dafür, daß der Oberschenkelknochen des *Toxodons* während der Entstehung der Schicht begraben und seither nicht mehr bewegt wurde. [...] In derselben *Barranca* sind bei Gelegenheit perfekt angelenkte Skelette von Tieren zum Vorschein gekommen, die aus der gleichen Periode wie das *Toxodon* stammen. Zu den bekanntesten gehört das Skelett eines *Pachyrucos*, das von dem Naturforscher M. Doello-Jurado entdeckt und geborgen wurde."

Aus Ameghinos Beschreibung geht klar hervor, daß der Oberschenkelknochen mit der Pfeilspitze darin Teil des Hinterbeins mit den intakten Gelenken war.

Im Dezember 1914 besuchte Carlos Ameghino in Begleitung von Carlos Bruch, Luis Maria Torres und Santiago Roth Miramar, um die genaue Fundstelle des *Toxodon*-Knochens zu markieren und zu fotografieren. Ameghino (1915, S. 43) stellte fest: "Wie die früheren Besuche war auch dieser letzte voller Überraschungen. [...] Als wir am Ort der letzten Entdeckungen ankamen und die

Ausgrabungen wieder aufnahmen, förderten wir immer mehr planvoll bearbeitete Steine zutage, so daß wir davon überzeugt waren, eine richtige Werkstätte aus jener fernen Epoche vor uns zu haben."

Die vielen Geräte, darunter Amboß- und Hammersteine, ähnelten in Form und lithischer Zusammensetzung Exemplaren der von Florentino Ameghino in der gleichen Region entdeckten Industrie von *Piedras hendidas* oder "zerbrochenen Steinen". Ameghino und Roth setzten ihre Nachforschungen weiter südlich bei Mar del Sur fort und fanden Steinwerkzeuge aus dem Ensenadien. Die Datierung ins Ensenadien war bereits früher erfolgt, als man in der gleichen Formation Teile eines Skeletts gefunden hatte, das von einem *Tyrotherium cristatum* stammte, einem nagetierähnlichen Säuger von der Größe eines kleinen Bären.

Alles in allem zeigen die Entdeckungen aus den Schichten von Miramar, Mar del Sur und anderen Fundorten an der argentinischen Küste - und darin liegt ihre eigentliche Bedeutung - eine kontinuierliche Besiedlung der Region durch den Menschen vom Pliozän bis in die historische Zeit ohne wesentliche Veränderungen in der Lebensweise der Bewohner.

Carlos Ameghino schien die Einwände zu ahnen, die gegen seine Entdeckungen vorgebracht werden würden, u. a. daß die Knochen gewiß aus jüngeren Schichten ihren Weg ins Chapadmalalien gefunden hätten. In seinem Bericht schrieb er: "Die Knochen sind von schmutzig-weißer Färbung, wie sie für dieses Stratum charakteristisch ist, und nicht schwärzlich, wie zu erwarten gewesen wäre, falls sie mit den Magnesiumoxiden des Ensenadien in Berührung gekommen wären" (C. Ameghino 1915, S. 442). Auch seien einige Hohlteile von Knochen mit Chapadmalal-Löß ausgefüllt gewesen. Wären die Knochen aus einer anderen Schicht gekommen, hätte man anderes Füllmaterial erwarten dürfen.

Aber selbst wenn sie ursprünglich aus einer Ensenadien-Formation stammten, wären sie immer noch außergewöhnlich alt. Das Ensenadien wird auf 400 000 bis 1 Million Jahre (Marshall 1982, S. 1352) oder bis 1,5 Millionen Jahre (Anderson 1984, S. 41) geschätzt.

Wer das hohe Alter der Funde bestreiten will, wird natürlich darauf hinweisen, daß das *Toxodon* in Südamerika erst vor wenigen tausend Jahren ausgestorben ist, was zu Ameghinos Zeit noch nicht bekannt war. Aber daß das *Toxodon* bis ins Holozän überlebte, ändert nichts an der Tatsache, daß seine pliozäne Existenz durch Knochenfunde in älteren Schichten ebenso hinlänglich bewiesen ist. Und entgegen den pauschalen Vorwürfen seiner Kritiker war sich Carlos Ameghino sehr wohl bewußt, daß in den aufeinanderfolgenden Fundschichten mit Artenvarietäten gerechnet werden mußte. So klassifizierte er beispielsweise das *Toxodon* von Miramar als *Toxodon chapalmalensis*, also dem Chapadmalalien angehörig, und unterschied es von den großwüchsigeren *Toxodonten* (z. B. *Toxodon burmeisteri*) der jüngeren Pampa-Formationen.

Die in dem Oberschenkelknochen gefundene Steinspitze beschreibt er wie folgt (1915, S. 445): "Es ist ein durch einen einzigen Schlag gewonnener Quarzitsplitter, an den Längskanten (aber nur auf einer Seite) retuschiert und später an den beiden Enden durch den gleichen Retuschierungsvorgang zugespitzt, was ihm annähernd die Form eines Weidenblattes und Ähnlichkeit mit jenen Solutréen-Doppelspitzen verleiht, die unter der Bezeichnung *Feuille de saule* ("Weidenblatt") bekannt geworden sind. [...] All diese Details lassen uns erkennen, daß wir eine Spitze des paläolithischen Moustérien-Typs vor uns haben."

Am Ende seines Berichts über die Funde von Miramar ging Carlos Ameghino (1915, S. 447) auf Ales Hrdlicka ein: "Wir können über das kürzlich in diesem Zusammenhang von Ales Hrdlicka und seinen Mitarbeitern veröffentlichte Buch (*Early Man in South America*, Washington 1912) nicht stillschweigend hinweggehen. Dieses dem Anschein nach unparteiische und gewissenhafte Werk erweist sich ganz im Gegenteil und vor allem im Hinblick auf die Beweise für die Existenz früher Menschen in diesem Teil Amerikas als eine Arbeit, die die vorgefaßten Ansichten ihrer Autoren verrät. Die Autoren verbrachten selbst nicht jene Zeit im Grabungsgebiet, die notwendig gewesen wäre, um zu einem Urteil zu gelangen - was zu beobachten wir persönlich Gelegenheit hatten, begleiteten wir sie doch auf vielen ihrer Exkursionen. Ohne auch nur einen Teil der Wahrheit, die dieses Buch enthalten mag, zu ignorieren, sind wir davon überzeugt, daß Hrdlickas Schlußfolgerungen total übertrieben sind. Dafür liefert der Bericht der Geologenkommission den hauptsächlichen Beweis." Und abschließend erklärte er (1915, S. 449), daß "mindestens seit dem Chapadmalalien, das heißt dem Späten Miozän [Späten Pliozän, so die modernen Experten], in diesem Gebiet Menschen vom Typ *Homo sapiens* existiert haben, die, so überraschend dies auch scheinen mag, eine Kulturstufe erreicht hatten, die mit der der jüngsten prähistorischen Bewohner der Region vergleichbar ist".

Carlos Ameghinos Ansichten über das Alter des Menschen in Argentinien stießen natürlich auf scharfe Kritik. Antonio Romero widersprach in einem Aufsatz in den *Anales de la Sociedad Científica Argentina* (1918) nicht nur Carlos, sondern auch dessen berühmterem Bruder Florentino Ameghino. Dieser hatte sich - abgesehen von seiner paläanthropologischen Arbeit - als Paläontologe und Geologe einen internationalen Ruf erworben. Romero war daher sehr darum bemüht, seine Kritik an den Ameghinos in einen Rahmen zu stellen, der den patriotischen Gefühlen der Argentinier Rechnung trug.

Zu Beginn des 20. Jahrhunderts gab es eine tonangebende Gruppe von Wissenschaftlern, die alles daransetzte, vermeintliche Beweise für die Existenz tertiärer Menschen ein für allemal zu "begraben". Romero unterstützte dieses Vorhaben. Er machte deshalb in seinem Artikel (1918, S. 22) vor allem auf das Buch *Fossil Man* von Hugo Obermaier aufmerksam, einem bekannten europäischen Vorgeschichtler, der Florentino Ameghinos Rückschlüsse auf die Existenz miozäner und pliozäner Menschen in Argentinien zurückwies. Romero hielt Obermaiers Ansichten für korrekt. Sie galten ihm als repräsentativ für eine verantwortungsbewußte wissenschaftliche Meinung. Wenn Carlos Ameghino und seine Anhänger auf der Existenz tertiärer Menschen in Argentinien beharrten, so argumentierte Romero, machten sie die argentinische Nation lächerlich und brachten sie in Mißkredit. Was Florentino Ameghino anging, so sollte man ihn aufgrund seiner wertvollen und umfassenden geologischen und paläontologischen Forschungsarbeit auch weiterhin in hohen Ehren halten, seine unglückseligen paläanthropologischen Thesen aber lieber vergessen, um seiner großen wissenschaftlichen Reputation nicht zu schaden.

Auch Romero besuchte die Miramar-Region. Dort sah er in dem kleinen Museum von José Maria Dupuy, einem lokalen Sammler, die relativ jungen Steinwerkzeuge aus den *Paraderos* (Siedlungen) der Küstenindianer. Die Ähnlichkeit mit den Fundstücken aus der Chapadmalalien-Schicht von Miramar, die Carlos Ameghino dem Museum für Nationale Geschichte in Buenos Aires überlassen hatte, entging ihm nicht. Romero (1918, S.12) war "davon überzeugt, daß sie von den gleichen Urhebern angefertigt waren, die auch jene Stücke hergestellt hatten, die in eine allzu fantastische Epoche gehören sollen." Romero nahm also an, daß Carlos Ameghinos Entdekkungen das Werk von Indianern aus relativ jüngerer Zeit waren.

In der posthum erschienenen Ausgabe von Marcellin Boules *Fossil Men* (1957, überarbeitet von H. V. Vallois) erwähnt der Autor, daß Carlos Ameghino nach der Entdeckung des *Toxodon*-Oberschenkelknochens im Chapadmalalien von Miramar auch einen vollständig erhaltenen Teil der Wirbelsäule eines *Toxodons* gefunden habe, in der zwei steinerne Projektilspitzen steckten. Boule schrieb: "Diese Entdeckungen wurden angefochten. Glaubwürdige Geologen bekräftigten, daß die Gegenstände aus den oberen Schichten kamen, von der Stätte eines *Paradero*, einer alten indianischen Siedlung, und daß sie nur aufgrund [geologischer] Umwälzungen in der tertiären Schicht gefunden worden sind" (Boule und Vallois 1957, S. 492).

In einer Fußnote führt Boule hier als einzigen Beleg ausgerechnet Romeros Aufsatz von 1918 an! Unbeachtet blieb hingegen der Bericht der Geologenkommission, die zu einer Romeros Auffassung entgegengesetzten Schlußfolgerung gekommen war - vielleicht weil sie in Boules Augen nicht "glaubwürdig" war. Daß Romero ungeprüft Glauben geschenkt wurde, dessen geologische Ansichten bereits durch die Untersuchungen Bailey Willis' (Hrdlicka 1912, S. 22f.) falsifiziert worden waren - der nun wirklich nicht im Verdacht steht, die These, es habe in Argentinien tertiäre Menschen gegeben, unterstützen zu wollen -, hinterläßt beim heutigen Leser nicht geringe Verblüffung.

Boule fügte hinzu: "Die archäologischen Daten stützen diese Auffassung, da dieselbe tertiäre Schicht behauene und polierte Steine enthielt, *Bolas* und *Boladeras*, die mit den von den Indianern benutzten identisch waren" (Boule und Vallois 1957, S. 492).

Boules Stellungnahme zu den Miramar-Funden stellt wiederum einen klassischen Fall von Vorurteilen und vorgefaßten Meinungen dar, die sich als wissenschaftliche Objektivität maskieren. In Boules Buch werden alle Hinweise auf die Existenz von Menschen in den tertiären Schichten Argentiniens aus theoretischen Gründen als unerheblich abgetan und entscheidende Beobachtungen von seiten kompetenter Wissenschaftler einfach ignoriert. So erwähnt Boule mit keinem Wort die Entdeckung eines menschlichen Kiefers im

Chapadmalalien von Miramar. Hielt er den Fund für nicht authentisch? Wir wissen es nicht. Aber was bei näherem Augenschein für Romeros Artikel gilt - daß er seinen eigenen Ansprüchen nicht standhält und keineswegs als hinreichende Referenz herangezogen werden kann, um die Entdeckungen der Brüder Ameghino zu desavouieren -, gilt auch für einen weiteren wissenschaftlichen Gegner, den "ausgezeichneten Ethnographen", wie ihn Boule nannte, Boman.

Dieser übernimmt in einem Aufsatz zu dieser Frage die Rolle eines pflichtbewußten Schülers, der regelmäßig Boule als seine wissenschaftliche Autorität anführt und erwartungsgemäß auch ausgiebig aus Hrdlickas negativer Stellungsnahme zu Florentino Ameghinos Arbeit zitiert. Nichtsdestoweniger hat es Boman trotz seiner negativen Einstellung fertiggebracht, einige der bestmöglichen Nachweise für die Existenz von Menschen in der pliozänen Periode Argentiniens zu liefern.

Boman stattete den Ausgrabungen bei Miramar am 22. November 1920 seinen Besuch ab: "Parodi [ein Sammler, der für Carlos Ameghino arbeitete] hatte von einer Steinkugel berichtet, die durch die Brandung freigelegt worden war und noch in der *Barranca* festsaß. Carlos Ameghino lud mehrere Personen ein, ihrer Freilegung beizuwohnen. Ich ging also hin, zusammen mit Dr. Estanislao S. Zeballos, Ex-Außenminister; Dr. H. von Ihering, ehemaliger Museumsdirektor aus São Paulo in Brasilien, und Dr. Lehmann-Nitsche, dem bekannten Anthropologen." Boman konnte sich vor Ort über die Korrektheit der von Carlos Ameghino gegebenen geologischen Daten überzeugen (Boman 1921, S.342f.). Bomans Eingeständnis bestätigt uns in unserem Urteil, daß die gegenteilige Ansicht Romeros keine besondere Glaubwürdigkeit verdient.

Boman beschrieb zunächst den mühseligen Vorgang der Herauslösung der Steinkugel aus der Felswand. Zu ihrer Position erklärte er (1921, S.343f.) u.a.: "Die *Barranca* besteht in ihrem oberen Teil aus Ensenadien-, in ihrem unteren aus Chapadmalalien-Ablagerungen. Die Trennungslinie zwischen beiden Formationen ist zweifellos etwas unklar. [...] Sei dem wie ihm mag, mir scheint es, als könne kein Zweifel daran bestehen, daß der Bola-Stein in kompakten und homogenen Chapadmalalien-Schichten gefunden wurde." Bomans Aussage macht sowohl Romeros Ansichten als auch Boules daran anschließende Überlegungen hinfällig.

Boman (1921, S. 344) berichtete dann über eine weitere Entdeckung: "Später setzte Parodi unter meiner Anleitung seine Spitzhackenangriffe auf die *Barranca* an der gleichen Stelle fort, wo der Bola-Stein gefunden worden war, als plötzlich und unerwartet zehn Zentimeter unterhalb der ersten Kugel eine zweite ans Licht kam. [...] Sie sieht einem Mahlstein ähnlicher als einer Bola."

Dieses Gerät ruhte zehn Zentimeter tief in der Felswand. Boman (1921, S. 345) erklärte, daß es "auf künstliche Weise abgenutzt" worden sei. Zweihundert Meter von den beiden anderen entfernt und etwa einen halben Meter tiefer in der *Barranca* entdeckten Boman und Parodi später sogar noch eine dritte Kugel (Boman 1921, S. 344), von der Boman wiederum feststellte, daß "die Kugel zweifellos von Menschenhand gerundet wurde" (1921, S. 346). Somit sprachen die Fundumstände deutlich für eine pliozäne Datierung der Miramar-Bolas. Boman (1921, S. 347) stellte dazu folgendes fest: "Dr. Lehmann-Nitsche hat sich dahingehend geäußert, daß die von uns ausgegrabenen und seiner Meinung nach in situ gefundenen Steinkugeln gleichaltrig mit dem Chapadmalalien-Terrain wären und nicht aus einer späteren Zeit in die tieferen Schichten eingedrungen seien. Was letzteres betrifft, ist Dr. von Ihering weniger kategorisch. Ich für meinen Teil kann erklären, daß ich keinen Hinweis auf ein späteres Eindringen fand. Die Bolas waren in dem sehr harten Erdreich, das sie umgab, fest eingebettet, ohne ein Anzeichen für irgendwelche Umwälzungen."

Boman erörterte mehrmals die Möglichkeit eines Betrugs, den er nicht ausschloß, war aber andererseits so ehrlich festzustellen: "Was die Frage der Authentizität der Funde aus den Chapadmalalien-Schichten von Miramar angeht, so ergibt auch die abschließende Analyse keinen zweifelsfreien und schlüssigen Beweis für betrügerische Manipulationen. Im Gegenteil, viele Umstände sprechen eindeutig für ihre Authentizität" (Boman 1921, S. 348).

Trotz dieses erstaunlichen Eingeständnisses war er nicht überzeugt. Er suchte Unterstützung für sein Mißtrauen und fand sie: "In Nordamerika sind zahlreiche analoge Funde einmütig und mit Entschiedenheit verworfen worden: Sie waren von ungebildeten Arbeitern, Bergleuten oder Prospektoren gefälscht worden. Die moderne Wissenschaft verlangt eine zwingende Kontrolle der Fakten, die ihr für ihre Schlußfolgerungen als Grundlage dienen. Mit den Bestätigungen und Darstellungen gewöhnlicher Leute kann sie nichts anfangen, und Zeitungsgeschichten überzeugen niemanden" (Boman 1921, S. 348f.).

Bomans Mißtrauen gegenüber nichtwissenschaftlichen Methoden in allen Ehren, aber auch viele schulwissenschaftlich anerkannte Funde wurden zunächst von Einheimischen ohne wissenschaftliche Schulung gemacht, so z. B. die fossilen Überreste des Java-Menschen oder die berühmte Venus von Willendorf, die ein Straßenarbeiter für die Nachwelt rettete. Würde man Bomans extreme Skepsis verallgemeinern, wären bei fast allen jemals gemachten paläanthropologischen Entdeckungen Zweifel angebracht. Das sah auch Boman ein, als er einräumte, daß seine eigentlichen Gründe für die Nichtanerkennung der Miramar-Funde theoretischer Natur seien.

"Wenn jemand in der Lage wäre, die Authentizität der Entdekkungen im Chapadmalalien von Miramar und das tertiäre Alter dieser Straten augenscheinlich zu machen, würde dies nicht nur die Existenz tertiärer Menschen in Südamerika beweisen, sondern auch etwas sehr Seltsames - die Identität ihrer Artefakte mit denen der neuzeitlichen Indianer. Kann sich irgend jemand vorstellen, daß miozäne [nach heutiger Ansicht: pliozäne] Menschen polierte Bola-Steine mit ringsum laufenden Mittelrillen herstellten? Zur Beantwortung dieser Frage kann ich nur wiederholen, was ich am Ende meiner letzten Veröffentlichung über Miramar geschrieben habe und was auch Boule in seinem Buch über den fossilen Menschen zitiert hat: 'Die grundsätzliche Schwierigkeit, ein tertiäres Alter für Objekte zu akzeptieren, die wir schon gar nicht mehr zählen, liegt darin, daß ohne Ausnahme alle aus dem Chapadmalalien von Miramar stammenden Gegenstände entsprechenden Objekten zum Verwechseln ähnlich sind, die überall in den Pampas und in Patagonien in den obersten geologischen Schichten und an der Oberfläche zu finden sind. Ist es möglich, daß vom Miozän bis zur spanischen Eroberung Menschen in den Pampas lebten, ohne ihre Gebräuche zu ändern und ohne ihre primitive Steinindustrie in irgendeiner Weise zu perfektionieren?'"

Warum nicht? Wie schon mehrmals erwähnt, haben noch im 20. Jahrhundert Eingeborenenstämme primitive Steinwerkzeuge hergestellt, die nahezu identisch sind mit solchen, die aus einem 2 bis 3 Millionen Jahre alten geologischen Umfeld stammen.

Ironischerweise liefert Bomans Zeugnis selbst Skeptikern ein sehr gutes Argument für die Existenz werkzeugmachender Menschen in Argentinien vor 3 Millionen Jahren. Denn selbst wenn man argumentationshalber einräumt, daß der erste bei Bomans Ausflug nach Miramar entdeckte Bola-Stein in betrügerischer Absicht deponiert worden sein mag, wie erklären sich dann der zweite und der dritte Fund? Dort wurde ja nicht auf Anregung des von Boman mit soviel Mißtrauen bedachten Sammlers Parodi gegraben, sondern auf Bomans eigene spontane Initiative vor Ort. Bezeichnenderweise waren die Kugeln mit Erde bedeckt und der Sicht vollständig entzogen. Von Parodi kam kein Hinweis auf ihre Existenz.

So gesehen fallen Boules, Romeros und Bomans ablehnende Meinungen nicht allzusehr ins Gewicht, wenn es um die Entdeckungen im Gebiet von Miramar geht - im Gegenteil!

Paläolithische Funde aus Nordamerika mit relativ fortgeschrittener Technologie

Viele der Funde und Entdeckungen aus Nordamerika sind zwar nicht sehr alt, haben aber dennoch insofern Bedeutung, als sie ein ums andere Mal etwas über das immanente Funktionieren einer Wissenschaft wie der Archäologie oder Paläanthropologie verraten. An dieser Stelle wurde bereits geschildert, wie das wissenschaftliche Establishment Daten, die unbequemen Implikationen für das anerkannte Bild der menschlichen Evolution erwarten lassen, unterdrückt hat. Nun wird dieser Aspekt eine Steigerung erfahren in Form von persönlicher Unbill und Diskriminierung, die Wissenschaftler erfuhren, die das Pech hatten, ungewöhnliche Entdeckungen zu machen.

Die Ausgrabungen bei Sheguiandah wurden in den Jahren 1951 bis 1955 von Thomas E. Lee durchgeführt, Anthropologe am *National Museum of Canada*. Die oberen Schichten der Fundstelle enthielten in einer Tiefe von ca.7 Zentimetern (Level III) eine Reihe verschiedenartiger Projektilspitzen (Abb. nächste Seite). Nach Lee wurde durch die Ausgrabung eine werkzeugtragende Schicht unsortierter Sedimente freigelegt, offensichtlich eiszeitlicher Gletscherschutt. Gewöhnliche, vom Wasser abgelagerte Sedimente verteilen sich zumeist so, daß Sand- und Kieslagen unterscheidbar sind. Ablagerungen, die von zurückweichenden Gletschern stammen,

Projektilspitze von Level III, Fundstelle Sheguiandah (Manitoulin Island, Provinz Ontario, Kanada) (T. E. Lee 1983, S. 61).

Beidseitig abgeschlagenes Werkzeug aus der oberen Schicht eiszeitlichen Gletscherschutts (Level IV), Sheguiandah (T. E. Lee 1983, S. 64).

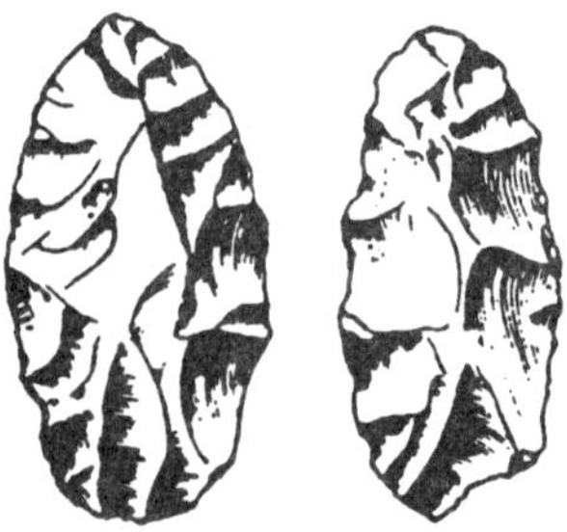

Beidseitig in Abschlagtechnik bearbeitete Quarzite aus der unteren Schicht eiszeitlichen Gletscherschutts (Level V), Sheguiandah (T. E. Lee 1983, S.66). Der Geologe John Sanford (1971) vertrat die Ansicht, daß diese Werkzeuge und das oben abgebildete Stück mindestens 65 000 Jahre alt seien.

sind im allgemeinen nicht so aussortiert. Da bei Sheguiandah Steinwerkzeuge in unsortiertem Gletscherschutt gefunden wurden, konnte das bedeuten, daß in diesem Gebiet vor oder noch während der letzten Vereisung Menschen gelebt haben. Weitere Untersuchungen zeigten, daß es eine zweite Schicht Gletscherschutt gab, und auch sie enthielt Artefakte.

Unter den in der oberen Gletscherschicht (Level IV) gefundenen Werkzeugen waren mehrere große, dünne, beidseitig bearbeitete Geräte (Abb. oben Mitte). T. E. Lee (1983, S. 64f.) schrieb zu diesen Beidseitern: "Bei vielen ist an einem Ende ein Teil einer großen Schlagzwiebel erhalten geblieben. [...] Sekundäre Abschläge sind auffällig. [...] Ein interessantes Merkmal mehrerer Beidseiter ist die an einem Ende produzierte merkwürdige 'Schulter'. [...] Manche der doppelschultrigen Werkzeuge weisen unverkennbare Spuren ihres Gebrauchs als Schaber auf; vermutlich waren sie mit einem Griff versehen." Zusätzlich stellte Lee (1983, S. 65) fest: "Auf Level IV sind ein paar Schneide- und Schabegeräte gefunden worden. Zwei Exemplare haben feinretuschierte Schnittkanten, das Ergebnis kleiner Absplitterungen auf beiden Seiten der Kante."

Im unteren Grabungsbereich (auf Level V) kamen kleine, dicke

Beidseiter und Abschläge von Menschenhand zum Vorschein (Abb. links unten). Zahlenmäßig war die Ausbeute auf Level V aber geringer als auf Level IV (T. E. Lee 1983, S. 66). Steingeräte wurden auch in den Schichten unter dem Gletscherschutt entdeckt. Direkt darunter stieß man auf Schmelzwasserablagerungen, die wiederum eine Lage von Flußsteinen bedeckten. Darin und gleich darunter wurden mehrere Schaber und ein Beidseiter mit Hohlkerbe gefunden. Unter dem Steinpflaster folgte schlickartiger geschichteter Lehm, der mit Rundsteinen durchsetzt war. Dieser barg neben mehreren Steinabschlägen, die offenbar von Menschenhand waren, auch ein zerbrochenes, beidseitig bearbeitetes Werkzeug (ebd., S.49).

Wie alt waren die Werkzeuge? In seinen ersten Berichten wollte sich Lee noch nicht festlegen. Aber es schien ihm, als wären einige der Sheguiandah-Artefakte älter, als nach der gängigen Lehrmeinung über die Besiedlung der Neuen Welt denkbar.

"Es ist nicht möglich, das maximale Alter mit Sicherheit zu bestimmen. [...] Von den vier interessiertesten Geologen - Dr. John Sanford von der Wayne University, Dr. Bruce Liberty und Dr. Jean Terasmae, beide vormals beim G.S.C. [*Geological Survey of Canada*], und Dr. Ernst Antevs aus Arizona - meinten bis auf Dr. Antevs alle, daß der Fundort bis in die Zwischeneiszeit zurückreichen könnte. Bei der Frage der Datierung, ob das nun vor 30 000 oder 100 000 Jahren war, gingen die Ansichten auseinander. Dr. Antevs sprach sich für ein Interstadial aus, in dem der Mensch [...] seiner Schätzung nach vor 30 000 Jahren erschienen sei. Auf seinen Vorschlag hin machte die Gruppe, die in engem Kontakt miteinander stand, ihre Entscheidung publik: 'Mindestalter 30 000 Jahre.'"

An diesem Punkt trübt sich die Geschichte. Lees Entdeckungen waren offenkundig kontroverser Art, deuteten sie doch auf ein weitaus früheres Auftreten des Menschen in Nordamerika hin, als bisher von den meisten Wissenschaftlern für möglich gehalten worden war. Sanford unterstützte Lee auch weiterhin mit geologischen Befunden und Argumenten. Aber beider Ansichten stießen bei den Kollegen auf wenig Gegenliebe. Statt dessen versuchte man Lee lächerlich zu machen und mit politischem Ränkespiel zu diskreditieren.

Der Leidensweg eines Unbequemen

Lees Geschichte wird man in den gängigen archäologischen Publikationen vergeblich suchen. Sie verdient es dennoch, aufmerksam gelesen zu werden, wirft sie doch ein Licht auf die Praktiken der wissenschaftlichen Welt bei der Ausgrenzung von Kollegen, die nicht bereit sind, ihre Erkenntnisse den Lehrmeinungen wissenschaftlicher Autoritäten zu unterwerfen. Der Leser möge selbst entscheiden, ob Lees Klagen berechtigt sind oder nicht.

Lee erinnert sich (1966a, S.18f.): "Mehrere prominente Geologen, die während der vierjährigen Grabungskampagne bei Sheguiandah zahlreiche Ausgrabungen beobachteten, äußerten privat die Meinung, daß die unteren Schichten von Sheguiandah zwischeneiszeitlich wären. Das Arbeitsklima war aber derart von Eifersucht, Feindseligkeit, Skepsis, Gegnerschaft, Obstruktion und Verfolgung geprägt, daß es nur des Rats eines berühmten Fachmannes, Dr. Ernst Antevs aus Arizona, bedurfte, und schon wurde im voraus ein jüngeres Datum ('mindestens 30 000 Jahre') publik gemacht. Denn die beteiligten Geologen wollten sich weder lächerlich machen noch auf ihre wissenschaftliche Anerkennung verzichten. Aber selbst dieses Minimaldatum war für die Anhänger des Mythos 'Flötenspitzen als Leitartefakt der ältesten Amerikaner' noch zu hoch gegriffen. Der Entdecker der Fundstelle [Lee] wurde von seinem Posten im Staatsdienst geschaßt und war danach längere Zeit arbeitslos; Publikationsversuche wurden vereitelt; mehrere prominente Autoren aus den Reihen der Gralshüter stellten das Fundmaterial falsch dar; und die Artefakte verschwanden tonnenweise in den Lagerkisten des *National Museum of Canada.* Weil er sich weigerte, den Entdecker zu feuern, wurde der Direktor des Nationalmuseums [Dr. Jacques Rousseau], der über die Fundstätte eine Monographie herausbringen wollte, selbst gefeuert und ins Exil getrieben; um ganze sechs Sheguiandah-Fundstücke, die noch nicht unzugänglich waren, in die Hand zu bekommen, wurden alle Hebel offizieller Macht in Bewegung gesetzt; und aus der Ausgrabungsstätte hat man ein Touristenzentrum gemacht. All dies ereignete sich innerhalb von vier Jahren, ohne daß sich auch nur ein einziger Fachwissenschaftler die Mühe gemacht hätte, sich den Sachverhalt näher anzuschauen, als es noch möglich war. Sheguiandah hätte zwangsläufig das peinliche Eingeständnis zur Folge gehabt, daß die

Schriftgelehrten eben doch nicht alles wußten. Und es hätte zwangsläufig bedeutet, daß nahezu jedes Buch auf diesem Gebiet hätte umgeschrieben werden müssen. Also mußte die Sache begraben werden. Und sie wurde begraben."

Lees Darstellung wurde von Dr. Carl B. Compton bestätigt, der in *The Interamerican* (Ausgabe Januar 1966, S. 8) feststellte: "Als Thomas E. Lee vor einigen Jahren im eiszeitlichen Gletscherschutt von Sheguiandah Artefakte fand, die von mehreren bekannten und angesehenen Geologen auf ein Alter von mehr als 30 000 Jahren geschätzt wurden, errichteten die Gralshüter wie üblich ihre 'Berliner Mauer', um diese Häresie zu unterdrücken" (T. E. Lee 1966b). Compton war offensichtlich der Meinung, daß Lee das Opfer eines Machtkampfes zwischen verfeindeten Fraktionen in der Wissenschaftsgemeinde geworden war.

Die wichtigsten Berichte über Sheguiandah erschienen in dem von Lee begründeten und herausgegebenen *Anthropological Journal of Canada*. Lee starb 1982.

Natürlich konnte das wissenschaftliche Establishment Sheguiandah nicht völlig ignorieren, aber wenn der Fundort erwähnt wird, dann wird er für gewöhnlich in seiner Bedeutung heruntergespielt, oder man findet, was sein ungewöhnlich hohes Alter betrifft, falsche Darstellungen.

Lees Sohn Robert berichtet: "Studenten wird Sheguiandah fälschlicherweise als Beispiel für einen nacheiszeitlichen Schlammfluß erklärt; von eiszeitlichem Gletscherschutt ist keine Rede. Auch seien die Grabungsberichte, so wird ihnen gesagt, schlecht geschrieben und deshalb nicht wert, gelesen zu werden – falls man überhaupt zugibt, daß es sie gibt" (R. E. Lee 1983, S. 11).

Die Originalberichte sind jedoch durchaus nicht so schlecht geschrieben, und sie liefern zwingende Argumente gegen die Schlammfluß-Hypothese. Für Thomas E. Lee (1983, S. 58) waren die Hinweise auf einen eiszeitlichen Ursprung der fraglichen Ablagerungen unmißverständlich: "Unter den Anzeichen, die auf Gletscherschutt hindeuten, sind Linsenbildungen aus feinem Kies und Sand in der unteren Hälfte der Ablagerungen. Solche Linsen sind typisch für Gletscherschutt."

Jede Art des Bodenkriechens (Solifluktion) hätte einen Hang mit ausreichender Neigung in unmittelbarer Nähe der Fundstelle zur Voraussetzung gehabt, aber auf einen solchen Hang wies nichts hin.

Die Fließwege aus entfernteren, höher gelegenen Gegenden waren durch querlaufende Quarzitgrate aus gewachsenem Fels blockiert. Überdies waren die fraglichen Ablagerungen nicht von der Art, wie sie durch Erdfluß entstehen. [...] Es sind verschiedene Erklärungsmöglichkeiten für die artefakthaltigen unsortierten Ablagerungen erwogen worden, so z. B. die Entwurzelung von Bäumen, abgerutschtes Wurzelwerk, die Verschiebung von Küstenlinien, Treibeis, Frost, Schlammfluß und Bodenkriechen. Obwohl diese Faktoren sich in geringem Maße ausgewirkt haben mögen, bieten sie für den wesentlichen Teil der Befunde keine Erklärung. Andererseits sprechen die Art der Ablagerungen und ihre besondere Positionierung, die facettierten und vielfach gekritzten [geriefelten] Steine, die Verteilung und der Zustand der eingeschlossenen Artefakte, das Vorkommen von Sandklumpen und gewisser horizontaler Linsen aus Sandkies, die geradezu typisch sind, für eiszeitlichen Gletscherschutt" (T. E. Lee 1983, S. 58 ff.).

Der eingangs zu diesem Kapitel erwähnte Geologe Sanford besuchte Sheguiandah mehrmals in den Jahren 1952-1957. Er stimmte mit Lee darin überein, daß es sich bei den unsortierten artefakthaltigen Schichten um Gletscherschutt handelte. Wir haben bislang keine Veröffentlichung entdecken können, die Sanfords Analyse des geologischen Kontextes der Sheguiandah-Funde umfassend widerlegt hätte.

Wenige Jahre nachdem James Griffin, ein Anthropologe von der Universität von Michigan, Sheguiandah triumphierend zum *nonsite*, d. h. nicht anerkannten Fundort erklärt hatte (Griffin 1979, S. 43ff.), mußte er für diesen zähneknirschend den Status einer zeitlich jüngeren Fundstätte einräumen (1983). Beim Lesen des Berichts, der dieses Zugeständnis enthält, gewinnt man den Eindruck, daß dort nur Werkzeuge gefunden worden seien, die auf oder nahe der Oberfläche lagen, und daß der Fundort Sheguiandah nur im Hinblick auf die Torfmoore datiert werden könne, die entstanden sind, nachdem die Insel Manitoulin vor etwa 9000 Jahren aus dem Algonquin-See auftauchte. Dagegen fehlt jeder Hinweis darauf, daß auch in Gletscherschutt und Schmelzwasserablagerungen Werkzeuge entdeckt wurden. Griffin (1983, S.2 47) erklärte hinsichtlich Sheguiandah und zweier benachbarter Orte: "Das Alter dieser Fundstätten läßt sich nach vernünftiger Schätzung auf 7000-6000 v.Chr. festlegen, eine Zeit, in der ein nahe gelegener Sumpf eine hohe Zahl von Pollen hinterließ. Diese Fundorte sind mit ziemlicher Gewißheit nicht älter als das unterste Niveau des Algonquin-Sees."

1974 vertrat P. L. Storck vom Royal Ontario Museum in Toronto einen ähnlichen Ansatz. Er ordnete Sheguiandah als *Shield Archaic* ein. Das Shield-Archaikum ist eine junge und im weitesten Sinne indianische Steingerätekultur, die über einen Großteil Zentralkanadas verbreitet war. Lee protestierte, indem er darauf verwies, daß es absurd sei, die Sheguiandah-Werkzeuge als Produkte einer geschlossenen historischen Epoche anzusehen. Dies hieße, die augenscheinliche Stratigraphie des Fundorts Sheguiandah zu ignorieren, wo an der Oberfläche und auf den darunterliegenden Niveaus - in Gletscherschutt, Schmelzwasserablagerungen und lakustrischen Sedimenten - jeweils ganz unterschiedliche Werkzeugtypen gefunden worden waren (T. E. Lee 1974).

Dem Shield-Archaikum gingen in Kanada paläoindianische Kulturen voraus. Man kann es demnach als eine post-paläoindianische Kultur bezeichnen. Nach Lee wird die paläoindianische Kultur in Sheguiandah durch das obere Projektilspitzen-Niveau repräsentiert, das über den eiszeitlichen Geröllschichten liegt. Das Shield-Archaikum kam später, vertreten vielleicht in den Oberflächenfunden. Auf jeden Fall waren sowohl Shield-Archaikum als auch paläoindianische Kulturen postglazial.

In jüngerer Zeit beginnt eine Minderheit unter den Archäologen Daten zu akzeptieren, die ein Auftreten des Menschen in Nordamerika vor mehr als 30 000 Jahren zwingend nachweisen. Bemerkenswerterweise erwähnen nur wenige dieser Archäologen Sheguiandah - ein Beweis für die fortdauernde Unterdrückung aller Berichte darüber? Eine Ausnahme bildet W. N. Irving von der Universität Toronto. Bereits 1971 machte er auf Fundstätten am Old Crow River und bei Edmonton aufmerksam, wo vorsätzlich zerbrochene Knochen aus der mittleren und frühen Wisconsin-Eiszeit zutage traten (Irving 1971, S. 69, 71). Der Fundort bei Edmonton gehört vielleicht ans Ende der Sangamon-Zwischeneiszeit.

Irving (1971, S. 71) meint dazu: "Ich glaube, unsere jüngsten Entdeckungen lassen eine neuerliche Untersuchung der Sheguiandah-Funde angebracht erscheinen, da die dortigen Forschungen nie abgeschlossen wurden. Noch hat niemand für Sheguiandah ein Alter von 30 000 Jahren oder mehr vorgeschlagen, und ich tue es auch nicht, aber ich würde sehr gerne wissen, wie alt es wirklich ist und was es dort zu finden gibt." Irving hat Sanfords Untersuchungen also entweder nicht gekannt oder es bewußt vermieden, etwas dazu zu sagen.

Die gewogenste Äußerung zu Sheguiandah, die wir entdecken konnten, stammt von José Luis Lorenzo vom *Nationalen Institut für Anthropologie und Geschichte* in Mexico City. Er schrieb (1978, S. 4) "Wie es aussieht, handelt es sich um einen komplexen Fundort mit mehreren Siedlungsebenen, was darauf zurückzuführen sein dürfte, daß auf der Insel ein Quarzit gefunden wird, der sich ausgezeichnet zur Bearbeitung eignet. Selbst auf dem untersten Level der Schichtenfolge wurden einzelne Artefaktserien mit Gletscherschutt vermengt gefunden. Alle Untersuchungen über die glaziale Ökologie des Gebietes deuten darauf hin, daß die nicht mit Gletscherschutt vermischten Überbleibsel älter als 12 500 Jahre sind, während die vermengt gefundenen Artefakte aufgrund der verfügbaren Daten 30 000 Jahre und älter sind (Prest 1969; Flint 1971; Dreimanis und Goldthwait 1973)."

Es hat also den Anschein, als verdiente Sheguiandah größere Aufmerksamkeit, als den Funden bisher zuteil wurde. Der Ausgräber Thomas E. Lee war deshalb sicherlich frustriert. Über den Augenblick, in dem ihm zum erstenmal klar wurde, daß in dem Gletscherschutt Steinwerkzeuge enthalten waren, schrieb er (T. E. Lee 1968, S. 22): "An diesem Punkt hätte ein weiserer Mann die Gräben wieder zugeschüttet und sich still und leise nächtens verdrückt. Bücher waren geschrieben, Vorträge gehalten, Ankündigungen gemacht worden und so mancher komfortable Lehnstuhl besetzt. [...] Und hatte nicht ein prominenter Anthropologe, der den Fundort besichtigte, tatsächlich ungläubig ausgerufen: 'Sie finden *da unten* doch nicht wirklich etwas?' Und ersuchte er mich nicht, nachdem er vom Vorarbeiter zu hören bekommen hatte: 'Verdammich, wir und nichts finden! Kommen Sie runter und überzeugen Sie sich selbst!', alles zu vergessen, was in den glazialen Ablagerungen zu finden war, und mich statt dessen auf die jüngeren, darüberliegenden Materialien zu konzentrieren? Heute, dreizehn Jahre nachdem es tatkräftigen, professionellen Bemühungen gelungen ist, die Ausgrabungen an diesem grandiosen Ort einzustellen, werden in der Literatur noch immer die gleichen Argumente und Entstellungen verbreitet. [...] Die heilige Kuh muß geschont werden, zum Teufel also mit den Fakten!"

Hueyatlaco, Mexiko (Mittleres Pleistozän)

In den sechziger Jahren kamen bei Hueyatlaco unweit von Valsequillo, etwa 120 Kilometer südöstlich von Mexico City, vorzüglich gearbeitete Steinwerkzeuge ans Licht, die es mit den besten Arbeiten des europäischen Cro-Magnon-Menschen aufnahmen. Die Ausgräber waren Juan Armento Carmacho und Cynthia Irwin-Williams. Etwas gröber gearbeitete Steinwerkzeuge wurde an einem nahe gelegenen Fundort namens El Horno zutage gefördert. Die stratigraphische Position der Werkzeuge scheint bei beiden Fundstätten, Hueyatlaco und El Horno, außer Frage zu stehen. Und doch sind diese Artefakte Mittelpunkt einer Kontroverse: Ein Geologenteam, das für den *U.S. Geological Survey* [Amt für geologische Aufnahmen] arbeitete, datierte sie auf 250 000 Jahre vor unserer Zeit. Dieses Team, das mit finanzieller Unterstützung der *National Science Foundation* tätig war, bestand aus Harold Malde und Virginia Steen-McIntyre, die beide zum *U.S. Geological Survey* gehörten, sowie dem mittlerweile verstorbenen Roald Fryxell von der *Washington State University.*

Nach Auskunft dieser Geologen ergaben vier verschiedene Datierungsmethoden für die bei Valsequillo gefundenen Artefakte ein außergewöhnlich hohes Alter (Steen-McIntyre et al. 1981). Folgende Datierungsmethoden kamen zur Anwendung:

(1) Uranzerfallsreihen-Datierung
(2) Datierung mit Hilfe radioaktiver Zerfallsspuren
(3) Datierung durch Tephra-Hydratation und
(4) Datierung anhand von Verwitterungsmerkmalen.

Kohlenstoff-14- und Kalium-Argon-Datierungen waren für Hueyatlaco und El Horno nicht brauchbar, und paläomagnetische Messungen ergaben keinerlei nützliche Informationen.

Es ist natürlich möglich, die Daten des amerikanischen Geologenteams anzufechten. Aber bei der Auseinandersetzung um Hueyatlaco scheint, wie wir dem Zeugnis von Virginia Steen-McIntyre entnehmen können, mehr als eine bloße wissenschaftliche Meinungsverschiedenheit über Datierungsmethoden im Spiel gewesen zu sein.

An beiden Fundorten, Hueyatlaco und El Horno, bediente man sich zur Altersbestimmung primär der Uranzerfallsreihen-Datierung. Die Tests wurden von Barney J. Szabo (Szabo et al. 1969) vom *U.S. Geological Survey* durchgeführt.

Die Uranzerfallsreihen-Datierung beruht auf dem Phänomen, daß von mehreren Uran-Isotopen ein jedes spontan in eine distinkte Reihe von Nebenprodukten zerfällt. Im Fall von Hueyatlaco und El Horno befaßte sich Szabo mit Uran 238 und Uran 235.

Uran 238 zerfällt zu Uran 234, mit einer Halbwertszeit von 4,51 Milliarden Jahren, und Uran 234 zerfällt zu Thorium 230, mit einer Halbwertszeit von 248 000 Jahren. Thorium 230 zerfällt seinerseits zu Radium 226, das eine Halbwertszeit von 75 000 Jahren hat.

Uran 235 zerfällt zu Protactinium 231 mit einer Halbwertszeit von 707 Millionen Jahren, und dieses wiederum zerfällt zu Actinium 227 mit einer Halbwertszeit von 32 500 Jahren (Considine 1976, S.1868).

Unter Halbwertszeit darf man sich folgendes vorstellen: Man hat, nehmen wir einmal an, zunächst ein Pfund Uran 234, mit einer Halbwertszeit von 248 000 Jahren. Nach dieser Zeit ist davon nur noch ein halbes Pfund übrig (sowie etwas Thorium und Radium). Nach weiteren 248 000 Jahren hätte man noch ein Viertelpfund Uran 234 zur Verfügung, mit einem deutlich größeren Thorium- und Radium-Anteil, und nach noch einmal 248 000 Jahren bliebe ein Achtelpfund Uran 234, mit erneut mehr Thorium und Radium, und so weiter.

Kleine Mengen der Uran-Isotopen, die am Anfang unserer Zerfallsreihen stehen (Uran 238 und 234), kommen ganz natürlich im Wasser vor, ihre Zerfallsprodukte Thorium und Protactinium jedoch nicht (Gowlett 1984, S. 86). Bestimmte Gesteinsarten (wie Travertine, Kalktuffe und Konkretionen) entstehen, wenn sich aus dem Wasser anorganische Karbonate niederschlagen. Während dieses Niederschlags werden kleine Mengen Uran im Gestein eingeschlossen, aber kein Thorium oder Protactinium. Daher stammt – unter idealen Bedingungen – alles Thorium und Protactinium, das in solchen Gesteinen gefunden wird, aus dem Zerfall von Uran-Isotopen. Auch Knochen, die lange in uranhaltigem Wasser gelegen haben, absorbieren in der Regel Uran, das dann zerfällt und Nebenprodukte hinterläßt.

Da, so die Wissenschaftler, die Halbwertzeiten von Uran, Thorium und Protactinium bekannt sind, könnten sie durch Messung der in einem bestimmten Fundstück enthaltenen Menge dieser Elemente das Alter des Fundstücks berechnen. Je mehr Zerfallsprodukte ein Fundstück aufweist, desto älter ist es. Das genaue Alter eines Fundstücks festzulegen, wird durch die Tatsache erschwert, daß das Uran und seine Nebenprodukte wandern, d. h. das Fundstück verlassen bzw. in dieses eindringen. Kommen solche Wanderungen vor, haben wir es mit einem offenen System zu tun, wenn nicht, mit einem geschlossenen.

Zur Datierung von Fundstücken aus Hueyatlaco und El Horno bediente man sich sowohl der Uran 234/Thorium- als auch der Uran 238/Protactinium-Zerfallsreihen. Die so gewonnenen Ergebnisse stimmten im wesentlichen überein.

Für Fundstück MB 3 (Beckenknochen eines Kamels) aus Einheit C von Hueyatlaco ergab sich auf diese Weise ein Alter von 245 000 Jahren. Einheit C ist die oberste Schicht in Hueyatlaco und enthielt technisch hochentwickelte Steingeräte. Darunter liegen Einheit E mit ähnlichen Werkzeugen und Einheit I mit Werkzeugen einfacherer Machart. Zwischen den Einheiten E und I liegt eine stratigraphische Diskontinuität, woraus man schließen kann, daß Einheit I beträchtlich älter ist als Einheit E. Mit anderen Worten, mit 245 000 Jahren ist das Minimalalter der Fundstätte angegeben; die tiefer liegenden Schichten können erheblich älter sein.

Die Uranzerfallsreihen-Datierung lieferte für Fundstück MB 8, einen Mastodonzahn aus El Horno, ein geschätztes Datum von mehr als 280 000 Jahren (unter Berücksichtigung offener und geschlossener Systeme). Der Fundort El Horno liegt auf einem niedrigeren Schichtenlevel als Hueyatlaco. Die hier gefundenen Werkzeuge ähneln denen von Einheit I, der untersten werkzeughaltigen Schicht von Hueyatlaco. Man fragt sich natürlich, welche Überbleibsel wohl in Schichten zu erwarten sind, die tiefer liegen und damit älter wären als El Horno.

Obwohl Szabo angab, seine Berechnungen sowohl anhand von offenen als auch von geschlossenen Systemen erstellt zu haben, wurden seine Daten von einigen Wissenschaftlern angezweifelt, weil, wie sie meinten, das Uran und seine Zerfallsprodukte vielleicht in stärkerem Maße als von Szabo angenommen gewandert seien. Cynthia Irwin-Williams, die die Werkzeuge entdeckt hatte, schlug daher ein Datum von 25 000 Jahren für die Fundstücke vor. Aber diese Hypothese scheint einer sorgfältigen Analyse der von Szabo gelieferten Daten nicht standzuhalten.

Es gibt zwei Voraussetzungen, unter denen Uranzerfallsreihen-Datierung zu falschen, weil zu hohen Altersangaben kommen können: Uran tritt aus, oder Zerfallsprodukte dringen ein. Wenn Uran ausgetreten ist, führt dies im Fundstück verglichen mit der Uranmenge zu einem größeren Anteil an Zerfallsprodukten (Thorium oder Protactinium) und deshalb auch zu einer höheren Altersschätzung als üblich. Sind Zerfallsprodukte (Thorium oder Protactinium) in das Fundstück eingedrungen, so beeinflussen sie das Ergebnis entsprechend, und die Datierung ergibt ebenfalls ein größeres Alter. Nur ist diese Möglichkeit sehr unwahrscheinlich, da sowohl Thorium als auch Protactinium in Wasser praktisch nicht löslich sind.

Des weiteren tritt Thorium 230, das beim Zerfall von Uran 234 entstandene Isotop, in der Natur immer in Begleitung des weit häufigeren Isotops Thorium 232 auf. Nehmen wir einmal an, die Fundstücke von Hueyatlaco wären in der Tat nicht sonderlich alt. Nehmen wir ferner gegen alle Wahrscheinlichkeit an, daß Thorium 230 und Thorium 232 in den Knochen eingedrungen sind und so zu einer falschen Datierung geführt haben. In diesem Fall müßte der Anteil von Thorium 230 geringer sein als der von Thorium 232, weil Thorium 232 eben häufiger ist als Thorium 230. Berichtet (Szabo et al. 1969, S. 243) wurde allerdings, daß in den fraglichen Objekten der Anteil von Thorium 230 gegenüber dem von Thorium 232 "ungewöhnlich hoch" war, was darauf hindeutet, daß so gut wie alles Thorium 230, das in den Fundstücken festgestellt wurde, durch den Zerfall von Uran 234 entstanden ist.

Damit können die Uran-Zerfallsprodukte Thorium und Protactinium aller Wahrscheinlichkeit nach nicht in die Fundstücke eingedrungen sein. Das bedeutet, daß für die Hypothese einer falschen, weil zu hoch angesetzten Datierung nur noch die Möglichkeit bleibt, daß Uran ausgetreten ist. Um dies zu überprüfen, haben die Autoren zwei von mehreren möglichen Modellen analysiert: Beim einen kommt es zum Austritt von Uran erst gegen Ende des Einschlusses (a), beim anderen wird von einem kontinuierlichen Verlust ausgegangen, solange das Untersuchungsobjekt in der Fundschicht eingeschlossen war (b).

Ziehen wir zunächst Modell a in Betracht. Unser Untersuchungsgegenstand war der Knochen MB 3 (siehe oben). Wir nahmen jetzt mit Cynthia Irwin-Williams ein Alter von 25 000 statt annähernd 245 000 Jahren an. Dann berechneten wir anhand des Mengenverhältnisses von Protactinium zu Uran 235 diejenige

Menge an Uran, die ausgetreten sein müßte, um auf ein Alter von 245 000 Jahren zu kommen.

Das Mengenverhältnis von Thorium zu Uran 234 hatte auch für MB 3 eine Datierung von 245 000 Jahren ergeben. Als wir nun die Uran-234-Zerfallsreihen-Gleichungen mit dem Austrittsfaktor von Uran 235 kalkulierten, erwarteten wir, daß das Verhältnis von Thorium zu Uran 234 ein Alter von 25 000 Jahren ergäbe. Wir gingen (indem wir uns an die Atomtheorie hielten) von der chemischen Identität von Uran 234 und 235 aus: Das heißt, daß beide Isotope in gleicher Menge und Geschwindigkeit austreten müßten. Aber das Mengenverhältnis von Thorium zu Uran 234 ergab - wir benutzten die Standardgleichungen für radioaktiven Zerfall als Berechnungsgrundlage - ein Alter von 52 451 Jahren statt der erwarteten 25 000. Damit ist die Uran-Austrittshypothese zumindest fragwürdig geworden.

Ein ähnliches Ergebnis erhielten wir, als wir die Reihenfolge der Berechnungen umkehrten und auf der Basis des Verhältnisses von Thorium zu Uran 234 und eines angenommenen Datums von 25 000 Jahren für das Fundstück zuerst den Uranaustrittsfaktor berechneten. Mit diesem Faktor erhielten wir für Fundstück MB 3 anhand des Verhältnisses von Protactinium zu Uran 235 ein Datum von 11 675 Jahren anstelle der erwarteten 25 000.

Wie man es auch betrachtet, keines unserer Ergebnisse läßt sich mit der Auffassung in Einklang bringen, das Fundstück sei erst vor 25 000 Jahren deponiert worden und das Austreten von Uran ein relativ spät eingetretenes Ereignis. Bei unseren Berechnungen nach Modell b, dem kontinuierlichen Austritt von Uran während einer langen Periode des Einschlusses, kamen wir zu ähnlichen Resultaten. Damit ist die Hypothese, daß Uran (entweder kontinuierlich oder gegen Ende des Einschlusses) aus den Fundstücken ausgetreten ist, mit den belegten Mengenverhältniszahlen nicht vereinbar.

Wir variierten nun das angenommene Alter von Fundstück MB 3, wobei wir Modell b benutzten und uns auf einen Bereich zwischen 25 000 und 250 000 Jahren beschränkten, um herauszufinden, bei welcher Datierung das Protactinium/Uran-235- und das Thorium/Uran-234-Ergebnis am besten übereinstimmten. Bei angenommenen Protactinium/Uran-235-Daten zwischen 25 000 und 140 000 Jahren lag die Diskrepanz zu den Thorium/Uran-234-Daten bei 30 Prozent, aber die Differenz sank, je höher das angenommene

Protactinium-Datum wurde. Bei 235 000 Jahren betrug die Abweichung nur noch 0,2 Prozent, bei 245 000 Jahren lag sie aber wieder bei 3,1 Prozent. Die von Szabo gelieferten Daten sprechen also unmißverständlich dafür, daß die obere werkzeughaltige Schicht (Einheit C) von Hueyatlaco tatsächlich ein Alter von 235 000 Jahren hat.

Die gleiche Rechnung wurde für das Fundstück MB 8 aus El Horno aufgestellt. Das Ergebnis des Protactinium-Tests erlaubt Interpretationen zwischen 25 000 und 370 000 Jahren. Nach unseren Berechnungen differieren die Thorium-Daten und die Protactinium-Daten zwischen 2 000 und 260 000 Jahren um mehr als 30 Prozent. Bei 300 000 Jahren lag die Differenz noch bei 16 Prozent und war bei 355 000 Jahren mit 0,32 Prozent am niedrigsten. Aufgrund von Szabos Angaben scheint also für dieses Fundstück aus El Horno ein Alter von 355 000 Jahren am wahrscheinlichsten zu sein, selbst wenn wir, um den Zweiflern Genüge zu tun, ein kontinuierliches Austreten von Uran annehmen. Szabo erklärte, "Fundstück MB 8 (sei) ein Zahnfragment von einem am ältesten bekannten Fundort, El Horno, erlegten Mastodon und daher vielleicht selbst ein Artefakt" (Szabo et al. 1969, S. 240).

Die Datierung mit Hilfe radioaktiver Zerfallsspuren (*fission track dating*) beruht darauf, daß sich in Kristallen von vulkanischen Mineralien Spuren radioaktiven Zerfalls ansammeln. Diese Häufung von Spurenelementen läßt sich als Funktion der Zeit darstellen: Je zahlreicher die Spuren, desto älter der Kristall. Wenn auf diese Weise das Alter von Kristallen in einer vulkanischen Schicht feststeht, lassen sich Werkzeuge und Fossilien, die unter der fraglichen Schicht gefunden werden, entsprechend datieren. Die Zerfallsspurendatierung wurde auf zwei vulkanische Schichten (Tetela-Schlamm und Hueyatlaco-Asche) angewandt, die über den jüngsten Hueyatlaco-Artefakten liegen.

Die so gewonnenen Daten legten die Untergrenze der Datierung für alle Hueyatlaco-Werkzeuge fest. Die Zerfallsspurendatierung ergab für die Tetela-Schlammschicht ein Alter von 260 000 bis 940 000 Jahren und von 170 000 bis 570 000 Jahren für die Hueyatlaco-Ascheschicht. Die beträchtliche Spannbreite der Daten wurde statistisch damit erklärt, daß nur wenige Zerfallsspuren gezählt werden konnten (Malde und Steen-McIntyre 1981, S. 491). Die Altersangaben für die beiden untersuchten vulkanischen Schichten überschneiden sich im Zeitraum zwischen 260 000 bis 570 000 Jahren.

Die Tephra-Hydratations-Datierung ist eine relativ neue Technik. Ausgangsbasis ist die Tatsache, daß Tephra, d. h. vulkanisches Glas, über einen langen Zeitraum hinweg Wasser absorbiert. Damit die Datierungsmethode greift, braucht man unabhängig voneinander datierte Kontrollproben vulkanischen Glases, die die gleichen chemischen Eigenschaften aufweisen und am gleichen geologischen Ort gefunden wurden wie die Stücke, die datiert werden sollen. In unserem Fall wurden die Kontrollproben aus dem nahe gelegenen Vulkan La Malinche genommen. Die Methode erbrachte für Tephra-Ablagerungen, die mit Hueyatlaco-Artefakten vergesellschaftet waren, ein Alter von 250 000 Jahren (Steen-McIntyre et al. 1981, S.13).

Die letzte Datierungsmethode, die die mineralische Verwitterung zur Grundlage hat, liefert nur ein relatives Alter. Das untersuchte vulkanische Mineral war Hypersthen. Im Lauf der Zeit werden exponierte Kristalle dieses Minerals langsam weggeätzt, was unter dem Mikroskop ein "Lattenzaun"-Profil ergibt. Am benachbarten, früher besiedelten Fundort Tlapacoya waren diese Ätzungen in vulkanischen Ablagerungen (Radiokarbondatum: ca. 23 000 Jahre) selten und noch im Anfangsstadium. Hingegen waren sie in jenen vulkanischen Ablagerungen sehr ausgeprägt, die mit den Hueyatlaco-Artefakten korrelierbar sind. Der Schluß liegt also nahe, daß die Hueyatlaco-Artefakte wesentlich älter als 20 000 Jahre sind (Steen-McIntyre et al. 1981, S. 11).

Eine letzte Überlegung zur Datierung der Hueyatlaco-Funde geht davon aus, daß sie unter mindestens 10 Meter dicken Sedimenten begraben waren. Geologische Untersuchungen haben erwiesen, daß diese Strata sich abgelagert haben müssen, bevor der nahe Rio Atoyac sein 50 Meter tiefes Tal grub (ebd., S.10).

Damit läßt sich die geologische Geschichte des Fundortes etwa so darstellen: Die Artefakte blieben an der Oberfläche einstigen Landes zurück, wo sie von Sedimentschichten überlagert wurden. Dann begann der Fluß sich in die Sedimentschichten einzugraben. Unter diesen Voraussetzungen ist es möglich, das Alter der gefundenen Werkzeuge zu bestimmen. Zwei Faktoren sind dazu erforderlich. Zunächst müssen wir wissen, wieviel Zeit notwendig ist, um Sedimente von mindestens 10 Metern Stärke abzulagern. Sodann brauchen wir die Zeit, die der Fluß benötigt, um sein 50 Meter tiefes Tal zu graben. Aus der Summe beider Zeitspannen ergibt sich eine grobe Altersangabe für die Werkzeuge.

Da die Tal- und Nebentalhänge sanft geneigt sind, ist es wenig wahrscheinlich, daß die Erosionstätigkeit des Flusses ungewöhnlich heftig war. Doch selbst wenn wir eine höhere Erosionsrate veranschlagen, etwa wie im Tal des Colorado, hätte der Rio Atoyac immer noch an die 150 000 Jahre benötigt, um sich sein heutiges Bett zu graben (ebd.) Fügt man dem die Zeit hinzu, die zur Ablagerung der 10 Meter dicken Sedimentschicht erforderlich war, so wird deutlich, daß das sehr hohe Alter der Fundstücke auch durch die lokale Geologie bestätigt wird.

Dennoch blieb ein Datum von 250 000 Jahren den Fachwissenschaftlern selbst dann noch suspekt, als es durch die verschiedensten Datierungsmethoden weitgehend bestätigt worden war. Es fiel einfach zu sehr aus dem akzeptablen zeitlichen Rahmen. Man war sich aber des Dilemmas "schmerzlich bewußt" und "in Verlegenheit" darüber, wie man es lösen sollte. Roald Fryxell erklärte: "Wir haben keinen Grund anzunehmen, daß nach Jahrzehnten, ja in der Tat Jahrhunderten archäologischer Forschung in der Alten und der Neuen Welt unser Wissen um die menschliche Frühgeschichte so ungenau ist, daß wir plötzlich erkennen: Es ist alles falsch, was wir bisher gedacht haben. [...] Andererseits wird es, je umfassender die gesammelten geologischen Daten sind, um so schwieriger zu erklären, wieso mehrere unterschiedliche und voneinander unabhängige Datierungsmethoden zu Fehlern der gleichen Größenordnung geführt haben sollen" (*Denver Post* vom 13. November 1973).

Die Veröffentlichung des Forschungsberichtes über Hueyatlaco, den Virginia Steen-McIntyre und ihre Kollegen erstmals auf der gemeinsamen Tagung der *Southwestern Anthropological Association* und der *Sociedad Mexicana de Antropología* 1975 vorgelegt hatten und der in dem gemeinsamen Symposiumsband erscheinen sollte, verzögerte sich unerklärlicherweise um Jahre. Steen-McIntyre schrieb (am 29. März 1979) an H. J. Fullbright vom *Los Alamos Scientific Laboratory*, einem der Herausgeber des geplanten Bandes: "Wir hoffen, daß [der Band] bald erscheint! Ich selbst bin durch den verzögerten Erscheinungstermin in eine ganz unangenehme Lage geraten. Unser gemeinsamer Artikel über den Fundort Hueyatlaco ist wirklich eine Bombe. Dem neuweltlichen Menschen käme damit ein zehnmal höheres Alter zu, als viele Archäologen glauben möchten. Schlimmer noch, die beidseitig bearbeiteten Werkzeuge, die in situ gefunden wurden, gelten den meisten Beobachtern als Kennzeichen des *H. sapiens.* Hält man sich an die heutige Theorie, dann war es zu dieser Zeit noch überhaupt nicht zur Entwicklung des *H. sapiens* gekommen, schon gar nicht in der Neuen Welt."

Steen-McIntyre klagt: "Die Archäologen regen sich mächtig auf über Hueyatlaco - das geht so weit, daß sie sich weigern, davon überhaupt Kenntnis zu nehmen. Aus zweiter Hand habe ich erfahren, daß mich verschiedene Kollegen für inkompetent, für nachrichtengeil, für opportunistisch, für unehrlich und für eine Närrin halten. Logischerweise ist keine dieser Meinungen meinem Ruf sonderlich nützlich! Um meinen Namen reinzuwaschen, ruht meine einzige Hoffnung daher auf einer Veröffentlichung des Hueyatlaco-Artikels, damit die Leute sich selbst ein Urteil über die Befunde bilden können. (Geologen haben damit keine Probleme.) Je länger die Veröffentlichung auf sich warten läßt, desto mehr Archäologen werden glauben, daß es sich bei der ganzen Sache wieder einmal nur um das dumme Unterfangen eines publicity-süchtigen Egomanen handelt. Ich bin mir ziemlich sicher, daß die Archäologin, die die Ausgrabungen leitete und mittlerweile meine Briefe nicht mehr beantwortet, genauso denkt."

Steen-McIntyre erhielt weder auf diesen Brief noch auf weitere Anfragen eine Antwort, worauf sie den Artikel zurückzog. Später kam aus Los Alamos ein Brief, dessen Absender, Roger A. Morris, erklärte, der Herausgeber Fullbright sei versetzt worden. Morris versprach die Rücksendung ihres Manuskripts, aber es kam nie zurück.

Ein Jahr später (am 8. Februar 1980) fragte Steen-McIntyre bei Steve Porter, dem Herausgeber der Zeitschrift *Quaternary Research*, wegen einer Veröffentlichung des Artikels an. Vorab schilderte sie ihm die Lage der Dinge: "Besonders schädlich war ein 1978 erschienener Artikel von Cynthia Irwin-Williams (*Summary of archaeological evidence from the Valsequillo Region, Puebla, Mexico* [Zusammenfassende Darstellung der archäologischen Grabungsbefunde in der Valsequillo-Region], in: *Cultural Continuity in Mesoamerica*, hrsg. v. D. L. Brownman). Darin äußert sie sich - da sie der Methode nicht vertraut - abfällig über Szabos Uranzerfallsreihen-Datierung, die er wohlgemerkt anhand der von ihr selbst zur Verfügung gestellten Tierknochen gewonnen hatte. Die gleiche Einstellung legt sie gegenüber den beiden Sigma-Zirkon-Zerfallsspurendaten von Naeser an den Tag. [...] Selbstverständlich hat sie uns das Manuskript in keiner Form zukommen lassen oder uns auch nur von ihrer Veröffentlichungsabsicht informiert."

Steve Porter antwortete Steen-McIntyre (am 25. Februar 1980), daß er die Veröffentlichung des kontroversen Artikels in Erwägung ziehe. Am 30. März 1981 schrieb Steen-McIntyre an die Mitherausgeberin von *Quaternary Research*, Estella Leopold: "Das Problem, wie ich es sehe, ist viel größer als Hueyatlaco. Es betrifft die Manipulation wissenschaftlichen Denkens durch die Unterdrückung 'rätselhafter Daten', Daten, die die vorherrschende Denkweise in Frage stellen. Bei Hueyatlaco ist das sicherlich der Fall! Da ich kein Anthropologe bin, war ich mir damals, im Jahr 1973, weder der vollen Tragweite unserer Daten bewußt, noch hatte ich realisiert, wie tief verwoben mit unserem Denken die gegenwärtig gültige Theorie von der menschlichen Evolution bereits ist. Unsere Arbeit in Hueyatlaco ist von den meisten Archäologen nur deshalb abgelehnt worden, weil sie ebendieser Theorie zuwiderläuft. Punktum. Sie argumentieren im Kreis. *H. sapiens sapiens* entwickelte sich vor ca. 30 000 bis 50 000 Jahren in Eurasien. Es kann daher unmöglich 250 000 Jahre alte, in Mexiko gefundene *H. s. s.*-Werkzeuge geben, weil der *H. s. s.* sich vor etwa 30 000 [...] usw. Ein solches Denken sorgt für selbstzufriedene Wissenschaftler, hat aber eine *lausige* Wissenschaft zur Folge!"

Der Artikel von Virginia Steen-McIntyre, Roald Fryxell und Harold E. Malde erschien schließlich (1981) im *Quaternary Research*. Die amerikanischen Archäologen aber haben ihre Haltung, was Hueyatlaco betrifft, bis heute nicht geändert.

Eine bezeichnende Pointe zum krönenden Abschluß: Wir haben uns intensiv um die Abdruckgenehmigung für einige Fotografien von Hueyatlaco-Artefakten bemüht. Man teilte uns mit, diese Genehmigung würde nur erteilt, wenn wir uns verpflichteten, für die Artefakte ein Alter von 30 000 Jahren anzugeben. Sie würde uns aber verweigert, wenn wir vorhätten, das "Wahnsinnsdatum" von 250 000 Jahren zu nennen. Wir geben gerne zu, daß die Datierung auf 250 000 Jahre falsch sein mag, aber ist es wirklich angebracht, Untersuchungen wie die von Steen-McIntyre und ihren Kollegen mit Begriffen wie "wahnsinnig" zu belegen?

Neolithische Werkzeuge aus den goldhaltigen Kiesschichten Kaliforniens

1849 wurde an den Hängen der zentralkalifornischen Sierra Nevada im Kies alter Flußläufe Gold gefunden, woraufhin ganze Horden von rauflustigen Abenteurern an Orten wie Brandy City, Last Chance, Lost Camp, You Bet und Poker Flat auftauchten, um ihr Glück zu machen. Den Prospektoren und Goldwäschern folgten schon bald die Bergwerksgesellschaften, die Schächte in die Bergflanken trieben oder den goldhaltigen Kies hydraulisch ausschwemmten.

Hin und wieder wurden von den Bergleuten auch steinerne Artefakte und - seltener - menschliche Fossilien gefunden. Viele der Fundstücke fanden ihren Weg in die Sammlung eines gewissen C. D. Voy, der beim *Geological Survey* von Kalifornien eine Teilzeitanstellung hatte. Voys Sammlung gelangte schließlich in den Besitz der Universität von Kalifornien, und J. D. Whitney, staatlich bestellter Geologe, machte die bemerkenswertesten Stücke der wissenschaftlichen Öffentlichkeit bekannt.

Drei Fundsituationen sind zu berücksichtigen: Funde aus oberflächigen Kiesablagerungen, Funde aus Hanggeröll, das durch hydraulischen Abbau ausgewaschen wurde, und Funde aus unterirdischen Kiesablagerungen, die durch Schächte und Tunnels erreicht wurden. Funde der beiden ersten Kategorien ließen eine genauere Datierung kaum zu, Bergwerksfunde schon eher, da die goldhaltigen Kiese unter dicken vulkanischen Schichten lagen.

J. D. Whitney meinte, der geologische Befund spreche zumindest für ein pliozänes Alter der goldhaltigen Kiese und der darin gefundenen technisch fortgeschrittenen Werkzeuge, und moderne Geologen halten einige der Kiesschichten, die unter vulkanischen Formationen liegen, für noch viel älter.

Nach Paul C. Bateman und Clyde Wahrhaftig (1966), R. M. Norris (1976) und William B. Clark (1979) wurden die meisten goldhaltigen Flußkiese im Eozän und Frühen Oligozän abgelagert. Man nennt sie prävulkanisch. Während des Oligozäns, Miozäns und Pliozäns kam es in diesem Gebiet zu starken vulkanischen Aktivitäten, und die goldhaltigen Kiese wurden mit Ablagerungen aus Rhyolit, Andesit und Latit zugedeckt. Vor allem die im Miozän abgelagerten Andesitkonglomerate erreichen eine beträchtliche

Stärke: zwischen 900 Metern entlang des Sierra-Kammes und 150 Metern in den Vorbergen. Die Vulkanflüsse waren so stark, daß sie das Grundgestein der nördlichen Sierra-Nevada-Gebirgsregion fast vollständig unter sich begruben.

Die vulkanischen Aktivitäten waren allerdings nicht so kontinuierlich, als daß sich keine neuen Flußbetten und Canyons hätten bilden können. Oft wurden in diesen Flüssen alte, bereits im Eozän und Frühen Oligozän abgelagerte Kiesmassen umgewälzt und neu abgelagert. So findet man heute unter den vulkanischen Schichten, von denen die jüngsten aus dem Frühen Pleistozän stammen (Jenkins 1970, S. 25), goldhaltige Kiesablagerungen aus dem Eozän, Oligozän, Miozän und Pliozän. Das Wasser grub sich Hunderte von Metern tief unter das Niveau der prävulkanischen Kiese ins Gestein. Die Goldgräber des 19. Jahrhunderts trieben deshalb horizontale Tunnels in die Wände der Canyons, um an die goldhaltigen Kiesschichten zu kommen. Die in diesen Tunnels gefundenen technisch fortgeschrittenen Steinwerkzeuge könnten demnach aus einem Zeitraum stammen, der erdgeschichtlich vom Eozän bis zum Pliozän reicht.

Der Tuolomne-Tafelberg

Der Tafelberg (Table Mountain) im Tuolomne County ist voller Bergwerksstollen, in denen Steinwerkzeuge und menschliche Knochen gefunden wurden, wie Whitney und andere berichteten. Die Artefakte und Fossilien lagen im goldhaltigen Geröll unter dicken Latit-Schichten. Latit ist ein vulkanisches Gestein. Die Bergwerksstollen verliefen in vielen Fällen bis zu 100 Meter tief unter dem Latit und erstreckten sich mehrere hundert Meter weit in den Berg hinein.

Der Tuolomne-Tafelberg entstand durch einen massiven Latitstrom, der sich den Cataract Channel hinabwälzte, wie man den miozänen Lauf des Stanislaus River nennt, und den Fluß in ein neues Bett zwang. Laut R. M. Norris (1976, S. 43) ist die Latitlava-Deckschicht 9 Millionen Jahre alt und in der Nachbarschaft der Stadt Sonora an die 100 m stark. Funde aus den goldhaltigen Kiesen unmittelbar über dem gewachsenen Fels sind wahrscheinlich 33,2 bis 55 Millionen Jahre alt; Funde aus den anderen goldhaltigen

Kiesschichten können - ohne nähere Bestimmung der Fundposition - zwischen 9 und 55 Millionen Jahre alt sein.

Die bedeutsameren Fundstücke aus dem Tuolomne-Tafelberg addieren sich zu einem gewichtigen Befund. Darunter waren einige Exemplare aus der Sammlung eines Dr. Perez Snell aus Sonora, die von Whitney untersucht wurden. Leider läßt sich, wie aus Whitneys Äußerungen hervorgeht, kaum etwas über die Entdecker dieser Stücke und die Fundumstände und stratigraphischen Positionen sagen. Mit einer Ausnahme: "Es handelte sich", so Whitney (1880, S. 264), "um einen Reibstein oder sonst eine Art von Gerät, das zum Mahlen benutzt wurde. Vom Verfasser dieser Zeilen sorgfältig untersucht, wurde es eindeutig als künstlichen Ursprungs erkannt. Dr. Snell unterrichtete den Verfasser, daß er das fragliche Objekt mit eigenen Händen einer Wagenladung Abraum aus dem Innern des Tafelbergs entnommen habe." Zu den von Whitney untersuchten Funden gehörte auch ein menschlicher Kiefer, den Dr. Snell von Bergleuten erhalten hatte, die behaupteten, der Kiefer stamme aus den Kiesschichten unterhalb der Basaltdecke des Tuolomne-Tafelbergs (Becker 1891, S.193).

Eine besser dokumentierte Entdeckung machte Albert G. Walton, einer der Besitzer des Valentine-Claims im Tuolomne-Tafelberg. In einer goldhaltigen Kiesschicht 54 Meter unter der Oberfläche und damit noch unterhalb der Latit-Decke fand Walton einen Steinmörser mit einem Durchmesser von 36 Zentimeter, und zwar bemerkenswerterweise in einem *Drift,* einer "Strecke", die von der Sohle des Hauptschachtes der Valentine-Mine horizontal abzweigte. Damit war die Möglichkeit, daß der Mörser bis auf die Sohle hinabgefallen war, mehr oder weniger ausgeschlossen, noch dazu da der senkrechte Schacht bis oben hin mit Brettern vernagelt war (Whitney 1880, S. 265). Der Finder war der für die Verschalung des Schachtes zuständige Zimmermann. Auch das Fragment eines fossilen menschlichen Schädels wurde in der Valentine-Mine gefunden.

Die von verschiedenen Seiten geäußerten Einwände gegen die Echtheit des Fundes sind nicht überzeugend. Zwar ähnelt der Mörser den von kalifornischen Indianern in jüngerer Zeit hergestellten Mörsern, doch sind diese selbst wiederum Mörsern vergleichbar, die früher in verschiedenen Teilen der Welt angefertigt wurden.

1870 gab ein gewisser Oliver W. Stevens eine notariell beglaubigte eidliche Erklärung ab, in der er beschrieb, wie er um das Jahr

1853 in einer Wagenladung goldhaltigen Kieses, die aus dem Sonora-Tunnel (im Tafelberg) kam, neben einem Mastodonzahn ein Objekt fand, "das einer großen Steinperle glich, vielleicht aus Alabaster, etwa anderthalb Zoll [ca.3,75 cm] lang, einen und einen Viertel Zoll [wenig mehr als 3 cm] dick, mit einer Durchlochung, die im Durchmesser einen Viertel Zoll [0,6 cm] maß und die zweifellos dazu gedient hatte, eine Schnur durchzuziehen. Ich bezeuge auch, daß ich die Stücke um das Jahr 1864 C. D. Voy für seine Sammlung überlassen habe" (Whitney 1880, S. 266). Voy besuchte den Fundort und bestätigte die geologischen Details.

Natürlich wurde die Altersangabe angefochten. William J. Sinclair (1908, S. 115f. bemerkte: "Falls dieses Maß an Vergesellschaftung mit der Kiesschicht als Altersbeweis gelten soll, könnten wir berechtigterweise annehmen, daß jedes unter ähnlichen Umständen erworbene Objekt jüngeren Ursprungs so alt wie die Kiesschichten ist."

Wir haben es hier mit einem typischen Beispiel für die unfaire Behandlung ungewöhnlicher Fundmaterialien zu tun. Bei vielen akzeptierten Entdeckungen (z. B. Heidelberg-Mensch; *Homo-sapiens-sapiens*-Fossilien aus der Border Cave in Südafrika) waren die Fundumstände denen der Marmorperle sehr ähnlich, ohne daß jemand daran Anstoß genommen hätte. Bei anderen wiederum handelte es sich um Oberflächenfunde (Java-Mensch, "Lucy" [*Australopithecus afarensis*] und andere afrikanische Hominiden), die allesamt Sinclairs Kriterien nicht standgehalten hätten.

1870 gab ein gewisser Llewellyn Pierce das folgende schriftliche Zeugnis ab (Whitney 1880, S. 266): "Hiermit wird bescheinigt, daß ich, der Unterzeichnete, am heutigen Tag an Mr. C. D. Voy einen steinernen Mörser übergeben habe, der, offensichtlich Menschenwerk, in seiner Sammlung alter Steinrelikte aufbewahrt werden soll; ich habe den Mörser um das Jahr 1862 im Tafelberg aus einer Kiesschicht geborgen, ca. 200 Fuß [60 m] unter der Oberfläche, unter einer mehr als 60 Fuß [18 m] dicken Basaltdecke und etwa 1800 Fuß [550 m] vom Tunneleingang entfernt. Gefunden in dem als Boston Tunnel Company bekannten Claim." Whitney erklärte, daß der Mörser einen Umfang von 31,5 Zoll [79 cm] hatte, und Voy selbst besuchte den Fundort (Whitney 1880, S. 267).

Wieder war es Sinclair (1908, S. 117), der seine Zweifel anmeldete: "Die tiefen Kiesschichten auf dem Grund der Tafelberg-

Wasserläufe, die vom Boston-Tunnel und anderen Bauen angegraben wurden, sind weitgehend unzugänglich, aber soweit bekannt nicht vulkanisch. Die Ungereimtheit, einen Andesitmörser [...] mit den alten prävulkanischen Kiesen in Verbindung zu bringen, ist augenscheinlich. Die andesitischen Sande und Kiese des Tafelbergs liegen über den goldhaltigen Kiesbetten, in denen diese Relikte angeblich auftraten." Wenn Sinclair mit seiner Angabe, daß der Mörser in prävulkanischem Kies gefunden wurde, recht hätte, so würde dies ein Alter von 33 bis 55 Millionen Jahren bedeuten.

Aber woher stammte der Andesit, aus dem der Mörser bestand? Wer würde angesichts der in den prävulkanischen goldhaltigen Geröllablagerungen eingeschlossenen, erdgeschichtlich älteren Felstrümmer schon behaupten, es habe in den alten Flußbetten keine isolierten Andesitblöcke gegeben? Auch mag es in anderen nahe gelegenen Gegenden der Sierra Nevada Andesitlager gegeben haben, die genauso alt waren wie die prävulkanischen Kiese. Und in der Tat nennt Durrell (1966. S. 187ff.) gleich vier solche Stätten nördlich des Tuolomne-Tafelbergs, die Hornblendenandesit enthalten: die Wheatland-Formation, 160 km, die Reeds-Creek-Formation, ebensoweit, die Oroville-Tafelberg, 225 km und die Lovejoy-Formation, 320 km entfernt.

Vielleicht waren gute, transportable Mörser aus Andesit ein vielgesuchtes Handelsgut, das auf Flößen oder Booten auch über größere Strecken transportiert wurde. In einer Studie über kalifornische Indianer berichten R. F. Heizer und M. A. Whipple von Basaltmörsern im Marin County nördlich von San Francisco. Die Mörser wogen 20 bis 125 Pfund. Heizer und Whipple (1951, S. 298) erklärten: "Jedes dieser Stücke muß aus mindestens 40 km Entfernung hierhergebracht worden sein - keine leichte Aufgabe für die barfüßigen, zartgliedrigen Indianer, aber es gibt keine Steine in den alluvialen Ablagerungen der Überschwemmungsebene des Sacramento- und San-Joaquin-Deltas." Heizer und Whipple bestätigen den Handel mit solchen Stücken.

Keines von Sinclairs Argumenten ist überzeugend genug, um das Zeugnis zu entwerten, wonach der Piercesche Mörser in den tertiären Kiesschichten des Tafelberges abgelagert wurde.

Am 2. August 1890 unterzeichnete ein J. H. Neale folgende Erklärung über die von ihm gemachten Entdeckungen: "1877 war Mr. J. H. Neale Verwalter der Montezuma Tunnel Company. Unter

Dieser Mörser mit Stößel (Holmes 1899, Tafel XIII) wurde von J. H. Neale in einem Bergwerksstollen gefunden, der durch tertiäre Schichten (35 bis 55 Millionen Jahre alt) unter dem Tafelberg im Tuolomne County (Kalifornien) verlief.

seiner Aufsicht wurde der Montezuma-Tunnel in die Geröllschichten unter der Lava des Tuolomne-Tafelbergs vorgetrieben. [...] Etwa 1400 bis 1500 Fuß [zwischen 430 und 460 m] vom Tunneleingang entfernt bzw. 200 bis 300 Fuß [60 bis 90 m] unter der Lavaschicht, entdeckte Mr. Neale mehrere Speerspitzen aus einem dunklen Gestein und von fast einem Fuß [30,5 cm] Länge. Bei weiteren Nachforschungen fand er eigenhändig einen kleinen, unregelmäßig geformten Mörser mit einem Durchmesser von drei oder vier Zoll [7,5 oder 10 cm]. Er lag nicht weiter als einen oder zwei Fuß [30 oder 60 cm] von den Speerspitzen entfernt. Danach fand er einen großen, gutgeformten Stößel, der jetzt im Besitz von Dr. R. I. Bromley ist, und nahebei einen großen, sehr regelmäßigen Mörser, zur Zeit ebenfalls im Besitz von Dr. Bromley." (Abb. oben)

Natürlich blieben auch Neales Funde nicht ungeschoren, aber Sinclair und William H. Holmes, der Neale 1898 interviewte und 1899 einen Bericht darüber veröffentlichte, vermochten in ihren Entgegnungen letztlich kaum mehr als den vagen Verdacht zu äußern, daß die Fundstücke auf irgendeine Weise in jüngerer Zeit in die Montezuma-Mine gelangt seien. Sinclair (1908, S.120) meinte: "Es gab eindeutige Hinweise darauf, daß in der Nachbarschaft früher einmal ein Indianerlager war. Eine nur halbstündige Suche förderte ein paar Meter nördlich der Gebäude der Minengesellschaft einen Stößel und einen flachen Reibstein zutage. Holmes berichtete von ähnlichen Funden. Südlich des Tunnels wurde ein großer Standmörser gefunden. Er war aus dem Latit der Felswand darüber gefertigt. Es ist durchaus möglich, daß die von Mr. Neale erwähnten Geräte aus diesem Indianerlager kamen." Holmes (1899, S. 451f.) argumentierte ähnlich.

Doch es gab auch eine positive Stimme. Der Geologe George F. Becker erklärte in einem Vortrag vor der *Amerikanischen Geologischen Gesellschaft* (der in deren Zeitschrift veröffentlicht wurde; Becker 1891, S.192f.): "Es hätte mich mehr zufriedengestellt, wenn ich diese Geräte selbst ausgegraben hätte, aber ich kann keinen Grund entdecken, warum Mr. Neales Erklärung für den Rest der Welt nicht genauso gut sein soll, wie es meine eigene wäre. Wenn es darum ging, Oberflächenrisse oder irgendwelche alten Baue zu entdecken, die für den Bergmann leicht erkennbar sind und die er zu Recht fürchtet, war er nicht weniger kompetent als ich. Irgendwer wird womöglich die Vermutung äußern, Mr. Neales Arbeiter hätten die Geräte 'plaziert', aber niemand, der sich im Bergbau auskennt, wird so etwas auch nur für einen Augenblick in Erwägung ziehen. [...] Goldführenden Kies mit dem Pickel abzubauen, ist Knochenarbeit, häufig sind Sprengungen notwendig, und selbst ein gänzlich inkompetenter Aufseher würde sich nicht derartig täuschen lassen. [...] Kurz gesagt gibt es meiner Meinung nach keine andere Schlußfolgerung als die, daß die in Mr. Neales Erklärung erwähnten Gerätschaften tatsächlich dem untersten Niveau der Kiesschichten entstammen und dort abgelagert wurden, wo man sie fand - zur gleichen Zeit wie die Kiese und die Matrix selbst."

Kings Stößel

Obgleich die bisher vorgestellten Werkzeuge alle von Bergleuten gefunden wurden, gibt es auch den Fall, daß ein Wissenschaftler ein Stück in situ entdeckte. 1891 berichtete George F. Becker der *Amerikanischen Geologischen Gesellschaft* von den Forschungen, die Clarence King, angesehener Geologe und Direktor des *Survey of the Fortieth Parallel* [Amt für geologische Aufnahmen entlang des 40. Breitengrades] im Frühjahr 1869 am Tuolomne-Tafelberg anstellte (1891, S.193f.): "An einer Stelle, wo die Basaltdecke in eine hohe Felswand abbricht, war durch eine Auswaschung jüngeren Datums aller Geröllschutt weggeschwemmt worden, und die darunterliegenden kompakten, harten, goldführenden Kiese waren - ohne jeglichen Zweifel in situ - zutage getreten. Als er [King] die Schicht nach Fossilien absuchte, entdeckte er das abgebrochene Ende einer, wie es aussah, zylindrischen Steinmasse. Er legte die Masse unter beträchtlichen Schwierigkeiten frei - der Stein war in dem harten Kies eng verkeilt. In der Matrix blieb ein perfekter Abdruck zurück, der sich als Teil eines polierten Werkzeugs, zweifellos eines Stößels, erwies."

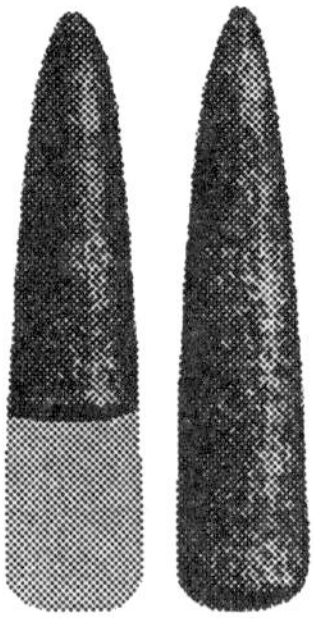

Links: Abgebrochener Steinstößel, gefunden von Clarence King vom U.S. Geological Survey (Holmes 1899, S.455). King holte ihn persönlich aus tertiären Ablagerungen am Tuolomne-Tafelberg (Kalifornien) heraus.
Rechts: Stößel moderner Indianer.

Die von Becker dargelegten Fakten scheinen eine sekundäre Ablagerung auszuschließen, und selbst Holmes (1899, S. 453) mußte zugeben, daß der Kingsche Stößel, der in die Sammlung der *Smithsonian Institution* aufgenommen wurde, "nicht folgenlos in Frage gestellt werden kann". Holmes untersuchte den Fundort sehr sorgfältig und registrierte einige rezente indianische Mahlsteine, aber sonst nichts. Er stellte fest: "Ich versuchte herauszubekommen, ob eines dieser Objekte möglicherweise erst in jüngerer (oder verhältnismäßig jüngerer Zeit) in die exponierten Kalktuffablagerungen eingebettet worden war - solche Einschließungen können durchaus Folge von Umschichtungen oder sekundären Zementierungen lockeren Materials sein -, kam aber zu keinem definitiven Ergebnis" (Holmes 1899, S. 454). Man darf versichert sein, daß Holmes auch nur den leichtesten Hinweis auf Umschichtungsvorgänge genutzt hätte, um den von King entdeckten Stößel anzuzweifeln - wie es Sinclair (1908, S.113f.) nichtsdestoweniger versuchte:

"Als Geologe war Mr. King ein verläßlicher Beobachter und in der Lage zu entscheiden, ob sich ein Gerät in situ befand und einen integralen Teil der Kiesmasse bildete, in die es eingebettet war, oder nicht. Sekundäre Zementierung scheint nicht in Betracht gezogen worden zu sein. Bei einem großen Prozentsatz des anstehenden Andesit-Sandsteins der Umgegend ist jedoch sekundäre Zementierung im Spiel, wobei der weiche Sand mindestens einen Zoll tief zu hartem Gestein verhärtet ist. Unglücklicherweise blieb die Matrix mit dem Abdruck dieses Relikts nicht erhalten. So wie es jetzt aussieht, besteht keine Möglichkeit, die Entdeckung zu bestätigen. Wir haben nur das Fundstück und den veröffentlichten Bericht."

Die Absurdität dieser Feststellung wird offenkundig, wenn wir bedenken, daß bei nahezu allen paläanthropologischen Entdeckungen Fundstücke und Berichte über die Fundumstände alles ist, was wir haben. Der *Pithecanthropus erectus* wurde in den 1880er Jahren von Dubois auf Java entdeckt. 1908, als Sinclair sich über den Kingschen Stößel ausließ, waren die in einem holländischen Museum gelagerten Knochenfunde und die veröffentlichten Berichte alles, was vom Java-Menschen übrig war. Die Entdeckung des Java-Menschen hätte demnach ebensogut als nicht verifizierbar abgetan werden können. Aber das tat Sinclair nicht. Warum? Weil er, wie es scheint, nur Befunde akzeptierte, die seine persönliche Auffassung bestätigten, und zurückwies, wenn sie dieser zuwiderliefen. Das ist eine der wichtigsten Botschaften dieses Buches.

Holmes und Sinclair führten im wesentlichen fünf Argumente gegen eine Anerkennung der kalifornischen Funde ins Feld:

(1) Hinter der Entdeckung von Steinwerkzeugen könnten Täuschungs- und Fälschungsversuche von Bergleuten stehen. – Aber es ist schwer einzusehen, daß solche Scherzbolde über eine Entfernung von hundert Meilen [160 km] ungesehen in Dutzende von Bergwerksstollen geschlüpft sein sollen, um dort über viele Jahre hinweg zahlreiche Steinartefakte zu hinterlegen und daß zahllose andere Bergleute schweigend zugesehen haben sollen. Um die Anthropologen hinters Licht zu führen? Wozu?

(2) Holmes (1899, S. 471) bemängelte an den Steinmörsern das Fehlen von "Alters- oder Abnutzungs(spuren), die von der Beförderung in tertiären Gießbächen" herrühren müßten. – Aber an solchen einfachen, haltbaren Mörsern sind keine ausgeprägten Altersspuren zu erwarten; einmal begraben konnten sie Millionen Jahre an Ort und Stelle verbleiben, ohne Schaden zu nehmen. Und was die "tertiären Gießbäche" angeht – warum müssen tertiäre Flüsse immer reißend gewesen sein? Sie könnten zu Zeiten doch auch langsam und ruhig dahingeflossen sein? Und es ist auch nicht gesagt, daß Artefakte immer an Stellen in den Fluß fallen, wo sie von der Strömung mitgerissen werden.

(3) Wurden die Steinmörser vielleicht von in der näheren Umgebung lebenden Indianern in die Bergwerksstollen gebracht? Holmes (1899, S. 449f. schien das naheliegend, "wurden die Männer doch zu einem großen Teil in den Bergwerken beschäftigt; es ist also völlig vernünftig anzunehmen, daß sie hin und wieder ihre Gerätschaften mitbrachten, um Essen zuzubereiten oder aufzubewahren, oder weil die Angehörigen halbnomadischer Völker es

gewohnt waren, ihr Eigentum immer bei sich zu haben." - Aber Whitney (1880, S. 279) erklärte, daß tragbare Steinmörser, wie sie in den Bergwerksstollen gefunden wurden, von den heute in diesem Teil Kaliforniens lebenden Indianern nicht verwendet würden. "Die Digger-Indianer scheinen aus einem unbekannten Grund heute Höhlungen in Felsen zu bevorzugen, in denen sie, wie der Autor selbst schon häufig beobachtete, ihre Nüsse und Eicheln zerstampfen; nicht ein einziges Mal hat er sie einen tragbaren Mörser benutzen sehen."

Holmes' gegenteiliger Meinung zum Trotz stimmen heutige Autoritäten mit Whitney überein, so der Archäologe Glenn J. Farris, der unserem Mitarbeiter Steve Bernath schrieb: "Im allgemeinen benutzten die Indianer zur Zeit des Goldrausches Aushöhlungen im felsigen Untergrund als Mörser. Die einzige Ausnahme, die mir bekannt ist, waren tragbare Mörser, in denen sie Kiefernsamen zu einer Art Butter zerrieben, aber ich wüßte keinen Grund, warum sie diese in die Bergwerke hätten bringen sollen" (persönliche Mitteilung vom 11. April 1985).

W. Turrentine Jackson, Geschichtsprofessor an der Universität Davis, teilte uns mit: "Die Indianer transportierten höchst selten einen Mörser zum Nüssestampfen, weil er ihnen zu schwer war." Jackson widersprach auch Holmes' Ansicht, daß die Indianer in den Goldbaugebieten geblieben wären. "Während der Goldrauschära wurden die Indianer aus der Bergbauregion vertrieben, und sie kamen nur selten mit den *forty-niners* [den Goldgräbern von 1849] in Kontakt. Ich bezweifle sehr, daß Indianer tragbare Mörser in den Bergbaugebieten hatten. Ganz bestimmt hätten sie sie nicht dorthin gebracht, solange die Bergleute noch da waren" (persönliche Mitteilung vom 19. März 1985).

(4) Holmes und Sinclair mochten nicht glauben, daß vor Millionen von Jahren schon Menschen des modernen Typs existiert haben könnten. Und selbst wenn sie existierten, konnten ihre Geräte über einen so langen Zeitraum hinweg nicht unverändert geblieben sein. - Da die Werkzeuge jenen zeitgenössischer Indianer glichen, dies aber nach der Evolutionstheorie nicht sein konnte, wenn sie so alt waren, wie angenommen wurde, mußten sie also neueren Ursprungs sein.

Untersucht man aber die Werkzeuge, die vermeintlich alten wie die mit Sicherheit jungen, stellt man jedoch schnell fest, daß es sich um simple Artefakte handelt, wie sie überall auf der Welt und zu jeder Zeit von Kulturen des neolithischen Typs angefertigt wurden. So sind z. B. Steinartefakte vom neolithischen Fundort Beidha im Mittleren Osten und vom ostafrikanischen Nakura solchen kalifornischer Indianer aus jüngster Zeit sehr ähnlich. Wenn aber ganz unterschiedliche Völker auf verschiedenen Kontinenten, zwischen denen es keine Verbindung gab, unabhängig voneinander ähnliche Werkzeuge herstellten, liegt immerhin die Möglichkeit nahe, daß dies auch bei Menschen möglich ist, die nicht Tausende von Kilometern, sondern Millionen von Jahren trennen.

(5) Ein letzter Einwand war, daß die Gegenstände meist von Personen gefunden wurden, die im Umgang mit Artefakten unerfahren und wahrscheinlich leicht zu täuschen waren. - George F. Becker widersprach dem (1891, S. 192f.): "Was die Aufdeckung von Betrug angeht, so wäre ein guter, regelmäßig unter Tage beschäftigter Bergmann viel kompetenter als der durchschnittliche Geologe zu Besuch."

S. Laing (1894, S. 387) bekräftigte diese Auffassung: "Hunderte von unwissenden Bergleuten, die Hunderte von Meilen voneinander getrennt leben, sollen sich zu einer Verschwörung zusammengefunden haben, um Wissenschaftlern einen Bären aufzubinden oder mit der Fälschung von Werkzeugen schwunghaften Handel zu treiben, was ungefähr so wahrscheinlich ist wie die Theorie, nach der die paläolithischen Relikte der Alten Welt alle vom Teufel gefälscht und in quartären Schichten begraben wurden, um Moses' Schöpfungsbericht in Mißkredit zu bringen." Übrigens ist für kein einziges Stück jemals Geld verlangt worden.

Eine Bemerkung von Holmes (1899, S. 424) liefert indes den Schlüssel zu seinen (und Sinclairs) Vorbehalten: "Falls diese Formen wirklich tertiären Ursprungs sind, haben wir eines der größten Wunder vor uns, denen die Wissenschaft bisher gegenüberstand; wenn Prof. Whitney der Geschichte der menschlichen Evolution, wie sie heute verstanden wird, volle Anerkennung gezollt hätte, vielleicht hätte er dann, ungeachtet der imposanten Fülle von Zeugnissen, denen er sich konfrontiert sah, gezögert, mit seiner Schlußfolgerung an die Öffentlichkeit zu gehen."

Mit anderen Worten, wenn die Fakten nicht zur sicher geglaubten Theorie passen, haben die Fakten das Nachsehen - auch wenn sie in noch so imposanter Zahl auftreten.

Faßt man die Ergebnisse dieses Kapitels zusammen, so drängen sich diese Schlußfolgerungen auf:

(1) Ungewöhnliche Steingeräte-Industrien sind keine seltenen, isolierten Phänomene. Aus den hier vorgestellten Fällen ergibt sich eine Fülle an Beweisen. Zwar wurden viele Entdeckungen bereits im 19. und zu Beginn des 20. Jahrhunderts gemacht, aber die Liste läßt sich bis in die Gegenwart fortsetzen.

(2) Außergewöhnlich alte Steingeräte-Industrien sind nicht auf Eolithen beschränkt, deren menschliche Herkunft nicht unumstritten ist. Artefakte fraglos menschlicher Herkunft, die den besten neolithischen Produkten ähneln, kommen in uralten geologischen Kontexten vor, wie die kalifornischen Entdeckungen beweisen.

(3) Die umstrittenen Eolithen lassen sich mit vielen ohne Diskussion akzeptierten, primitiven Steinwerkzeug-Industrien vergleichen. Eolithen weisen Spuren absichtlicher Bearbeitung auf, die sich bei Steinen nicht finden, die durch natürliche Einwirkung zerbrochen sind.

(4) Auch im 19. Jahrhundert war die wissenschaftliche Berichterstattung über ungewöhnliche Steingeräte-Industrien sehr exakt und von hoher Qualität.

(5) Offensichtlich haben vorgefaßte Meinungen von der menschlichen Evolution bei der Unterdrückung von Berichten über ungewöhnliche Steingeräte-Industrien eine entscheidende Rolle gespielt. Daran hat sich bis heute nichts geändert.

Knochen, die nicht ins Schema passen

Im 19. und frühen 20. Jahrhundert wurden neben Steinwerkzeugen und Artefakten auch Skelettreste von anatomisch modernen Menschen gefunden. Obwohl diese Knochenfunde damals beträchtliche Aufregung verursachten, sind sie heute praktisch unbekannt. Von einem Großteil der Literatur gewinnt man vielmehr den Eindruck, als wären zwischen der Entdeckung des ersten Neandertalers in den 1850ern und der Entdeckung des Java-Menschen in den 1880ern keine weiteren bemerkenswerten Funde gemacht worden.

So schrieb der Anthropologe Jeffrey Goodman (1982, S. 56): "In den [auf die Entdeckung des Neandertalers folgenden] Jahrzehnten kam es nur zur Entdeckung sehr alter und primitiver Steinwerkzeuge." Das trifft jedoch nicht zu. Von R. N. Vasishat (1985, S. 1) stammt die Feststellung, daß "der Bestand an Primatenfossilien dürftig ist, und noch kümmerlicher sieht es bei den menschlichen Fossilien aus."

Nach seiner Auffassung lassen sich Versuche der phylogenetischen Rekonstruktion des Primatenstammes im gesamtevolutionären Kontext durch einen Vergleich mit den besser dokumentierten Wirbeltieren dennoch rechtfertigen. Diese rekonstruierten Evolutionslinien erweisen sich jedoch als unhaltbar, wenn man die in diesem Kapitel vorgelegten Skelettfunde berücksichtigt.

Entdeckungen aus dem Mittleren und Frühen Pleistozän

Am 1. Dezember 1899 entdeckte Ernest Volk, ein für das *Peabody Museum of American Archaeology and Ethnology* an der Harvard University arbeitender Sammler, in einem Bahndurchstich südlich der Hancock Avenue in Trenton, New Jersey, einen menschlichen Oberschenkelknochen. Der Knochen lag auf einem kleinen Sims, etwas mehr als 2 Meter unter der Oberfläche, fast auf dem Grund einer sauberen Sandschicht, und wurde von Volk, demzufolge auch die darüberliegenden Schichten ungestört waren, an Ort und Stelle fotografiert. Zwei berühmte Anthropologen, F. W. Putnam vom *Peabody Natural History Museum* an der Harvard University und A. Hrdlicka von der *Smithsonian Institution*, erklärten den Knochen für menschlich.

Am 7. Dezember 1899 kehrte Volk an den Fundort zurück. Etwa 7,5 Meter westlich von der Stelle seines ersten Fundes und in der gleichen Schicht legte er zwei Bruchstücke eines menschlichen Schädels frei, die zu einem Scheitelbein gehörten. Volk (1911, S. 118) erklärte: "Daß diese menschlichen Knochen nicht aus den höheren Ablagerungen kamen, wird durch den Umstand wahrscheinlich, daß [...] menschliche Knochen, wo man sie auch fand, von der Schicht, in der sie lagen, verfärbt wurden; die betreffenden Fragmente waren jedoch nahezu weiß und kalkfarben." Die höher liegenden Ablagerungen waren jedoch rötlich und gelblich.

Hrdlicka (1907, S. 46) stellte fest, daß das Stratum, in dem der Trenton-Femur freigelegt wurde, unter einer Schicht eiszeitlichen Gerölls lag. Damit wäre der Knochen auf alle Fälle pleistozänen Alters, und natürlich ging ihm das gegen den Strich. Da der Oberschenkelknochen von Trenton den Knochen moderner Menschen glich, argwöhnte Hrdlicka, er könnte jüngeren Datums sein. Ein wirklich alter menschlicher Femur müßte seiner Ansicht nach primitive Merkmale zeigen. Hrdlicka (ebd.) meinte deshalb zweifelnd: "Das Alter dieses Exemplars beruht allein auf dem geologischen Befund." Offensichtlich konnte er aber, was diesen geologischen Befund anging, nichts finden, das nicht gestimmt hätte. Die Schädelfragmente erwähnte Hrdlicka nicht.

In einem Brief vom 30. Juli 1987 schrieb uns Ron Witte vom *New Jersey Geological Survey*, daß das Stratum, das die Trenton-Knochen enthielt, der Sangamon-Zwischeneiszeit angehörte und annähernd 107 000 Jahre alt ist - für die herrschende Lehrmeinung zur Besiedlung Amerikas also um einiges zu alt.

Einige mittelpleistozäne Skelettreste aus Europa

Das Skelett von Galley Hill

1888 legten Arbeiter in Galley Hill unweit Londons eine Kreideschicht frei. Die darüberliegenden Schichten aus Sand, Lehm und

Kies waren etwa 3 bis 3,30 Meter stark. Einer der Arbeiter, Jack Allsop, informierte Robert Elliott, einen Sammler prähistorischer Stücke, über ein fest in die Ablagerungen eingebettetes menschliches Skelett: 2,5 Meter unter der Oberfläche und 60 Zentimeter über dem Kreidebett (Keith 1928, S. 250–266).

Elliott barg das Skelett und übergab es später an E. T. Newton (1895), der darüber berichtete. An der Fundstelle wurden überdies zahlreiche Steinwerkzeuge ausgegraben (Newton 1895, S. 521). Laut Stuart Fleming (1976, S. 189) ist das Stratum, in dem das Galley-Hill-Skelett entdeckt wurde, mehr als 100 000 Jahre alt. K. P. Oakley und M. F. A. Montagu (1949, S. 34) merkten an, daß die Schicht dem Mittleren Pleistozän angehöre und "grob gesagt mit dem Swanscombe-Schädel kontemporär" sei. Oakley (1980, S. 26) und Gowlett (1984, S. 87) sind sich darin einig, daß der Swanscombe-Schädel, der nicht allzuweit von Galley Hill entfernt gefunden wurde, in die Holstein-Zwischeneiszeit gehört, das heißt etwa 330 000 Jahre alt ist. Anatomisch wurde das Galley-Hill-Skelett dem modernen Menschentyp zugeordnet (Newton 1895; Keith 1928; Oakley und Montagu 1949).

Was sagen heutige Paläanthropologen dazu? Dem stratigraphischen Befund, der von Elliott und Heys, einem anderen Augenzeugen der Entdeckung, übermittelt wurde, zum Trotz kamen Oakley und Montagu zu dem Schluß, es habe sich zweifellos um eine Leiche jüngeren Datums gehandelt. Sie datierten die nicht versteinerten Knochen auf ein Alter von nur wenigen Jahrtausenden. Ihrem Urteil haben sich die meisten heutigen Anthropologen angeschlossen.

Später kam es durch das Forschungslabor im *British Museum* (Barker und Mackey 1961) zu einer Radiokarbon-Datierung, die ein Alter von 3310 Jahren für das Skelett ergab. Der Test war jedoch nach heutigen Maßstäben methodisch unzuverlässig. So lag das Skelett seit 80 Jahren unabgeschirmt im Museum, wo es mit rezentem Kohlenstoff kontaminiert wurde.

Oakley und Montagu sahen in dem relativ umfassenden Erhaltungszustand des Galley-Hill-Skeletts ein sicheres Anzeichen für eine planmäßige Bestattung, doch war das Skelett von "Lucy", der berühmtesten Vertreterin des *Australopithecus afarensis*, sogar noch vollständiger. Und doch hat noch niemand die Vermutung geäußert, die Australopithezinen hätten ihre Toten beerdigt. Dennoch mag es sich bei dem Galley-Hill-Skelett um eine bewußte

Bestattung gehandelt haben, wie Oakley und Montagu immer wieder vermuten. Aber die Beerdigung muß deshalb nicht jüngeren Datums gewesen sein. Sir Arthur Keith (1928, S. 259) urteilte: "Wägt man alle Ergebnisse und Beweise ab, sehen wir uns zu der Schlußfolgerung gezwungen, daß das Galley-Hill-Skelett von einem Mann ist [...], der begraben wurde, als die heute untere Kiesschicht die terrestrische Oberfläche bildete."

Das Skelett von Clichy

1868 berichtete Eugène Bertrand der Anthropologischen Gesellschaft von Paris, er habe am 18. April in einem Steinbruch an der Avenue de Clichy Teile eines menschlichen Schädels gefunden, zusammen mit einem Oberschenkel-, einem Schienbein- und einigen Fußknochen. Laut Keith (1928, S. 276f.) wurden die Knochen 5,25 Meter unter der Oberfläche in grauem Lehm entdeckt. Bertrand (1868, S. 329f.) sprach von einer ähnlichen Tiefe, meinte aber, die Knochen wären in einer rötlich-lehmigen Sandschicht innerhalb des grauen Lehms aufgetreten. MacCurdy (1924a, S. 413) wiederum wußte, man habe die Knochen "in einem Streifen rötlichen Sandes auf dem Grund fluvioglazialen [von eiszeitlichem Schmelzwasser abgelagerten] Schotters" gefunden. Die Stärke dieses rötlichen Streifens wurde von einem Arbeiter mit 10 bis 20 Zentimeter angegeben (Bertrand 1868, S. 332). Für Keith entsprach das Alter des Fundstratums in etwa dem Alter der Schicht, in der das Galley-Hill-Skelett gefunden worden war. Das wären 330 000 Jahre. Die Fundtiefe der Fossilien von Clichy (mehr als 5 m) spricht gegen die Hypothese eines rezenten Eindringens durch Bestattung; auch gab es keinen Hinweis auf eine Störung der oberen Schichten.

Es gab jedoch die Aussage eines Arbeiters, der, wie Gabriel de Mortillet (Bertrand 1868, S. 332) erklärte, ihm gegenüber zugegeben habe, ein Skelett aus dem oberen Teil des Steinbruchs weiter unten wieder eingebuddelt zu haben. De Mortillet ließ sich von der Aussage des Arbeiters überzeugen, doch blieben vor allem französische Wissenschaftler weiterhin bei ihrer Meinung, Bertrands Fund sei authentisch. Erst nachdem der Neandertaler als pleistozäner Vorfahre des modernen Menschen akzeptiert worden war, verschwand das Skelett von Clichy aus der Liste der *Bona-fide*-Entdeckungen.

Bertrand erwähnte in seinem Bericht an die Anthropologische

Gesellschaft auch die Entdeckung eines menschlichen Ellenknochens in dem gleichen Stratum, das auch die anderen Knochen des Skeletts enthielt. Als Bertrand versuchte, den Ellenknochen freizulegen, zerfiel er - für Bertrand ein klarer Beweis dafür, daß das ganze Skelett in die Schicht gehörte, in der es gefunden worden war, da ein so zerbrechlicher Knochen wie der zu Staub zerfallene Ellenknochen unmöglich aus einer höheren Schicht in eine tiefere transponiert worden sein konnte, ohne dabei zerstört zu werden.

So bleiben die Knochenfunde von Clichy geheimnisumwoben. Zwar gibt es ein direktes Zeugnis für ein rezentes Alter des Skeletts, aber es stehen auch einige gute Gegenargumente im Raum, die für eine Datierung ins Mittlere Pleistozän sprechen.

Die Knochenreste von La Denise

In den vierziger Jahren des 19. Jahrhunderts wurden inmitten vulkanischer Schichten bei La Denise in Frankreich Fragmente menschlicher Knochen entdeckt. Von besonderem Interesse war das Stirnbein eines menschlichen Schädels, das nach Keith (1928, S. 279) "sich nicht wesentlich von einem modernen Stirnbein unterscheidet".

Das Stirnbein soll aus einer Limonitschicht von beträchtlichem Alter stammen. De Mortillet (1883, S. 241) schrieb: "Daß das menschliche Stirnbein, heute in der Sammlung von M. Pichot, tatsächlich aus der tonhaltigen Limonitschicht stammt, wird durch eine dicke Limonitkruste an der Innenseite des Knochens auf perfekte Weise bestätigt."

1926 lieferte der französische Forscher C. Deperet der Französischen Akademie der Wissenschaften einen Bericht über die Stratigraphie von La Denise. Deperet (1926, S. 358-361) legte dar, daß die menschlichen Fossilien aus einer Sedimentschicht kämen, die sich in einem See abgelagert habe, der nach einem Vulkanausbruch im Pliozän entstanden sei. Die Vulkantätigkeit aber setzte erst im Pleistozän wieder ein. Nach Deperet enthielten Flußablagerungen über dem Basalt der letzten Eruption die Überreste einer Aurignacien-Fauna - Pferde, Nashörner, Mammuts, Hyänen etc. Dies bedeutet, daß die Vulkantätigkeit im Spätpleistozän zu Ende ging. Deperets Bericht läßt demnach auf die Existenz von Menschen modernen Typs irgendwann im Pleistozän, zwischen den letzten (vor 30 000 Jahren) und den ersten vulkanischen Eruptionen (vor 2 Millionen Jahren), schließen.

Das Ipswich-Skelett (Mittleres Mittelpleistozän)

1911 entdeckte J. Reid Moir ein anatomisch modernes menschliches Skelett unter einer Lage eiszeitlichen Geschiebelehms in der Nähe der Stadt Ipswich in East Anglia, England. Mehreren Sekundärtexten ist zu entnehmen, daß Moir seine Meinung über den Skelettfund später geändert und diesen für rezent erklärt hatte. Weitere Nachforschungen weisen jedoch darauf hin, daß das Ipswich-Skelett trotz aller Vorbehalte tatsächlich alt sein könnte.

Dafür spricht in erster Linie die Tatsache, daß das Skelett laut Moirs Darstellung unter einer Lage Geschiebelehm gefunden wurde. Der Geschiebelehm von East Anglia liegt stratigraphisch über der pleistozänen Cromer-Forest-Formation, die wiederum den spätpliozänen Roten Crag überdeckt. Nach heutiger Auffassung dürfte der Geschiebelehm (eine eiszeitliche Ablagerung) 400 000 Jahre alt sein.

Das Skelett wurde in einer Grube nahe einer Ziegelei über dem Tal des Gipping River in einer Tiefe von 1,38 m entdeckt: zwischen dem Geschiebelehm und darunterliegenden eiszeitlichen Sanden. Moir war sich der Möglichkeit einer späteren Bestattung bewußt, weshalb er "kein Mittel unversucht ließ, den ungestörten Zustand der Fundschicht nachzuweisen" (Keith 1928, S. 294f.).

Das Ipswich-Skelett war das eines ca. 1,78 Meter großen Mannes mit einem Gehirnvolumen von 1430 Kubikzentimetern, was dem Durchschnittswert moderner Menschen entspricht. Nach Keith (1928, S. 297) "wies der Schädel alle Charakteristika auf, die wir von modernen Menschen kennen".

Die Entdeckung des Ipswich-Skelettes rief heftige Einwände hervor, deren mangelnde Logik Keith (1928, S. 299) kritisierte: "Wenn [...] das Ipswich-Skelett so ausgeprägte Merkmale wie der Neandertaler zeigen würde, [...] hätte dann irgendwer bezweifelt, daß es älter ist als die Geschiebelehmformation?" Er beantwortete die Frage selbst: "Ich glaube nicht, daß die Datierung dann in Frage gestellt worden wäre. Aber man verweigert solchen Funden jede weiter zurückreichende Datierung, sobald damit die Annahme verbunden ist, daß der moderne Mensch auch seinem Ursprung nach modern gewesen sei."

Wie alt das Skelett wirklich ist, hängt vom Alter des Geschiebelehms ab - dessen Datierung in East Anglia über die Jahre zum Gegenstand einer Kontroverse wurde. Moir hatte in den zwanziger

Jahren für East Anglia zwei eiszeitliche Geschiebelehmformationen postuliert, die sich zum einen während der Mindel-Eiszeit, zum anderen in der darauffolgenden Riß-Eiszeit abgelagert hätten (Keith 1928, S. 302-303). Nach diesem Schema würde das Ipswich-Skelett in die Riß-Eiszeit (vor etwa 125 000 bis 300 000 Jahren gehören).

Wie es scheint, unterlag Moir jedoch einem Irrtum. Neuesten geologischen Erkenntnissen zufolge gab es in Ipswich kein englisches Äquivalent zur Riß-Eiszeit, und auch im darauffolgenden Devension erreichte die Eisdecke Ipswich nicht. Dies bedeutet, daß der Geschiebelehm von Ipswich nur mit der zeitlich weit davor liegenden Anglischen Vereisung in Verbindung gebracht werden kann. Die eiszeitliche Sandschicht, in der das Ipswich-Skelett gefunden wurde, muß demnach zwischen dem Beginn der Anglischen Vereisung vor etwa 400 000 Jahren und dem Beginn der Hoxnien-Zwischeneiszeit vor etwa 330 000 Jahren entstanden sein. Das Skelett wäre also zwischen 330 000 und 400 000 Jahre alt, doch ist die untere Grenze nicht ganz sicher, da der Beginn der dem Anglien gleichzusetzenden Mindel-Eiszeit von einigen Experten auf 600 000 Jahre geschätzt wird (Gowlett 1984, S. 87).

Ein menschlicher Schädel aus demFrühen Pleistozän (Buenos Aires)

1896 fanden Arbeiter bei Ausschachtungsarbeiten für ein Trockendock in Buenos Aires einen menschlichen Schädel. Sie holten ihn aus der Rudergrube auf dem Grund des Docks, mußten dazu aber erst eine Schicht harten, kalksteinartigen Materials, *Tosca* genannt, durchbrechen. Der Schädel wurde auf einem Niveau 11 Meter unter dem Bett des Rio de la Plata gefunden (Hrdlicka 1912, S. 318).

Die Arbeiter übergaben den Schädel ihrem Aufseher. Die Kunde von diesem Fund erreichte den argentinischen Paläontologen Florentino Ameghino auf dem Umweg über Edward Marsh Simpson, einen Ingenieur im Dienst der Londoner Gesellschaft Charles H. Walker & Co., die die Ausschachtungsarbeiten im Hafen von Buenos Aires übernommem hatte (Ameghino 1909, S. 108; Hrdlicka 1912, S. 319). Nach Ameghinos Meinung gehörte der Schädel zu einem pliozänen Vorläufer von *Homo sapiens*, den er *Diprothomo platensis* nannte.

Hrdlicka, der alle ungewöhnlich alten Funde auf amerikanischem Boden vom Tisch zu wischen pflegte, schrieb (ebd.): “Professor Ameghino schließt allein aus den von Mr. Simpson erhaltenen Informationen, daß die Schädelfragmente aus der Rudergrube ganz unten im Trockendock 1 kamen, das heißt von unterhalb der *Tosca*-Schicht. Er stellt jedoch ferner fest, daß unter der *Tosca* eine Lage Quarzsand zum Vorschein kam, auf die wiederum ein Stratum grauen Lehms folgte, und daß in dieser Schicht grauen Lehms, 50 Zentimeter unter dem Boden des Trockendocks, das Schädeldach des *Diprothomo* entdeckt wurde.”

Ameghino datiere, so fuhr er fort, den grauen Lehm ans Ende der Prä-Ensenada-Formation, die den untersten Teil der Pampas-Formation bildet und an den Anfang des Pliozäns gehört.

Die Grundschicht des Pliozäns wird heute auf annähernd 5 Millionen Jahre vor unserer Zeit datiert. Moderne Autoritäten datieren den Beginn des Ensenadien auf 1,5 Millionen Jahre (Anderson 1984, S. 41) bzw. 1 Million Jahre (Marshall et al. 1982, S. 1352). Das Prä-Ensenada-Stratum, in dem der Schädel von Buenos Aires gefunden wurde, wäre demnach mindestens 1 bis 1,5 Millionen Jahre alt. Natürlich ist das Auftreten anatomisch moderner Menschen vor 1 Million Jahren an jedem Ort der Welt, nicht nur in Südamerika - höchst ungewöhnlich.

Wie erwähnt, glaubte Ameghino, sein *Diprothomo* repräsentiere eine Vorform des Menschen. Laut Hrdlicka (1912, S. 323) nahm er das Schädelvolumen mit nur 1100 ccm an, verglichen mit den 1400 ccm eines durchschnittlichen *Homo sapiens*; auch sprach er von einem niedrigen Schädeldach. Hrdlicka (1912, S. 325) kam jedoch zu ganz anderen Ergebnissen: “Der Schreiber dieser Zeilen erreichte Buenos Aires mit den voranstehenden Daten und dementsprechend eifrigen Erwartungen. Aber als Professor Ameghino ihm das Fundstück vorlegte, kam es sehr schnell zur Ernüchterung. [...] Schon bald machte eine detaillierte Untersuchung des Fundstücks klar, daß Ameghinos ursprüngliche Beschreibung völlig danebengegangen war, weil er das Bruchstück in eine falsche Position gebracht und es in dieser Position dann begutachtet hatte. [...] Die unglückliche und falsche Stellung des Fragments [...] hatte die Stirn viel niedriger erscheinen lassen, als sie ist. [...] Diese falsche Positionierung hat zu Ergebnissen geführt, die ihren Teil dazu beigetragen haben, daß das Exemplar insgesamt sehr ungewöhnlich und primitiv, ja unmenschlich aussieht. [Hrdlickas Auffassung wurde durch eine unabhängige Untersuchung des deutschen Wissenschaftlers G. Schwalbe bestätigt] [...] Er [der Schädel] war relativ hoch, aber nicht sehr; sein Volumen lag gewiß nicht unter 1350 ccm, sondern mit größerer Wahrscheinlichkeit sogar zwischen 1400 und 1500 ccm. [...] Jedes Merkmal erweist sich als Teil eines Menschenschädels; es gibt keine Hinweise darauf, daß der Schädel zu einem frühen oder primitiven Menschentyp gehörte, sondern nur solche, wie sie einem gut entwickelten, dem anatomisch modernen Menschen ähnlichen Individuum zukommen."

Hrdlickas Folgerungen sind vorhersehbar: "Auf der Grundlage unseres heutigen positiven Wissens über den frühen Menschen und der gegenwärtigen wissenschaftlichen Ansichten über die menschliche Evolution darf der Anthropologe rechtens erwarten, daß menschliche Knochen, insbesondere Crania, die älter sind als ein paar tausend Jahre, und vor allem jene, die auf ein geologisches Alter zurückgehen, deutliche morphologische Unterschiede aufweisen und daß diese Unterschiede auf primitivere Formen hindeuten. [...] Menschliche Skelette, die sich von denen moderner Menschen nicht merklich unterscheiden, können daher aus morphologischen Gründen geologisch nur als bedeutungslos angesehen werden, da sie in aller Wahrscheinlichkeit zeitlich nicht über die modernen, geologisch noch nicht abgeschlossenen Formationen zurückreichen. Wer anderes behauptet, trägt auf jeden Fall die schwere Last der Beweisführung" (Hrdlicka 1912, S. 3).

Eindeutiger läßt sich das dubiose Prinzip der morphologischen Datierung kaum formulieren. Und man erkennt wieder einmal den doppelten Maßstab bei der Behandlung von Beweismaterial: Da der *Diprothomo*-Schädel aus dem Hafen von Buenos Aires keine primitiven Züge aufweist, kann er unmöglich aus dem frühpleistozänen Stratum stammen, in dem er gefunden wurde.

Menschliche Fossilien aus tertiären Formationen

Natürlich sind moderne Autoritäten fast ausnahmslos davon überzeugt, daß es im Tertiär keine Menschen gegeben hat. In ihrem Buch *Fossil Men* wagen Boule und Vallois (1957, S. 108) über mögliche fossile Formen, die möglicherweise eines Tages noch zum

Vorschein kommen werden, die Voraussage: “Wir werden im Pliozän auf keine - oder besser gesagt, noch keine echten - Hominiden treffen. Es werden die Vorfahren der Prähominiden, die Vorfahren der Australopithezinen oder eben diese Australopithezinen selbst sein - alles Formen, die so affenähnlich sind, daß der Versuch, sie als Menschen zu bezeichnen, diesen Begriff aller logischen Bedeutung entkleiden würde.”
Das Zitat ist ein weiteres Beispiel dafür, wie durch vorgefaßte Meinungen über die Evolution determiniert wird, was entdeckt werden darf, ohne Probleme aufzuwerfen.

Menschliche Skelette aus Castenedolo, Italien (Mittleres Pliozän)

Zu einem der bemerkenswerteren Funde aus dem Tertiär kam es in Italien. Vor Millionen von Jahren, während des Pliozäns, schwappten die Wellen eines warmen Meeres gegen die Südabhänge der Alpen und hinterließen Korallen- und Weichtierablagerungen. Im Spätsommer 1860 fuhr Professor Giuseppe Ragazzoni, Geologe und Lehrer am Technischen Institut in Brescia, in die nahe gelegene Ortschaft Castenedolo, etwa 10 Kilometer südöstlich von Brescia, um in den freigelegten pliozänen Schichten einer Grube am Fuße des Colle de Vento fossile Muscheln zu sammeln.

Ragazzoni (1880, S. 120) berichtet: “Als ich einer Korallenbank folgend nach Muscheln suchte, hielt ich plötzlich ein Stück eines Craniums in Händen, das vollständig mit Korallen aufgefüllt und mit dem für diese Formation typischen blaugrünen Lehm [Kink] verbacken war. Erstaunt suchte ich weiter und fand nach dem Schädeldach weitere Knochen von Brustkorb und Gliedmaßen, die ganz offensichtlich zu einem menschlichen Individuum gehörten.”

Ragazzoni überbrachte die Knochen den Geologen A. Stoppani und G. Curioni, deren Reaktion, wie er notierte (ebd.), negativ war. “Ich warf die Knochen daraufhin weg”, meinte Ragazzoni, “nicht ohne Bedauern, hatte ich sie doch zwischen den Korallen und Seemuscheln liegen gesehen, wo sie, ungeachtet der Ansicht der beiden fähigen Wissenschaftler, den Anschein erweckten, als seien sie von den Meereswellen angeschwemmt und von Korallen, Muscheln und Lehm bedeckt worden.”

Aber das war nicht das Ende der Geschichte. Ragazzoni konnte sich die Vorstellung eines Menschen, der im Pliozän lebte, nicht aus dem Kopf schlagen und kehrte etwas später erneut an die Fundstelle zurück, wo er einige weitere Knochenreste fand.

1875 folgte Carlo Germani Ragazzonis Rat und erwarb Land in Castenedolo, um den hier vorhandenen phosphathaltigen Muschellehm als Düngemittel an die örtlichen Bauern zu verkaufen. Ragazzoni wies Germani auch auf die Wahrscheinlichkeit von Knochenfunden hin, und in der Tat gelang Germani ein paar Jahre später seinen erste Entdeckung. Ragazzoni erinnerte sich (ebd.): "Im Dezember 1879 veranlaßte Germani eine Grabung, etwa 15 Meter nordwestlich von der ersten Stelle entfernt, und am 2. Januar 1880 verkündete er mir, er habe zwischen der Korallenbank und der darüberliegenden Muschellehmschicht menschliche Knochen entdeckt. Am nächsten Tag begab ich mich mit meinem Assistenten Vincenzo Fracassi an Ort und Stelle, um die Knochen eigenhändig zu bergen. Es handelte sich um Fragmente von Scheitel- und Hinterhauptsbein, ein linkes Schläfenbein, die Kinnpartie eines Unterkiefers mit einem Eckzahn, zwei lose Backenzähne, einen Nackenwirbel, Wirbel- und Rippenfragmente, einen Teil vom Darmbein, Stücke von Oberarm-, Ellen-, Speichen-, Oberschenkelknochen, Schien- und Wadenbein sowie einen Fußwurzel- und zwei Zehenknochen." Weitere Entdeckungen ließen nicht auf sich warten: "Am 25. desselben Monats brachte mir Carlo Germani zwei Unterkieferfragmente und einige Zähne, die kleiner und von anderer Form waren als jene, die 2 Meter entfernt, aber in der gleichen Tiefe gefunden worden waren. Da ich mir nicht sicher war, ob sie zu einem jungen Menschen oder einem anthropomorphen Affen gehörten, kehrte ich mit Signor Germani erneut nach Castenedolo zurück. Folgende Stücke konnte ich bergen: sehr viele Oberschädelfragmente (wie ich vermutete, von zwei Individuen), den linken Augenbogen eines Stirnknochens, zwei Scheitelbeine, das Fragment eines Oberkiefers mit zwei Backenzähnen, weitere lose Zähne sowie die Teile von Rippen und die Bruchstücke von Knochen der Gliedmaßen. Alle waren sie vollständig von Lehm und kleinen Muschelschalen- und Korallenfragmenten bedeckt und durchdrungen, was jeden Verdacht beseitigte, daß die Knochen aus Erdbestattungen stammen könnten; im Gegenteil war damit bestätigt, daß sie von den Meereswellen hier angeschwemmt worden waren" (Ragazzoni 1880, S. 122).

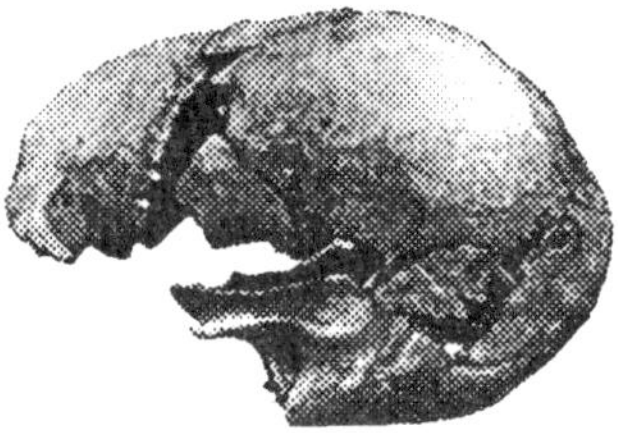

Dieser anatomisch moderne Schädel (Sergi 1884, Tafel 1) wurde 1880 bei Castenedolo in Italien gefunden. Die Fundschicht wird dem Astien zugeschrieben, das moderne Experten (Harland et al. 1982, S. 110) zum Mittleren Pliozän rechnen, wodurch dem Schädel ein Alter von 3 bis 4 Millionen Jahren zukäme.

Am 16. Februar erfuhr Ragazzoni von Germani, daß ein vollständiges Skelett entdeckt worden sei. Ragazzoni (1880, S. 122) begab sich an den Fundort und leitete die Ausgrabung, wobei er den Arbeitern genaueste Anweisungen gab. Sie trugen "sukzessive von oben nach unten Schicht um Schicht ab, um das ganze Skelett freizulegen". Das Cranium wurde von G. Sergi restauriert (Abb. oben) und ist von dem einer modernen Frau nicht zu unterscheiden.

Ragazzoni schrieb (1880, S. 123): "Anders als die 1860 und die früher in diesem Jahr gefundenen Reste kam dieses komplette Skelett inmitten der Kinkschicht zutage, [...] über die sich eine Schicht gelben Sandes gelegt hatte."

Die anderen Skelette wurden weiter unten im Kink gefunden, wo der blaue Lehm auf die Korallen-Muschel-Bank trifft. Ragazzoni (ebd.) fügte hinzu: "Das Kink-Stratum, das mehr als 1 Meter stark ist, hat seine einheitliche Stratifikation bewahrt und zeigt nicht das geringste Zeichen einer Störung. Übereinstimmend mit dem vorurteilsfreien Ausgräber glaube ich, daß das Skelett sehr wahrscheinlich in Meeresschlamm abgelagert, keineswegs aber zu einem späteren Zeitpunkt beerdigt wurde, da man in letzterem Falle Spuren des darüberliegenden gelben Sandes und des *Ferretto* genannten rostroten Lehms hätte entdecken müssen, die man oben auf dem Hügel findet. Wiederkehrende Regenfluten haben Sand und Lehm hangabwärts geschwemmt, wo sie die unteren Konglomerat- und Sandschichten, die den subapenninen Muschellehm überdecken, unter sich begruben."

Ragazzoni (1880, S. 126) wies darauf hin, daß selbst an Stellen, wo der Kink an die Oberfläche trat, vom Regen eine Oberflächenschicht *Ferretto* abgewaschen worden war. So bedeckte offenbar eine Lage hellroten Lehms die Kink-Formation. Bei einer

Bestattung wäre mit Sicherheit ein auffälliges Gemisch aus verschiedenfarbigen Materialien in der ansonsten ungestörten Kinkschicht aufgetreten. Ragazzoni, der ja Geologe war, bezeugte, daß es dafür keine Anzeichen gab. Er wies auch darauf hin, daß es sehr unwahrscheinlich sei, daß die menschlichen Fossilien in jüngerer Zeit in die Positionen geschwemmt worden waren, in denen man sie fand. "Die Fossilien, die am 2. und am 25. Januar entdeckt wurden, lagen in etwa 2 m Tiefe an der Scheidelinie zwischen der Korallen-Muschel-Bank und dem darüberliegenden Kink. Sie waren durcheinandergebracht, als wären sie von den Wellen unter die Muschelschalen gestreut worden. Die Fundsituation gestattet es, jede spätere Vermengung oder Störung der Schichten gänzlich auszuschließen."

Ragazzoni (ebd.) erklärte weiter: "Das am 16. Februar aufgefundene Skelett lag in über 1 m Tiefe im blauen Lehm, der es in einem Zustand langsamer Ablagerungsbildung bedeckt zu haben scheint." Die langsame Ablagerung des Lehms, von dem Ragazzoni (1880, S. 123) sagte, er sei in sich geschichtet, machte alle Bedenken hinfällig, daß das Skelett erst in neuerer Zeit durch einen Sturzbach in den Kink eingeschwemmt worden sei. Und er fügte hinzu, daß der Kink "in einem Zustand war, der jede Neuordnung durch Menschenhand ausschloß. [...] Diese Fakten beweisen die frühpliozäne Existenz des Menschen in der Lombardei."

Andernorts in seinem Bericht hatte er festgestellt: "Um es für jeden vollkommen klarzumachen, daß das Terrain, in dem Knochen und Skelett gefunden wurden, ins Frühe Pliozän gehört, hielt ich es für angebracht, Stichproben von Fossilien zu offerieren, die dort überreichlich vorkommen" (Ragazzoni 1880, S. 123). Geologen, die die Kinkschicht am Colle de Vento untersuchten, darunter Prof. G. B. Cacciamali, waren wie er der Meinung, daß sie ins Pliozän, und zwar ins Astien, gehörte (Oakley 1980, S. 46). Nach heutiger Auffassung ist das Astien Mittleres Pliozän (Harland et al. 1982, S. 110). Die Fossilfunde von Castenedolo wären damitauf ein Alter von 3 bis 4 Millionen Jahren zu datieren.

1883 empfing Ragazzoni den Besuch Professor Giuseppe Sergis, eines Anatomen von der Universität Rom. Am Technischen Institut von Brescia untersuchte dieser eigenhändig die von Ragazzoni gefundenen menschlichen Fossilien. Seiner Ansicht nach handelte es sich um vier Individuen: einen erwachsenen Mann, eine erwachsene Frau und zwei Kinder. Sergi stattete auch dem Fundort einen

Besuch ab. In seinem Bericht (1884, S. 315) fragte er sich und seine Leser: "Was garantiert uns - eine zweifellos berechtigte Forderung - die Authentizität derartiger Entdeckungen? Meiner Ansicht nach könnte jeder Zweifel beseitigt werden, falls der Entdecker die erforderlichen Methoden anwendet und alle Begleitumstände mit entsprechender Sorgfalt und Gewissenhaftigkeit festhält. Professor Ragazzoni ist Geologe und war mit den stratigraphischen Gegebenheiten der Region und der ganzen Lombardei gut vertraut. Jede Erdverschiebung, jedes Anzeichen, daß der Kink mit Materialien aus darüberliegenden Schichten vermengt wurde, hätte er wohl sofort erkannt. [...] Aus all dem, was ich gehört und gesehen habe, konnte ich nur den Schluß ziehen, daß die Skelette von Castenedolo aus der gleichen geologischen Ära wie die Kinkschichten und das Meeresmuschelbett stammen. Sie sind ein unwiderlegbares Dokument für die Existenz des tertiären Menschen - keines Vorläufers, sondern eines Menschen von vollkommen humanem Wesen."

Sergi schloß aus den Castenedolo-Skeletten, daß die für die in dieser Region gefundenen tertiären Feuersteine und eingeschnittenen Knochen verantwortlichen Lebewesen doch eher richtige Menschen waren und keine affenähnlichen Vorfahren, wie sie sich de Mortillet vorstellte. Sergi wies auch darauf hin, daß die Existenz menschlicher Wesen im Pleistozän von der wissenschaftlichen Welt erst nach heftigen Auseinandersetzungen anerkannt worden war. "Kaum war jedoch dieser Tatbestand akzeptiert", schrieb Sergi (1884, S. 303), "begannen menschliche Artefakte aus dem Tertiär aufzutauchen. Diese Entwicklung sah sich allerdings vor einigen Hindernissen und mit einer Opposition konfrontiert, die sich nicht nur die Vorurteile zunutze machte, die man vom Mann auf der Straße erwartet, sondern auch die Vorurteile auf wissenschaftlicher Seite. Die Wissenschaft sieht kein Problem darin, heute lebende Muschelarten in Millionen Jahre alten Schichten wiederzufinden, und auch von den gegenwärtigen Säugetieren sind einige bereits im Tertiär vertreten, nur der Mensch selbst, so meint man, müsse recht jung sein. [...] Artefakte des Tertiärmenschen wurden schon vor diversen Akademien und auf verschiedenen Kongressen präsentiert, darunter Abdrücke, Knochen und Steine mit Einschnitten, Auskerbungen und Kratzspuren, von Menschenhand abgeschlagene Feuersteine - und die Reaktionen darauf waren allesamt negativ. Und wenn es keinen Grund gab, etwas abzulehnen, war die Antwort einfach: 'Das glaube ich nicht.' Berichte über tatsächliche menschliche Überreste - Crania und andere Knochen - wurden mit Ironie aufgenommen und in dogmatischem Unglauben zurückgewiesen."

Sergi (1884, S. 304) konnte jedoch auch feststellen, daß sich angesichts der Artefakte des Tertiärmenschen allmählich ein Hauch von positiver Anerkennung einstellte: "Eine bestimmte Gruppe von Fakten konnte einfach nicht abgeschmettert werden, auch wenn es lange bis zu ihrer Anerkennung dauerte, und das waren die von Bourgeois entdeckten Feuersteinabschläge aus den tertiären Ablagerungen von Thenay (Loire-et-Cher). Auf dem Pariser Kongreß von 1867 stieß Bourgeois noch auf Unglauben, aber bald darauf erklärte Worsae seine Unterstützung, und wenig später taten es ihm de Mortillet und andere nach. 1872, auf der Brüsseler Tagung, wurde die Frage wieder diskutiert, und die Zahl der Anhänger wuchs. Damit war der Weg bereitet für Rames, der in den Konglomeraten von Cantal bei Aurillac bearbeitete Feuersteine und Quarzite entdeckte [...] auch die tertiären Feuersteine Portugals stießen auf großen Widerstand. Und doch waren C. Ribeiros Forschungen von unschätzbarem Wert und entsprechender Wirkung. Doch erst auf dem Kongreß von Lissabon 1880 wurde seinen Entdeckungen die volle Anerkennung zuteil, vor allem als eine Kommission von Wissenschaftlern bei einem Besuch des Monte Redondo bei Otta ein Feuersteingerät in situ fand, noch eingebettet im Konglomerat. Professor Bellucci hatte das Glück, diese Entdeckung zu machen und darüber zu berichten. [...] Zieht man all das in Betracht, so läßt sich daraus der affirmative Schluß ziehen, daß der Mensch nicht erst im Quartär auf der Bildfläche erschienen ist, sondern daß die Spuren seiner Existenz bis ins Tertiär zurückreichen."

Über die geradezu krampfhaften Versuche mancher Wissenschaftler, die tertiären Feuersteine und Artefakte einem affenähnlichen hypothetischen Vorfahren des Menschen zuzuordnen, schreibt Sergi (1884, S. 305): "Menschliche Skelette zur Begutachtung zu haben, war demnach sehr wichtig, aber es waren keine akzeptablen gefunden worden. Dies ist der Grund für die negativen Meinungen von de Mortillet und Hovelacque. Aber was den propagierten Vorläufer des Menschen anging, war der fossile Befund fürwahr nicht viel besser." (Der Java-Mensch, der erste wissenschaftlicherseits anerkannte Affenmensch, wurde erst 1891, sieben Jahre nach Sergis Bericht, entdeckt.)

Wie bereits erwähnt, vertrat de Mortillet die Auffassung, daß die progressive evolutionäre Entwicklung von den primitiven Formen des Tertiärs bis hin zu den fortgeschritteneren Formen der Gegenwart an den Fossilien der Säugetiere deutlich abzulesen sei. Für de Mortillet war diese Sequenz eine Art paläontologisches Gesetz, demzufolge die Fossilien irgendwelcher Tertiärmenschen sehr primitiv und affenähnlich zu sein hätten.

Sergi hielt dagegen, daß einige Säugetiere aus dem Tertiär (wie etwa das Mastodon) in Italien und Spanien ohne große Veränderungen bis ins Quartär (Pleistozän) überlebt hätten. Desgleichen hätten Geologen in den Vereinigten Staaten in spätmiozänen Formationen fossile Wolfskiefer gefunden, die von denen heute lebender Wölfe nicht zu unterscheiden wären (ebd. S. 306 ff.). Deshalb sprach er sich für eine undogmatische Orientierung an den Fakten aus: "Aus theoretischer Voreingenommenheit heraus Entdeckungen abzulehnen, die die Anwesenheit von Menschen im Tertiär belegen könnten, ist meines Erachtens eine Form wissenschaftlicher Vorverurteilung. Die Naturwissenschaften sollten sich davon befreien." Leider blieb das bis heute ein Wunsch.

1889 wurde ein weiteres menschliches Skelett bei Castenedolo entdeckt, das einige Verwirrung ins Spiel brachte.

Ragazzoni lud G. Sergi und A. Issel ein, dieses Skelett, das in einem uralten Austernbett gefunden worden war, näher zu untersuchen. Beide kamen übereinstimmend zu der Ansicht, daß es sich dabei um einen jüngeren Eindringling in die Pliozänschichten handelte (Sergi 1912), "weil das fast intakte Skelett in einem Riß im Austernbett auf dem Rücken lag und Zeichen einer Bestattung vorhanden waren" (Cousins 1971, S. 53).

Nun gab Issel (1889) aber nicht nur seine Stellungnahme zu diesem neuen Fund ab, sondern schloß aus dem rezenten Status der Leiche, daß auch die Entdeckungen von 1880 jüngeren Datums sein müßten (1889, S. 10). Den Knochenwirrwarr führte er auf bäuerliche Feldarbeit zurück (Issel 1899, S. 109). Zudem behauptete er in einer Fußnote (ebd.), er stimme mit Sergi überein, daß keines der bei Castenedolo gefundenen Skelette pliozänen Alters sei. Für die Wissenschaftsgemeinde schien die anhaltende Kontroverse damit beendet zu sein.

Aber Sergi gab später (1912) zu verstehen, Issel habe sich geirrt. Er, Sergi, habe trotz seiner Ansichten über den Skelettfund von 1889 nie die Überzeugung aufgegeben, daß die 1880 gefundenen Knochen pliozän seien. "Heute erkläre ich, daß der eine Befund den anderen nicht entwertet. [...] Auf jeden Fall versetzte diese Pseudo-Entdeckung [von 1889] der ersten einen entscheidenden Schlag, und fortan senkte sich tiefes Schweigen, dem eines Grabes nicht unähnlich, über den Menschen von Castenedolo; ich hatte weder das Herz noch einen Grund, ihn wieder auszugraben. [...] Seither hat niemand mehr auch nur ein Wort über den Castenedolo-Menschen verloren [es sei denn, um ihn anzuzweifeln]" (Cousins 1971, S. 54).

Ein gutes Beispiel für eine solche parteiische Behandlung liefert Professor R. A. S. Macalister, der 1921 in seinem *Textbook of European Archaeology* zu den Castenedolo-Funden Stellung nahm. Zunächst räumte er ein, daß "[sie], was immer wir auch davon denken mögen, eine ernsthafte Auseinandersetzung verdienten, [...] [da sie immerhin] von einem kompetenten Geologen, Ragazzoni, ausgegraben [...] und von einem kompetenten Anatomen, Sergi, untersucht" worden seien. Dennoch schien ihm ein pliozänes Alter inakzeptabel. Doch angesichts der unbequemen Fakten stellte Macalister fest: "Irgendwo kann da etwas nicht stimmen." Nach der Anmerkung, daß die Knochen von Castenedolo anatomisch modern seien, meinte Macalister (1921, S.184 f.): "Gehörten sie wirklich zu dem Stratum, in dem sie gefunden wurden, so bedeutete dies einen außerordentlich langen Stillstand der Evolution. Es ist sehr viel wahrscheinlicher, daß an den Beobachtungen etwas faul ist. [...] Die Annahme eines Pliozändatums für die Castenedolo-Skelette schüfe so viele unlösbare Probleme, daß wir bei der Frage, ob wir ihre Authentizität anerkennen oder leugnen sollen, kaum zögern können. [...] Einerseits erwartet man von uns, an Eolithen zu glauben; andererseits stellt man uns weit fortgeschrittene, intellektuelle Menschen wie jene von Castenedolo vor - zwei Dinge, die nicht miteinander vereinbar sind. Die Suche nach dem Tertiärmenschen ist ein Spiel, das man fair spielen muß; man kann nicht doppelt gewinnen. Mag zum Eolithisten werden, wer es für angebracht hält; doch möge der dann alle Hoffnung aufgeben, einen geistig voll entwickelten Tertiärmenschen zu finden. Oder er soll seinen tertiären *Menschen* suchen, dann aber muß er seine Eolithen und den restlichen Ballast über Bord werfen."

Fortgeschrittene intellektuelle Fähigkeiten und die Anfertigung primitiver Steinwerkzeuge lassen sich jedoch durchaus miteinander vereinbaren - immerhin stellen in verschiedenen Teilen der Welt noch heute, wie bereits festgestellt, Angehörige von Eingeborenenstämmen mit der gleichen Hirnkapazität wie moderne Städter solche Werkzeuge her. Auch gibt es keinen Grund auszuschließen, daß anatomisch moderne Menschen im Tertiär als Zeitgenossen affenähnlicherer Kreaturen gelebt haben, so wie die heutigen Menschen Zeitgenossen von Gorillas, Schimpansen und Gibbons sind.

Wissenschaftler haben sich radiometrischer und chemischer Testverfahren bedient, um das angenommene pliozäne Alter der Castenedolo-Knochen zu widerlegen. K. P. Oakley (1980, S. 40) fand heraus, daß die Castenedolo-Knochen einen Stickstoffgehalt aufwiesen, der jenem von Knochen aus italienischen Fundstätten des Späten Pleistozäns und Holozäns nahekam. Er schloß daraus, daß die Castenedolo-Knochen ein geringes Alter hätten. Aber der Stickstoffgehalt in Knochen kann von Fundort zu Fundort sehr variieren, was solche Vergleiche als Altersindikatoren ungeeignet erscheinen läßt. Außerdem wurden die Castenedolo-Knochen in Lehm gefunden, einer Substanz, die dafür bekannt ist, daß sie stickstoffhaltige Knochenproteine "konserviert". Die Castenedolo-Knochen hatten andererseits einen Fluorgehalt, der nach Oakleys Auffassung (1980, S. 42) für rezente Knochen relativ hoch war. Die Diskrepanz erklärte er damit, daß das Grundwasser von Castenedolo in der Vergangenheit höher gestanden haben müsse. Aber das ist reine Vermutung. Die Castenedolo-Knochen wiesen auch eine unerwartet hohe Urankonzentration auf - eine Beobachtung, die wiederum auf ein hohes Alter schließen läßt.

Ein Radiokarbon-Test erbrachte für einige der Castenedolo-Knochen ein Alter von 968 Jahren. Aber wie im Fall von Galley Hill gelten die bei dem Test angewandten Methoden heute nicht mehr als zuverlässig. Auch waren die Knochen mit ziemlicher Wahrscheinlichkeit durch rezenten Kohlenstoff kontaminiert, woraus sich zwangsläufig eine niedrige Datierung ergeben mußte.

Der Fall Castenedolo demonstriert somit sehr eindrucksvoll die Unzulänglichkeiten der von den Paläanthropologen angewandten Methodologie.

Menschliche Skelettreste aus dem kalifornischen Goldland (Pliozän bis Eozän)

Wie bereits geschildert, wurden in den goldhaltigen Kiesschichten der kalifornischen Sierra Nevada zahlreiche Steinwerkzeuge gefunden. Einige dieser Geräte wurden unter der Latitdecke des Tafelberges im Tuolomne County entdeckt. Für die Latitdecke ergaben sich radiometrische Daten von 9 Millionen Jahren, während die prävulkanischen goldhaltigen Geröllschichten unmittelbar über dem gewachsenen Fels Daten von 33 bis 55 Millionen Jahren lieferten. Aber es waren nicht nur Steinartefakte, die aus diesen uralten Schichten ans Licht kamen.

Das berühmteste Fossil, das in den Bergwerken Kaliforniens während des Goldrausches entdeckt wurde, war der Calaveras-Schädel. J. D. Whitney (1880, S. 267-273), amtlich bestellter Geologe des Staates Kalifornien, beschrieb die Fundumstände:

Im Februar 1866 hatte Mr. Mattison, der Haupteigner der Mine auf dem Bald Hill in der Nähe von Angels Creek, diesen Schädel in einer Geröllschicht fast 40 m unter der Oberfläche freigelegt. Der Schutt befand sich nahe dem Felsuntergrund unter mehreren deutlich erkennbaren Lagen vulkanischen Materials. Die Vulkantätigkeit begann in dieser Region im Oligozän, setzte sich während des Miozäns fort und endete im Pliozän (Clark 1979, S. 147). Da der Schädel unweit der Sohle dieser durcheinandergeratenen Sequenz von Kies- und Lavaschichten zutage trat, ist es wahrscheinlich, daß der Kies, in dem der Schädel gefunden wurde, älter war als das Pliozän (vielleicht um vieles älter).

Mattison brachte den Schädel zu Mr. Scribner, einem Agenten [des Expreßdienstes] von Wells, Fargo & Co. in Angels Creek. Mr. Scribners Büroangestellter, Mr. Matthews, beseitigte einen Teil der das ganze Fossil bedeckenden Verkrustungen. Als er sah, daß es sich um einen menschlichen Schädel handelte, schickte er den Fund weiter an Dr. Jones, der ein begeisterter Sammler solcher Stücke war und im Nachbardorf Murphy's lebte. Dr. Jones wiederum schrieb einen Brief an den *Geological Survey* in San Francisco, dem er auf dessen Antwort hin den Schädel überantwortete. Dort wurde er von Whitney untersucht. Whitney machte sich daraufhin sofort nach Murphy's und Angels Creek auf, wo er Mr. Mattison persönlich befragte; dieser bestätigte den Bericht, den er Dr. Jones gegeben hatte. Sowohl Scribner als auch Jones waren Whitney persönlich bekannt und wurden von ihm als glaubwürdig angesehen.

Am 16. Juli 1866 legte Whitney der *California Academy of Sciences* einen Bericht über den Calaveras-Schädel vor, worin er bestätigte, daß er in pliozänen Strata gefunden worden war. Der Schädel wurde in ganz Amerika zur Sensation.

Whitney (1880, S. 270) zufolge griff die "religiöse Presse in diesem Land die Sache auf [...] und erklärte den Schädel ziemlich einhellig für einen ausgemachten Schwindel". In einer Zeitung stand zu lesen: "Wir meinen, daß die ganze Geschichte jeder wissenschaftlichen Glaubwürdigkeit entbehrt, und in dieser Meinung sind wir um so mehr durch die Erklärung eines Kongregationalisten-Pfarrers bestätigt worden, der sich in der Region eine Zeitlang als Prediger betätigt hat. Der Mann erzählte uns, die Bergleute hätten ihm freimütig gestanden, die ganze Sache ausgeheckt zu haben, um Prof. Whitney einen Streich zu spielen." Ein anderes religiöses Blatt (*The Congregationalist* vom 27. September 1867) schrieb, der Schädel "sei von einigen mutwilligen Bergleuten [in der Mine] plaziert worden, als Schabernack, den sie einem aus ihren Reihen spielen wollten, der die Wahrheit der Bibel in Zweifel zog und an die Geologie glaubte. Er schluckte den Köder und überbrachte die Neuigkeiten Prof. Whitney, der daraufhin den Schädel für das Staatliche Museum sicherstellte" (Whitney 1880, S. 270).

Whitney merkte an, daß die Schwindelgeschichten erst aufkamen, nachdem sein Bericht in den Zeitungen breitgetreten worden sei. Einige der Schwindelvorwürfe wurden jedoch nicht von Predigern vorgebracht, sondern von Wissenschaftlern wie William H. Holmes.

Holmes, ein Anthropologe, arbeitete für die *Smithsonian Institution*, die 1846 mit einem Halbmillionendollarlegat von James Smithson, einem englischen Wissenschaftler und Erfinder, ins Leben gerufen worden war. Noch in den 1890ern war der Calaveras-Schädel Gegenstand großen Interesses und wurde in der wissenschaftlichen Welt heiß diskutiert. Holmes, der das tertiäre Alter des Schädels anzweifelte, wollte die Sache ein für allemal aus der Welt schaffen. Bei einem Besuch im Calaveras County trug er Zeugnisse von Personen zusammen, die Scribner und Dr. Jones gekannt hatten, und aufgrund dieser Aussagen ergaben sich Zweifel, ob der von

Whitney untersuchte Schädel wirklich ein tertiäres Fossil war (Holmes 1899, S. 459 ff.).

Holmes untersuchte den Schädel am *Peabody Museum* in Cambridge, Massachusetts, und kam zu dem Schluß, daß "der Schädel von keinem tertiären Sturzbach mitgerissen und zerbrochen wurde, daß er nie und nimmer aus den alten Kiesschichten der Mattison-Mine stammt und daß er in keiner Weise eine tertiäre Menschenrasse repräsentiert".

Dr. F. W. Putnam vom *Peabody Museum of Natural History* an der Harvard University kam zu einem ähnlichen Ergebnis: "Wäre er [der Schädel] aus dem Schacht geborgen worden, hätte man wahrscheinlich Spuren jenes Kieses entdeckt, der in den Schichten zu finden ist, durch die der Schacht abgeteuft worden war, vermengt mit den gleichen Materialien, die die Professoren Whitney und Wyman am Schädel festgestellt haben. Aber bei mehreren Untersuchungen der Matrix sind keinerlei Kiesspuren aufgetreten" (Sinclair 1908, S. 129).

Auch Professor William J. Sinclair von der *University of California* untersuchte die Matrix eigenhändig und kam zu dem Schluß, daß es sich dabei "im strengen Sinne nicht um Kies" handelt und daß "sich das Material in jeglicher Hinsicht von den freiliegenden Kiesen auf dem Bald Hill unterscheidet. Vielmehr ist es in jeder Beziehung mit Höhlen-Breccia [Trümmergestein] vergleichbar" (1908, S. 126). Sinclair war der Meinung, daß winzige Knochenfragmente von Menschen und kleinen Säugetieren, die am Schädel klebten, sowie eine im Schädelinneren gefundene Schmuckperle Beweis genug seien für einen rezenten Ursprung, den er in einer Höhle vermutete.

Holmes (1899, S. 467) andererseits teilte mit: "Dr. D. H. Dall erklärt, daß er während seines Aufenthalts in San Francisco das am Schädel haftende Material mit Kies aus der Mine verglichen habe und daß sich die Proben im wesentlichen ähnelten." Und im *American Naturalist* meldete sich W. O. Ayres (1882, S. 853) zu Wort: "Ich sah ihn [den Schädel] und untersuchte ihn mit aller Sorgfalt, während er in Professor Whitneys Händen war. Er war nicht nur mit Sand und Kies verkrustet, das gleiche Material füllte auch seine Hohlräume - Material von besonderer Art, mir aber bestens bekannt. Es handelte sich nämlich um den gewöhnlichen 'Mörtel' oder 'Dreck' der Bergleute, das was in den Büchern als goldhaltiger Kies bezeichnet wird." Ayres, ein kompetenter Beobachter, dem die Gegend sehr gut vertraut war, sollte eigentlich in der Lage gewesen sein, rezente Höhlen-Breccia von goldhaltigen Kiesen aus dem Pliozän oder Eozän zu unterscheiden.

Whitney (1880, S. 271) hatte in seiner Originalbeschreibung festgestellt, daß der Calaveras-Schädel in hohem Maße versteinert war. Dies ist zweifellos ein Zeichen großen Alters, aber, wie Holmes richtig festgestellt hat, kommt es manchmal auch vor, daß Knochen bereits in einem Zeitraum von wenigen hundert oder tausend Jahren versteinern. Der Geologe George Becker (1891, S. 195) äußerte sich wie folgt: "Wie ich sehe, sind viele hervorragende Gutachter von der Echtheit des Calaveras-Schädels vollstens überzeugt, und die Herren Clarence King, O. C. Marsh, F. W. Putnam und W. H. Dall haben mir alle versichert, daß dieser Knochen in situ im Kies unter der Lava gefunden wurde."

Kann man wirklich mit Sicherheit feststellen, ob der Calaveras-Schädel echt war oder ein Schwindel? Die Befundlage ist so widersprüchlich und verwirrend, daß der Schädel zwar durchaus aus einer indianischen Begräbnishöhle stammen mag, daß aber andererseits jedem, der eine definitive Lösung anbietet, mit Mißtrauen begegnet werden sollte. Man sollte jedoch daran denken, daß der Calaveras-Schädel keine isolierte Entdeckung war. In nahe gelegenen Formationen ähnlichen Alters wurden Steinwerkzeuge in großer Zahl gefunden. Und im gleichen Gebiet wurden auch weitere menschliche Überreste entdeckt.

Dazu gehörten menschliche Knochen, die 1855 oder 1856 am Tafelberg im Tuolomne County auftauchten. Augenzeuge war ein gewisser Captain Akey, der davon Dr. C. F. Winslow in Kenntnis setzte, über den wiederum die *Boston Society of Natural History* (1873) von dem Fund erfuhr. Wie Winslow von Captain Akey erfuhr, handelte es sich um ein vollständiges menschliches Skelett (Winslow 1873, S. 257–258). Die Kiesschicht, aus der das Skelett stammt, wird auf 33 bis 55 Millionen Jahre geschätzt (Slemmons 1966, S. 200). Dies muß auch das Alter des Skeletts sein, wenn es nicht zu einem späteren Zeitpunkt in den Kies geraten ist; dafür sind aber keinerlei Hinweise bekannt geworden.

Die Erwähnung von Mastodonzähnen "auf dem gleichen Level, [...] aber aus anderen Tunnels" (Winslow 1873, S. 259) ist interessant. Die nordamerikanischen Mastodonten werden üblicherweise als Tiere des Miozäns angesehen; wenn also tatsächlich Mastodonzähne nahe dem gewachsenen Felsuntergrund des Tuolomne-Tafelberges gefunden wurden, wären diese Tiere beträchtlich älter - früholigozän oder eozän.

In diese Fundreihe gehört ferner ein nach Paul K. Hubbs benanntes Schädelfragment "aus einem Schacht im Tafelberg, gefunden in 180 Fuß [fast 25 m] Tiefe unter der Oberfläche, in einem Goldgeschiebe, zwischen abgerollten Steinen in der Nähe von Mastodonknochenschutt. Darüberliegende Schichten von basaltener Kompaktheit und Härte. Gefunden im Juli 1857. Überreicht an Rev. C. F. Winslow vom Ehrenw. Paul K. Hubbs, im August 1857" (so die Beschriftung des Knochenstücks in der Sammlung des Museums der *Natural History Society* in Boston). Ein weiteres Fragment vom selben Schädel und ähnlich beschriftet fand sich im Museum der *Philadelphia Academy of Natural Sciences.* Prof. Whitney (1880, S. 265), der den Fundumständen nachging, notierte: "Klar ist, daß wir nie etwas von dem Schädelfragment gehört hätten, wäre nicht zufällig Mr. Hubbs vor Ort gewesen, als das Bruchstück gefunden wurde. Und wenn Mr. Hubbs es nicht an einen enthusiastischen Naturbeobachter wie Dr. Winslow weitergegeben hätte, wäre es wahrscheinlich der wissenschaftlichen Aufmerksamkeit gänzlich entgangen."

Hierher gehört schließlich noch ein menschlicher Unterkieferknochen aus der Sammlung des bereits erwähnten Dr. Snell, der zusammen mit steinernen Löffeln, Handhaben und Speerspitzen in den goldhaltigen Kieslagern unter der Latitdecke des Tuolomne-Tafelberges stammte und von J. D. Whitney (1880, S. 264 ff.) untersucht wurde. Dieser erklärte, daß alle menschlichen Fossilien, die in der Goldabbauregion zum Vorschein kamen, letzterer eingeschlossen, vom anatomisch modernen Typ waren. Das Alter der Kiesschicht, in der der Kiefer gefunden wurde, wird mit 9 bis 55 Millionen Jahren angegeben.

Ähnliche Entdeckungen, wenn auch nicht ganz so alt wie die kalifornischen, wurden auch andernorts in der Welt gemacht, z. B. in Castenedolo (siehe oben). In diesem Kontext kann auch der Calaveras-Schädel samt den übrigen kalifornischen Funden nicht ohne sorgfältige Prüfung abgeschrieben werden. So erklärt Sir Arthur Keith (1928, S. 471): "Die Geschichte des Calaveras-Schädels [...] kann nicht übergangen werden. Er ist das Schreckgespenst, das den Studierenden der menschlichen Frühzeit verfolgt [...] und die Überzeugungskraft eines jeden Experten fast bis zum Zerreißen strapaziert."

Vortertiäre Entdeckungen

Zu guter Letzt seien noch einige der seltenen Fälle erwähnt, die auf die Existenz menschlicher Wesen in vortertiärer Zeit verweisen. Man ist versucht, solche Funde gar nicht zu erwähnen, da sie unglaublich scheinen. Aber es gehört zur wissenschaftlichen Redlichkeit, nicht nur das diskutieren, woran wir bereits glauben.

Im Dezember 1862 erschien in einer Zeitschrift namens *The Geologist* der folgende kurze, aber interessante Bericht: "Im Landkreis Macoupin, Illinois, wurden neulich 90 Fuß [28 m] unter der Erdoberfläche auf einem Kohlenflöz, das von einer zwei Fuß [60 cm] dicken Schieferschicht bedeckt war, die Knochen eines Mannes gefunden. [...] Die Knochen waren bei ihrer Entdeckung von einer Kruste aus hartem, glänzendem Material überzogen, das so schwarz war wie die Kohle selbst, die Knochen aber weiß und in natürlichem Erhaltungszustand beließ, sobald es abgekratzt wurde."

Wir wollten wissen, wie alt die Kohle war, in der man die Knochen gefunden hatte. C. Brian Trask vom Geological Survey schrieb uns am 9. Juli 1985 u.a.: "Bezugnehmend auf Ihre Anfrage, das Alter der Kohle betreffend (kann ich Ihnen mitteilen, daß) die jüngsten Steinkohleschichten in Illinois im oberen Pennsylvania-System zu finden sind. [...] Die in den 1860ern im Macoupin County abgebaute Kohle ist wahrscheinlich die sogenannte Herrin-(Nr.6-)Kohle, obgleich im westlichen Teil des Bezirks in dieser Tiefe örtlich auch Colchester-(Nr.2-)Kohle vorkommt. Die Herrin-Kohle ist vom Alter her spätes Desmoinesien (mittleres bis spätes Westfalien D)."

In Nordamerika umfaßt das Pennsylvanien die zweite Hälfte des Karbon (286 bis 360 Millionen Jahre vor unserer Zeit). Nach Trasks Angaben müßte die Kohle, in der das Macoupin-Skelett gefunden wurde, mindestens 286 Millionen Jahre, könnte aber auch 320 Millionen Jahre alt sein.

Wechseln wir von den Fossilien zu Fußspuren. Professor W. G. Burroughs, Leiter der geologischen Abteilung am Berea College in

Berea, Kentucky, schrieb (1938, S. 46) von "Geschöpfen, die zu Beginn des Oberen Kohlezeitalters auf ihren zwei Hinterbeinen gingen, mit Füßen, die menschlichen ähnlich waren, und auf einem Sandstrand im Rockcastle County, Kentucky, Spuren hinterlassen haben. Es war die Zeit der Amphibien, in der die Tiere sich auf vier Beinen vorwärtsbewegten oder - seltener - vorwärtshoppelten und Füße hatten, die keineswegs an menschliche erinnerten. Aber in Rockcastle, Jackson und mehreren anderen Counties in Kentucky sowie an verschiedenen Stellen zwischen Pennsylvania und Missouri existierten Geschöpfe mit Füßen, deren Erscheinungsbild auf seltsame Weise an die Füße von Menschen gemahnt, und die auf zwei Hinterbeinen gingen. Der Verfasser dieser Zeilen hat die Existenz dieser Geschöpfe in Kentucky nachgewiesen. Durch die Mitarbeit von Dr. C. W. Gilmore, dem Kustos der Abteilung für die Paläontologie der Wirbeltiere an der *Smithsonian Institution*, konnte gezeigt werden, daß ähnliche Wesen auch in Pennsylvania und Missouri lebten."

Burroughs (ebd.) erklärte: "Die Fußspuren haben sich in die waagrechte Oberfläche harten und massiven, anstehenden grauen Sandsteins auf der O.-Finnell-Farm eingedrückt. Es gibt drei Paare von Abdrücken mit linken und rechten Füßen. [...] Jeder Fußabdruck weist fünf Zehen und einen deutlichen Spann auf. Die Zehen sind gespreizt wie bei einem Menschen, der nie Schuhe getragen hat."

David L. Bushnell, Ethnologe am *Smithsonian*, gab zu bedenken, daß die Abdrücke möglicherweise von Indianern aus dem Stein herausgeschnitten worden sein konnten (*Science News Letter* 1938a, S. 372). Um diese Hypothese auszuschließen, untersuchte Dr. Burroughs (1938, S. 46f) die Fußspuren mit Hilfe eines Mikroskops. "Die Sandkörner auf den Abdrücken liegen enger beieinander als die Sandkörner des Felsens unmittelbar außerhalb der Fußspuren, was auf den Druck zurückgeht, den die Füße des Geschöpfs auf den Untergrund ausübten. Am dichtesten liegen die Sandkörner an der Ferse, doch selbst unter dem Spann sind sie noch näher zusammengerückt als außerhalb des Abdrucks. [...] Der Druck auf die Ferse war natürlich größer als der auf den Vorderfuß."

Diese Fakten brachten Burroughs zu der Schlußfolgerung, daß sich die menschenähnlichen Fußspuren in weichem, nassem Sand abgedrückt hatten, bevor dieser sich vor etwa 300 Millionen Jahren zu hartem Stein konsolidierte.

Burroughs suchte sogar den Rat eines Bildhauers, um ganz sicher zu gehen. Kent Previette (1953) schrieb: "Der Bildhauer meinte, bei dieser Art von Sandstein würde eine Bearbeitung als künstlich erkennbare Kennzeichen hinterlassen. Weder auf vergrößerten mikrografischen Fotos noch auf vergrößerten Infrarotfotos waren 'Hinweise auf Schnitz- oder Schneidearbeiten irgendwelcher Art' zu entdecken."

Wenn es sich nicht um Schnitzereien handelte, stammten die Spuren dann von einer nichtmenschlichen kohlenzeitlichen Spezies? Die evolutionär fortschrittlichsten Tiere waren damals krokodilähnliche Amphibien, die sich auf vier Beinen bewegten. Aber laut Burroughs (1938, S. 47) gab es "keine Hinweise auf Vorderbeine, obwohl der Felsen groß genug ist, um auch die Abdrücke von Vorderbeinen aufzunehmen, wären diese zur Fortbewegung eingesetzt worden. Bei dem Paar von Abdrücken, bei dem der linke und der rechte Fuß parallel nebeneinander gesetzt sind, ist der Abstand zwischen den Füßen etwa so groß wie bei einem heutigen Menschen. Und nirgends auf diesem oder einem anderen Felsen mit ebenfalls zahlreichen Fußspuren gibt es irgendeinen Hinweis darauf, daß diese Wesen Schwänze hatten."

Burroughs (ebd.) fügte hinzu: "Noch sind die Geschöpfe, die diese Spuren hinterlassen haben, nicht identifiziert worden, aber der Autor dieses Berichtes hat zusammen mit Dr. Frank Thone (Wissenschaftsredakteur, zuständig für Biologie, beim *Science Service* in Washington, D.C.), Dr. C. W. Gilmore (Kustos der Abteilung für die Paläontologie der Wirbeltiere an der Smithsonian Institution) und Miss Charlotte Ludlum (Lateinlehrerin am Berea College, Berea) einen Namen für das Wesen gefunden: *Phenanthropus mirabilis*." Das Wort *Phenanthropus* bedeutet "menschenähnlich", *mirabilis* läßt sich mit "bemerkenswert" wiedergeben.

Burroughs wagte nicht zu behaupten, die Fußspuren könnten von Menschen herrühren, doch hinterläßt seine Schilderung den Eindruck, daß es tatsächlich so ist. Danach gefragt, erklärt er freimütig: "Sie sehen menschlich aus. Das macht sie so besonders interessant, da der Mensch nach einigen Lehrbüchern erst seit anderthalb Millionen Jahren existiert" (Previette 1953).

Wie das wissenschaftliche Establishment reagieren würde, war vorhersehbar. Im *Science News Letter* (1938 b) erschien ein Artikel mit der Überschrift "*Human-Like Tracks in Stone Are Riddle to Scientists* [Menschenähnliche Fußspuren im Stein geben den Wissenschaftlern ein Rätsel auf] und dem Untertitel *They Can't Be Human Because They're Much Too Old - But What Strange Biped Amphibian Can Have Made Them?*" [Menschlich können sie nicht sein, weil sie viel zu alt sind - aber welche seltsamen zweifüßigen Amphibien könnten sie dann hinterlassen haben?]. Die Fußspuren zogen die Aufmerksamkeit der Öffentlichkeit auf sich, weshalb der Geologe Albert G. Ingalls sich veranlaßt sah, die Dinge im *Scientific American* zurechtzurücken.

Mit der Vermutung konfrontiert, die Abdrücke könnten menschlichen Ursprungs sein, hätte ein Wissenschaftler (so Ingalls 1940, S. 14) praktisch keine andere Wahl, als zu antworten: "Was? Sie wollen den Menschen im Karbon? Ganz und gar unmöglich. Wir geben ja zu, daß wir nicht genau wissen, wodurch die Abdrücke entstanden sind, aber wir kennen jedenfalls einen Urheber, der es nicht gewesen sein kann, und das ist der Mensch im Karbon."

Aber wie steht es mit der wissenschaftlichen Unvoreingenommenheit - der Bereitschaft, etablierte Ideen oder vorläufige Hypothesen aufzugeben, sobald man sich konträren Beweisen gegenüber sieht? Ingalls (ebd.) schrieb: "Die Wissenschaft ist wie die Straßen von New York: nie fertig, und ständig wird sie aufgerissen, oft in großem Umfang. [...] Nichtsdestoweniger entspräche die an einen Naturwissenschaftler gestellte Frage, wie es mit dem Menschen im Karbon bestellt sei, der Frage an einen Historiker, was es mit Dieselmotoren im alten Sumerien auf sich habe. Der Vergleich ist keine Über-, sondern eine Untertreibung. Wenn der Mensch oder auch nur sein äffischer Vorfahre oder selbst nur der frühe Säugetiervorfahre dieses Affenvorfahren in welcher Gestalt auch immer in einem so weit zurückliegenden Zeitalter wie dem Karbon existiert haben würde, dann wäre die ganze geologische Wissenschaft so grundsätzlich falsch, daß sämtliche Geologen ihren Beruf an den Nagel hängen und Lastwagen fahren sollten. Daher weist die Wissenschaft, zumindest fürs erste, die zugkräftige Erklärung zurück, daß diese geheimnisvollen Abdrücke im Schlamm des Karbon von menschlichen Füßen verursacht worden seien."

Ingalls war der Ansicht, die Abdrücke stammten von einer noch unbekannten Amphibie. "Die Wissenschaft hat keinen Beweis dafür, daß diese Spuren nicht von einem oder mehreren dieser Tiere

- einer noch unbekannten Art - stammen, sie ist ja nicht allwissend. Jedenfalls vertritt Professor W. G. Burroughs vom *Berea College* in Kentucky, ein Geologe, diese Theorie, worin er von dem Paläontologen Charles W. Gilmore am *United States Museum* unterstützt wird" (ebd.).

Hier scheint Ingalls Burroughs' nicht gerade eindeutigen Bericht nach eigenem Gutdünken interpretiert zu haben, um den eigensinnigen Forscher wieder fest im Rahmen einer gesunden Wissenschaft einzubinden.

Von wissenschaftlicher Seite wird die Amphibientheorie, das darf nicht vergessen werden, nicht wirklich ernst genommen. Zweibeinige, menschengestaltige Amphibien aus dem Karbon passen nämlich auch nicht viel besser ins akzeptierte Schema der Evolution als wirkliche Karbonmenschen. In unseren Vorstellungen von frühen Amphibien richten sie geradezu ein Chaos an, wären dadurch doch zahlreiche evolutionäre Entwicklungen nötig, über die wir nichts wissen.

Ingalls (ebd.): "Wissenschaftlich ist jedenfalls erwiesen, daß, falls 2 und 2 nicht 7 ist und falls die Sumerer nicht Flugzeuge und Radios hatten und sich die Amos-und-Andy-Show anhörten, diese Fußabdrücke nicht von Menschen aus dem Kohlezeitalter stammen."

Dazu paßt eine kurze, aber verblüffende Meldung der *Moskauer Nachrichten* (1983, Nr. 24, S. 10) über einen - wie es aussieht - menschlichen Fußabdruck in 150 Millionen Jahre altem Juragestein gleich neben dem riesigen Dreizehenabdruck eines Dinosauriers. Die Entdeckung wurde in der damaligen Turkmenischen Sowjetrepublik gemacht. Professor Amannijazov, korrespondierendes Mitglied der Turkmenischen Akademie der Wissenschaften, erklärte, daß der Abdruck zwar dem eines menschlichen Fußes ähnlich sei, es aber keinen überzeugenden Beweis dafür gebe, daß er tatsächlich von einem Menschen stammt.

Alle diese Beweise geben zu der Überlegung Anlaß, daß es bereits im frühen Tertiär anatomisch moderne Menschen gegeben hat. In den anthropologischen Lehrbüchern steht gewöhnlich nichts davon. Sollten nicht auch diese Funde berücksichtigt werden? Wir überlassen die Entscheidung dem Leser. Ernst genommen stellten diese Befunde jedenfalls eine Herausforderung für das derzeit herrschende Verständnis der menschlichen Entwicklung dar.

Anerkannte Funde

Der Java-Mensch

Drei Kategorien von ungewöhnlichen Beweisen, die für ein höheres Alter des Homo sapiens sprechen, als bisher angenommen, wurden bisher diskutiert: Skelettreste, eingeschnittene Knochen und diverse Steingeräte. Gegen Ende des 19. Jahrhunderts bildete sich auf der Grundlage dieser Befunde bei einem einflußreichen Teil der wissenschaftlichen Gemeinschaft ein tragfähiger Konsens hinsichtlich der Annahme heraus, daß bereits im Pliozän und im Miozän - und vielleicht noch früher - Menschen des modernen Typs existiert haben mußten.

In Darwins Augen war das Häresie der schlimmsten Art. Aber Spencer (1984, S. 14) merkte an, daß Wallace' Angriff auf die Evolutionslehre "etwas von seiner Wucht und einen kleinen Teil seiner Anhänger verlor, als sich die Nachricht von der Entdeckung eines bemerkenswerten Hominidenfossils auf Java zu verbreiten begann". Da der fossile Java-Mensch für die Beurteilung andersgearteter fossiler Befunde eine entscheidende Rolle gespielt hat, soll hier seine Entdeckungsgeschichte in knapper Form geschildert werden.

Östlich der javanischen Stadt Bandung liegt inmitten von Reis- und Zuckerrohrfeldern und umgeben von Kokospalmen der *Kampong* (Dorf) Trinil. Hinter dem Dorf endet die Straße auf dem Hochufer über dem Fluß Solo. Genau hier steht ein kleines steinernes Monument, mit einem eingravierten Pfeil, der auf eine Sandgrube am gegenüberliegenden Ufer zeigt. Das Monument trägt die kryptische deutsche Inschrift "p.e. 175 m ONO 1891/93" - Hinweis darauf, daß in den Jahren 1891-93 der *P(ithecanthropus) e(rectus)* 175 Meter ostnordöstlich von dieser Stelle gefunden wurde.

Der Entdecker war Eugène Dubois, 1858 im holländischen Eijsden geboren, der schon als Junge die nahe gelegenen Kalksteinbrüche erkundet und seine Taschen mit Fossilien gefüllt hatte. Obwohl katholisch erzogen, faszinierte ihn die Idee der Evolution, besonders die Frage nach den menschlichen Ursprüngen. Dubois hatte Medizin und Naturgeschichte an der Universität Amsterdam studiert. Es war die Zeit, da das *Missing link*, das fehlende Verbindungsglied in der menschlichen Ahnenreihe zwischen fossilen Affen und modernen Menschen, die Diskussionen beherrschte. Der deutsche Wissenschaftler Ernst Haeckel sagte die Entdeckung dieses *Missing link* voraus, das er *Pithecanthropus* (griech. "Affenmensch") nannte. Von Haeckels Vision beeinflußt, nahm sich Dubois vor, eines Tages die Knochen dieses "Affenmenschen" zu finden. Die größten Chancen rechnete er sich - Darwins Hinweis folgend, daß die Vorfahren des Menschen in tropischen Lebensräumen aufgetreten sein müßten, - in Afrika oder Ostindien aus. 1887 nahm Dubois deshalb freudig ein Angebot an, als Armeearzt in Sumatra Dienst zu tun.

1890 wurde Dubois nach einem Malariaanfall vom Dienst befreit und nach Java versetzt, wo das Klima etwas trockener und gesünder war. Er ließ sich mit seiner Frau in Tulungagung an der Ostküste nieder. Von der kolonialen Bergwerksbehörde erhielt er die Genehmigung, seinen paläontologischen Forschungen nachzugehen. Die Behörde stellte ihm zu diesem Zweck sogar fünfzig Zwangsarbeiter unter der Aufsicht zweier Sergeanten zur Verfügung.

Im nahe gelegenen Marmorsteinbruch von Wadjak entdeckte Dubois als erstes zwei menschliche Schädel modernen Typs (die denen australischer Aborigines ähnelten). Im November 1890 fand er in Kedungbrubus einen fossilen Kiefer mit abgebrochenem Zahn, den er in einem vorläufigen Bericht als menschlich einstufte (von Koenigswald 1956, S. 31), der aber erst 1924 vollständig beschrieben und von ihm als *Pithecanthropus* bezeichnet wurde.

Während der Trockenzeit 1891 führte Dubois Grabungen am Solo-Fluß in der Nähe des Dorfes Trinil in Zentraljava durch. Hier fanden seine Arbeiter zahlreiche Tierknochen und im September einen Zahn, den Dubois einer riesigen ausgestorbenen Schimpansenart zuordnete.

Im Oktober kam dann der stark versteinerte, obere Teil eines Schädels zum Vorschein (Abb. rechte Seite oben), von der gleichen Farbe wie der vulkanische Boden. Das ausgeprägteste Merkmal des Fragments war der große, vorstehende Augenbrauenbogen, der Dubois zu der Auffassung verleitete, er habe es mit dem Schädel eines Menschenaffen zu tun, wie er im Bulletin der Bergwerksbehörde

Schädeldecke des Pithecanthropus, *1891 von Dubois auf Java entdeckt (Wendt 1972, S.167).*

schrieb (*Time-Life* 1973, S. 40). Der Beginn der Regenzeit setzte den Ausgrabungen vorerst ein Ende.

Im August 1892 kehrte Dubois nach Trinil zurück, wo er unter Hirsch-, Nashorn-, Hyänen-, Krokodil-, Schweine-, Tiger- und Frühelefantenknochen auch einen fossilen menschlichen Oberschenkelknochen entdeckte (Abb. unten), etwa 14 Meter von der Stelle, wo die Schädeldecke und der Backenzahn zum Vorschein gekommen waren. Später wurde, drei Meter vom Schädelfragment entfernt, ein weiterer Backenzahn gefunden. Dubois glaubte nach wie vor an einen riesigen ausgestorbenen Schimpansen (von Koenigswald 1956, S. 31).

Richard Carrington erklärte in seinem Buch *A Million Years of Man* (1963, S. 84), Dubois sei erst nach einiger Überlegung und vor allem durch die Korrespondenz mit Haeckel zu der Überzeugung gelangt, daß sich die von ihm gefundenen Fossilien ausgezeichnet für die von den Darwinisten postulierte Rolle des *Missing link* eigneten. Haeckel telegrafierte Dubois seine Glückwünsche: "Vom Erfinder des *Pithecanthropus* an seinen glücklichen Entdecker!" (Wendt 1972, S.167).

Dubois veröffentlichte erst 1894 einen vollständigen Bericht über seinen Fund, den er "*Pithecanthropus erectus*, eine menschenähnliche Spezies der Übergangsphase aus Java" betitelte. Darin schrieb er: "*Pithecanthropus* ist die Übergangsform, die, in Übereinstimmung mit der Evolutionslehre, zwischen dem Men-

Oberschenkelknochen, von Eugène Dubois beim javanischen Trinil entdeckt (Boule 1923, S.100). Dubois schrieb ihn dem Pithecanthropus erectus *zu.*

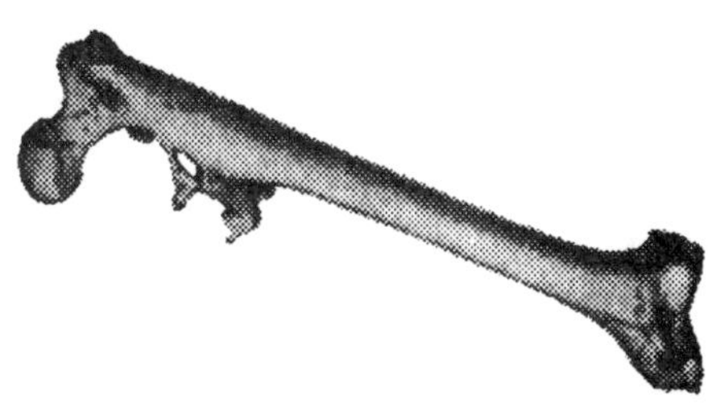

schen und den Anthropoiden existiert haben muß" (von Koenigswald, ebd.).

Was aber, abgesehen von Haeckels Einfluß, brachte Dubois dazu, seine ursprüngliche Meinung zu ändern? Dubois erkannte sehr wohl, daß das Schädelvolumen des *Pithecanthropus* bei 500 bis 800 Kubikzentimetern lag. Moderne Affen haben durchschnittlich 500, moderne Menschen 1400 Kubikzentimeter. In der Mittelposition des *Pithecanthropus* sah Dubois einen Hinweis auf die evolutionäre Progression, was aber nicht unbedingt logisch ist. So betrachtet könnte der *Pithecanthropus*-Schädel auch zu einem besonders großen Gibbon aus dem mittleren Pleistozän gehört haben, weiß man doch, daß viele pleistozäne Säugetierformen wesentlich größer waren als die ihrer modernen Nachfahren.

Dubois bemerkte, daß der Trinil-Schädel starke affenähnliche Züge aufweise, daß aber andererseits der Oberschenkelknochen fast menschlich sei, was darauf hinweise, daß der *Pithecanthropus* aufrecht gegangen sein muß - daher *erectus*.

Als Dubois' Berichte Europa erreichten, erregten sie viel Aufmerksamkeit. In *Meeting Prehistoric Man* hebt Koenigswald (1956, S. 26) die Bedeutung des Java-Menschenfundes hervor: "Dubois' Entdeckung kam genau zum richtigen Zeitpunkt, zu einer Zeit, als der Streit um den Darwinismus auf seinem Höhepunkt war. Für die wissenschaftliche Welt war dies der erste Beweis, daß der Mensch nicht nur biologischen, sondern auch paläontologischen Gesetzen unterworfen ist."

Natürlich gehörte Haeckel zu denen, die den *Pithecanthropus* als den bislang schlagendsten Beweis für die menschliche Evolution feierten. "Jetzt hat sich die Lage der Dinge in diesem grandiosen Kampf um die Wahrheit durch Eugène Dubois' Entdeckung des fossilen *Pithecanthropus erectus* radikal geändert", rief er triumphierend aus. "Er hat uns tatsächlich die Knochen jenes Affenmenschen besorgt, den ich vorhergesagt hatte. Dieser Fund ist für die Anthropologie von größerer Bedeutung als die vielbejubelte Entdeckung der Röntgen-Strahlen für die Physik" (Wendt 1972, S. 167). Und Haeckel betonte weiter, daß der Java-Mensch "wahrhaftig ein pliozänes Überbleibsel jener berühmten Gruppe der höheren Catarrhinen [Altweltaffen] ist, die die pithekoiden Vorfahren des Menschen waren. Er ist in der Tat das langgesuchte *Missing link*" (Bowden 1977, S. 128).

Dubois beschloß 1895, nach Europa zurückzukehren und seinen *Pithecanthropus* einem – dessen war er sich gewiß – bewundernden und applaudierenden wissenschaftlichen Publikum vorzustellen. Zunächst stellte er die wertvollen Knochen im holländischen Leiden, dann in London, Paris und Berlin aus. Im Dezember 1895 versammelten sich Experten aus aller Welt, um vor der Berliner *Gesellschaft für Anthropologie, Ethnologie und Vorgeschichte* ihre Meinung zu Dubois' *Pithecanthropus erectus* abzugeben. Die Diskussion war heftig, und die Vertreter konträrer Ansichten standen sich unversöhnlich gegenüber. Virchow erklärte den Oberschenkelknochen für menschlich, den Schädel aber für den eines Affen: "Der Schädel hat eine tiefe Naht zwischen dem niedrigen Schädeldach und dem Oberrand der Augenbögen. Eine solche Naht findet sich nur bei Menschenaffen, nicht beim Menschen. Daher muß der Schädel zu einem Affen gehören. Meiner Meinung nach war dieses Wesen ein Menschenaffe, genauer gesagt ein riesiger Gibbon. Der Oberschenkelknochen hat nicht die leiseste Beziehung zu dem Schädel" (Wendt 1972, S.167f.).

Mit dieser Meinung stand Virchow in auffallendem Widerspruch zur Auffassung Haeckels und anderer, die weiterhin davon überzeugt blieben, daß Dubois' Java-Mensch tatsächlich ein Vorfahre des Menschen war.

Auf seiner Präsentationsreise mußte Dubois seine Affenmenschen-Interpretation wiederholt verteidigen, beispielsweise gegen Sir Arthur Keith, der behauptet hatte, *Pithecanthropus erectus* sei nichts anderes als ein recht primitiver Mensch. Dubois überbrachte Keith seine Fossilien persönlich zur Untersuchung, aber auch danach blieb Keith bei seiner Auffassung (Goodman 1982, S. 60).

Um einige der Fragen zu lösen, die die *Pithecanthropus*-Fossilien und ihre Entdeckung aufgeworfen hatten, bereitete Emil Selenka, Professor für Zoologie an der Universität München, eine eigene Grabungsexpedition nach Java vor, doch starb er vor der Abreise. Seine Witwe, die Professorin Lenore Selenka, trat an seine Stelle und führte in den Jahren 1907/8 mit Hilfe von 75 Arbeitern weitere Ausgrabungen in der Umgebung von Trinil durch. Obwohl Selenkas Geologen- und Paläontologenteam 43 Kisten voller fossiler Knochen nach Europa zurückschickte, war kein einziges neues *Pithecanthropus*-Fragment darunter.

Sir Arthur Keith (1911) erörterte die Ergebnisse der Selenka-

Kampagne in der Zeitschrift *Nature*, wo er u.a. schrieb, daß die geologische Stratifikation der Gegend um Trinil unklar sei. Und sie blieb es auch nach der Stellungnahme anderer Wissenschaftler.

Weitere Verwirrung brachte die Entdeckung von Spuren menschlicher Betätigung - zersplitterte Knochen, Holzkohle, Ofenfundamente. Lenore Selenka schloß daraus auf die Gleichzeitigkeit von Menschen und *Pithecanthropus erectus* (Bowden 1977, S. 134f.). Die Implikationen für die evolutionäre Interpretation von Dubois' *Pithecanthropus-erectus*-Fossilien, waren - und sind bis heute - beunruhigend.

Am 27. Dezember 1926 verkündete eine Zeitung in Batavia [heute Djakarta], daß Dr. C. E. J. Heberlein bei Trinil einen neuen *Pithecanthropus*-Schädel gefunden habe. Der "Schädel" stellte sich freilich bald als großes, kugelähnliches Gelenk aus dem Beinknochen eines fossilen Elefanten heraus.

Der wissenschaftliche Status von Dubois' Affenmensch blieb also umstritten. Als der Berliner Zoologe Wilhelm Dames die Stellungnahme von 25 Wissenschaftlern einholte, kam folgendes Ergebnis heraus: Drei erklärten, der *Pithecanthropus* sei ein Affe, fünf hielten ihn für menschlich, sechs vertraten die Affenmenschen-Hypothese, sechs die *Missing-link*-Theorie, und für zwei handelte es sich um ein Verbindungsglied zwischen *Missing link* und Mensch. Virchow hatte festgestellt: "Ich kann nur davor warnen, aufgrund dieser wenigen Knochenstücke einen endgültigen Schluß zu ziehen, was die wichtigste Frage betrifft, die das Studium unserer Schöpfung aufwirft. Der *Pithecanthropus* wird als Übergangsform solange zweifelhaft bleiben, bis jemand beweisen kann, wie dieser Übergang, der für mich nur in meinen Träumen vorstellbar ist, wirklich zustande kam" (Wendt 1972, S. 169).

Die gemischten Reaktionen der Wissenschaftsgemeinde veranlaßten Dubois, seine Präsentationsreise enttäuscht abzubrechen. Die *Pithecanthropus*-Fossilien waren bis 1932 nicht mehr öffentlich zu sehen. Doch die Kontroverse dauerte an. Marcelin Boule (1923, S. 96), Leiter des Instituts für Humanpaläontologie in Paris, erklärte - wie Virchow - den Oberschenkelknochen für menschlich, wohingegen er die Schädeldecke wiederum als die eines Affen, möglicherweise eines großen Gibbons, identifizierte. Und auch Dr. F. Weidenreich (1941, S. 70), ehrenamtlicher Leiter des Labors zur Erforschung des Känozoikums in Peking, erklärte, daß es ungerechtfertigt sei, den Oberschenkelknochen und die Schädeldecke ein und demselben Individuum zuzuschreiben.

Die verspätete Enthüllung, daß in Java weitere Oberschenkelknochen entdeckt worden waren, komplizierte die Sachlage noch mehr. 1932 holten Dr. Bernsen und Dubois im Museum von Leiden drei Oberschenkelknochen aus einer Kiste voller Säugetierfossilien, die angeblich im Jahr 1900 von Dubois' Assistenten, Kriele, in den gleichen Ablagerungen am linken Ufer des Solo bei Trinil entdeckt worden waren, die auch Dubois' Java-Menschen-Fossilien enthalten hatten. Dr. Bernsen starb wenig später, ohne weitere Informationen über diese Entdeckung geben zu können. Auch Dubois (1932, S. 719) kannte die Fundumstände nicht. Aus der gleichen Fossilienkollektion kamen bis 1935 noch zwei weitere Oberschenkelknochenfragmente ans Licht, von denen zumindest eines nicht vom Fundort bei Trinil, wenngleich aus der gleichen Region stammte (Dubois 1935, S. 850). Was die Verstreuung der *Pithecanthropus*-Knochen am Ufer des Solo anging, so wartete Dubois mit dem Erklärungsvorschlag auf, daß der *Pithecanthropus* von einem Krokodil zerrissen worden sei (Bowden 1977, S. 127). Sobald aber die weiteren Oberschenkelknochenfragmente ins Spiel kamen, stellte sich die Frage: Wo waren die anderen Schädel?

Die genaue Untersuchung der Trinil-Oberschenkelknochen ergab nach M. H. Day und T. I. Molleson (1973, S. 151), daß "die allgemeine Anatomie, die Röntgen-Anatomie und die mikroskopische Anatomie der Trinil-Oberschenkelknochen keine entscheidenden Unterschiede zu den Oberschenkelknochen moderner Menschen erkennen läßt". Darüber hinaus sagten sie aus, daß Oberschenkelknochen des *Homo erectus* aus China (Zhoukoudian, "Peking-Mensch") und Afrika (Olduvai-Hominide) "in anatomischer Hinsicht einander glichen, und sich von den Trinil-Knochen unterschieden" (Day und Molleson 1973, S. 152).

Die Entdeckung eines fast vollständigen *Homo-erectus*-Skeletts in Kenia 1984 führte zu der Erkenntnis, daß sich dessen Oberschenkelknochen von denen moderner Menschen substantiell unterschieden (Brown et al. 1985, S. 791). Über die Java-Menschen-Fossilien urteilten die Wissenschaftler [R. Leakey, F. Brown, J. Harris, A. Walker]: "Trotz der Tatsache, daß aufgrund dieser Fundstücke die Spezies ihren Namen [*Pithecanthropus*] erhielt, bestehen Zweifel darüber, ob es sich um *Homo-erectus*-Fossilien handelt – nach jüngster übereinstimmender Meinung eher nicht" (Brown et al. 1985, S. 789).

Wie aber sind nun diese Erkenntnisse einzuordnen? Soll man die Oberschenkelknochen von Trinil, die traditionellerweise als Beleg für einen vor 800 000 Jahren im mittleren Pleistozän lebenden Affenmenschen (*Pithecanthropus erectus*, heute *Homo erectus*) galten, als Beweis für die Existenz anatomisch moderner Menschen im gleichen Zeitraum akzeptieren? Brown und seine Kollegen haben sich - vielleicht klugerweise - über das wirkliche Alter der menschlichen Oberschenkelknochen von Trinil nicht geäußert. Schweigen gibt Sicherheit.

Der Unterkiefer von Heidelberg

Am 21. Oktober 1907 entdeckte Daniel Hartmann, Arbeiter in einer Sandgrube bei Mauer nahe Heidelberg, in einer Tiefe von 25 Metern auf dem Grund der Grube einen mächtigen Kiefernknochen. Die Arbeiter waren auf den Fund vorbereitet, hatten sie doch bereits zahlreiche tierische Fossilien ausgegraben und an die Universität Heidelberg weitergegeben. Professor Otto Schoetensack nannte das Geschöpf *Homo heidelbergensis* und datierte es anhand der Begleitfossilien in die Günz-Mindel-Zwischeneiszeit. David Pilbeam (1972, S. 169) bestätigte: "Er [der Kiefer] scheint aus der Mindel-Eiszeit zu stammen und ist zwischen 250 000 und 450 000 Jahre alt."

Der Heidelberg-Kiefer ist bis auf den heutigen Tag eine Art morphologisches Rätsel. Die Dicke des Mandibels und das offensichtliche Fehlen eines Kinns sind Merkmale des *Homo erectus.* Aber verglichen mit den Unterkiefern moderner Europäer haben auch manche australische Aborigines massive Kinnladen und weniger ausgeprägte Kinne (LeGros Clark und Campbell 1978, S. 96, Abb. 11). Nach Frank E. Poirier (1977, S. 213) ähneln die Zähne im Heidelberg-Kiefer ihrer Größe nach mehr denen des modernen *Homo sapiens* als jenen des asiatischen *Homo erectus,* eine Ansicht, die T. W. Plenice (1972, S. 64) von der Michigan State University teilt und die bereits 1922 von dem Anthropologen Johannes Ranke geäußert worden war (Wendt 1972, S. 162).

Der Unterkiefer von Heidelberg ist eines der wenigen europäischen Fossilien, die zum *Homo erectus* gerechnet werden. Ein

Der Heidelberg-Unterkiefer, 1907 bei Mauer nahe Heidelberg entdeckt (Osborn 1916, S. 98).

anderes ist das Hinterhauptsknochenfragment von Vertesszöllös in Ungarn, das in morphologischer Hinsicht noch rätselhafter ist als der Heidelberg-Kiefer. David Pilbeam (1972, S. 169) schrieb: "Der Hinterhauptsknochen ähnelt nicht dem des *Homo erectus* oder auch dem des archaischen Menschen, sondern vielmehr dem des frühesten modernen Menschen. Solche Formen werden sonst nur auf ein Alter von 100 000 Jahren datiert."

Zum Heidelberg-Kiefer ist abschließend festzustellen, daß die Fundumstände alles andere als perfekt waren. Wäre unter entsprechenden Umständen das Fossil eines anatomisch modernen Menschen entdeckt worden, hätte der Fund mit gnadenloser Kritik rechnen müssen und wäre mit Sicherheit als rezent beurteilt worden. Da der Heidelberg-Knochen jedoch in den selbstgesteckten Rahmen evolutionärer Erwartungen paßte, wurde ihm eine Ausnahmebewilligung zuteil.

Koenigswald macht weitere Entdeckungen auf Java

1929 wurde der Peking-Mensch entdeckt. 1930 wurde Gustav Heinrich Ralph von Koenigswald vom *Niederländischen Amt für geologische Aufnahmen* nach Ostindien geschickt. In seinem Buch *Meeting Prehistoric Man* schrieb Koenigswald (1956, S. 55): "Trotz der Entdeckung des Peking-Menschen blieb die Notwendigkeit bestehen, einen weiteren, hinreichend vollständigen *Pithecanthropus* zu finden, um den menschlichen Charakter dieses umstrittenen Fossils zu erweisen."

Im August 1931 kamen beim Dorf Ngandong am Solo aus einer alten Flußkiesterrasse neben einem Büffelschädel auch einige andere Knochen zum Vorschein, die in Bandung vom Leiter des Amtes für geologische Aufnahmen, Dr. W. F. F. Oppenoorth, untersucht wurden. Ein Bruchstück erwies sich als größerer Teil eines menschlichen Schädels, und je mehr Knochenkisten in Bandung ankamen, desto mehr Bruchstücke tauchten auf. Koenigswald (1956, S. 65–77) klassifizierte die Funde vom Herbst 1931 als eine javanische Variante des Neandertalers, zeitlich später anzusetzen als der *Pithecanthropus erectus.*

Allmählich schien sich die Geschichte menschlicher Vorfahren auf Java aufzuhellen, aber es war immer noch einige Arbeit zu leisten. 1934 schlug Koenigswald seine Zelte in Sangiran am Solo westlich von Trinil auf. Als ein Jahr später seine Arbeit vom Amt für geologische Aufnahmen nicht mehr unterstützt wurde, finanzierte er die Fortsetzung der Ausgrabungen aus eigener Tasche. In dieser Zeit wurde die rechte Hälfte vom Oberkiefer eines *Pithecanthropus erectus* gefunden, ohne daß sich bei Koenigswald nähere Angaben über Fundort und Fundumstände finden. Es handelt sich jedoch mit ziemlicher Sicherheit um einen Oberflächenfund (Oakley et al. 1975, S. 108). Was dies betrifft, so verblüfft es zu erfahren, daß moderne Experten (Oakley et al. 1975, S.109) dem Fossil ohne irgendwelche Umstände das gleiche mittelpleistozäne Alter zuwiesen wie der Schicht, an deren Oberfläche es lag.

Der Ausgräber Koenigswald war 1936 ohne Anstellung, als er Besuch erhielt: Pierre Teilhard de Chardin, Jesuit und weltberühmter Archäologe, hatte an den Ausgrabungen des Peking-Menschen teilgenommen. Ein Grund für seine Reise nach Java lag in dem Wunsch, zwischen Peking-Mensch und Java-Mensch eine Verbindung herzustellen. Teilhard de Chardin gab Koenigswald den Rat, sich an John C. Merriam, den Vorsitzenden der *Carnegie Institution* zu wenden (Cuenot 1958). Koenigswald tat es und Teilhard unterstützte ihn. Cuenot, Teilhards Biograph, schrieb (1958, S.16): "Man hat den Eindruck eines weitgespannten Netzes, bei dem Teilhard die Fäden in der Hand hielt, für das er als Verbindungsmann oder als Stabschef fungierte, wie ein Zauberer dazu befähigt, amerikanisches Geld locker zu machen oder es zumindest zum Besten der Paläontologie in die richtigen Kanäle fließen zu lassen."

Merriam lud Koenigswald zu einem Symposium über den frühen Menschen ein, das im März 1937 in Philadelphia abgehalten wurde. Der verarmte Koenigswald fand sich plötzlich auf dem Posten eines *Research associate* [Wissenschaftler mit außerordentlichem Forschungsauftrag] der *Carnegie Institution* wieder, als der er über ein großes Budget verfügen konnte.

Vom Carnegie-Institut finanziert, kehrte Koenigswald im Juni 1937 nach Java zurück. Während Hunderte von einheimischen Arbeitern sich daranmachten, weitere Fossilien ans Licht zu befördern, fand Koenigswald beim Durchsuchen der am Fundort Sangiran in seiner Abwesenheit gesammelten Körbe voller Fossilien ein großes rechtes Unterkieferfragment - ein Oberflächenfund, wie er sagte -, den er aufgrund des anhaftenden feinkörnigen Konglomerats mit der Putjangan-Formation in Verbindung brachte und dem er deshalb ein frühmittelpleistozänes bzw. spätfrühpleistozänes Alter zuwies (1940a, S. 142). 1936 kam es in Modjokerto zur Entdeckung einer Schädeldecke, deren Zuordnung Schwierigkeiten - Affe? Mensch? - bereitete.

Heute sind die meisten Paläanthropologen der Ansicht, daß bestimmte Merkmale des Schädels auf ein *Homo-erectus*-Kind hinwiesen. Im Herbst 1937 wurde der in Bandung weilende Koenigswald von der Entdeckung eines weiteren Schädelfragments am Ufer eines Flusses namens Kali Tjemoro informiert. Er nahm den Nachtzug und war schon am nächsten Morgen an Ort und Stelle: "Mit einer ganzen Schar von aufgeregten Eingeborenen krochen wir den Hügel hinauf, wobei wir jedes Knochenfragment einsammelten, das wir finden konnten. Ich hatte für jedes einzelne Fragment, das zu dem vermuteten Schädel gehörte, eine Belohnung von 10 Cents ausgesetzt. Aber ich hatte die Geschäftstüchtigkeit meiner braunen Sammler unterschätzt. Das Resultat war schrecklich! Hinter meinem Rücken zerbrachen sie die größeren Fragmente in kleine Stücke, um die Anzahl der verkauften Fundexemplare in die Höhe zu schrauben! [...] Wir sammelten etwa 40 Fragmente, von denen 30 zu besagtem Schädel gehörten. [...] Sie ergaben eine schöne, nahezu vollständige Schädeldecke. Jetzt endlich hatten wir ihn!" (von Koenigswald 1956, S. 15).

Woher wußte Koenigswald, daß all diese an der Oberfläche aufgeklaubten und zum Teil nachträglich weiter zerbrochenen Stücke der mittelpleistozänen Kabuh-Formation angehörten, wie er behauptete? Jedenfalls setzte er aus den dreißig Einzelteilen einen Schädel zusammen, den er als *Pithecanthropus II* etikettierte und der um einiges kompletter war als der von Dubois in Trinil gefundene. Dubois, der in der Zwischenzeit zu der Überzeugung gelangt war, daß sein Original-*Pithecanthropus* lediglich ein fossiler Affe war (von Koenigswald 1956, S. 55), hielt Koenigswalds

Rekonstruktion für unrichtig, ja er sah sie am Rande der Fälschung, ein Vorwurf, den er später wieder zurücknahm.

Koenigswald fand Unterstützung bei Franz Weidenreich, der die Ausgrabungen von Choukoutien (heute Zhoukoudian) geleitet hatte und der in *Nature* erklärte, Koenigswalds neue Funde hätten den *Pithecanthropus* endgültig als Vorfahren des Menschen etabliert (Weidenreich 1938, S. 378). Weidenreich reiste selbst nach Java und war an der Entdeckung von *Pithecanthropus III* beteiligt (von Koenigswald 1940a, S.102f.).

Im Januar 1939 trafen sich Weidenreich und Koenigswald erneut, diesmal in Peking, wo sie *Pithecanthropus*- und *Sinanthropus*-Fossilien direkt miteinander vergleichen wollten. Sie waren einer Meinung, daß beide Formen anatomisch sehr nahe miteinander verwandt seien. Koenigswald (1956, S.47f.) erklärte: "Die Schädelkurve des Peking-Menschen entsprach exakt der des umstrittenen Java-Menschen. Da es keinen Zweifel darüber geben kann, daß der Peking-Mensch, all seinen primitiven Zügen zum Trotz, ein echter Mensch war, ließen sich fast alle von Dubois' Gegnern durch diesen neuen Fund davon überzeugen, daß auch der *Pithecanthropus* menschlich gewesen sein muß."

Dubois selbst allerdings war von der angeblichen Identität zwischen *Pithecanthropus* und *Sinanthropus* nicht überzeugt und blieb bis an sein Lebensende (1940) bei dieser Meinung. Während Koenigswald in Peking war, erhielt er von seinen Ausgräbern in Java ein neues *Pithecanthropus*-Fossil, einen stark verkrusteten Oberkiefer, der als *Pithecanthropus IV* in die Literatur einging (von Koenigswald 1956, S. 105f.; Oakley et al. 1975, S.109).

Wiederum ist leicht vorstellbar, was geschehen wäre, wenn es sich bei der Entdeckung um einen fossilen Schädel des modernen Menschentyps gehandelt hätte. Fachleute wie Hrdlicka hätten darauf hingewiesen, daß ein eingeborener Sammler den Fund gemacht habe und kein ausgebildeter Wissenschaftler, daß die genaue Fundposition unbekannt sei und daß es daher genügend Gründe für eine Zurückweisung des Fundes gebe. Aber genau diese Schlampigkeit wird im Falle eines Fundes, der so schön zu den akzeptierten Vorstellungen von der menschlichen Evolution paßt, ohne Umschweife toleriert.

Westlich von Trinil gibt es eine Gegend, in der die sogenannte Kabuh-Formation an die Oberfläche tritt; hier wurden primitive

Steinwerkzeuge gefunden, und im Jahr 1939 kam hier nach Koenigswald (1940b) das Fragment einer kräftigen Kinnlade ans Licht. Koenigswald (1949b, S.110) erklärte ausdrücklich, daß dieses Fossil *Pithecanthropius dubius* [dubius = zweifelhaft] genannt wurde, weil seine ursprüngliche Fundposition unbekannt blieb; später (1968a, S. 102) gab er zu, daß es sich auch hier um einen Oberflächenfund gehandelt habe.

1941 erhielt Koenigswald in Bandung von einem seiner einheimischen Sammler das Bruchstück eines enormen Unterkiefers zugesandt. Koenigswald identifizierte den einstigen "Besitzer" als zweifelsfrei menschlich und nannte ihn, wegen seiner Größe, *Meganthropus paleojavanicus* ("altjavanischer Riesenmensch"). Auch hier wiederum bleiben der genaue Fundort ebenso unbekannt wie Fundumstände und Finder, und wir haben nur Koenigswalds Vermutung, das Fossil gehörte der Putjangan-Formation an. In Koenigswalds Vorstellung war der *Meganthropus* ein riesenwüchsiger Ableger der menschlichen Hauptentwicklungslinie.

Koenigswald hatte auch einige riesige Zähne gefunden, die aber menschlichen Zähnen ähnlich waren, weshalb er sie einem noch größeren Geschöpf zuordnete, dem *Giganthropus*. In diesem sah er einen riesigen rezenten Menschenaffen. Weidenreich jedoch kam nach der Untersuchung des *Meganthropus*-Kiefers und der *Giganthropus*-Zähne zu einem anderen Schluß: Er hielt beide für direkte Ahnen des Menschen. Nach Weidenreich entwickelte sich der *Homo sapiens* über den *Meganthropus und Pithecanthropus* aus dem *Giganthropus* (Simons und Ettel 1970, S. 77). Jede neue Spezies sei dabei ein Stück kleiner ausgefallen als die vorhergehende. Die meisten modernen Autoritäten sehen im *Giganthropus* eine im frühen bis mittleren Pleistozän lebende Affenart, die mit dem Menschen nicht direkt verwandt ist. Der *Meganthropus*-Kiefer erscheint heute dem des *Homo erectus* oder Java-Menschen sehr viel ähnlicher, als Koenigswald glauben mochte; einige Wissenschaftler kategorisieren ihn sogar als *Australopithecus* (Jacob 1973, S. 473) - eine sehr interessante Ansicht, da nach gängiger Auffassung die Australopithezinen Afrika nie verlassen haben.

Die wichtigsten späteren Entdeckungen stammen alle aus der Sangiran-Region und werden einhellig als Belege für das Vorkommen des *Homo erectus* im frühen und mittleren Pleistozän Javas angesehen (LeGros Clark und Campbell 1978, S. 94).

Die ursprünglichen *Pithecanthropus*-Funde stammten aus den Trinil-Schichten der Kabuh-Formation. Auch einige der späteren Entdeckungen wurden dieser Formation zugeordnet, andere den Djetis-Schichten der Putjangan-Formation. Eugène Dubois hatte zunächst versucht, die Trinil-Schichten der Kabuh-Formationen aufgrund der fossilen Fauna als Pliozän zu kategorisieren (Boule 1923, S. 98); spätere Forscher haben diese jedoch als Post-Villafranchien (LeGros Clark und Campbell 1978, S. 91) oder mittleres Pleistozän (Hooijer 1951, S. 273; 1956, S. 5) eingeordnet.

Die Trinil-Schichten wurden auch nach der Kalium-Argon-Methode datiert. Basalt vom Muria, einem Vulkan, aus einer Schicht oberhalb des *Pithecanthropus-erectus*-Fundniveaus bei Trinil, ergab ein Alter von 500 000 Jahren, Tektite (Meteorglas) aus den Trinil-Schichten erbrachten 710 000 Jahre (von Koenigswald 1968b, S. 201; Jacob 1973, S. 477). Weitere Kalium-Argon-Tests von G. H. Curtis mit Bimsstein aus den Trinil-Schichten von Tanjung und Putjung lieferten ähnliche Daten. Nach Jacob (ebd.) erhält man für die Trinil-Schichten einen Durchschnittswert von 830 000 Jahren, das heißt Mittleres Pleistozän.

Was die Putjangan-Formation anbelangt, so wurden die Djetis-Schichten von Hooijer (1956, S. 9) zeitlich den Trinil-Schichten etwa gleichgesetzt. Doch ergab eine Kalium-Argon-Datierung für die Djetis-Schichten bei Modjokerto ein frühpleistozänes Alter von 1,9 Millionen Jahren (Jacob und Curtis 1971; Jacob 1972; Jacob 1973, S. 477). Da viele der *Homo-erectus*-Fossilien (*Pithecanthropus* und *Meganthropus*) mit Djetis-Schichten korreliert wurden, wären sie mit 1,9 Millionen Jahren älter als die ältesten afrikanischen *Homo-erectus*-Funde (Brown et al. 1985, S. 788). Man sollte jedoch daran denken, daß die Kalium-Argon-Datierung in keiner Weise verläßlicher als andere Datierungsmethoden ist. Die meisten javanischen Fossilien haben keine brauchbaren Daten ergeben (Jacob und Curtis 1971). Zudem ist laut Nilsson (1983, S. 329) "aufgrund späterer Untersuchungen ein sehr viel niedrigeres [Kalium-Argon-]Datum, das unter 1 Million Jahre liegt, für die Djetis-Schichten angesagt" (Bartstra 1978).

M. H. Day und T. I. Molleson (1973) unterzogen die Schädelfragmente und Oberschenkelknochen von Trinil einer Fluorgehalt-Analyse. Damit läßt sich feststellen, ob Knochen vom gleichen Fundort auch der gleichen Zeit angehören. Da Knochen dem

Grundwasser Fluor entziehen, sagt ihr Fluorgehalt (im Verhältnis zu ihrem Phosphatgehalt) etwas über ihr jeweiliges Alter aus. Day und Molleson kamen zu dem Ergebnis, daß "Schädelkalotte und Oberschenkelknochen offenbar mit der Fauna von Trinil kontemporär waren" (1973, S. 146). Für die anatomisch modernen Oberschenkelknochen (Day und Molleson 1973, S. 128) erbrachten die Tests ein Mittelpleistozänes Alter von 800 000 Jahren.

Wendet man die von James B. Griffin (siehe Kap.5, Sheguiandah) propagierten strengen Kriterien für Fundorte an, so genügte diesen keine der über zwanzig javanischen *Homo-erectus*-Fundstätten. Alles *nonsites* im Griffinschen Sinne: schlecht dokumentierte Oberflächenfunde ohne kulturelle Relikte.

Wir halten Griffins Ansatz für extrem anspruchsvoll. Unser Einspruch gilt jedoch weniger der Stringenz seiner Anforderungen als vielmehr der mangelnden Fairneß bei ihrer Anwendung. Was man für Nordamerika als Selbstverständlichkeit beansprucht, wird für Java ebenso selbstverständlich außer Kraft gesetzt. Würde mit gleichem Maß gemessen, würden die javanischen *Homo-erectus*-Befunde aus den paläanthropologischen Annalen verschwinden. Solange dies nicht geschieht, müßten umgekehrt "anomale" Fundstätten wie Sheguiandah mit entsprechender "Nachsicht" akzeptiert werden.

Der Peking-Mensch und andere chinesische Funde

Dubois' *Pithecanthropus erectus* hatte durchaus nicht alle Paläanthropologen überzeugt, weshalb die Wissenschaftler begierig auf den nächsten bedeutenden Fund warteten. Dieser stellte sich schließlich ein - und, wie viele vorausgesagt hatten, in China. Das Geschöpf, dessen Knochen bei Choukoutien in der Nähe von Peking gefunden wurden, erhielt den Namen "Peking-Mensch" oder *Sinanthropus* ("Mensch von China").

Die alten Chinesen bezeichneten Fossilen als "Drachenzähne". Diese galten als Heilmittel, weshalb sie von chinesischen Apothekern Jahrhunderte lang pulverisiert wurden, um daraus Medizinen und Heiltränke zu mixen. Für die ersten westlichen Paläontologen in China stellten die chinesischen Drogerien daher unerwartete "Jagdgründe" dar.

1900 sammelte Dr. K. A. Haberer bei chinesischen Apothekern Säugetierfossilien, die er an die Universität München schickte, wo sie von Max Schlosser untersucht und in dem Buch *Die fossilen Säugetiere Chinas* (1903) katalogisiert wurden. Unter den erfaßten Stücken war ein fossiler Zahn aus der Gegend von Peking, bei dem es sich offenbar um "einen linken oberen dritten Backenzahn von einem Menschen oder aber von einem bislang unbekannten anthropoiden Affen" (Goodman 1983, S.63) handelte. Schlosser war deshalb der Ansicht, China sei eine gute Gegend, um nach Spuren des primitiven Menschen zu suchen.

Der gleichen Meinung war Gunnar Andersson, ein schwedischer Geologe, der beim Amt für geologische Aufnahmen Chinas beschäftigt war. Bei seinen paläontologischen Forschungen genoß Andersson die Unterstützung der schwedischen Regierung, einiger Mitglieder der königlichen Familie und reicher Mäzene wie Ivar Kreugers, des Streichholzkönigs.

1918 besuchte Andersson den Chikushan, das heißt "Hühnerknochenhügel" bei dem Dorf Choukoutien, 40 Kilometer südwestlich von Peking. Hier lag ein alter Kalksteinbruch, an dessen Abbauseite Andersson eine Spalte roten Lehms entdeckte, die zahlreiche fossile Knochen enthielt. 1921 kam Andersson erneut zum Chikushan, diesmal in Begleitung von Otto Zdansky, einem österreichischen Paläontologen, und Walter M. Stranger vom *American Museum of Natural History*. Ihre ersten Ausgrabungen waren nicht sehr erfolgreich, dann aber erfuhr Zdansky von einer Stelle nahe dem kleinen Bahnhof von Choukoutien, wo angeblich bereits größere "Drachenknochen" gefunden worden waren. Hier fand Zdansky einen weiteren Kalksteinbruch, dessen Wände wie die des ersten Spalten und Risse aufwiesen, aufgefüllt mit rotem Lehm und fossilen Knochen. Andersson hatte das Gefühl, am richtigen Ort zu sein. Er bat Zdansky, eine durch Ablagerungen ausgefüllte Höhle in Augenschein zu nehmen: "Nehmen Sie sich die Zeit und haben Sie die Geduld, bis die Höhle, wenn es sein muß, ganz geräumt ist" (Goodman 1983, S. 65).

Zdansky fand bei zunächst noch kurzen Grabungen in den Jahren 1921 und 1923 zwei Zähne, die er vorläufig ins frühe Pleistozän datierte. Über den ersten Zahnfund meinte er: "Ich habe ihn sofort erkannt, aber nichts gesagt" (ebd.). Er schwieg auch noch nach dem zweiten Zahn. Die beiden Zähne, ein unterer Vorbacken- und ein oberer Backenzahn, kamen zusammen mit anderen Fossilien nach Schweden (Hood 1964, S. 66), und Zdansky veröffentlichte 1923 einen Artikel über seine Tätigkeit in China, ohne die Zähne zu erwähnen. Erst 1926, anläßlich der Reise des schwedischen Kronprinzen nach Peking, schickte Zdansky einen mit Fotos illustrierten Bericht über die von ihm gefundenen Zähne an seinen Lehrer, Prof. Wiman von der Universität Uppsala, der dem Kronprinzen, der Vorsitzender der schwedischen Forschungskommission war, eine besondere Rarität vorlegen wollte. Den Bericht (später im *Bulletin of the Geological Survey of China* veröffentlicht) präsentierte Gunnar Andersson auf einer vom Kronprinzen besuchten Tagung in Peking. Andersson kommentierte seine Funde mit den Worten: "Der Mensch, den ich vorhergesagt habe, ist gefunden" (von Koenigswald 1956, S. 4).

Noch ein anderer sah in den von Zdansky gefundenen Zähnen einen klaren Beweis für die Existenz eines fossilen Menschen, und das war der in Peking ansässige kanadische Arzt Davidson Black, der alles tat, um seine beruflichen Pflichten am Peking Union Medical College so gering wie möglich zu halten, um seinem eigentlichen Interessensgebiet, der Paläanthropologie, frönen zu können. Im November 1921 hatte er eine erste Grabungskampagne in Nordchina unternommen, und andere (beispielsweise nach Siam, 1923) folgten, allerdings ohne größeren Erfolg.

1926 nahm Black an einer Tagung in Peking teil, auf der Andersson Zdanskys Bericht über die Zahnfunde von Choukoutien präsentierte. Black akzeptierte ein Angebot Anderssons für gemeinsame weitere Ausgrabungen in Choukoutien. Dr. Amadeus Grabau (vom Amt für Geologische Aufnahmen) nannte den Menschen, den sie suchten, als erster mit dem Namen, unter dem er berühmt geworden ist: "Peking-Mensch".

Die Grabungskampagne von 1927 brachte nur einen einzigen weiteren Zahn zum Vorschein. Dennoch schrieb Black in *Nature,* daß es "gerechtfertigt sei, von einer neuen Hominidengattung, *Sinanthropus*, zu sprechen" (Black 1927, S. 954).

Black unternahm 1928 mit dem von ihm gefundenen Zahn ausgedehnte Reisen nach Europa und Amerika, um ihn den führenden Wissenschaftlern zu zeigen. Dann kehrte er nach Choukoutien zurück. Kurz vor Abschluß der Unternehmungen jenes Jahres geschah, was Black in einem Brief vom 28. Dezember 1928 an Sir

Arthur Keith wie folgt beschrieb: "Es hat den Anschein, als liege über den wenigen letzten Tagen einer Kampagne ein magischer Zauber, denn zwei Tage vor Arbeitseinstellung entdeckte Böhlin die rechte Hälfte des Unterkiefers von *Sinanthropus* mit drei verbliebenen Backenzähnen in situ" (Hood 1964, S. 97).

Als das Geld für weitere Arbeiten auszugehen drohte, wandte sich Black an die *Rockefeller Foundation*, die ihn bereits als Mediziner unterstützt hatte, wenngleich ihr Interesse für Paläontologie bislang gering schien. Als Black um Gelder für die Gründung eines Labors zur Erforschung des Känozoikums bat, wurden sie ihm von der Rockefeller-Stiftung anstandslos gewährt.

Auch 1929 war zunächst ein unergiebiges Jahr, und es wurde erneut Dezember, bis sich etwas tat. Am 1. Dezember machte W. C. Pei (Pei Wenzhong) einen historischen Fund. Pei schrieb später: "Etwa um vier Uhr nachmittags [...]stieß ich auf den fast vollständigen Schädel des *Sinanthropus.* Das Stück war teils in lockerem Sand, teils in harter Matrix eingebettet, so daß es verhältnismäßig leicht herauszulösen war" (Hood 1964, S. 104).

Im September 1930 besuchte Sir Grafton Elliot Smith den Ausgrabungsort. Black gewann ihn als "Propagandisten" des Peking-Menschen: "[...] müßte ich jedesmal, wenn ich an den kaltblütigen Werbefeldzug denke, den ich mir ausgedacht habe und den G. E. S. durchgeführt hat, erröten, wäre ich auf Dauer purpurrot" (Black in einem Brief an Dr. Henry Houghton, den Leiter der Ärzteschule in Peking; Hood 1964, S. 115).

Der Peking-Mensch kam für die Anhänger der Evolutionstheorie gerade zum richtigen Zeitpunkt. Erst ein paar Jahre zuvor hatte in einem der berühmtesten Prozesse der Weltgeschichte ein Gericht in Tennessee den Lehrer John T. Scopes für schuldig befunden, die Evolutionslehre im Schulunterricht propagiert und damit ein staatliches Gesetz gebrochen zu haben. Die Wissenschaftler wollten zurückschlagen. Und es hatte den vielpublizierten Fall *Hesperopithecus* gegeben; dabei war es um einen prähistorischen Affenmenschen gegangen, geboren aus der Phantasie verschiedener Paläanthropologen und dem Fund eines einzigen Zahns in Nebraska, der sich peinlicherweise als fossiler Schweinezahn herausgestellt hatte.

Die Publicity, die um den Peking-Menschen entstand, griff um sich wie ein Lauffeuer, und dies nicht nur in der Welt der Wissenschaft. Deshalb überschlugen sich die Wissenschaftler geradezu vor

Begeisterung, um seinen Status als unangefochtenen menschlichen Vorfahren zu untermauern. Steinartefakte und Spuren des Gebrauchs von Feuer spielten dabei eine gewichtige Rolle.

1931 werden die ersten Berichte über einen weitreichenden Gebrauch des Feuers und die Existenz ausgeprägter Stein- und Knochenwerkzeuge veröffentlicht. Ungewöhnlich daran ist freilich, daß in den Ausgrabungsberichten seit 1927 weder Feuer noch Steinwerkzeuge erwähnt wurden. Möglicherweise wurden diese Erkenntnisse aber bewußt zurückgehalten, da der Gebrauch von Feuer und Steinwerkzeugen gewöhnlich dem *Homo sapiens* oder dem Neandertaler zugeschrieben wurde, was den Status des *Sinanthropus* in der Ahnenreihe des Menschen in Frage gestellt hätte. Und in der Tat wurden solche Zweifel geäußert, wie Breuil (1932, S. 14) dokumentierte: "Mehrere ausgezeichnete Wissenschaftler haben unabhängig voneinander mir gegenüber den Gedanken geäußert, daß ein vom Körperbau des Menschen so weit abweichendes Lebewesen [...]nicht in der Lage gewesen sein konnte, die von mir beschriebenen Tätigkeiten auszuführen. In diesem Fall ließen sich die Skelettreste des *Sinanthropus* eher als bloße Jagdtrophäen begreifen, die wie die Feuerspuren und Steingeräte einem echten Menschen zuzuordnen wären, dessen Überreste noch nicht gefunden worden sind."

Es war Teilhard de Chardin, der die sensationelle Neuigkeit mit aller gegebenen Vorsicht in die Welt setzte. 1931, bei einem Besuch in Paris, zeigte er Henri Breuil ein Stück von einem Geweih. Breuil stellte bei seiner Untersuchung gezielte Brandspuren fest; ferner sei das Stück durch Hämmern bearbeitet worden und weise Schnittspuren von einem Steinwerkzeug auf (Breuil 1932, S. 1f.). Jetzt erst gab Teilhard de Chardin zu, daß das Fundstück aus Choukoutien war. Am Institut für Humanpaläontologie in Paris legte Teilhard de Chardin ein Arbeitspapier vor (1933 in *L'Anthropologie* veröffentlicht), in dem er erstmals vorsichtig die Möglichkeit erwog, daß dem *Sinanthropus* der Gebrauch des Feuers nicht fremd war.

Wie von Teilhard erbeten, besuchte Breuil Choukoutien im Herbst 1931 und fand sowohl umfangreiche Hinweise auf Feuer (eine fast 7 Meter starke Ascheschicht) als auch Stein- und Knochengeräte. Breuil (1932, S. 6f.) bemerkte: "Die vorliegenden Fakten, unterstützt durch eine Analyse der angebrannten Knochen in Paris und Peking, lassen die Schlußfolgerung zu, daß das Feuer in

Chou Kou Tien [sic] in reichem Maße benutzt wurde. Daß eine so große Ascheansammlung mit einer einzigen schwarzen, holzkohlereichen Grundschicht zusammenfällt, erlaubt die Überlegung, daß das einmal entzündete Feuer über einen beträchtlichen Zeitraum unaufhörlich am Brennen gehalten wurde, lange genug jedenfalls, um die von mir erwähnte enorme Masse von fast sieben Metern Stärke zu produzieren." Die Steinindustrie verglich Breuil mit dem europäischen Moustérien, wies aber gleichzeitig darauf hin, daß es nicht sinnvoll sei, die Choukoutien-Werkzeuge, koste es was es wolle, in eine europäische Klassifikation einzupassen.

Von späteren Ausgräbern wurde die Sammlung von Steinartefakten ständig erweitert. Bis heute sind über 100 000 Objekte gefunden worden, darunter verschiedene Hausteine, Schaber und kleine zugespitzte Abschläge. Laut Jia Lanpo (1980, S. 28) ist das am häufigsten verwendete Material Quarz, gefolgt von Sandstein und Opal. Jia (ebd.) erkannte "meisterlich durchgeführte, ziemlich komplexe Herstellungsverfahren." Und: "Die Sammlung besteht hauptsächlich aus kleinen Werkzeugen, aber es gibt auch größere, wie z. B. beidseitig bearbeitete Faustkeile. [...]Am zahlreichsten sind verschiedene in Abschlagtechnik gefertigte Formen von Schabern. Die Klinge kann nach sekundärer Bearbeitung der Kante gerade verlaufen, konvex oder konkav sein, Scheibenform oder mehrfache Kanten aufweisen. [...]Am besten gearbeitet sind die 'Spitzen'. Man hat etwa hundert davon gefunden, [...]deren Herstellungsweise eindeutig ein größeres Fertigungskönnen verrät. Zuerst wurde von einem Steinkern ein Splitter abgeschlagen, dann die Kanten solange bearbeitet, bis sich das eine Ende zur Spitze verjüngt hat. Bis auf den heutigen Tag sind nirgendwo sonst in der Welt ähnliche Funde von vergleichbarer Quantität und Qualität entdeckt worden" (Jia 1980, S. 28f.).

Andere Forscher sehen die Qualität der Steinindustrie von Choukoutien etwas anders. David Pilbeam (1972, S. 166) zitierte Kenneth Oakley, der erklärt hatte, die Steinwerkzeuge ähnelten den primitiven Oldowan-Geräten aus Ostafrika. Paläanthropologen haben die Merkmale der Choukoutien-Industrie in sehr unterschiedlicher Weise herausgestellt - man kann deshalb je nach Lektüre ganz verschiedene Eindrücke gewinnen.

Hinsichtlich der Ascheschichten aus der Höhle von Choukoutien wurde in jüngster Zeit eine dramatisch abweichende Ansicht geäußert. Nach Lewis R. Binford und Chuan Kun Ho, Anthropologen an der University of New Mexico, sind "die sogenannten Ascheschichten [...]keine Feuerstellen und womöglich überhaupt keine Ascheschichten. [...]Es scheinen wenig Zweifel darüber zu bestehen, daß diese sogenannten Ascheschichten zu einem Großteil aus dem Kot von Eulen und anderen Greifvögeln bestehen, in dem wiederum Nagetierknochen überwiegen. [...]Es hat also den Anschein, daß es sich zumindest teilweise um riesige Guanoanhäufungen in der Höhle handelte. In manchen Fällen könnten diese massiven organischen Ablagerungen verbrannt worden sein. [...]Die Annahme, daß Menschen das Feuer mitbrachten und weitergaben, ist aber genauso unhaltbar wie die Annahme, daß die verkohlten Knochen und anderen Materialien Abfälle menschlicher Essenszubereitung sind" (Binford und Ho 1985, S. 429).

Für die beiden Wissenschaftler waren auch die Funde von Hominidenknochen in den Höhlen kein Beweis dafür, daß diese dem Peking-Menschen als permanenter Aufenthaltsort dienten. "Es ist nicht ungewöhnlich, Überreste von Hominiden mit den Koprolithen von Hyänen vergesellschaftet zu finden; besonders größere Knochen stapeln sich entlang den Höhlenwänden. Kleinere Hominidenknochen, einzelne Zähne, Schädelfragmente und Kieferteile z. B., treten häufiger in eingangsnahen Bereichen der Höhlen auf. Man gewinnt den Eindruck, als wären Hominidenkadaver oder Kadaverteile von Aasfressern in den vorderen Höhlenbereich geschleppt worden.

Die äußerst einseitige Befundlage [überwiegend Schädel, Unterarm-, Unterschenkel- und Fußknochen] spräche für diese Interpretation. Diese Teile wären dann, wahrscheinlich von knochenknackenden Tieren wie Hyänen und Wölfen, weiter über das Höhleninnere verstreut worden" (Binford und Ho 1985, S. 428).

Die in Choukoutien gefundenen Steingeräte, meist primitive Schaber und Steinkeile, waren für die Jagd nicht sonderlich geeignet. "Schichten mit Überresten von Hominiden weisen nur selten auch Steingeräte auf, und fast nie handelt es sich bei diesen Ablagerungen um Ascheschichten" (ebd.). Anders gesagt, es gibt keine klare Verbindung zwischen den Steinwerkzeugen und den Hominidenresten.

Ob es eine Knochengeräte-Industrie in Choukoutien gegeben hat, ist umstritten. Breuil hatte sich dafür ausgesprochen, Binford und Ho (ebd.) bestreiten dies, andere moderne Autoritäten (Jia 1975, S. 31; Aigner 1981, S. 144) geben Breuil recht.

Am 15. März 1934 fand man Davidson Black tot an seinem Schreibtisch - Opfer eines Herzinfarkts. Seine Hand umfaßte eine Rekonstruktion des *Sinanthropus*-Schädels. Wenig später wurde Franz Weidenreich Leiter des Labors zur Erforschung des Känozoikums. In einer umfangreichen Artikelserie über die Fossilien des Peking-Menschen machte er u. a. darauf aufmerksam, daß die *Sinanthropus*-Skelettreste, vor allem die Schädel, den Verdacht nahelegten, hier seien Kannibalen am Werk gewesen. Weidenreich war aufgefallen, daß den verhältnismäßig gut erhaltenen Schädeln bestimmte Teile im Zentrum der Schädelbasis fehlten. Und er wußte, daß bei modernen melanesischen Schädeln "die gleichen Verletzungen vorkommen und auf zeremoniellen Kannibalismus zurückzuführen sind" (Weidenreich 1943, S. 186).

Einige der wenigen in Choukoutien gefundenen Röhrenknochen des *Sinanthropus* deuteten ebenfalls auf menschliche Eingriffe hin: "Es scheint festzustehen, daß das Aufbrechen der Röhrenknochen in Längsrichtung nicht von Raubtieren ausgeführt werden konnte, sondern nur von Menschenhand" (Weidenreich 1943, S. 189).

Von Koenigswald (1956, S. 49) stimmte mit dieser Analyse überein: "Die Oberschenkelknochen des Peking-Menschen von Chou k'ou tien [sic] sind alle schwer beschädigt und oft in kleine Stücke zerschlagen worden, um das Mark zu extrahieren. Die Zerstörung war nicht das Werk von Raubtieren, sondern zweifellos das von Menschen."

Zum ungewöhnlichen Fossilienbefund meinte Weidenreich, dafür sei der *Sinanthropus* selbst verantwortlich. "Er jagte seine eigenen Artgenossen, wie er andere Tiere jagte, und behandelte alle seine Opfer auf die gleiche Weise. Ob er die menschlichen Schädel aus rituellen oder kulinarischen Gründen öffnete, kann auf der Grundlage des bisherigen Fundmaterials nicht entschieden werden. Das Aufbrechen der Röhrenknochen von Menschen und Tieren gleichermaßen scheint allerdings auf letzteres hinzuweisen" (Weidenreich 1943, S. 190).

Binford und Ho (1985) haben auch gegen die Kannibalismustheorie Einwände angemeldet, ihre Argumente sind in diesem Fall jedoch weniger überzeugend, zumal da sie ihre Untersuchungen im Gegensatz zu Weidenreich nicht an den Originalen durchführen konnten, sondern sich mit Fotos und Abgüssen zufriedengeben mußten. Auch Jean S. Aigner möchte im Falle des Peking-Menschen nichts von Kannibalismus wissen und erklärt das Fehlen der Schädelbasis, das auch bei zahlreichen rezenten Bestattungen festzustellen sei, als natürlichen Prozeß, "wobei der auf dem Boden aufliegende Teil des Schädels erodierte und sich auflöste" (1981, S. 128). Aber die Choukoutien-Funde waren keine Bestattungen, und es gibt auch keine Anzeichen dafür, daß die Schädel mit der Basis nach unten auflagen, was Voraussetzung für die von Aigner beschriebenen Verwitterungsprozesse gewesen wäre.

Binford und Ho (1985, S. 428) sprachen sich dafür aus, daß die Hominidenknochen wahrscheinlich von Raubtieren in die Höhlen geschleppt wurden, aber Weidenreich hatte bereits 1935 (S. 456) festgestellt, daß auf den Knochen keinerlei Beiß- und Kauspuren zu finden seien. Außerdem handelte es sich bei den Skelettresten von *Sinanthropus* überwiegend um Knochen von Frauen und Kindern, die am leichtesten zu töten waren.

Marcelin Boule brachte schließlich eine neue Variante ins Spiel - daß der *Sinanthropus* aufgrund seines kleinen Gehirnvolumens unfähig gewesen sei, die vorgefundenen Stein- und Knochenwerkzeuge anzufertigen, und daß er das Opfer eines intelligenteren Hominidentyps geworden sein müsse (Boule und Vallois 1957, S. 145). Wenn aber *Sinanthropus* die Beute war, wer war dann der Jäger? Boule (ebd.) dachte, auch wenn er keine dafür Beweise hatte, an *Homo sapiens*.

Nach dem tatsächlichen Befund von Choukoutien kann vom Peking-Menschen bestenfalls gesagt werden, daß es sich um einen Aasfresser gehandelt haben dürfte, der sich in einer großen Höhle (in der organische Materialien brannten, und dies oft über längere Zeit hin) mit Hilfe primitiver Steinwerkzeuge (oder auch ohne sie) über die von Raubtieren zurückgelassenen Kadaver hermachte und dabei mit ziemlicher Wahrscheinlichkeit manchmal auch selbst das Aas war. Boule (1937) zufolge wurden die menschenähnlichen Züge des *Sinanthropus* von Weidenreich und anderen übertrieben; er selbst sprach von "affenähnlichen Schädeln", und er hatte seine Gründe dafür. Da sind zum einen die mächtigen Augenbrauenbögen. Betrachtet man den *Sinanthropus*-Schädel senkrecht von oben, sind die herausragenden Brauenbögen deutlich zu sehen (Abb. Seite 374). Ein weiteres affenähnliches Merkmal ist die "postorbitale

Der erste Sinanthropus-*Schädel, 1929 bei Choukoutien entdeckt. Ansicht von oben (Jia 1975, S.17) und von hinten (Boule 1937, S.7). Wie die Menschenaffen hat* Sinanthropus *mächtige Augenbrauenwülste und eine ausgeprägte postorbitale Verengung (oben). Auch ist der* Sinanthropus-*Schädel, von hinten gesehen, oben schmäler als unten - ein weiteres "äffisches" Merkmal.*

Einschnürung" oder Verengung des Schädels hinter den Augenhöhlen, die bei Menschen fehlt. Wenn man die Finger in die Augenwinkel legt und sie zu den Schläfen bis über die Ohren hinführt, hat man es mit einer ebenen Oberfläche zu tun. Beim *Sinanthropus* jedoch befindet sich unmittelbar hinter den Augen auf beiden Seiten des Schädels eine sehr ausgeprägte Einbuchtung (Abb. oben). Auch die allgemeine Form des Schädels von hinten gesehen erinnert an einen Affenschädel. Der *Sinanthropus*-Schädel ist vorn etwas schmäler als hinten (Abb. oben). Im Gegensatz dazu sind menschliche Schädel vorn breiter als hinten (Boule und Vallois 1957, S. 135). Boule wies auch auf den ausgeprägten Geschlechtsdimorphismus, das heißt die starken Größenunterschiede zwischen männlichen und weiblichen Vertretern der Spezies *Sinanthropus* hin, die viel auffälliger sind als beim Menschen - auch dies ist ein Charakteristikum der Affen und wird anhand der Unterkieferknochen des *Sinanthropus* besonders deutlich (Abb. rechte Seite).

Mit seiner physiologischen Abwertung des Peking-Menschen ist Boule, wie gezeigt werden konnte, mittlerweile nicht mehr allein. Moderne Forscher wie Binford und Ho zögern ebenfalls, dem *Sinanthropus* typisch menschliche Eigenschaften zuzuweisen. Ihrer Auffassung nach handelte es sich um einen aasfressenden Hominiden, der weder für die Tierknochen noch die Ascheschichten in der Höhle von Choukoutien direkt verantwortlich war. "Wie sah nun das Leben in der 'Höhlenbehausung des Peking-Menschen' aus? Wir können nur zu dem Schluß kommen, daß wir es nicht wissen" (Binford und Ho 1985, S. 429).

Restaurierte Unterkiefer eines erwachsenen männlichen (oben) und eines erwachsenen weiblichen Sinanthropus (unten). Der Geschlechtsdimorphismus – für Affen charakteristisch – ist deutlich (Boule 1937, S. 13).

Weitere Entdeckungen in China

Zhoukoudian (Choukoutien) ist der bei weitem berühmteste paläontologische Fundort in China. Daneben gibt es aber noch viele andere Stätten, an denen Fossilien des frühen und des entwickelten *Homo erectus*, des Neandertalers und des frühen *Homo sapiens* zum Vorschein kamen.

Ein großes Problem, das alle diese Funde begleitet, ist die häufige Unmöglichkeit einer exakten Datierung der Fossilien und Artefakte. Die Funde treten in der Regel innerhalb eines "möglichen Datierungsbereichs" auf. Dieser Bereich kann sehr groß sein, je nachdem, welche Datierungsmethoden zur Anwendung kommen: chemische, radiometrische oder geomagnetische Techniken; Schichtenanalyse; Tierfossilienanalyse; Werkzeuganalyse; morphologische Untersuchungen hominider Überreste.

Zu berücksichtigen ist auch, daß manche Wissenschaftler mit den gleichen Methoden dennoch zu unterschiedlichen Ergebnissen gelangen. Oder daß zwei vorgegebene Fossilien aufgrund ihrer morphologischen Unterschiede zeitlich an die entgegengesetzten Enden einer Datierungsspanne gesetzt werden, nur weil das nach herrschender evolutionistischer Auffassung als logisch erscheint, logischer jedenfalls als die durch nichts widerlegte Möglichkeit der Gleichzeitigkeit der beiden Fossilien. Die zeitliche Separation wird dann in den Lehrbüchern zum Beleg für einen evolutionären Fortschritt!

Die Liste der chinesischen Funde ist, wie gesagt, lang, und ihre Datierungsprobleme sind groß. Hier die wichtigsten:

1. Tongzi (Provinz Guizhou)

1985 berichtete Qiu Zhonglang über die Entdeckung fossiler *Homo-sapiens*-Zähne in den Jahren 1971 und 1972 in der Yanhui-Höhle bei Tongzi in Südchina. Die fossile Fauna des Fundortes sei mit *Stegodon* (am Ende des Mittleren Pleistozäns ausgestorbene Elefantenart) und *Ailuropoda* (Riesenpanda) typisch für das Mittlere Pleistozän in Südchina, der archäologische Humanbefund weise allerdings ins Obere [= Späte] Pleistozän (Qiu 1985, S. 205f.). Den Fundort daraufhin als spätpleistozän einzuordnen, ist ein typischer Fall morphologischer Datierung. Dabei existieren stratigraphische Befunde, die sehr für das Mittlere Pleistozän sprechen (Qiu 1985, S. 206). Ein solches Alter wird aber auch durch das Auftreten einer Spezies nahegelegt, die auf das Mittlere Pleistozän beschränkt ist: *Megatapirus augustus,* ein Riesentapir (vgl. Aigner 1981, S. 325; Han und Zu 1985, S. 25).

Qiu (1985) dehnte den zeitlichen Datierungsspielraum für einige Säugetierarten (wie den *Megatapirus*) vom Mittleren bis ins Späte Pleistozän, um ein akzeptables Datum für die *Homo-sapiens*-Fossilien zu erhalten. Erst einmal sicher im Späten Pleistozän angekommen, konnte der *Homo sapiens* von Tongzi zeitlich in eine evolutionäre Sequenz eingeordnet werden. Würde man ihn in jenem früheren Datierungsbereich ansetzen, der der fossilen Fauna am Fundort wirklich entspricht, das heißt im mittleren Mittelpleistozän, wäre der *Homo sapiens* ein Zeitgenosse des Peking-Menschen - was sich in einem Lehrbuch über fossile Menschenfunde in China nicht sehr gut machen würde.

2. Lantian (Provinz Shaanxi)

1963 entdeckten Zhang Yuping und Huang Wanpo vom Institut für Wirbeltierpaläontologie und Paläanthropologie beim Dorf Chenjiawo im Kreis Lantian in der Provinz Shaanxi einen *Homo-erectus*-Unterkiefer. 1964 fand ein anderes Ausgrabungsteam bei Gongwangling, ebenfalls im Kreis Lantian, einen menschlichen Zahn. Aus fossilienhaltigen Felsbrocken, die zur Untersuchung nach Peking transportiert wurden, löste man eine hominide Schädeldecke, einen Oberkiefer und drei Backenzähne heraus, einen davon lose. Auch diese Exemplare wurden als *Homo erectus* klassifiziert (Jia 1980, S. 14f.). Doch schnell traten Meinungsverschiedenheiten über Datierung und Zuordnung auf. Jia (1980, S. 15f.) wies darauf hin, daß der Mensch von Lantian nur ein Schädelvolumen von 778 ccm hatte, verglichen mit den durchschnittlich 1000 ccm des Peking-Menschen von Zhoukoudian. Für ihn repräsentierte deshalb die Schädeldecke von Gongwangling einen älteren Hominidentypus. Die Mehrzahl der Wissenschaftler sah im Lantian-Menschen einen annähernden Zeitgenossen des Peking-Menschen und setzten beide in die Taku-Lushan-Zwischeneiszeit im mittleren Mittelpleistozän, die dem europäischen Holstein-Interglazial entspricht (vgl. Nilsson 1983, S. 335; Chang 1977, S. 53f.; 46).

Aigner spricht in ihrem Buch über chinesische Fossilienfunde (1981) dem Lantian-Schädel zwar eine größere morphologische Primitivität zu als dem *Sinanthropus* und dem *Homo erectus* von Trinil (Java-Mensch) (1981, S.244), erklärt sich aber zugleich einer Meinung mit Chang (1977) und Wu (1973), die sich trotz dieser Charakteristika gegen eine frühere Datierung sträuben (Aigner und Laughlin 1973; Aigner 1981, S. 82).

Die Autoren haben 25 Berichte analysiert, die zwischen 1964 und 1986 über den Menschen von Lantian erschienen sind. Wäre die Paläanthropologie eine exakte Wissenschaft, müßten sich für den Unterkiefer und den Schädel weitgehend übereinstimmende Eckdaten ergeben. Statt dessen erhalten wir eine weite Streuung geschätzter Daten, wenn auch mit einigen auffallenden Übereinstimmungen, wonach beide Stücke (a) zeitlich vor dem Peking-Menschen rangieren, (b) in die Zeit von Zhoukoudian fallen. Für Evolutionisten wird das zum Problem, müssen sie doch mit der Annahme fertig werden, daß der sehr primitive *Homo erectus* von Zhoukoudian (Peking-Mensch) zur gleichen Zeit lebte wie der hinsichtlich seiner Hirnkapazität weiter fortgeschrittene *Homo erectus* (Lantian-Mensch). Ein wesentlich älteres Datum für den Lantian-Menschen würde ihnen zwar viel besser ins Konzept passen, aber Fundstratigraphie, fossile Fauna und die mittels unterschiedlicher Datierungsmethoden gewonnenen Daten können - vorsichtig formuliert - die Gleichzeitigkeit nicht ausschließen.

So gibt es jetzt also im mittleren Mittelpleistozän überlappende Datierungsbereiche für drei verschiedene Hominiden: (1) den Lantian-Menschen, einen primitiven *Homo erectus*; (2) den Peking-Menschen, einen weniger primitiven *Homo erectus*; und (3) den Tongzi-Menschen, der als *Homo sapiens* beschrieben wird. Wir bestehen nicht auf der "Koexistenz" dieser Hominiden. Vielleicht lebten sie zur gleichen Zeit, vielleicht auch nicht. Allein aus den morphologischen Unterschieden auf eine Ungleichzeitigkeit zu schließen, wie dies immer wieder getan wird, halten wir allerdings für wissenschaftlich unredlich.

3. Maba (Provinz Guangdong)

1956 förderten Bauern, die in einer Höhle bei Maba in der südchinesischen Provinz Guangdong nach Guano gruben, einen menschlichen Schädel zutage. Laut Chang (1962, S. 754) scheinen die Daten "den Schädel von Ma'pa [sic] den Neandertaloiden zuzuordnen". Aigner (1981, S. 65f.) erklärte: "Auf der Grundlage ihrer Messungen und Beobachtungen kommen Wu und Peng zu dem Schluß, daß die Skelettreste einen Grad der [physischen] Organisation verraten, der dem der europäischen Neandertaler ähnlich ist. [...]Coon (1969) stimmt mit der relativen Kategorisierung der Hominidenreste überein, betont jedoch, daß es sich nicht um einen Neandertaler im klassischen Sinn gehandelt hat. Er glaubt, der Mensch von Mapa [sic] stehe an der Schwelle zum modernen *Homo sapiens* und ist überwiegend, wenn nicht schon zur Gänze mongolid". Mittlerweile scheint die allgemeine Übereinkunft zu bestehen, daß der Maba-Schädel von einem *Homo sapiens* mit gewissen neandertaloiden Zügen stammt (Han und Xu 1985, S. 285).

Es ist verständlich, daß Wissenschaftler, um im Einklang mit ihren evolutionären Erwartungen zu bleiben, den Menschen von Maba gerne ganz ans Ende des Mittleren oder an den Anfang des Späten Pleistozäns setzen würden. Und in der Tat finden wir bei Wu Rukang die Überlegung: "Wenn man aufgrund der mit dem Maba-Schädel vergesellschafteten Säugetierfauna urteilt, so dürfte sein geologisches Alter das späte Mittlere oder das frühe Späte Pleistozän sein" (Jia 1980, S. 41). Das entspräche einem Alter von 100 000 Jahren.

Betrachtet man die fossile Fauna von Maba jedoch unvoreingenommen, kommt man zu einem völlig anderen Ergebnis. Maba könnte danach zwar bis ins frühe Spätpleistozän gereicht haben, aber der Befund spricht gleichermaßen für ein früh- und mittelpleistozänes Alter. Wieder einmal scheint der eigentliche Grund für eine zeitlich sehr späte Plazierung des menschlichen Fossils morphologischer Natur zu sein. Die dahinter erkennbare Absicht ist die Erhaltung einer evolutionären Sequenz. Bei mehreren Möglichkeiten wird natürlich jene bevorzugt, die am besten ins vorgefertigte Schema paßt.

Fügen wir also unserer Liste chinesischer Hominiden, die sich in einen gemeinsamen Datierungsbereich im Mittleren Pleistozän teilen, den (4) Maba-Menschen (*Homo sapiens* mit neandertaloiden Zügen) hinzu.

4. Changyang (Provinz Hubei)

In der südchinesischen Provinz Hubei im Kreis Changyang wurde 1956 in der Longdong-(Drachen-)Höhle von Arbeitern der Oberkiefer eines *Homo sapiens* mit einigen Primitivismen entdeckt (Han und Xu 1985, S. 286). Er war vergesellschaftet mit der typischen mittelpleistozänen Fauna Südchinas, darunter *Ailuropoda* und *Stegodon.* Jia Lanpo stellte fest: "Noch nie wurden bis zu dieser Entdeckung menschliche Fossilien mit einer solchen Fauna vergesellschaftet gefunden. [...]Die *Ailuropoda-Stegodon*-Fauna ist bisher als mittelpleistozän, also zeitgleich mit dem Peking-Menschen, eingestuft worden, jetzt ordnen neue Befunde sie dem Spätpleistozän zu" (Jia 1980, S. 42). Die Analyse der Säugetierliste bei Han und Xu (1985, S. 286) zeigt, daß der einzige "neue Befund" der menschliche Unterkiefer selbst ist - ein Vorgehen wie gehabt.

Interessanterweise berichteten Han Defen und Xu Chunhua von fossilen Überresten der *Hyaena brevirostris sinensis* am Fundort in Changyang (Han und Xu 1985, S. 286). Aigner (1981, S. 289, 322) erklärte, daß diese Spezies nach der Holstein-Zwischeneiszeit, d. h. auf chinesische Verhältnisse bezogen, nach dem Taku-Lushan-Interglazial (= mittleres Mittelpleistozän) nicht mehr auftritt. Die naheliegende Datierung des *Homo sapiens* von Changyang in die gleiche Zwischeneiszeit kam Aigner nicht in den Sinn. Warum wohl?

5. Liujiang (Autonome Region Guangxi Zhuang)

1958 fanden Arbeiter in der Liujiang-Höhle in der Autonomen Region Guangxi Zhuang in Südchina menschliche Fossilien: einen Schädel, Wirbel, Rippen, Beckenknochen und einen rechten Oberschenkelknochen, die von Han und Xu (1985, S. 286) als *Homo sapiens sapiens* deklariert wurden. Aigner (1981, S.63) schrieb: "Viele der Messungen fallen in den Bereich heutiger Mongolider, andere lassen sich eindeutig als 'australoid' bezeichnen. [...]Wu kommt zu dem Schluß, daß die Überreste zu einer Frühform des (modernen) *H. sapiens* gehören und primitive Mongolide repräsentieren."

Aber die anatomisch modernen Skelettreste wurden in der gleichen *Ailuropoda-Stegodon*-Fauna gefunden, die auch für die anderen südchinesischen Funde typisch war. Wie die Datierung vor sich ging, läßt sich leicht vorhersagen: "Woo Ju-kang, der über die Entdeckung des Menschen von Liu-chiang [sic] berichtete, nimmt an, daß der fossile menschliche Schädel, zusammen mit einem Riesenpandaschädel, später anzusetzen ist als ins Mittlere Pleistozän. Da der menschliche Schädel eindeutig versteinert und vom *Homo-sapiens*-Typ ist, kann angenommen werden, daß er ins Späte Pleistozän gehört" (Chang 1962, S. 753).

6. Dali (Provinz Shaanxi)

In Dali kam ein *Homo-sapiens*-Schädel mit primitiven Zügen zum Vorschein (Han und Xu 1985, S. 284). Die Dali-Fauna gehört dem Mittleren Pleistozän an oder ist älter. Einige chinesische Paläanthropologen (Wu und Wu 1985, S. 92) haben für Dali ein spätes mittelpleistozänes Datum vorgeschlagen - immerhin. Für den menschlichen Schädel mag das sogar zutreffen, die fossile Fauna spricht allerdings weit eher für das mittlere Mittelpleistozän und die Gleichzeitigkeit mit dem Peking-Menschen von Zhoukoudian.

Schließlich sei noch kurz die Rede von zwei weiteren Fundorten: Yuanmou in der südwestchinesischen Provinz Yünnan, wo neben hominiden Schneidezähnen auch Steinwerkzeuge ausgegraben wurden, und Xihoudu (nördliche Shanxi-Provinz), wo Jia Lanpo 1960 einige Steingeräte freilegte. Beide Fundorte wurden ins frühe Frühpleistozän datiert. Die Zähne von Yuanmou werden einem sehr primitiven *Homo erectus* zugeschrieben, einem Vorläufer des Peking-Menschen und Abkömmling des *Australopithecus* (Jia 1980, S. 6f.). Die später gefundenen Steinwerkzeuge - drei Schaber, ein Nukleus, ein Abschlag und eine Quarzspitze - weisen große Ähnlichkeit mit europäischen Eolithen und der ostafrikanischen Oldowan-Industrie auf. Die Schichten, in denen die Schneidezähne gefunden wurden, ergaben ein wahrscheinliches paläomagnetisches Alter von 1,7 Millionen Jahren (Jia 1980, S. 9) - zu alt also für eine Abstammung von *Australopithecus* oder *Homo habilis*. Dachte Jia an eine eigenständige Entwicklung des *Homo erectus* auf chinesischem Boden?

Lewis R. Binford und Nancy M. Stone (1986, S. 15) merkten dazu an: “Es sollte darauf verwiesen werden, daß viele chinesische Wissenschaftler sich noch immer der Idee verbunden fühlen, daß die menschliche Entwicklung in Asien stattfand. Deshalb akzeptieren viele von ihnen bereitwillig und unkritisch sehr frühe Daten für chinesische Fundorte und untersuchen sogar die Möglichkeit, daß Steinwerkzeuge in pliozänen Ablagerungen liegen.”

Man könnte natürlich auch entgegenhalten, daß aufgrund der ausschließlichen Fixierung westlicher Wissenschaftler auf die Vorstellung, der Mensch sei in Afrika entstanden, sehr frühe Daten für menschliche Fossilien und Artefakte auf der ganzen Welt in unkritischer Weise beurteilt und abgelehnt werden.

Aufgrund seiner frühpleistozänen Fauna wurde dem Fundort Xihoudu ein Alter von mehr als 1 Million Jahren zugewiesen, laut Jia (1985, S. 139) hätten “vorläufige paläomagnetische Datierungen ein absolutes Alter von etwa 1,8 Millionen Jahren” ergeben. Unter den Dutzenden von Steinwerkzeugen waren Kerne, Hausteine, Abschläge, Schaber und schwere, dreieckige Spitzen. Und es fanden sich verkohlte Knochen. Jia faßt zusammen (1980, S. 2): Wer die Träger der Xihoudu-Kultur waren, wissen wir noch nicht, denn es sind noch keine menschlichen Fossilien gefunden worden. Vom Alter des Fundortes können wir allerdings auf *Australopithecinae* schließen.”

Aigner (1981, S.183f.) war damit, wie vorherzusehen, nicht einverstanden: “Trotz der starken Hinweise auf frühpleistozäne menschliche Aktivitäten in Nordchina, wie sie für Hsihoutu [sic] in Anspruch genommen werden, weigere ich mich, das Material zum jetzigen Zeitpunkt eindeutig zu akzeptieren. [...]Falls Hsihoutu verifiziert wird, dann wurde der Norden Chinas vor annähernd 1 000 000 Jahren von feuerbenutzenden Menschen besiedelt. Dies würde einige unserer gängigen Annahmen sowohl über den Verlauf der menschlichen Evolution als auch die Adaptationsfähigkeiten der frühen Hominiden in Frage stellen.” Wie wahr!

Immer etwas Neues aus Afrika

Erst nach der Mitte des 20. Jahrhunderts wandten die Paläanthropologen ihre Hauptaufmerksamkeit Afrika zu. Dabei war die Bedeutung Afrikas bereits von Darwin in *The Descent of Man* (Die Abstammung des Menschen) (1871, S. 199) vorausgesagt worden: "In jeder großen Weltregion sind die lebenden Säugetiere eng mit den ausgestorbenen Arten der gleichen Region verwandt. Es ist daher wahrscheinlich, daß Afrika einstmals von ausgestorbenen Menschenaffen bewohnt war, engen Verwandten der Gorillas und Schimpansen; und da diese beiden Arten die nächsten Verwandten des Menschen sind, ist es sogar noch etwas wahrscheinlicher, daß unsere frühen Vorläufer auf dem afrikanischen Kontinent lebten als sonstwo."

Zur ersten bedeutenden Entdeckung menschlicher Fossilien auf afrikanischem Boden kam es 1913, als Professor Hans Reck von der Universität Berlin im damaligen Deutsch-Ostafrika (heute Tansania) in der Olduvai-Schlucht ein menschliches Skelett entdeckte, das jahrzehntelang für Kontroversen sorgte.

Die Skelettreste, zu denen ein vollständiger Schädel gehörte (Abb. rechte Seite), waren in der Matrix fest einzementiert und mußten mit Hammer und Meißel herausgeschlagen werden (MacCurdy 1924a, S. 423). Reck identifzierte in Olduvai eine Abfolge von fünf Schichten. Die ersten vier waren verschiedenfarbige, in Wasser abgelagerte vulkanische Tuffe, Schicht 5 war lößartig (Hopwood 1932, S. 192). Auf dem obersten und untersten Niveau von Schicht 5 fanden sich harte, weißliche Ablagerungen von kalksteinähnlichem Kalkrit oder Steppenkalk.

Die von Reck beschriebene Schichtenfolge wird noch heute anerkannt. Nur den oberen Teil von Schicht IV bezeichnet man heute als Masek-Formation, während man Schicht V in mehrere deutlich voneinander abgesetzte Lagen unterteilt (M. Leakey 1978, S. 3): Unteres Ndutu, Oberes Ndutu, Naisiusiu (von der ältesten zur jüngsten) (Oakley et al. 1977, S.169).

Das Skelett war aus dem oberen Teil von Schicht II. Unmittelbar darunter lagen Fossilien von *Elephas antiquus recki* (Hopwood 1932, S.192). Die fossile Fauna deutete Reck zufolge auf ein mittelpleistozänes Alter hin, etwa zeitgleich mit dem auf 800 000 Jahre geschätzten Java-Menschen Dubois'. Moderne Datierungsmethoden setzen das oberste Niveau von Schicht II ins späte

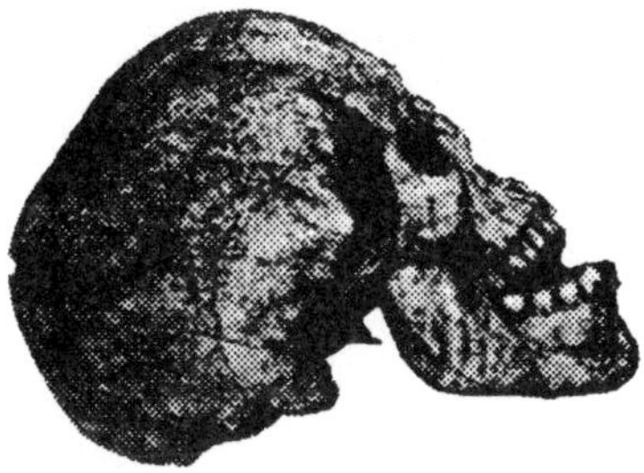

Dieser Schädel stammt von einem vollständigen Skelett, das H. Reck 1913 in der Olduvai-Schlucht (im heutigen Tansania) fand.

Frühpleistozän vor etwa 1,15 Millionen Jahren (Oakley et al. 1977, S. 166).

Reck, der sich der Bedeutung seines Fundes bewußt war, untersuchte sorgfältig die Möglichkeit, daß das menschliche Skelett durch Bestattung oder Erdbewegungen in Schicht II gelangt sein mochte. Er kam zu dem Ergebnis, daß das nicht der Fall war: "Die Schicht, in der die menschlichen Überreste ohne begleitende Kulturgegenstände gefunden wurden, war ohne Anzeichen einer Störung. Die Fundstelle erschien wie jede andere auf diesem Horizont. Es gab keinen Hinweis darauf, daß irgendein Loch oder Grab aufgefüllt worden wäre" (Hopwood 1932, S. 193; Reck 1914b).

Reck nahm den Schädel in seinem eigenen Gepäck mit nach Deutschland. Dort erregte seine afrikanische Entdeckung sowohl in der Presse als auch in wissenschaftlichen Kreisen Aufsehen. George Grant MacCurdy (1924a, S. 423) von der Yale University hielt Recks Fund für echt, und es handelte sich seiner Ansicht nach um einen Menschen modernen Typs: "Zieht man das Foto des noch in situ befindlichen Skeletts zur Begutachtung heran, so war der

Der von H. Reck in der Olduvai-Schlucht in Schicht II gefundene Schädel ist stark verformt (Reck 1933, Tafel 30). Folgt man W. O. Dietrich (1933, S. 299–303), so kann auf Grund dieser [durch Druck bewirkten] Verkrümmung eine rezente Flachbestattung des Schädels praktisch ausgeschlossen werden.

Mensch aus der Olduvai-Schlucht kein Neandertaler, sondern gehörte eher zum Aurignac-Typ" (ebd.). Mit Aurignac-Typ ist der Cro-Magnon-Mensch gemeint, der erste Repräsentant von *Homo sapiens sapiens* in Europa.

Louis Leakey (1928, S. 499) untersuchte Recks Skelett in Berlin, hielt es aber anfänglich für jünger als Reck. Andere Wissenschaftler waren der gleichen Meinung. 1931 suchten Leakey und Reck gemeinsam den Fundort auf, um die Sache zu klären. Begleitet wurden sie von A. T. Hopwood vom *British Museum of Natural History*, Donald MacInnes und dem Geologen E. V. Fuchs. Nachdem sie die geologischen Verhältnisse vor Ort studiert hatten, schlossen sich Leakey und Hopwood Recks Auffassung an. Leakeys Meinung wurde auch durch die Neuentdeckung von Steinwerkzeugen in den Olduvai-Schichten I und II beeinflußt. In einem in der renommierten Zeitschrift *Nature* abgedruckten Brief bestätigten Leakey, Hopwood und Reck, daß das Skelett nicht aus einer Bestattung in Schicht IV stammte, wie Leakey in seinem Buch *The Stone Age Cultures of Kenya Colony* (1931) vorgeschlagen hatte, sondern tatsächlich von Anfang an in Schicht II lag, wie von Reck dargestellt. Sie kamen zu dem Schluß, daß die Skelettreste zu einem anatomisch modernen *Homo sapiens* gehörten, der während des mittleren Mittelpleistozäns im Oberen [= Späten] Kamasian-Pluvial [Regenperiode] in Afrika gelebt hatte (Leakey et al. 1931); das entspricht in etwa der Mindel-Eiszeit in Europa und machte Recks *Homo sapiens* zum Zeitgenossen des Java- und des Peking-Menschen.

Doch wie schon erwähnt, wird der Olduvai-Schicht II mittlerweile ein frühpleistozänes Alter von 1,15 Millionen Jahren zugewiesen, dem *Homo sapiens sapiens* bestenfalls 100 000 und dem frühen *Homo sapiens* vielleicht 300 000 Jahre. Für Leakey stand damit fest, daß weder der Peking- noch der Java-Menschen direkte Vorfahren des Menschen sein konnten.

Aber der Fund blieb natürlich nicht lange unangefochten, und nach einigem in der Zeitschrift *Nature* ausgetragenen Hin und Her sowie neuerlichen Untersuchungen der Matrix, in der das Skelett eingebettet war, und des Schichtenmaterials am Fundort gaben Reck und Leakey ihre Position auf und erklärten, daß "es sehr wahrscheinlich erscheint, daß das Skelett in Schicht II eingedrungen ist und daß das Datum der Intrusion nicht älter ist als der auffällige

Kontinuitätsbruch, der Schicht V von den darunter liegenden trennt" (L. Leakey et al. 1933, S. 397).

Was Leakey und Reck letztendlich dazu bewog, ihre Meinung zu ändern, bleibt ein Rätsel. Die von dem Geologen P. G. H. Boswell 1933 durchgeführten mineralogischen Untersuchungen sind methodisch nicht stichhaltig genug, um völlig überzeugen zu können.

Später versuchte Reiner Protsch (1974) die Situation durch eine Radiokarbon-Datierung des Reckschen Skeletts zu klären. Leider sind die Begleitumstände der Datierung, die ein Alter von 16 920 Jahren ergab, nicht dazu angetan, diesem Datum zu vertrauen, zumal aus Olduvai schon mehrmals C-14-Daten berichtet wurden, die einfach viel zu gering waren, um auch nur annähernd stimmen zu können. Bada (1985a, S. 255) führte diese unerwartet niedrigen Zahlen auf den Verschleiß des ursprünglichen Knochenkollagens und die Verunreinigung durch sekundäre Kohleverbindungen aus dem Erdreich zurück. Protschs Zahl bleibt somit fragwürdig, und dies auch im Lichte einer Aussage wie der folgenden: "Theoretisch sprechen mehrere Fakten gegen ein hohes Alter des Hominiden, z. B. die Morphologie" (Protsch 1974, S. 382). Es war also, so ist letztlich daraus zu folgern, die moderne Morphologie des Reckschen Skeletts, die Protsch davon überzeugte, daß es nicht in Schicht II gehörte.

Hätte man Recks Skelett als *Homo erectus* klassifiziert und nicht als *Homo sapiens*, so hätte sicherlich niemand irgendwelche Einwände gegen die Fundposition in Schicht II erhoben. 1960 machte man in der Olduvai-Schlucht einen Oberflächenfund: einen *Homo-erectus*-Schädel (OH 9), der nichtsdestoweniger in die obere Schicht II (mit einem Alter von mehr als 1 Million Jahren) gesetzt wurde, weil an der Schädelbasis Matrixreste klebten, die der von Schicht II entsprachen. Ein entschlossener Spielverderber hätte daraus dennoch auf "sekundäre Zementierung" geschlossen. Aber niemand hatte etwas gegen die Datierung.

Alles in allem scheint Protsch einen erwünschten Dienst geleistet zu haben: Er brachte "Licht" in eine problematische Entdeckung, und siehe da, jetzt paßte sie in die akzeptierte Evolutionssequenz. 1974 war innerhalb des wissenschaftlichen Mainstreams noch niemand so weit, daß er einen mindestens 400 000 Jahre alten anatomisch völlig modernen Menschen als Zeitgenossen des *Homo erectus* hätte akzeptieren können. Protsch selbst gab zu, daß seine theoretischen Erwartungen dies ausschlossen. Indem er ein plausibles C-14-Datum lieferte, das Skelett mit Steinwerkzeugen in Verbindung brachte, die nahebei in der oberen Schicht V zum Vorschein gekommen waren, und mit Skelettresten und ähnlichen Steinwerkzeugen aus Gamble's Cave (in einiger Entfernung von Olduvai) verglich, stellte Protsch Recks Skelett in die passende paläanthropologische Nische. Der Fall war damit abgeschlossen.

Die Schädel von Kanjera und der Unterkiefer von Kanam

1932 teilte Louis Leakey mit, er habe bei Kanam und Kanjera an der Kavirondo-Bucht des Victoria-Sees in West-Kenia Fossilien gefunden, die seines Erachtens die Existenz des *Homo sapiens* im Frühen und Mittleren Pleistozän bewiesen (Leakey 1960d).

Leakey zufolge entsprachen die fossilhaltigen Schichten von Kanjera der Olduvai-Schicht IV, was durch die Fauna-Untersuchungen von H. B. S. Cooke (1963) bestätigt wurde und für Kanjera ein Alter zwischen 400 000 und 700 000 Jahren ergibt. Andererseits sind die Kanjera-Schädelfragmente morphologisch recht modern und sprachen für einen *Homo-sapiens*-Typ. Ein Alter von 400 000 Jahren wäre nach heutiger Auffassung für den ältesten frühen afrikanischen *Homo sapiens* gerade noch akzeptabel (Bräuer 1984, S. 394). Der Autor einer neueren Untersuchung (Groves 1989, S. 291) erklärte die Kanjera-Schädel jedoch als zum *Homo sapiens sapiens* gehörig; sie wären demnach anatomisch modern.

Nach Cooke (1963) ist die fossile Fauna von Kanam älter als die von Schicht I in der Olduvai-Schlucht, die Kanam-Schichten – und die darin gefundenen menschlichen Fossilien (Unterkiefer, Zähne) wären demnach mindestens 2 Millionen Jahre alt. Aber wieder ist da das Problem der *Homo-sapiens*-Ähnlichkeit. Vor dem Hintergrund der menschlichen Ahnenreihe *Australopithecus* (Spätes Pliozän bis Frühes Pleistozän), *Homo erectus* (Frühes und Mittleres Pleistozän), *Homo sapiens* (Spätes Pleistozän) nimmt sich ein *Homo-sapiens*-Unterkiefer im frühesten Pleistozän seltsam aus.

1932 war diese evolutionäre Reihe allerdings noch nicht so fest geknüpft wie heute, sondern eher hypothetisch. Den 1925 von

Raymond Dart in Südafrika entdeckten *Australopithecus* hielten viele Wissenschaftler für einen Affen ohne Verbindung zur menschlichen Linie, Java- und Peking-Mensch waren durchaus nicht allgemein anerkannt. Leakeys Funde und Zuordnungen wurden deshalb immerhin der Überprüfung durch eine 28 Personen umfassende, wissenschaftliche Kommission für wert befunden, die unter der Leitung von Sir Arthur Smith Woodward über vier Befundkategorien urteilte: geologische, paläontologische, anatomische und archäologische (Woodward et al. 1933, S. 477f.).

Die Geologengruppe kam zu dem Schluß, daß Leakey die Fundschichten der Fossilien richtig bestimmt hatte. Die Paläontologengruppe ordnete die Kanam-Schichten dem Frühen Pleistozän zu, die Kanjera-Schichten allerfrühestens dem Mittleren Pleistozän. Die Archäologengruppe bestätigte, daß an beiden Fundorten Steinwerkzeuge in den Fundschichten der Fossilien vorlagen. Die Anatomen schließlich konnten an den Schädeln "keine Merkmale feststellen, die mit solchen vom Typ *Homo sapiens* unvereinbar gewesen wären" (Woodward et al. 1933, S. 477). Für den Kanam-Unterkiefer stellten sie etwas Ähnliches fest (Woodward 1933 et al., S. 478).

Die Speziesbezeichnung *Homo sapiens* umfaßt nach heutiger überwiegender Ansicht den frühen *Homo sapiens*, den Neandertaler (*Homo sapiens neanderthalensis*) und den modernen Menschen (*Homo sapiens sapiens*). Doch galt der Neandertaler 1933 noch als eigene Spezies, und die ersten Repräsentanten des frühen *Homo sapiens* waren noch nicht entdeckt bzw. noch nicht publiziert worden. Der Schädel von Steinheim wurde 1933 entdeckt, die Veröffentlichung des Berichts erfolgte 1935. Und die Swanscombe-Schädelfragmente kamen auch erst 1935 und 1936 zum Vorschein.

Unter *Homo sapiens* wurde damals generell ein Mensch des anatomisch modernen Typs verstanden. Leakey plädierte jedoch, was den Unterkiefer betraf, für eine neue Spezies und nannte sie *Homo kanamensis*. In diesem sah er den unmittelbaren Vorläufer des *Homo sapiens*. Laut Cole (1975, S. 103f.) ließ er die Benennung später wieder zugunsten von *Homo sapiens* fallen.

Wie schon im Fall des Reckschen Skelettes trat auch dieses Mal der Geologe Boswell auf den Plan, um das Alter der Fossilien von Kanjera und Kanam anzuzweifeln. Eine von Leakey veranlaßte Besichtigung der Fundstätten brachte keine positiven Ergebnisse, da Leakeys Markierungen verschwunden, die geologischen Gegebenheiten durch Erdrutsche durcheinandergebracht worden waren, und Boswell weder Leakeys Angaben vor Ort noch den Aussagen Jumas, des schwarzen Ausgräbers, Glauben schenken wollte (Leakey 1936; 1972, S. 35). Diese ignorante Haltung ist bereits sattsam bekannt und muß hier nicht weiter erörtert werden.

Leakeys Funde wurden von späteren Autoren wie Broom (1951, S. 11f.; Tobias 1962, S. 344; 1968, S. 182) gewürdigt, und 1969 auf einer UNESCO-Konferenz in Paris über die Ursprünge des *Homo sapiens* akzeptierten die etwa 300 Delegierten einhellig ein mittelpleistozänes Alter für die Kanjera-Schädel (Cole 1975, S. 358).

Die Geburt des Australopithecus

1924 fiel der südafrikanischen Anatomiestudentin Josephine Salmons in der Wohnung einer Freundin ein fossiler Pavianschädel auf. Sie brachte den Schädel ihrem Lehrer an der Universität Witwatersrand in Johannesburg, Professor Raymond A. Dart, - und sie löste damit eine Kette von Ereignissen aus, in deren Verlauf Dart zu weltweitem Ruhm gelangte.

Der Pavianschädel stammte aus einem Kalksteinbruch bei Buxton in der Nähe der kleinen Stadt Taung, etwa 320 Kilometer südwestlich von Johannesburg. Dart bat seinen Freund Dr. R. B. Young, einen Geologen, sich an Ort und Stelle umzusehen. Young fand eine Kalksteinwand mit alten Höhlen, die mit einer harten Mischung aus Sand und Travertin (einer Kalziumkarbonatablagerung) angefüllt waren. In einer solchen Höhle waren zahlreiche Fossilien, darunter viele Pavianknochen, eingeschlossen. Als der Abschnitt der Wand, in der sich die Höhle befand, gesprengt wurde, sammelte Young einige fossilienhaltige Brocken auf und schickte sie an Dart (Keith 1931, S. 39-46).

Dart fand einen Schädel, dessen Volumen so groß war wie beim Schädel eines großen Gorillas. Aber der nur sehr mühsam aus dem Gestein zu befreiende Gesichtsschädel barg eine Überraschung: “Am siebenunddreißigsten Tag, es war der 23. Dezember [1924], teilte sich der Gesteinsbrocken endlich, und ich konnte das Gesicht von vorne sehen. [...]Das Geschöpf mit dem enormen Gehirn war keineswegs ein riesiger Anthropoide wie der Gorilla. Was zum Vorschein kam, war das Gesicht eines Babys, eines Kleinkindes mit einem vollständigen Satz von Milchzähnen und gerade durchbrechenden Backenzähnen. Ich glaube nicht, daß es an diesem Weihnachtsfest Eltern gab, die stolzer auf ihre Sprößlinge waren als ich auf mein Taung-Baby" (Fisher 1988, S. 27).

Nach Freilegung der Knochen rekonstruierte Dart den Schädel. Das Gehirnvolumen des Taung-Babys lag bei 500 Kubikzentimeter - erstaunlich, vergleicht man damit die 600 Kubikzentimeter eines ausgewachsenen Gorillamännchens. Dart fiel das Fehlen von Augenbrauenwülsten auf, und er sah auch an den Zähnen menschliche Merkmale (Boule und Vallois 1957, S. 87f.).

Dart publizierte den Fund in einem Artikel, der in der Zeitschrift *Nature* am 7. Februar 1925 erschien. Er schätzte das Alter des Schädels aufgrund der Begleitfossilien auf 1 Million Jahre und nannte die neue Spezies, in der er die Ahnherrin aller Hominidenformen sah, *Australopithecus africanus* ("afrikanischer Südaffe").

Das Echo war groß, wissenschaftlicherseits aber von Zurückhaltung und Mißtrauen geprägt. Viele, darunter Arthur Keith und Hans Weinert, vor allem aber Grafton Elliot Smith waren überzeugt davon, daß es sich bei Darts Fund nur um einen anthropoiden Affen handelte (Dart 1959, S. 38; Keith 1931, S. 115). Smith's Kritik hat nach wie vor einiges für sich, und bis heute gibt es Wissenschaftler, die trotz der Anerkennung des *Australopithecus* als menschlichen Vorfahren auf ihren Zweifeln bestehen. Anatomische Kennzeichen, die einige Wissenschaftler als im Ansatz menschlich interpretieren, fallen für andere in den physiologischen Variationsbereich der Primaten.

Dart jedenfalls war über den kühlen Empfang, den sein Bericht beim britischen Wissenschaftsestablishment fand, bestürzt und kehrte nach Südafrika zurück. Die Suche nach Fossilien gab er vorerst auf.

Nachdem Dart sich zurückgezogen hatte, führte sein Freund Broom den Kampf um den Echtheitsbeweis des *Australopithecus* weiter. Laut Dart (1959, S. 35) verlangten die britischen Paläanthropologen einen erwachsenen *Australopithecus*, bevor sie diesem huldigen wollten. Am 17. August 1936 erhielt Broom vom Aufseher des Sterkfontein-Kalksteinbruchs den versteinerten Gehirnabdruck eines erwachsenen *Australopithecus*. Broom entdeckte am Fundort mehrere Schädelfragmente, aus denen er den Schädel des *Plesianthropus transvaalensis* rekonstruierte (Broom 1951, S. 44). Die Fundschichten werden für 2,2 bis 3 Millionen Jahre alt gehalten (Groves 1989, S. 198).

1938 war es ein Schuljunge, der Broom mit einem weiteren Schädel versorgte, der bei der teilweisen Rekonstruktion Unterschiede zum Sterkfontein-Schädel erkennen ließ, weshalb Broom ihm einen eigenen Namen gab: *Paranthropus robustus.* Wie der Beiname *robustus* andeutet, hatte dieser *Australopithecus* einen mächtigeren Kiefer und größere Zähne als der *A. africanus* und der grazile *Plesianthropus.* Die Kromdraai-Fundstätte des *Paranthropus* wird heute auf annähernd 1 bis 1,2 Millionen Jahre geschätzt (Groves, ebd.), von einigen allerdings auch für älter - bis zu 1,8 Millionen Jahre - gehalten (Tobias 1978, S. 67). Über ein später dort gefundenes Humerus- (Oberarmknochen-)Fragment des *Paranthropus* (TM 1517) schrieb LeGros Clark, es zeige "sehr große Ähnlichkeit mit dem Humerus des *Homo sapiens* und keines der eigenständigen Merkmale moderner anthropoider Affen" (Zuckerman 1954, S. 310).

Nach dem Zweiten Weltkrieg fand Broom bei Sterkfontein einen weiteren *Australopithecus*-Schädel und die Überreste eines weiblichen Australopithezinen, deren Morphologie zusammen mit bestimmten Charakteristika der Sterkfontein-Schädel nach Broom darauf hindeuteten, daß die Australopithezinen aufrecht gegangen waren (Zuckerman 1954, S. 310).

Und die Entdeckungen gingen weiter: 1947 förderten Robert Broom und J. T. Robinson in einer Höhle bei Swartkrans unweit Sterkfontein die Fossilien eines kräftigen *Australopithecus* ans Licht, den sie *Paranthropus crassidens* ("großzähniger Beinahemensch") nannten. Und in der gleichen Höhle entdeckten sie den Unterkiefer eines kleineren und menschenähnlicheren Australopithezinen, der von ihnen auf den Namen *Telanthropus capensis* getauft wurde.

Schicht 1, in der alle *Paranthropus*-Knochen gefunden wurden, ist nach heutiger Auffassung 1,2 bis 1,4 (Groves 1989, S. 198), 1,8 (Susman 1988, S. 782) oder 2 bis 2,6 Millionen Jahre (Tobias 1978, S. 65) alt. Schicht 2, die auch den *Telanthropus*-Kiefer enthielt, ist 300 000 bis 500 000 Jahre alt. Schicht 2 soll einen Erosionskanal darstellen, was eine genaue Altersbestimmung fast unmöglich macht. Eine Datierung anhand des Fluorgehalts ergab für den *Telanthropus*-Kiefer das gleiche Alter wie für die *Paranthropus*-Fossilien (Brown und Robinson 1952, S. 113).

1961 strich Robinson die Gattung *Telanthropus* und reklassifizierte den Swartkrans-Kiefer als *Homo erectus* (Brain 1978, S. 140). Broom und Robinson hatten zu einem früheren Zeitpunkt jedoch Unterschiede zwischen den Zähnen ihrer Funde und den Zähnen von Java- und Peking-Mensch gesehen; in ihren Augen waren die Taung-Zähne denen moderner Menschen ähnlicher (Broom 1951, S. 110).

Aufgrund der nicht eindeutigen Charakteristika der *Telanthropus*-Fossilien wurden sie in jüngster Zeit einer noch nicht benannten Spezies von *Homo* zugeordnet (Groves 1989, S. 275).

In den Jahren 1979–1983 brachte C. K. Brain vom Transvaal Museum aus den Swartkrans-Ablagerungen die fossilen Knochen von 130 Hominiden sowie 30 primitive Knochen- und einige grobe Steinwerkzeuge ans Licht. Wegen der Knochenwerkzeuge (mit Grabspuren) und der erstmals gefundenen Handknochen - deren Zuordnung (*Australopithecus* oder *Homo*) allerdings nicht völlig geklärt ist - stellte Randall L. Susman (1988, S. 783) die Frage, ob der *Australopithecus (Paranthropus) robustus* nicht Stein- und Knochenwerkzeuge "zur Beschaffung und Verarbeitung pflanzlicher Nahrung" benutzt hatte. Oder war es doch *Homo*? "Lebten die beiden Arten nebeneinander her?" fragt der Anthropologe Eric Delson von der City University New York. "Benutzte [*P.*] *robustus* Werkzeuge, für die der *Homo erectus* keine Verwendung mehr hatte? Alles Fragen, die bis auf weiteres unbeantwortet bleiben müssen" (Bower 1988, S. 345).

1925 hatte Dart bei Makapansgat einen Tunnel untersucht. Er war auf geschwärzte Knochen gestoßen und hatte daraus auf die Anwesenheit feuerbenutzender Hominiden geschlossen (Dart 1925). 1945 fand Tobias, damals noch Darts Student, in den Höhlenablagerungen von Makapansgat den Schädel einer ausgestorbenen Pavianart. Neugierig geworden, machte sich Dart 1947, nach mehr als zwanzig Jahren Pause, selbst auf die Suche. Dart (1948) entdeckte die Schädelfragmente von Australopithezinen, aber auch andere Knochen und Spuren der Verwendung von Feuer. Dies brachte ihn auf den Namen für die Spezies, die einmal hier gelebt hatte: *Australopithecus prometheus,* nach dem gleichnamigen

Titanen der griechischen Mythologie, der einst den Göttern das Feuer stahl. Heute werden der *A. prometheus*, das Kind von Taung und der Sterkfontein-Schädel (*Plesianthropus*) alle als *Australopithecus africanus* klassifiziert, zum Unterschied von dem "robusten *Australopithecus*" von Kromdraai und Swartkrans.

Makapansgat gab neben den menschlichen Fossilien auch 42 Pavianschädel frei; davon waren 27 an der Stirnseite zertrümmert. Dart malte auf der Grundlage dieses Befundes von *Australopithecus prometheus* das düstere Bild eines Killeraffen, der Pavianen mit primitiven Steinwerkzeugen den Schädel einschlug und ihr Fleisch in der Höhle über dem Feuer briet. Während seine robusteren Vettern in den Wäldern geblieben waren, wo sie friedlich Pflanzliches kauten und darüber ausstarben, war der *A. prometheus* unternehmungslustig in die Trockensavannen aufgebrochen, wo er Dart zufolge aufgrund seiner geistigen Fähigkeiten und einer gehörigen Portion Rücksichtslosigkeit, die auch vor Artgenossen nicht haltmachte, überlebte und die lange Reise zur Menschwerdung antrat.

Nach heutiger Auffassung ist dieses Bild ziemlich übertrieben, und die Vorstellung vom "Killeraffen" mußte einer Interpretation weichen, die aufgrund ausgiebiger Untersuchungen fleischfressende Tiere für die Anhäufung von Pavianknochen verantwortlich macht (Leakey und Lewin 1977, S. 96) - wodurch aber nicht alle Befunde Darts eine einleuchtende Erklärung finden.

Dart fand nunmehr, trotz der neuerlichen Einwände und Einschränkungen, jene Anerkennung, die ihm 25 Jahre zuvor nicht zuteil geworden war, und einstige Gegner (wie Arthur Keith) gestanden ihre bisherige Fehleinschätzung ein (Dart 1959, S. 80f.).

Sir Solly Zuckerman (1954), Sekretär der zoologischen Gesellschaft Londons und später Berater der britischen Regierung, blieb allerdings bei seiner Meinung, daß es sich bei den Australopithezinen um Menschenaffen handelte, die mit der menschliche Ahnenreihe nichts zu tun hatten.

Leakeys Glück

Unbeeindruckt von den Mißerfolgen in den dreißiger Jahren setzte Louis Leakey mit seiner (zweiten) Frau Mary seine Arbeit in Ostafrika fort.

1. *Zinjanthropus*

In der Olduvai-Schlucht fanden sie primitive Steingeräte (*Pebble choppers*) in Schicht I, die auf 1,7 bis 2 Millionen Jahre alt geschätzt wurde (Oakley et al. 1977, S. 169). Und am 17. Juli 1959 entdeckte Mary Leakey in Schicht I (Fundstelle FLK) den zerschmetterten Schädel (OH 5) eines jungen männlichen Hominiden, der ihren Mann an "einen gottverdammten robusten Australopithezinen" (Johanson und Edey 1981, S. 91f.) erinnerte. Da seine Zähne jedoch größer als die der südafrikanischen *robusti* waren, kreierte Leakey eine neue Spezies: *Zinjanthropus boisei* (Zinj = Ostafrika; Charles Boise, einer der frühesten Finanziers Leakeys) (Wendt 1972, S. 232).

Mit dem Schädel (550 ccm Volumen) vergesellschaftet waren zahlreiche Säugetierknochen. "Alle größeren Tierknochen sind aufgebrochen worden, um das Mark herauszuholen. Alle Tierschädel und Unterkiefer sind eingeschlagen. Ein großer Prozentsatz der Knochen stammt von jungen Tieren. Auch sind viele weitere Steinwerkzeuge der Oldowan-Kultur gefunden worden" (Leakey 1960a, S. 1050f.). Diese Anhäufung war offenbar dafür ausschlaggebend, daß Leakey seine anfängliche Zurückhaltung aufgab und voller Stolz der Welt erklärte, er habe die Überreste des ersten Werkzeugmachers und damit des ersten 'echten Menschen' gefunden.

Aber trotz einer weltweiten Publizität endete die "Herrschaft" von *Zinjanthropus* ziemlich schnell. F. Clark Howell drückte es so aus: "Es handelte sich offenkundig nicht um einen Menschen. Er war sogar weniger menschenähnlich als die am wenigsten menschenähnlichen der beiden südafrikanischen Typen [*Australopithecus africanus* und *Australopithecus robustus*]" (Johanson und Edey 1981, S. 92).

2. *Homo habilis*

1960, ein Jahr nach der Entdeckung des *Zinjanthropus*, fand Leakeys Sohn Jonathan den Schädel eines weiteren Hominiden (OH 7) in einer unwesentlich tieferen Lage von Schicht I, deren Alter auf 2 Millionen Jahre taxiert wurde. Zusätzlich wurden noch im gleichen Jahr hominide Hand- (OH 7) und Fußknochen (OH 8) entdeckt. Und in den Jahren danach folgten Zähne, Kiefer- und Schädelfragmente. Philip Tobias sprach dem ersten der neugefundenen Schädel eine Kapazität von 680 ccm zu; das lag ziemlich in der Mitte zwischen dem *Zinjanthropus* (530 ccm) und dem kleinsten *Homo-erectus*-Schädel (um 800 ccm) und übertraf auch den größten *Australopithecus*-Schädel (um 600 ccm) (Wendt 1972, S. 245f.).

Die OH 7-Handknochen waren laut Dr. John Napier vom Royal Free Hospital in England "auffallend menschlich [...] aufgrund der breiten, flachen, kräftigen, nageltragenden Phalangen [Fingerglieder] über den Fingerspitzen - etwas das sich unseres Wissens nur beim Menschen findet" (Napier 1962, S. 409). Die OH 8-Fußknochen schickte Leakey zur Rekonstruktion an Michael Day. Day, der sich erinnerte, meinte später: "Ich fühlte, wie mir die Haare zu Berge standen. Der Fuß war vollkommen menschlich" (Cole 1975, S. 253).

Wie schon beim *Zinjanthropus* waren auch die Fossilien dieser neuen Kreatur zusammen mit Tierknochen und Steinwerkzeugen über einen gemeinsamen *living floor* [auf permanente oder zumindest längere Anwesenheit von Menschen hindeutende Fundfläche, *Anm. d. Übs.*] verstreut. Auf gleichem Schichtenniveau, aber in einiger Entfernung wurde ein Kreis aus großen Steinen entdeckt, von den Leakeys als "Fundament" eines aus Buschwerk errichteten Windschirms gedeutet. Für Leakey war der *Zinjanthropus* vergessen: Jetzt hatte er seinen ersten Menschen wirklich gefunden. Ein vollständiger Bericht über den neuen Hominiden erschien 1964 in *Nature*. In diesem Artikel (Leakey et al. [Napier, Tobias] 1964) wird der neue Mensch auf eine Anregung Raymond Darts hin *Homo habilis* ("geschickter Mensch") genannt. Der *Zinjanthropus* wurde zum *Australopithecus boisei* "degradiert".

Eine anatomische Komplikation sollte nicht unerwähnt bleiben: der bei Australopithezinen, aber auch bei männlichen (nicht aber bei weiblichen) Gorillas und Schimpansen festzustellende Sagittalkamm des Schädeldaches. Mary Leakey (1971, S. 281) gab deshalb zu bedenken: "Die Möglichkeit, daß *A. robustus* und *A. africanus* nur Männchen und Weibchen einer einzigen Spezies darstellen, verdient eine ernsthafte Untersuchung." Die Anregung wurde nicht aufgegriffen.

Mit dem *Homo habilis* glaubte Louis Leakey nun, jenes Beweismaterial an der Hand zu haben, das seiner Hypothese zum Durchbruch verhelfen sollte, daß weder *Australopithecus* noch *Homo erectus* in direkter Linie zu den menschlichen Vorfahren gezählt werden können. Er schrieb später: "Zu lange haben sich Wissenschaftler durch frühere Theorien verwirren lassen, vor allem durch jene, wonach der *Homo sapiens* von klassischen Formen des Neandertalers abstamme, der wiederum sich vom *Homo erectus* herleite, wie es hieß, welcher seinerseits die Australopithezinen zu Vorfahren gehabt haben soll. [...] Das Beweismaterial, das sich bis heute angesammelt hat, zeigt uns deutlich, daß der Stamm, der bis zu uns führte - und vom *Homo erectus* getrennt ist -, schon vor ca.zwei Millionen Jahren in Ostafrika existierte - als Zeitgenosse des *Australopithecus.* Wir sollten daher erwarten dürfen, Hinweise auf die Existenz des echten *Homo* und des primitiven *Australopithecus* bereits in den Endstadien des Pliozäns vor etwa 4 Millionen Jahren zu finden" (L. Leakey 1971, S. 25).

"Die *Australopithicinae* oder 'Beinahemenschen' zeigen eine Reihe von Merkmalen, die sehr stark an Überspezialisierung gemahnen, und zwar in Richtungen, die nicht zum Menschen führten", betonte Leakey (1960d, S. 184). "Die sehr spezifische Abflachung des Gesichts, das Anheben der Augenhöhlen weit über die Nasenwurzel hinauf und die Form der äußeren Orbitalwinkel gehören zu solchen Spezialisierungen, aber auch die Ausrichtung des Wangenknochenfortsatzes nach vorne."

Moderne Menschen mit ihren wenig ausgeprägten Brauenbögen bewahren (so Leakey) den primitiven anatomischen Zustand von *Proconsul* und anderen Miozänaffen, wohingegen *Australopithecus, Homo erectus* und Neandertaler wie die modernen Menschenaffen davon abgewichen sind. Leakey fand es unwahrscheinlich, daß miozäne Affen ohne Brauenwülste die Ahnen früher Hominiden mit ausgeprägten Brauenwülsten sein sollten und diese wiederum die Vorfahren des modernen Menschen, der nur Ansätze zu Brauenbögen aufweist. Entsprechendes gilt für die Schädelstärke: vom dünnen *Proconsul*-Schädel zu den dicken Schädeln der Australopithezinen, des *Homo erectus* und des Neandertalers zum wiederum dünnen Schädel des modernen Menschen. Vertreter der Theorie vom "durchlöcherten Gleichgewicht" halten dagegen, daß solche evolutionären Umkehrungen geradezu erwartet werden können (Stanley 1981, S. 155). Einer der großen Vorteile dieser Theorie - die davon ausgeht, daß der evolutionäre Prozeß nicht stetig und allmählich fortschreitend, sondern in plötzlichen Ausbrüchen zwischen langen Phasen der Inaktivität erfolgt - besteht darin, daß sich Schwierigkeiten, die aufgrund fossiler Befunde auftreten, einfach mit solchen "plötzlichen Ausbrüchen" wegerklären lassen.

Einige Wissenschaftler messen Fossilien wie den Rhodesischen Menschen, den Solo-Menschen auf Java und den europäischen Neandertalern, die ihrer Ansicht nach klare Übergangsformen zwischen *Homo erectus* und *Homo sapiens* darstellten, große Bedeutung zu. Aber Leakey (1971, S. 27) hatte auch dafür eine andere Erklärung: "Kann es nicht sein, daß sie alle nur Varianten sind, Variationen des Ergebnisses einer Kreuzung zwischen *Homo erectus* und *Homo sapiens*?"

Leakeys Vorstellung von der gleichzeitigen Existenz von *Homo erectus*, Neandertaler und *Homo sapiens* wird, wie wir gesehen haben, durch chinesische Befunde gestützt.

1969, im zweiten Jahr seiner Grabungen in Koobi Fora an der Ostküste des Turkana-Sees in Kenia, fanden Richard Leakey und seine Frau einen *Australopithecus*-Schädel. In den nächsten Jahren kamen die Fossilien von drei weiteren *Australopithecus*-Individuen zum Vorschein (R. Leakey 1973b, S. 820). Auch fand Glynn Isaac buchstäblich Hunderte von primitiven Steinwerkzeugen an mehreren nahegelegenen frühpleistozänen Fundstätten (ebd.). Von Australopithezinen als Werkzeugmachern war aber nichts bekannt. Wer also hatte die Werkzeuge hergestellt?

Im August 1972 fand Richard Ngeneo aus Leakeys Team einen zerschmetterten Schädel, ER 1470, der eine Antwort versprach. Von Meave Leakey rekonstruiert, von Alan Walker an der Universität Nairobi auf ein Gehirnvolumen von mehr als 810 ccm geschätzt (R. Leakey 1973a, S.449), das heißt größer als die robusten Australopithezinen, erwies sich der Schädel ER 1470 seiner Kapazität nach als mit dem *Homo erectus* vergleichbar, dessen Gehirnvolumen zwischen 750 und 1100 ccm lag. Einige Züge des ansonsten eher primitiven ER 1470 waren charakteristisch für fortgeschrittene Arten der Gattung *Homo* (Fix 1984, S. 50f.; R. Leakey 1973a, S. 448). Richard Leakey klassifizierte das Fossil nach einigem Zögern als *Homo habilis,* was die Position des von seinem Vater 1960 propagierten *Homo habilis* aus der Olduvai-Schlucht stärkte. Was den Schädel ER 1470 so ungewöhnlich erscheinen ließ, war sein angenommenes Alter: Die Fundschicht lag unter dem KBS-Tuff, einer vulkanischen Ablagerung mit Kalium-Argon-Daten von 2,6 Millionen Jahren. Der Schädel selbst wurde auf 2,9 Millionen Jahre geschätzt. Damit war er so alt wie die ältesten Australopithezinen. Die Datierung der Tuffschicht wurde später in Frage gestellt, und die Kritiker schlugen ein Alter unter zwei Millionen Jahre vor. Um den Streit zu einem Abschluß zu bringen, berief Richard Leakey zusätzliche Gutachter. "Es dauerte bis 1980", schrieb er (1984, S. 170), "bis ein breiter Konsens erreicht war. [...]Wir konnten schließlich mehrere Laboratorien dazu gewinnen, ein und dasselbe Material anhand von aufgeteilten Proben mit Hilfe zweier Methoden, der Zerfallsspurentechnik und des Kalium-Argon-Verfahrens, zu datieren. [...] Das Ergebnis war recht eindeutig: Der KBS-Tuff ist nicht älter als 1,9 Millionen Jahre [...] Es wäre klug, dem Schädel KNM-ER 1470 ein Alter von ca.2 Millionen Jahren zuzuweisen."

Richard Leakey wich von seinem Vater insoweit ab, als er *Homo erectus* in der direkten Ahnenreihe des Menschen beließ und in *Homo habilis* seinen unmittelbaren Ahnherrn sah (R. Leakey 1984, S. 154). Der Übergang vom *Homo habilis* zum *Homo erectus* bereitete J. B. Birdsell, einem Anthropologen von der UCLA, der ansonsten weitgehend mit Leakey übereinstimmte, einiges Kopfzerbrechen: "In anatomischer Hinsicht erscheint ein solches Übergangsstadium als retrogressiv, und dies mehrfach, da damit das Postulat verbunden ist, daß sich aus einer überraschend weit fortgeschrittenen Form, ER 1470, eher archaische Menschentypen entwickelt hätten" (Fix 1984, S. 137). Birdsells Feststellung ist deshalb besonders interessant, weil die Progression vom *Homo habilis* zum *Homo erectus*, eine zentrale Doktrin neueren evolutionistischen Denkens, dadurch zumindest argumentativ erschüttert wird.

Richard Leakey läßt sich durch solche Probleme nicht beunruhigen. Neulich hat er verlautbaren lassen, er halte *Homo habilis* und *Homo erectus* eh nur für frühe Stadien einer Spezies - *Homo sapiens* (Willis 1989, S. 154f.).

OH 62 oder: Der echte *Homo habilis* möge sich bitte erheben!

Bis 1987 war das Bild, das sich viele vom *Homo habilis* machten, sehr menschenähnlich. In diesem Jahr aber verkündeten Tim White und Don Johanson, daß sie im unteren Teil von Schicht I in Olduvai das erste *Homo-habilis*-Skelett (OH 62) gefunden hätten, bei dem Schädel- und Körperknochen miteinander verbunden waren.

Johanson und seine Mitarbeiter (Johanson et al. 1987, S. 205) erklärten: "Die kraniodentale [Schädel-Kiefer] Anatomie weist den Fund [Oh 62] als *Homo habilis* aus, aber der Körperbau - einschließlich der geringen Körpergröße [weniger als 1 m] und der relativ langen Arme - ähnelt auf verblüffende Weise den frühen *Australopithecus*-Individuen."

Und Wood (1987, S. 188) merkte an: "Form und Größe des proximalen Oberschenkelknochens und die Anatomie und relative Länge der Gliederknochen sprechen gegen die Ansicht, wonach der *Homo habilis* ein Zweibeiner ist mit einem postkranialen [Körper- und Glieder-]Knochenbau, der morphologisch, proportional und funktional gesehen im wesentlichen dem eines modernen Menschen entspricht."

Aufgrund dieser neuen Erkenntnisse meinten Johanson und seine Kollegen, daß dem *Homo habilis* vor 1987 viele postkranialen Knochen fälschlich zugeschrieben worden sind (Johanson et al. 1987), um die in der Vorstellung antizipierte Menschenähnlichkeit durch entsprechende Funde zu belegen.

Die Entdecker von OH 62 hatten mit der evolutionären Verbindung zwischen dem neuen, affenähnlicheren *Homo habilis* und dem *Homo erectus* ein neues Problem in die Diskussion gebracht (Johanson et al. 1987), und auch wenn sie als Vertreter der Theorie von der sprunghaften Entwicklung ihre Erklärung gleich mitlieferten (Johanson et al. 1987, S. 209), fand das bei anderen Wissenschaftlern weniger Anklang. Der von Don Johanson vorgeschlagene *Homo habilis-Homo erectus*-Übergang impliziert einige ziemlich extreme morphologische Veränderungen, nicht zuletzt in der Größe. Richard Leakey erklärte, daß ein 170 Zentimeter großer *Homo-erectus*-Junge, geht man von normalen menschlichen Wachstums-kriterien aus, als Erwachsener mehr als 180 Zentimeter gemessen haben dürfte.

Auf der anderen Seite war die *Homo-habilis*-Frau OH 62 nur knapp 1 Meter groß, kleiner noch als "Lucy", die 107 Zentimeter maß. Wie groß der männliche *Homo habilis* wurde, ist schwer zu sagen, vermutlich nicht größer als 125 Zentimeter. Alles in allem erscheint der Sprung vom kleinen, affenähnlichen *Homo habilis* zum großen menschenähnlichen *Homo erectus* in weniger als 200 000 Jahren jedenfalls höchst unwahrscheinlich.

Somit versetzt das als *Homo habilis* verstandene Fossil OH 62 den konventionellen Auffassungen von der menschlichen Evolution gleich einen dreifachen Schlag:

(1) OH 62 zerstört das gängige menschenähnliche Bild vom *Homo habilis*, wie es in Buch- und Magazinillustrationen, Fernsehshows und Museumsausstellungen die Runde gemacht hat.

(2) Die primitive Morphologie von OH 62 wirft Fragen nach dem taxonomischen Status sehr menschenähnlicher postkranialer Knochen auf, die dem *Homo habilis* zugeordnet worden sind. Welcher Art von Hominiden sollen sie nunmehr zugeordnet werden? Es ist möglich, daß sie zu anatomisch modernen Menschenformen gehörten, die als Zeitgenossen des *Homo habilis*, der Australopithezinen und des *Homo erectus* vor rund zwei Millionen Jahren in Afrika lebten.

(3) Größe von OH 62 und geologisches Alter der Fundschicht lassen den traditionell akzeptierten Übergang vom *Homo habilis* zum *Homo erectus* als weniger plausibel erscheinen. Man müßte OH 62 schon als *Australopithecus* klassifizieren, um wenigstens einige dieser Schwierigkeiten zu beseitigen.

Laut Binford (1981, S. 252) war auch die Charakterisierung der *Homo-habilis*-Fundstätten durch die Leakeys als *living floors* nichts anderes als Wunschdenken. Es gebe keinen Hinweis darauf, daß der *Homo habilis* überhaupt für die Ansammlung von Tierknochen am gleichen Ort verantwortlich war. Außerdem spreche vieles dafür, daß die Anhäufung von Tierfossilien und Artefakten nicht in verhältnismäßig kurzer Zeit, sondern über einen langen Zeitraum hinweg vonstatten gegangen sei. *Homo habilis* war nach Binford ganz gewiß kein Jäger, sondern ein Aasfresser, der die Beutereste anderer Fleischfresser verwertete (1981, S. 282). Das Jagen war seiner Ansicht nach eine Aktivität, die ausschließlich dem modernen *Homo sapiens* vorbehalten blieb (A. Fisher 1988a, S. 37).

Die widersprüchlichen Befunde zum *Homo habilis* haben einige Wissenschaftler, darunter LeGros Clark, veranlaßt, dessen taxonomische Existenz generell in Frage zu stellen. U. a. schrieb C. Loring Brace (Fix 1984, S.143): "Der *Homo habilis* ist ein leeres Taxon, das aufgrund unangemessener Befunde propagiert wurde und in aller Form wieder begraben werden sollte."

J. T. Robinson behauptete gar, daß der *Homo habilis* fälschlicherweise von einer Mischung von Skeletteilen des *Australopithecus africanus* und des *Homo erectus* hergeleitet worden sei. Und selbst

Louis Leakey gab zu bedenken, ob unter dem Begriff *Homo habilis* nicht in Wirklichkeit zwei Arten der Gattung *Homo* zusammengefaßt worden seien, deren eine sich zum *Homo sapiens* weiterentwikkelte und deren andere zum *Homo erectus* wurde (Wood 1987, S. 187).

Wenn wir die vielen widerstreitenden Ansichten gegeneinander abwägen, erscheint es am wahrscheinlichsten, daß das *Homo-habilis*-Fundmaterial von mehr als nur einer Spezies stammt, u. a. von kleinen, affenähnlichen, baumbewohnenden Australopithezinen (OH 62 und einige der Olduvai-Fossilien), von einer frühen *Homo*-Spezies (der Schädel ER 1470) und von anatomisch modernen Menschen (die Oberschenkelknochen ER 1481 und ER 1472 von Koobi Fora am Turkana-See).

Zuckermans und Oxnards Australopithecus-Kritik

Anfang der fünfziger Jahre veröffentlichte Sir Solly Zuckerman (1954) ausführliche biometrische Studien, die nachwiesen, daß der *Australopithecus* nicht so menschenähnlich war, wie ihn sich jene vorstellten, die dieses Geschöpf liebend gerne in die Ahnenreihe des *Homo sapiens* aufnehmen wollten. Seit Ende der sechziger Jahre wurde dieser Angriff von Charles E. Oxnard von der Universität Chicago erneuert und mit Hilfe multivariater statistischer Analysen ausgebaut. In seinem Buch *Uniqueness and Diversity in Human Evolution* schrieb Oxnard (1975a, S. 394): "Es ist eher unwahrscheinlich, daß auch nur einer der Australopithezinen [...] irgendeine phylogenetische Verbindung zur Gattung *Homo* haben kann."

Aufgrund einer multivariaten statistischen Analyse, bei der das Becken von *Australopithecus* mit den Becken von 430 Affen aus 41 Gattungen verglichen wurde, kamen Zuckerman und Oxnard 1973 zu der Schlußfolgerung, daß es "vorstellbar (war), daß die übliche Haltung und Gangart von *Australopithecus* einzigartig gewesen sein mag, da es sich um eine Kombination von Vier- und Zweifüßigkeit gehandelt haben dürfte" (Zuckerman et al. 1973, S.153). Und: "Die lokomotorische Funktion der hinteren Gliedmaßen könnte sich als zusammengesetzt erweisen, wobei Vierfüßigkeit, Zweifüßigkeit und womöglich andere, beispielsweise 'akrobatische' Fähigkeiten im Spiel waren" (Zuckerman et al. 1973, S. 156).

Zuckerman und Oxnard legten ihre Becken-Analyse 1973 auf einem Symposium der Zoologischen Gesellschaft zu London der Öffentlichkeit vor. Zum Schluß der Veranstaltung stellte Zuckerman fest: "Seit mehr als 25 Jahren haben Anatomen und Anthropologen - ich spreche hier von physischen Anthropologen - ihr Inneres nach außen gekehrt, um sich selbst und andere davon zu überzeugen, daß die offensichtlich affenähnlichen Merkmale der australopithezinen Fossilien mit dem Modell eines angenommenen Frühmenschentyps versöhnt werden könnten. Über die Jahre war ich nahezu der einzige, der das konventionelle Wissen über die Australopithezinen in Frage stellte [...]aber, wie ich befürchte, ohne große Wirkung. Die Stimme der höheren Autorität hatte gesprochen, und zu gegebener Zeit erschien ihre Botschaft überall in den Lehrbüchern" (Zuckerman 1973, S. 450f.).

Und daran hat sich bis heute nichts geändert. Das menschenähnliche Bild des *Australopithecus* ist intakt geblieben - dank der besagten Stimmen der Autorität.

Natürlich gab es und gibt es Gegner des von Oxnard und Zuckerman vertretenen statistischen Ansatzes, die denselben als ungeeignet und irreführend bezeichnen. So meinte z. B. Robert Broom: "Ich halte alle Biometriker auf dem Gebiet der Morphologie für Narren" (Johanson und Edey 1981, S. 76), und Donald Johanson, Entdecker und Verteidiger "Lucys", spottete über Zuckerman, der seiner Ansicht nach "nur immer mehr biometrischen Staub aufwirbelt" und "statistische Salven" abfeuert (ebd.). Doch die wissenschaftlichen Vorwürfe gegen die "Statistiker" sind unseres Erachtens nicht haltbar.

Zusammenfassend erklärte Oxnard (1975a, S. 393): "Zwischen den sehr frühen miozänen Affen und dem Urmenschen haben wir jene verlockende Kollektion von Fossilien, die unter dem Namen *Australopithecus* bekannt ist. [...]Die meisten Wissenschaftler sind des Glaubens, daß die allgemeine Stellung dieser Fossilien entsprechend festliegt, versehen mit einem taxonomischen Etikett, das eindeutig *Hominidae* besagt; einem evolutionären Etikett, das 'auf dem Weg zum Menschen oder diesem sehr nahe' lautet, und einem funktionalen Etikett, welches soviel wie 'menschlicher Zweifüßer' zum Ausdruck bringt. [...]Unsere laufenden Untersuchungen ergeben jedoch davon sehr verschiedene Ideen. Die multivariaten Analysen [...] zeigen die einzelnen *Australopithecus*-Fossilien als ziemlich verschieden vom Menschen, aber auch von den afrikanischen Primaten. [...] Als Gattung bieten sie ein Mosaik aus einzigartigen Merkmalen und Charakteristika, die denen des Orang-Utan ähneln."

Lucy im Sand mit Diatriben

Donald Johanson studierte Anthropologie unter F. Clark Howell an der Universität Chicago. Als junger Graduierter, eifrig darauf bedacht, das romantische Geschäft der Jagd nach Hominidenfossilien zu erlernen, begleitete er Howell nach Äthiopien ins Tal des Omo. Nach zwei Kampagnen fand sich Johanson in Paris, wo er dem Geologen Maurice Taieb begegnete, der ihm von einer vielversprechenden plio-pleistozänen Fundstätte in der Afar-Wüste in Nordostäthiopien erzählte. Johanson und Taieb verschafften sich einen Überblick von der Region und erhielten für gründlichere Forschungen ein Stipendium von der *National Science Foundation*. 1973 kehrte Johanson nach Afrika zurück. Auf einer Paläanthropologenkonferenz in Nairobi traf er Richard Leakey, der die Welt gerade mit dem vermeintlich 2,9 Millionen Jahre alten Schädel ER 1470 in Aufregung versetzt hatte. Johanson wettete mit Leakey, daß er noch ältere Hominiden finden würde und setzte eine Flasche Wein. "Topp!" sagte Leakey (Johanson und Edey 1981, S. 134f.).

Die erste Grabungssaison in Hadar verlief wenig verheißungsvoll, und das Geld, das für zwei Jahre hätte reichen sollen, ging jetzt schon zur Neige. Schließlich machte Johanson trotz aller Probleme seine ersten Funde: die obere Hälfte eines Schienbeinknochens und nahebei den unteren Teil eines Oberschenkelknochens. Aus der Art und Weise, in der die beiden Knochenteile ineinanderpaßten, schloß Johanson, daß er das komplette Kniegelenk nicht irgendeines Affen, sondern eines bisher unbekannten Hominiden (und Menschenvorfahren) entdeckt hatte. Da die Fundschichten über 3 Millionen Jahre alt waren, mußte es sich um einen der ältesten jemals gemachten Hominidenfunde handeln (Johanson und Edey 1981, S. 155). In der darauf folgenden wissenschaftlichen Diskussion sprach Johanson dem Hadar-Knie (AL 129) sogar ein Alter von vier Millionen Jahren zu. Als einen Beweis für die Menschenähnlichkeit führte er auch das sogenannte Valgus-Knie an. Von einem Valgus-

Knie spricht man, wenn der Oberschenkelknochen in einem bestimmten Winkel vom Knie zum Hüftknochen ansteigt. Menschen haben ein Valgus-Knie, die afrikanischen Affen nicht - aber, wie Jack T. Stern und Randall L. Susman von der Staatlichen Universität New York wußten, sehr wohl Orang-Utans und Klammeraffen, die die meiste Zeit auf Bäumen verbringen (Stern und Susman 1983, S. 298). Daß Oxnard (s. o.) an zahlreichen Australopithezinen ebenfalls Orang-Utan-ähnliche Merkmale festgestellt hatte, wirft einige interessante Fragen auf.

Am 30. November 1974 suchten Donald Johanson und Tom Gray die Lokalität 162 am Grabungsort Hadar ab. Als sie Feierabend machen wollten, erspähte Johanson einen exponiert an der Oberfläche liegenden Armknochen. Kurz darauf entdeckte Gray ein Schädelfragment und einen Teil eines Oberschenkelknochens. Als sie sich umblickten, lagen da an der Oberfläche verstreut weitere Gebeine - offenbar von dem gleichen hominiden Individuum. Johanson und Gray stimmten ein Siegesgeheul an, denn es handelte sich augenscheinlich um einen überaus bedeutenden Fund. An diesem Abend feierten Johanson und seine Mitarbeiter, während der Beatles-Song *Lucy in the Sky with Diamonds* aus den Lagerlautsprechern plärrte. Nach diesem Beatles-Song erhielt der weibliche Hominide schließlich auch seinen Namen, "Lucy" (Johanson und Edey 1981, S. 16ff.). Mittels einer Kombination verschiedener Datierungsmethoden (Kalium-Argon-Test, Zerfallsspurentest, paläomagnetische Messungen) setzte Johanson "Lucys" Alter mit 3,5 Millionen Jahren fest (Johanson und Edey 1981, S. 200ff.).

1975 war Johanson wieder in Hadar, dieses Mal zusammen mit einem Fotografen der Zeitschrift *National Geographic,* der einen weiteren sensationellen Fund dokumentieren konnte: Johanson und sein Team entdeckten die fossilen Überreste von 13 Hominiden, Männern, Frauen und Kindern. "Die erste Familie" wurden sie getauft, und ihr geologisches Alter entsprach demjenigen "Lucys": 3,5 Millionen Jahre. An dieser Stelle fanden sich überdies Steinwerkzeuge aus Basalt, die, wie Johanson meinte, "von etwas besserer Qualität" waren als entsprechende Geräte aus den unteren Schichten der Olduvai-Schlucht (Johanson und Edey 1981, S. 231).

Wie alt waren die Werkzeuge? Daß es Oberflächenfunde waren, machte die Datierung nicht leichter. Nach Meinung des Werkzeugexperten John Harris, der sich bei Steinwerkzeugen vom Turkana-

See einem ähnlichen Problem gegenüber gesehen hatte - uralte Geräte waren von den allerrezentesten nicht zu unterscheiden -, mochten die Steinwerkzeuge von Hadar auch jüngeren Datums sein (Johanson und Edey 1981, S. 229f.). Erst als Harris und Johanson einige Werkzeuge in situ fanden, war eine Datierung möglich: 2,5 Millionen Jahre für die Schicht, in der sich keine Fossilien fanden (Johanson und Edey 1981, S. 231). Da der *Australopithecus* nicht als Werkzeugmacher galt, setzte Johanson auf *Homo habilis*. Aber die ältesten *Homo-habilis*-Fossilien waren nur 2 Millionen Jahre alt [...]

Johanson unterschied in einem Artikel in *National Geographic* (Dezember 1976) klar zwischen der "Ersten Familie", die seiner Ansicht nach die Gattung *Homo* repräsentierte, und "Lucy", die für ihn lediglich einen frühen *Australopithecus* darstellte (Fix 1984, S. 70).

Richard Leakey äußerte sich später zu "Lucy", deren V-förmiges Kinn und andere primitive Züge in seinen Augen "einen späten *Ramapithecus*" repräsentierten, ein primitives affenähnliches Geschöpf aus dem Miozän und Pliozän (Johanson und Edey 1981, S. 279).

Timothy D. White, ein Geologe, der mit Richard und Mary Leakey am Turkana-See zusammengearbeitet hatte, überzeugte Johanson später davon, daß es sich bei den Hominiden von Hadar um ein und dieselbe Spezies handelte. Die Spezies war aber nicht *Homo*, sondern eine neue Australopithezinenart. Die U-förmigen Unterkiefer, die Johanson in Hadar und Mary Leakey in Laetoli entdeckt hatten, gehörten zu der gleichen Art, von der der V-förmige Unterkiefer "Lucys" nur die weibliche Variante war. Johanson und White (1979) verkündeten ihre neue Spezies schon bald unter dem Namen *Australopithecus afarensis*.

Wie zu erwarten war, gewann die Hypothese von einer einzigen Spezies nicht nur Anhänger. Stein des Anstoßes war der behauptete sexuelle Dimorphismus. Adrienne Zihlman von der *University of California* (Santa Cruz) meinte: "Die Hadar-Fossilien legen einen noch größeren Dimorphismus nahe, als er bei den Orang-Utans besteht, einer Art, bei der die Männchen bis zu dreimal schwerer sein können als die Weibchen. Dies bedeutet, daß der 'A. afarensis' von größerem sexuellem Dimorphismus als jeder lebende Hominide ist. Betrachtet man das Größenverhältnis, so versteht es sich eigentlich von selbst, daß es sich um mehr als nur eine Spezies handeln dürfte" (Zihlman 1985, S. 216f.). Zu einem entsprechenden Schluß kam Todd Olson, Anthropologe am City College in New York, aufgrund von Schädelbefunden (Herbert 1983, S. 10f.). Falls Zihlman, Olson und andere recht haben, hat White Johanson eine Illusion verkauft.

Wo stehen wir nach all dem? Johanson und White betrachten *Australopithecus afarensis*, einen terrestrischen Zweifüßer, als Vorfahren von *Australopithecus africanus* und *Australopithecus robustus*, einer Linie, die erlosch. Sie meinen ferner, daß der *A. afarensis* der Stammvater jener Linie war, die vom *Homo habilis* zum *Homo sapiens* führte. Andere sagen, *A. afarensis* sei eine Variante von *A. africanus* gewesen, von dem die *Homo*-Linie abstammte. Andere, wie Tardieu (1981) und Coppens (Weaver 192, S. 592, 595), beharren auf dem Zwei-Arten-Ansatz. Für Richard Leakey galt das gleiche: Die größeren Knochen repräsentierten seiner Ansichtung nach *Australopithecus robustus*.

Der kurze Überblick ist dabei noch nicht einmal erschöpfend: "Für Ferguson (1983, 1984) enthält der Befund von Hadar drei ganz verschiedene Taxa: *Sivapithecus* sp., *Australopithecus africanus* und *Homo antiquus* (neue Spezies)", notierte Groves (1989, S. 2). Er selbst meinte: "Die postkranialen Daten sind mit Sicherheit völlig eindeutig und teilen die Hadar-Befunde in zwei Gruppen auf", früher *Homo* einerseits, eine noch unbenannte Hominidengattung andererseits (1989, S. 263). Dem *Australopithecus afarensis* blieben nur die Unterkiefer von Laetoli.

Die Fußabdrücke von Laetoli

Der Fundort Laetoli (Massai für "rote Lilie") liegt in Nord-Tansania, etwa 48 Kilometer südlich der Olduvai-Schlucht. Zuerst waren die Leakeys 1935 hier, später kehrte Mary Leakey zurück und fand einige Hominidenunterkiefer, die für sie den frühen *Homo* repräsentierten. 1979 entdeckten Mitglieder ihres Teams versteinerte Fußspuren von Tieren, und schließlich stießen Peter Jones und Philip Leakey, der jüngste Sohn von Louis und Mary Leakey, unter diesen Fußspuren auf einige, die von Hominiden zu stammen schienen. Die Abdrücke waren in Lagen vulkanischer Asche erhalten geblieben, die von Garniss Curtis mittels der Kalium-Argon-Methode auf ein

Alter von 3,6 bis 3,8 Millionen Jahre datiert wurden (M. Leakey 1979, S. 452). Dr. Louise Robbins, Expertin für Fußabdrücke an der *University of North Carolina*, stellte fest: "Dafür daß sie in so alten Tuffen gefunden wurden, sahen sie so menschlich und modern aus" (ebd.). Und Mary Leakey (ebd. 1979, S. 453) meinte: "Vor mindestens 3 600 000 Jahren im Pliozän bewegte sich ein Wesen, das ich für den direkten Vorfahren des Menschen halte, auf zwei Beinen, in völlig aufrechter Gangart dahinschreitend. [...] Die Form des Fußes war exakt die unsrige."

Wer aber war dieser Vorfahre? Den Leakeys folgend handelte es sich um einen australopithezinen Ahnen von *Homo habilis*. Nach Johanson und White wäre dafür nur *Australopithecus afarensis* in Frage gekommen - in dem einen wie in dem anderen Fall ein Geschöpf mit affenähnlichem Kopf und anderen primitiven Zügen.

Warum aber nicht ein Geschöpf mit völlig modernen Füßen und einem völlig modernen Körper? Die Fußspuren sprechen nicht dagegen. Und daß es im Frühen Pleistozän und im Späten Pliozän anatomisch moderne Menschen gegeben haben dürfte, wurde oben ausführlich belegt.

Schwarzer Schädel, schwarze Gedanken

1985 entdeckte Alan Walker von der *Johns Hopkins University* am Westufer des Turkana-Sees einen fossilen Hominidenschädel, der durch Mineralien schwarz gefärbt war. In einem Artikel, betitelt *Baffling Limb on the Family Tree* [Merkwürdiger Zweig auf dem Familienstammbaum], erklärte Walkers Frau Pat Shipman die evolutionäre Bedeutung des "Schwarzen Schädels" mit der Bezeichnung KNM-WT 17000.

Die ältesten Vertreter von *Australopithecus robustus* waren zwei Millionen Jahre alt. Der "Schwarze Schädel", der an den *Australopithecus boisei* erinnerte, u. a. aufgrund des ausgeprägtesten Schädelkamms aller Hominiden (Shipman 1986, S. 91), war 2,5 Millionen Jahre alt. Für Shipman bedeutete dies, daß eine Abstammung vom *Australopithecus robustus*, wie Johanson und andere sie vertraten, außer Frage stand. Shipman ihrerseits drehte die Entwicklungsrichtung einfach um und schlug vor, den *Australopithecus africanus* zum Stammvater von *robustus* und *boisei* (samt des *boisei*-ähnlichen "Schwarzen Schädels") zu erklären, aber, so Shipman (*ebd.*), es war da auch noch eine andere Möglichkeit zu berücksichtigen: die Abtrennung von *A. boisei* und "Schwarzem Schädel" von *A. africanus* – *A. robustus* und die Etablierung eines dritten Zweiges. Dem stand allerdings die große Ähnlichkeit zwischen *robustus* und *boisei* entgegen, die ihrerseits wiederum für einen von *A. africanus* unabhängigen, eigenen Stammvater sprach - vielleicht *Australopithecus afarensis*?

Walker hielt es für wahrscheinlich, daß "der als *Australopithecus afarensis* identifizierte Fund zwei Arten umfaßt, von denen die eine den *Australopithecus boisei* hervorbrachte" (Walker1986, S. 522).

Johanson räumte ein, daß der "Schwarze Schädel" die Dinge komplizierter mache, weil es jetzt nicht mehr möglich sei, *A. africanus, robustus* und *boisei* in einer einzigen Reihe unterzubringen, die sich von *A. afarensis* herleiten ließ.

Eine entsprechende Diskussion wurde auch um die Herkunft der *Homo*-Linie geführt - mit einem ganz ähnlichen Ergebnis. Shipman (1986, S. 93) erkannte: "Wir könnten versichern, daß wir keinerlei Zeugnisse dafür haben, woher *Homo* kommt, und alle Mitglieder der Gattung *Australopithecus* aus der Hominidenfamilie streichen."

Nach diesem Überblick über die afrikanischen Entdeckungen sind die folgenden Beobachtungen festzuhalten:

(1) Es gibt eine beträchtliche Anzahl von Beweisen, die darauf schließen lassen, daß im afrikanischen Frühen Pleistozän und Pliozän Geschöpfe lebten, die anatomisch modernen Menschen ähnlich sahen.

(2) Das traditionelle Bild des *Australopithecus* als eines sehr menschenähnlichen terrestrischen Zweifüßers scheint falsch zu sein.

(3) Der Status von *Australopithecus* und *Homo erectus* als Vorfahren des Menschen ist fragwürdig.

(4) Der Status von *Homo habilis* als eigenständige Spezies ist ebenfalls fragwürdig.

(5) Auch wenn wir uns an die herkömmlicherweise akzeptierten Befunde halten, bietet die Vielfalt der vorgeschlagenen evolutionären Verbindungen zwischen den Hominiden ein sehr verwirrendes Bild. Und wenn wir diese Entdeckungen mit jenen in Übereinstimmung bringen, die wir in den voranstehenden Kapiteln erörtert haben, bleibt die Schlußfolgerung, daß der Gesamtbefund (Fossilien und

Artefakte eingeschlossen) sich bestens mit der Ansicht vereinbaren läßt, daß anatomisch moderne Menschen und andere Primaten seit mehreren zehn Millionen Jahren nebeineinanderher gelebt haben.

Anhang

Tabellen

1. Erdzeitalter und geologische Abschnitte

Erdzeitalter	Perioden	Vor Jahrmillionen
Känozoikum	Holozän	0,01
	Pleistozän	1
	Pliozän	5
	Miozän	25
	Oligozän	38
	Eozän	55
	Paläozän	65
Mesozoikum	Kreidezeit	144
	Jura	213
	Trias	248
Paläozoikum	Perm	286
	Karbon	360
	Devon	408
	Silur	438
	Ordovizium	505
	Kambrium	590

Die Stratigraphie von East Anglia

Geschätztes Alter (in Jahrmillionen)	Traditionelle Einteilung	Einteilung nach West (980)	Nordwesteuropa Elster (E)
0,4	Cromer Till (E)	Anglien (E)	Cromer Komplex (Z/E)
0,8	Cromer- Forest-Stratum, untere Grenze (nach Nilsson)	Cromerien (G) Beestonien (K)	Menapien (E) Waalien (G)
1,0	Weybourne Crag	Pastonien (K)	Erburonien (K)
1,5	Norwich Crag	Prä-Pastonien (K)	Tiglien (G)
2,0			
2,5	Roter Crag	Waltonien (K)	Prä-Tiglien (K)
	Geröllschicht (Kreidezeit ⇒ Pliozän)		
	Koralliner Crag (Pliozän)		
38,0	Geröllschicht (Kreidezeit ⇒ Pliozän)		
	Londoner Lehm (Eozän)		
55,0	Kreide (Kreidezeit)		

(K) = Kaltzeit, (G)= Gemäßigte Klimaphase, (E)= Eiszeit, (Z) = Zwischeneiszeit

Datierungstabelle für die Fundstätten des Peking-Menschen

Jahre (v. Chr.) in Tausenden	Datierungsverfahren	Fundort	Quelle
415–507	Zerfallsspuren	Zhoukoudian 1 (Niveau 10)	Guo et. al. 1980
520–610	Thermolumineszenz	Zhoukoudian 1 (Niveau 10)	Pei, J. 1980
530	Paläomagnetisch	Chenjiawo	Cheng et. al. 1978
630	paläomagnetisch	Chenjiawo	Ma et. al. 1978
> 510	Aminosäuren	Gongwangling	Li u. Lin 1979
> 500–800	paläomagnetisch	Gongwangling	Ma et. al. 1978
1000	paläomagnetisch	Gongwangling	Cheng et. al. 1978

Diese Tabelle zeigt die Ergebnisse unterschiedlicher Datierungsmethoden für die Fundorte Zhoukoudian (Lokalität 1), Gongwangling und Chenjiawo. Zwar ist Gongwangling möglicherweise älter als Chenjiawo und Zhoukoudian 1, aus den von Chang (1986) übermittelten Befunden läßt sich aber genausogut auf eine annähernde Gleichzeitigkeit schließen.

Stratigraphie der Olduvai-Schlucht (Tansania)

Geschätztes Alter (Jahre v. Chr.)	Kalkritschicht
32 000	Naisiusiu
60 000	Oberes Ndutu
400 000	Unteres Ndutu
600 000	Kalkritschicht
700 000	Masek (früher zu IV)
1 150 000	III / IV
1 700 000	II
2 000 000	I

Nach Oakley et. al. (1977, S. 166–169)

Bibliographie

Da sich die Quellennachweise der Textzitate überwiegend auf die englischsprachigen Ausgaben der jeweiligen Titel beziehen, wurde diesen Ausgaben auch im Literaturverzeichnis der Vorzug gegenüber den Originalausgaben gegeben.

Aigner, J. S. (1981) Archaeological Remains in Pleistocene China. München, C. H. Beck.

Aigner, J. S., und Laughton, W. S. (1973) The dating of Lantian man and his significance for analyzing trends in human evolution. American Journal of Physical Anthropology, 39 (1), 97-110.

Ameghino, C. (1915) El femur de Miramar, Anales del Museo nacional de historia natural de Buenos Aires, 26, 433-450.

Ameghino, F. (1908) Notas preliminares sobre el Tetraprothomo argentinus, un precursor del hombre del Mioceno superior de Monte Hermoso. Anales del Museo nacional de historia natural de Buenos Aires, 16, 105-242.

Ameghino, F. (1909) Le Diprothomo platensis, un précurseur de 1'homme du pliocène inférieur de Buenos Aires. Anales del Museo nacional de historia natural de Buenos Aires, 19, 107-209.

Ameghino, F. (1910a) Vestigios industriales en el eoceno superior de Patagonia. Report to Congreso cientifico internacional americano, Buenos Aircs, 10-25 Juli 1910, 8ff.

Ameghino, F. (1910b) Vestigios industriales en la formation entrerriana (oligoceno superior ó mioceno el más inferior). Report to Congreso cientifico internacional americano, Buenos Aires, 10.-25. Juli 1910, 8ff.

Ameghino, F. (1911) Énumération chronologique et critique des notices sur les terres cuites et les scories anthropiques des terrains sédimentaires néogenes de l'Argentine parues jusqu'à la fin de l'année 1907. Anales del Museo nacional de historia natural de Buenos Aires, 20, 39- 80.

Ameghino, F. (1912) L'age des formations sedimentaires tertiaires de l'Argentine en relation avec l'antiquité de l'homme. Anales del Museo nacional de historia natural de Buenos Aires, 22, 45-75.

Autran, A., und Peterlongo, J. M. (1980) Massif Central. In: Dercourt, J., Géologie des Pays Européens. Vol. 4. Paris, Bordas, 4-123.

Ayres, W. O. (1882) The ancient man of Calaveras. American Naturalist 25(2), 845-854.

Bada, J. L. (1985a) Amino acid racemization dating of fossil bones. Annual Review of Earth and Planetary Sciences 13, 241-268.

Bada, J. L. (1985b) Aspartic acid racemization ages of California Paleoindian skeletons. American Antiquity 50, 645ff.

Bada, J. L., und Helfman, P. M. (1975) Amino acid racemization dating of fossil bones. World Archaeology 7, 161-173.

Ballou, W. H. (1922) Mystery of the petrified "shoe sole" 5 000 000 years old. American Weekly section of the NewYork Sunday Americain, 8. 10. 1922.

Barker, H., Burleigh, R., und Meeks, N. (1971) British Museum natural radiocarbon measurements III., Radiocarbon 3, 157-188.

Barnes, A. S. (1939) The differences between natural and human flaking on prehistoric flint implements. Americain Anthropologist, N. S. 41, 99-112.

Becker, G. F. (1891) Antiquities from under Tuolumne Table Mountain in California. Bulletin of the Geological Society of America, 2, 189-200.

Bellucci, G., und Capellini, G. (1884) L'Homme Tertiaire en Italie. Congrès International d'Anthropologie et d'Archéologie Préhistoriques, Lisbon 1880, Compte Rendu, 138.

Berggren, W. A., und van Couvering, J. (1974) The Late Neogene. Amsterdam, Elsevier.

Bertrand, P. M. E. (1868) Crane et ossements trouves dans une carriere de l'avenue de Clichy. Bulletin de la Societé d'Anthropologie de Paris (Serie 2), 3, 329-335.

Binford, L. R. (1981) Bones: Ancient Men and Modern Myths. New York, Academic Press.

Binford, L. R. und Ho, C. K. (1985) Taphonomy at a distance: Zhoukoudian, "the cave home of Beijing man?" Current Anthropology 26, 413-430.

Black, D. (1929) Preliminary notice of the discovery of an adult *Sinanthropus* skull at Chou Kou Tien. Bulletin of the Geological Survey of China 8, 207-208.

Black, D., Teilhard de Chardin, P., Yang, Z., und Pei, W. (1933) Fossil man in China. Memoirs of the Geological Survey of China, A.11, 1-158.

Boman, E. (1921) Los vestigios de industria humana encontrados en Miramar (Republica Argentina) y atribuidos a la época terciaria. Revista Chilena de Historia y Geografia, 49 (43), 330-352.

Boswell, P. G. H. (1932) The Oldoway human skeleton. Nature, 130, 237f.

Boswell, P. G. H. (1935) Human remains from Kanam and Kanjera, Kenya Colony. Nature 135, 371.

Boule, M. (1923) Fossil Men: Elements of Human Paleontology. Edinburgh, Oliver and Boyd.

Boule, M. (1937) Le Sinanthrope. L'Anthropologie 47, 1-22.

Boule, M., und Vallois, H. V. (1957) Fossil Men. London, Thames and Hudson.

Bourgeois, L. (1872) Sur les silex considérés comme portant les marques d'un travail humain et découverts dans le terrain miocène de Thenay. Congrès International d'Anthropologie et d'Archéologie Préhistoriques, Bruxelles 1872, Compte Rendu, 81-92.

Bowden, M. (1977) Ape-Men, Fact or Fallacy? Bromley, Sovereign Publications.

Bray, W. (1986) Finding the earliest Americans. Nature, 321, 726.

Breuil, H. (1910) Sur la présence d'éolithes à la base de l'Éocene Parisicii. L'Anthropologie 21, 385-408.

Breuil, H. (1922) Les industries pliocènes de la region d'Ipswich. Revue anthropologique 32, 226-229.

Breuil, H. (1932) Le feu et l'industrie de pierre et d'os dans le gisement du *Sinanthropus* à Choukoutien. L'Anthropologie 42, 1-17.

Breuil, H. (1935) L'état actuel de nos connaissances sur les industries paléothiques de Choukoutien. L'Anthropologie 45, 740-746.

Breuil, H., und Lantier, R. (1965) The Men of the Old Stone Age. New York, St. Martin's.

Brewster, D. (1844) Queries and statements concerning a nail found imbedded in a block of sandstone obtained from Kingoodie (Mylnfield) Quarry, North Britain. Report of the British Association for the Advancement of Science, Notices and Abstracts of Communications, 51.

Brodrick, A. H. (197 1) Man and His Ancestors. London, Hutchinson.

Broom, R. (1950) Finding the Missing Link. London, Watts.

Broom, R., Robinson, J. T., und Schepers, G. W. H. (1950) Sterkfontein apeman Pleisanthropus. Transvaal Museum Memoir 4.

Broom, R., und Schepers, G. W. H. (1946) The South African fossil ape-men, the Australopithecinae. Transvaal Museum Memoir 2.

Budinger, Jr., F. E. (1983) The Calico early man site. California Geology 66(4), 75-82.

Burkitt, M. C. (1956) The Old Stone Age. New York, New York University.

Burleigh, R. (1984) New World colonized in Holocene. Nature 312, 399.

Burroughs, W. G. (1938) Human-like footprints, 250 million years old. The Berea Alumnus. Berea College, Kentucky. November, S. 46f.

Calvert, F. (1874) On the probable existence of man during the miocene period. Journal of the Royal Anthropological Institute 3, 127.

Capellini, G. (1877) Les traces de l'homme pliocène en Toscane. Congrès International d'Anthropologie et d'Archéologie Préhistoriques, Budapest 1876, Compte Rendu. Vol. 1, 46-62.

Carrington, A. (1963) A Million Years Before Mall. London, Weidenfeld & Nicholson.

Cartailhac, E. (1879) L'homme tertiaire. Matériaux pour l'Histoire de l'Homme 2, 433-439.

Carter, G. F. (1957) Pleistocene Man at San Diego. Baltimore, Johns Hopkins.

Carter, G. F. (1980) Earlier Than You Think: A Personal View of Man in America. College Station, Texas A & M University.

Chang, K. (1962) New evidence on fossil man in China. Science 136, 749-759.

Chang, K. (1977) The Archaeology of ancient China. 3rd edition. New Haven, Yale University.

Charlesworth, E. (1873) Objects in the Red Crag of Suffolk. Journal of the Royal Anthropological Institute of Great Britain and Ireland 2, 91-94.

Cheng, G., Li, S., und Lin, J. (1977) Discussion of the age of Homo erectus yuanmouensis and the event of early Matuyama. Scientia Geologica Sinica 1, 34-43.

Choffat, P. (1884a) Excursion à Otta. Congrès International d'Anthropologie et d'Archaéologie Préhistoriques, Lisbon 1880, Compte Rendu, 61-67.

Choffat, P. (1884b) Conclusions de la commission chargée de l'éxamen des silex trouvés à Otta. Congrès International d'Anthropologie et d'Archaéologie Préhistoriques, Lisbon 1880, Compte Rendu, 92-118.

Clark, W. B. (1979) Fossil river beds of the Sierra Nevada. California Geology 32, 143-149.

Cole, S. (1975) Leakey's Luck, The Life of Louis Leakey. London, Collins.

Coon, C. S. (1969) Origin of Races. New York, Alfred Knopf.

Cooper, C. F., und Watson, D. M. S. (1932a) The Oldoway human skeleton. Nature 129, 312-313, 903 (1932b).

Cooper, C. F., and Watson, D. M. S. (1932b) The Oldoway human skeleton. Nature 129, 903.

Cousins, F. W. (1971) Fossil Man. Emsworth, A. E. Norris.

Dart, R. A. (1957) The osteodontokeratic culture of Australopithecus prometheus. Transvaal Museum Memoirs 10, 1-105.

Darwin, C. R. (1859) The Origin of Species. London, J. Murray.

Darwin, C. R. (1871) The Descent of Man. London, J. Murray.

Dawson, C., und Woodward, A. S. (1913) On the discovery of a Paleolithic human skull and mandible in a flint bearing gravel at Piltdown. Quarterly Journal of the Geological Society, London 69, 117-151.

Dawson, C., und Woodward, A. S. (1914) Supplementary note on the discovery of a Palaeolithic human skull and mandible at Piltdown (Sussex). Quarterly Journal of the Geological Society, London 70, 82-99.

Day, M. H., und Napier, J. R. (1964) Hominid fossils from Bed 1, Olduvai Gorge, Tanganyika: fossil foot bones. Nature 201, 967-970.

de Mortillet, G. (1883) Le Préhistorique. Paris, C. Reinwald.

de Mortillet, G., und de Mortillet, A. (1881) Musée Préhistorique. Paris, C. Reinwald.

de Quatrefages, A. (1884) Hommes Fossiles et Hommes Sauvages. Paris, B. Baillière.

de Quatrefages, A. (1887) Histoire Générale des Races Humaines. Paris, A. Hennuyer.

Deo Gratias, Abbé [D. Perrando] (1873) Sur l'homme tertiaire de Savone. Congrès International d'Anthropologie et d'Archéologie Préhistoriques, Bologna 1871, Compte Rendu, 417-420.

Deperet, C. (1926) Fouilles préhistoriques dans le gisement des hommes fossiles de la Denise, près le Puy-en-Velay. Comptes Rendus de l'Académie des Sciences 182, 358-361.

Desnoyers, M. J. (1863) Response à des objections faites au sujet d'incisions constatées sur des ossements de Mammiferes fossiles des environs de Chartres. Comptes Rendus de 1'Académie des Sciences 56, 1199-1204.

Dietrich, W. O. (1933) Zur Altersfrage der Olduway Lagerstätte. Centralblatt für Mineralogie, Geologie und Paläontologie, Abteilung B-5, 299-303.

Dreimanis, A., und Goldthwait, R. P. (1973) Wisconsin glaciation in the Huron, Erie, and Ontario lobes. Geological Society of America Memoir 136, 71-106.

Dubois, E. (1932) The distinct organization of Pithecanthropus of which the femur bears evidence now confirmed from other individuals of the described species. Proceedings of the Koninklijke Nederlandse Akademie van Wetenschappen Amsterdam 35, 716-722.

Dubois, E. (1934) New evidence of the distinct organization of Pithecanthropus. Proceedings of the Koninklijke Nederlandse Akademie van Wetenschappen Amsterdam 37, 139-145.

Dubois, W. E. (1871) On a quasi coin reported found in a boring in Illinois. Proceedings of the American Philosophical Society 12 (86), 224-228.

Von Dücker, Baron (1873) Sur la cassure artificielle d'ossements recueillis dans le terrain miocène de Pikermi. Congrès International d'Anthropologie et d'Archéologie Préhistoriques, Bruxelles 1872, Compte Rendu, 104-107.

Eckhardt, R. B. (1972) Population genetics and human origins. Scientific American 226 (J), 94-103.

Feldesman, M. R. (1982a) Morphiometric analysis of the distal humerus of some Cenozoic catarrhines; the late divergence hypothesis revisited. American Journal of Physical Anthropology 59, 73-95.

Feldesman, M. R. (1982b) Morphometrics of the ulna of some cenozoic 'hominoids'. American Journal of Physical Anthropology 57, 187.

Ferguson, W. W. (1983) An alternative interpretation of Australopithecus afarensis fossil material. Primates 25, 397-409.

Ferguson, W. W. (1984). Revision of fossil hominid jaws from Plio-/Pleistocene of Hadar, in Ethiopia including a new species of the genus Homo (Hominoidea:Homininae). Primates 25, 519-529.

Fisher, A. (1988a) On the emergence of humanness. Mosaic 19(I), 34-45.

Fisher, A. (1988b) The more things change. Mosaic 19(J), 23-33.

Fisher, O. (1912) Some handiworks of early men of various ages. The Geological Magazine 9, London, 218-222.

Fix, W. R. (1984) The Bone Peddlers. New York, Macmillan.

Fleming, S. (1976) Dating in Archaeology. A Guide to Scientific Techniques. London, Dent.

Flint, R. F. (1971) Glacial and Quaternary Geology. New York, John Wiley.

Freudenberg, W. (1919) Die Entdeckung von menschlichen Fußspuren und Artefakten in den tertiären Geröllschichten und Muschelhaufen bei St. Gilles-Waes westlich Antwerpen. Prähistorische Zeitschrift 11, 1-56.

Garrigou, F. (1873) Sur l'étude des os cassés que l'on trouve dans divers gisements paléontologiques de l'époque Quaternaire et de l'époque Tertiaire. Congrès International d'Anthropologie et d'Archéologie Préhistoriques, Bologna 1871, Compte Rendu, 130-148.

Garrigou, F., und Filhol, H. (1868) M. Garrigou prie l'Académie de vouloir bien ouvrir un pli cacheté, déposé au nom de M. Filhol fils et au sien, le 16 mai 1864. Comptes Rendus de l'Académie des Sciences 66, 819f.

Goodman, J. (1982) American Genesis. New York, Berkley Books.

Goodman, J. (1983) The Genesis Mystery. New York, Times Books.

Gowlett, J. A. J. (1984) Ascent to Civilization. London, Collins.

Groves, C. P. (1989) A Theory of Human and Primate Evolution. Oxford, Clarendon.

Guidon, N., und Delibrias, G. (1986) Carbon-14 dates point to man in the Americas 32 000 years ago. Nature 321, 769-771.

Guo, S., Zhou, S., Meng, W., Zhang, R., Shuii, S., Hao, X., Liu S., Zhang, F., Hu, R., und Liu, J. (1980) The dating of Peking man by the fission track technique. Kexue Tongbao 25 (8), 384.

Haeckel, E. (1905) Anthropogenie. Entwicklungsgeschichte des Menschen, 1874.

Hassan, A. A., und Ortner, D. J. (1977) Inclusions in bone material as a source of error in radiocarbon dating. Archaeometry 19(2), 131-135.

Haynes, C. V. (1973) The Calico site: artifacts or geofacts. Science 187, 305-310.

Herbert, W (1983) Lucy's family problems. Science News 124, 8-11.

Holmes, W. H. (1 899) Review of the evidence relating to auriferous gravel man in California. Smithsonian Institute Annual Report 1898-1899, 419-472.

Holmes, W. H. (1919) Handbook of aboriginal American antiquities, Part 1. Smithsonian Institution, Bulletin 60.

Hooijer, D. A. (1951) The age of Pithecanthropus. American Journal of Physical Anthropology 9, 265-281.

Hooijer, D. A. (1956) The lower boundary of the Pleistocene in Java and the age of Pithecanthropus. Quaternaria 3, 5-10.

Hopwood, A. T. (1932) The age of Oldoway man. Man 32, 192-195.

Hrdlicka, A. (1907) Skeletal remains suggesting or attributed to early man in North America. Smithsonian Institution, Bureau of American Ethnology, Bulletin 33.

Huxley, T. H. (1911) Man's Place in Nature. London, Macmillan.

Ingalls, A. G. (1940) The Carboniferous mystery. Scientific American 162, 14.

Issel, A. (1868) Résumé des recherches concernant l'ancienneté de l'homme en Ligurie. Congrès International d'Anthropologie et d'Archéologie Préhistoriques, Paris 1867, Compte Rendu, 75-89.

Issel, A. (1889) Cenni sulla giacitura dello scheletro umano recentmente scoperto nel pliocene di Castenedolo. Bullettino di Paleonologia Italiana 15, 89-109.

Jacob, T. (1964) A new hominid skull cap from Pleistocene Sangiran. Anthropologica, New Series 6, 97-104.

Jacob, T. (1966) The sixth skull cap of Pithecanthropus erectus. American Journal of Physical Anthropology 25, 243-260.

Jacob, T., und Curtis, G. H. (1 971) Preliminary potassium-argon dating of early man in Java. Contribution of the University of California Archaeological Research Facility 12, 50.

Jia, L. (1975) The Cave Home of Peking Man. Beijing, Foreign Languages Press.

Jia, L. (1980) Early Man in China. Beijing, Foreign Languages Press.

Jia, L. (1985) China's earliest Palaeolithic assemblages. In: Wu, R., and Olsen, J. W., etc., Palaeoanthropology and Paleolithic Archaeology of the People´s Republic of China, Orlando Academic Press, 135-145

Johanson, D. C., und Coppens, Y. (1976) A preliminary anatomical description of the first Plio-pleistocene hominid discoveries in the Central Afar, Ethiopia. American Journal of Physical Anthropology 45, 217-234.

Johanson, D. C., und Edey, M. A. (1981) Lucy: The Beginnings of Humankind. New York, Simon and Schuster.

Johanson, D. C., und Shreeve, J. (1989) Lucy's Child. New York, William Morrow.

Johanson, D. C., und White, T. D. (1979) A systematic assessment of the early African hominids. Science 203, 321-330.

Keith, A. (1928) The Antiquity of Man. Vol. 1. Philadelphia, J. B. Lippincott.

Keith, A. (1931) New discoveries relating to the antiquity of man. New York, W. W. Norton.

Keith, A. (1935) Review of The Stone Age Races o Kenya, by L. S. B. Leakey. Nature 135,163f.

Koenigswald, G. H. R., von (1937) Ein Unterkieferfragment des Pithecanthropus aus den Trinilschichten Mitteljavas. Mitteilungen der Koninklijke Nederlandse Akadamie van Wetenschappen Amsterdam 40, 883-893.

Koenigswald, G. H. R., von (1940a) Neue Pithecanthropus Funde 1936-1938. Wetenschappelijke Mededeelingen Dienst Mijnbouw Nederlandse 0st-Indie 28, 1-223.

Koenigswald, G. H. R., von (1940b), Preliminary note on new remains of Pithecanthropus from central Java. Proceedings of the Third Congress of Prehistorians of the Far East, Singapore, 1938, 91- 95.

Koenigswald, G. H. R., von (1947) Search for early man. Natural History 56, 8-15.

Koenigswald, G. H. R., von (1949a) The discovery of early man in Java and Southern China. In W. W. Howells, Hsg. Early Man in the Far East. Detroit, American Assocciation of Physical Anthropologists, 83-98.

Von Koenigswald, G. H. R. (1949b), The fossil hominids of Java. In: van Bemmelen, R. W., Hsg. The Geology of Indonesia. Vol. IA. Den Haag, 106-111.

Von Koenigswald, G. H. R. (1956) Meeting Prehistoric Man. London, Thames and Hudson.

Koenigswald, G. H. R., von (1968a) Observations upon two Pithecanthropus mandibles from Sangiran, central Java. Proceedings of the Koninklijke NederlandseAkadamie van Wetenschappen Amsterdam, Serie B, 71, 99-107.

Koenigswald, G. H. R., von (1968b) Das absolute Alter des Pithecanthropus Erectus Dubois. Stuttgart, Gustav Fischer Verlag, 195-203.

Koenigswald, G. H. R., von, und Weidenreich, F. (1939) The relationship between Pithecanthropus and *Sinanthropus*. Nature 144, 926-929.

Krantz, G. S. (1983) Anatomy and dermatoglyphics of three Sasquatch footprints. Cryptozoology 2, 53-81.

Laing, S. (1893) Problems of the Future. London, Chapman and Hall.

Laing, S. (1894) Human Origins. London, Chapman and Hall.

Latimer, B., und Lovejoy, C. O. (1990a) Hallucial metatarsophalangeal joint in australopithecus afarensis. American Journal of Physical Anthropology 82, 125-133.

Latimer, B., und Lovejoy, C. 0. (1990b) Metatarsophalangeal joint of Australopithecus afarensis. American Journal of Physical Anthropology 83,13-23.

Laussedat, A. (1868) Sur une mâchoire de Rhinoceros portant des entailles profondes trouvée à Billy (Allier), dans les formations calcaires d'eau douce de la Limagne. Comptes Rendus de l'Academie des Sciences 66, 752ff.

LeGros Clark, W. E., und Campbell, B. G. (1978) The Fossil Evidence for Human Evolution. Chicago, University of Chicago.

Leakey, L. S. B. (1928) The Oldoway skull. Nature 121, 499-500.

Leakey, L. S. B. (1931) The Stone Age Cultures of Kenya Colony. Cambridge, Cambridge University.

Leakey, L. S. B. (1932a) The Oldoway Human skeleton. Nature 129, 721f.

Leakey, L. S. B. (1932b) The Oldoway Human skeleton. Nature 130, 578.

Leakey, L. S. B. (1935) The Stone Age Races of Kenya. London, Oxford University Press.

Leakey, L. S. B. (1936) Fossil human remains from Kanain and Kanjera, Kenya colony, Nature 138, 643.

Leakey, L. S. B. (1960a) Recent discoveries at Olduvai Gorge. Nature 188, 1050ff.

Leakey, L. S. B.(1960b) Finding the world's earliest man. National Geographic, 118, 420-435.

Leakey, L. S. B. (1960c) The origin of the genus Homo. In Tax, S., Hsg. Evolution after Darwin. Vol. 11., Chicago, University of Chicago.

Leakey, L. S. B. (1 960d) Adam's Ancestors, 4th edition. New York, Harper & Row.

Leakey, L. S. B. (1968) Bone smashing by Late Miocene Hominidae. Nature 218, 528ff.

Leakey, L. S. B. (1971) Homo sapiens in the Middle Pleistocene and the evidence of Homo sapiens' evolution. In Bordes, F., ed. The Origin of Homo sapiens. Paris, Unesco, 25-28.

Leakey, L. S. B. (1972) By the Evidence: Memoirs, 1932-1951. New York, Harcourt Brace Jovanovich.

Leakey, L. S. B, Hopwood, A. T., und Reck, H. (1931) Age of the Oldoway bone beds, Tanganyika Territory. Nature 128, 724.

Leakey, L. S. B., Reck, H., Boswell, P. G. H., Hopwood, A. T., und Solomon, J. D. (1933) The Oldoway human Skeleton. Nature 131, 397-398.

Leakcy, L. S. B., Tobias, P. V., und Napier, J. R. (1964) A new species of the genus Homo from Olduvai Gorge. Nature 202, 7ff.

Leakey, M. D. (1971) Olduvai Gorge. Vol. 3. Excavations in Beds I and II, 1960-1963. Cambridge, Cambridge University.

Leakey, M. D. (1978) Olduvai fossil hominids: their stratigraphic positions and locations. In: Jolly, C. J., Hsg. Early Hominids of Africa. London, Duckworth, 3-16.

Leakey, M. D. (1979) Footprints in the ashes of time. National Geographic 155, 446-457.

Leakey, R. E. (1973a) Evidence for an advanced Plio-Pleistocene hominid from East Rudolf, Kenya. Nature 242, 447-450.

Leakey, R. E. (1973b) Skull 1470. National Geographic 143, 819-829.

Leakey, R. E. (1973c). Further evidence of Lower Pleistocene Hominids from East Rudolf, North Kenya, 1972. Nature 242, 170-173.

Leakey, R. E., und Lewin, R. (1978) People of the Lake: Mankind and Its Beginnings. Garden City, Anchor Press.

Lee, T. E. (1966a) Untitled editorial note on the Sheguiandah site. Anthropological Journal of Canada, 2 (1), 29ff. und 4(2), 50 (1966b).

Lee, T. E. (1968) The question of Indian origins, again. Anthropological Journal of Canada, 6(4), 22-32.

Lee, T. E. (1 972) Sheguiandah in retrospect. Anthropological Journal of Canada, 10 (1), 28ff.

Lee, T. E. (1983) The antiquity of the Sheguiandah site. Anthropological Journal of Canada 21. Leriche, M. (1922) Les terrains tertiaires de la Belgique. Congrès Géologique International (13e, Bruxelles), Livret-Guide des Excursions en Belgique A4, 1-46.

Li, P., Qian, F., Ma, X., Pu, Q., Xing, L., und Ju, S. (1976) A preliminary study of the age of Yuanmou man by paleomagnetic techniques. Scientia Geologica Sinica 6, 579-591.

Li, R., und Lin, D. (1979) Geochemistry of amino acid of fossil bones from deposits of Peking man, Lantian man, and Yuanmou man in China. Scientia Geologica Sinica 1, 56-61.

Liu, D., und Ding, M. (1983) Discussion on the age of "Yuanmou man". Acta Anthropologica Sinica 2(1), 40-48.

Lohest, M., Fourmarier, P., Hamal-Nandrin, J. , Fraipont, C., und Capitan, L.

(1923) Les silex d'Ipswich: Conclusions de l'enquête de l'Institut International d'Anthropologie. Revue Anthropologique 33, 44-67.

Lovejoy, C. O. (1988) Evolution of human walking. Scientific American 259(5), 118-125.

Lyell, Charles (1863) Antiquity of Man. London, John Murray.

Macalister, R. A. S. (1921) Textbook of European Archaeology. Vol. 1. Paleolithic Period. Cambridge, Cambridge University.

MacCurdy, G. G. (1924a) Human Origins: A Manual of Prehistory. Vol. 3. The Old Stone Age and the Dawn of Man and His Arts. New York, D. Appleton.

MacCurdy, G. G. (1924b) What is an eolith? Natural History 24, 656-658.

Marks, P. (1953) Preliminary note on the discovery of a new jaw of Meganthropus von Koenigswald in the lower Middle Pleistocene of Sangiran, central Java. Indonesian Journal of Natural Science 109 (J), 26-33.

Marzke, M. W. (1983) Joint function and grips of the Australolpithecus afarensis hand, with special reference to the region of the capitate. Journal of Human Evolution 12, 197-211.

Mauger, R. L. (1977) K-Ar ages of biotites from tuffs in Eocene rocks of the Green River, Washake, and Unita Basins, Utah, Wyoming, and Colorado. University of Wyoming, Contributions to Geology 15, 17-41.

McHenry, H. M. (1972) Postcranial skeleton of Early Pleistocene hominids. Ph.D. thesis, Harvard University.

McHenry, H. M. (1973) Early hominid humerus from East Rudolf, Kenya. Science 180, 739-741.

McHenry, H. M., und Corruccini, R. S. (1975) Distal humerus in hominoid evolution. Folia Primatologica 23, 227-244.

Meister, W. J. (1968) Discovery of trilobite fossils in shod footprint of human in "Trilobite Bed"- a Cambrian formation, Antelopen Springs, Utah. Creation Research Quarterly 5(3), 97-102.

Melleville, M. (1862a) Foreign intelligence. The Geologist 5, 145-148.

Melleville, M. (1862b) Note sur un objet travaillé de main d'homme trouvé dans les lignites du Laonnois. Revue Archéologique 5, 181-186.

Michels, J. W. (1973) Dating Methode in Archaeology. New York, Seminar Press.

Millar, Ronald (1972) The Piltdown Men. London, Victor Gollancz.

Moir, J. R. (1916) Pre-Boulder Clay man. Nature 98, 109.

Moir, J. R. (1917a) A series of mineralized bone implements of a primitive type from below the base of the Red and Coralline Crags of Suffolk. Proceedings of the Prehistoric Society of East Anglia 2, 116-131.

Moir, J. R. (1917b) A piece of humanly-shaped wood from the Cromer Forest Bed. Man 17, 172-173.

Moir, J. R. (1919) A few notes on the sub-Crag flint implements. Proceedings of the Prehistoric Society of East Anglia 3,158-161.

Moir, J. R. (1923) An early palaeolith from the glacial till at Sidestrand, Norfolk. The Antiquaries Journal 3, 135-137.

Moir, J. R. (1924) Tertiary man in England. Natural History 24, 637-654.

Moir, J. R. (1927) The Antiquity of Man in East Anglia. Cambridge, Cambridge University.

Moir, J. R. (1929) A remarkable object from beneath the Red Crag. Man 29, 62-65.

Moir, J. R. (1935) The age of the pre-Crag flint implements. Journal of the royal Anthropological Institute 65, 343-364.

Mongait, A. (1959) Archaeology in the U.S.S.R. Moscow, Foreign Languages Publishing House.

Napier, J. R. (1962) Fossil handbones from Olduvai Gorge. Nature 196, 400-411.

Newton, E. T. (1895) On a human skull and limb-bones found in the Paleolithic terrace-gravel at Galley Hill, Kent. Quarterly Journal of the Geological Society of London 51, 505-526.

Nilsson, T. (1983) The Pleistocene. Dordrecht, D. Reidel.

Noetling, F. (1894) On the occurrence of chipped flints in the Upper Miocene of Burma. Records of the Geological Survey of India 27, 101ff.

Oakley, K. P. (1954) Evidence of fire in South African cave deposits. Nature 174, 261f.

Oakley, K. P. (1956) Fire as a Paleolithic tool and weapon. Proceedings of the Prehistoric Society, New Series 21, 36-48.

Oakley, K. P. (1961) Man the Toolmaker. London, British Museum (Natural History).

Oakley, K. P. (1974) Revised dating of the Kanjera hominids. Journal of Human Evolution 3, 257f.

Oakley, K. P. (1975) A reconsideration of the date of the Kanam jaw. Journal of Archeological Science 2, 151f.

Oakley, K. P. (1980) Relative dating of the fossil hominids of Europe. Bulletin of the British Museum (Natural History), Geology Series, 34(J), 1-63.

Oakley, K. P., Campbell, B. G., und Molleson, T. I. (1975ff) Catalogue of fossil Hominids. London.

Oakley, K. P., und Hoskins, C. R. (1950) New evidence on the antiquity of Piltdown man. Nature 165, 379-382.

Oakley, K. P., und Montagu, M. F. A. (1949) A re-consideration of the Galley Hill skeleton. Bulletin of the British Museum (Natural History), Geology, I(2), 25-46.

Obermaier, H. (1924) Fossil Man in Spain. New Haven, Yale University.

Ogden, J. G. (1977) The use and abuse of radiocarbon dating. Annals of the New York Academy of Sciences 288, 167-173.

Osborn, H. F. (1910) The Age of Mammals. New York, Macmillan.

Osborn, H. F. (1916) Men of the Old Stone Age. New York, Charles Scribner's Sons.

Osborn, H. F. (1921) The Pliocene man of Foxhall in East Anglia. Natural History 21, 565-576.

Osborn, H. F. (1927) Man Rises to Parnassus. London, Oxford University.

Oxnard, C. E. (1968) A note on the fragmentary Sterkfontein scapula. American Journal of Physical Anthropology 28, 213-217.

Oxnard, C. E. (1972) Some African fossil foot bones: a note on the interpolation of fossils into a matrix of extant species. American Journal of Physical Anthropology 37, 3-12.

Oxnard, C. E. (1975a) Uniqueness and Diversity in Human Evolution. Chicago, University of Chicago.

Oxnard, C. E. (1975b) The place of the australopithecines in human evolution: grounds for doubt? Nature 258, 389-395.

Oxnard, C. E. (1984) The Order of Man. New Haven, Yale University.

Patterson, B., und Howells, W. W. (1967) Hominid humeral fragment from early Pleistocene of northwestern Kenya. Science, 156, 64f.

Patterson, L. W. (1983) Criteria for determining the attributes of man-made lithics. Journal of Field Archaeology, 10, 297-307.

Patterson, L. W., Hoffman, L. V., Higginbotham, R. M., und Simpson, R. D. (1987) Analysis of lithic flakes at the Calico site, California. Journal of Field Archaeology 14, 91-106.

Pei, J. (1980) An application of thermoluminescence dating to the cultural layers of Peking man site. Quaternaria Sinica 5(1-), 87-95.

Pei, W. (1939) The upper cave industry of Choukoutien. Palaeontologica Sinica, New Series D 9, 1-41.

Peterlongo, J. M. (1972) Guides Géologiques Régionaux: Massif Central. Paris, Masson et Cie.

Pilbeam, D. (1972) The Ascent of Man, An Introduction to Human Evolution. New York, Macmillan.

Pomerol, C. (1982) The Cenozoic Era. Chichester, Ellis Horwood.

Pomerol, C., und Feurgeur, L. (1974) Guides Géologiques Régionaux: Bassin de Paris. Paris, Masson et Cie.

Ponzi, G. (1873) Les relations de l'homme préhistorique avec les phénomènes géologiques de l'Italie centrale. Congrès International d'Anthropologie et d'Archéologie Préhistoriques, Bologna 1871, Compte Rendu, S. 49-72.

Prasad, K. N. (1982) Was Ramapithecus a tool-user? Journal of Human Evolution 11, 101-104.

Prestwich, J. (1889) On the occurrence of Palaeolithic flint implements in the neighborhood of Ightham. Quarterly Journal of the Geological Society of London 45, 270-297.

Prestwich, J. (1891) On the age, formation, and successive drift-stages of the Darent: with remarks on the Palaeolithic implements of the district and the origin of its chalk escarpment. Quarterly Journal of the Geological Society of London 47, 126-163.

Prestwich, J. (1892) On the primitive character of the flint implements of the Chalk Plateau of Kent, with reference to the question of their glacial or preglacial age. Journal of the Royal Anthropological Institute of Great Britain and Ireland 21(3), 246-262.

Prestwich, Sir John (1895) The greater antiquity of man. Nineteenth Century 37, 617 ff.

Previette, K. (1953) Who went there? Courier-journal Magazine, Louisville, Kentucky, 24. Mai.

Prost, J. (1980) The origin of bipedalism. American Journal of Physical Anthropology 52, 175-190.

Protsch, R. (1974) The age and stratigraphic position of Olduvai hominid 1. Journal of Human Evolution 3, 379-385.

Puner, H. W (1947) Freud.- His Life and His Mind. New York, Grosset and Dunlap.

Qiu, Z. (1985) The Middle Palaeolithic of China. In: Wu, R., und Olsen, J. W. , Hsg. Palaeoanthropology and Palaeolithic Archaeology of the People's Republic of China. Orlando, Academic Press, 187-210.

Ragazzoni (1880) La collina di Castenedolo, solto il rapporto antropologico, geologico ed agronomico. Commentari dell' Ateneo di Brescia, 4. April, 120-128.

Raup, D., and Stanley, S. (1971) Principles of Paleontology. San Francisco, W., H. Freeman.

Reck, H. (1914a) Erste vorläufige Mitteilungen über den Fund eines fossilen Menschenskeletts aus Zentralafrika. Sitzungsbericht der Gesellschaft der naturforschenden Freunde Berlins, 81-95.

Reck, H. (1914b) Zweite vorläufige Mitteilung über fossile Tiere- und Menschenfunde aus Oldoway in Zentralafrika. Sitzungsbericht der Gesellschaft der naturforschenden Freunde Berlins, 7, 305-318.

Reck, H. (1926) Prähistorische Grab- und Menschenfunde und ihre Beziehungen zur Pluvialzeit in Ostafrika. Mitteilungen der Deutschen Schutzgebiete 34, 81-86.

Reck, H. (1933) Oldoway - Die Schlucht des Urmenschen. Leipzig, F. A. Brockhaus.

Ribeiro, C. (1873a) Sur des silex taillés, découverts dans les terrains miocène du Portugal. Congrès International d'Anthropologie et d'Archéologie Préhistoriques, Bruxelles 1872, Compte Rendu, 95-100.

Ribeiro, C. (1873b) Sur la position géologique des couches miocènes et pliocènes du Portugal qui contiennent des silex taillés. Congrès International d'Anthropologie et d'Archéologie Préhistoriques, Bruxelles 1872, Compte Rendu, 100-104.

Ribeiro, C. (1884) L'homme tertiaire en Portugal. Congrès International d'Anthropologie et d'Archéologie Préhistoriques, Lisbon 1880, Compte Rendu, 81-91.

Robbins, L. M. (1987) Hominid footprints from Site G. In Leakey, M. D., und Harris, J., Hsg. Laetoli: A Pliocene Site in Northern Tanzania. Oxford, Clarendon Press, 497-502.

Romero, A. A. (1918) El Homo pampaeus. Anales de la Sociedad Cientifica Argentina 85, 5-48.

Roosevelt, T. (1906) The Wilderness Hunter. Vol. 2. New York, Charles Scribner's Sons.

Roth, S., Schiller, W., Witte, L., Kantor, M., Torres, L. M., und Ameghino, C. (1915) Acta de los hechos más importantes del descubrimento de objetos, instrumentos y armas de piedra, realizado en las barrancas de la costa de Miramar, partido de General Alvarado, provincia de Buenos Aires. Anales del Museo de historia natural de Buenos Aires 26, 417- 431.

Roujou, A. (1870) Silex taillé découvert en Auvergne dans le miocène superieur. Matériaux pour l'Histoire de l'Homme 2, 93-96.

Rutot, A. (1906) Éolithes et pseudoéolithes. Société d'Anthropologie de Bruxelles. Bulletin et Memoires. Memoires 25(I).

Rutot, A. (1907) Un grave problem: une industrie humaine datant de l'époque oligocène. Comparison des outils avec ceux des Tasmaniens actuels. Bulletin de la Société Belge de Géologie de Paléontologie et d'Hydrologie 21, 439-482.

Sanford, J. T. (1971) Sheguiandah reviewed. Anthropological Journal of Canada 9(J), 2-15.

Sanford, J. T. (1983) Geologic observations at the Sheguiandah site. Anthropological Journal of Canada, 21, 74-87.

Sartono, S. (1964) On a new find of another pithecanthropus skull: an announcement. Bulletin of the Geological Survey of Indonesia l(1), 2-5.

Sartono, S. (1967) An additional skull cap of a Pithecanthropus. Journal of the Anthropological Society of Japan 75, 83 - 93.

Sartono, S. (1972) Discovery of another hominid skull at Sangiran, central Java. Current Anthropology 13(2), 124ff.

Schlosser, M. (1911) Beiträge zur Kenntnis der oligozänen Landsäugetiere aus dem Fayum. Beiträge zur Paläontologie und Geologie 24, 51-167.

Schmid, P. (1983) Eine Rekonstruktion des Skelettes von A. L. 288 -1 (Hadar) und deren Konsequenzen. Folia Primatologica 40, 283-306.

Schweinfurth, G. (1907) Über A. Rutots Entdeckung von Eolithen im belgischen Oligocän. Zeitschrift für Ethnologie 39, 958f.

Science News (1977a) Early man confirmed in America 40 000 years ago. 111, 196.

Science News (1977b) Amino acid dating: now it has teeth. 111, 196-197.

Science News Letter (1938a) Geology and ethnology disagree about rock prints 34, 372.

Science News Letter (1938b) Human-like tracks in stone are riddle to scientists. 34, 278f.

Senut, B. (1981a) Humeral outlines in some hominoid primates and in Plio-pleistocene hominids. American Journal of Physical Anthropology, 56,275-283.

Sergi, G. (1884) L'uomo terziario in Lombardia. Archivio per L'Antropologia e la Etnologia 14, 304 -318.

Sergi, G. (1912) Intorno all'uomo pliocenico in Italia. Rivista di Antropologia (Rom), I7, 199-216.

Shipman, P. (1986) Baffling limb on the family tree. Discover, 7(9), 87-93.

Simons, E. L. (1978) Diversity among the early hominids: a vertebrate palaeontologist's viewpoint. In Jolly, C. J., Hsg. Early Hominids of Africa. London, Duckworth, 543-566.

Simons, E. L., und Ettel, P. C. (1970) Gigantopithecus. Scientific American 22, 76-85.

Simpson, R. D., Patterson, L. W., und Singer, C. A. (1981) Early lithic technology of the Calico Mountains site, southern California. Calico Mountains Archeological Site, Occasional Paper. Presented at the10th Congress of the International Union of Prehistoric and Protohistoric Sciences, Mexico City.

Sinclair, W. J. (1908) Recent investigations bearing on the question of the occurrence of Neocene man in the auriferous gravels of the Sierra Nevada. University of California Publications in American Archaeology and ethnology 7(2),107-131.

Smith, G. E. (1931) The discovery of primitive man in China. Antiquity 5, 20-36.

Sollas, W. J. (1911) Ancient Hunters, Ist edition. London, Macmillan.

Southall, J. (1882) Pliocene man in America. Journal of the Victoria Institute 15, 191-201.

Sparks, B. W., und West, R. G. (1972) The Ice Age in Britain. London, Methuen.

Staney, S. M. (1981) The New Evolutionary Timetable. New York, Basic Books.

Steiger, B. (1979) Worlds Before Our Own. New-York, Berkley.

Stern, Jr., J. T., und Susman, R. L. (1983). The locomotor anatomy of Australopithecus afarensis. American Journal of Physical Anthropology 60, 279-318.

Stopes, H. (1881) Traces of man in the Crag. British Association for the Advancement of Science, Report of the Fifty-first Meeting, 700.

Stopes, M. C. (1912) The Red Crag portrait. The Geological Magazine 9, 285f.

Straus, Jr., W. L. (1929) Studies on the primate ilia. American Journal of Anatomy 43, 403.

Stringer, C. B., Hublin, J. J., und Vandermeersch, B. (1984) The origin of anatomically modern humans in Western Europe. In Smith, F. H., and Spencer, F., Hsg. The Origin of Modern Humans: A World Survey of the Fossil evidence. New York, Alan R. Liss, 51-135.

Susman, R. L., und Creel, N. (1 979) Functional and morphological affinities of the subadult hand (O. H. 7) from Olduvai Gorge. American Journal of Physical Anthropology 51, 311-332.

Tamers, M. A., und Pearson, F. J. (1965) Validity of radiocarbon dates on bone. Nature 208, 1053ff.

Tardieu, C. (1979) Analyse morpho-functionelle de l'articulation du genou chez les Primates. Application aux hominides fossiles. Thesis, University of Pierre.

Taylor, R. E. (1987) Radiocarbor Dating: An Archaeological Perspective. Orlando, Academic Press.

Taylor, R. E., Payen, L. A., Prior, C. A., Slota, Jr., P. J. Giliespie, R., Gowlett, J., A. J., Hedges, R. E. M., Jull, A. J. T., Zabel, T. H., Donahue, D. J., und Berger, R. (1985) Major revisions in the Pleistocene age assiginments for North American human skeletons by C-14 accelerator mass spectrometry: none older than 11 000 C-14 years. American Antiquity 50, 136-139.

Teilhard de Chardin, P. (1931) Le *Sinanthropus* de Pekin. L'Anthropologie 41, 1-11.

Teilhard de Chardin, P. (1965) The Appearance of Man. New York, Harper & Row.

Teilhard de Chardin, P., und Yang, Z. [Young, C. C.] (1929) Preliminary report on the Chou Kou Tien fossiliferous deposit. Bulletin of the Geological Survey of China 8, 173-202.

Thorson, R. M., und Guthrie, R. D. (1984) River ice as a taphonomic agent: an alternative hypothesis for bone 'artifacts.' Quaternary Research 22, 172-188.

Tobias, P. V. (1962) A re-examination of the Kanam mandible. In Mortelmans, G., und Nenquin, J., Hsg. Actes du IVe Congres Panafricain de Préhistorie et de l'Étude du Quaternaire. Tervuren, Belgium, Musee Royal de l'Afrique Centrale, S. 341-360.

Tobias, P. V. (1971) Human skeletal remains from the Cave of Hearths, Makapansgat, northern Transvaal. American Journal of Physical Anthropology 34, 335-368.

Tobias, P. V. (1978) The South African australopithecines in time and hominid phylogeny, with special reference to dating and affinities of the Taung skull. In Jolly, C. J., Hsg. Early Hominids of Africa. London, Duckworth, 44-84.

Tobias, P. V. (1980). 'Australopithecus afarensis' and A. africanus: critique and an alternative hypothesis. Paleontologica Africane 23, 1-17.

Trinkhaus, E. (1984) Does KNM-ER 148 1 A establish Homo erectus at 2.0 myr B.P.? American Journal of Physical Anthropology 64, 137-139.

Tuttle, R. H., Hsg. (1975) Paleoanthropology. Morphology and Paleoecology. The Hague, Mouton, S. 361-370.

Tuttle, R. H. (1981) Evolution of hominid bipedalism and prehensile capabilities. Philosophical Transactions of the Royal Society of London, B 292, 89-94.

van Andel, T. H. (1981) Consider the incompleteness of the geological record. Nature 294, 397ff.

Vasishat, R. N. (1985) Antecedents of Early Man in Northwestern India. New Delhi, Inter-India Publications.

Vere, F. (1959) Lessons of Piltdown. Emsworth, A. E. Norris.

Verworn, M. (1905) Die archaeolithische Cultur in den Hipparionschichten von Aurillac (Cantal). Abhandlungen der königlichen Gesellschaft der Wissenschaften zu Göttingen. Mathematisch-Physikalische Klasse, Neue Folge, 4 (4), 3-60.

Volk, E. (1911) The archaeology of the Delaware Valley. Papers of the Peabody Museum of American Archaeology and Ethnology, Harvard University 5.

Walker, A., Leakey, R. E., Harris, J. M., und Brown, F. H. (1986) 2.5-myr Australopithecus boisei from west of Lake Turkana, Kenya. Nature 32, 517-522.

Wallace, A. R. (1887) The antiquity of man in North America. Nineteenth Century 22, 667-679.

Warren, S. H. (1920) A natural 'eolith' factory beneath the Thanet Sand. Quarterly Journal of the Geological Society of London 76, 238-253.

Wayland, E. J. (1932) The Oldoway human skeleton. Nature 130, 578.

Weaver, K. F. (1985) The search for our ancestors. National Geographie168, 560-624.

Weidenreich, F. (1935) The *Sinanthropus* population of Choukoutien (Locality 1) with a preliminary report on new discoveries. Bulletin of the Geological Survey of China 14(4), 427-468.

Weidenreich, F. (1941) The extremity bones of *Sinanthropus* pekinensis. Palaeontologia Sinica, New Series, D 5, 1-150.

Weidenreich, F. (1943) The skull of *Sinanthropus* pekinensis. Palaeontologia Sinica, New Series D 10, 1-484.

Weidenreich, F. (1945) Giant early man from Java and South China. Anthropological Papers of the American Museum of Natural History 40, 1-134.

Weiner, J. S. (1955) The Piltdowin Forgery. Oxford, Oxford University.

Weiner, J. S., Oakley, K. P., und Le Gros Clark, W. E. (1953) The solution of the Piltdown problem. Bulletin, British Museum (Natural History), Geology 2 (3), 141-146.

Weiner, J. S., Oakley, K. P., und LeGros Clark, W. E. (1955) Further contributions to the solution of the Piltdown problem. Bulletin, British Museum (Natural History), Geology 2(6), 228-288.

Weinert, H. (1934) Homo sapiens im Altpaläolithischen Diluvium? Zeitschrift für Morphologie und Anthropologie. Erb- und Rassenbiologie, Stuttgart, 459-468.

Wendt, H. (1955) In Search of Adam. Boston, Houghton Mifflin.

Wendt, H. (1972) From Ape to Adam. Indianapolis, Bobbs-Merrill.

West, R. G. (1968) Pleistocene Geology and Biology. New York, John Wiley.

West, R. G. (1980) The Pre-glacial Pleistocene of the Norfolk and Suffolk Coasts. Cambridge, Cambridge University.

Wetzel, R. M., Dubos, R. E., Martin, R. L., und Myers, P. (1975) Catagonus: an 'extinct' peccary, alive in Paraguay. Science 189, 379-380.

White, T. D., und Suwa, G. (1987) Hominid footprints at Laetoli: facts and interpretations. American Journal of Physical Anthropology 72, 485-514.

Whitney, J. D. (1880) The auriferous gravels of the Sierra Nevada of California. Harvard University, Museum of Comparative Zoology Memoir 6(I).

Wilford, J. N. (1990) Mastermind of Piltdown hoax named. New York Times News Service story reprinted in San Diego Union, 11. Juni.

Willis, D. (1989) The Hominid Gang. New York,Viking.

Winchell, A. (1881) Sparks from a Geologist's Hammer. Chicago, S. C. Griggs.

Witthoft, J. (1955) Texas Street artifacts, part I. New World Antiquity 2(9), 132-134; part II, 2 (J2), 179-184.

Wolpoff, M. H. (1980) Paleoanthropology. New York, Alfred A. Knopf.

Wood, B. A. (1974a) Evidence on the locomotor pattern of Homo from early Pleistocene of Kenya. Nature 251, 135f.

Wood, B. A. (1974b) Olduvai Bed I postcranial fossils: a reassessment. Journal of Human Evolution 3, 373-378.

Wood, B. A. (1976) Remains attributable to homo in the East Rudolf succession. In Coppens, Y., Howell, F. C., Isaacs, G. I., und Leakey, R. E., Hsg. Earliest Man and Environments in the Lake Rudolf Basin. Chicago, University of Chicago, 490-506.

Wood, B. A. (1987) Who is the 'real' Homo habilis? Nature 327, 187-188.

Woodward, A. S. (1917) Fourth note on the Piltdown gravel with evidence of a second skull of Eoanthropus dawsoni. Quarterly Journal of the Geological Society of London 73, 1-8.

Woodward, A. S. (1948) The Earliest Englishman. London, Watts.

Woodward, A. S., et. al. (1933) Early man in East Africa. Nature 131, 477f.

Wright, G. F. (1912) Origin and Antiquity of Man. Oberlin, Bibliotheca Sacra.

Wu, R. [Woo, J.] (1965) Preliminary report on a skull of *Sinanthropus* lantianensis of Lantian, Shensi. Scientia Sinica, 14(7), 1032-1035.

Wu, R. [Woo, J.] (1966) The skull of Lantian man. Current Anthropology, 7(J), 83-86.

Wu, R. (1973) Lantian hominid. Wenwu, Peking 6, 41-44.

Wu, R., und Dong, X. (1985) Homo erectus in China. In: Wu, R., und Olsen, J. W., Hsg. Palaeoanthropology and Paleolithic Archaeology in the People's Republic of China. Orlando, Academic Press, 79-89.

Wu, R., und Lin, S. (1983) Peking man. Scientific American 248, 86-94.

Wu, X., und Wu, M. (1985) Early Homo sapiens in China. In Wu, R., und Olsen, J. W., Hsg. Palaeoanthropology and Palaeolithic Archaeology in the People's Republic of China. Orlando, Academic Press, 91-106.

Yuan, Z., und Huang, W. (1979) Wild man - fact or fiction? China Reconstructs, Juli, 56-59.

Zhou, G. (1982) The status of wildman research in China. Cryptozoology 1, 13-23.

Zhou, M. [Chow, M.], Hu, C., und Lee, Y. (1965) Mammalian fossils associated with the hominid skull cap of Lantian, Shensi. Scientia Sinica 14, 1037-1048.

Zuckerman, S. (1954) Correlation of change in the evolution of higher primates. In: Huxley, J., Hardy, A. C., und Ford, E. B., Hsg. Evolution as a Process. London, Allen and Unwin, 300-352.

Zuckerman, S. (1973) Closing remarks to symposium. The Concepts of Human Evolution. Symposia of the Zoological Society of London 33, 449-453.

Zuckerman, S., Ashton, E. H., Flinn, R. M., Oxnard, C. E., und Spence, T. F. (1973) Some locomotor features of the pelvic girdle in primates. The Concepts of Human Evolution. Symposia of the Zoological Society of London 33, 71-165.

Register